香原料热释放特性及在加热卷烟中的应用

郑晓云　张峻松 ◎ 主编
梁　淼　李瑞丽　饶先立 ◎ 副主编

化学工业出版社
·北京·

内容简介

本书主要分为单体香原料热失重行为分析、单体香原料在加热卷烟中的释放行为分析和单体香原料对加热卷烟感官质量的影响分析三部分。笔者考察了各单体香原料从室温到加热卷烟的适宜温度范围内的失重温度和失重速率的差异性；对比分析不同单体香原料的TG(失重曲线)、DTG(微分热重曲线)和DSC(差热曲线)的差异性；对制备加香加热卷烟及主流烟气中单体香原料的定量分析方法进行描述，利用GC方法对各单体香原料在烟支各部位及MS(主流烟气)中的转移率进行测定，并对不同官能团的单体香原料同系物、同分异构体在加热卷烟中的释放行为进行差异性分析；对单体香原料的主体、辅助以及修饰香韵进行评价和描述，分析单体香原料对加热卷烟质量、风格香韵特征的影响，为全面理解单体香原料在加热卷烟中的作用规律提供一定的理论基础和数据支撑。

本书适用于烟草等相关行业从事卷烟产品设计、香精香料开发和生产应用技术人员阅读，也可作为高等学校相关专业研究生和本科生的课外参考书籍。

图书在版编目（CIP）数据

香原料热释放特性及在加热卷烟中的应用 / 郑晓云，张峻松主编 ；梁淼，李瑞丽，饶先立副主编. -- 北京 ：化学工业出版社，2024. 10. -- ISBN 978-7-122-46030-1

Ⅰ. TS452

中国国家版本馆CIP数据核字第2024AK4009号

责任编辑：廉　静　　文字编辑：张春娥
责任校对：李雨函　　装帧设计：王晓宇

出版发行：化学工业出版社
（北京市东城区青年湖南街13号　邮政编码100011）
印　　装：北京天宇星印刷厂
787mm×1092mm　1/16　印张24½　字数660千字
2024年10月北京第1版第1次印刷

购书咨询：010-64518888　　售后服务：010-64518899
网　　址：http://www.cip.com.cn
凡购买本书，如有缺损质量问题，本社销售中心负责调换。

定　　价：168.00元

编写人员名单

主　　编　郑晓云　张峻松

副 主 编　梁　淼　李瑞丽　饶先立

编写成员　郑晓云　张峻松　梁　淼　李瑞丽　饶先立　石怀彬　张　果　吴　键　何红梅　师东方　朱海波　岳先领　郭　鹏　许克静　周天宇　朱远洋　尤晓娟　郭宏霞　胡玉轩　朱梦薇　冯衍闯

前言
PREFACE

加热卷烟是一种利用外部热源控制烟草原料的受热而使其在加热而非燃烧的状态下释放气溶胶的新型烟草制品。随着全球科技进步的不断推进与产业变革的逐步演化，加热卷烟产品以其有害成分大幅降低和抽吸满足感适度可控的特点，吸引了国内外消费者的持续关注。加热卷烟调香技术在彰显产品风格特征和提升产品感官质量方面发挥着重要作用，香原料作为调香技术的物质基础，掌握香原料的本征热释放特征，研究单体香原料在加热卷烟中的应用特性对于产品设计具有重要作用。

香原料在加热卷烟中的受热温度、裂解转移特性及感官质量作用等方面具有独特性，加热卷烟调香研究涉及结构化学、分析化学、有机化学、热分析化学、烟草原料学、卷烟产品设计、心理学等多个学科，是一个多学科交叉的研究方向。为进一步促进和推动加热卷烟产品调香技术的基础研究、应用研究、成果推广和产品开发等工作，江苏中烟工业有限责任公司和郑州轻工业大学等多家单位组织专家、学者以最新研究成果为基础，编撰了《香原料热释放特性及在加热卷烟中的应用》一书。

全书以 121 种单体香原料的本征热释放特征及其在加热卷烟中的迁移释放行为研究为主线，首先根据单体香原料的官能团将其分为九类，包括醇类、醛类、酚类、酸类、酮类、酯类、杂环类、醚类和酰胺类等，综合利用热分析技术、化学分析手段和感官作用评价等方法系统总结了单体香原料的热重曲线、微分热重曲线、DSC 曲线、热释放温度范围、热失重特性参数、热释放动力学和热力学参数、吸放热参数等内容；研究了各单体香原料在加热卷烟的转移行为，总结了包括香原料提取分析方法以及烟芯持留率、贮存迁移率、空气散失率、烟气转移率、烟支截留率等数据；同时系统考察了香原料的主体香韵特征及其对加热卷烟的感官作用。

本书历经三年多的时间筹划，组织了几十名科技人员进行撰稿，并由主编郑晓云负责统稿，不断完善。本书在编撰过程中，得到了江苏中烟工业有限责任公司和郑州轻工业大学等单位的大力支持，参加撰稿的单位和人员为：江苏中烟工业有限责任公司的郑晓云、饶先立、石怀彬、何红梅、师东方、朱海波、周天宇、朱远洋、尤晓娟、郭宏霞和胡玉轩；郑州轻工业大学的张峻松、梁森、李瑞丽和张果；浙江中烟工业有限责任公司的吴键；黑龙江烟草工业有限责任公司的岳先领；红塔辽宁烟草有限责任公司的郭鹏；河南中烟工业有限责任公司的许克静；云南省玉溪市烟草公司元江县分公司的朱梦薇和河南省烟草公司许昌市公司襄城县分公司的冯衍闯，其中郑州轻工业大学李瑞丽博士负责第5章《香原料对加热卷烟感官质量影响的研究》的撰写工作，郑州轻工业大学梁淼博士负责第3章《香原料在加热卷烟中的转移行为研究》的撰写工作。

本书适用于烟草等相关行业从事卷烟产品设计、香精香料开发和生产应用技术人员阅读，也可作为高等学校相关专业研究生和本科生的课外参考书籍。希望本书能给各位读者提供有益帮助，笔者将深感欣慰。

由于编者水平有限，书中内容难免有不当之处，敬请读者批评指正。

编者

2024年2月

目录
CONTENTS

第1章 绪论

1.1 加热卷烟的发展

1.1.1 加热卷烟的定义及分类

加热卷烟（又称低温烟草制品），是通过特殊热源在不引发燃烧的200～500℃低温范围内对再造烟叶进行加热的新型烟草制品。与传统卷烟不同的是，加热卷烟通过蒸发或蒸馏的方式产生由水、甘油、烟碱及香味构成的气溶胶来满足消费者需求，从而尽可能地减少烟丝（薄片）在高温燃烧时产生的有害成分，使致癌的焦油等有害物质下降90%左右，侧流烟气和环境烟气也大幅降低，进而减少二手烟的危害。因其有害物质释放量较小且味觉与嗅觉和传统卷烟较为接近，各大烟草公司均对加热卷烟青睐有加，其在国际市场中呈现快速增长趋势。

加热卷烟根据加热方式的不同，可分为电加热型、燃料加热型（如气态、液态、固态燃料）和理化反应加热型（如化学反应、物理结晶等）等，均是不需要燃烧只是通过加热烟丝烘烤出烟草中的尼古丁和香味物质来满足吸烟者的需求。

（1）电加热型加热卷烟

电加热型加热卷烟主要通过电加热器对烟草制品进行加热，保障烟芯材料的加热温度保持在500℃以下来实现低温加热。在加热卷烟的三个种类中，电加热型加热卷烟系统产品开发和技术研究最为广泛，菲莫烟草、日本烟草和英美烟草三大跨国烟草公司均在市场上推出了相应产品。加热卷烟的电加热结构主要有三种，第一种是中心加热结构，比较有代表性的是菲莫国际烟草公司研发的IQOS无烟设备，该电加热产品经历了四代产品的更新换代，是目前世界上销售范围最广的加热卷烟之一，使用时IQOS加热片的工作温度不超过350℃，烟草温度不高于300℃；第二种是外围加热结构，比较有代表性的是英美烟草公司研发的GLO无烟设备，该产品是采用独特的分段动态加热模式，工作温度范围为240～350℃，使用时将超细烟支（直径5.4mm）插入GLO加热装置，采用周向加热方式，通过发热杯加热烟草产生气溶胶供消费者吸食；第三种为结合加热结构，相当于将前面两种加热结构结合起来。

（2）燃料加热型加热卷烟

燃料加热型加热卷烟从形态和使用方式上更接近传统卷烟，主要包括加热段和烟草段，利用燃料燃烧作为热源对烟草部分进行加热，使烟草材料在加热状态下通过干馏的方式产生烟气来满足消费者的需求。所用的燃料分为固态、液态和气态三种，固态燃料主要是含碳材料，液态燃料主要是碳氢化合物，气态燃料主要是丙烷气或丁烷气等，其中固态燃料是主流，未来在液态、气态燃料加热装置方面的技术创新空间比较大。

① 雷诺公司最早进行碳加热烟草产品的研究，先后推出了四款碳加热烟草产品，均利用蒸发/冷凝原理产生烟气，以避免或减少高温分解及燃烧产物，进而简化烟气成分。四款产品分别为1988年世界上出现的首款碳加热型烟草制品Premier、1995年在美国与德国和日本推出的Eclipse产品以及1997年推出的New Eclipse和TOB-HT产品，New Eclipse加热卷烟具有中空结构的醋酸纤维滤棒，二手烟的释放量下降了80%。

② 菲莫公司在2014年首次在科技文献中公开了其在售的一款碳加热型烟草制品CHTP，该产品由烟草棒和碳质热源构成，使用时需要特制的电打火机来点燃炭源对吸入的空气进行加热，热空气流经烟丝段时将烟气成分带出供消费者使用，标准抽吸模式下可供抽吸12口。

③ 日本烟草研发的碳加热型烟草原型样品包括四个部分，分别为外围是玻璃垫的碳质热源、含香味物质和丙二醇的烟草片、烟草棒以及双重滤嘴（一个含活性炭，一个含醋酸纤维），碳质热源和烟草片由传统铝纸包裹。抽吸时，燃烧的碳源对流经的空气加热，而后经过烟草片和烟草柱携带出挥发性成分供消费者使用。在ISO模式（ISO模式为国际标准化组织烟草技术委员会（ISO/TC 126）规定的吸烟机各种参数的标准条件）下，烟草片段最高温度为500℃，所以烟草材料并未燃烧，烟气释放量也将大幅度下降。

④ Ploom公司开发了具有代表性的气态燃料加热型产品，其被日本烟草并购后该产品成为日本烟草在新型烟草制品领域的专利产品之一，仅出现在专利申请文件中，截至目前尚未在科技期刊进行报道。该产品结构主要包括点火器、加热室和雾化室等，使用前需拆下烟嘴，将烟丝卷装入加热器的雾化室后再将烟嘴重新插回封闭。使用时，加热室导热外盒中的铂或钯催化丁烷无火焰燃烧，热量通过传导、对流和辐射方式传递到烟丝卷，进而产生烟气供消费者使用。

(3) 理化反应加热型加热卷烟

理化反应加热主要根据物态转化生热和反应生热等原理选择热源，尽管理化反应生热技术早已问世，但将其应用于卷烟则是近几年才出现的。理化反应加热段（热源）和烟草段是理化反应加热型卷烟的两大组成部分，主要应用物理和化学的方法给烟芯材料进行加热。例如，利用晶体的结晶过程产生热量，属物理反应；利用铁、铝、镁、钠、锂、钴、铂、铈、钯、铜、钾、钙、锌等金属的氧化反应产生热量，属于化学反应。理化加热型烟草制品只有专利保护尚无产品。

1.1.2 加热卷烟的优势

在吸食口味方面，以IQOS为代表的加热卷烟具有接近传统卷烟的满足感和冲击力，基本不产生侧流烟气，相比众多品类的电子烟、口含烟等新型烟草制品，IQOS深受消费者喜爱。在吸食方式方面，电子烟、口含烟等新型烟草制品虽在国外取得了不错的市场，但受使用方式、吸食习惯等因素制约，一直未在国内取得太大突破。而加热卷烟的使用方式和风味特性更接近传统卷烟，具有类似卷烟的外观、适度的大小，且能够结合消费者的自身需要，制定个性化烟草制品，可最大限度地满足消费者的需要，一经上市便备受推崇。在便携性方面，加热卷烟携带方便，同时不需要携带打火机，通过常规的安检通道也无需担心，为消费者提供了极大的便利。

传统烟草制品由于受到应用材料等因素的影响，对人体会产生相应的危害，而新型烟草制品的出现有效解决了传统烟草制品的不足。加热卷烟的“低温”设计，能在不点燃烟芯材料的情况下，使其在加热状态下释放出香味物质和风味物质等关键烟气组分。通常，普通卷烟吸食时达到600℃至900℃高温，产生众多有害物质，而加热卷烟加热都在500℃以下，产生的有害物质会显著减少。另外，由于加热卷烟的使用无需像传统烟草制品那样通过明火点燃进行吸用，因此也就不会产生二手烟等危害人体健康的物质，与新时期生态环保目标不谋而合。目前，在加热卷烟产生物质的分析讨论中，比较主流的是瑞士研究人员对代表型产品 IQOS 的评论，研究表明 IQOS 产生的尼古丁、甲醛以及有毒性的丙烯醛等物质比传统卷烟减少 84%。

1.1.3 新型烟草制品的市场态势

随着《世界卫生组织烟草控制框架公约》的深入实施、全球范围的反吸烟运动的日益高涨、世界各国公共场所吸烟禁令范围的逐步扩大以及公众健康意识的不断增强，传统烟草制品由于其自身的危害性而日益受到社会广泛关注。为了满足消费者的需求，新型烟草制品应运而生，并且由于新型烟草制品自身具备的环保性和对人体危害较小的优势，被消费者广泛推崇，在国际市场上始终处于较高的地位，逐渐成为新时期烟草制品市场的重要组成部分之一。为迎合这种需求，跨国烟草公司纷纷将战略重点转移到新型烟草领域，加大对新型烟草制品的布局，带动全球烟草市场向多元化和新型减害无烟化方向发展。新型烟草制品（包括加热卷烟、电子烟、口含烟等）逐渐成为各大跨国烟草企业的研发热点，申请了大量专利。在新型烟草制品领域，各大烟草公司均对加热卷烟青睐有加。

（1）国际新型烟草制品发展现状

相比国内市场，新型烟草制品在国外已取得了不错的效果。在销售方面，2010 年新型烟草制品主要以电子烟为主，在全球销售额约为 10 亿美元；2019 年增至 195 亿美元左右，年均增长 38.6%。2019 年新型烟草全球销售额达到 365.9 亿美元，同比增长 48.0%，市场占有率提高至 4.33%，为 14 年来最高。加热卷烟的发展势头更为强劲，2013 年全球销售额仅 0.06 亿美元，2019 年已经增至 171.3 亿美元，年均增长 142.1%。率先在日本和意大利推出的 IQOS 加热卷烟，其销售范围已扩大至加拿大、德国、英国、乌克兰、丹麦、荷兰等 20 多个国家，作为目前最流行的新型烟草制品之一，IQOS 电子烟的消费者已经超过 140 万，菲莫国际 2020 全年 IQOS 烟弹出货共 761.11 亿支，已占公司包含传统卷烟在内的总出货量的 10.8%。同时，新型烟草制品消费群体规模也快速增长，欧睿数据显示，从 2013 年到 2018 年，全球新型烟草消费者（雾化和加热卷烟消费者）规模增长了 3000 余万人，达 5100 万人。预计 2023 年突破 8200 万人，全球渗透率达 8%以上。

新型烟草制品产量增长势头强劲的背后，是世界各大烟草跨国公司的综合发力。菲莫公司在新型烟草方面入局最早，投资力度最大，菲莫国际通过自主研发和商业化并购，成为当下全球新型烟草制品的领头企业，旗下几乎涵盖所有种类的新型烟草制品。其历时十余年，耗资约 20 亿美元，在 2014 年推出电加热烟草制品 IQOS，一年内就拿下了日本 4.9%的市场份额。2020 年，IQOS 在全球卷烟市场份额占比达 6%，产品研发团队多达 400 人。英美烟草在加热卷烟与电子烟领域双向发力，产品 GLO 的研发汇集了全球 100 多名专家，从 2014 年起，其每年用于新型烟草产品的研发投入就达到 5000 万英镑，和传统烟草持平。其旗下的 Vype、GLO、NGP 等新型烟草品牌畅销多国。此外，日本烟草、帝国烟草、韩国烟草等跨国烟草公司也纷纷在新型烟草制品方面投入巨资。跨国烟草公司不约而同的举动，表明了随着世界范围内传统卷烟消费的增长逐渐乏力，各大跨国烟草公司纷纷将新型烟草制品作为发展的前景，力求抢占新的市场，再创销售业绩的新增长点。

（2）国内新型烟草制品发展现状

与国外新型烟草制品迅猛增长态势相比，国内的发展较为缓慢。各中烟公司在加热卷烟方面进行技术创新，推出多种加热方式如化学加热、红外加热等，尽可能绕开 IQOS 加热片加热方式，减少与 IQOS 的知识产权纠纷，创立自主品牌，整个新型烟草制品技术上呈现百花齐放状态。目前国内各中烟公司与旗下研究院通过内部研发、外部合作方式加速在加热卷烟领域布局，技术推进持续加快。截至2019年，行业已有14家工业企业成立新型烟草制品研究所，组建各类研发试验技术平台27个，累计投入研发经费约5.8亿元，申请各类专利2268件。但截至2020年，由于国内市场暂未放开销售，仅在国际市场销售，国内企业在国际市场的销量未过两万箱，销售额也不过1亿美金。可见，和其他跨国企业在新型烟草制品赛道上的鼎沸之势相比，中国烟草差距明显。

与此同时，海外烟草巨头在加热卷烟技术研发方面具备先发优势，专利布局完善，国内品牌很难超越。如菲莫公司自2008年开始进行加热卷烟技术研发，先后投入研发支出超30亿美元，于2014年推出革命性爆款产品IQOS，截至2019年拥有减害产品（RRP）相关专利达4600项，基本涵盖了烟草薄片和电加热技术的方方面面。中烟正通过自主研发绕开国外专利，但还有较长的路要走，这也是加热卷烟国内市场暂时未放开的主要原因。以电加热型卷烟为例，各公司对加热技术进行了复合式的专利申请，主要是加热结构、原理、工艺技术等方面，而涉及烟叶原料生产调制方面的专利较少。除专利布局外，国家局积极布局新型烟草制品研发生产，各省级中烟公司投入大量人力、物力进行加热卷烟产品的研发，云南中烟、四川中烟、湖北中烟、广东中烟等公司研制的多款产品开始销往境外市场。其中，云南中烟在加热烟草制品领域的超前布局转化为了先发优势，使其在新型烟草领域内的技术水平领先国内同行。待国内市场放开后，各中烟公司将继续拓展国内市场。

（3）新型烟草制品发展前景

在控烟和健康意识的影响下，传统卷烟销量下滑似乎已成为一个不可逆的趋势，这是所有烟草企业都要面临的严峻挑战。新型烟草制品的出现，解决了传统烟草制品存在的不足之处：一方面，新型烟草制品无须使用点燃装置进行吸用，解决了传统烟草制品使用复杂的问题；另一方面，与传统烟草制品相比，新型烟草制品更加符合公众健康环保的要求，因此逐渐成为新时期烟草制品市场的重要组成部分。在国内，各家中烟似乎有一种追赶“一拥而上做细支”“一拥而上做爆珠”的潮流，而在世界范围内，同样存在各家烟草巨头“一拥而上做加热卷烟”的热潮。

目前，新型烟草制品的发展已驶入快车道，强劲的发展势头仍在持续，跨国烟草公司的投入势头也有继续加强的迹象。所以，综合上述情况可以发现，未来新型烟草制品极有可能成为市场主体，其发展前景较好。

1.1.4 加热卷烟国内专利技术分析

1985～2010年，加热卷烟每年的专利数量在0～12件之间，从2011年开始，相关专利申请数量显著增长，尤其在2012～2015年是其专利发展较快的时期，这可能与其在国外烟草市场所占份额逐渐增大有关，1985～2016年国内加热卷烟专利共计1051件。其中，电加热型有761件、燃料加热型有227件、理化反应加热型有63件，电加热型的专利最多，约占总申请数的72%以上，说明该技术是目前加热卷烟广泛采用的主流技术，其原因可能是电加热技术发展比较成熟，相应的产品在国外烟草市场实现商品化也比较早。而燃料加热和理化反应加热技术的应用尚处于初级发展阶段，尤其是理化反应加热型卷烟尚未进入商品化阶段。

（1）电加热型加热卷烟国内专利技术分析

电加热型加热卷烟的专利技术点涉及加热段结构、配方及添加剂、测控技术、烟草段结构、加热原理、加热技术、总体设计、烟草段生产工艺、电源系统、辅助材料、阻燃绝热、配套组件、总体生产工艺、烟嘴等方面，其中加热段结构改进、烟草配方及添加剂优化方面的专利明显多于其他方面。加热段结构多设计为四周加热、中心加热或者四周-中心组合加热的模式，提高对烟草材料的加热效果。配方及添加剂方面主要涉及电加热型卷烟的烟草配方优化、功能性添加剂研发、增香减害和感官质量提高。测控技术主要涉及温度传感器、抽吸传感器等的改进以及加热功率控制等，对温度的精确检测和控制过程优化是重点。另外，加热材料及工艺、导热装置结构、导热装置材料及工艺、绝热材料及工艺、绝缘材料及工艺、烟嘴段结构、过滤材料及工艺、外包材料及工艺和卷接工艺等方面也均有涉及。

电加热型卷烟的技术研发主要集中在电加热器和电加热卷烟两个方面，前者包括加热装置结构、加热装置材料及工艺、控制方式及特征等领域，后者包括烟草段结构、烟草配方、添加剂及吸附剂等领域。电加热器部分改进的目的是完善控制性能、改善加热效果、减少烟气凝结和提高烟气传输效率；产品结构与生产工艺优化的目的是降低生产和使用成本、方便使用和携带以及节约电能；电加热卷烟部分改进的目的是提高感官和烟气质量、减少烟气有害成分和降低生产成本。同时，为了进一步增加香气，多个专利采用了香精香料控释技术。

总体来讲，电加热型加热卷烟技术研发和改进的目的是提高加热效果、使用安全性、感官质量、测控性能、产品质量、智能化水平、烟碱传递效果和生产效率，降低烟气有害成分以及生产和使用成本，便于包装储运，方便消费者使用和携带，丰富产品功能，减少环境污染，节约电能等。其中，首要目的是提高加热效果和感官质量，其次是提高测控性能、降低烟气有害成分。

(2) 燃料加热型加热卷烟国内专利技术分析

燃料加热型加热卷烟的专利技术点涉及热源技术、加热段结构、烟草配方及添加剂、总体设计、烟草段生产工艺、总体生产工艺、加热段生产工艺、加热技术和烟草段结构等方面。其中热源技术、加热段结构和烟草配方及添加剂方面的专利明显多于其他方面，前两者是燃料加热型卷烟加热段专利技术的主要研究对象，具体涉及燃料热源配方及制备工艺、加热元件结构设计、加热导热技术、阻燃绝热技术等领域。燃料加热型卷烟烟草段的专利技术研发则聚焦于烟草配方、添加剂及其制备工艺等方面，目的是提高感官质量、加热效果、使用安全性、燃料可燃性、烟碱传递效果、生产效率和成品率，降低烟气有害成分和燃料燃烧有害物含量，降低生产和使用成本，便于包装储运和消费者使用、携带。其中提高感官质量是改进的主要目的，其次是提高加热效果和使用安全性以及降低烟气有害成分含量。

(3) 理化反应型加热卷烟国内专利技术分析

理化反应型加热卷烟的专利技术点涉及烟草配方及添加剂、加热段结构、烟草段生产工艺、热源技术、总体设计、总体生产工艺、烟草段结构、辅助材料、加热段生产工艺和烟嘴等方面，其中烟草配方及添加剂优化、加热段结构改进方面的专利数量最多，占56.8%，是改进理化反应加热型卷烟的主要技术措施。理化反应加热型卷烟专利技术的研发和改进的目的主要在于提高感官质量、烟碱传递效果、产品质量、加热效果、使用安全性和便携性，降低烟气有害成分含量。其中提高感官质量是目前亟待解决的热点问题。目前，与电加热型和燃料加热型加热卷烟相比，理化反应加热型卷烟的专利数量还比较少，其技术尚属于初级发展阶段，空白点多，创新空间大。

1.1.5 加热卷烟研究现状

加热卷烟是通过特殊的加热源对烟芯材料进行加热，使其中的尼古丁及香味物质挥发产生烟气来满足吸烟者需求的一种新型烟草制品。加热卷烟在大幅度降低有害烟气成分释放量的前提下，烟气的口感和生理强度满足感的持续提升将会是今后的发展趋势和努力方向。为提升加热卷烟烟气的感官质量、抽吸的稳定性和生理强度满足感，各大烟草公司需要加强加热卷烟的叶组配方研究，另一方面也必然会对加热卷烟所用的香精香料及调香技术提出更高的要求。由于烟草消费时需要加热的特点，决定了仅研究香精香料自身成分难以反映其在烟气中的全部作用。产品存放期间，加香加热卷烟中的香原料在滤棒、降温段和烟芯材料间的转移会引起感官质量的波动；香原料在加香加热卷烟抽吸过程中的转移行为不明确，会引起部分加香效果不佳或针对性不强的问题。因此，需根据加热卷烟的特点和感官质量要求，系统研究香料单体的热失重规律和释放行为，以期实现对全面理解香料单体在加热卷烟中的作用规律提供技术数据，为快速、准确、有针对性地对加热卷烟的开发提供适用的香精香料提供支撑。

热裂解方面的研究主要是利用热裂解/气相色谱-质谱法对更多的香料进行裂解分析研究，国内自 20 世纪 80 年代末开始对香料单体在卷烟燃吸时的转移行为进行研究。近年来，香料转移行为的研究主要集中在对一些醛、酮、醇及酯类等香料单体在卷烟保存过程中在滤棒和烟丝中的转移率及在卷烟燃吸过程中在烟气中的转移率及在滤嘴中的截留率的研究方面，还有一部分是关于环境和卷烟辅料参数对香料转移行为的影响研究。目前，围绕加热卷烟展开的研究主要集中在加热设备、烟气释放物以及细胞毒理学研究方面，缺乏对加热卷烟烟草制品香精香料系统性和科学性的相关研究，鉴于此，本书介绍了单体香原料热失重行为和单体香原料在加热卷烟中的释放行为等，旨在为烟草相关领域中加热卷烟开发、维护和加工的深入研究提供一定的理论基础和数据支撑。

本书主要内容分为单体香原料热失重行为分析、单体香原料在加热卷烟中的释放行为分析和单体香原料对加热卷烟感官质量的影响分析三部分。笔者考察了各单体香原料从室温到加热卷烟的适宜温度范围内的失重温度和失重速率的差异性；对比分析不同单体香原料的 TG（失重曲线）、DTG（微分热重曲线）和 DSC（差热曲线）的差异性；对制备加香加热卷烟及主流烟气单体香原料的定量分析方法进行描述，利用 GC 方法对各单体香原料在烟支各部位及烟气中的转移率进行测定，并对不同官能团的同系物、同分异构体单体香原料在加热卷烟中的释放行为进行差异性分析；对单体香原料的主体、辅助以及修饰香韵进行评价和描述，分析单体香原料对加热卷烟质量、风格香韵特征的影响，为全面理解单体香原料在加热卷烟中的作用规律提供一定的理论基础和数据支撑。

1.2 热分析方法

热分析是在程序控制温度的条件下，测量物质的物理性质与温度关系的一种技术。在加热或冷却的过程中，随着物质的结构、相态、化学性质的变化都会伴随相应的物理性质变化，这些物理性质包括质量、温度、尺寸等。根据测量物质的物理性质的不同，热分析方法的种类是多种多样的，如差热分析（DTA）、热重分析（TG）、差示扫描量热（DSC）和热机械分析（TMA、DMA）等。在热分析技术中，应用最为广泛的是热重分析法、差热分析法与差示扫描量热法。

1.2.1 热重分析法

热重分析技术是指在程序控制温度和一定气氛下连续测量待测样品的质量与温度或时间变化关系的一种热分析技术，主要用于研究物质的分解、化合、脱水、吸附、脱附、升华、蒸发等伴有质量增减的热变化过程。基于 TG 法，可对物质进行定性分析、组分分析、热参数测定和动力学参数测定等，常用于新材料研发和质量控制领域。

热重分析仪是在程序控制温度和一定气氛下，测量试样的质量随温度或时间连续变化关系的仪器，其结构简图见图 1-1。测量时，通常将装有试样的坩埚置于与质量测量装置相连的加热炉中，在预先设定的程序控制温度和一定气氛下，进行实验测量与数据实时采集。热重分析仪的质量测量方式主要有两种：变位法和零位法。变位法是根据天平横梁倾斜的程度与质量变化成比例的关系，用差动变压器等检测倾斜度，并自动记录所得到的质量变化信息。零位法是采用差动变压器法、光学法等技术测定天平横梁的倾斜度，通过调整安装在天平系统和磁场中线圈的电流，使线圈转动抑制天平横梁的倾斜。由于线圈转动所施加的力与质量变化成比例，该力又与线圈中的电流成比例，通过测量电流的变化可得到质量变化曲线，即 TG 曲线。根据 TG 曲线对温度或时间求一阶导数，得到质量变化速率随温度或时间变化的曲线，即 DTG 曲线。DTG 曲线能精确反映出每个失重阶段的起始反应温度、最大反应速率温度和反应终止温度，因此常与 TG 曲线一同使用。

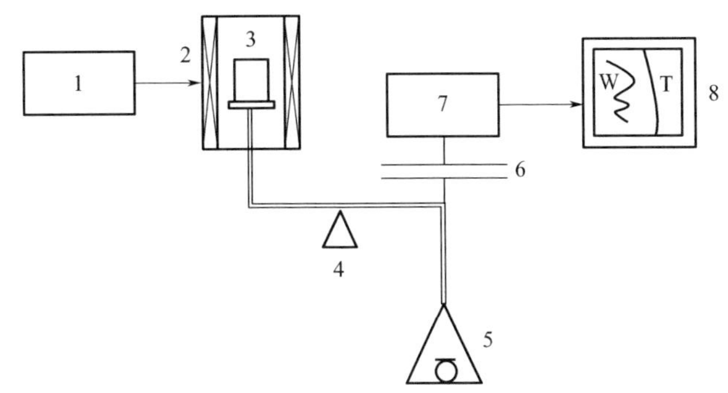

图 1-1　热重分析仪结构示意

1—温控；2—加热炉；3—样品杯；4—天平；5—砝码；6—电容换能器；7—放大器；8—记录仪

热重法针对微量样品进行实验，具有操作简便、可重复性强、精度高、响应灵敏快速等优点。它可准确测量物质在不同受热和气氛条件下的质量变化特征。例如：对于升华、汽化、吸附、解吸、吸收和气固反应等质量可能发生变化的物理和化学过程，都可使用热重法进行检测与分析。由于热重法所测结果可重复性强且精度高，基于热失重数据的动力学参数计算与分析，也更具可靠性。但在实际应用中，热重法也存在着一定的局限性，即样品质量变化信息表征其复杂热行为的单一局限性。由于大多数物理和化学过程都伴随着质量的变化，因此，样品的质量变化信息能够在很大程度上表征各温度/时间区间的反应强度，然而，若需进一步确定其中详细的反应机理等信息，单凭热重数据往往并不完备。因此，可通过将热重技术与其他分析技术联用，综合分析材料的详细热响应行为。常用的热重联用分析方法主要有热重-红外光谱联用法、热重-质谱联用分析法（TG-MS）等。

彭晓荫等为准确测定卷烟纸中碳酸钙的含量，建立了一种基于热重分析原理的测定方法。李巧灵等为便于卷烟配方维护，基于热重分析手段，建立了 120 种烟叶的热重数据库，并采用标准均方根误差（NRMSE）评价烟草样品之间的热解差异度。陈翠玲等为了对卷烟烟丝的热失重行为进行研究，采用热重分析法测定了不同气氛下卷烟样品的 TG、DTG 曲线。

（1）热重-红外光谱联用分析法

热重-傅里叶变换红外光谱仪（TG-FTIR）联用技术是在 20 世纪 60 年代末首次提出、80 年代末发展起来的一种红外联用技术。TG-FTIR 是利用某种特定吹扫气（通常为氮气、空气或氦气）将热失重过程中产生的挥发分或分解产物，通过恒定高温（通常为 200～250℃）的金属管道及玻璃气体池，引入到红外光谱仪的光路中，进行红外检测并分析判断逸出气组分结构的一种技术。TG-FTIR 可直接对逸出组分小分子气体进行定性定量分析，但难以分析弱红外吸收化合物，难以区分具有相似官能团的气体化合物，且不适用于检测分子量较大的逸出物以及无红外吸收的双原子分子，如 N_2、O_2、H_2、Br_2 等。目前，TG-FTIR 在各种有机/无机材料的热稳定性、分解过程、氧化与还原、吸附与解吸、水分与挥发物测定及热分解机理方面得到了广泛应用。

韩咚林等为降低卷烟燃烧温度和烟气中有害物的浓度，研究膨胀阻燃材料对烟草薄片燃烧性能的影响，利用热重-红外光谱系统分析了改性薄片热解特性。

（2）热重-质谱法联用分析法

热重-质谱联用系统通常由热重分析仪和质谱仪串联而成。由于质谱具有灵敏度高、响

应时间短的突出优点，它在确定热重逸出组分方面具有独特的优势。热重-质谱联用技术（TG-MS）在获取样品热失重信息的同时具有在线性好、方便快捷等优点，可以对样品热裂解过程中气相挥发组分的逸出行为进行在线监测。目前已广泛应用于燃料化学、无机材料、生物化学和烟草化学等领域。

廖津津等为考察升温速率对卷烟烟丝快速热解行为的影响，采用热重-质谱联用技术对卷烟烟丝在不同升温速率下的热解特性进行研究，并建立了不同升温速率下卷烟烟丝的快速热解动力学模型。陈国钦等在片烟干燥特性研究的基础上，分别利用反应工程（REA）模型和 8 种薄层干燥模型模拟片烟在不同温湿度条件下的干燥行为。结果表明 REA 模型重在获取物料的干燥特性，更加符合烟草企业的需求。

1.2.2 差示扫描量热法

差示扫描量热法是指在程序控温和一定气氛下，测量流入、流出样品和参比物的热流与温度或时间关系的一种热分析技术。在加热或冷却过程中，随着物质结构、相态和化学性质的改变，产生相应的热效应。这些热效应在 DSC（示差扫描量热法）曲线上则表现为吸热（如熔化、脱水）或放热（如结晶）或热熔改变（如玻璃转化），由此对物质进行物理化学转变、定性定量分析。

常用的差示扫描量热仪主要分为两种，即热流型和功率补偿型，其结构如图 1-2 所示。热流型的工作原理是在给予样品和参比品相同的功率下，测定样品和参比品两端的温差 ΔT，然后根据热流方程，将 ΔT（温差）换算成 ΔQ（热量差）作为信号的输出。该型号仪器基线稳定，但控温难度较大。功率补偿型的工作原理是在样品和参比品始终保持相同温度的条件下，测定为满足此条件样品和参比品两端所需的能量差，并直接作为信号 ΔQ（热量差）输出。该型号仪器控温效果好，可维持一个较高的升降温速率，但易受污染导致基线变差。

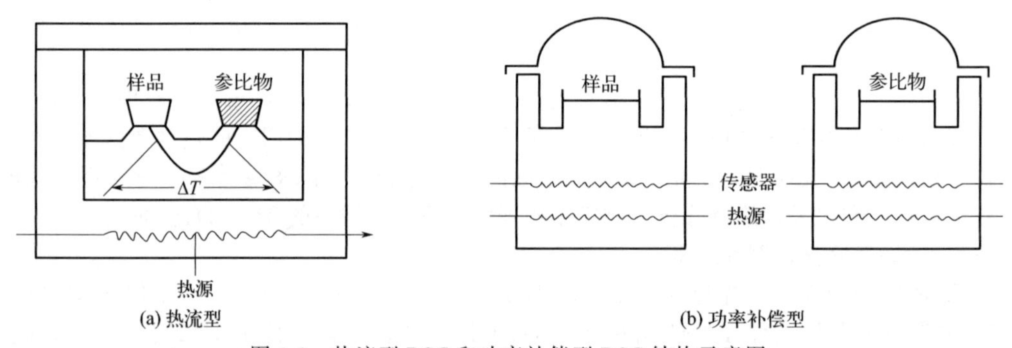

图 1-2 热流型 DSC 和功率补偿型 DSC 结构示意图

差示扫描量热法因其操作简便、测量迅速、图谱易分析、所需试量小等特点，适用于无机物、有机化合物及药物分析，已广泛应用于食品、药品和烟草等行业中。

1.2.3 差热分析法

差热分析是测量试样物理性质与温度和时间关系的一种技术，具有操作迅速简便、图谱易分析、所需试样量少、整体性强、不需预处理、重现性好等优点，广泛应用于药品和食品行业，在烟草行业也有一些应用。同时差热分析又具有图谱受试样颗粒、升温速率等的影响大，对仪器的要求高等缺点，因此需要与其他技术联用，在一定程度上弥补它的这些缺憾，从而进一步提高差热分析的鉴别准确性。

杨继等为了对新型卷烟产品进行剖析，利用热重/差热分析研究了空气氛围下典型性碳加热卷烟“Eclipse”各组成成分的热行为，并计算了主要失重温度段的活化能。

1.3 热分析动力学参数计算与曲线拟合

在热分解动力学分析过程中，一般设定固体可最终分解为残留物及挥发物。于是，固体热分解过程可概括为：

$$A(s) \longrightarrow B(s) + C(g)$$

定义样品热失重分解过程的任一时刻或者温度 T 时的转化百分率 α 为：

$$\alpha = \frac{m_0 - m_t}{m_0 - m_f} \tag{1-1}$$

式中，m_0、m_t 和 m_f 分别代表样品起始的质量、时间 t 或温度 T 时的样品质量和最终的残余质量；α 的数值介于 0～1 之间，该参数是用于表示非均相体系中热分解反应进展程度的物理量。上述热分解反应的快慢取决于反应速率常数 $k(T)$ 的大小，$k(T)$ 对于温度的依赖性通常认为遵守 Arrhenius 定律：

$$k(T) = A\exp\left(-\frac{E}{RT}\right) \tag{1-2}$$

式中，E 为热分解反应的活化能，J/mol；A 为频率因子或指前因子，min^{-1}；R 为普适气体常数，通常取值 8.314J/(mol·K)；T 为绝对温度，K。

在热分析动力学研究中，非均相的固体热分解反应体系，继续沿用等温均相体系中的一步反应动力学方程，其分解速率可表示为：

$$\frac{d\alpha}{dt} = k(T)f(\alpha) = A\exp\left(-\frac{E}{RT}\right)f(\alpha) \tag{1-3}$$

式中，$f(\alpha)$ 为由反应类型所决定的微分动力学机理函数。在线性升温条件下，升温速率（β）为 $\beta = dT/dt$，则式(1-3) 变化为：

$$\frac{d\alpha}{dT} = \left(\frac{A}{\beta}\right)\exp\left(-\frac{E}{RT}\right)f(\alpha) \tag{1-4}$$

公式(1-3) 和公式(1-4) 是基于物质热失重数据进行热分解动力学分析的两个基本微分方程。热分解动力学研究的任务就是设法获得公式(1-3) 和公式(1-4) 中表征某个热分解反应过程的“动力学三因子”：E、A 和 $f(\alpha)$，并以此来对热分解曲线进行拟合和预测，进而展开热分解过程的模拟设计与参数控制。从实验角度讲，目前的热分析方法有传统的等温方法和当前较为通行的非等温法之分。

1.3.1 等温法

等温法是指在某一特定温度下研究物质质量及其他受热敏感参数随时间变化情况。在等温条件下，对公式两边进行积分，可得

$$\ln t = \ln\left[\frac{G(\alpha)}{A}\right] + \frac{E}{RT} \tag{1-5}$$

注意到 t 是在不同温度下达到给定转化率所需的时间，因此在利用等温公式时，要求实验中获得至少 3 条等温热分解曲线。然后当转化率 α 介于 0.05～0.95 时，采用等转化率方法绘制等温条件下的 $\ln t - 1/T$ 线性图，由直线斜率和截距分别获得活化能和 $\ln[G(\alpha)/A]$。一旦明确了反应机理函数 $f(\alpha)$，则指前因子就可以求得。等温法涉及急速升高待测物温度至其热分解温度附近，对设备的精度要求较高，同时也可能导致较大的噪声。

1.3.2 非等温法

非等温法是指研究对象在非等温（通常是线性升温）条件下质量及其他受热敏感参数随

时间或温度变化的情况。较之等温分析法，非等温方法采用程序升温，快速简便，研发出许多数据分析包，已逐渐成为热分析动力学研究的主要手段。非等温法主要包括单一升温速率法、微分等转化率法和积分等转化率法。

(1) 单一升温速率法

单一升温速率法是指研究对象在单一升温速率下线性升温得到质量及其他受热敏感参数随时间或温度变化的情况。例如对于 MKN 类方程绘制 $\ln[G(\alpha)/T^{-1.9215}]$-$1/T$ 图，对于 C-R 类方程绘制 $\ln[G(\alpha)/T^2]$-$1/T$ 图；如果机理函数正确的话，那么将得到直线，然后根据所得直线的斜率和截距求得活化能和指前因子。

(2) 微分等转化率法

最常用的微分等转化率法就是 Friedman 方法，其表达式如下：

$$\ln\left(\frac{d\alpha}{dt}\right)=\ln[Af(\alpha)]-\frac{E}{RT} \tag{1-6}$$

Friedman 方程既可以用于等温热动力学分析，也可以用于不等温条件下的热动力学分析。在给定转化率 α 的条件下，活化能可以由 $\ln(d\alpha/dt)$-$1/T$ 直线的斜率计算得到。在非等温条件下，公式(1-6) 可以变换成如下的常用形式：

$$\ln\left[\beta\left(\frac{d\alpha}{dt}\right)\right]=\ln[Af(\alpha)]-\frac{E}{RT} \tag{1-7}$$

Friedman 方程的推导不涉及任何近似和假定，因而该方法适用于任何热分解情况的动力学分析。然而正如前面所述，这种微分等转化率方法受基线漂移的干扰影响非常显著，有可能使得所得数据既不准确也不精确。

除了 Friedman 方程之外，微分方法中还有一个著名的 Kissinger 方程，该方程可以由公式(1-3) 推导得到：

$$\ln\left(\frac{\beta}{T^2}\right)=\ln\left(-\frac{AR}{E}f'(\alpha)\right)-\frac{E}{RT} \tag{1-8}$$

于是，根据公式(1-8) 可知，需要得到至少三种不同升温速率下的热失重数据，并从热失重微分数据中得到 T，然后作 $\ln(\beta/T^2)$-$1/T$ 图，由直线斜率得到活化能。Kissinger 方程相对简单因而广泛用于活化能的计算。

(3) 积分等转化率法

在积分方法中，Flynn-Wall-Ozawa 法是一种最常用的等转化率方法，其方程如下：

$$\ln\beta=\ln\left[\frac{AE}{RG(\alpha)}\right]-5.331-1.0516\times\frac{E}{RT} \tag{1-9}$$

由公式(1-9) 可知，对于任何转化率 α 作 $\ln\beta$-$1/T$ 直线图，其斜率为 $-1.0516E/R$。显而易见，所得活化能和反应机理函数 $f(\alpha)$ 无关，但是要进一步求得指前因子，就必须先找到合适的 $f(\alpha)$。

1.4 卷烟加香方式

1.4.1 胶囊法

胶囊法滤棒加香，是采用具有特殊化学特性的高分子材料制成的小型球状体，将所需添加的香精香料包裹在内，形成一种具有半透膜或密封的胶囊后，再将胶囊植入滤嘴制得加香滤嘴。目前，已有许多关于爆珠对卷烟烟气、物理性能等方面影响的研究报道，张志刚等研究了胶囊法加香对滤棒、卷烟物理性能及卷烟主流烟气的影响，结果表明，爆珠破碎后导致卷烟吸阻及吸阻稳定性均明显降低，且主流烟气中总粒相物（TPM）含量上增加了

1.31mg/支，烟碱、焦油及CO在含量上均呈现出不同程度的增加。崔春等关于陈皮爆珠研究中的一系列数据表明，在卷烟滤嘴中植入陈皮胶囊后，滤棒及卷烟样品的多项物理指标例如总通风率、烟支重量及压降等均有所提高，且将胶囊进行破碎后，烟气中焦油、CO释放量均提高，而烟碱无明显变化。

1.4.2 烟丝加香法

吴启贤等通过气相色谱-质谱联用仪（GC/MS）测定4类罗汉果提取物的挥发性成分，用微量注射器将提取物注入烟支中，由评吸人员进行卷烟评吸试验，结果表明，鲜罗汉果提取物评吸效果优于干罗汉果提取物，水提物效果优于醇提物效果。韩宇等采用超声波溶剂提取法制得八仙果提取物，对其挥发性成分进行固相微萃取-气相色谱/质谱分析，并将提取物加入卷烟进行感官评吸，结果表明，八仙果提取物具有甜的膏香，略有凉感，能够提升卷烟香气丰富性和舒适性，具有改善烟气口感的作用，与烟香结合谐调，利于卷烟加香。刘金霞等采用超声波萃取法制备八角提取物，通过GC/MS分析其挥发性成分，共分离鉴定出27种有明显特征香气的物质，并将八角提取物加入卷烟中进行评吸，结果表明，八角提取物能丰满烟香，增加特殊的辛香和甜香，较为合适的用量为0.05mg/g。

1.4.3 丝束加香法

马宇平等将从茶叶中提取的香味物质溶于三乙酸甘油酯，制成含有茶叶香气提取物及茶多酚的新型滤嘴，并将其应用于金许昌卷烟，对照实验表明，新型滤嘴对于改善卷烟吸食品质、清除自由基以及其他有害成分都有着相当显著的效果。江苏中烟开发的薄荷香型梦都细支卷烟，把超凉薄荷香精加到甘油酯中，使卷烟保持了烤烟风格、香气高雅宜人、余味干净，薄荷的清凉与烟草的本香协调。Curran等分别比较了三乙酸甘油酯、三甘醇二乙酸酯、甘油、1,2-丙二醇作为薄荷醇溶剂和滤嘴增塑剂的不同效果并研究了这些溶剂对薄荷醇转移的影响。Yamaji等研究表明用高级脂肪酸的蔗糖酯溶解薄荷醇，然后将薄荷醇溶液随同甘油酯一起喷洒到丝束上，蔗糖酯黏度大、熔点高，能够在生产和储存过程中减缓香精香料的释放而在燃吸时将薄荷味释放出来。

1.4.4 香线法

香线法，是指先将经特殊处理后的棉线或合成纤维，在香精溶液中浸渍，在滤嘴成形过程中将该香线植入滤嘴丝束中。郭华诚等分析了香线薄荷型的加香卷烟特征成分及转移规律，数据表明：薄荷醇、薄荷酮和乙酸薄荷酯3种特征成分的滤嘴截留率均在80%以上，即香线法加香方式中大部分香味成分保留在滤嘴中。Bynre等把吸附了香精的香线放在滤嘴正中心来控制香精香料的释放，香线可以使用鲜明色彩的线给人以特殊外观，还可使用浸渍了不同香精的棉线来增强加香效果；菲尔创纳公司香线滤嘴和埋线滤嘴在丝束或者纸纤维中嵌入一根或数根浸渍过香精的细线，使香精可以均匀地扩散到整个滤嘴中，抽吸时烟气和香精能充分地混合。

1.5 加香卷烟香味成分的提取方法

1.5.1 溶剂萃取法

超声辅助溶剂萃取是利用超声波辐射产生的强烈空化效应、扰动效应、机械振动、高的加速度、击碎和搅拌等多种作用，增加了物质分子运动的频率和速度以及溶剂的穿透力，从而加速目标成分进入溶剂。李萌姗利用溶剂萃取法对水蒸气蒸馏法制备的烟草花蕾精油进行GC/MS分析，对挥发性成分进行分析，结果表明，烟草花蕾精油中含有大量的香味成分，如苯乙醇、柏木脑、2-正戊基呋喃、苯甲醛、苯乙醛、β-大马士酮、氧化石竹烯、γ-戊内酯、二氢猕猴桃内酯等。朱晓兰等采用正交实验方案探讨了加速溶剂萃取分离烟草香味物质的优化条件，比较了该方法与同时蒸馏萃取对分析结果的影响。结果表明，加速溶剂萃取简便、快速，易于操作，重复性令人满意，回收率在80.3%～106.4%，比同时蒸馏萃取法略好。

1.5.2 同时蒸馏萃取法

同时蒸馏萃取法是将水蒸气蒸馏和馏出液的溶剂萃取两步合二为一。该方法可减少实验步骤，节省萃取溶剂，近年来在烟草和植物香味物质提取方面得到较为广泛的应用。赵嘉幸等建立了酸性条件泡发、乙腈提取、无水 $MgSO_4$ 除水、GC-MS/MS 法同时测定烟草中 57 种关键酯类香味成分的分析方法，结果表明，所建方法准确度和灵敏度较高、操作简便，可满足烟草中酯类香味成分分析需要，在卷烟样品中共检出 31 种酯类香味成分。李桂花采用同时蒸馏萃取与气相色谱、气相色谱/质谱联用相结合，对河南、云南、安徽、四川、重庆、贵州、湖北、湖南、黑龙江、陕西等地的十种烟草中的挥发性、半挥发性成分进行了分析，共鉴定出芳樟醇、苯乙醇、巨豆三烯酮、十四酸、十六酸、亚油酸等 148 种香味成分。

1.5.3 吹扫捕集法

吹扫捕集技术是 20 世纪 70 年代发展起来的一种新型、高效的样品预处理技术，是指用流动气体将样品中的挥发性成分吹扫出来后用捕集器将吹扫出来的有机物吸附，随后经热解吸将样品送入气相色谱仪进行分析。该方法适用于浓度低、组分复杂、易挥发物质的检测，具有灵敏度高、富集效率高、受基体干扰小，且操作简单等优点。阎瑾等优化吹扫捕集条件，建立了测定烟支挥发性成分的吹扫捕集-气相色谱/质谱方法，并对 38 个卷烟样品中检出的 136 种成分进行了聚类分析。结果表明，在吹扫温度 60℃、吹扫时间 60min、解吸温度 190℃、吹扫流速 45mL/min 条件下实验结果较好，聚类分析显示，同一企业的样品较为相似，少数样品具有明显的自身特色。赖燕华等采用吹扫捕集-气相色谱/质谱法对 16 种卷烟样品的顶空香气成分进行了聚类分析和主成分分析。结果表明，同一品牌卷烟很好地聚成一类，不同品牌卷烟很好地相互区分。

1.5.4 固相微萃取法

顶空固相微萃取是一种操作极为简便的挥发性和半挥发性成分高效富集技术，操作过程中不消耗溶剂且前处理时间短，对成分的富集倍数可达 2～3 个数量级。目前该方法已广泛运用到烟草香味成分的检测中。杨艳芹等提出了微波辅助-顶空固相微萃取（MAE-HS-SPME)-气相色谱-质谱法测定不同产地烟草中挥发性成分。结果表明，MAE-HS-SPME 是一种简便、快速、高效、绿色环保的前处理技术，从四种产地的烟草中分别定性检出 24 种、28 种、27 种、24 种挥发性成分。刘嘉莉等建立了测定卷烟主流烟气粒相物中香味成分的顶空-固相微萃取-气相色谱-质谱（HS-SPME-GC/MS）方法，并采用该方法定量测定了卷烟主流烟气中 8 种香味成分的逐口释放量。

1.6 烟用香原料单体在卷烟中的转移行为研究

1.6.1 烟用香原料在加热卷烟中的转移行为研究

烟用香料按照来源可分为天然产物提取香料和人工合成香料，其中，天然产物提取香料又可分为烟草提取香料及非烟草天然产物提取香料。香精是指由两种及以上香料及一些辅料按一定比例调配而成的香料混合物。香精香料的添加根据其来源与香气特征，可起到补充衬托烟草本香、掩盖杂气、减少刺激、赋予卷烟特征香味等作用。除了常规的香精香料，近年来还研发了潜香物和微胶囊香精香料。郭林青等采用微胶囊技术提高薄荷类加热卷烟抽吸体验，探索微胶囊在加热卷烟中的应用效果，结果表明，微胶囊囊壁对囊芯材料起到相对的保护作用，香精物质的热稳定性得到提高；结合感官评价结果得出：微胶囊技术在感官上能够起到增加均匀性、持久性的作用。有专利采用特殊材料作为壁材，对薄荷型香精包埋，制备成烟用颗粒运用到加热卷烟中，实现不参与燃烧的卷烟增香、补香核心技术。叶荣飞等采用分子蒸馏技术对茉莉净油进行纯化分离获得轻组分Ⅰ和Ⅱ。采用气相色谱-质谱法分析茉莉净油及其分子蒸馏各馏分的主要成分，共鉴定出66种挥发性致香成分。轻组分Ⅰ具有清新的茉莉花香，微有果香；轻组分Ⅱ有茉莉样的特征香气，但主要表现为果香香韵。两种组分在加热空白卷烟中具有各自独特的应用效果。陈芝飞等考察了6种酮类香料向加热卷烟主流烟气的转移规律，结果表明香料的烟气总转移率与其分子量、结构、极性及滤嘴截留量直接相关。郑峰洋等研究了6种烤甜香香料在0.01%和0.05%添加量下向气溶胶中的逐口释放规律，实验表明0.05%添加量下逐口转移率稳定性明显优于0.01%添加量。

1.6.2 烟用香原料在传统卷烟中的转移行为研究

徐兰兰等建立了一种运用气相色谱-质谱联用技术（GC-MS）测定卷烟烟丝中微胶囊化后的薄荷香精实际含量的检测方法，考察了微胶囊化薄荷香精在卷烟烟丝中的储存稳定性及抽吸时在主流烟气中的转移率。结果表明，微胶囊化后的薄荷香精能够较稳定地进行控制释放。夏启东等建立了气相色谱-质谱联用技术同时测定卷烟烟丝中呋喃酮、异戊酸异戊酯、麦芽酚、薄荷醇、乙基麦芽酚和茴香脑等6种烟用加香目标物的检测方法。结果表明，该方法简便、灵敏度高、线性关系好，能满足同时测定烟丝中此6种加香目标物质的要求。罗浪锋等研究了2,4-癸二烯醛乙二醇缩醛单体外加透过烟气转移的抽吸效果，试验结果表明，该香味成分可以提高卷烟烟气协调性，降低杂气的刺激性，达到改善烟香以及余味的效果。

本章小结

由文献查阅可知，热重分析法以及卷烟加香在传统卷烟中已有较多研究，目前香精香料在从室温到加热卷烟加热温度范围内的热重分析以及在加香加热卷烟储存和抽吸期间的转移行为的规律尚不明确。因此，本文作者在调研企业在用及参考《烟草添加剂许可名录》的基础上，根据加热卷烟的特征和感官需求，研究烟用单体香原料从室温到加热卷烟适宜加热温度范围内的失重温度和失重速率，明确各香料单体的TG、DTG和DSC差异性，阐明香料单体的热失重行为；建立加热卷烟单体香原料分析方法，对单体香原料在再造烟叶烟丝的持留率、滤棒迁移率、主流烟气粒相转移率和滤棒截留率等进行研究，阐明单体香原料在加热卷烟中的释放行为，为量化香料单体在加热卷烟中的应用提供支撑；建立加热卷烟感官评价方法，评价香料单体对加热卷烟感官质量的影响趋势，可为加热卷烟的开发、维护和加工的深入研究提供重要的理论基础，也具有一定的应用价值。

第2章 香原料的热释放特性

加热卷烟通过加热元件在较低温度对烟草材料进行加热，减少了烟草中有害成分的释放，但同时亦带来香味不足、满足感不强等口感缺陷。卷烟加香是修饰加热卷烟口感的重要方法和手段，而作为加热卷烟加香的物质基础，香料单体在加热卷烟中的热释放行为直接决定了其应用效果。目前，国内外对于香料单体的热释放行为研究鲜有报道。因此，本文采用非等温热重法和差示扫描量热法对比分析了醇类、醛类、酚类、酸类、酮类、酯类、杂环类、醚类和酰胺类香料单体的 TG、DTG 和 DSC 曲线的差异性，并基于 Coats-Redfern 法分析了各香料单体动力学行为的差异性，阐明了各单体香原料的热失重行为。

2.1 实验材料与方法

2.1.1 材料与仪器

实验用到的主要仪器为耐驰 STA449F5 型同步热分析仪（德国耐驰公司）和 Q20 型差示扫描量热仪（美国 TA 公司）。

实验所用单体香原料基本信息如表 2-1 所示。

表 2-1 单体香原料样品基本信息

类别	序号	香原料名称	CAS 号	烟草许可名录
醇类	1	D,L-香茅醇	106-22-9	YQ 52-2015(100)
	2	香叶醇	106-24-1	YQ 52-2015(217)
	3	柏木醇	77-53-2	YQ 52-2015(82)
	4	肉桂醇	104-54-1	YQ 52-2015(91)
	5	橙花醇	106-25-2	YQ 52-2015(393)
	6	橙花叔醇	7212-44-4	YQ 52-2015(394)
	7	金合欢醇	4602-84-0	YQ 52-2015(205)
	8	茴香醇	105-13-5	YQ 52-2015(30)
	9	α-松油醇	98-55-5	YQ 52-2015(484)
	10	芳樟醇	78-70-6	YQ 52-2015(315)
	11	薄荷醇	89-78-1	YQ 52-2015(326)
醛类	12	胡椒醛	120-57-0	YQ 52-2015(447)
	13	香茅醛	106-23-0	YQ 52-2015(98)
	14	苯甲醛	100-52-7	YQ 52-2015(37)
	15	苯乙醛	122-78-1	YQ 52-2015(434)
	16	香兰素	121-33-5	YQ52-2015(511)

续表

类别	序号	香原料名称	CAS号	烟草许可名录
醛类	17	糠醛	98-01-1	YQ 52-2015(209)
	18	5-甲基糠醛	620-02-0	YQ 52-2015(376)
	19	2,6-二甲基-5-庚烯醛	106-72-9	YQ 53-2015(81)
	20	肉桂醛	104-55-2	YQ 52-2015(88)
	21	羟基香茅醛	107-75-5	YQ 52-2015(260)
	22	对甲氧基苯甲醛	123-11-5	YQ 52-2015(332)
	23	乙基香兰素	121-32-4	YQ 52-2015(193)
	24	邻甲氧基肉桂醛	1504-74-1	YQ 52-2015(333)
	25	2-羟基-4-甲基苯甲醛	698-27-1	YQ 52-2015(257)
酚类	26	愈创木酚	90-05-1	YQ 52-2015(230)
	27	4-乙基愈创木酚	2785-89-9	YQ 52-2015(170)
	28	异丁香酚	97-54-1	YQ52-2015(296)
	29	丁香酚	97-53-0	YQ 52-2015(203)
	30	2-甲氧基-4-乙烯基苯酚	7786-61-0	YQ 52-2015(338)
	31	百里香酚	89-83-8	YQ 52-2015(491)
	32	3,4-二甲基苯酚	95-65-8	YQ 52-2015(142)
	33	2,6-二甲氧基苯酚	91-10-1	YQ 53-2015(132)
酸类	34	壬酸	112-05-0	YQ 52-2015(402)
	35	2-甲基己酸	4536-23-6	YQ 52-2015(378)
	36	己酸	142-62-1	YQ 52-2015(243)
	37	庚酸	111-14-8	YQ 52-2015(234)
	38	丁酸	107-92-6	YQ 52-2015(67)
	39	乙酸	64-19-7	YQ 52-2015(2)
	40	丙酮酸	127-17-3	YQ 52-2015(460)
	41	肉豆蔻酸	544-63-8	YQ 52-2015(390)
	42	苯甲酸	65-85-0	YQ 52-2015(39)
	43	柠檬酸	77-92-9	YQ 52-2015(97)
	44	苹果酸	6915-15-7	YQ 52-2015(323)
	45	2-甲基戊酸	97-61-0	YQ 52-2015(380)
	46	肉桂酸	621-82-9	YQ 52-2015(89)
	47	异戊酸	503-74-2	YQ 52-2015(306)
	48	乳酸	50-21-5	YQ 52-2015(310)
酮类	49	α-鸢尾酮	79-69-6	YQ 52-2015(271)
	50	巨豆三烯酮	13215-88-8	YQ 53-2015(60)
	51	氧化异佛尔酮	1125-21-9	YQ 52-2015(309)
	52	苯乙酮	98-86-2	YQ 52-2015(5)
	53	对甲氧基苯乙酮	100-06-1	YQ 52-2015(331)
	54	4-甲基苯乙酮	122-00-9	YQ 52-2015(358)
	55	金合欢基丙酮	762-29-8	YQ 53-2015(45)
	56	乙偶姻	513-86-0	YQ52-2015(3)
	57	覆盆子酮	5471-51-2	YQ 52-2015(265)
	58	α-紫罗兰酮	127-41-3	YQ 52-2015(269)
	59	4-羟基-2,5-二甲基-3(2*H*)呋喃酮	3658-77-3	YQ 52-2015(137)
	60	4,5-二甲基-3-羟基-2,5-二氢呋喃-2-酮	28664-35-9	YQ 52-2015(136)
	61	2-壬酮	821-55-6	YQ 52-2015(403)
	62	6-甲基-3,5-庚二烯-2-酮	1604-28-0	YQ 52-2015(361)

续表

类别	序号	香原料名称	CAS 号	烟草许可名录
酮类	63	3-戊烯-2-酮	625-33-2	YQ 53-2015(21)
	64	乙基麦芽酚	4940-11-8	YQ 52-2015(179)
	65	麦芽酚	118-71-8	YQ 52-2015(324)
	66	2-辛酮	111-13-7	YQ 52-2015(414)
	67	2-十一酮	112-12-9	YQ 52-2015(505)
	68	2-庚酮	110-43-0	YQ 52-2015(235)
	69	薄荷酮	14073-97-3	YQ 52-2015(327)
	70	薄荷酮甘油缩酮	63187-91-7	YQ 53-2015(37)
	71	2-羟基-3,5,5-三甲基-2-环己烯-1-酮(烟酮)	4883-60-7	YQ 52-2015(264)
	72	甲基环戊烯醇酮(MCP)	80-71-7	—
酯类	73	异戊酸异戊酯	659-70-1	YQ 52-2015(279)
	74	乙酸香茅酯	150-84-5	YQ 52-2015(101)
	75	肉桂酸乙酯	103-36-6	YQ 52-2015(167)
	76	乙酸苯乙酯	103-45-7	YQ 52-2015(427)
	77	乳酸乙酯	97-64-3	YQ 52-2015(177)
	78	γ-己内酯	695-06-7	YQ 52-2015(240)
	79	γ-辛内酯	104-50-7	YQ 52-2015(410)
	80	γ-庚内酯	105-21-5	YQ 52-2015(233)
	81	γ-十一内酯	104-67-6	YQ 52-2015(503)
	82	γ-壬内酯	104-61-0	YQ 52-2015(400)
	83	γ-十二内酯	2305-05-7	YQ 52-2015(152)
	84	γ-癸内酯	706-14-9	YQ 52-2015(116)
	85	δ-十二内酯	713-95-1	YQ 52-2015(151)
	86	肉桂酸苄酯	103-41-3	YQ 52-2015(46)
	87	乙酸茴香酯	104-21-2	YQ 52-2015(29)
	88	乙酸橙花酯	141-12-8	YQ 52-2015(395)
	89	肉桂酸异戊酯	7779-65-9	YQ 52-2015(276)
	90	邻氨基苯甲酸甲酯	134-20-3	YQ 52-2015(342)
	91	异戊酸肉桂酯	140-27-2	YQ 52-2015(95)
	92	肉桂酸肉桂酯	122-69-0	YQ 52-2015(93)
	93	肉桂酸苯乙酯	103-53-7	YQ 52-2015(430)
	94	二氢茉莉酮酸甲酯	24851-98-7	YQ 52-2015(346)
	95	乙酸薄荷酯	16409-45-3	YQ 52-2015(328)
	96	丁酸正戊酯	540-18-1	YQ 52-2015(21)
	97	6-甲基香豆素	92-48-8	YQ 52-2015(373)
杂环类	98	3-乙基吡啶	536-78-7	YQ 52-2015(202)
	99	3,5-二甲基吡啶	591-22-0	YQ 52-2015(146)
	100	2-乙酰吡啶	1122-62-9	YQ 52-2015(10)
	101	2-异丁基-3-甲氧基吡嗪	24683-00-9	YQ 52-2015(291)
	102	2-乙酰吡咯	1072-83-9	YQ 52-2015(12)
	103	2,3,5-三甲基吡嗪	14667-55-1	YQ 52-2015(501)
	104	2,3-二甲基吡嗪	5910-89-4	YQ 52-2015(143)
	105	2-甲氧基吡嗪	3149-28-8	YQ 53-2015(13)
	106	2-乙酰吡嗪	22047-25-2	YQ 52-2015(9)
	107	2,6-二甲基吡嗪	108-50-9	YQ 52-2015(145)
	108	吲哚	120-72-9	YQ 52-2015(268)

续表

类别	序号	香原料名称	CAS号	烟草许可名录
杂环类	109	2-乙酰呋喃	1192-62-7	YQ 52-2015(8)
	110	2-乙酰噻唑	24295-03-2	YQ 52-2015(13)
	111	4-甲基-5-羟乙基噻唑	137-00-8	YQ 52-2015(263)
	112	2,3,5,6-四甲基吡嗪	1124-11-4	YQ 52-2015(490)
	113	2-乙基-3,5-二甲基吡嗪	13925-07-0	YQ 52-2015(195)
	114	2,3-二乙基-5-甲基吡嗪	18138-04-0	YQ 52-2015(124)
	115	2-乙基-3,6-二甲基吡嗪	13360-65-1	YQ 52-2015(196)
醚类	116	1,8-桉叶素	470-82-6	YQ 52-2015(87)
	117	异丁香酚甲醚	93-16-3	YQ 52-2015(297)
	118	丁香酚甲醚	93-15-2	YQ 52-2015(204)
	119	茴香醚	100-66-3	YQ 52-2015(28)
	120	对甲基苯甲醚	104-93-8	YQ 52-2015(341)
酰胺类	121	N,2,3-三甲基-2-异丙基丁酰胺(WS-23)	51115-67-4	YQ 53-2015(27)

2.1.2 热分析方法

称取8～10mg左右单体香原料样品置于坩埚内，采用STA449F5型同步热分析仪进行热重分析，采用Q20型差示扫描量热仪进行热效应分析。分析测试条件为：将样品从30℃以恒定升温速率（20℃/min）加热至500℃(TG)或400℃(DSC)，载气为氮气，载气流量为70mL/min，记录样品热失重和热效应曲线。

根据热重（TG）曲线及微分热重（DTG）曲线，利用综合热解指数（comprehensive pyrolysis index，CPI）表征各反应条件下样品的热解特性，CPI计算公式如下：

$$\mathrm{CPI}=\frac{\mathrm{DTG_{max}}}{T_{\max}\times(T_f-T_i)} \quad (2\text{-}1)$$

式中，$\mathrm{DTG_{max}}$和$T_{\max}$分别为最大失重速率（%/min）及最大失重速率温度（℃）；T_i和T_f分别为由TG-DTG切线法获得的挥发分起始析出温度和终止温度。

2.1.3 热失重动力学分析

单体香原料的热失重反应速率与温度间符合Arrhenius定律，反应速率方程：可由下式表示：

$$\frac{\mathrm{d}\alpha}{\mathrm{d}T}=kf(\alpha)=\frac{A}{\beta}\exp\left(-\frac{E}{RT}\right)(1-\alpha)^n \quad (2\text{-}2)$$

式中，A为指前因子，min^{-1}；β为升温速率，K/min；E为反应活化能，kJ/mol；R为气体常数，8.314J/(mol·K)；T为绝对温度，K；n为反应级数；α为单体香原料热解转化率。

利用Coats-Redfern法对式(2-2)进行动力学近似法处理，经积分整理后得：

$$\ln\left[\frac{G(\alpha)}{T^2}\right]=\ln\left[\frac{AR}{\beta E}\left(1-\frac{2RT}{E}\right)\right]-\frac{E}{RT} \quad (2\text{-}3)$$

式中，$G(\alpha)$为反应机理函数$f(\alpha)$的积分形式，且RT/E通常≪1，则单体香原料样品的热失重反应机理方程可简化为：

$$\ln\left[\frac{G(\alpha)}{T^2}\right]=\ln\frac{AR}{\beta E}-\frac{E}{RT} \quad (2\text{-}4)$$

根据式(2-4)，选择合适的反应机理函数$G(\alpha)$，如表2-2所示，将$\ln[G(\alpha)/T^2]$与$1/T$作图，根据曲线斜率及截距可确定反应活化能E及指前因子A。

进一步，样品热失重过程中的焓变（ΔH）、吉布斯自由能（ΔG）及熵变（ΔS）等热力学参数可根据如下等式计算：

$$\Delta H = E - RT_{\max} \tag{2-5}$$

$$\Delta G = E + RT_{\max}\ln\left(\frac{K_B T_{\max}}{hA}\right) \tag{2-6}$$

$$\Delta S = \frac{\Delta H - \Delta G}{T_{\max}} \tag{2-7}$$

式中，K_B 为玻尔兹曼常数，1.381×10^{-26} kJ/K；h 为普朗克常数，6.6261×10^{-37} kJ·s。

表 2-2　常用的动力学机理函数

控制机制	反应模型	$G(\alpha)$	$f(\alpha)$
扩散模型	一维扩散(D1)	α^2	$\frac{1}{2}\alpha^{-1}$
	二维扩散(D2)	$\alpha+(1-\alpha)\ln(1-\alpha)$	$[\ln(1-\alpha)]^{-1}$
	三维扩散(D3)	$[1-(1-\alpha)^{\frac{1}{3}}]^2$	$\frac{3}{2}(1-\alpha)^{\frac{2}{3}}[1-(1-\alpha)^{\frac{1}{3}}]^{-1}$
化学反应控制	1级反应(F1)	$-\ln(1-\alpha)$	$1-\alpha$
	1.5级反应(F1.5)	$2[(1-\alpha)^{-\frac{1}{2}}]-2$	$(1-\alpha)^{\frac{3}{2}}$
	2级反应(F2)	$(1-\alpha)^{-1}$	$(1-\alpha)^2$
相边界反应	平板对称(R1)	α	1
	圆柱对称(R2)	$1-(1-\alpha)^{\frac{1}{2}}$	$2(1-\alpha)^{\frac{1}{2}}$
	球形对称(R3)	$1-(1-\alpha)^{\frac{1}{3}}$	$3(1-\alpha)^{\frac{2}{3}}$

2.2　结果与讨论

2.2.1　醇类香原料的热失重及动力学行为分析

(1) 醇类香料单体的失重特性分析

将醇类香料以 20℃/min 的升温速率从 30℃加热至 500℃，记录样品热失重曲线，结果如图 2-1 所示。由图可知，D,L-香茅醇、香叶醇、柏木醇、肉桂醇、橙花醇、金合欢醇、茴香醇、α-松油醇、芳樟醇和薄荷醇仅有一个主要失重峰，橙花叔醇有两个主要失重峰。这说明大多醇类香料在加热过程中是由于蒸发造成的失重，而橙花叔醇则发生了分解。D,L-香茅醇、香叶醇、金合欢醇和芳樟醇开始有一个较小的失重峰，这可能是由溶剂挥发引起的。

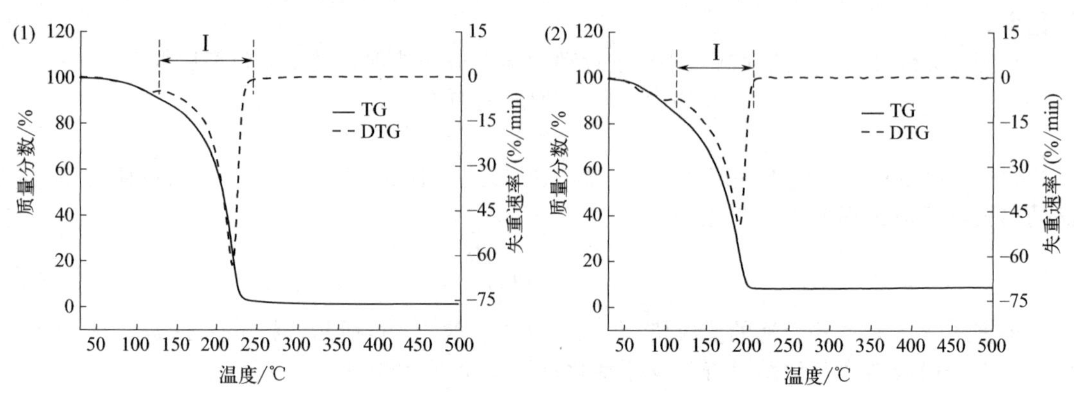

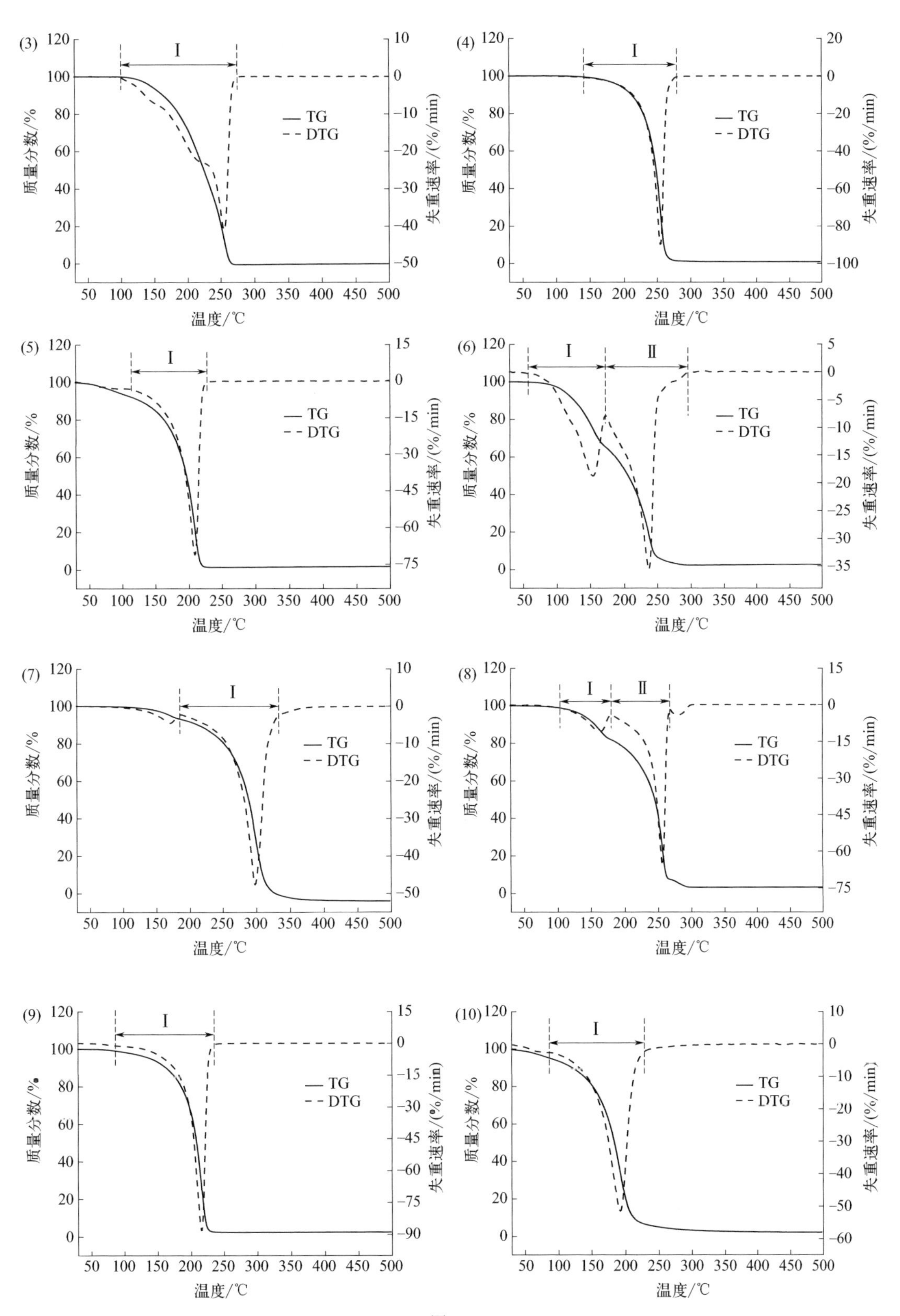

图 2-1

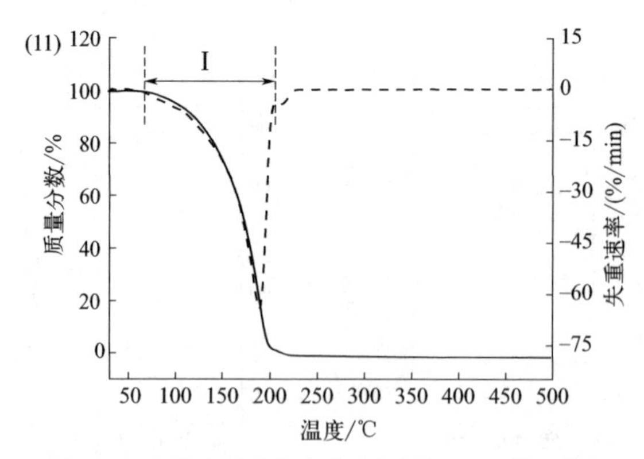

图 2-1 醇类香料在氮气氛围下的 TG-DTG 曲线

(1) D,L-香茅醇；(2) 香叶醇；(3) 柏木醇；(4) 肉桂醇；(5) 橙花醇；(6) 橙花叔醇；(7) 金合欢醇；(8) 茴香醇；(9) α-松油醇；(10) 芳樟醇；(11) 薄荷醇

Ⅰ、Ⅱ表示主要失重阶段，下文同

表 2-3 总结了各醇类香料在相应热解条件下失重区间的温度范围及失重率。由表可知，各醇类香料在其失重区间的失重率大多在 90%以上。其中柏木醇和茴香醇在其失重区间的失重范围最广，失重率最大，这说明两者在加热卷烟中的缓释效果较好，且释放彻底。

表 2-3 各醇类香料在相应热解条件下失重区间的温度范围及失重率

序号	样品	失重阶段	失重区间/℃	失重率/%
1	D,L-香茅醇	阶段Ⅰ	132.53～241.63	87.15
2	香叶醇	阶段Ⅰ	112.04～212.06	76.55
3	柏木醇	阶段Ⅰ	98.20～265.44	99.81
4	肉桂醇	阶段Ⅰ	139.42～278.60	98.22
5	橙花醇	阶段Ⅰ	111.35～230.64	90.97
6	橙花叔醇	阶段Ⅰ	57.62～172.07	34.32
		阶段Ⅱ	172.07～297.96	63.15
7	金合欢醇	阶段Ⅰ	190.52～326.80	92.49
8	茴香醇	阶段Ⅰ	102.73～179.19	16.87
		阶段Ⅱ	179.19～297.88	79.03
9	α-松油醇	阶段Ⅰ	88.47～236.33	96.12
10	芳樟醇	阶段Ⅰ	86.23～228.36	88.83
11	薄荷醇	阶段Ⅰ	68.36～205.54	98.12

采用 TG-DTG 切线法求得各醇类香料单体的 T_{max}、DTG_{max}、T_i 和 T_f，并根据公式 (2-1) 计算 CPI 值，结果如表 2-4 所示。DTG_{max} 越大，热解时香料的释放就越剧烈；T_i 越小，香料的释放就越早，越容易析出；T_i 和 T_f 的差值与 T_{max} 越小，总体失重反应过程的进行就越集中，有利于热解反应较快地完成；残留率表示香料热解反应的完成程度，残留率越小说明热解反应越彻底。因而综合热解特性指数 CPI 的大小能较好地表征香料热失重的难易程度，CPI 越大，香料的析出特性越好，热解反应越容易进行。

由表 2-4 可知，各醇类香料中金合欢醇的 T_i 和 T_f 均较高，分别为 268.84℃ 和 312.43℃，说明金合欢醇在加热过程中不易释放，添加到加热卷烟中释放较慢；香叶醇和薄荷醇的 T_i、T_f 和 T_{max} 均较低，说明两者在加热过程中更易释放，添加到加热卷烟中会释放较早；α-松油醇和肉桂醇的 DTG_{max} 最大，分别为 88.55%/min 和 88.96%/min，说明两者在加热过程中释放剧烈，添加到加热卷烟中释放集中，缓释效果较差。进一步求得各醇类香料单体的综合热解指数 CPI，其中肉桂醇和 α-松油醇的 CPI 值较高，分别为 14.80×10^{-3}%/(min·℃^{2}) 和 15.09×10^{-3}%/(min·℃^{2})，说明两者的析出特性相对较好，热解反应较容易进行。柏木醇、橙花叔醇和金合欢醇的 CPI 值较低，分别为 2.84×10^{-3}%/(min·℃^{2})、1.16×10^{-3}%/(min·℃^{2}) 和 3.66×10^{-3}%/(min·℃^{2})，说明三者的析出特性相对较差，热解反应较难进行。

表 2-4 各醇类香料单体的失重特征参数

序号	样品	T_i /℃	T_{max} /℃	DTG_{max} /(%/min)	T_f /℃	CPI /[$\times10^{-3}$%/(min·℃^{2})]	残留率 /%
1	D,L-香茅醇	191.46	220.15	63.03	228.46	7.70	1.40
2	香叶醇	157.70	190.08	49.68	198.27	6.40	8.68
3	柏木醇	206.80	254.83	40.09	262.23	2.84	0.16
4	肉桂醇	237.93	254.12	88.96	261.51	14.80	0.91
5	橙花醇	181.98	209.26	70.65	215.85	9.97	1.63
6	橙花叔醇	118.74	237.23	35.34	247.52	1.16	2.61
7	金合欢醇	268.84	297.64	47.55	312.43	3.66	0.23
8	茴香醇	232.04	256.32	65.27	263.01	8.22	3.43
9	α-松油醇	195.37	215.85	88.55	222.55	15.09	2.61
10	芳樟醇	163.55	192.32	50.65	206.75	6.10	2.14
11	薄荷醇	155.27	188.79	63.61	198.48	7.80	0.04

（2）醇类香料单体的动力学分析

对各醇类香料样品的主要热解阶段进行动力学分析，采用基于单一升温速率的 Coats-Redfern 法获得了各失重阶段的动力学机理函数，对于各样品而言，经机理函数拟合筛选，确定反应模型 D3 和 F1.5 可较好地描述各醇类香料单体的热解过程，同时也有少量样品的热解过程符合反应模型 D1、D2 和 F1，各样品拟合方程、相关系数及热动力学参数列于表 2-5。

由表 2-5 可知，各醇类香料中金合欢醇的反应活化能 E 最高，这表明金合欢醇分子从常态转变为容易发生化学反应的活跃状态所需要的能量较高，同时导致金合欢醇的沸点和起始分解温度较高。各醇类香料中肉桂醇的指前因子 A 最大，指前因子表示分子参加化学反应的速率，越大的指前因子表明在相同温度下样品的反应速率越快，这与表 2-4 中肉桂醇的失重速率较大相一致。

进一步计算并比较了各样品在相应热解条件下的热力学参数，见表 2-5。焓变 ΔH 表明单位质量样品通过热解转化为各种产物所消耗的总能量，各醇类香料单体的 ΔH 介于 67.8922～190.2752kJ/mol 之间，其中金合欢醇的 ΔH 最高，为 190.2752kJ/mol，这表明金合欢醇的热解反应消耗最多能量。各醇类香料单体的 ΔG 介于 86.3986～127.9707kJ/mol，其中金合欢醇的 ΔG 最大，为 127.9707kJ/mol，这表明金合欢醇从外界吸收的能量最大。基于 Coats-Redfern 法计算得到各醇类香料单体的 ΔS 有正值也有负值，ΔS 为负值，表示在热解过程中产物的键解离复杂程度低于初始反应物，而较低的 ΔS 意味着单体香原料的热解处于接近其热力学平衡状态。

表 2-5 各醇类香料在失重区间的分解热动力学参数汇总

序号	样品	阶段	反应模型	拟合方程	R^2	E /(kJ/mol)	A /min^{-1}	ΔH /(kJ/mol)	ΔG /(kJ/mol)	ΔS /(kJ/mol)
1	D,L-香茅醇	阶段Ⅰ	D3	$y=-20442.71x+27.18$	0.9695	169.9607	2.60×10^{17}	165.8594	107.3923	0.1185
2	香叶醇	阶段Ⅰ	D3	$y=-16193.14x+21.10$	0.9680	134.6297	4.73×10^{14}	130.7784	99.9414	0.0666
3	柏木醇	阶段Ⅰ	F1.5	$y=-8693.99x+5.21$	0.9376	72.2819	3.19×10^{7}	67.8922	105.7914	−0.0718
4	肉桂醇	阶段Ⅰ	D2	$y=-21751.28x+27.39$	0.9799	180.8402	3.43×10^{17}	176.4564	113.0432	0.1203
5	橙花醇	阶段Ⅰ	D3	$y=-18689.54x+24.62$	0.9729	155.3849	1.83×10^{16}	151.3741	104.7516	0.0966
6	橙花叔醇	阶段Ⅰ	F1	$y=-8633.97x+8.53$	0.9814	71.7828	8.73×10^{8}	68.2307	86.3986	−0.0425
		阶段Ⅱ	F1.5	$y=-15351.30x+18.41$	0.9753	127.6308	3.04×10^{13}	123.3875	101.4612	0.0430
7	金合欢醇	阶段Ⅰ	D3	$y=-23456.9x+26.06$	0.9707	195.0207	9.77×10^{16}	190.2752	127.9707	0.1092
8	茴香醇	阶段Ⅱ	F1	$y=-13627.09x+13.39$	0.9738	113.2957	1.78×10^{11}	108.8936	108.9373	−0.0001
9	α-松油醇	阶段Ⅰ	D1	$y=-14010.00x+15.38$	0.9761	116.4791	1.34×10^{12}	112.4136	103.9356	0.0173
10	芳樟醇	阶段Ⅰ	D3	$y=-14524.91x+16.62$	0.9781	120.7601	4.81×10^{12}	116.8902	103.6752	0.0284
11	薄荷醇	阶段Ⅰ	D3	$y=-14009.61x+16.48$	0.9589	116.4759	4.01×10^{12}	112.6353	100.1921	0.0269

(3) 醇类香料加热过程的热效应分析

DSC 的基本原理是利用样品在加热或冷却过程中发生的熔化、凝固、晶型转变、分解、化合、吸附、脱附等物理化学变化，以及因这些变化引起的体系热容的改变产生的热效应，其表现为该物质与外界环境之间有温度差。DSC 是在程序控制温度条件下，测量输入到试样和参比物的功率差（如以热的形式）与温度的关系，获得的 DSC 曲线是以温度 T 或时间 t 为横坐标，以样品吸热或放热的速率，即热流率 dH/dt 为纵坐标的曲线，曲线上每一个峰均与对应的物理化学变化过程相关；另外，样品结构及状态的改变也会影响热力学和动力学参数，因此通过测量热力学和动力学参数变化情况，可以获得样品结构和理化性质变化信息。

各醇类香料单体的 DSC 曲线见图 2-2，通过 TA Universal Analysis 软件的水平 S 形曲线峰值积分获得的各醇类香料单体的 DSC 曲线参数见表 2-6。由图和表可知，各醇类香料单体的 DSC 曲线在刚开始有一个明显的下降趋势，这是由于将样品盘和参比盘加热到相同温度所输入的功率不同导致的。随着温度的升高，曲线无明显变化，当升高到一定温度，出现一个明显的吸热或放热峰，这是由于样品蒸发吸收大量的热或热解放出大量的热。最后由于样品盘中的样品已蒸发或热解，DSC 曲线趋于平缓并趋近于 0。各醇类香料均呈现出一个明显的吸热峰，焓变位于 170.20～361.60J/g 之间，这表明大多香料均以原型蒸发为主。其中柏木醇和薄荷醇具有两个明显的吸热峰，这是由于柏木醇和薄荷醇常温状态下为固体，在加热过程中经历了熔融和蒸发两个阶段吸收大量热量。同时，金合欢醇具有一个较小的放热峰，这说明金合欢醇在加热过程中发生了部分热解。

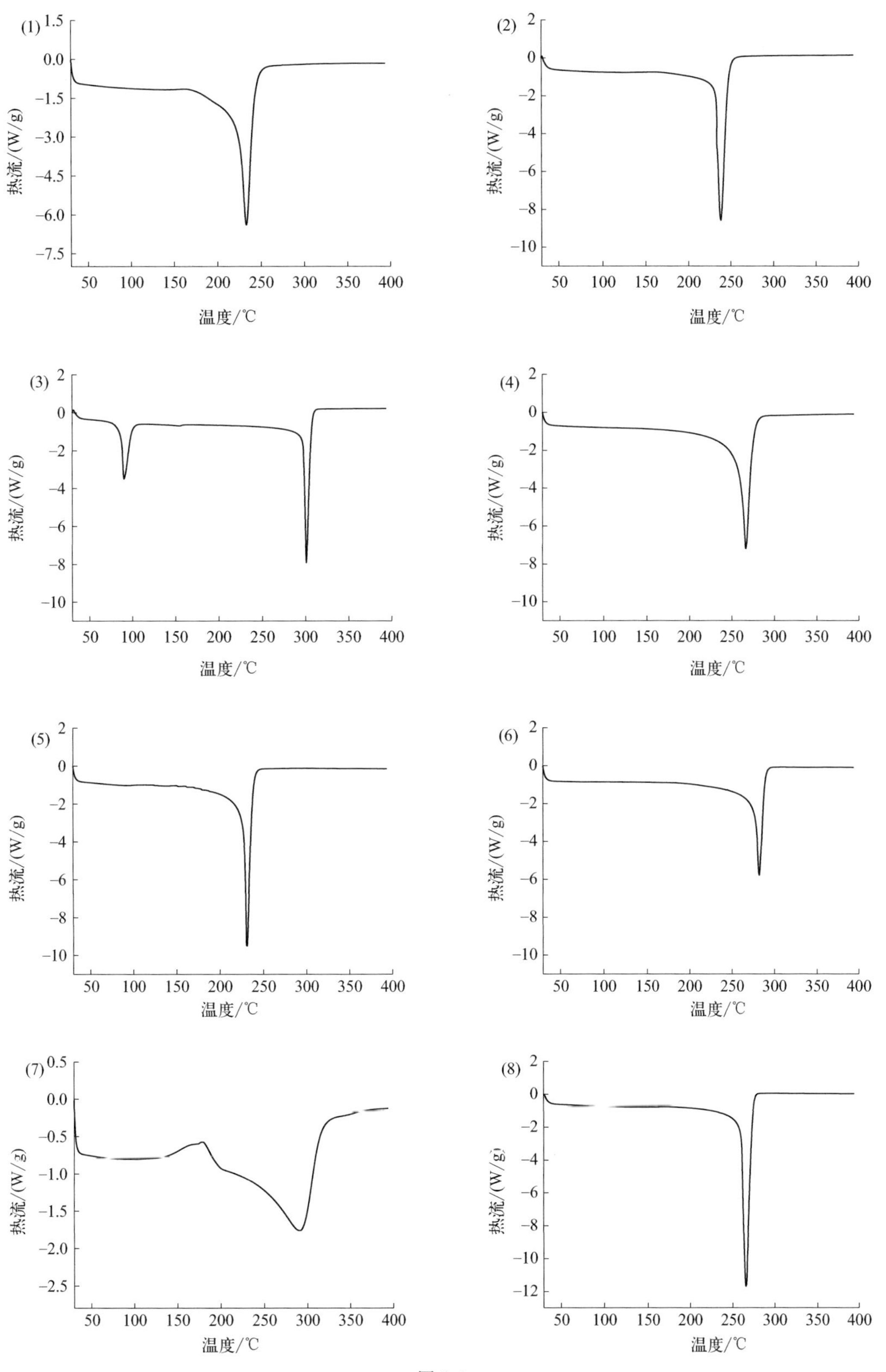

(1)
热流/(W/g)
1.5
0.0
−1.5
−3.0
−4.5
−6.0
−7.5
50 100 150 200 250 300 350 400
温度/℃
(2)
热流/(W/g)
2
0
−2
−4
−6
−8
−10
50 100 150 200 250 300 350 400
温度/℃
(3)
热流/(W/g)
2
0
−2
−4
−6
−8
−10
50 100 150 200 250 300 350 400
温度/℃
(4)
热流/(W/g)
2
0
−2
−4
−6
−8
−10
50 100 150 200 250 300 350 400
温度/℃
(5)
热流/(W/g)
2
0
−2
−4
−6
−8
−10
50 100 150 200 250 300 350 400
温度/℃
(6)
热流/(W/g)
2
0
−2
−4
−6
−8
−10
50 100 150 200 250 300 350 400
温度/℃
(7)
热流/(W/g)
0.5
0.0
−0.5
−1.0
−1.5
−2.0
−2.5
50 100 150 200 250 300 350 400
温度/℃
(8)
热流/(W/g)
2
0
−2
−4
−6
−8
−10
−12
50 100 150 200 250 300 350 400
温度/℃

图 2-2

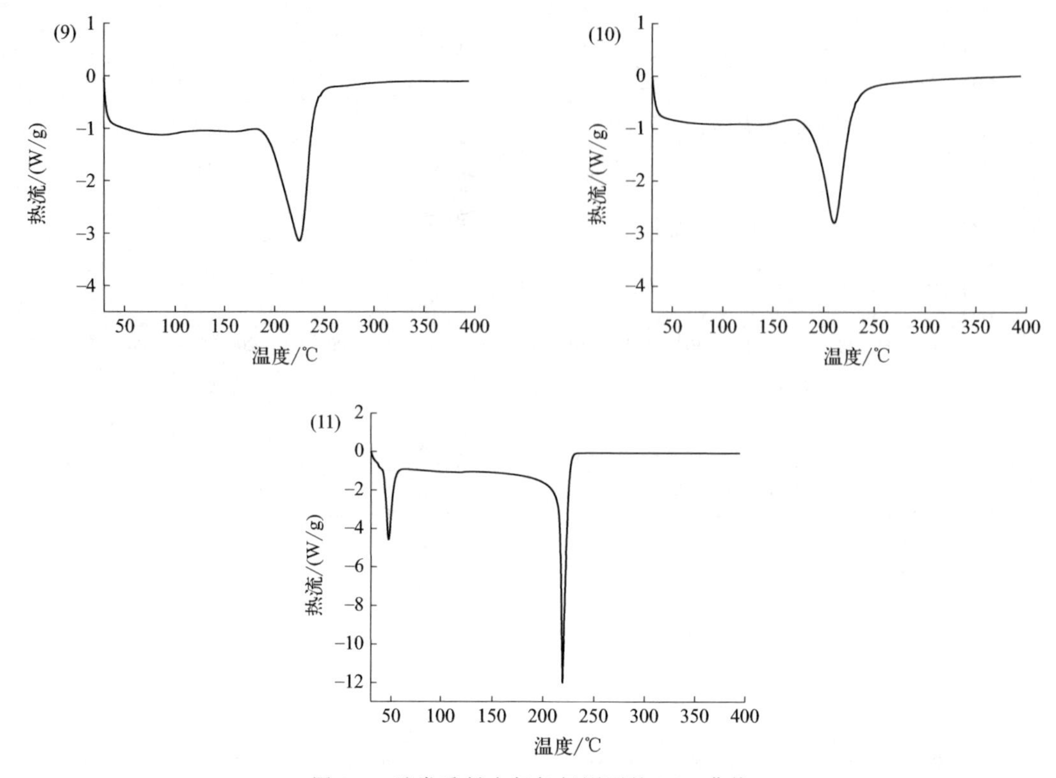

图 2-2 醇类香料在氮气氛围下的 DSC 曲线

(1) D,L-香茅醇；(2) 香叶醇；(3) 柏木醇；(4) 肉桂醇；(5) 橙花醇；(6) 橙花叔醇；(7) 金合欢醇；(8) 茴香醇；(9) α-松油醇；(10) 芳樟醇；(11) 薄荷醇

表 2-6 各醇类香料加热过程的 DSC 曲线参数

序号	样品	峰 1		峰 2	
		峰值温度/℃	焓变/(J/g)	峰值温度/℃	焓变/(J/g)
1	D,L-香茅醇	233.03	361.60	—	—
2	香叶醇	237.96	350.50	—	—
3	柏木醇	90.33	77.78	301.04	170.20
4	肉桂醇	267.14	350.40	—	—
5	橙花醇	231.24	278.50	—	—
6	橙花叔醇	282.42	312.40	—	—
7	金合欢醇	179.68	−41.13	292.10	212.60
8	茴香醇	259.88	336.00	—	—
9	α-松油醇	224.90	209.40	—	—
10	芳樟醇	210.90	171.80	—	—
11	薄荷醇	47.57	72.18	219.31	353.00

2.2.2 醛类香原料的热失重及动力学行为分析

(1) 醛类香料单体的失重特性分析

将醛类香料以 20℃/min 的升温速率从 30℃加热至 500℃，记录样品热失重曲线，结果如图 2-3 所示。由图可知，胡椒醛、香茅醛、苯甲醛、苯乙醛、香兰素、糠醛、5-甲基糠

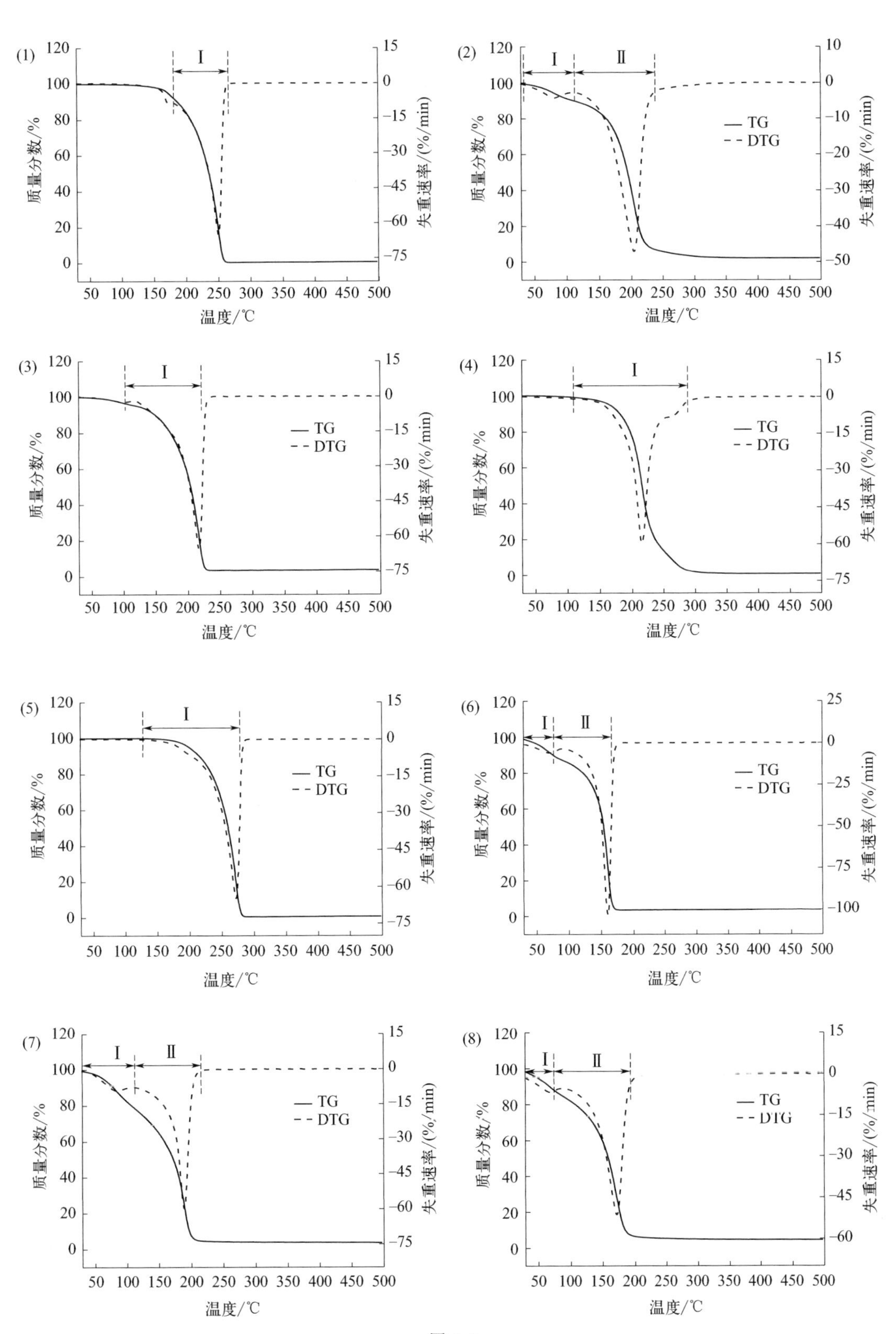

图 2-3

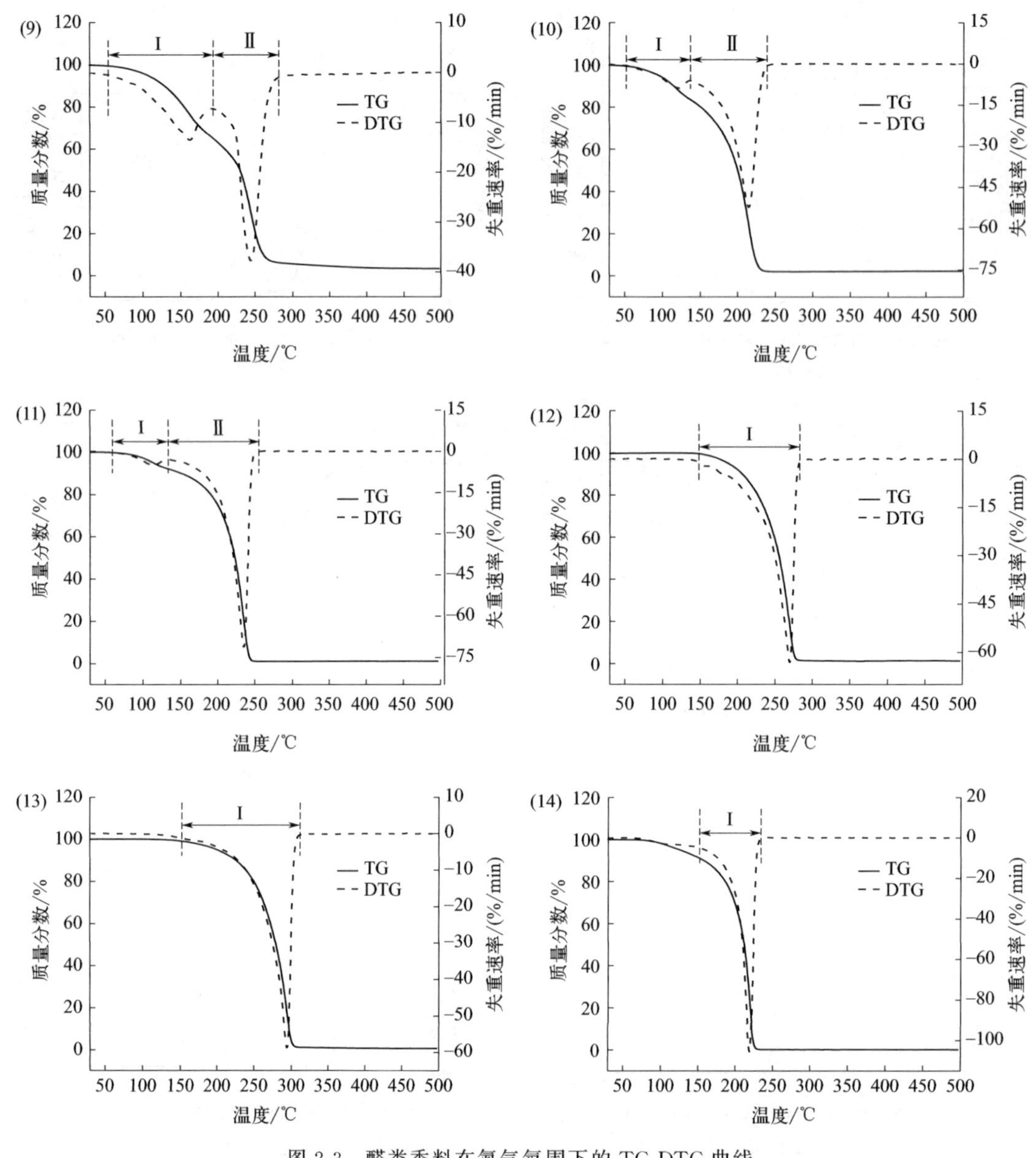

图 2-3 醛类香料在氮气氛围下的 TG-DTG 曲线

(1) 胡椒醛；(2) 香茅醛；(3) 苯甲醛；(4) 苯乙醛；(5) 香兰素；(6) 糠醛；(7) 5-甲基糠醛；
(8) 2,6-二甲基-5-庚烯醛；(9) 肉桂醛；(10) 羟基香茅醛；(11) 对甲氧基苯甲醛；
(12) 乙基香兰素；(13) 邻甲氧基肉桂醛；(14) 2-羟基-4-甲基苯甲醛

醛、2,6-二甲基-5-庚烯醛、羟基香茅醛、对甲氧基苯甲醛、乙基香兰素、邻甲氧基肉桂醛和2-羟基-4-甲基苯甲醛仅有一个主要失重峰，肉桂醛有两个主要失重峰。这说明大多醛类香料在加热过程中是由于蒸发造成的失重，而肉桂醛则发生了分解。部分醛类的 DTG 曲线开始有一个较小的失重峰，这可能是由溶剂挥发引起的。

表 2-7 总结了各醛类香料在相应热解条件下失重区间的温度范围及失重率。由表可知，各醛类香料在其失重区间的失重率大多在 90%以上。其中肉桂醛在其主要失重阶段的失重范围最广，为 53.06～287.19℃，失重率较高，为 93.15%，这说明肉桂醛在加热卷烟中的缓释效果较好，且释放彻底。

表 2-7 各醛类香料在相应热解条件下失重区间的温度范围及失重率

序号	样品	失重阶段	失重区间/℃	失重率/%
1	胡椒醛	阶段Ⅰ	179.78～267.41	91.67
2	香茅醛	阶段Ⅰ	33.03～113.12	9.67
		阶段Ⅱ	113.12～238.73	86.66
3	苯甲醛	阶段Ⅰ	118.04～238.73	91.70
4	苯乙醛	阶段Ⅰ	125.73～297.28	96.97
5	香兰素	阶段Ⅰ	141.22～290.99	99.20
6	糠醛	阶段Ⅰ	30.00～93.36	12.44
		阶段Ⅱ	93.36～179.19	21.30
7	5-甲基糠醛	阶段Ⅰ	30.00～113.79	73.85
		阶段Ⅱ	113.79～218.81	73.85
8	2,6-二甲基-5-庚烯醛	阶段Ⅰ	30.00～91.03	14.44
		阶段Ⅱ	91.03～209.81	77.98
9	肉桂醛	阶段Ⅰ	53.06～193.94	34.49
		阶段Ⅱ	193.94～287.19	58.66
10	羟基香茅醛	阶段Ⅰ	52.96～137.32	15.87
		阶段Ⅱ	137.32～244.34	80.60
11	对甲氧基苯甲醛	阶段Ⅰ	58.17～137.17	8.26
		阶段Ⅱ	137.17～251.47	91.21
12	乙基香兰素	阶段Ⅰ	149.04～283.33	98.00
13	邻甲氧基肉桂醛	阶段Ⅰ	151.06～309.58	97.97
14	2-羟基-4-甲基苯甲醛	阶段Ⅰ	151.66～231.63	90.84

采用 TG-DTG 切线法求得各醛类香料单体的 T_{max}、DTG_{max}、T_i 和 T_f，结果见表 2-8。由表 2-8 可知，各醛类香料中邻甲氧基肉桂醛的 T_i、T_f 和 T_{max} 均较高，分别为 265.05℃、299.78℃和 293.83℃，说明邻甲氧基肉桂醛在加热过程中不易释放，添加到加热卷烟中释放较慢；糠醛和 5-甲基糠醛的 T_i、T_f 和 T_{max} 均较低，说明两者在加热过程中更易释放，添加到加热卷烟中会释放较早；糠醛和 2-羟基-4-甲基苯甲醛的 DTG_{max} 最大，分别为 102.44%/min 和 105.36%/min，说明两者在加热过程中释放剧烈，添加到加热卷烟中释放集中，缓释效果较差。进一步求得各醛类香料单体的综合热解指数 CPI，见表 2-8。其中糠醛和 2-羟基-4-甲基苯甲醛的 CPI 值较高，分别为 31.22×10^{-3}%/(min·℃^{2}) 和 21.04×10^{-3}%/(min·℃^{2})，说明两者的析出特性相对较好，热解反应较容易进行；肉桂醛的 CPI 值较低，为 1.07×10^{-3}%/(min·℃^{2})，说明肉桂醛的析出特性相对较差，热解反应较难进行。

表 2-8 各醛类香料单体的失重特征参数

序号	样品	T_i /℃	T_{max} /℃	DTG_{max} /(%/min)	T_f /℃	CPI /[$\times10^{-3}$%/(min·℃^{2})]	残留率 /%
1	胡椒醛	221.75	250.52	64.59	257.12	7.29	0.91
2	香茅醛	169.63	203.93	46.89	219.47	4.61	1.63
3	苯甲醛	189.07	216.65	64.62	223.95	8.55	4.05
4	苯乙醛	195.97	215.15	59.13	237.23	6.66	0.68
5	香兰素	246.03	274.80	64.41	277.70	7.40	0.91
6	糠醛	145.87	160.63	102.44	166.30	31.22	3.82
7	5-甲基糠醛	159.75	189.28	60.19	199.82	7.94	4.28
8	2,6-二甲基-5-庚烯醛	149.20	173.73	50.56	183.50	8.48	4.54
9	肉桂醛	117.23	244.78	37.61	260.32	1.07	3.33
10	羟基香茅醛	84.81	215.36	51.47	226.02	8.54	0.91
11	对甲氧基苯甲醛	211.26	236.68	70.37	241.56	9.81	1.40
12	乙基香兰素	240.82	268.99	62.96	275.55	6.74	1.28
13	邻甲氧基肉桂醛	265.05	293.83	58.47	299.78	5.73	0.59
14	2-羟基-4-甲基苯甲醛	201.51	218.57	105.36	224.42	21.04	0.11

(2) 醛类香料单体的动力学分析

对各醛类香料样品的主要热解阶段进行动力学分析，采用基于单一升温速率的Coats-Redfern法获得了各失重阶段的动力学机理函数，对于各样品而言，经机理函数拟合筛选，确定反应模型D3可较好地描述各醛类香料单体的热解过程，同时也有少量样品的热解过程符合反应模型F1、F1.5和D2，各样品拟合方程、相关系数及热动力学参数列于表2-9。

由表2-9可知，各醛类香料中2-羟基-4-甲基苯甲醛的反应活化能E最高，这表明2-羟基-4-甲基苯甲醛分子从常态转变为容易发生化学反应的活跃状态所需要的能量较高。同时，2-羟基-4-甲基苯甲醛的指前因子A最大，指前因子表示分子参加化学反应的速率，越大的指前因子表明在相同温度下样品的反应速率越快，这与表2-8中2-羟基-4-甲基苯甲醛的失重速率较大相一致。

进一步计算并比较了各样品在相应热解条件下的热力学参数，见表2-9。焓变ΔH表明单位质量样品通过热解转化为各种产物所消耗的总能量，各醛类香料单体的ΔH介于68.5791～242.8450kJ/mol之间，其中2-羟基-4-甲基苯甲醛的ΔH最高，为242.8450kJ/mol，这表明2-羟基-4-甲基苯甲醛的热解反应消耗最多能量。各醛类香料单体的ΔG介于90.8176～120.9602kJ/mol，其中邻甲氧基肉桂醛的ΔG最大，为120.9602kJ/mol，这表明邻甲氧基肉桂醛从外界吸收的能量最大。基于Coats-Redfern法计算得到各醛类香料单体的ΔS有正值也有负值，ΔS为负值，表示在热解过程中产物的键解离复杂程度低于初始反应物，而较低的ΔS意味着单体香原料的热解处于接近其热力学平衡状态。

表2-9 各醛类香料在失重区间的分解热动力学参数汇总

序号	样品	阶段	反应模型	拟合方程	R^2	E/(kJ/mol)	A/min^{-1}	ΔH/(kJ/mol)	ΔG/(kJ/mol)	ΔS/(kJ/mol)
1	胡椒醛	阶段Ⅰ	D3	$y=-28505.35x+40.41$	0.9677	236.9935	2.02×10^{23}	232.6397	111.7992	0.2308
2	香茅醛	阶段Ⅱ	F1.5	$y=-9355.18x+7.38$	0.9771	77.7790	3.00×10^{8}	73.8125	98.7775	−0.0523
3	苯甲醛	阶段Ⅰ	D3	$y=-20691.50x+28.25$	0.9679	172.0291	7.70×10^{17}	167.9569	105.4628	0.1276
4	苯乙醛	阶段Ⅰ	F1.5	$y=-11876.65x+11.59$	0.9894	98.7424	2.58×10^{10}	94.6827	102.2459	−0.0155
5	香兰素	阶段Ⅰ	D3	$y=-24228.92x+30.25$	0.9776	201.4392	6.64×10^{18}	196.8836	117.6609	0.1446
6	糠醛	阶段Ⅱ	D3	$y=-23126.88x+39.02$	0.9767	192.2769	4.08×10^{22}	188.6704	93.6544	0.2190
7	5-甲基糠醛	阶段Ⅱ	D3	$y=-17793.83x+24.22$	0.9660	147.9379	1.17×10^{16}	144.0932	100.9522	0.0933
8	2,6-二甲基-5-庚烯醛	阶段Ⅱ	F1	$y=-8695.50x+7.69$	0.9779	72.2944	3.82×10^{8}	68.5791	90.8176	−0.0498
9	肉桂醛	阶段Ⅱ	F1.5	$y=-22415.57x+29.26$	0.9850	178.0491	2.18×10^{18}	173.7430	103.4172	0.1358
10	羟基香茅醛	阶段Ⅱ	F1	$y=-11680.37x+12.01$	0.9725	97.1106	3.85×10^{10}	93.0492	98.9813	−0.0121
11	对甲氧基苯甲醛	阶段Ⅱ	D3	$y=-21578.45x+28.14$	0.9711	179.4033	7.15×10^{17}	175.1645	110.5962	0.1266
12	乙基香兰素	阶段Ⅰ	D3	$y=-21261.77x+25.00$	0.9675	176.7703	3.05×10^{16}	172.2630	118.0973	0.0999
13	邻甲氧基肉桂醛	阶段Ⅰ	D2	$y=-18045.58x+18.36$	0.9719	150.0310	3.38×10^{13}	145.3171	120.9602	0.0430
14	2-羟基-4-甲基苯甲醛	阶段Ⅰ	D3	$y=-29700.88x+46.02$	0.9703	246.9331	5.78×10^{25}	242.8450	105.9874	0.2783

(3) 醛类香料单体加热过程的热效应分析

各醛类香料单体的 DSC 曲线见图 2-4，通过 TA Universal Analysis 软件的水平 S 形曲线峰值积分获得的各醛类香料单体的 DSC 曲线参数见表 2-10。由图和表可知，各醛类香料单体的 DSC 曲线在刚开始有一个明显的下降趋势，这是由于将样品盘和参比盘加热到相同温度所输入的功率不同导致的。随着温度的升高，曲线无明显变化，当升高到一定温度，出现一个明显的吸热或放热峰，这是由于样品蒸发吸收大量的热或热解放出大量的热。最后由于样品盘中的样品已蒸发或热解，DSC 曲线趋于平缓并趋近于 0。各醛类香料均呈现出一个明显的吸热峰，焓变位于 236.10～421.90J/g 之间，这表明大多醛类香料均以原型蒸发为主。其中胡椒醛、香兰素、乙基香兰素、邻甲氧基肉桂醛和 2-羟基-4-甲基苯甲醛具有两个明显的吸热峰，这是由于该五种醛类香料常温状态下为固体，在加热过程中经历了熔融和蒸发两个阶段吸收大量热量。

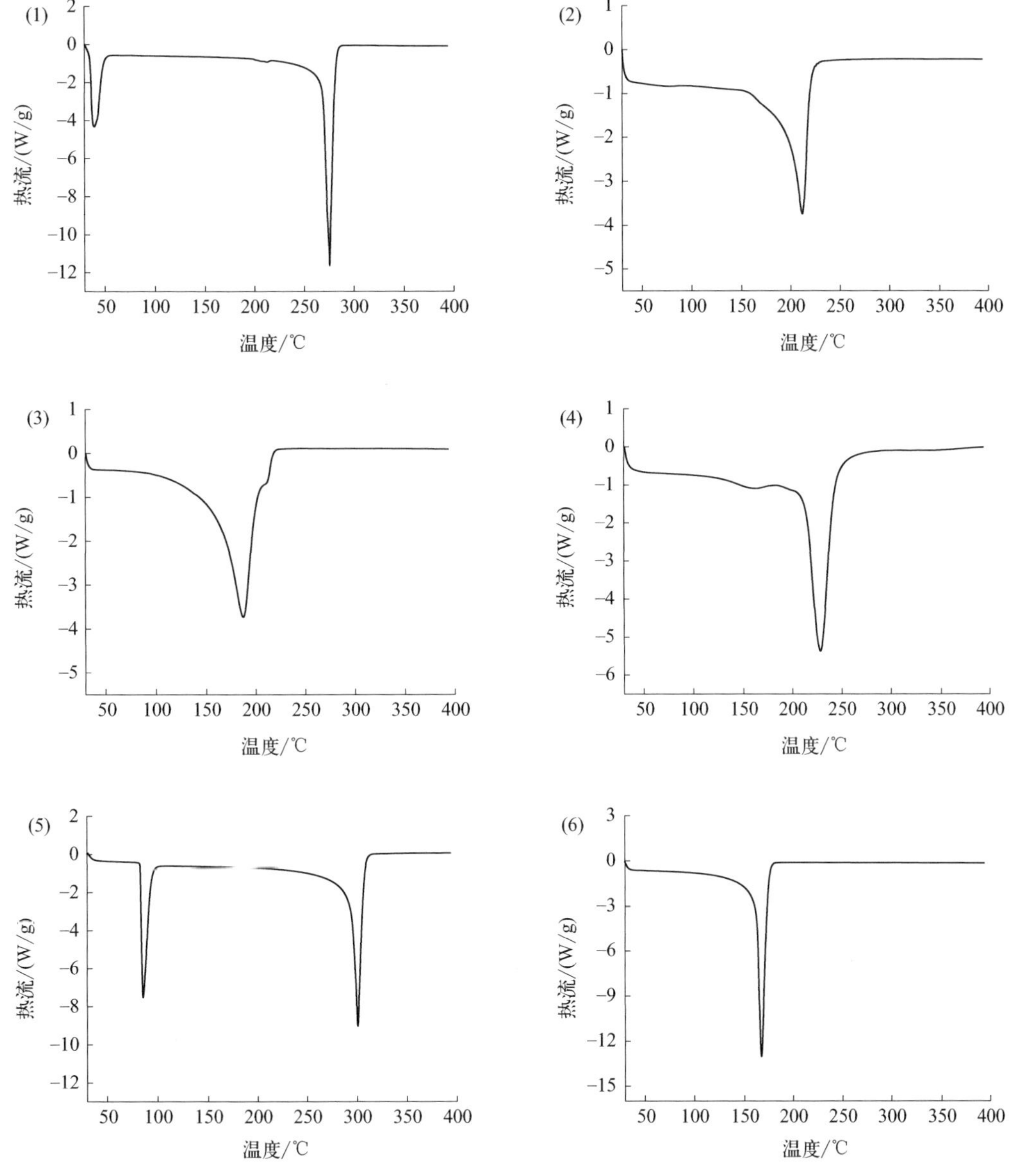

图 2-4

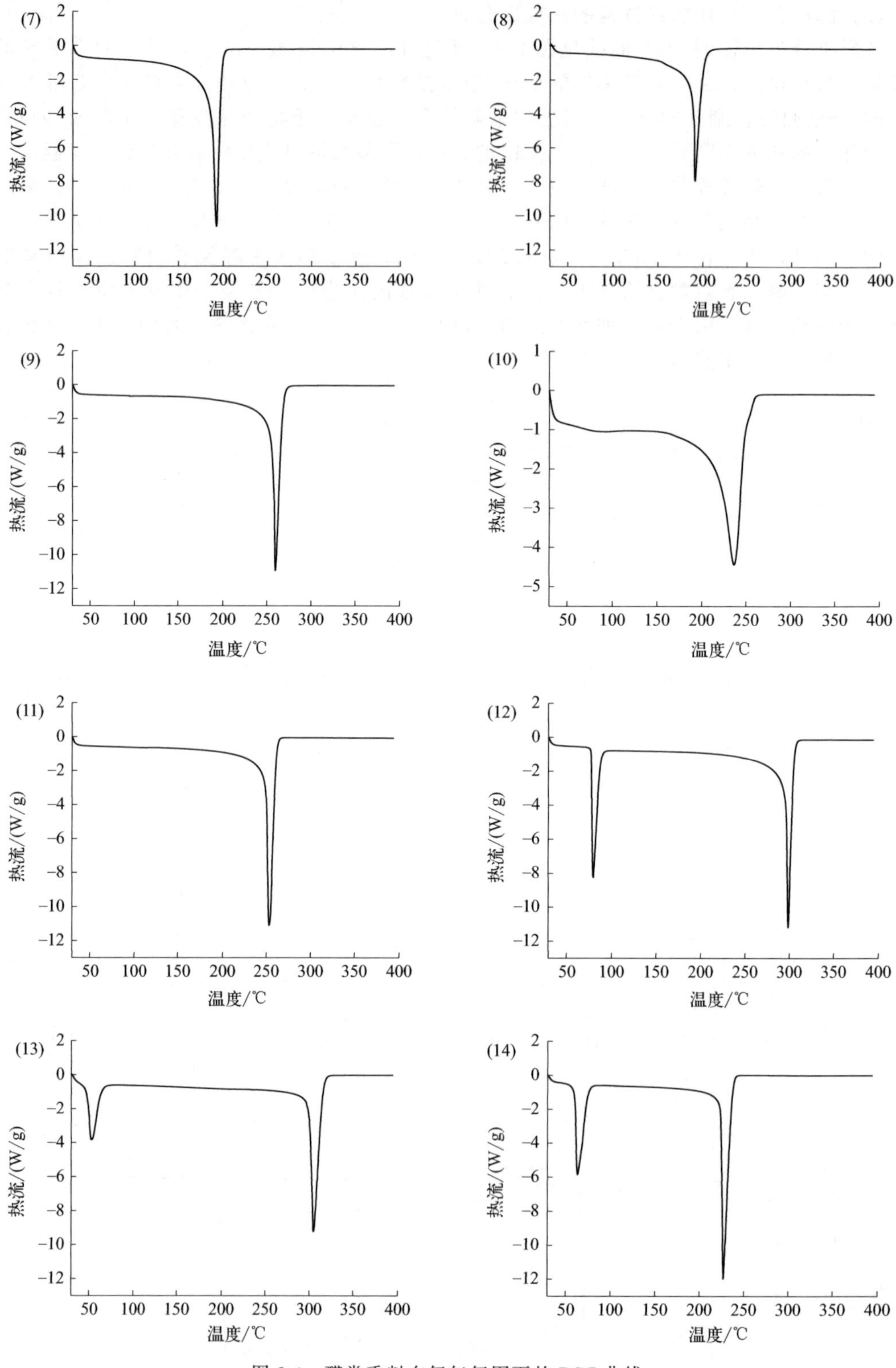

图 2-4 醛类香料在氮气氛围下的 DSC 曲线

(1) 胡椒醛；(2) 香茅醛；(3) 苯甲醛；(4) 苯乙醛；(5) 香兰素；(6) 糠醛；(7) 5-甲基糠醛；(8) 2,6-二甲基-5-庚烯醛；(9) 肉桂醛；(10) 羟基香茅醛；(11) 对甲氧基苯甲醛；(12) 乙基香兰素；(13) 邻甲氧基肉桂醛；(14) 2-羟基-4-甲基苯甲醛

表 2-10 各醛类香料加热过程的 DSC 曲线参数

序号	样品	峰 1		峰 2	
		峰值温度/℃	焓变/(J/g)	峰值温度/℃	焓变/(J/g)
1	胡椒醛	39.74	108.80	275.34	344.60
2	香茅醛	211.77	236.10	—	—
3	苯甲醛	187.39	421.90	—	—
4	苯乙醛	228.14	250.30	—	—
5	香兰素	85.49	137.80	300.53	326.70
6	糠醛	167.34	387.80	—	—
7	5-甲基糠醛	192.91	360.40	—	—
8	2,6-二甲基-5-庚烯醛	191.38	244.20	—	—
9	肉桂醛	259.75	393.80	—	—
10	羟基香茅醛	236.80	362.00	—	—
11	对甲氧基苯甲醛	253.57	330.50	—	—
12	乙基香兰素	79.84	135.50	298.75	319.80
13	邻甲氧基肉桂醛	53.06	98.11	304.64	288.50
14	2-羟基-4-甲基苯甲醛	63.39	141.40	226.94	283.10

2.2.3 酚类香原料的热失重及动力学行为分析

(1) 酚类香料单体的失重特性分析

将酚类香料以 20℃/min 的升温速率从 30℃加热至 500℃，记录样品热失重曲线，结果如图 2-5 所示。由图可知，愈创木酚、4-乙基愈创木酚、丁香酚、2-甲氧基-4-乙烯基苯酚、百里香酚、3,4-二甲基苯酚和 2,6-二甲氧基苯酚仅有一个主要失重峰，异丁香酚有两个主要失重峰。这说明大多酚类香料在加热过程中是由于蒸发造成的失重，而异丁香酚则发生了分解。愈创木酚的 DTG 曲线开始有一个较小的失重峰，这可能是由溶剂挥发引起的。

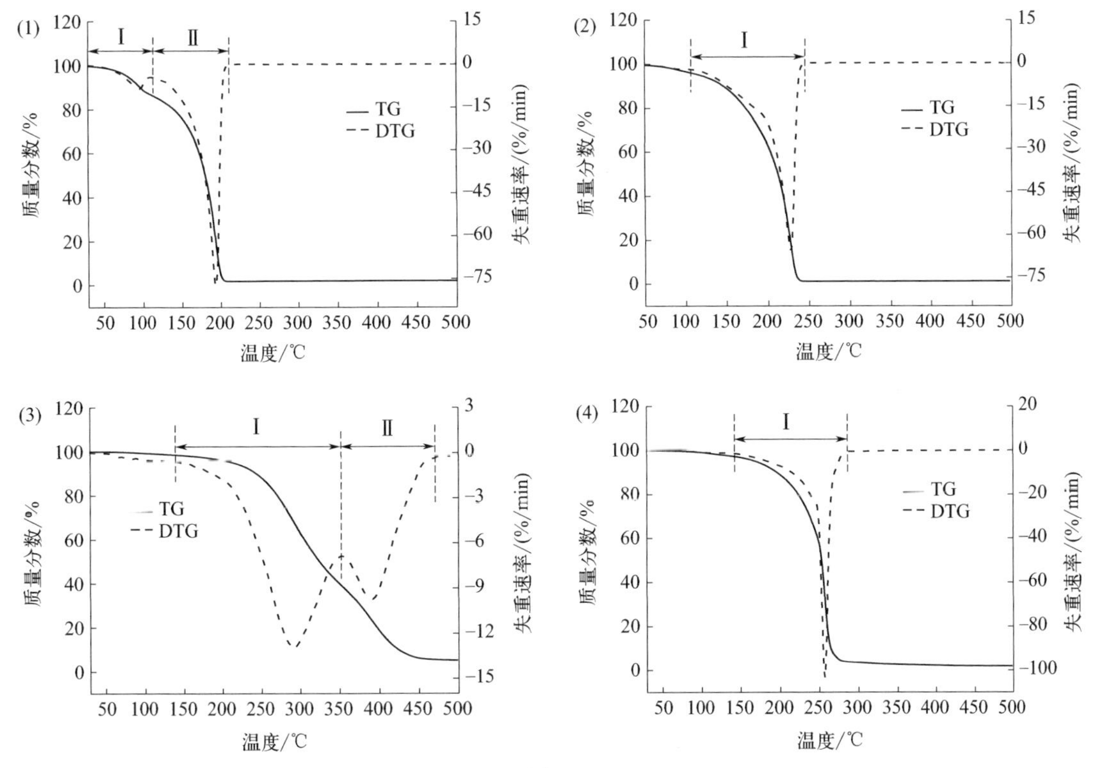

图 2-5

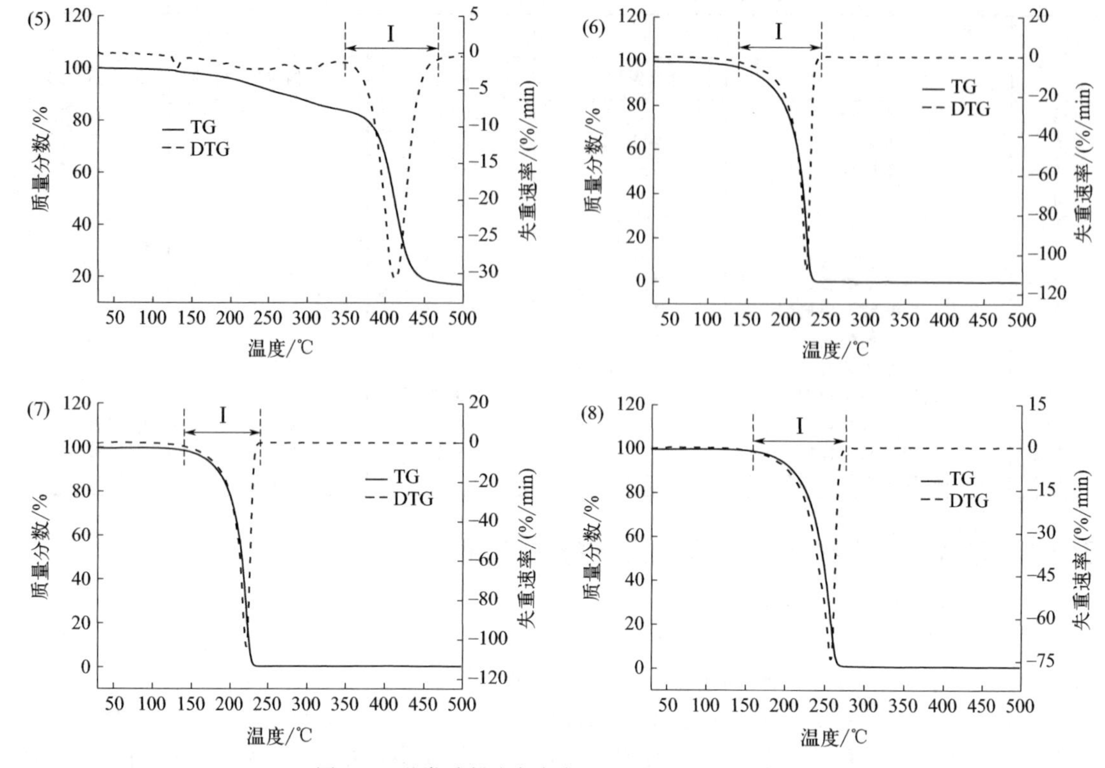

图 2-5　酚类香料在氮气氛围下的 TG-DTG 曲线

(1) 愈创木酚；(2) 4-乙基愈创木酚；(3) 异丁香酚；(4) 丁香酚；(5) 2-甲氧基-4-乙烯基苯酚；(6) 百里香酚；(7) 3,4-二甲基苯酚；(8) 2,6-二甲氧基苯酚

表 2-11 总结了各酚类香料在相应热解条件下失重区间的温度范围及失重率。由表可知，各酚类香料在其失重区间的失重率大多在 90%以上。其中异丁香酚在其失重区间的失重范围最广，为 140.10～472.25℃，失重率较高，为 92.95%，这说明异丁香酚在加热卷烟中的缓释效果较好，且释放彻底。

表 2-11　各酚类香料在相应热解条件下失重区间的温度范围及失重率

序号	样品	失重阶段	失重区间/℃	失重率/%
1	愈创木酚	阶段Ⅰ	30.00～115.90	13.87
		阶段Ⅱ	115.90～209.81	84.00
2	4-乙基愈创木酚	阶段Ⅰ	106.24～244.34	94.62
3	异丁香酚	阶段Ⅰ	140.10～353.46	60.36
		阶段Ⅱ	353.46～472.25	32.59
4	丁香酚	阶段Ⅰ	140.02～281.69	93.64
5	2-甲氧基-4-乙烯基苯酚	阶段Ⅰ	350.17～462.95	65.52
6	百里香酚	阶段Ⅰ	140.56～240.82	97.04
7	3,4-二甲基苯酚	阶段Ⅰ	140.56～236.88	98.14
8	2,6-二甲氧基苯酚	阶段Ⅰ	164.08～274.84	97.55

采用 TG-DTG 切线法求得各酚类香料单体的 T_{max}、DTG_{max}、T_i 和 T_f，结果见表 2-12。由表可知，各酚类香料中 2-甲氧基-4-乙烯基苯酚的 T_i、T_f 和 T_{max} 均最高，分别为 380.35℃、431.44℃和 413.07℃，说明 2-甲氧基-4-乙烯基苯酚在加热过程中不易释放，且三者都高于 350℃，说明 2-甲氧基-4-乙烯基苯酚不适宜应用于加热卷烟；愈创木酚的 T_i、

T_f 和 T_{max} 均较低，分别为168.74℃、199.82℃和194.16℃，说明愈创木酚在加热过程中更易释放，添加到加热卷烟中会释放较早；丁香酚、百里香酚和3,4-二甲基苯酚的 DTG_{max} 最大，分别为102.33%/min、107.45%/min和103.08%/min，说明三者在加热过程中释放剧烈，添加到加热卷烟中释放集中，缓释效果较差。进一步求得各酚类香料单体的综合热解指数CPI，其中丁香酚、百里香酚和3,4-二甲基苯酚的CPI值较高，分别为 $20.69\times10^{-3}\%/(min\cdot℃^2)$、$21.39\times10^{-3}\%/(min\cdot℃^2)$ 和 $20.89\times10^{-3}\%/(min\cdot℃^2)$，说明三者的析出特性相对较好，热解反应较容易进行；异丁香酚和2-甲氧基-4-乙烯基苯酚的CPI值较低，分别为 $0.24\times10^{-3}\%/(min\cdot℃^2)$ 和 $1.46\times10^{-3}\%/(min\cdot℃^2)$，说明两者的析出特性相对较差，热解反应较难进行。

表2-12 各酚类香料单体的失重特征参数

序号	样品	T_i /℃	T_{max} /℃	DTG_{max} /(%/min)	T_f /℃	CPI /[$\times10^{-3}\%/(min\cdot℃^2)$]	残留率 /%
1	愈创木酚	168.74	194.16	75.98	199.82	12.59	2.12
2	4-乙基愈创木酚	198.27	226.02	64.19	234.24	7.90	1.40
3	异丁香酚	243.23	292.30	12.95	427.18	0.24	5.49
4	丁香酚	243.83	257.82	102.33	263.01	20.69	1.89
5	2-甲氧基-4-乙烯基苯酚	380.35	413.07	30.75	431.44	1.46	17.02
6	百里香酚	208.00	225.07	107.45	230.32	21.39	0.01
7	3,4-二甲基苯酚	205.38	221.13	103.08	227.69	20.89	0.45
8	2,6-二甲氧基苯酚	234.26	257.78	74.20	263.74	9.76	0.48

(2) 酚类香料单体的动力学分析

对各酚类香料样品的主要热解阶段进行动力学分析，采用基于单一升温速率的Coats-Redfern法获得了各失重阶段的动力学机理函数，对于各样品而言，经机理函数拟合筛选，确定反应模型D3可较好地描述各酚类香料单体的热解过程，同时也有少量样品的热解过程符合反应模型F1.5，各样品拟合方程、相关系数及热动力学参数列于表2-13。

由表2-13可知，各酚类香料中3,4-二甲基苯酚和2,6-二甲氧基苯酚的反应活化能 E 较高，这表明两者分子从常态转变为容易发生化学反应的活跃状态所需要的能量较高。同时，3,4-二甲基苯酚的指前因子 A 最大，指前因子表示分子参加化学反应的速率，越大的指前因子表明在相同温度下样品的反应速率越快，这与表2-12中3,4-二甲基苯酚的失重速率较大相一致。

进一步计算并比较了各样品在相应热解条件下的热力学参数，见表2-13。焓变 ΔH 表明单位质量样品通过热解转化为各种产物所消耗的总能量，各酚类香料单体的 ΔH 介于123.5937～292.8309kJ/mol之间，其中2-甲氧基-4-乙烯基苯酚的 ΔH 最高，为292.8309kJ/mol，这表明2-甲氧基-4-乙烯基苯酚的热解反应消耗最多能量。各酚类香料单体的 ΔG 介于100.0230～141.3430kJ/mol，其中2-甲氧基-4-乙烯基苯酚的 ΔG 最大，为141.3430kJ/mol，这表明2-甲氧基-4-乙烯基苯酚从外界吸收的能量最大。基于Coats-Redfern法计算得到各酚类香料单体的 ΔS 有正值也有负值，ΔS 为负值，表示在热解过程中产物的键解离复杂程度低于初始反应物，而较低的 ΔS 意味着单体香原料的热解处于接近其热力学平衡状态。

表2-13 各酚类香料在失重区间的分解热动力学参数汇总

序号	样品	阶段	反应模型	拟合方程	R^2	E /(kJ/mol)	A /min^{-1}	ΔH /(kJ/mol)	ΔG /(kJ/mol)	ΔS /(kJ/mol)
1	愈创木酚	阶段Ⅱ	D3	$y=-21801.56x+32.71$	0.9729	181.2582	7.04×10^{19}	177.3729	100.0230	0.1655

续表

序号	样品	阶段	反应模型	拟合方程	R^2	E /(kJ/mol)	A /min^{-1}	ΔH /(kJ/mol)	ΔG /(kJ/mol)	ΔS /(kJ/mol)
2	4-乙基愈创木酚	阶段Ⅰ	D3	$y=-16286.62x+18.56$	0.9682	135.4070	3.73×10^{13}	131.2569	108.8790	0.0448
3	异丁香酚	阶段Ⅰ	D3	$y=-15431.18x+11.46$	0.9825	128.2949	2.92×10^{10}	123.5937	132.4607	−0.0157
		阶段Ⅱ	F1.5	$y=-24508.67x+23.38$	0.9733	203.7650	7.01×10^{15}	198.2278	140.9683	0.0860
4	丁香酚	阶段Ⅰ	D3	$y=-20379.32x+23.67$	0.9662	169.4337	7.77×10^{15}	165.0192	117.9165	0.0887
5	2-甲氧基-4-乙烯基苯酚	阶段Ⅰ	F1.5	$y=-35907.64x+39.24$	0.9929	298.5361	7.93×10^{22}	292.8309	141.3430	0.2208
6	百里香酚	阶段Ⅰ	D3	$y=-25409.76x+36.59$	0.9703	211.2567	3.94×10^{21}	207.1145	108.2424	0.1985
7	3,4-二甲基苯酚	阶段Ⅰ	D3	$y=-28130.80x+42.42$	0.9754	233.8795	1.49×10^{24}	229.7701	107.2668	0.2478
8	2,6-二甲氧基苯酚	阶段Ⅰ	D3	$y=-28046.15x+38.54$	0.9778	233.1757	3.06×10^{22}	228.7615	114.6292	0.2150

(3) 酚类香料加热过程的热效应分析

各酚类香料单体的 DSC 曲线见图 2-6，通过 TA Universal Analysis 软件的水平 S 形曲线峰值积分获得的各酚类香料单体的 DSC 曲线参数见表 2-14。由图和表可知，各酚类香料单体的 DSC 曲线在刚开始有一个明显的下降趋势，这是由于将样品盘和参比盘加热到相同温度所输入的功率不同导致的。随着温度的升高，曲线无明显变化，当升高到一定温度，出现一个明显的吸热或放热峰，这是由于样品蒸发吸收大量的热或热解放出大量的热。最后由

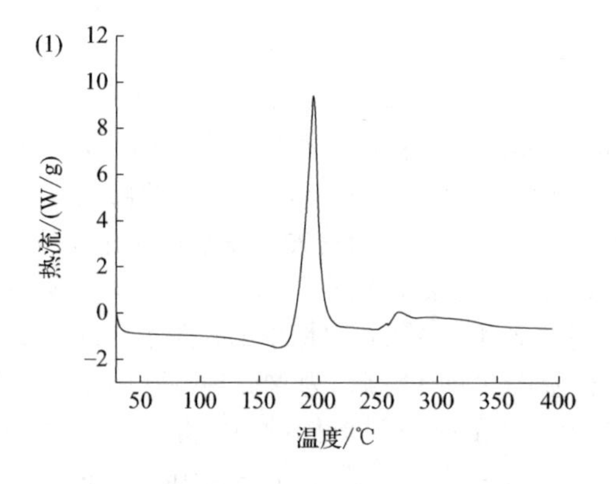

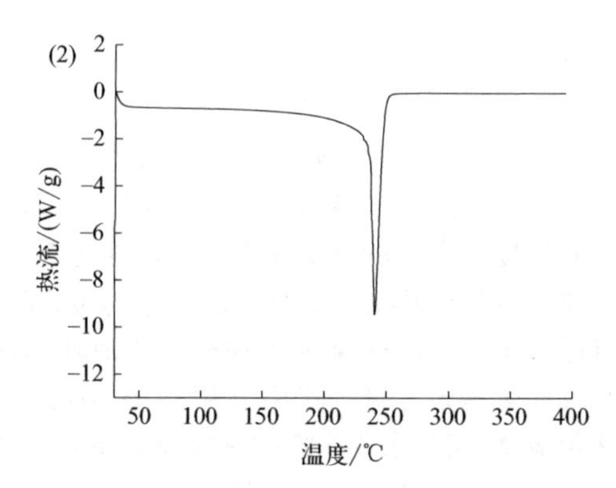

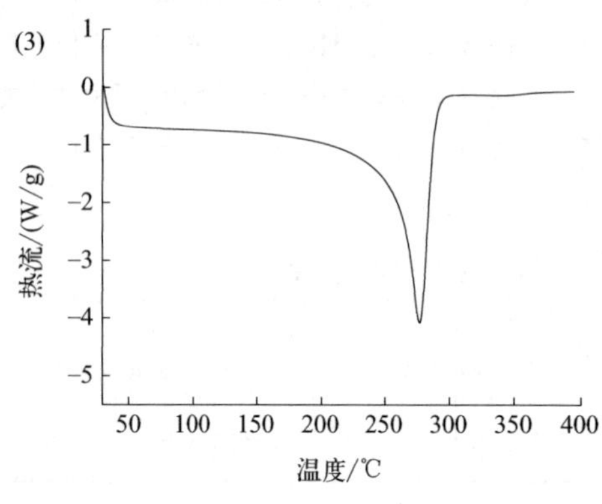

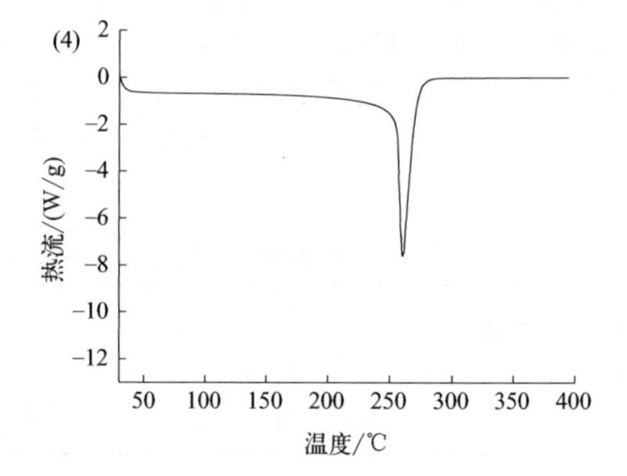

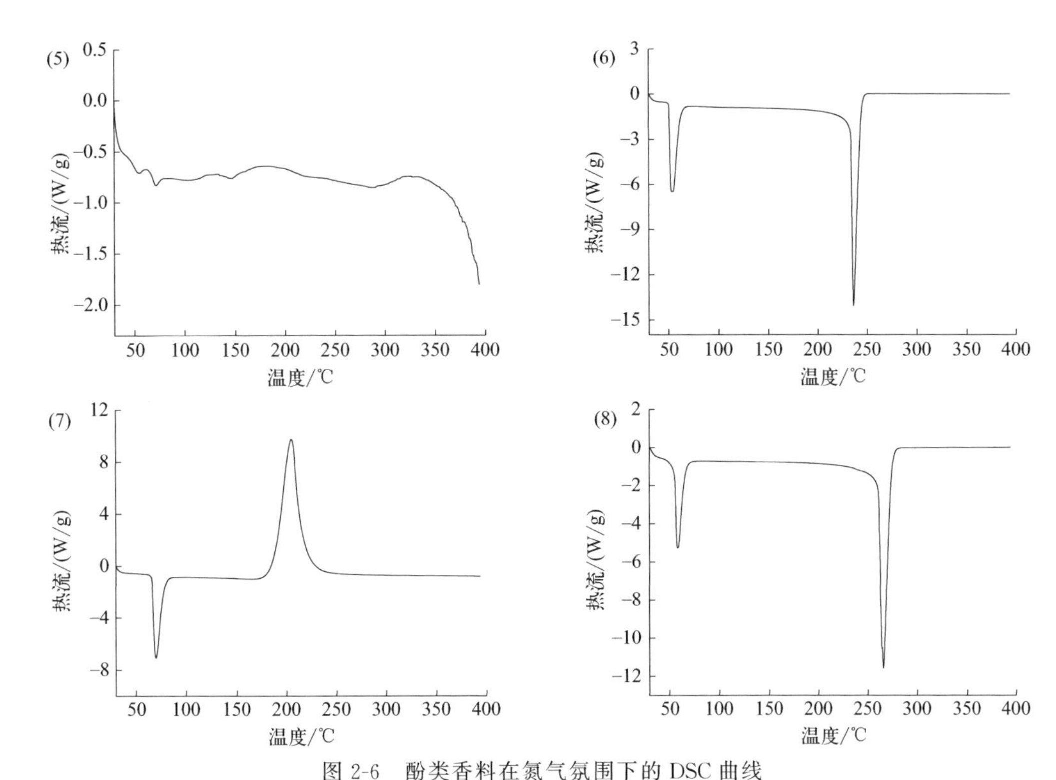

图 2-6 酚类香料在氮气氛围下的 DSC 曲线

(1) 愈创木酚；(2) 4-乙基愈创木酚；(3) 异丁香酚；(4) 丁香酚；(5) 2-甲氧基-4-乙烯基苯酚；(6) 百里香酚；(7) 3,4-二甲基苯酚；(8) 2,6-二甲氧基苯酚

于样品盘中的样品已蒸发或热解，DSC 曲线趋于平缓并趋近于 0。大多数酚类香料蒸发吸热峰的焓变位于 251.70～316.90J/g 之间，这表明大多酚类香料均以原型蒸发为主。其中百里香酚、3,4-二甲基苯酚和 2,6-二甲氧基苯酚具有两个明显的吸放热峰，这是由于该三种酚类香料常温状态下为固体，除蒸发或热解外还经历了熔融阶段，吸收大量热量。愈创木酚和 3,4-二甲基苯酚均含有一个明显的放热峰，这说明两者在加热过程中是以热解为主。同时，由于 2-甲氧基-4-乙烯基苯酚的沸点过高，导致其 DSC 曲线在 350℃后才发生明显的吸热现象，未呈现完整的峰形。

表 2-14 各酚类香料加热过程的 DSC 曲线参数

序号	样品	峰 1		峰 2	
		峰值温度/℃	焓变/(J/g)	峰值温度/℃	焓变/(J/g)
1	愈创木酚	194.95	−407.90	—	—
2	4-乙基愈创木酚	240.53	281.40	—	—
3	异丁香酚	227.16	316.90	—	—
4	丁香酚	260.28	251.70	—	—
5	2-甲氧基-4-乙烯基苯酚	—	—	—	—
6	百里香酚	53.18	136.30	235.81	261.70
7	3,4-二甲基苯酚	69.77	149.10	204.96	−646.60
8	2,6-二甲氧基苯酚	58.33	102.00	287.70	265.92

2.2.4 酸类香原料的热失重及动力学行为分析

(1) 酸类香料的失重特性分析

将酸类香料以 20℃/min 的升温速率从 30℃加热至 500℃，记录样品热失重曲线，结果如图 2-7 所示。由图可知，己酸、壬酸、2-甲基己酸、庚酸、乙酸、肉豆蔻酸、苯甲酸、柠檬酸、丁酸、2-甲基戊酸、肉桂酸、异戊酸和乳酸仅有一个主要失重峰，丙酮酸和苹果酸有两个主要失重峰。这说明大多酸类香料在加热过程中是由于蒸发造成的失重，而丙酮酸和苹果酸则发生了分解。

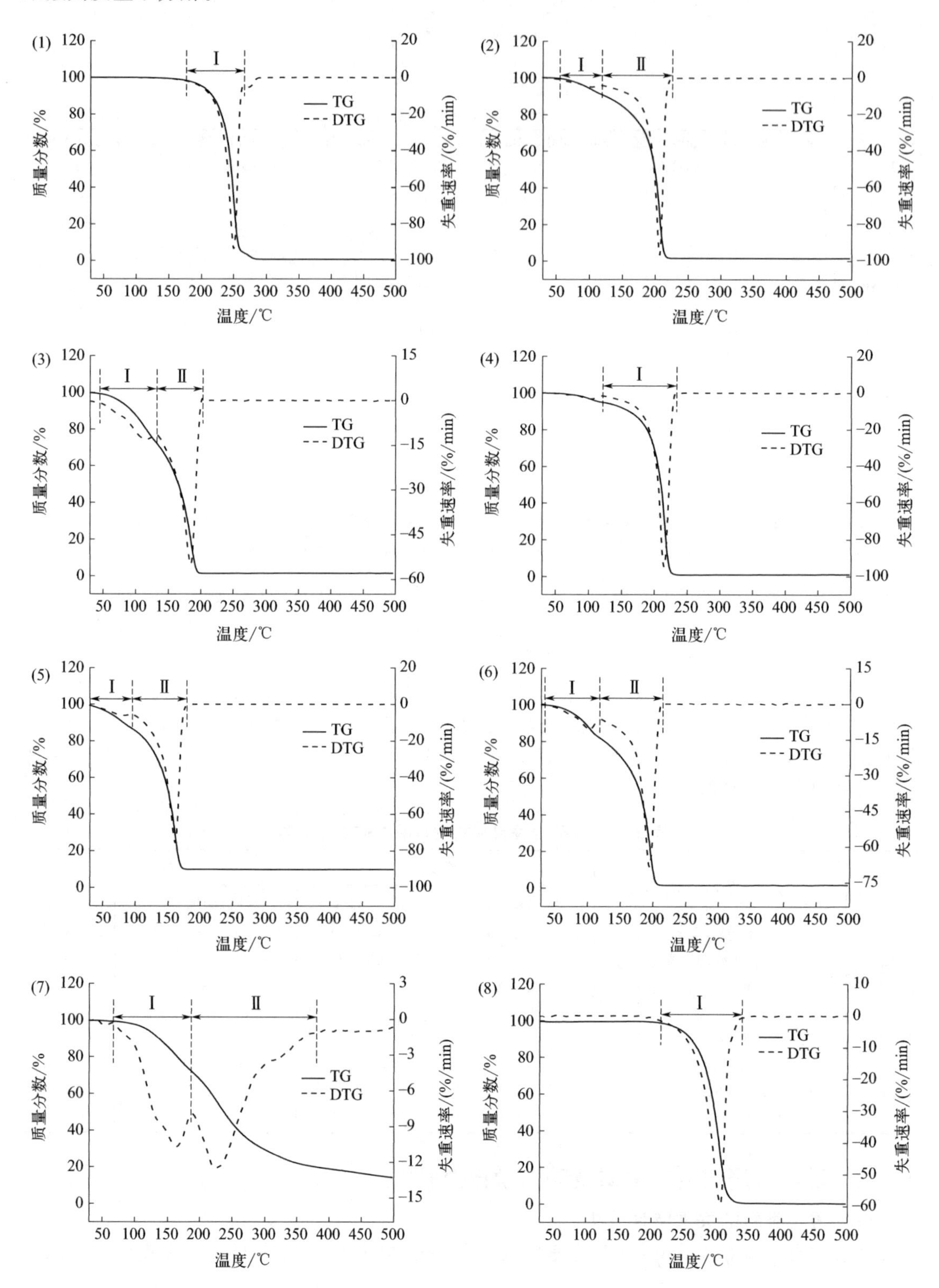

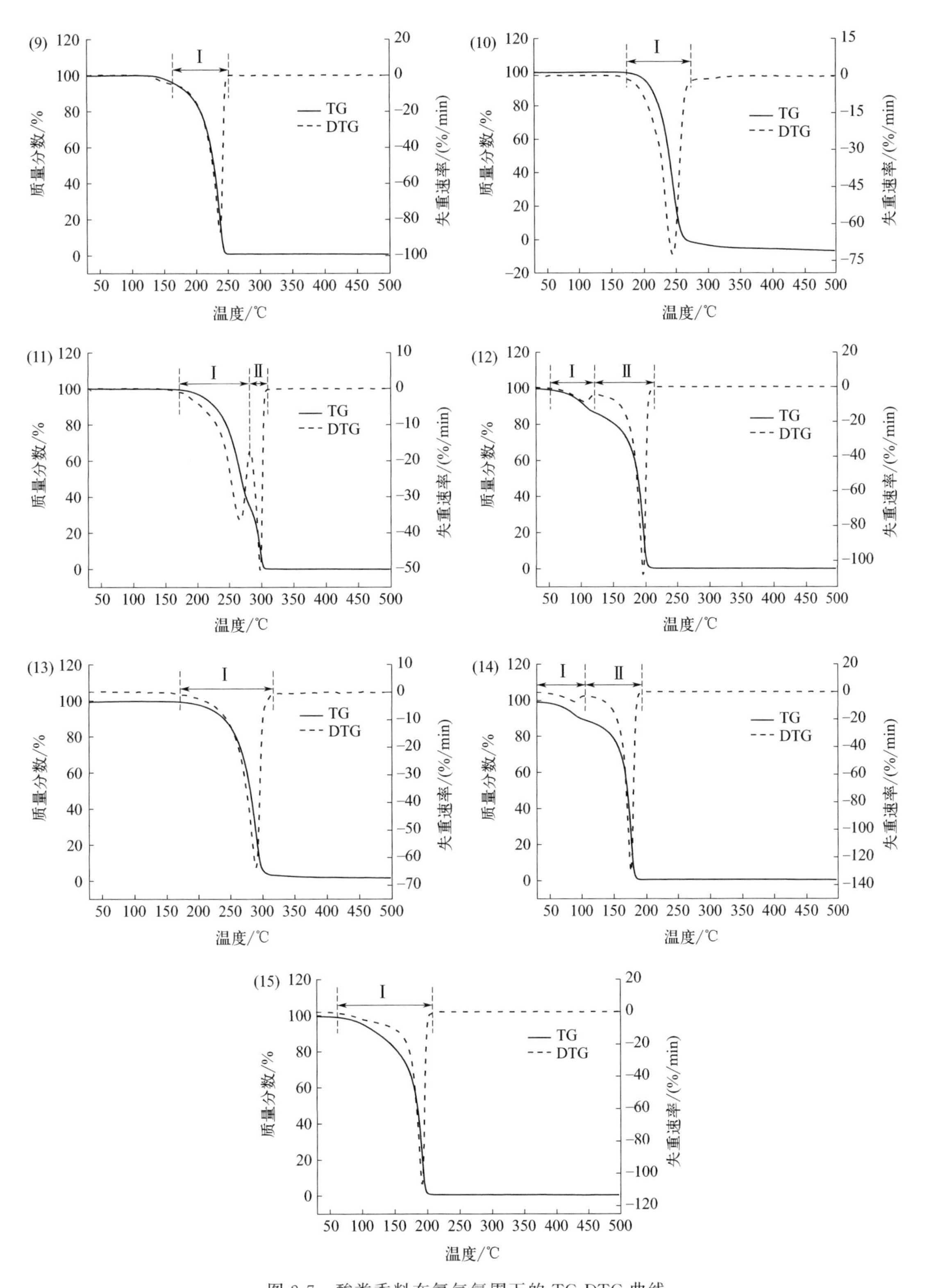

图 2-7　酸类香料在氮气氛围下的 TG-DTG 曲线

(1) 壬酸；(2) 2-甲基己酸；(3) 己酸；(4) 庚酸；(5) 丁酸；(6) 乙酸；(7) 丙酮酸；
(8) 肉豆蔻酸；(9) 苯甲酸；(10) 柠檬酸；(11) 苹果酸；(12) 2-甲基戊酸；
(13) 肉桂酸；(14) 异戊酸；(15) 乳酸

表2-15总结了各酸类香料在相应热解条件下失重区间的温度范围及失重率。由表可知，各酸类香料在其失重阶段的失重率大多在80%以上。其中丙酮酸在其主要失重阶段的失重范围最广，为65.58～375.05℃，这说明丙酮酸在加热卷烟中的缓释效果较好。

表2-15 各酸类香料在相应热解条件下失重区间的温度范围及失重率

序号	样品	失重阶段	失重区间/℃	失重率/%
1	壬酸	阶段Ⅰ	178.39～265.74	92.62
2	2-甲基己酸	阶段Ⅰ	55.24～118.30	8.61
		阶段Ⅱ	118.30～227.53	89.65
3	己酸	阶段Ⅰ	47.57～134.58	27.71
		阶段Ⅱ	134.58～203.15	70.02
4	庚酸	阶段Ⅰ	119.50～234.08	94.04
5	丁酸	阶段Ⅰ	30.00～94.10	12.46
		阶段Ⅱ	94.10～177.88	76.96
6	乙酸	阶段Ⅰ	35.47～121.58	18.66
		阶段Ⅱ	121.58～213.79	79.58
7	丙酮酸	阶段Ⅰ	65.58～189.16	27.87
		阶段Ⅱ	189.16～375.05	51.38
8	肉豆蔻酸	阶段Ⅰ	207.40～336.43	98.45
9	苯甲酸	阶段Ⅰ	166.71～250.01	94.33
10	柠檬酸	阶段Ⅰ	168.73～270.91	99.61
11	苹果酸	阶段Ⅰ	169.33～282.72	65.29
		阶段Ⅱ	282.72～308.26	33.92
12	2-甲基戊酸	阶段Ⅰ	51.40～122.89	12.70
		阶段Ⅱ	122.89～213.25	86.08
13	肉桂酸	阶段Ⅰ	170.65～314.83	96.02
14	异戊酸	阶段Ⅰ	30.00～103.20	9.98
		阶段Ⅱ	103.20～192.25	88.57
15	乳酸	阶段Ⅰ	62.61～206.09	98.26

采用TG-DTG切线法求得各酸类香料单体的T_{max}、DTG_{max}、T_i和T_f，结果见表2-16。由表可知，各酸类香料中肉豆蔻酸的T_i、T_f和T_{max}均最高，分别为281.41℃、315.43℃和305.64℃，说明肉豆蔻酸在加热过程中不易释放，添加到加热卷烟中释放较慢；丁酸的T_i、T_f和T_{max}均较低，分别为39.99℃、168.19℃和159.11℃，说明丁酸在加热过程中更易释放，添加到加热卷烟中会释放较早；2-甲基戊酸、异戊酸和乳酸的DTG_{max}较大，分别为107.32%/min、130.71%/min和106.36%/min，说明三者在加热过程中释放剧烈，添加到加热卷烟中释放集中，缓释效果较差。进一步求得各酸类香料单体的综合热解指数CPI，其中异戊酸的CPI值最高，为38.95×10^{-3}%/(min·℃^{2})，说明异戊酸的析出特性相对较好，热解反应较容易进行；丙酮酸的CPI值最低，为0.31×10^{-3}%/(min·℃^{2})，说明丙酮酸的析出特性相对较差，热解反应较难进行。

表2-16 各酸类香料单体的失重特征参数

序号	样品	T_i /℃	T_{max} /℃	DTG_{max} /(%/min)	T_f /℃	CPI /[$\times10^{-3}$%/(min·℃^{2})]	残留率 /%
1	壬酸	234.32	250.63	92.76	258.21	15.49	0.69
2	2-甲基己酸	187.86	206.38	94.43	213.22	18.04	1.51
3	己酸	76.83	182.27	54.45	193.09	2.57	1.57
4	庚酸	199.80	213.20	93.22	221.58	20.08	1.14
5	丁酸	39.99	159.11	75.26	168.19	3.70	9.90

续表

序号	样品	T_i /℃	T_{max} /℃	DTG_{max} /(%/min)	T_f /℃	CPI /[×10^{-3} %/(min·℃^{2})]	残留率 /%
6	乙酸	72.42	194.63	68.07	204.21	2.65	1.69
7	丙酮酸	110.00	225.37	12.49	288.95	0.31	14.26
8	肉豆蔻酸	281.41	305.64	59.17	315.43	5.69	0.28
9	苯甲酸	216.59	236.88	86.59	242.74	13.98	0.80
10	柠檬酸	223.05	244.76	72.45	257.18	8.67	0.15
11	苹果酸	238.19	297.76	50.08	301.70	2.65	0.01
12	2-甲基戊酸	179.23	195.59	107.32	200.84	25.39	0.05
13	肉桂酸	265.66	289.28	63.28	298.47	6.67	1.68
14	异戊酸	161.46	175.90	130.71	180.54	38.95	0.42
15	乳酸	175.29	191.65	106.36	196.19	26.55	0.48

(2) 酸类香料单体的动力学分析

对各酸类香料样品的主要热解阶段进行动力学分析，采用基于单一升温速率的 Coats-Redfern 法获得了各失重阶段的动力学机理函数，对于各样品而言，经机理函数拟合筛选，确定反应模型 F1 可较好地描述各酸类香料单体的热解过程，同时也有少量样品的热解过程符合反应模型 F1.5、D3、D1 和 D2，各样品拟合方程、相关系数及热动力学参数列于表 2-17。

表 2-17 各酸类香料在失重区间的分解热动力学参数汇总

序号	样品	阶段	反应模型	拟合方程	R^2	E /(kJ/mol)	A /min^{-1}	ΔH /(kJ/mol)	ΔG /(kJ/mol)	ΔS /(kJ/mol)
1	壬酸	阶段Ⅰ	D3	$y=-36021.38x+54.04$	0.9787	299.4818	2.12×10^{29}	295.1271	113.8870	0.3460
2	2-甲基己酸	阶段Ⅱ	D2	$y=-18024.77x+24.08$	0.9622	149.8580	1.03×10^{16}	145.8712	101.8011	0.0919
3	己酸	阶段Ⅱ	F1	$y=-15495.87x+22.19$	0.9698	128.8327	1.34×10^{15}	124.8458	88.9035	0.0750
4	庚酸	阶段Ⅰ	D1	$y=-19780.98x+27.17$	0.9697	164.4590	3.21×10^{20}	160.4155	102.8965	0.1183
5	丁酸	阶段Ⅱ	D3	$y=-21065.54x+34.59$	0.9718	175.1389	4.43×10^{20}	171.5451	93.1076	0.1815
6	乙酸	阶段Ⅱ	D3	$y=-20916.59x+30.46$	0.9615	173.9005	7.11×10^{18}	170.0114	101.4998	0.1465
7	丙酮酸	阶段Ⅱ	F1.5	$y=-8749.96x+8.56$	0.9664	72.7471	9.13×10^{8}	69.1188	87.5885	−0.0423
8	肉豆蔻酸	阶段Ⅰ	F1	$y=-16995.01x+16.94$	0.9827	141.2965	7.70×10^{12}	136.4844	118.8355	0.0305
9	苯甲酸	阶段Ⅰ	D3	$y=-30978.84x+46.49$	0.9744	257.5581	9.60×10^{25}	253.3177	109.3643	0.2822
10	柠檬酸	阶段Ⅰ	F1	$y=-18666.73x+23.73$	0.9832	155.1952	7.52×10^{15}	150.8893	104.9805	0.0886
11	苹果酸	阶段Ⅰ	F1	$y=-14077.48x+13.80$	0.9682	117.0401	2.78×10^{11}	112.5542	110.6907	0.0035
		阶段Ⅱ	F1	$y=-68619.60x+107.64$	0.9857	570.5033	7.67×10^{52}	565.7568	111.1337	0.7963
12	2-甲基戊酸	阶段Ⅱ	D2	$y=-22286.27x+34.05$	0.9687	185.2881	2.75×10^{20}	181.3910	98.5083	0.1768
13	肉桂酸	阶段Ⅰ	D3	$y=-25511.65x+30.59$	0.9816	212.1039	9.79×10^{18}	207.4278	124.4218	0.1476

续表

序号	样品	阶段	反应模型	拟合方程	R^2	E /(kJ/mol)	A /min^{-1}	ΔH /(kJ/mol)	ΔG /(kJ/mol)	ΔS /(kJ/mol)
14	异戊酸	阶段Ⅱ	D2	$y=-22353.81x+36.18$	0.9750	185.8496	2.30×10^{21}	182.1162	94.6192	0.1948
15	乳酸	阶段Ⅰ	F1	$y=-22657.40x+36.86$	0.9788	188.3736	4.62×10^{21}	184.5093	91.3795	0.2004

由表 2-17 可知，各酸类香料中苹果酸的反应活化能 E 最高，这表明苹果酸分子从常态转变为容易发生化学反应的活跃状态所需要的能量较高。同时，苹果酸的指前因子 A 最大，指前因子表示分子参加化学反应的速率，越大的指前因子表明在相同温度下样品的反应速率越快。

进一步计算并比较各样品在相应热解条件下的热力学参数，见表 2-14。焓变 ΔH 表明单位质量样品通过热解转化为各种产物所消耗的总能量，各酸类香料单体的 ΔH 介于 69.1188～565.7568kJ/mol 之间，其中苹果酸的 ΔH 最高，为 565.7568kJ/mol，这表明苹果酸的热解反应消耗最多能量。各酸类香料单体的 ΔG 介于 87.5885～124.4218kJ/mol，其中肉桂酸的 ΔG 最大，为 124.4218kJ/mol，这表明肉桂酸从外界吸收的能量最大。基于 Coats-Redfern 法计算得到各酸类香料单体的 ΔS 有正值也有负值，ΔS 为负值，表示在热解过程中产物的键解离复杂程度低于初始反应物，而较低的 ΔS 意味着单体香原料的热解处于接近其热力学平衡状态。

(3) 酸类香料加热过程的热效应分析

各酸类香料单体的 DSC 曲线见图 2-8，通过 TA Universal Analysis 软件的水平 S 形曲线峰值积分获得的各酸类香料单体的 DSC 曲线参数见表 2-18。由图和表可知，各酸类香料单体的 DSC 曲线在刚开始有一个明显的下降趋势，这是由于将样品盘和参比盘加热到相同

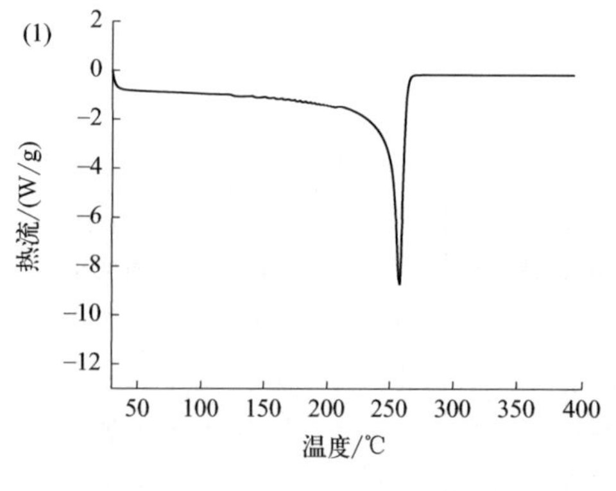

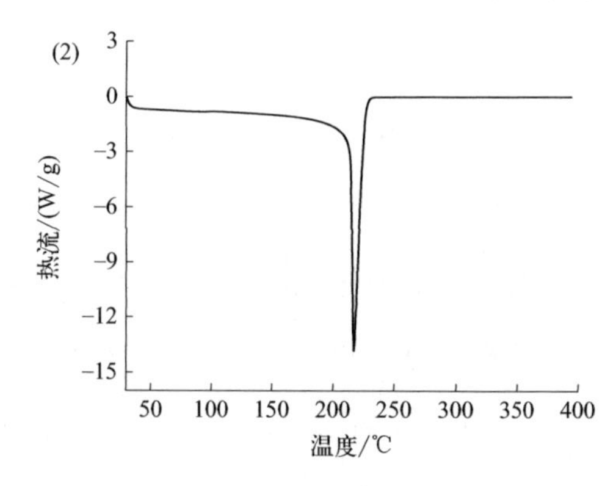

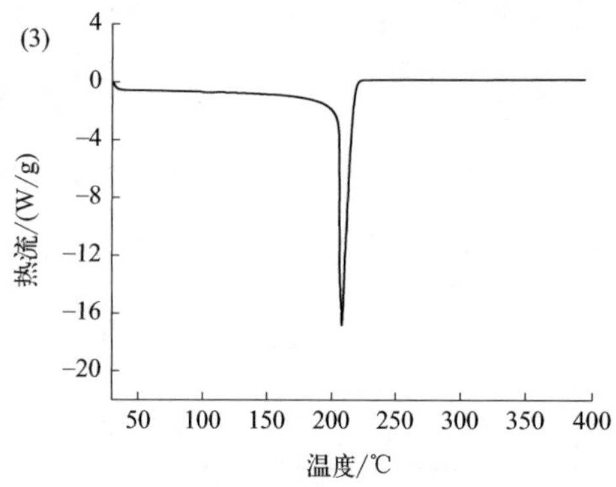

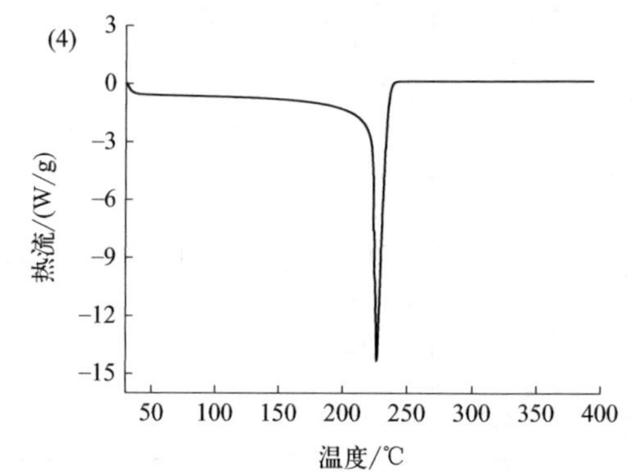

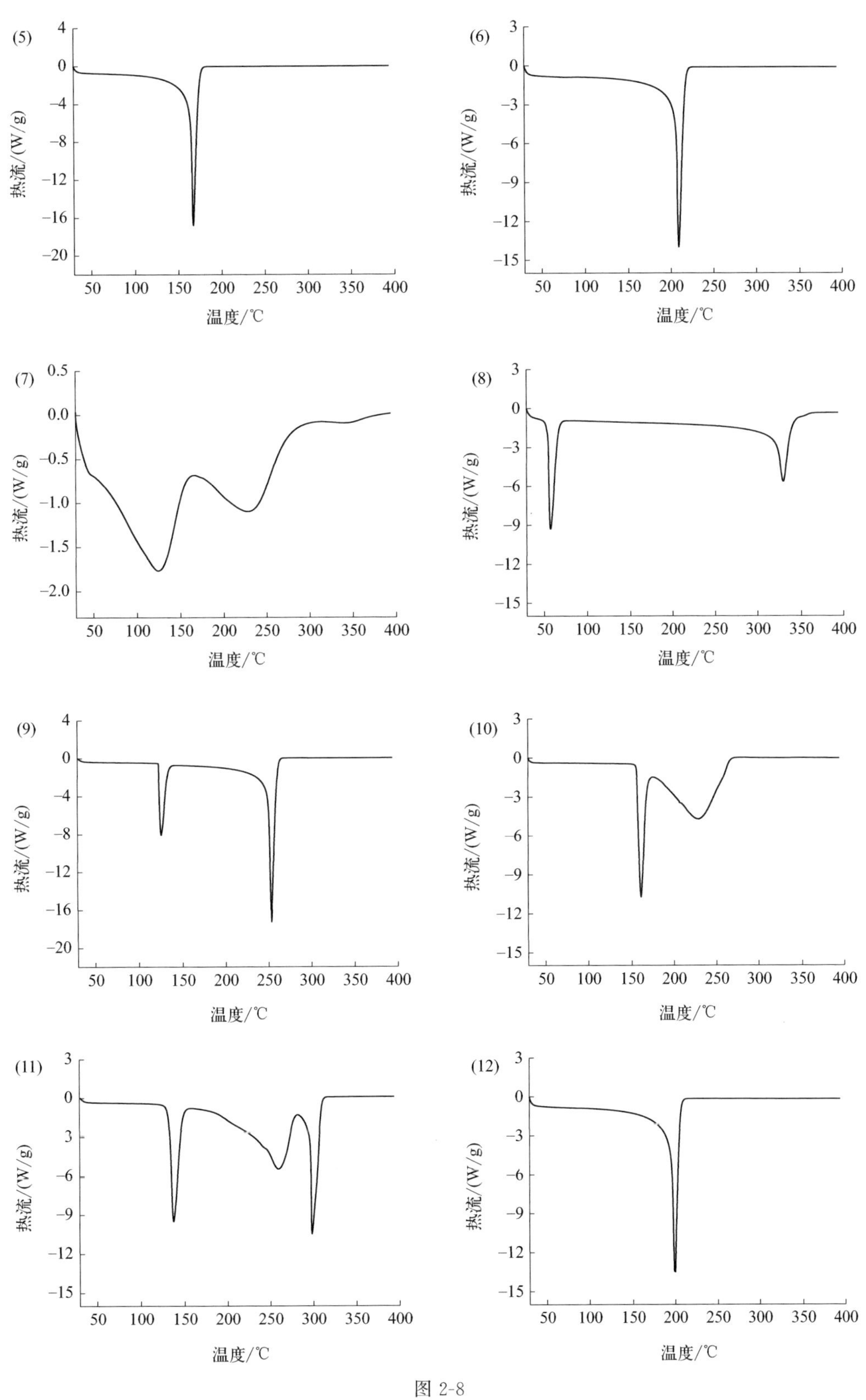

图 2-8

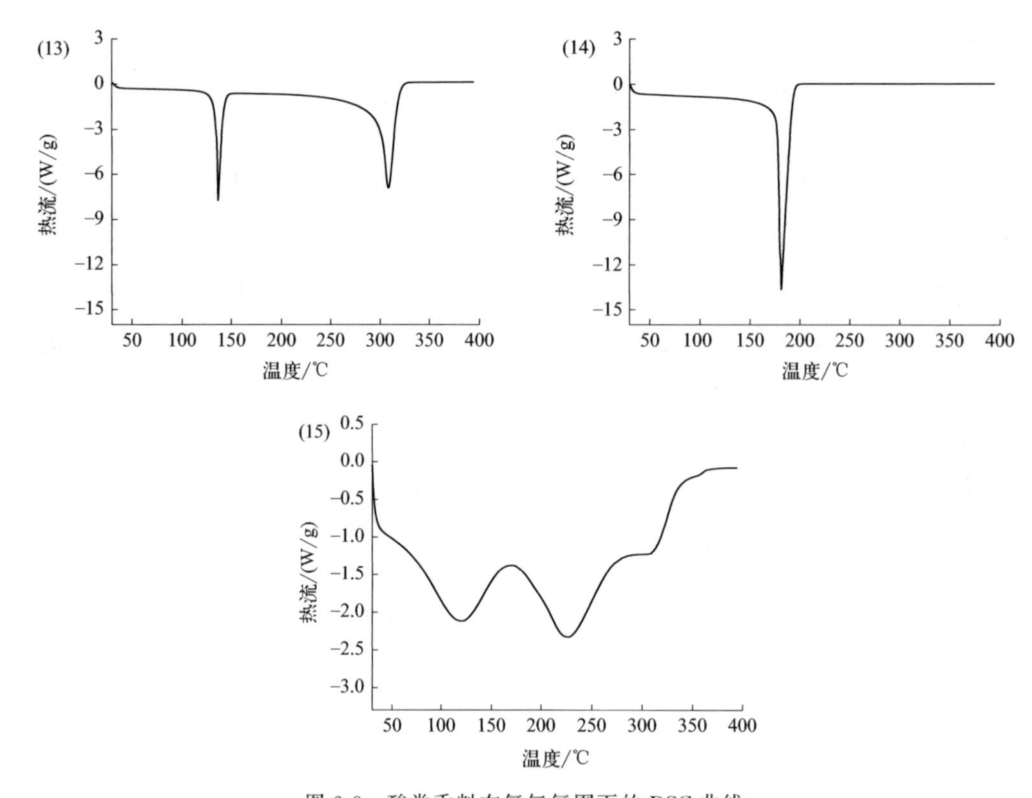

图 2-8 酸类香料在氮气氛围下的 DSC 曲线

(1) 壬酸；(2) 2-甲基己酸；(3) 己酸；(4) 庚酸；(5) 丁酸；(6) 乙酸；(7) 丙酮酸；(8) 肉豆蔻酸；(9) 苯甲酸；(10) 柠檬酸；(11) 苹果酸；(12) 2-甲基戊酸；(13) 肉桂酸；(14) 异戊酸；(15) 乳酸

温度所输入的功率不同导致的。随着温度的升高，曲线无明显变化，当升高到一定温度，出现一个明显的吸热或放热峰，这是由于样品蒸发吸收大量的热或热解放出大量的热。最后由于样品盘中的样品已蒸发或热解，DSC 曲线趋于平缓并趋近于 0。各酸类香料均呈现出一个明显的吸热峰，焓变位于 130.40～563.80J/g 之间，这表明大多酸类香料均以原型蒸发为主。其中肉豆蔻酸、苯甲酸、柠檬酸、苹果酸和肉桂酸具有两个明显的吸热峰，这是由于该五种酸类香料常温状态下为固体，除蒸发或热解外还经历了熔融阶段，吸收大量热量。丙酮酸、柠檬酸、苹果酸和乳酸具有两个较为相近的吸热峰，这可能是由于这四种物质具有同分异构体导致的。

表 2-18 各酸类香料加热过程的 DSC 曲线参数

序号	样品	峰 1		峰 2		峰 3	
		峰值温度/℃	焓变/(J/g)	峰值温度/℃	焓变/(J/g)	峰值温度/℃	焓变/(J/g)
1	壬酸	258.08	271.20	—	—	—	—
2	2-甲基己酸	217.16	317.70	—	—	—	—
3	己酸	208.01	371.00	—	—	—	—
4	庚酸	226.20	366.20	—	—	—	—
5	丁酸	167.37	407.50	—	—	—	—
6	乙酸	209.00	396.90	—	—	—	—
7	丙酮酸	124.16	207.10	235.80	131.50	—	—

续表

序号	样品	峰 1		峰 2		峰 3	
		峰值温度/℃	焓变/(J/g)	峰值温度/℃	焓变/(J/g)	峰值温度/℃	焓变/(J/g)
8	肉豆蔻酸	57.77	196.40	329.67	251.90	—	—
9	苯甲酸	125.74	145.80	253.40	362.80	—	—
10	柠檬酸	160.96	217.60	231.24	563.80	—	—
11	苹果酸	137.34	247.20	254.90	533.00	298.50	253.40
12	2-甲基戊酸	199.91	375.90	—	—	—	—
13	肉桂酸	136.84	130.40	308.45	367.70	—	—
14	异戊酸	181.55	356.70	—	—	—	—
15	乳酸	115.40	174.70	228.32	162.20	—	—

2.2.5　酮类香原料的热失重及动力学行为分析

(1) 酮类香料单体的失重特性分析

将酮类香料以 20℃/min 的升温速率从 30℃加热至 500℃，记录样品热失重曲线，结果如图 2-9 所示。由图可知，α-鸢尾酮、氧化异佛尔酮、苯乙酮、对甲氧基苯乙酮、4-甲基苯乙酮、金合欢基丙酮、乙偶姻、覆盆子酮、α-紫罗兰酮、4-羟基-2,5-二甲基-3(2*H*)呋喃酮、4,5-二甲基-3-羟基-2,5-二氢呋喃-2-酮、2-壬酮、6-甲基-3,5-庚二烯-2-酮、乙基麦芽酚、麦芽酚、2-辛酮、2-十一酮、薄荷酮、薄荷酮甘油缩酮和甲基环戊烯醇酮仅有一个主要失重峰，巨豆三烯酮、3-戊烯-2-酮、2-庚酮和烟酮有两个主要失重峰。这说明大多酮类香料在加热过程中是由于蒸发造成的失重，而巨豆三烯酮、3-戊烯-2-酮、2-庚酮和烟酮则发生了分解。

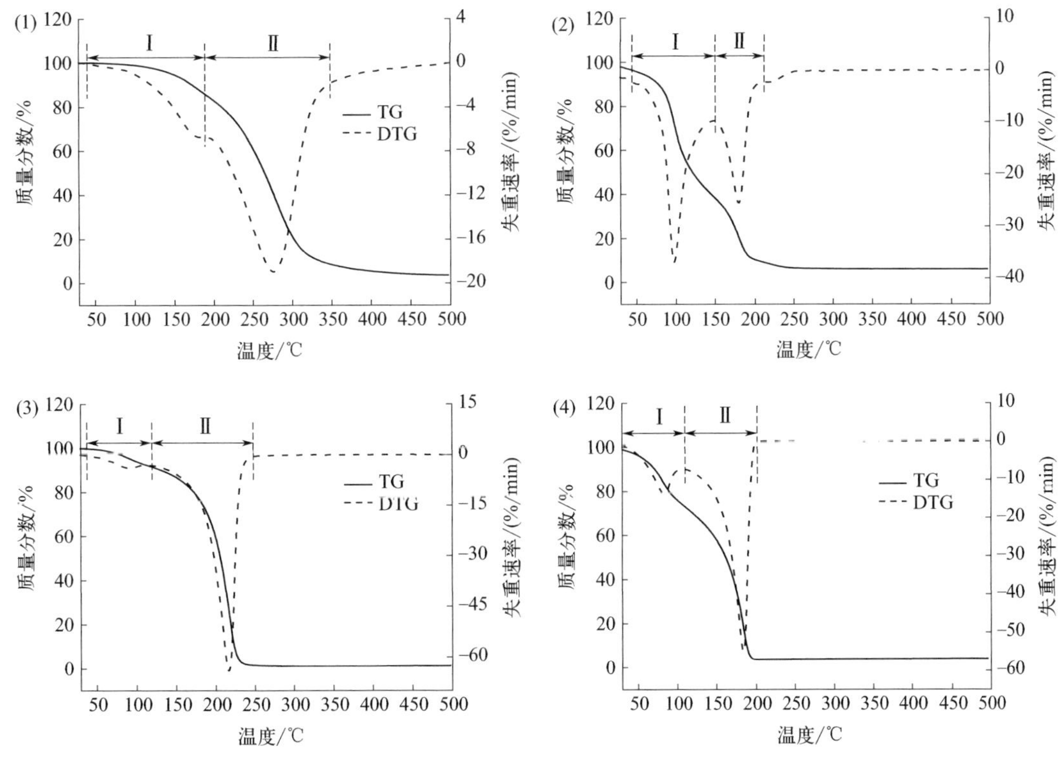

图 2-9

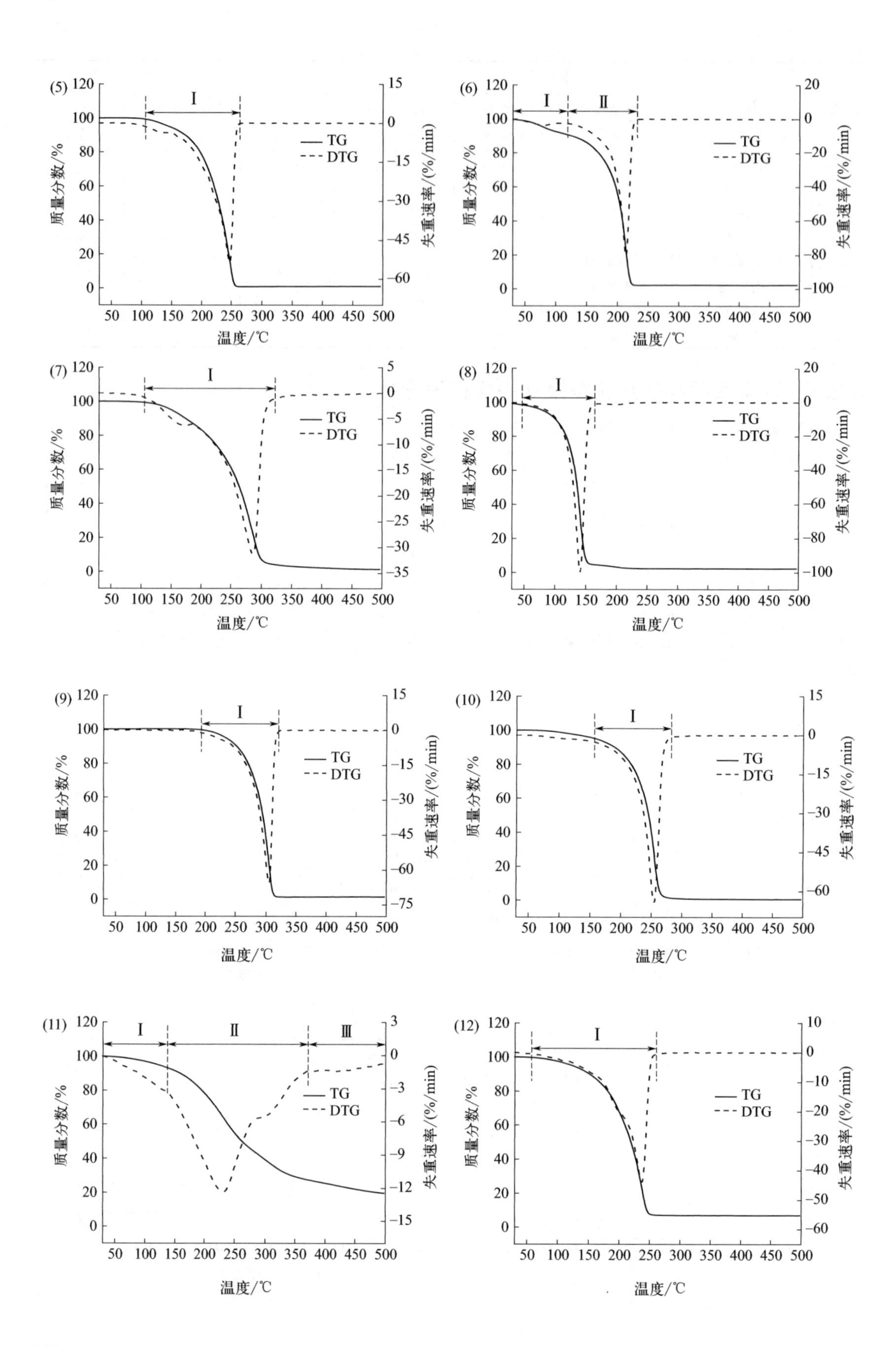
(5)
(6)
(7)
(8)
(9)
(10)
(11)
(12)
Ⅰ
Ⅱ
Ⅲ
TG
DTG
质量分数/%
失重速率/(%/min)
温度/℃

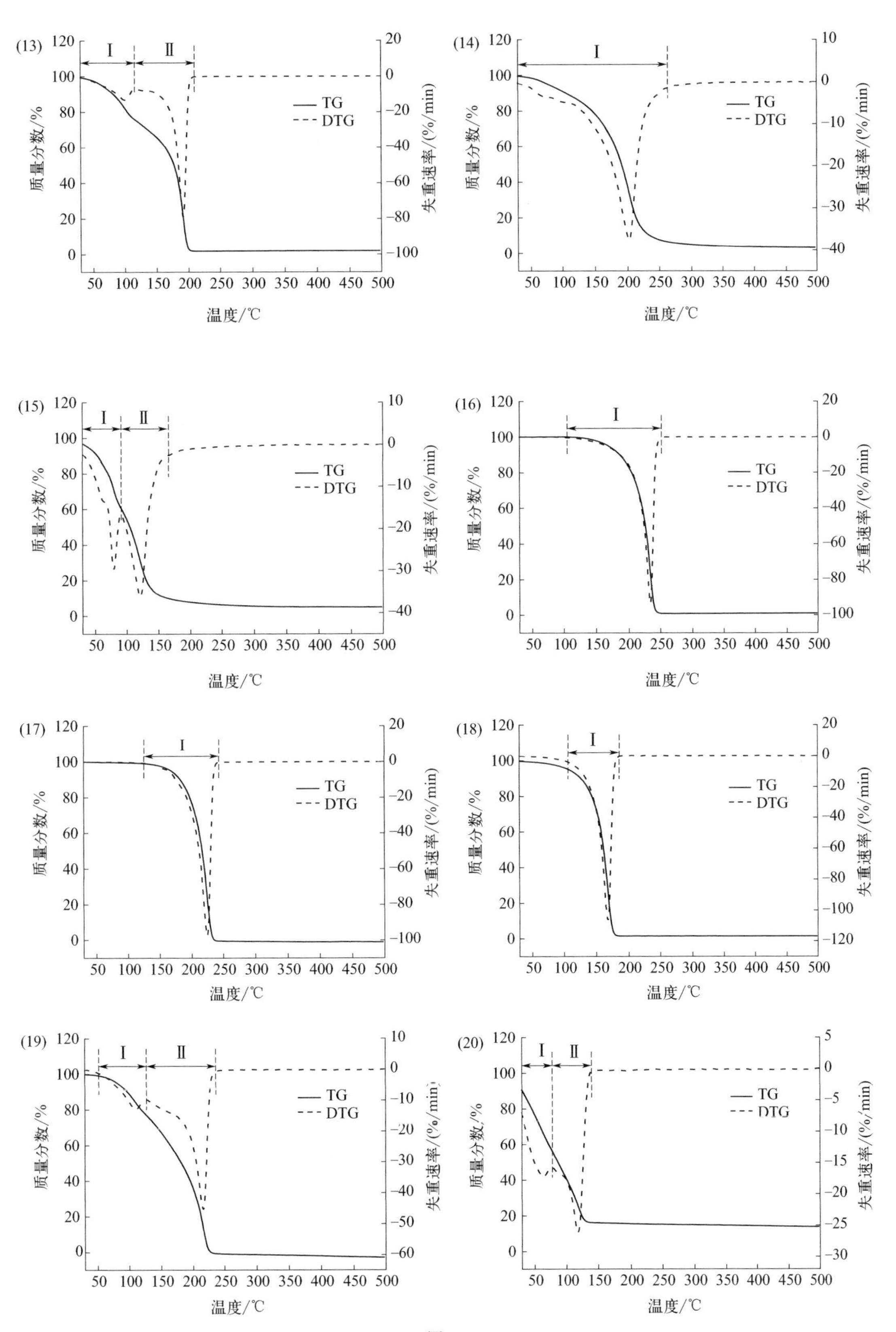

图 2-9

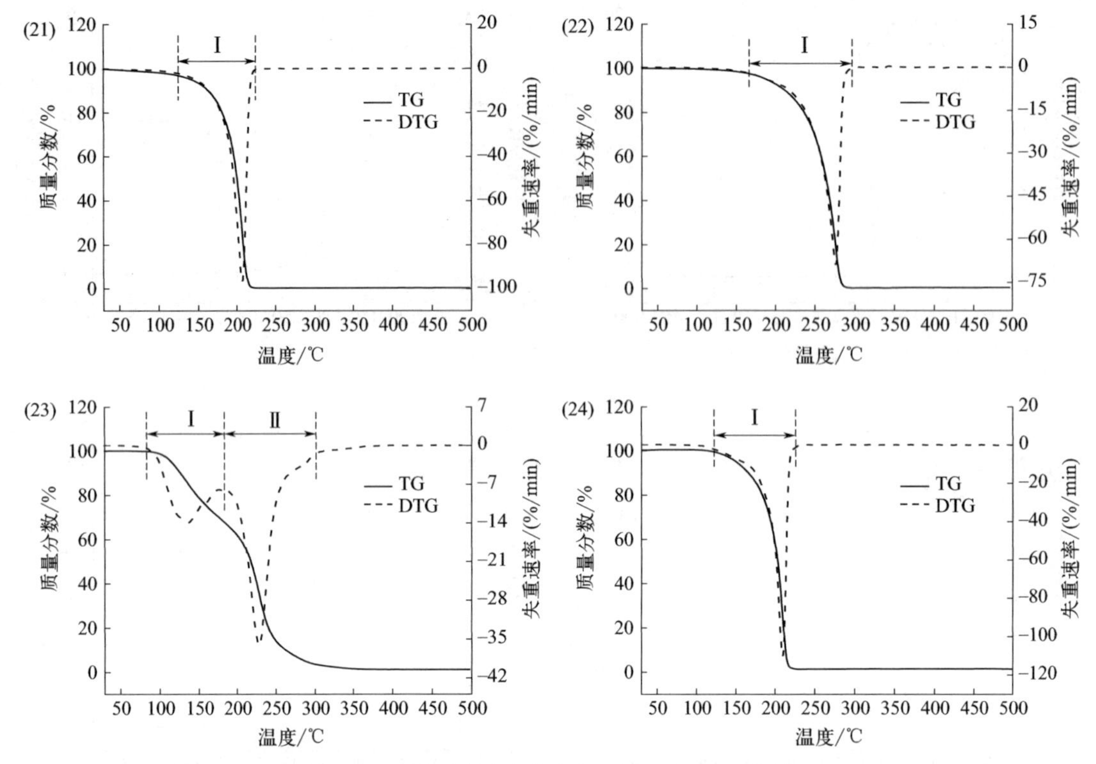

图 2-9 酮类香料在氮气氛围下的 TG-DTG 曲线

(1) α-鸢尾酮；(2) 巨豆三烯酮；(3) 氧化异佛尔酮；(4) 苯乙酮；(5) 对甲氧基苯乙酮；(6) 4-甲基苯乙酮；(7) 金合欢基丙酮；(8) 乙偶姻；(9) 覆盆子酮；(10) α-紫罗兰酮；(11) 4-羟基-2,5-二甲基-3(2*H*)呋喃酮；(12) 4,5-二甲基-3-羟基-2,5-二氢呋喃-2-酮；(13) 2-壬酮；(14) 6-甲基-3,5-庚二烯-2-酮；(15) 3-戊烯-2-酮；(16) 乙基麦芽酚；(17) 麦芽酚；(18) 2-辛酮；(19) 2-十一酮；(20) 2-庚酮；(21) 薄荷酮；(22) 薄荷酮甘油缩酮；(23) 烟酮；(24) 甲基环戊烯醇酮

表 2-19 总结了各酮类香料在相应热解条件下失重区间的温度范围及失重率。由表可知，各酮类香料在其失重区间的失重率大多在 90%以上。其中 4-羟基-2,5-二甲基-3(2*H*) 呋喃酮在其主要失重阶段的失重范围最广，为 30.00～500℃，这说明 4-羟基-2,5-二甲基-3(2*H*) 呋喃酮在加热卷烟中的缓释效果较好。

表 2-19 各酮类香料在相应热解条件下失重区间的温度范围及失重率

序号	样品	失重阶段	失重区间/℃	失重率/%
1	α-鸢尾酮	阶段Ⅰ	41.68～189.89	14.45
		阶段Ⅱ	189.89～349.68	77.28
2	巨豆三烯酮	阶段Ⅰ	41.83～150.39	57.67
		阶段Ⅱ	150.39～209.61	30.16
3	氧化异佛尔酮	阶段Ⅰ	38.18～119.58	8.24
		阶段Ⅱ	119.58～242.53	89.72
4	苯乙酮	阶段Ⅰ	30.00～109.26	26.40
		阶段Ⅱ	109.26～198.74	69.53
5	对甲氧基苯乙酮	阶段Ⅰ	103.16～262.32	98.69
6	4-甲基苯乙酮	阶段Ⅰ	30.00～118.21	8.88
		阶段Ⅱ	118.21～228.10	88.63
7	金合欢基丙酮	阶段Ⅰ	104.30～314.25	94.89
8	乙偶姻	阶段Ⅰ	46.42～158.42	93.59

续表

序号	样品	失重阶段	失重区间/℃	失重率/%
9	覆盆子酮	阶段Ⅰ	190.53～319.68	98.44
10	α-紫罗兰酮	阶段Ⅰ	154.77～277.37	93.70
11	4-羟基-2,5-二甲基-3(2*H*)呋喃酮	阶段Ⅰ	30.00～136.40	6.60
		阶段Ⅱ	136.40～370.08	65.84
		阶段Ⅲ	370.08～500.00	7.84
12	4,5-二甲基-3-羟基-2,5-二氢呋喃-2-酮	阶段Ⅰ	57.15～263.68	92.75
13	2-壬酮	阶段Ⅰ	28.63～115.47	23.54
		阶段Ⅱ	139.37～206.32	67.04
14	6-甲基-3,5-庚二烯-2-酮	阶段Ⅰ	30.00～262.32	93.11
15	3-戊烯-2-酮	阶段Ⅰ	30.00～92.30	38.90
		阶段Ⅱ	92.30～166.70	50.08
16	乙基麦芽酚	阶段Ⅰ	104.53～249.37	99.21
17	麦芽酚	阶段Ⅰ	121.76～234.80	98.87
18	2-辛酮	阶段Ⅰ	104.53～183.79	93.96
19	2-十一酮	阶段Ⅰ	47.79～126.32	22.43
		阶段Ⅱ	166.63～234.95	58.46
20	2-庚酮	阶段Ⅰ	23.52～74.51	38.31
		阶段Ⅱ	98.40～138.71	25.39
21	薄荷酮	阶段Ⅰ	120.84～222.00	96.76
22	薄荷酮甘油缩酮	阶段Ⅰ	167.49～293.87	97.21
23	烟酮	阶段Ⅰ	80.98～179.90	30.85
		阶段Ⅱ	179.90～301.14	65.52
24	甲基环戊烯醇酮	阶段Ⅰ	120.26～229.61	98.41

采用TG-DTG切线法求得各酮类香料单体的T_{max}、DTG_{max}、T_i和T_f，结果见表2-20。由表可知，各酮类香料中覆盆子酮的T_i、T_f和T_{max}均最高，分别为279.37℃、310.84℃和304.00℃，说明覆盆子酮在加热过程中不易释放，添加到加热卷烟中释放较慢；2-庚酮的T_i、T_f和T_{max}均较低，分别为30.00℃、127.68℃和117.47℃，说明2-庚酮在加热过程中更易释放，添加到加热卷烟中会释放较早；2-辛酮和甲基环戊烯醇酮的DTG_{max}最大，分别为104.74%/min和109.58%/min，说明两者在加热过程中释放剧烈，添加到加热卷烟中释放集中，缓释效果较差。进一步求得各酮类香料单体的综合热解指数CPI，其中2-辛酮和甲基环戊烯醇酮的CPI值最高，分别为27.02×10^{-3}%/(min·℃^{2})和24.12×10^{-3}%/(min·℃^{2})，说明两者的析出特性相对较好，热解反应较容易进行；α-鸢尾酮和4-羟基-2,5-二甲基-3(2*H*)呋喃酮的CPI值最低，分别为0.37×10^{-3}%/(min·℃^{2})和0.41×10^{-3}%/(min·℃^{2})，说明两者的析出特性相对较差，热解反应较难进行。

表2-20　各酮类香料单体的失重特征参数

序号	样品	T_i/℃	T_{max}/℃	DTG_{max}/(%/min)	T_f/℃	CPI/[$\times10^{-3}$%/(min·℃^{2})]	残留率/%
1	α-鸢尾酮	134.53	276.00	18.78	318.32	0.37	3.63
2	巨豆三烯酮	85.30	97.02	36.53	196.79	3.38	5.49
3	氧化异佛尔酮	181.68	215.16	62.94	228.84	6.20	1.23
4	苯乙酮	58.74	183.79	54.84	190.53	2.26	3.83
5	对甲氧基苯乙酮	211.79	246.63	53.38	254.74	5.04	1.06
6	4-甲基苯乙酮	194.63	213.16	79.88	220.63	14.41	2.37
7	金合欢基丙酮	233.01	284.89	30.95	299.20	1.64	1.46
8	乙偶姻	118.21	140.00	98.40	152.32	20.60	2.38
9	覆盆子酮	279.37	304.00	64.54	310.84	6.75	1.52

续表

序号	样品	T_i /℃	T_{max} /℃	DTG_{max} /(%/min)	T_f /℃	CPI /[$\times10^{-3}$%/(min·℃^{2})]	残留率 /%
10	α-紫罗兰酮	229.47	254.74	63.50	263.68	7.29	0.71
11	4-羟基-2,5-二甲基-3(2*H*)呋喃酮	165.26	230.84	12.31	294.42	0.41	19.64
12	4,5-二甲基-3-羟基-2,5-二氢呋喃-2-酮	197.37	237.05	43.68	245.26	3.85	7.09
13	2-壬酮	71.68	191.26	76.89	198.10	3.18	2.08
14	6-甲基-3,5-庚二烯-2-酮	161.89	202.21	37.57	221.26	3.13	3.24
15	3-戊烯-2-酮	64.31	120.92	35.60	138.08	3.99	4.99
16	乙基麦芽酚	214.53	233.58	93.22	239.05	16.28	0.79
17	麦芽酚	204.94	223.61	96.68	230.68	16.80	0.27
18	2-辛酮	150.95	166.63	104.74	174.21	27.02	1.32
19	2-十一酮	77.16	215.89	45.14	224.00	1.42	0.32
20	2-庚酮	30.00	117.47	26.03	127.68	2.13	13.80
21	薄荷酮	190.53	206.95	95.03	213.79	19.74	0.40
22	薄荷酮甘油缩酮	250.66	275.60	67.47	282.77	7.62	0.53
23	烟酮	104.60	227.75	36.09	253.90	15.84	1.29
24	甲基环戊烯醇酮	193.57	209.32	109.58	215.27	24.12	1.38

(2) 酮类香料单体的动力学分析

对各酮类香料样品的主要热解阶段进行动力学分析，采用基于单一升温速率的 Coats-Redfern 法获得了各失重阶段的动力学机理函数，对于各样品而言，经机理函数拟合筛选，确定反应模型 D3 可较好地描述各酮类香料单体的热解过程，同时也有少量样品的热解过程符合反应模型 F1、F1.5 和 D2，各样品拟合方程、相关系数及热动力学参数列于表 2-21。

由表 2-21 可知，各酮类香料中 2-壬酮的反应活化能 E 最高，这表明 2-壬酮分子从常态转变为容易发生化学反应的活跃状态所需要的能量较高。同时，2-壬酮的指前因子 A 最大，指前因子表示分子参加化学反应的速率，越大的指前因子表明在相同温度下样品的反应速率越快。

进一步计算并比较了各样品在相应热解条件下的热力学参数，见表 2-21。焓变 ΔH 表明单位质量样品通过热解转化为各种产物所消耗的总能量，各酮类香料单体的 ΔH 介于 26.3720～252.7226kJ/mol 之间，其中 2-壬酮的 ΔH 最高，为 252.7226kJ/mol，这表明 2-壬酮的热解反应消耗最多能量。各酮类香料单体的 ΔG 介于 75.1798～126.2142kJ/mol，其中覆盆子酮的 ΔG 最大，为 126.2142kJ/mol，这表明覆盆子酮从外界吸收的能量最大。基于 Coats-Redfern 法计算得到各酮类香料单体的 ΔS 有正值也有负值，ΔS 为负值，表示在热解过程中产物的键解离复杂程度低于初始反应物，而较低的 ΔS 意味着单体香原料的热解处于接近其热力学平衡状态。

(3) 酮类香料加热过程的热效应分析

各酮类香料单体的 DSC 曲线见图 2-10，通过 TA Universal Analysis 软件的水平 S 形曲线峰值积分获得的各酮类香料单体的 DSC 曲线参数见表 2-22。由图和表可知，各酮类香料单体的 DSC 曲线在刚开始有一个明显的下降趋势，这是由于将样品盘和参比盘加热到相同温度所输入的功率不同导致的。随着温度的升高，曲线无明显变化，当升高到一定温度，出现一个明显的吸热或放热峰，这是由于样品蒸发吸收大量的热或热解放出大量的热。最后由于样品盘中的样品已蒸发或热解，DSC 曲线趋于平缓并趋近于 0。各酮类香料均呈现出一个明显的吸热峰，焓变位于 137.60～519.20J/g 之间，这表明大多酮类香料均以原型蒸发为主。其中对甲氧基苯乙酮、覆盆子酮、4-羟基-2,5-二甲基-3(2*H*)呋喃酮、乙基麦芽酚、麦芽酚、烟酮和甲基环戊烯醇酮具有两个明显的吸热峰，这是由于该七种酮类香料常温状态下为固体，除蒸发或热解外还经历了熔融阶段，吸收大量热量。巨豆三烯酮和乙偶姻具有两个较为相近的吸热峰，这可能是由于两种物质具有同分异构体导致的。

表 2-21 各酮类香料在失重区间的分解热动力学参数汇总

序号	样品	阶段	反应模型	拟合方程	R^2	E /(kJ/mol)	A /min^{-1}	ΔH /(kJ/mol)	ΔG /(kJ/mol)	ΔS /(kJ/mol)
1	α-鸢尾酮	阶段Ⅱ	F1.5	$y=-11429.01x+8.44$	0.9771	95.0208	1.06×10^{9}	90.4551	114.0533	−0.0430
2	巨豆三烯酮	阶段Ⅰ	F1.5	$y=-8428.59x+10.32$	0.9866	70.0753	5.15×10^{9}	66.9977	76.8350	−0.0266
		阶段Ⅱ	F1.5	$y=-22425.07x+37.43$	0.9854	186.4420	8.06×10^{21}	182.6618	89.3747	0.2052
3	氧化异佛尔酮	阶段Ⅱ	D3	$y=-19096.08x+24.52$	0.9756	158.7648	1.70×10^{16}	154.7050	107.8742	0.0959
4	苯乙酮	阶段Ⅱ	D3	$y=-19013.45x+27.68$	0.9596	158.0778	3.98×10^{17}	154.2788	98.2201	0.1227
5	对甲氧基苯乙酮	阶段Ⅰ	D3	$y=-14988.92x+14.61$	0.9603	124.6179	6.62×10^{11}	120.2964	114.5895	0.0110
6	4-甲基苯乙酮	阶段Ⅱ	D3	$y=-20498.06x+27.79$	0.9690	170.4209	4.81×10^{17}	166.3777	106.2043	0.1237
7	金合欢基丙酮	阶段Ⅰ	F1	$y=-10930.35x+7.48$	0.9635	90.8749	3.88×10^{8}	86.2354	114.9609	−0.0515
8	乙偶姻	阶段Ⅰ	D2	$y=-14946.12x+22.77$	0.9774	124.2620	2.33×10^{15}	120.8271	87.4579	0.0808
9	覆盆子酮	阶段Ⅰ	D3	$y=-28003.44x+33.98$	0.9703	232.8206	3.21×10^{20}	228.0221	126.2142	0.1764
10	α-紫罗兰酮	阶段Ⅰ	D3	$y=-26068.87x+34.88$	0.9738	216.7366	7.30×10^{20}	212.3477	115.2383	0.1840
11	4-羟基-2,5-二甲基-3(2*H*)呋喃酮	阶段Ⅱ	F1	$y=-3675.99x-5.54$	0.9659	30.5622	2.88×10^{2}	26.3720	111.0242	−0.1680
12	4,5-二甲基-3-羟基-2,5-二氢呋喃-2-酮	阶段Ⅰ	D2	$y=-10141.98x+6.69$	0.9726	84.3205	1.63×10^{8}	80.07866	109.6547	−0.0580
13	2-壬酮	阶段Ⅱ	D3	$y=-30861.65x+52.13$	0.9727	256.5837	2.69×10^{28}	252.7226	99.5210	0.3299
14	6-甲基-3,5-庚二烯-2-酮	阶段Ⅰ	D3	$y=-8419.04x+3.18$	0.9627	69.9959	4.06×10^{6}	66.0438	107.8991	−0.0880
15	3-戊烯-2-酮	阶段Ⅰ	D3	$y=-13013.37x+23.13$	0.9797	108.1931	2.88×10^{15}	105.2632	75.7037	0.0839
		阶段Ⅱ	F1.5	$y=-12747.99x+20.25$	0.9715	105.9868	1.59×10^{14}	102.7105	79.5195	0.0588
16	乙基麦芽酚	阶段Ⅰ	D2	$y=-19379.54x+24.82$	0.9784	161.1215	4.75×10^{11}	156.9086	107.1345	0.0982
17	麦芽酚	阶段Ⅰ	D3	$y=-25131.27x+36.12$	0.9813	208.9414	2.45×10^{21}	204.8114	108.1717	0.1945
18	2-辛酮	阶段Ⅰ	D3	$y=-26342.88x+45.55$	0.9779	219.0147	3.18×10^{25}	215.3584	94.7370	0.2743
19	2-十一酮	阶段Ⅱ	F1	$y=-16631.69x+22.19$	0.9581	138.2758	1.45×10^{15}	134.2100	97.3217	0.0754
20	2-庚酮	阶段Ⅰ	F1.5	$y=-24496.63x+51.07$	0.9835	203.6650	7.43×10^{27}	200.4173	75.1798	0.3206
21	薄荷酮	阶段Ⅰ	D3	$y=-24301.88x+36.13$	0.9763	202.0458	2.39×10^{21}	198.0543	104.6243	0.1946
22	薄荷酮甘油缩酮	阶段Ⅰ	D3	$y=-23385.07x+28.18$	0.9681	194.4234	8.13×10^{17}	189.8611	120.1171	0.1271
23	烟酮	阶段Ⅰ	F1.5	$y=-12267.83x+17.45$	0.9529	101.9947	9.27×10^{12}	98.5988	84.3312	0.0349
		阶段Ⅱ	F1.5	$y=-14164.71x+15.38$	0.9723	117.7654	1.36×10^{12}	113.6009	104.9514	0.0173
24	甲基环戊烯醇酮	阶段Ⅰ	D3	$y=-22891.88x+33.07$	0.9697	190.3231	1.05×10^{20}	186.3119	104.9657	0.1686

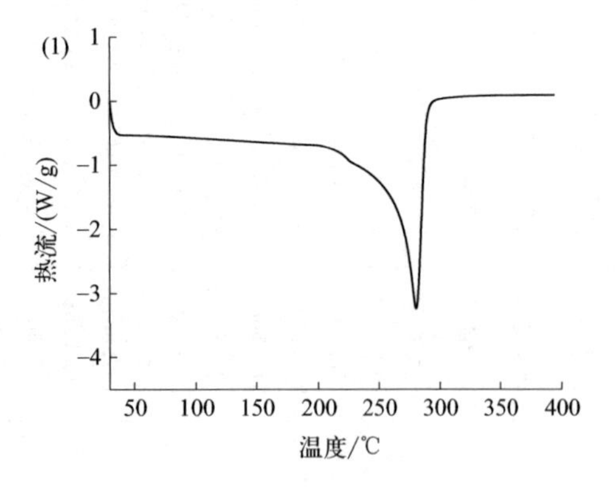
(1)
1
0
−1
−2
−3
−4
热流/(W/g)
50 100 150 200 250 300 350 400
温度/℃

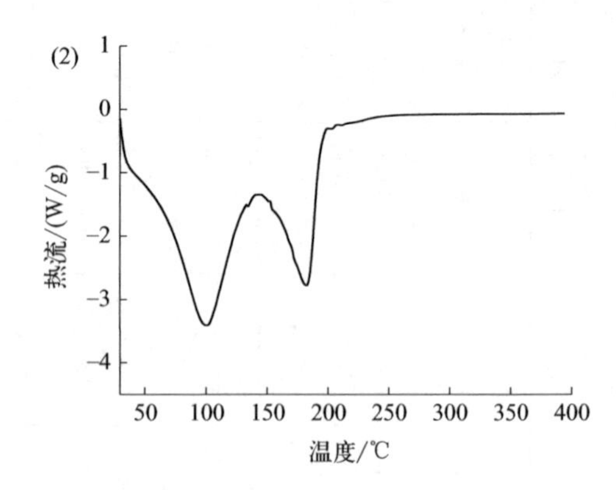
(2)
1
0
−1
−2
−3
−4
热流/(W/g)
50 100 150 200 250 300 350 400
温度/℃

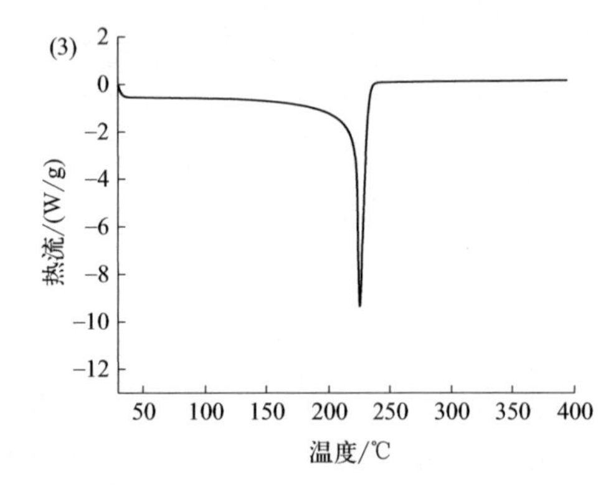
(3)
2
0
−2
−4
−6
−8
−10
−12
热流/(W/g)
50 100 150 200 250 300 350 400
温度/℃

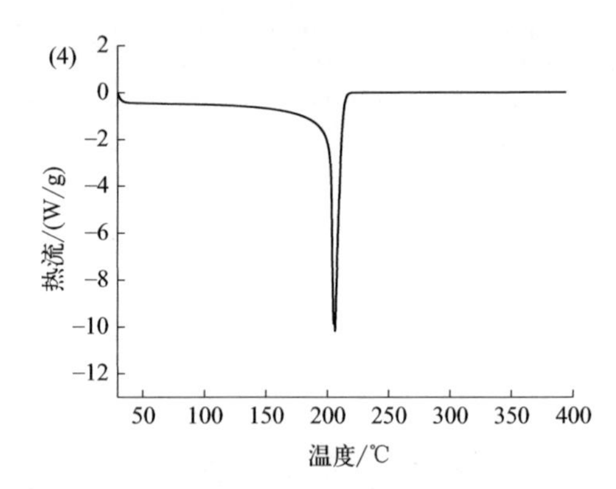
(4)
2
0
−2
−4
−6
−8
−10
−12
热流/(W/g)
50 100 150 200 250 300 350 400
温度/℃

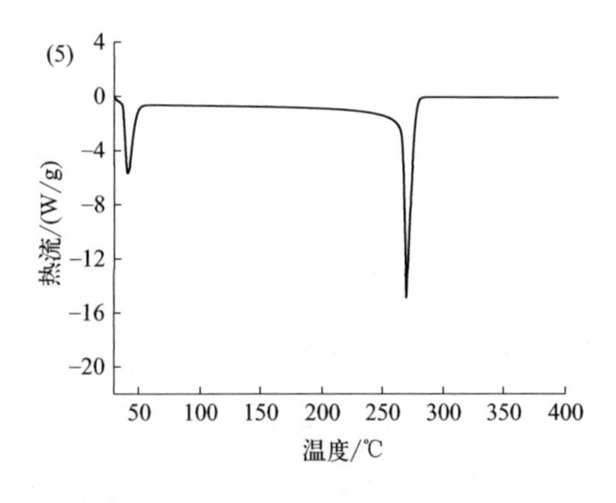
(5)
4
0
−4
−8
−12
−16
−20
热流/(W/g)
50 100 150 200 250 300 350 400
温度/℃

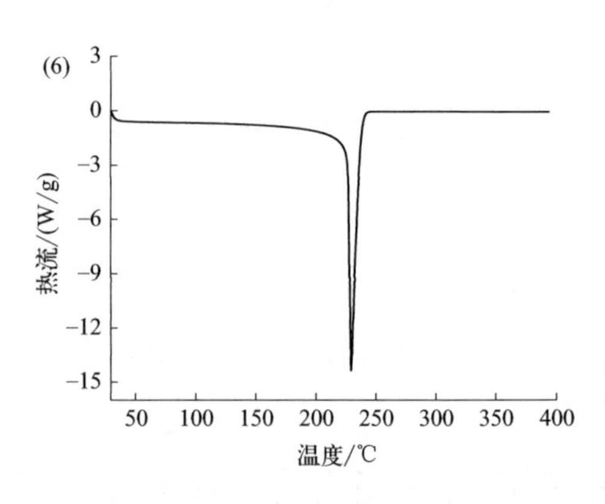
(6)
3
0
−3
−6
−9
−12
−15
热流/(W/g)
50 100 150 200 250 300 350 400
温度/℃

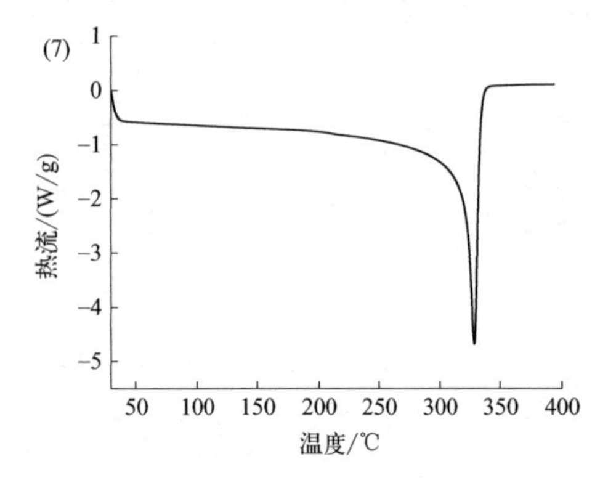
(7)
1
0
−1
−2
−3
−4
−5
热流/(W/g)
50 100 150 200 250 300 350 400
温度/℃

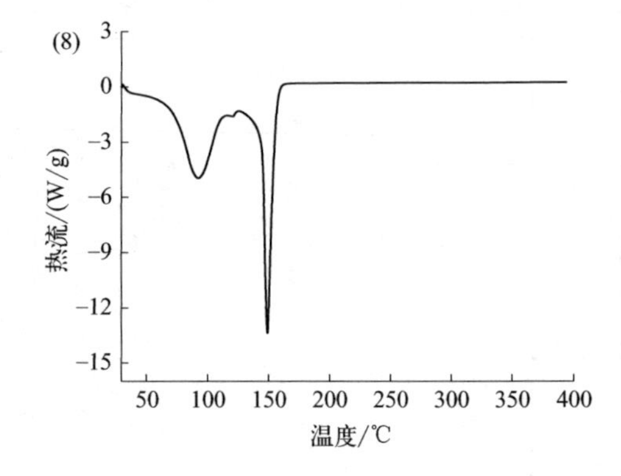
(8)
3
0
−3
−6
−9
−12
−15
热流/(W/g)
50 100 150 200 250 300 350 400
温度/℃

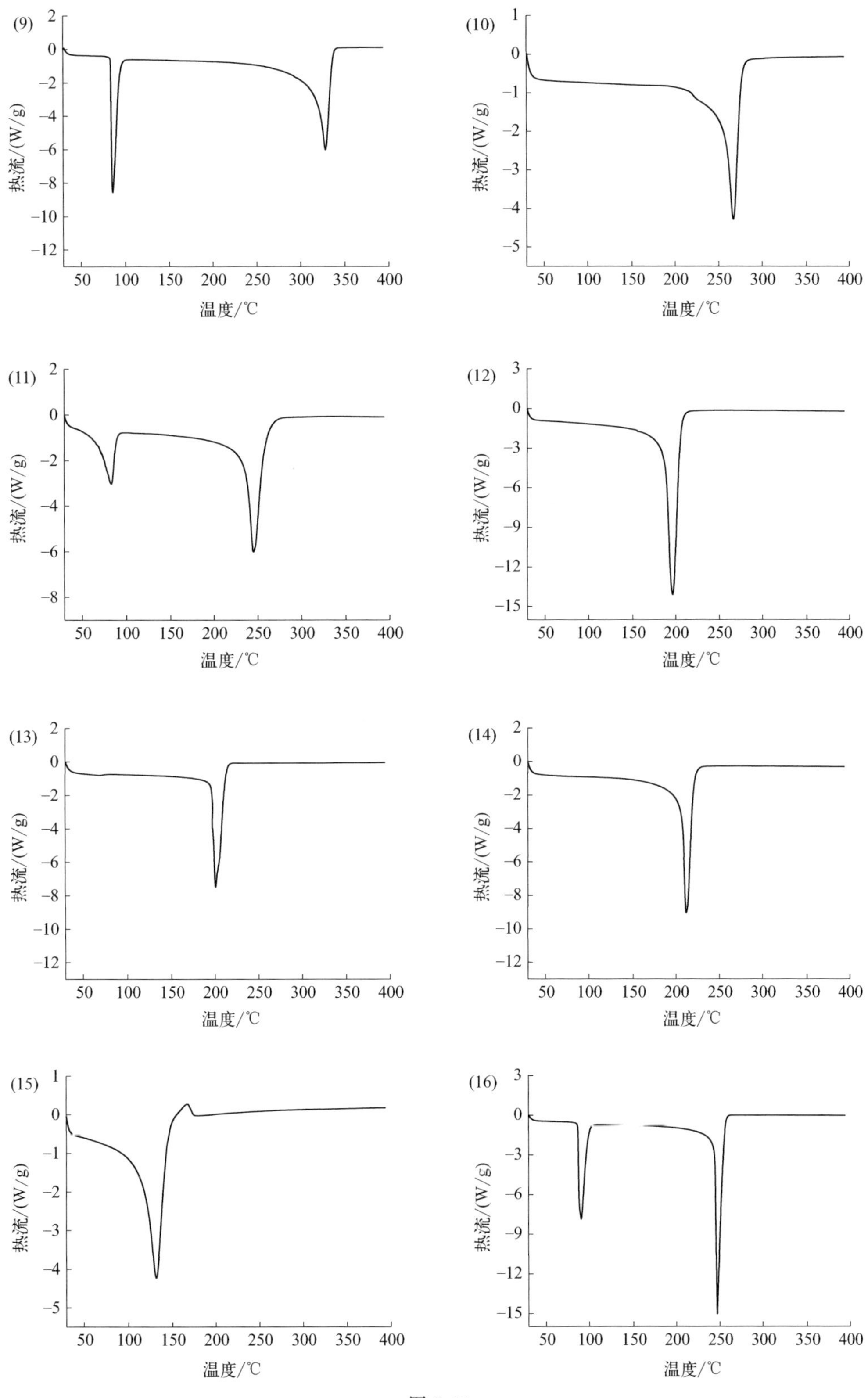

图 2-10

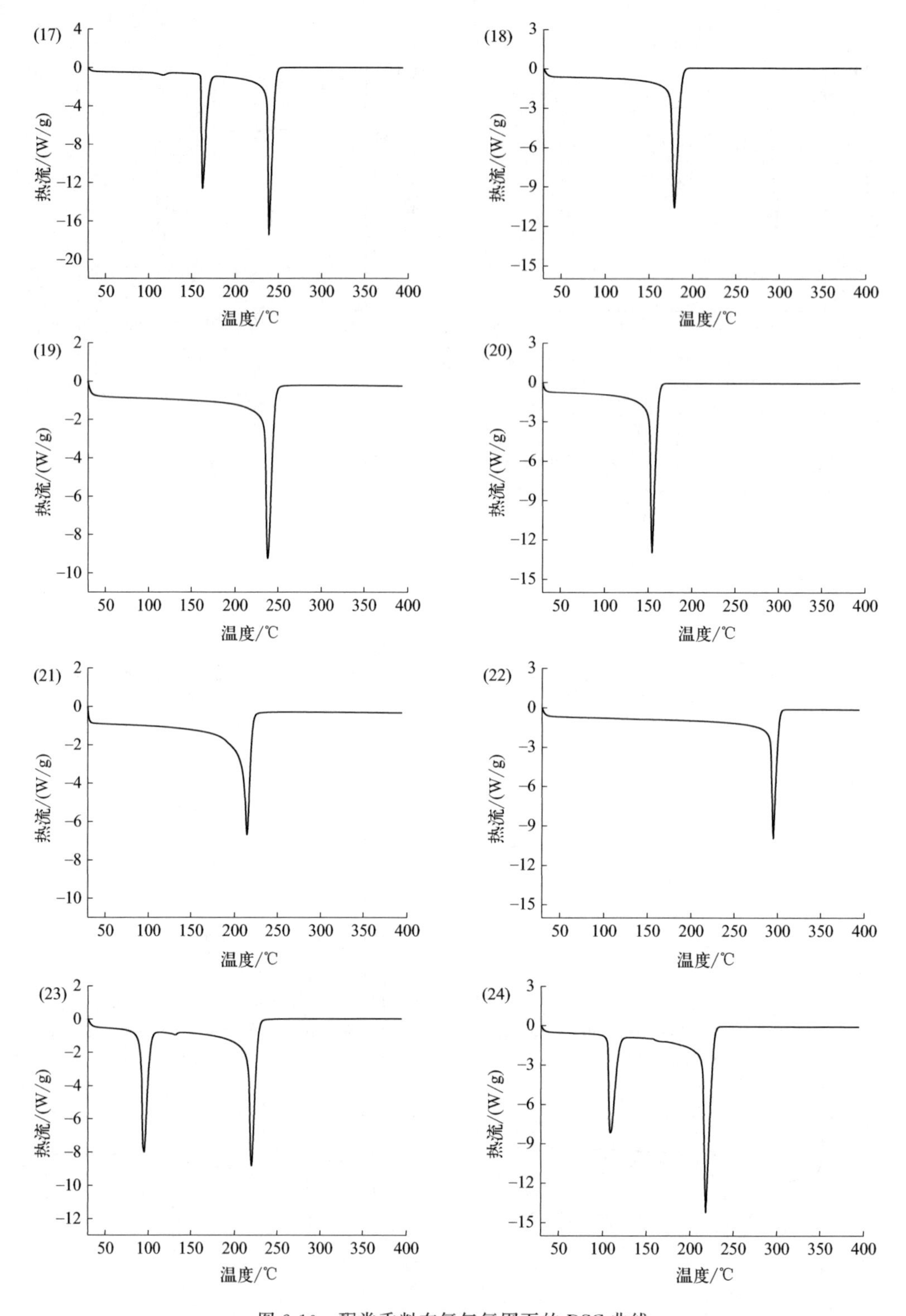

图 2-10 酮类香料在氮气氛围下的 DSC 曲线

(1) α-鸢尾酮；(2) 巨豆三烯酮；(3) 氧化异佛尔酮；(4) 苯乙酮；(5) 对甲氧基苯乙酮；(6) 4-甲基苯乙酮；(7) 金合欢基丙酮；(8) 乙偶姻；(9) 覆盆子酮；(10) α-紫罗兰酮；(11) 4-羟基-2,5-二甲基-3(2*H*)呋喃酮；(12) 4,5-二甲基-3-羟基-2,5-二氢呋喃-2-酮；(13) 2-壬酮；(14) 6-甲基-3,5-庚二烯-2-酮；(15) 3-戊烯-2-酮；(16) 乙基麦芽酚；(17) 麦芽酚；(18) 2-辛酮；(19) 2-十一酮；(20) 2-庚酮；(21) 薄荷酮；(22) 薄荷酮甘油缩酮；(23) 烟酮；(24) 甲基环戊烯醇酮

表 2-22　各酮类香料加热过程的 DSC 曲线参数

序号	样品	峰 1		峰 2	
		峰值温度/℃	焓变/(J/g)	峰值温度/℃	焓变/(J/g)
1	α-鸢尾酮	280.62	224.50	—	—
2	巨豆三烯酮	99.43	302.30	183.17	137.60
3	氧化异佛尔酮	224.92	258.40	—	—
4	苯乙酮	206.24	236.60	—	—
5	对甲氧基苯乙酮	40.84	104.90	269.57	280.80
6	4-甲基苯乙酮	229.22	293.00	—	—
7	金合欢基丙酮	328.80	255.70	—	—
8	乙偶姻	92.05	302.40	149.28	286.80
9	覆盆子酮	85.86	151.30	328.40	344.90
10	α-紫罗兰酮	267.37	235.10	—	—
11	4-羟基-2,5-二甲基-3(2*H*)呋喃酮	82.81	125.60	245.25	315.10
12	4,5-二甲基-3-羟基-2,5-二氢呋喃-2-酮	196.67	519.20	—	—
13	2-壬酮	201.20	208.30	—	—
14	6-甲基-3,5-庚二烯-2-酮	212.09	308.70	—	—
15	3-戊烯-2-酮	131.73	311.10	—	—
16	乙基麦芽酚	90.71	161.20	246.75	290.10
17	麦芽酚	163.20	203.60	239.01	358.40
18	2-辛酮	179.34	247.50	—	—
19	2-十一酮	238.07	235.20	—	—
20	2-庚酮	154.58	274.50	—	—
21	薄荷酮	214.18	219.50	—	—
22	薄荷酮甘油缩酮	295.13	199.50	—	—
23	烟酮	95.32	170.10	219.69	277.60
24	甲基环戊烯醇酮	108.64	181.90	218.24	353.60

2.2.6　酯类香原料的热失重及动力学行为分析

(1) 酯类香料单体的失重特性分析

将酯类香料以 20℃/min 的升温速率从 30℃加热至 500℃，记录样品热失重曲线，结果如图 2-11 所示。由图可知，乙酸香茅酯、肉桂酸乙酯、乳酸乙酯、γ-壬内酯、γ-十二内酯、γ-癸内酯、异戊酸异戊酯、乙酸苯乙酯、γ-己内酯、γ-辛内酯、γ-庚内酯、γ-十一内酯、乙酸薄荷酯、δ-十二内酯、肉桂酸苄酯、乙酸茴香酯、乙酸橙花酯、肉桂酸异戊酯、邻氨基苯

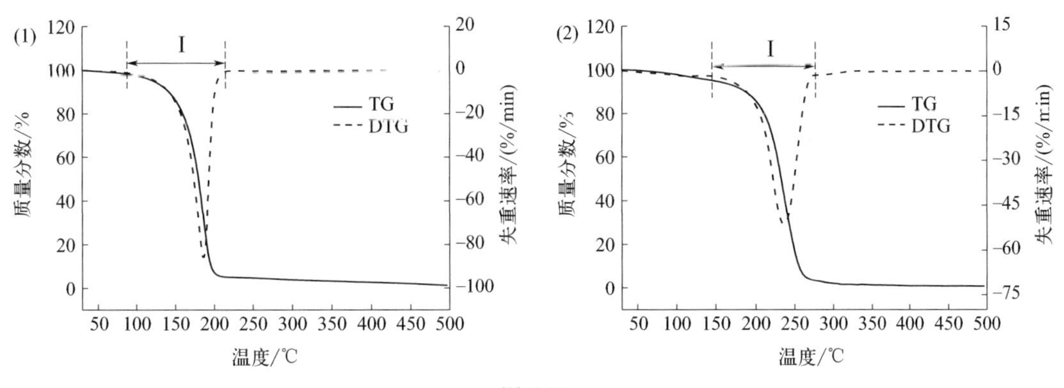

图 2-11

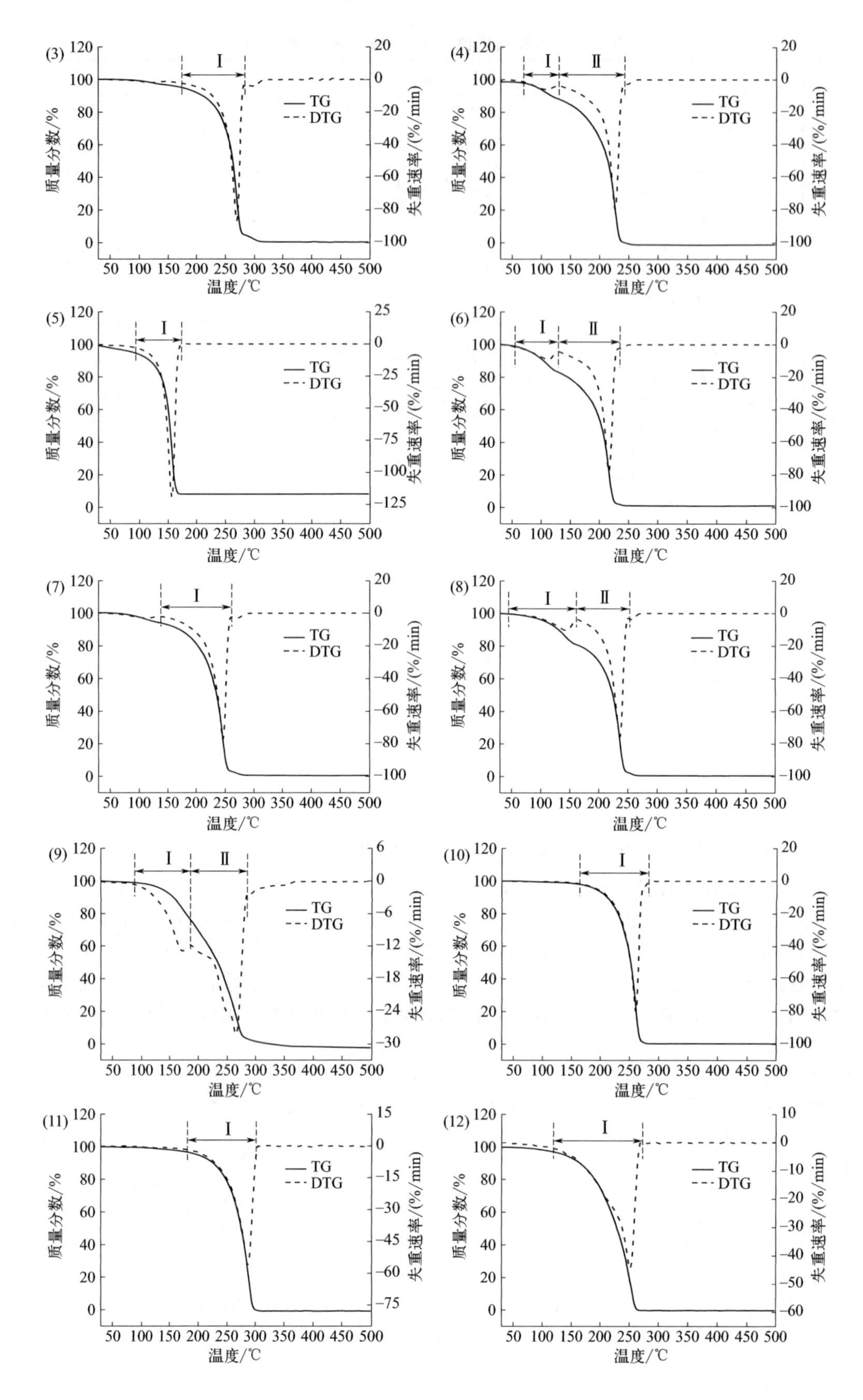
(3)
(4)
(5)
(6)
(7)
(8)
(9)
(10)
(11)
(12)
Ⅰ
Ⅱ
TG
DTG
质量分数/%
失重速率/(%/min)
温度/℃

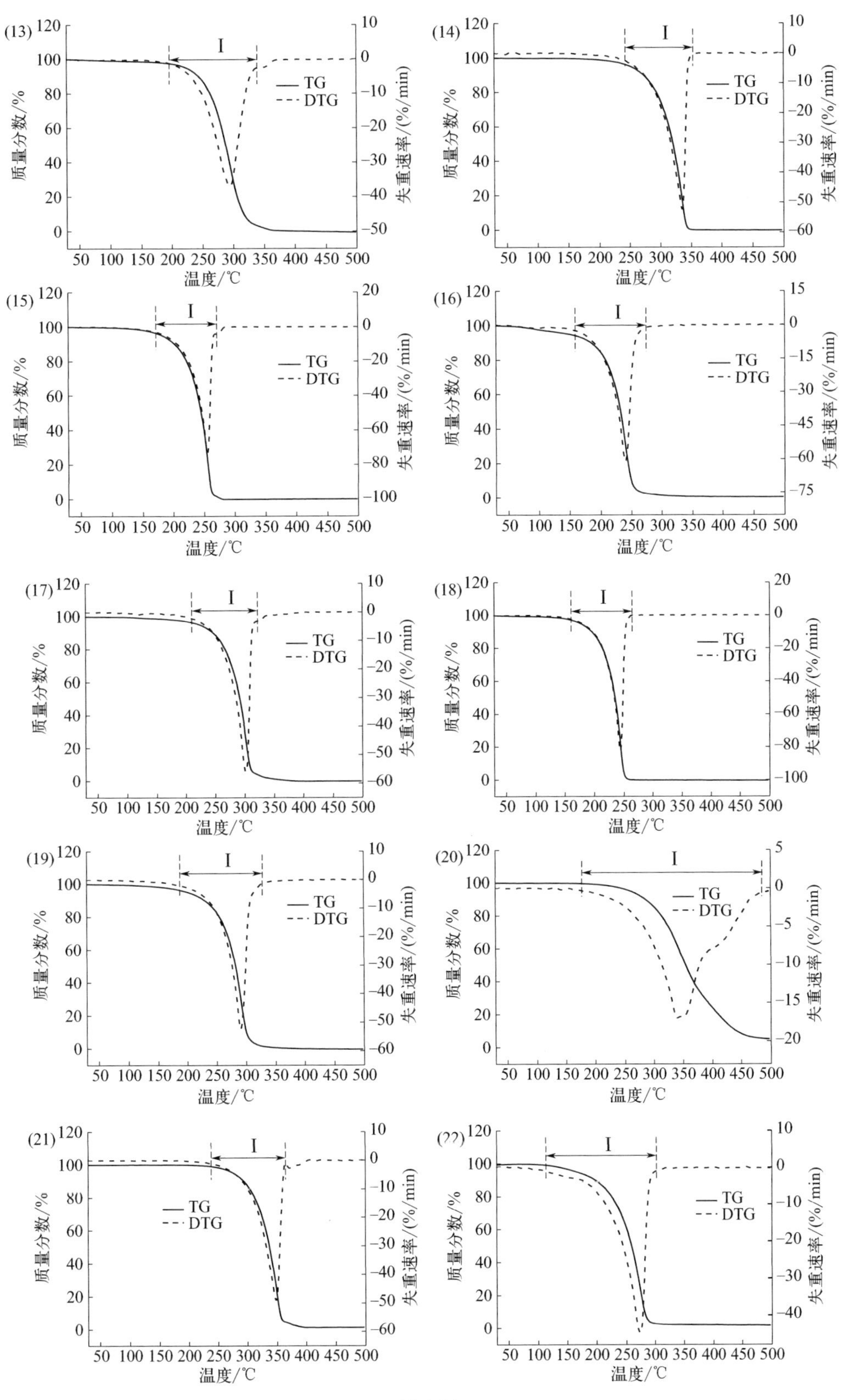

图 2-11

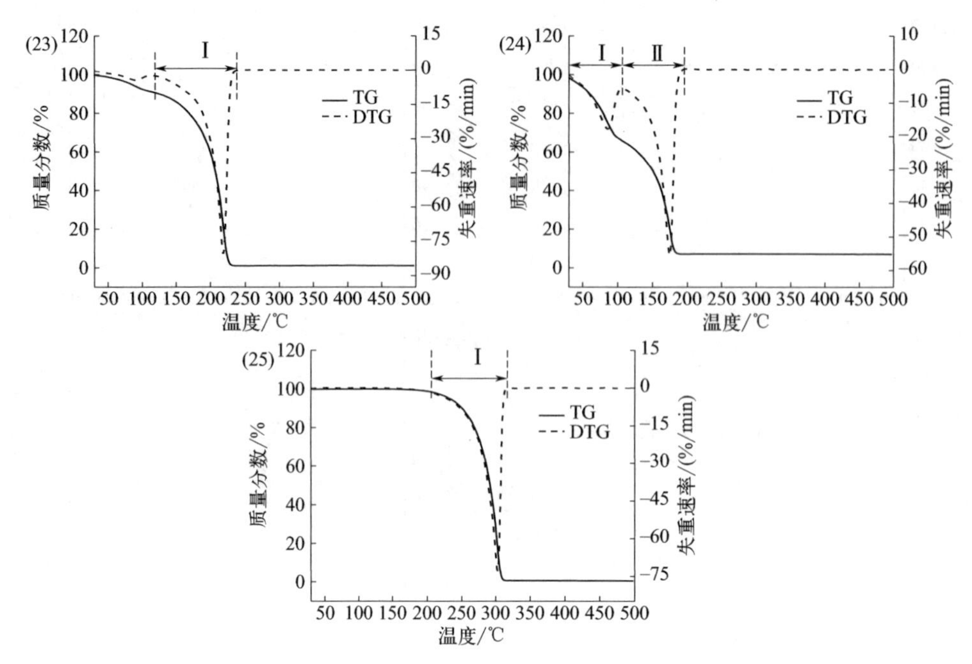

图 2-11 酯类香料在氮气氛围下的 TG-DTG 曲线

(1) 异戊酸异戊酯；(2) 乙酸香茅酯；(3) 肉桂酸乙酯；(4) 乙酸苯乙酯；(5) 乳酸乙酯；(6) γ-己内酯；(7) γ-辛内酯；(8) γ-庚内酯；(9) γ-十一内酯；(10) γ-壬内酯；(11) γ-十二内酯；(12) γ-癸内酯；(13) δ-十二内酯；(14) 肉桂酸苄酯；(15) 乙酸茴香酯；(16) 乙酸橙花酯；(17) 肉桂酸异戊酯；(18) 邻氨基苯甲酸甲酯；(19) 异戊酸肉桂酯；(20) 肉桂酸肉桂酯；(21) 肉桂酸苯乙酯；(22) 二氢茉莉酮酸甲酯；(23) 乙酸薄荷酯；(24) 丁酸正戊酯；(25) 6-甲基香豆素

甲酸甲酯、异戊酸肉桂酯、肉桂酸肉桂酯、肉桂酸苯乙酯、二氢茉莉酮酸甲酯和 6-甲基香豆素均仅有一个主要失重峰。而丁酸正戊酯有两个主要失重峰。这说明大多酯类香料在加热过程中是由于蒸发造成的失重，而丁酸正戊酯则发生了分解。

表 2-23 总结了各酯类香料在相应热解条件下失重区间的温度范围及失重率。由表可知，各酯类香料在其失重区间的失重率大多在 90%以上。其中 γ-十一内酯和肉桂酸肉桂酯在其失重区间的失重范围最广，这说明两者在加热卷烟中的缓释效果较好。同时，肉桂酸苄酯、肉桂酸肉桂酯和肉桂酸苯乙酯的失重区间超出了加热卷烟的最大加热温度 350℃，这说明此三种酯类香料应用于加热卷烟中时无法释放或者释放不完全。

表 2-23 各酯类香料在相应热解条件下失重区间的温度范围及失重率

序号	样品	失重阶段	失重区间/℃	失重率/%
1	异戊酸异戊酯	阶段Ⅰ	87.64～213.92	93.02
2	乙酸香茅酯	阶段Ⅰ	143.66～276.41	91.87
3	肉桂酸乙酯	阶段Ⅰ	175.26～284.08	90.35
4	乙酸苯乙酯	阶段Ⅰ	68.96～131.45	10.19
		阶段Ⅱ	131.45～242.29	87.70
5	乳酸乙酯	阶段Ⅰ	93.49～173.34	86.65
6	γ-己内酯	阶段Ⅰ	54.83～128.22	15.53
		阶段Ⅱ	128.22～231.99	81.30
7	γ-辛内酯	阶段Ⅰ	141.14～259.65	90.41
8	γ-庚内酯	阶段Ⅰ	46.42～158.42	93.59
		阶段Ⅱ	76.74～161.73	17.39
9	γ-十一内酯	阶段Ⅰ	87.37～185.79	22.48
		阶段Ⅱ	185.79～284.84	73.19

续表

序号	样品	失重阶段	失重区间/℃	失重率/%
10	γ-壬内酯	阶段Ⅰ	162.53～281.47	97.76
11	γ-十二内酯	阶段Ⅰ	188.53～299.80	95.99
12	γ-癸内酯	阶段Ⅰ	117.47～264.99	97.02
13	δ-十二内酯	阶段Ⅰ	194.63～338.84	94.35
14	肉桂酸苄酯	阶段Ⅰ	243.16～351.79	95.85
15	乙酸茴香酯	阶段Ⅰ	170.74～268.42	94.62
16	乙酸橙花酯	阶段Ⅰ	157.79～267.05	91.35
17	肉桂酸异戊酯	阶段Ⅰ	211.05～320.32	92.25
18	邻氨基苯甲酸甲酯	阶段Ⅰ	159.79～261.58	97.01
19	异戊酸肉桂酯	阶段Ⅰ	190.53～326.53	94.48
20	肉桂酸肉桂酯	阶段Ⅰ	187.16～485.68	93.99
21	肉桂酸苯乙酯	阶段Ⅰ	237.68～364.10	93.54
22	二氢茉莉酮酸甲酯	阶段Ⅰ	113.70～300.43	96.33
23	乙酸薄荷酯	阶段Ⅰ	118.95～234.26	89.58
24	丁酸正戊酯	阶段Ⅰ	30.00～105.83	32.15
		阶段Ⅱ	105.83～191.65	58.97
25	6-甲基香豆素	阶段Ⅰ	206.69～316.14	97.75

采用TG-DTG切线法求得各酯类香料单体的T_{max}、DTG_{max}、T_i和T_f，结果见表2-24。由表可知，各酯类香料中肉桂酸肉桂酯和肉桂酸苯乙酯的T_i、T_f和T_{max}均较高，说明两者在加热过程中不易释放，添加到加热卷烟中释放较慢或无法释放；丁酸正戊酯的T_i、T_f和T_{max}均较低，分别为54.74℃、180.54℃和174.58℃，说明丁酸正戊酯在加热过程中更易释放，添加到加热卷烟中会释放较早；乳酸乙酯的DTG_{max}最大，为118.50%/min，说明乳酸乙酯在加热过程中释放剧烈，添加到加热卷烟中释放集中，缓释效果较差。进一步求得各酯类香料单体的综合热解指数CPI，其中乳酸乙酯的CPI值最高，为35.67×10^{-3}%/(min·℃^{2})，说明乳酸乙酯的析出特性相对较好，热解反应较容易进行；γ-十一内酯和肉桂酸肉桂酯的CPI值最低，分别为0.75×10^{-3}%/(min·℃^{2})和0.47×10^{-3}%/(min·℃^{2})，说明两者的析出特性相对较差，热解反应较难进行。

表2-24 各酯类香料单体的失重特征参数

序号	样品	T_i/℃	T_{max}/℃	DTG_{max}/(%/min)	T_f/℃	CPI/[$\times10^{-3}$%/(min·℃^{2})]	残留率/%
1	异戊酸异戊酯	164.36	185.56	85.86	194.54	15.33	1.39
2	乙酸香茅酯	208.77	237.14	50.92	255.81	4.56	0.76
3	肉桂酸乙酯	249.96	269.34	86.35	277.01	11.85	0.45
4	乙酸苯乙酯	190.70	226.14	78.61	237.14	7.49	0.14
5	乳酸乙酯	141.75	155.98	118.50	163.05	35.67	8.13
6	γ-己内酯	76.03	216.45	76.95	224.22	2.40	1.09
7	γ-辛内酯	222.30	246.12	76.69	253.19	10.09	0.58
8	γ-庚内酯	111.46	235.12	75.48	243.50	2.43	0.62
9	γ-十一内酯	137.26	264.32	28.17	280.10	0.75	0.14
10	γ-壬内酯	240.42	260.95	79.60	267.05	11.45	0.37
11	γ-十二内酯	258.21	285.47	55.21	295.79	5.15	0.16
12	γ-癸内酯	210.42	250.00	43.79	260.95	3.47	0.14
13	δ-十二内酯	260.95	293.68	36.88	315.58	2.30	0.10
14	肉桂酸苄酯	305.37	334.00	52.04	341.58	4.30	0.04

续表

序号	样品	T_i /℃	T_{max} /℃	DTG_{max} /(%/min)	T_f /℃	CPI /[$\times10^{-3}$%/(min·℃^{2})]	残留率 /%
15	乙酸茴香酯	233.58	254.74	71.35	260.95	10.23	0.06
16	乙酸橙花酯	215.16	237.68	59.75	250.63	7.09	0.34
17	肉桂酸异戊酯	276.00	300.53	55.35	310.10	5.40	0.01
18	邻氨基苯甲酸甲酯	223.37	243.89	82.08	249.37	12.94	0.01
19	异戊酸肉桂酯	265.05	289.58	52.14	301.89	4.89	0.01
20	肉桂酸肉桂酯	296.42	340.21	17.02	403.05	0.47	5.06
21	肉桂酸苯乙酯	318.95	347.05	48.75	357.89	3.61	1.35
22	二氢茉莉酮酸甲酯	236.94	272.27	44.40	284.08	3.46	1.66
23	乙酸薄荷酯	197.50	218.50	79.61	223.76	13.87	1.06
24	丁酸正戊酯	54.74	174.58	55.36	180.54	2.52	7.05
25	6-甲基香豆素	280.09	302.41	72.72	306.95	8.95	0.48

(2) 酯类香料单体的动力学分析

对各酯类香料样品的主要热解阶段进行动力学分析，采用基于单一升温速率的Coats-Redfern法获得了各失重阶段的动力学机理函数，对于各样品而言，经机理函数拟合筛选，确定反应模型D3可较好地描述各酯类香料单体的热解过程，同时也有少量样品的热解过程符合反应模型F1和F1.5，各样品拟合方程、相关系数及热动力学参数列于表2-25。

由表2-25可知，各酯类香料中肉桂酸苄酯的反应活化能E最高，这表明肉桂酸苄酯分子从常态转变为容易发生化学反应的活跃状态所需要的能量较高。同时，乳酸乙酯的指前因子A最大，指前因子表示分子参加化学反应的速率，越大的指前因子表明在相同温度下样品的反应速率越快。

进一步计算并比较了各样品在相应热解条件下的热力学参数，见表2-25。焓变ΔH表明单位质量样品通过热解转化为各种产物所消耗的总能量，各酯类香料单体的ΔH介于56.4090～286.1797kJ/mol之间，其中肉桂酸苄酯的ΔH最高，为286.1797kJ/mol，这表明肉桂酸苄酯的热解反应消耗最多能量。各酯类香料单体的ΔG介于71.8656～135.8943kJ/mol，其中肉桂酸苯乙酯的ΔG最大，为135.8943kJ/mol，这表明肉桂酸苯乙酯从外界吸收的能量最大。基于Coats-Redfern法计算得到各酯类香料单体的ΔS有正值也有负值，ΔS为负值，表示在热解过程中产物的键解离复杂程度低于初始反应物，而较低的ΔS意味着单体香原料的热解处于接近其热力学平衡状态。

(3) 酯类香料加热过程的热效应分析

各酯类香料单体的DSC曲线见图2-12，通过TA Universal Analysis软件的水平S形曲线峰值积分获得的各酯类香料单体的DSC曲线参数见表2-26。由图和表可知，各酯类香料单体的DSC曲线在刚开始有一个明显的下降趋势，这是由于将样品盘和参比盘加热到相同温度所输入的功率不同导致的。随着温度的升高，曲线无明显变化，当升高到一定温度，出现一个明显的吸热或放热峰，这是由于样品蒸发吸收大量的热或热解放出大量的热。最后由于样品盘中的样品已蒸发或热解，DSC曲线趋于平缓并趋近于0。各酯类香料均呈现出一个明显的吸热峰，焓变位于176.40～332.60J/g之间，这表明大多酯类香料均以原型蒸发为主。其中肉桂酸肉桂酯、肉桂酸苯乙酯和6-甲基香豆素具有两个明显的吸热峰，这是由于该三种酯类香料常温状态下为固体，除蒸发或热解外还经历了熔融阶段，吸收大量热量。

表 2-25 各酯类香料在失重区间的分解热动力学参数汇总

序号	样品	阶段	反应模型	拟合方程	R^2	E /(kJ/mol)	A /min^{-1}	ΔH /(kJ/mol)	ΔG /(kJ/mol)	ΔS /(kJ/mol)
1	异戊酸异戊酯	阶段Ⅰ	D3	$y=-18922.71x+26.68$	0.9817	157.3234	1.46×10^{17}	153.5097	101.0618	0.1143
2	乙酸香茅酯	阶段Ⅰ	D3	$y=-23229.17x+30.19$	0.9843	193.1273	6.00×10^{18}	188.8848	115.2397	0.1443
3	肉桂酸乙酯	阶段Ⅰ	F1	$y=-23314.75x+30.83$	0.9649	193.8388	1.14×10^{19}	189.5963	113.2235	0.1497
4	乙酸苯乙酯	阶段Ⅰ	D3	$y=-19924.82x+25.59$	0.9608	165.6549	5.15×10^{16}	161.5038	109.1029	0.1050
5	乳酸乙酯	阶段Ⅰ	D3	$y=-25768.37x+45.53$	0.9792	214.2382	3.07×10^{25}	210.6704	93.0009	0.2742
6	γ-己内酯	阶段Ⅰ	D3	$y=-20248.52x+27.07$	0.9595	168.3462	2.32×10^{17}	164.7784	113.8338	0.1187
7	γ-辛内酯	阶段Ⅰ	D3	$y=-21429.45x+26.92$	0.9674	178.1645	2.11×10^{17}	173.8473	113.4392	0.1163
8	γ-庚内酯	阶段Ⅰ	D3	$y=-28937.88x+42.48$	0.9685	240.5896	1.63×10^{24}	236.3638	110.1197	0.2484
9	γ-十一内酯	阶段Ⅰ	F1	$y=-11801.29x+10.05$	0.9505	98.1160	5.47×10^{9}	93.6474	109.3288	−0.0292
10	γ-壬内酯	阶段Ⅰ	D3	$y=-26904.33x+35.89$	0.9792	223.6826	2.07×10^{21}	219.2421	116.4087	0.1925
11	γ-十二内酯	阶段Ⅰ	D3	$y=-27744.25x+35.09$	0.9734	230.6657	9.64×10^{20}	226.0214	122.2311	0.1858
12	γ-癸内酯	阶段Ⅰ	D3	$y=-16083.98x+16.67$	0.9667	133.7222	5.61×10^{12}	129.3728	114.3589	0.0287
13	δ-十二内酯	阶段Ⅰ	F1	$y=-14227.34x+12.38$	0.9837	118.2861	6.75×10^{10}	113.5735	118.5139	−0.0087
14	肉桂酸苄酯	阶段Ⅰ	D3	$y=-35028.57x+43.29$	0.9700	291.2275	4.43×10^{24}	286.1797	131.2203	0.2552
15	乙酸茴香酯	阶段Ⅰ	D3	$y=-28564.95x+39.78$	0.9723	237.4890	1.08×10^{23}	233.1001	114.0765	0.2255
16	乙酸橙花酯	阶段Ⅰ	F1	$y=-14091.76x+15.26$	0.9814	117.1589	1.19×10^{12}	112.9118	104.7240	0.0160
17	肉桂酸异戊酯	阶段Ⅰ	D3	$y=-32135.87x+41.38$	0.9754	267.1776	6.03×10^{23}	262.4080	125.2344	0.2391
18	邻氨基苯甲酸甲酯	阶段Ⅰ	D3	$y=-28671.86x+41.13$	0.9773	238.3779	4.20×10^{23}	234.0792	111.5621	0.2370
19	异戊酸肉桂酯	阶段Ⅰ	F1	$y=-13615.34x+11.72$	0.9792	113.1980	3.36×10^{10}	108.5194	116.6594	−0.0145
20	肉桂酸肉桂酯	阶段Ⅰ	F1.5	$y=-9958.74x+2.93$	0.9823	82.7970	3.73×10^{6}	77.6975	133.4413	−0.0909
21	肉桂酸苯乙酯	阶段Ⅰ	D3	$y=-33015.61x+38.55$	0.9760	274.4917	3.66×10^{22}	269.3354	135.8943	0.2152
22	二氢茉莉酮酸甲酯	阶段Ⅰ	D3	$y=-22190.64x+26.19$	0.9747	184.4930	1.05×10^{17}	179.9583	119.9024	0.1101
23	乙酸薄荷酯	阶段Ⅰ	D3	$y=-19705.02x+25.83$	0.9675	163.8276	6.53×10^{16}	159.7400	107.1115	0.1070
24	丁酸正戊酯	阶段Ⅰ	F1	$y=-7143.50x+8.47$	0.9671	59.3910	6.84×10^{8}	56.4090	71.8656	−0.0431
		阶段Ⅱ	D3	$y=-20528.46x+31.90$	0.9675	170.6737	6.53×10^{19}	166.9512	95.9256	0.1586
25	6-甲基香豆素	阶段Ⅰ	D3	$y=-31758.40x+40.79$	0.9729	264.0393	3.29×10^{23}	259.2541	124.5413	0.2341

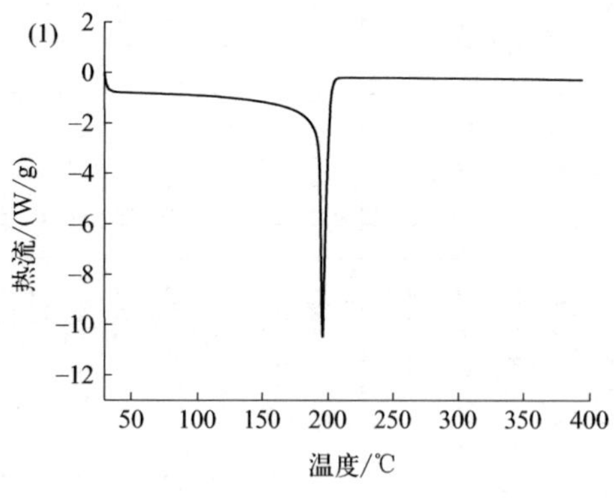
(1)
热流/(W/g)
2
0
−2
−4
−6
−8
−10
−12
50 100 150 200 250 300 350 400
温度/℃

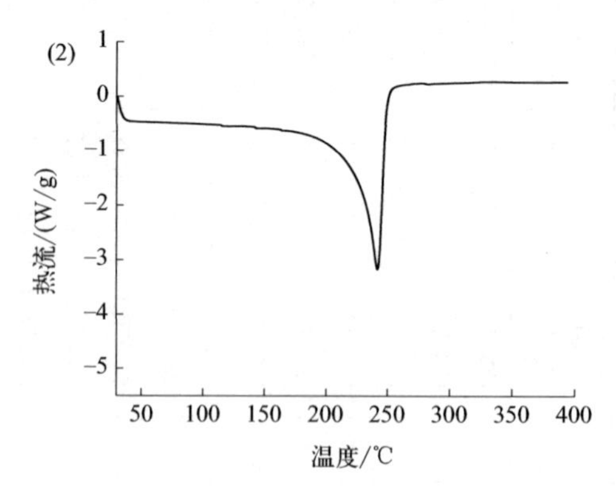
(2)
热流/(W/g)
1
0
−1
−2
−3
−4
−5
50 100 150 200 250 300 350 400
温度/℃

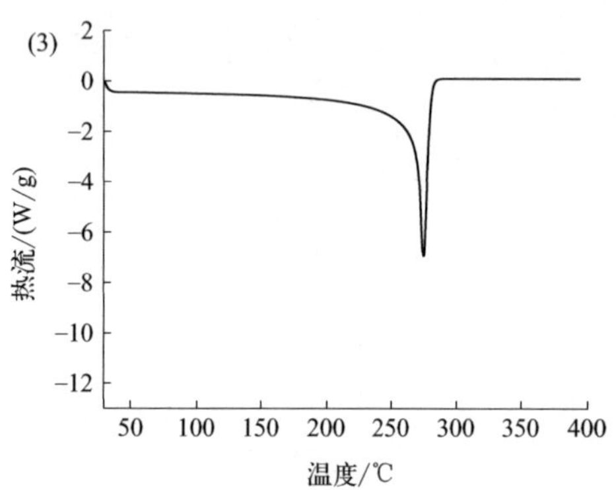
(3)
热流/(W/g)
2
0
−2
−4
−6
−8
−10
−12
50 100 150 200 250 300 350 400
温度/℃

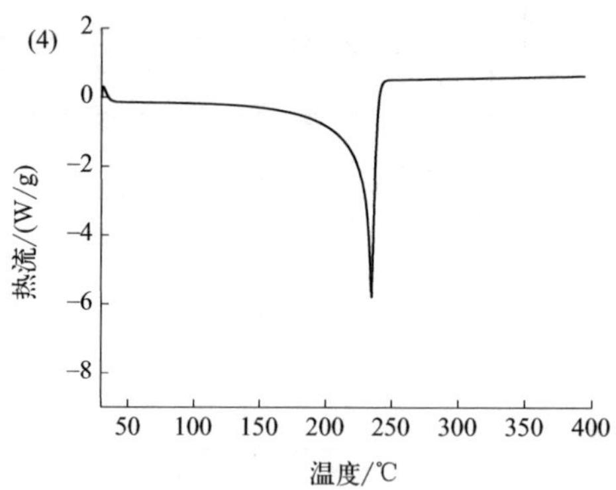
(4)
热流/(W/g)
2
0
−2
−4
−6
−8
50 100 150 200 250 300 350 400
温度/℃

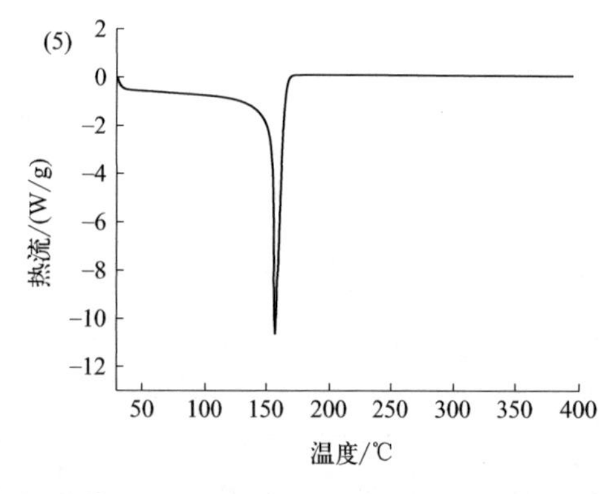
(5)
热流/(W/g)
2
0
−2
−4
−6
−8
−10
−12
50 100 150 200 250 300 350 400
温度/℃

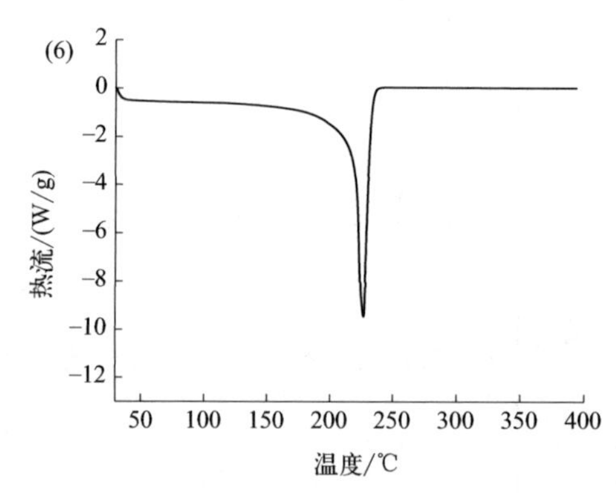
(6)
热流/(W/g)
2
0
−2
−4
−6
−8
−10
−12
50 100 150 200 250 300 350 400
温度/℃

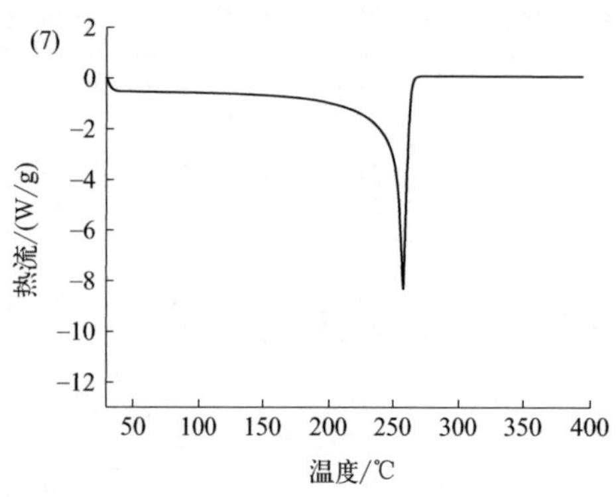
(7)
热流/(W/g)
2
0
−2
−4
−6
−8
−10
−12
50 100 150 200 250 300 350 400
温度/℃

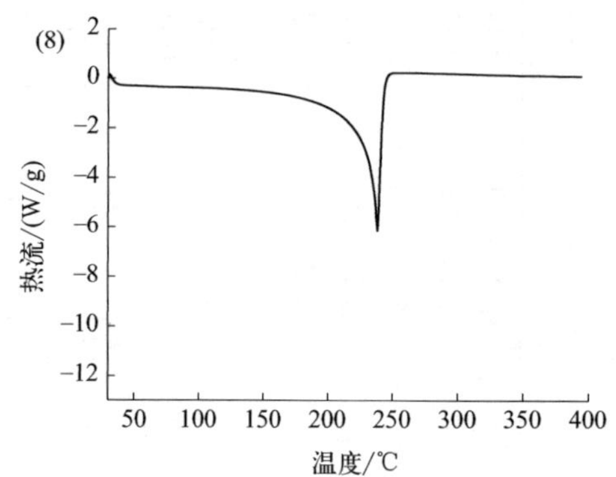
(8)
热流/(W/g)
2
0
−2
−4
−6
−8
−10
−12
50 100 150 200 250 300 350 400
温度/℃

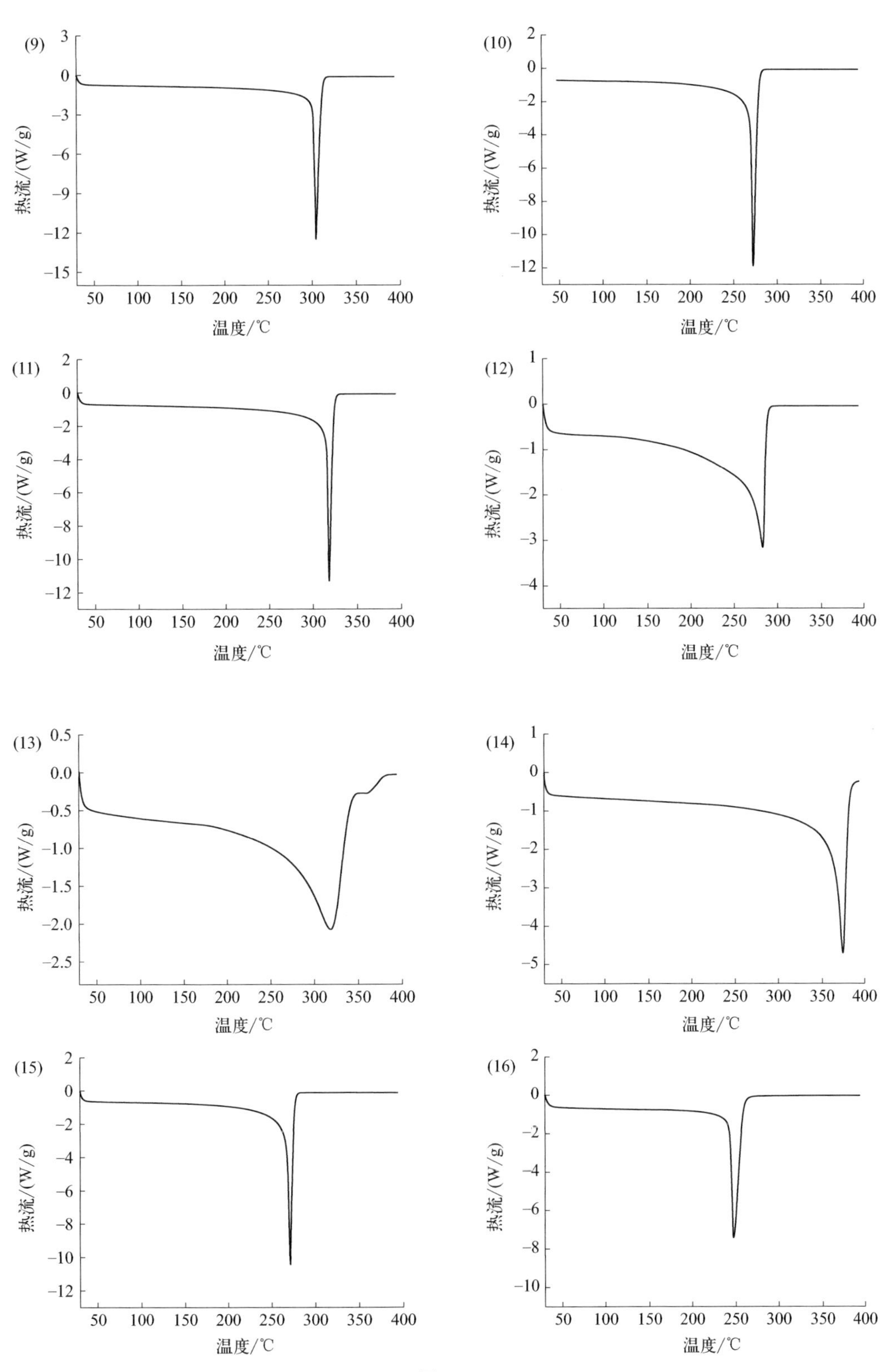

图 2-12

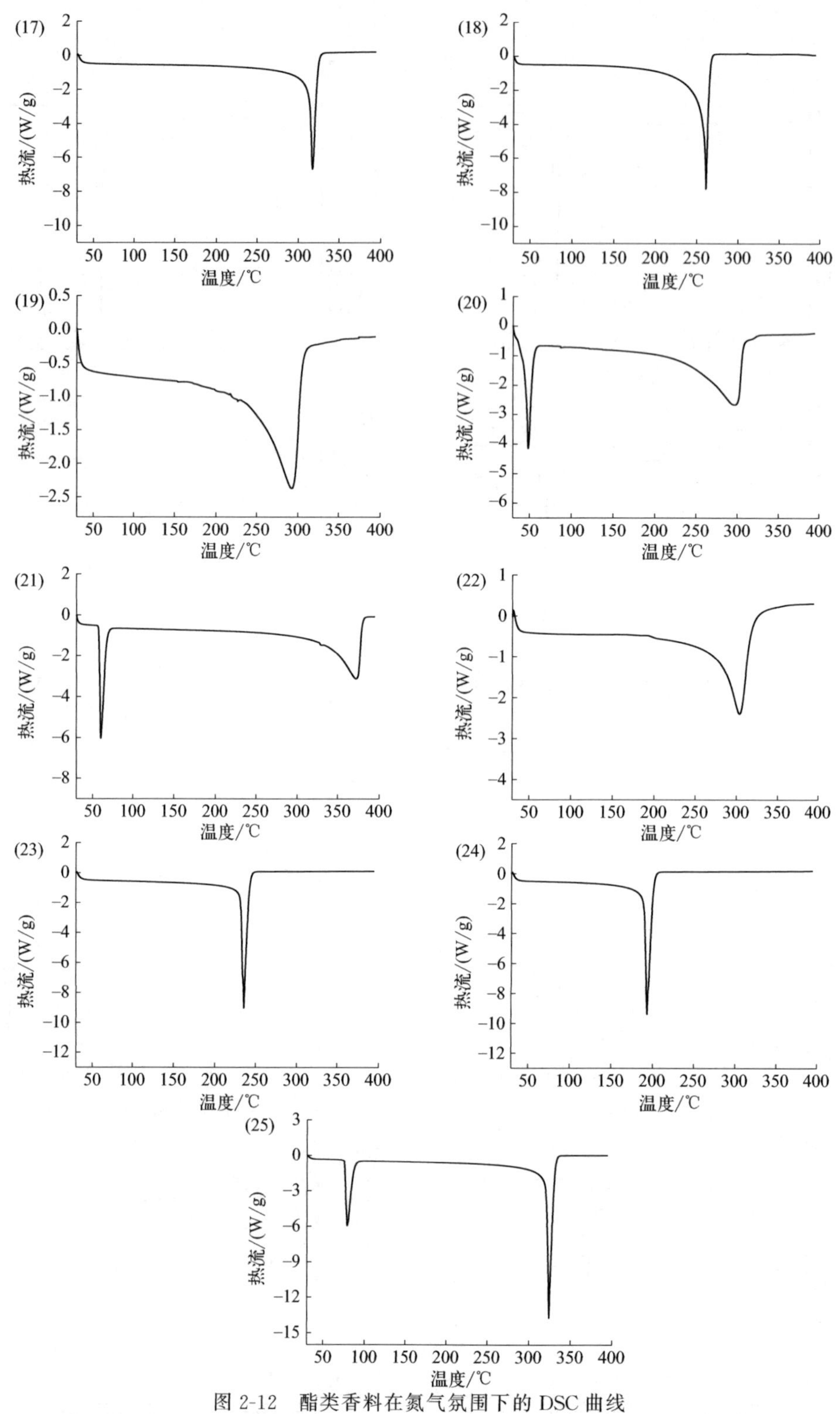

图 2-12　酯类香料在氮气氛围下的 DSC 曲线

(1) 异戊酸异戊酯；(2) 乙酸香茅酯；(3) 肉桂酸乙酯；(4) 乙酸苯乙酯；(5) 乳酸乙酯；(6) γ-己内酯；(7) γ-辛内酯；(8) γ-庚内酯；(9) γ-十一内酯；(10) γ-壬内酯；(11) γ-十二内酯；(12) γ-癸内酯；(13) δ-十二内酯；(14) 肉桂酸苄酯；(15) 乙酸茴香酯；(16) 乙酸橙花酯；(17) 肉桂酸异戊酯；(18) 邻氨基苯甲酸甲酯；(19) 异戊酸肉桂酯；(20) 肉桂酸肉桂酯；(21) 肉桂酸苯乙酯；(22) 二氢茉莉酮酸甲酯；(23) 乙酸薄荷酯；(24) 丁酸正戊酯；(25) 6-甲基香豆素

表 2-26 各酯类香料加热过程的 DSC 曲线参数

序号	样品	峰1		峰2	
		峰值温度/℃	焓变/(J/g)	峰值温度/℃	焓变/(J/g)
1	异戊酸异戊酯	195.69	194.30	—	—
2	乙酸香茅酯	241.87	193.90	—	—
3	肉桂酸乙酯	275.03	246.30	—	—
4	乙酸苯乙酯	234.84	281.50	—	—
5	乳酸乙酯	157.07	232.80	—	—
6	γ-己内酯	226.89	332.60	—	—
7	γ-辛内酯	257.84	309.90	—	—
8	γ-庚内酯	238.24	326.00	—	—
9	γ-十一内酯	304.58	239.10	—	—
10	γ-壬内酯	272.85	297.60	—	—
11	γ-十二内酯	318.19	231.10	—	—
12	γ-癸内酯	283.23	294.00	—	—
13	δ-十二内酯	319.70	279.30	—	—
14	肉桂酸苄酯	374.32	274.00	—	—
15	乙酸茴香酯	271.08	258.90	—	—
16	乙酸橙花酯	247.23	220.30	—	—
17	肉桂酸异戊酯	317.14	197.30	—	—
18	邻氨基苯甲酸甲酯	260.85	300.20	—	—
19	异戊酸肉桂酯	293.50	260.00	—	—
20	肉桂酸肉桂酯	48.42	83.29	298.25	233.40
21	肉桂酸苯乙酯	59.97	92.72	372.46	272.20
22	二氢茉莉酮酸甲酯	304.23	259.10	—	—
23	乙酸薄荷酯	235.84	176.40	—	—
24	丁酸正戊酯	193.32	206.50	—	—
25	6-甲基香豆素	79.32	110.50	323.90	268.00

2.2.7 杂环类香原料的热失重及动力学行为分析

(1) 杂环类香料单体的失重特性分析

将杂环类香料以 20℃/min 的升温速率从 30℃加热至 500℃，记录样品热失重曲线，结果如图 2-13 所示。由图可知，所有杂环类香料均仅有一个主要失重峰，这说明大多杂环类香料在加热过程中是由于蒸发造成的失重。

表 2-27 总结了各杂环类香料在相应热解条件下失重区间的温度范围及失重率。由表可知，各杂环类香料在其失重区间的失重率大多在 90%以上。其中 2-乙酰吡嗪和 2,6-二甲基

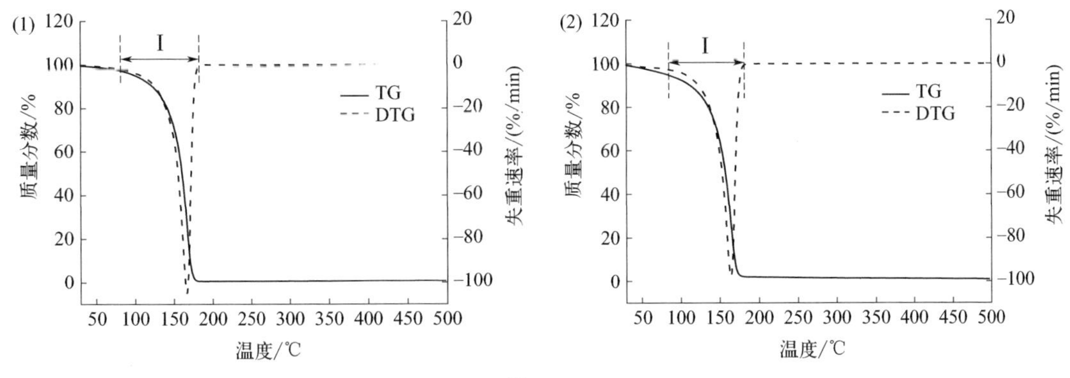

图 2-13

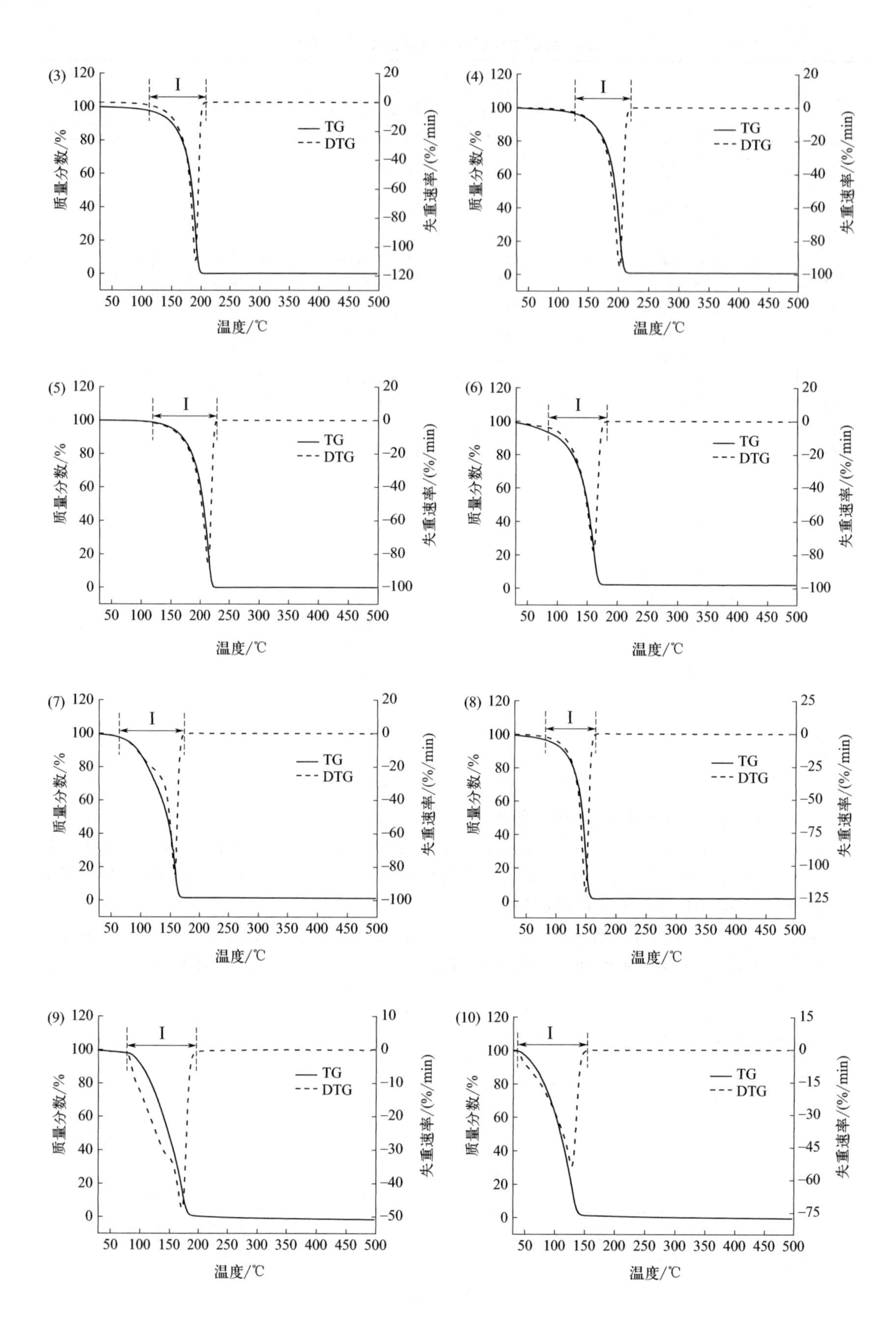
(3)
(4)
(5)
(6)
(7)
(8)
(9)
(10)
I
TG
DTG
质量分数/%
失重速率/(%/min)
温度/℃
120 100 80 60 40 20 0
50 100 150 200 250 300 350 400 450 500
20 0 −20 −40 −60 −80 −100 −120
20 0 −20 −40 −60 −80 −100
25 0 −25 −50 −75 −100 −125
10 0 −10 −20 −30 −40 −50
15 0 −15 −30 −45 −60 −75

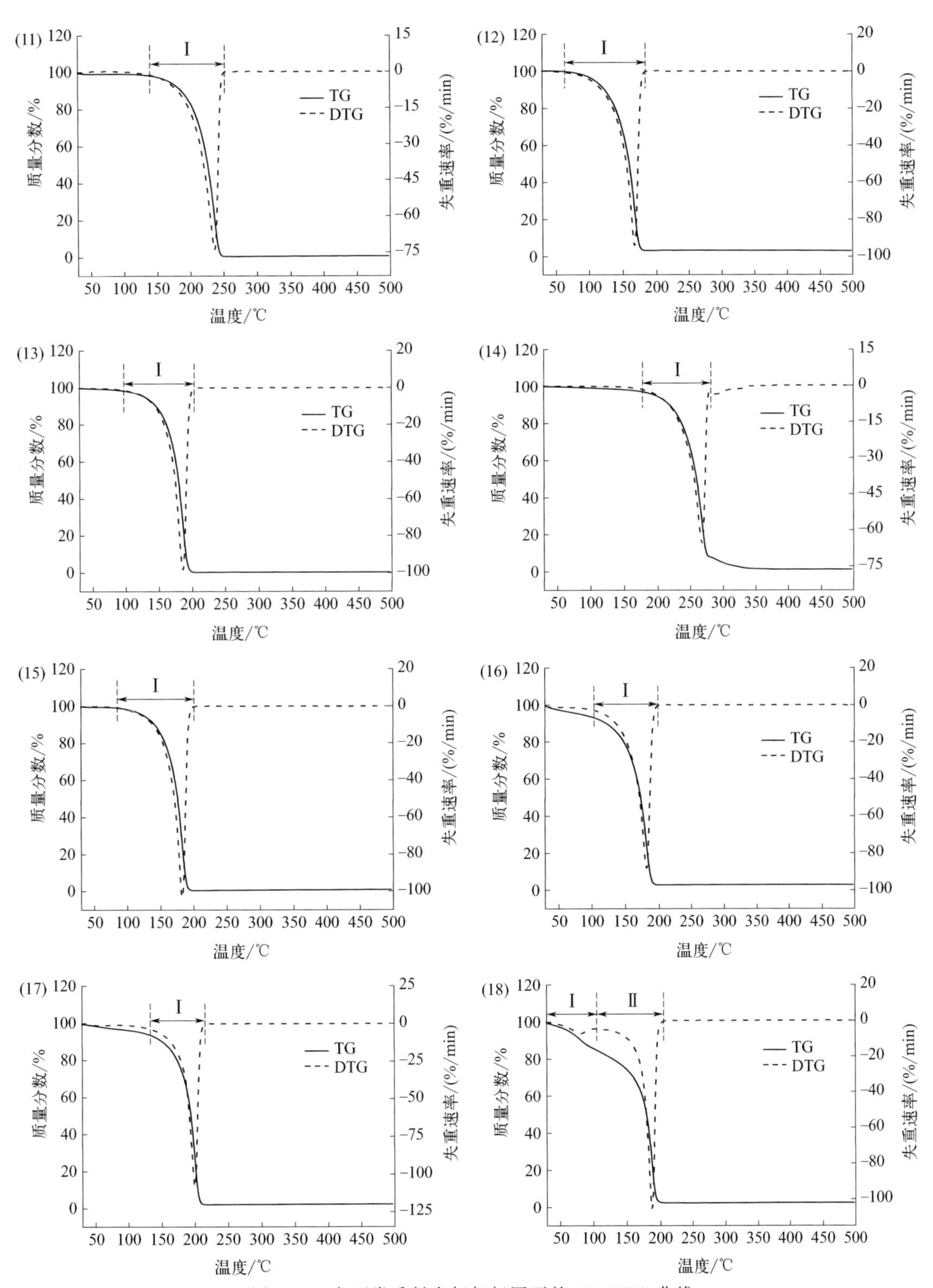

图2-13　杂环类香料在氮气氛围下的TG-DTG曲线

(1) 3-乙基吡啶；(2) 3,5-二甲基吡啶；(3) 2-乙酰吡啶；(4) 2-异丁基-3-甲氧基吡嗪；(5) 2-乙酰吡咯；(6) 2,3,5-三甲基吡嗪；(7) 2,3-二甲基吡嗪；(8) 2-甲氧基吡嗪；(9) 2-乙酰吡嗪；(10) 2,6-二甲基吡嗪；(11) 吲哚；(12) 2-乙酰呋喃；(13) 2-乙酰噻唑；(14) 4-甲基-5-羟乙基噻唑；(15) 2,3,5,6-四甲基吡嗪；(16) 2-乙基-3,5-二甲基吡嗪；(17) 2,3-二乙基-5-甲基吡嗪；(18) 2-乙基-3,6-二甲基吡嗪

吡嗪在其失重区间的失重范围较广，为79.89～192.63℃和38.21～151.68℃，这说明两者在加热卷烟中的缓释效果较好。

表 2-27　各杂环类香料在相应热解条件下失重区间的温度范围及失重率

序号	样品	失重阶段	失重区间/℃	失重率/%
1	3-乙基吡啶	阶段Ⅰ	80.63～180.32	96.48
2	3,5-二甲基吡啶	阶段Ⅰ	86.10～180.32	92.33
3	2-乙酰吡啶	阶段Ⅰ	113.37～204.95	97.48
4	2-异丁基-3-甲氧基吡嗪	阶段Ⅰ	127.68～217.89	95.45
5	2-乙酰吡咯	阶段Ⅰ	118.93～228.10	98.57
6	2,3,5-三甲基吡嗪	阶段Ⅰ	82.63～178.32	91.51
7	2,3-二甲基吡嗪	阶段Ⅰ	61.47～170.74	96.25
8	2-甲氧基吡嗪	阶段Ⅰ	81.26～165.26	95.07
9	2-乙酰吡嗪	阶段Ⅰ	79.89～192.63	97.47
10	2,6-二甲基吡嗪	阶段Ⅰ	38.21～151.68	98.35
11	吲哚	阶段Ⅰ	140.74～250.63	97.41
12	2-乙酰呋喃	阶段Ⅰ	61.80～181.68	96.64
13	2-乙酰噻唑	阶段Ⅰ	97.73～202.21	97.91
14	4-甲基-5-羟乙基噻唑	阶段Ⅰ	177.58～280.10	89.18
15	2,3,5,6-四甲基吡嗪	阶段Ⅰ	85.72～197.37	97.42
16	2-乙基-3,5-二甲基吡嗪	阶段Ⅰ	103.79～196.00	90.19
17	2,3-二乙基-5-甲基吡嗪	阶段Ⅰ	130.42～213.79	91.65
18	2-乙基-3,6-二甲基吡嗪	阶段Ⅰ	30.00～103.89	14.22
		阶段Ⅱ	103.89～204.07	82.63

采用TG-DTG切线法求得各杂环类香料单体的 T_{max}、DTG_{max}、T_i 和 T_f，结果见表2-28。由表可知，各杂环类香料中4-甲基-5-羟乙基噻唑的 T_i、T_f 和 T_{max} 均最高，分别为245.89℃、274.63℃和267.05℃，说明4-甲基-5-羟乙基噻唑在加热过程中不易释放，添加到加热卷烟中释放较慢；2,6-二甲基吡嗪的 T_i、T_f 和 T_{max} 均较低，分别为85.37℃、138.63℃和127.68℃，说明2,6-二甲基吡嗪在加热过程中更易释放，添加到加热卷烟中会释放较早；3-乙基吡啶、2-乙酰吡啶、2-甲氧基吡嗪、2,3,5,6-四甲基吡嗪、2,3-二乙基-5-甲基吡嗪和2-乙基-3,6-二甲基吡嗪的 DTG_{max} 均较大，这说明这些杂环类香料在加热过程中释放剧烈，添加到加热卷烟中释放集中，缓释效果较差。进一步求得各杂环类香料单体的综合热解指数CPI，见表2-28。由表可知，多数杂环类香料单体的CPI值高于 20×10^{-3} %/(min·℃^{2})，相较于其他种类的单体香原料，杂环类单体香原料整体表现出更好的释放特性。

表 2-28　各杂环类香料单体的失重特征参数

序号	样品	T_i /℃	T_{max} /℃	DTG_{max} /(%/min)	T_f /℃	CPI /[$\times10^{-3}$ %/(min·℃^{2})]	残留率 /%
1	3-乙基吡啶	150.95	164.63	103.29	172.10	29.66	0.80
2	3,5-二甲基吡啶	148.21	163.26	97.04	170.10	27.15	0.91
3	2-乙酰吡啶	174.84	189.89	108.83	196.00	27.08	0.14
4	2-异丁基-3-甲氧基吡嗪	184.42	202.21	95.03	208.32	19.58	0.91
5	2-乙酰吡咯	193.26	213.16	85.01	219.89	14.98	0.10
6	2,3,5-三甲基吡嗪	138.00	160.53	76.59	167.37	16.24	2.08
7	2,3-二甲基吡嗪	134.53	157.79	83.59	162.53	18.92	1.27
8	2-甲氧基吡嗪	131.16	148.95	118.19	158.42	29.11	1.83

续表

序号	样品	T_i /℃	T_{max} /℃	DTG_{max} /(%/min)	T_f /℃	CPI /[$\times 10^{-3}$%/(min·℃^{2})]	残留率 /%
9	2-乙酰吡嗪	126.32	171.47	47.18	179.68	5.16	0.02
10	2,6-二甲基吡嗪	85.37	127.68	53.23	138.63	7.83	0.01
11	吲哚	213.79	234.32	73.00	242.53	10.84	0.93
12	2-乙酰呋喃	146.21	166.00	92.10	172.84	20.83	3.11
13	2-乙酰噻唑	168.74	185.16	96.38	191.89	22.48	0.34
14	4-甲基-5-羟乙基噻唑	245.89	267.05	64.02	274.63	8.34	1.24
15	2,3,5,6-四甲基吡嗪	164.63	182.42	102.72	188.53	23.56	0.83
16	2-乙基-3,5-二甲基吡嗪	163.26	180.32	87.57	187.16	20.32	2.84
17	2,3-二乙基-5-甲基吡嗪	185.79	199.47	107.00	204.95	28.00	2.37
18	2-乙基-3,6-二甲基吡嗪	170.04	187.10	105.28	192.96	24.55	2.45

(2) 杂环类香料单体的动力学分析

对各杂环类香料样品的主要热解阶段进行动力学分析，采用基于单一升温速率的Coats-Redfern法获得了各失重阶段的动力学机理函数，对于各样品而言，经机理函数拟合筛选，确定反应模型D3可较好地描述各杂环类香料单体的热解过程，同时也有少量样品的热解过程符合反应模型F1和D2，各样品拟合方程、相关系数及热动力学参数列于表2-29。

由表2-29可知，各杂环类香料中4-甲基-5-羟乙基噻唑的反应活化能E最高，这表明4-甲基-5-羟乙基噻唑分子从常态转变为容易发生化学反应的活跃状态所需要的能量较高。同时，2-乙酰噻唑的指前因子A最大，指前因子表示分子参加化学反应的速率，越大的指前因子表明在相同温度下样品的反应速率越快。

进一步计算并比较了各样品在相应热解条件下的热力学参数，见表2-29。焓变ΔH表明单位质量样品通过热解转化为各种产物所消耗的总能量，各杂环类香料单体的ΔH介于55.0647～243.2114kJ/mol之间，其中4-甲基-5-羟乙基噻唑的ΔH最高，为243.2114kJ/mol，这表明4-甲基-5-羟乙基噻唑的热解反应消耗最多能量。各杂环类香料单体的ΔG介于80.0115～116.9793kJ/mol，其中4-甲基-5-羟乙基噻唑的ΔG最大，为116.9793kJ/mol，这表明4-甲基-5-羟乙基噻唑从外界吸收的能量最大。基于Coats-Redfern法计算得到各杂环类香料单体的ΔS有正值也有负值，ΔS为负值，表示在热解过程中产物的键解离复杂程度低于初始反应物，而较低的ΔS意味着单体香原料的热解处于接近其热力学平衡状态。

(3) 杂环类香料加热过程的热效应分析

各杂环类香料单体的DSC曲线见图2-14，通过TA Universal Analysis软件的水平S形曲线峰值积分获得的各杂环类香料单体的DSC曲线参数见表2-30。由图和表可知，各杂环类香料单体的DSC曲线在刚开始有一个明显的下降趋势，这是由于将样品盘和参比盘加热到相同温度所输入的功率不同导致的。随着温度的升高，曲线无明显变化，当升高到一定温度，出现一个明显的吸热或放热峰，这是由于样品蒸发吸收大量的热或热解放出大量的热。最后由于样品盘中的样品已蒸发或热解，DSC曲线趋于平缓并趋近于0。各杂环类香料均呈现出一个明显的吸热峰，焓变位于214.30～375.90J/g之间，这表明大多杂环类香料均以原型蒸发为主。其中2-乙酰吡咯、2-乙酰吡嗪、2,6-二甲基吡嗪和吲哚具有两个明显的吸热峰，这是由于该四种杂环类香料常温状态下为固体，除蒸发或热解外还经历了熔融阶段，吸收大量热量。

表 2-29　各杂环类香料在失重区间的分解热动力学参数汇总

序号	样品	阶段	反应模型	拟合方程	R^2	E /(kJ/mol)	A /min^{-1}	ΔH /(kJ/mol)	ΔG /(kJ/mol)	ΔS /(kJ/mol)
1	3-乙基吡啶	阶段Ⅰ	D2	$y=-18177.71x+28.03$	0.9725	151.1295	5.40×10^{17}	147.4898	92.5116	0.1256
2	3,5-二甲基吡啶	阶段Ⅰ	D3	$y=-20467.49x+32.55$	0.9755	170.1667	5.58×10^{19}	166.5384	94.8925	0.1642
3	2-乙酰吡啶	阶段Ⅰ	D3	$y=-25580.52x+40.82$	0.9760	212.6764	2.73×10^{23}	208.8267	100.3403	0.2343
4	2-异丁基-3-甲氧基吡嗪	阶段Ⅰ	D3	$y=-27094.49x+42.68$	0.9774	225.2635	1.87×10^{24}	221.3114	102.4390	0.2501
5	2-乙酰吡咯	阶段Ⅰ	D3	$y=-23276.61x+33.48$	0.9753	193.5217	1.61×10^{20}	189.4786	105.7896	0.1721
6	2,3,5-三甲基吡嗪	阶段Ⅰ	D3	$y=-19159.81x+30.19$	0.9776	159.2946	4.96×10^{18}	155.6890	93.1983	0.1441
7	2,3-二甲基吡嗪	阶段Ⅰ	D3	$y=-15372.16x+22.13$	0.9572	127.8042	1.26×10^{15}	124.2213	91.7748	0.0753
8	2-甲氧基吡嗪	阶段Ⅰ	D3	$y=-23591.68x+41.56$	0.9784	196.1412	5.29×10^{23}	192.6319	91.0873	0.2406
9	2-乙酰吡嗪	阶段Ⅰ	F1	$y=-8671.46x+8.21$	0.9264	72.0945	6.37×10^{8}	68.3980	88.6178	−0.0455
10	2,6-二甲基吡嗪	阶段Ⅰ	F1	$y=-7023.95x+6.30$	0.9382	58.3972	7.64×10^{7}	55.0647	80.0115	−0.0622
11	吲哚	阶段Ⅰ	D3	$y=-25206.75x+35.23$	0.9758	209.5689	1.01×10^{21}	205.3498	110.4561	0.1870
12	2-乙酰呋喃	阶段Ⅰ	D3	$y=-22592.57x+37.37$	0.9729	187.8346	7.67×10^{21}	184.1835	94.1371	0.2050
13	2-乙酰噻唑	阶段Ⅰ	D3	$y=-28271.58x+47.31$	0.9781	235.0499	1.99×10^{26}	231.2395	98.7038	0.2892
14	4-甲基-5-羟乙基噻唑	阶段Ⅰ	D3	$y=-29793.44x+40.74$	0.9740	247.7026	2.95×10^{23}	243.2114	116.9793	0.2337
15	2,3,5,6-四甲基吡嗪	阶段Ⅰ	D3	$y=-23566.02x+37.45$	0.9764	195.9279	8.63×10^{21}	192.1403	98.4198	0.2057
16	2-乙基-3,5-二甲基吡嗪	阶段Ⅰ	D3	$y=-22447.07x+35.28$	0.9729	186.6250	9.44×10^{20}	182.8548	97.8945	0.1874
17	2,3-二乙基-5-甲基吡嗪	阶段Ⅰ	D3	$y=-28183.25x+45.21$	0.9725	234.3155	2.42×10^{25}	230.3861	102.1025	0.2714
18	2-乙基-3,6-二甲基吡嗪	阶段Ⅱ	D3	$y=-25344.33x+40.67$	0.9701	210.7128	2.32×10^{23}	206.8862	99.6472	0.2330

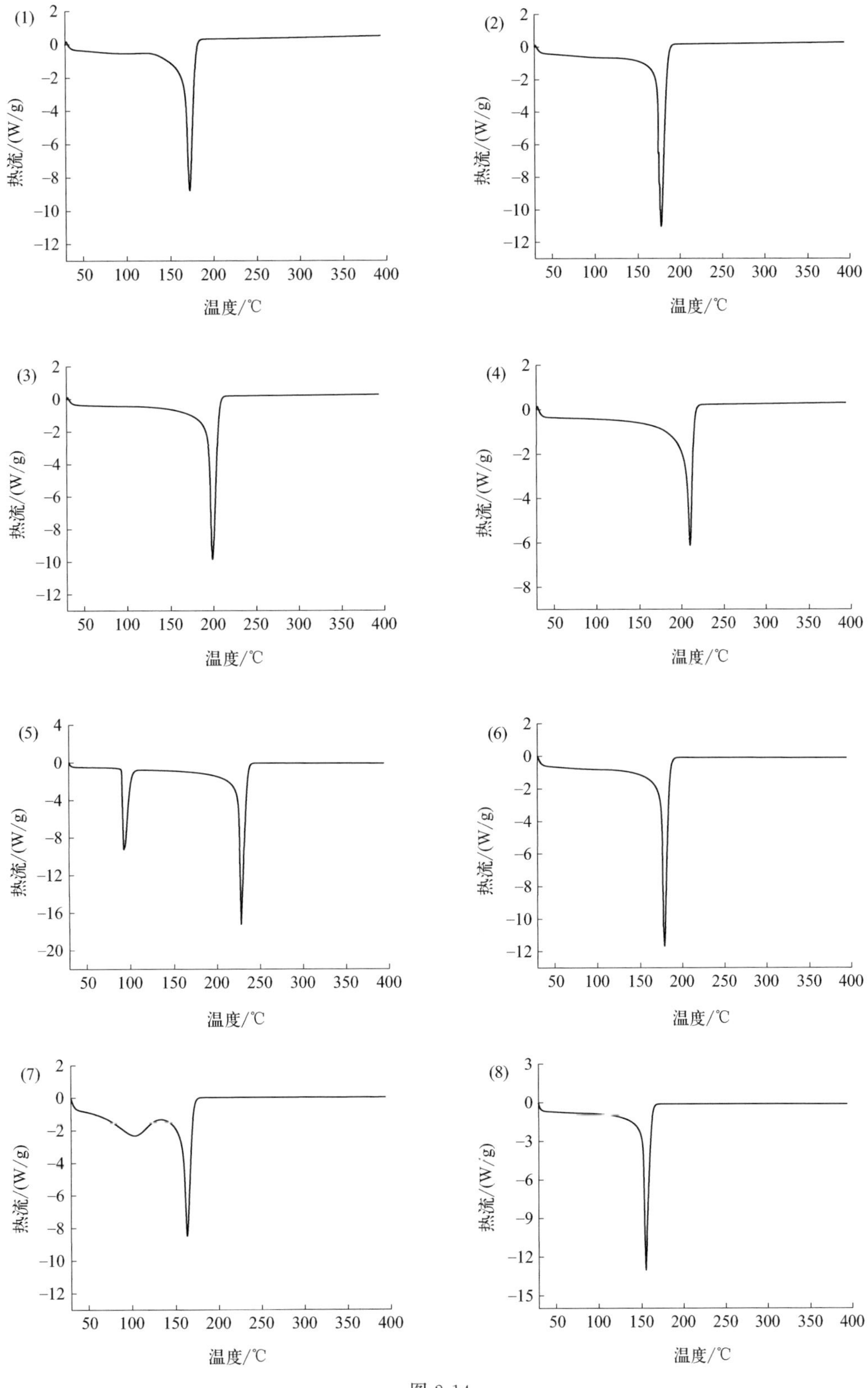
(1)
热流/(W/g)
温度/℃
(2)
热流/(W/g)
温度/℃
(3)
热流/(W/g)
温度/℃
(4)
热流/(W/g)
温度/℃
(5)
热流/(W/g)
温度/℃
(6)
热流/(W/g)
温度/℃
(7)
热流/(W/g)
温度/℃
(8)
热流/(W/g)
温度/℃

图 2-14

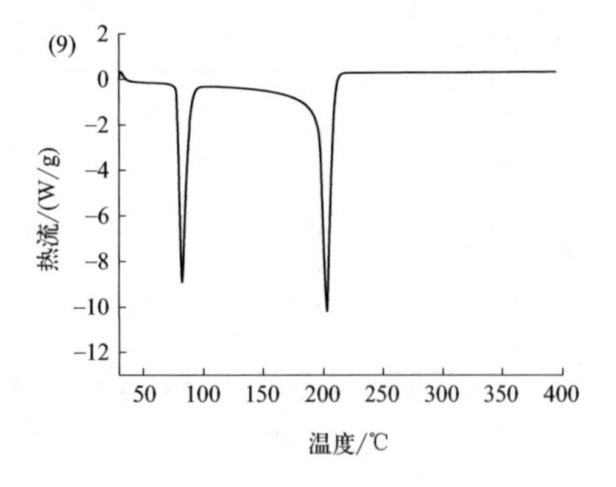
(9)
2
0
−2
−4
−6
−8
−10
−12
热流/(W/g)
50 100 150 200 250 300 350 400
温度/℃

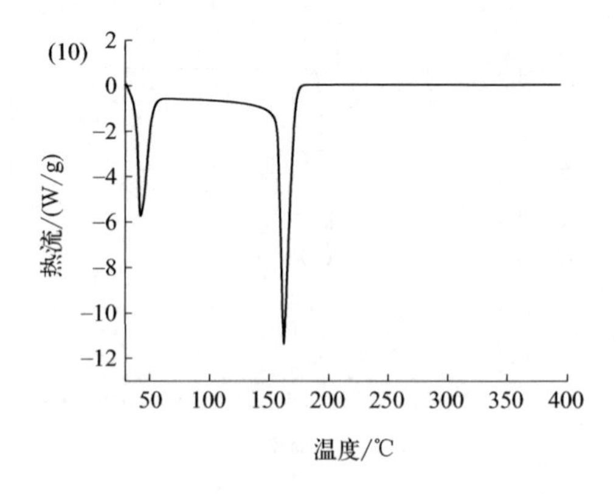
(10)
2
0
−2
−4
−6
−8
−10
−12
热流/(W/g)
50 100 150 200 250 300 350 400
温度/℃

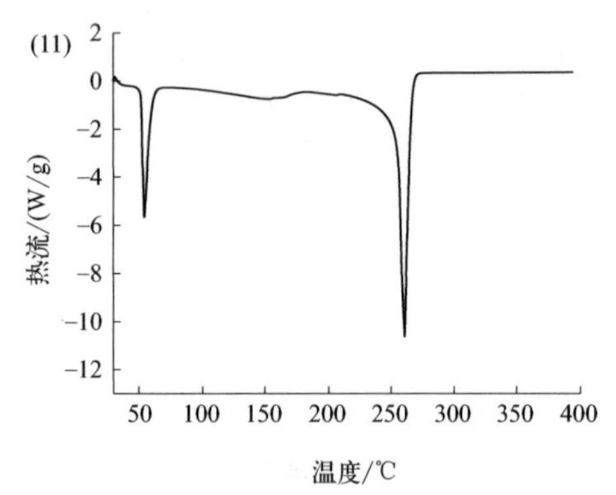
(11)
2
0
−2
−4
−6
−8
−10
−12
热流/(W/g)
50 100 150 200 250 300 350 400
温度/℃

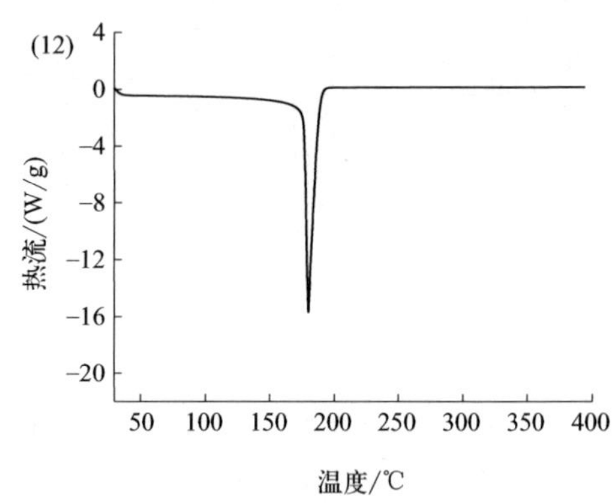
(12)
4
0
−4
−8
−12
−16
−20
热流/(W/g)
50 100 150 200 250 300 350 400
温度/℃

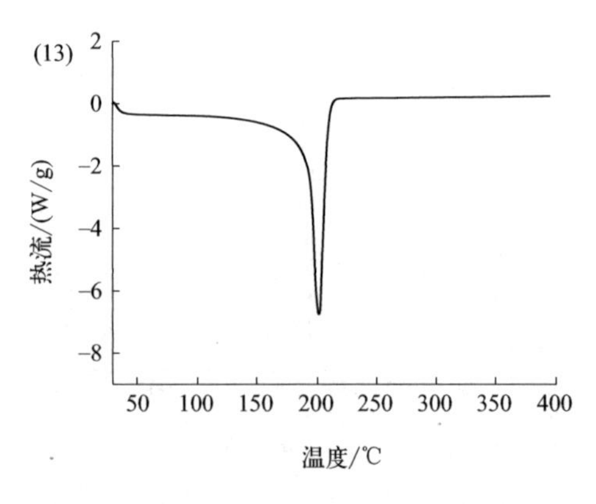
(13)
2
0
−2
−4
−6
−8
热流/(W/g)
50 100 150 200 250 300 350 400
温度/℃

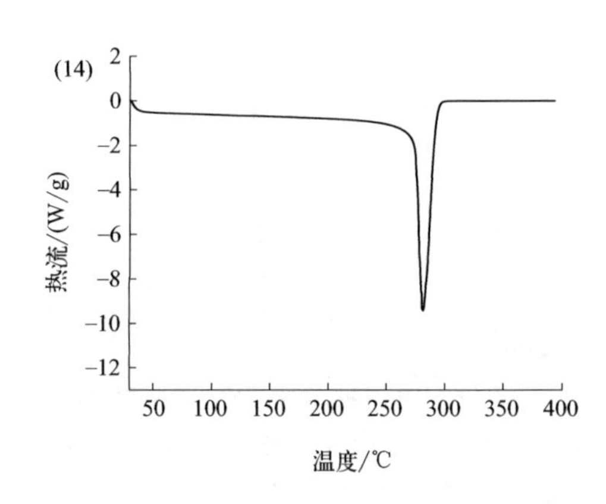
(14)
2
0
−2
−4
−6
−8
−10
−12
热流/(W/g)
50 100 150 200 250 300 350 400
温度/℃

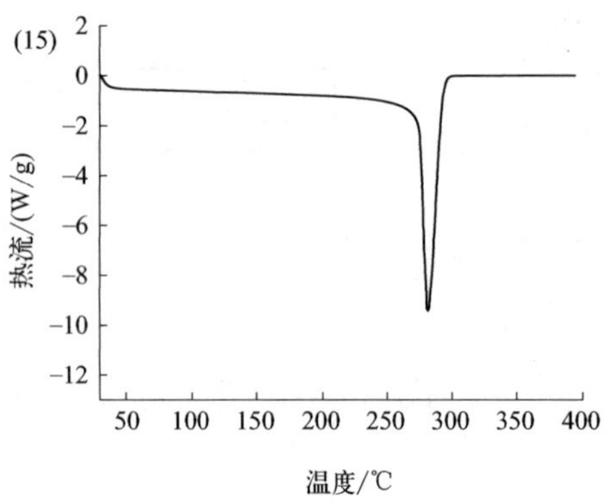
(15)
2
0
−2
−4
−6
−8
−10
−12
热流/(W/g)
50 100 150 200 250 300 350 400
温度/℃

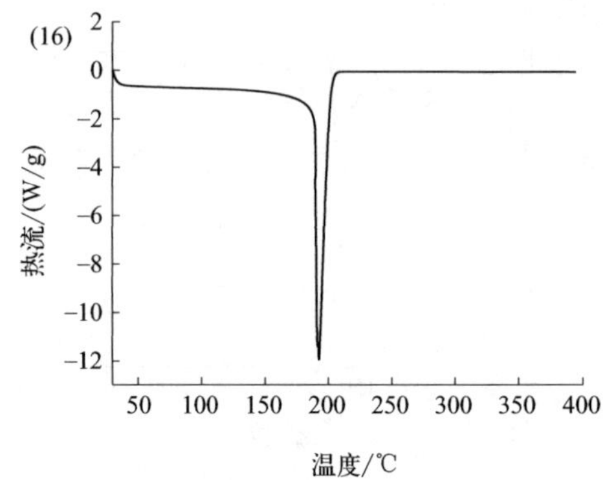
(16)
2
0
−2
−4
−6
−8
−10
−12
热流/(W/g)
50 100 150 200 250 300 350 400
温度/℃

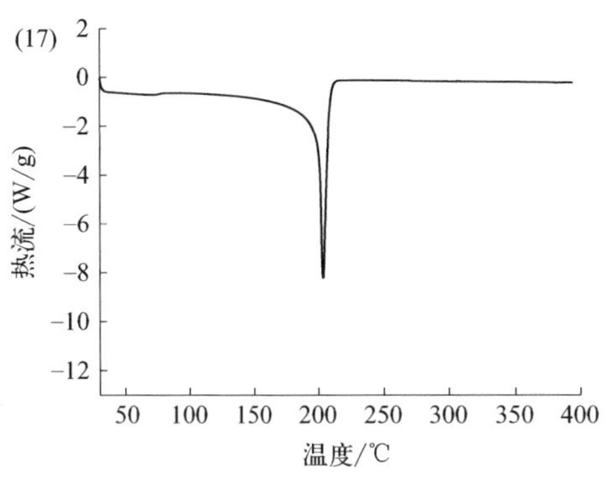

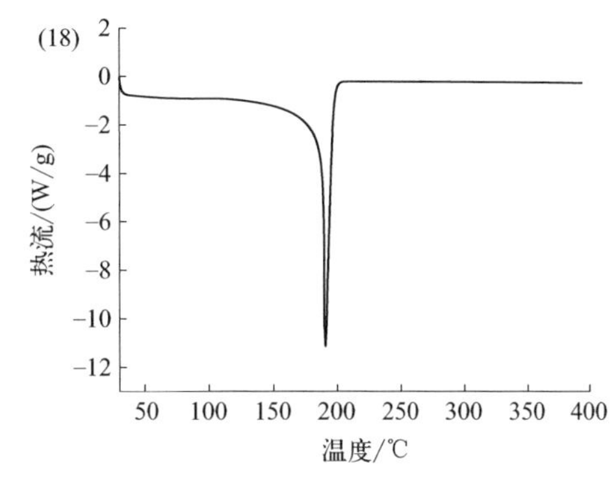

图 2-14 杂环类香料在氮气氛围下的DSC曲线

(1) 3-乙基吡啶；(2) 3,5-二甲基吡啶；(3) 2-乙酰吡啶；(4) 2-异丁基-3-甲氧基吡嗪；(5) 2-乙酰吡咯；(6) 2,3,5-三甲基吡嗪；(7) 2,3-二甲基吡嗪；(8) 2-甲氧基吡嗪；(9) 2-乙酰吡嗪；(10) 2,6-二甲基吡嗪；(11) 吲哚；(12) 2-乙酰呋喃；(13) 2-乙酰噻唑；(14) 4-甲基-5-羟乙基噻唑；(15) 2,3,5,6-四甲基吡嗪；(16) 2-乙基-3,5-二甲基吡嗪；(17) 2,3-二乙基-5-甲基吡嗪；(18) 2-乙基-3,6-二甲基吡嗪

表 2-30 各杂环类香料加热过程的DSC曲线参数

序号	样品	峰1		峰2	
		峰值温度/℃	焓变/(J/g)	峰值温度/℃	焓变/(J/g)
1	3-乙基吡啶	172.44	283.90	—	—
2	3,5-二甲基吡啶	177.83	286.70	—	—
3	2-乙酰吡啶	198.83	309.20	—	—
4	2-异丁基-3-甲氧基吡嗪	210.29	214.30	—	—
5	2-乙酰吡咯	93.18	168.20	228.04	375.90
6	2,3,5-三甲基吡嗪	178.70	273.30	—	—
7	2,3-二甲基吡嗪	101.69	120.10	163.27	216.10
8	2-甲氧基吡嗪	154.76	295.10	—	—
9	2-乙酰吡嗪	82.32	169.40	202.98	280.20
10	2,6-二甲基吡嗪	42.72	131.00	162.23	292.80
11	吲哚	54.47	84.12	260.68	310.70
12	2-乙酰呋喃	179.99	328.60	—	—
13	2-乙酰噻唑	201.65	285.20	—	—
14	4-甲基-5-羟乙基噻唑	281.42	321.60	—	—
15	2,3,5,6-四甲基吡嗪	90.86	150.30	197.18	259.00
16	2-乙基-3,5-二甲基吡嗪	192.66	285.20	—	—
17	2,3-二乙基-5-甲基吡嗪	203.60	207.80	—	—
18	2-乙基-3,6-二甲基吡嗪	190.70	282.60	—	—

2.2.8 醚类香原料的热失重及动力学行为分析

(1) 醚类香料单体的失重特性分析

将醚类香料以20℃/min的升温速率从30℃加热至500℃，记录样品热失重曲线，结果如图2-15所示。由图可知，所有醚类香料均仅有一个主要失重峰，这说明大多醚类香料在加热过程中是由于蒸发造成的失重。

表2-31总结了各醚类香料在相应热解条件下失重区间的温度范围及失重率。由表可知，各醚类香料在其失重区间的失重率大多在90%以上。其中对甲基苯甲醚在其失重区间的失重范围最广，为30.00～194.54℃，这说明对甲基苯甲醚在加热卷烟中的缓释效果较好。

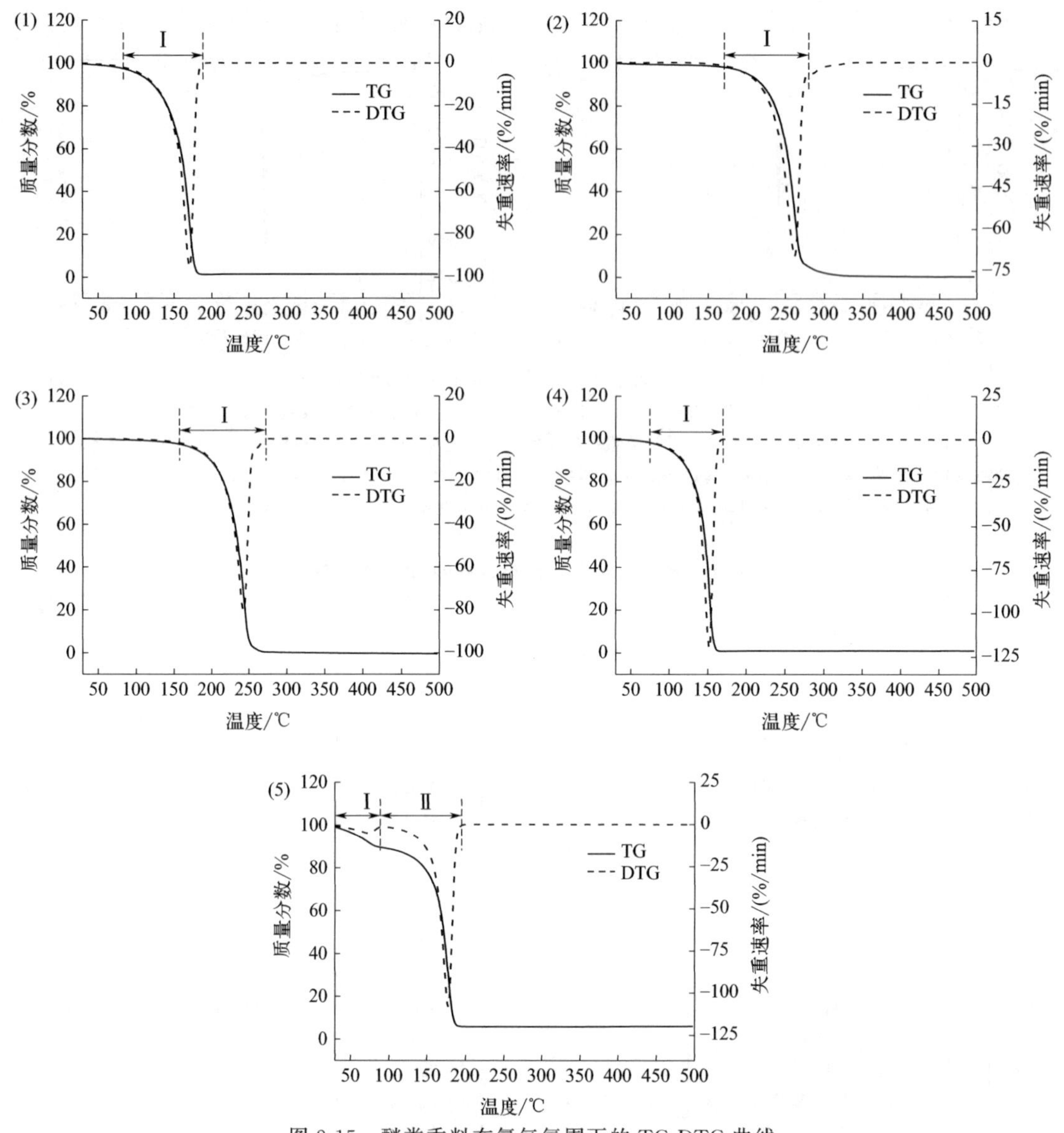

图 2-15 醚类香料在氮气氛围下的 TG-DTG 曲线

(1) 1,8-桉叶素；(2) 异丁香酚甲醚；(3) 丁香酚甲醚；(4) 茴香醚；(5) 对甲基苯甲醚

表 2-31 各醚类香料在相应热解条件下失重区间的温度范围及失重率

序号	样品	失重阶段	失重区间/℃	失重率/%
1	1,8-桉叶素	阶段Ⅰ	83.37～187.16	96.04
2	异丁香酚甲醚	阶段Ⅰ	170.74～278.00	92.82
3	丁香酚甲醚	阶段Ⅰ	157.05～273.17	97.04
4	茴香醚	阶段Ⅰ	72.90～166.10	96.87
5	对甲基苯甲醚	阶段Ⅰ	30.00～88.95	9.69
		阶段Ⅱ	102.48～194.54	82.80

采用 TG-DTG 切线法求得各醚类香料单体的 T_{max}、DTG_{max}、T_i 和 T_f，结果见表 2-32。由表可知，各醚类香料中异丁香酚甲醚的 T_i、T_f 和 T_{max} 均最高，分别为 241.79℃、270.53℃和 261.58℃，说明异丁香酚甲醚在加热过程中不易释放，添加到加热卷烟中释放较慢；对甲基苯甲醚的 T_i、T_f 和 T_{max} 均较低，分别为 39.39℃、137.84℃和 101.65℃，

说明对甲基苯甲醚在加热过程中更易释放，添加到加热卷烟中会释放较早；茴香醚的 DTG_{max} 最大，这说明茴香醚在加热过程中释放剧烈，添加到加热卷烟中释放集中，缓释效果较差。进一步求得各醚类香料单体的综合热解指数 CPI，其中 1,8-桉叶素和茴香醚的 CPI 值最高，分别为 22.01×10^{-3}%/(min·℃^{2}) 和 31.48×10^{-3}%/(min·℃^{2})，说明两者的析出特性相对较好，热解反应较容易进行；对甲基苯甲醚的 CPI 值最低，为 4.18×10^{-3}%/(min·℃^{2})，说明对甲基苯甲醚的析出特性相对较差，热解反应较难进行。

表 2-32 各醚类香料单体的失重特征参数

序号	样品	T_i /℃	T_{max} /℃	DTG_{max} /(%/min)	T_f /℃	CPI /[×10^{-3}%/(min·℃^{2})]	残留率 /%
1	1,8-桉叶素	151.68	170.10	94.57	176.95	22.01	1.45
2	异丁香酚甲醚	241.79	261.58	69.40	270.53	9.23	0.41
3	丁香酚甲醚	223.37	241.79	79.78	250.00	12.39	0.02
4	茴香醚	134.53	150.95	119.09	159.59	31.48	1.07
5	对甲基苯甲醚	39.39	177.88	107.82	184.24	4.18	5.99

(2) 醚类香料单体的动力学分析

对各醚类香料样品的主要热解阶段进行动力学分析，采用基于单一升温速率的 Coats-Redfern 法获得了各失重阶段的动力学机理函数，对于各样品而言，经机理函数拟合筛选，确定反应模型 D3 可较好地描述各醚类香料单体的热解过程，同时也有少量样品的热解过程符合反应模型 D2，各样品拟合方程、相关系数及热动力学参数列于表 2-33。

由表 2-33 可知，各醚类香料中异丁香酚甲醚的反应活化能 E 最高，这表明异丁香酚甲醚分子从常态转变为容易发生化学反应的活跃状态所需要的能量较高。同时，异丁香酚甲醚的指前因子 A 最大，指前因子表示分子参加化学反应的速率，越大的指前因子表明在相同温度下样品的反应速率越快。

进一步计算并比较了各样品在相应热解条件下的热力学参数，见表 2-33。焓变 ΔH 表明单位质量样品通过热解转化为各种产物所消耗的总能量，各醚类香料单体的 ΔH 介于 157.9917～245.9708kJ/mol 之间，其中异丁香酚甲醚的 ΔH 最高，为 245.9708kJ/mol，这表明异丁香酚甲醚的热解反应消耗最多能量。各醚类香料单体的 ΔG 介于 88.6195～116.8987kJ/mol，其中异丁香酚甲醚的 ΔG 最大，为 116.8987kJ/mol，这表明异丁香酚甲醚从外界吸收的能量最大。基于 Coats-Redfern 法计算得到各醚类香料单体的 ΔS 均为正值，其中 1,8-桉叶素的 ΔS 最低，而较低的 ΔS 意味着单体香原料的热解处于接近其热力学平衡状态。

表 2-33 各醚类香料在失重区间的分解热动力学参数汇总

序号	样品	阶段	反应模型	拟合方程	R^2	E /(kJ/mol)	A /min^{-1}	ΔH /(kJ/mol)	ΔG /(kJ/mol)	ΔS /(kJ/mol)
1	1,8-桉叶素	阶段Ⅰ	D3	$y=-19446.34x+29.65$	0.9751	161.6769	2.94×10^{18}	157.9917	96.1332	0.1396
2	异丁香酚甲醚	阶段Ⅰ	D3	$y=-30119.87x+41.65$	0.9796	250.4166	7.38×10^{23}	245.9708	116.8987	0.2414
3	丁香酚甲醚	阶段Ⅰ	D3	$y=-28510.23x+40.73$	0.9757	237.0341	2.77×10^{23}	232.7529	112.4899	0.2335
4	茴香醚	阶段Ⅰ	D2	$y=-21035.20x+36.21$	0.9751	174.8866	2.24×10^{21}	171.3606	88.6195	0.1951
5	对甲基苯甲醚	阶段Ⅱ	D3	$y=-24317.68x+39.41$	0.9758	202.1772	6.32×10^{22}	198.4274	98.1391	0.2224

(3) 醚类香料加热过程的热效应分析

各醚类香料单体的 DSC 曲线见图 2-16，通过 TA Universal Analysis 软件的水平 S 形曲线峰值积分获得的各醚类香料单体的 DSC 曲线参数见表 2-34。由图和表可知，各醚类香料单体的 DSC 曲线在刚开始有一个明显的下降趋势，这是由于将样品盘和参比盘加热到相同温度所输入的功率不同导致的。随着温度的升高，曲线无明显变化，当升高到一定温度，出现一个明显的吸热或放热峰，这是由于样品蒸发吸收大量的热或热解放出大量的热。最后由于样品盘中的样品已蒸发或热解，DSC 曲线趋于平缓并趋近于 0。各醚类香料均仅有一个明显的吸热峰，焓变位于 200.00～344.40J/g 之间，这表明大多醚类香料均以原型蒸发为主。

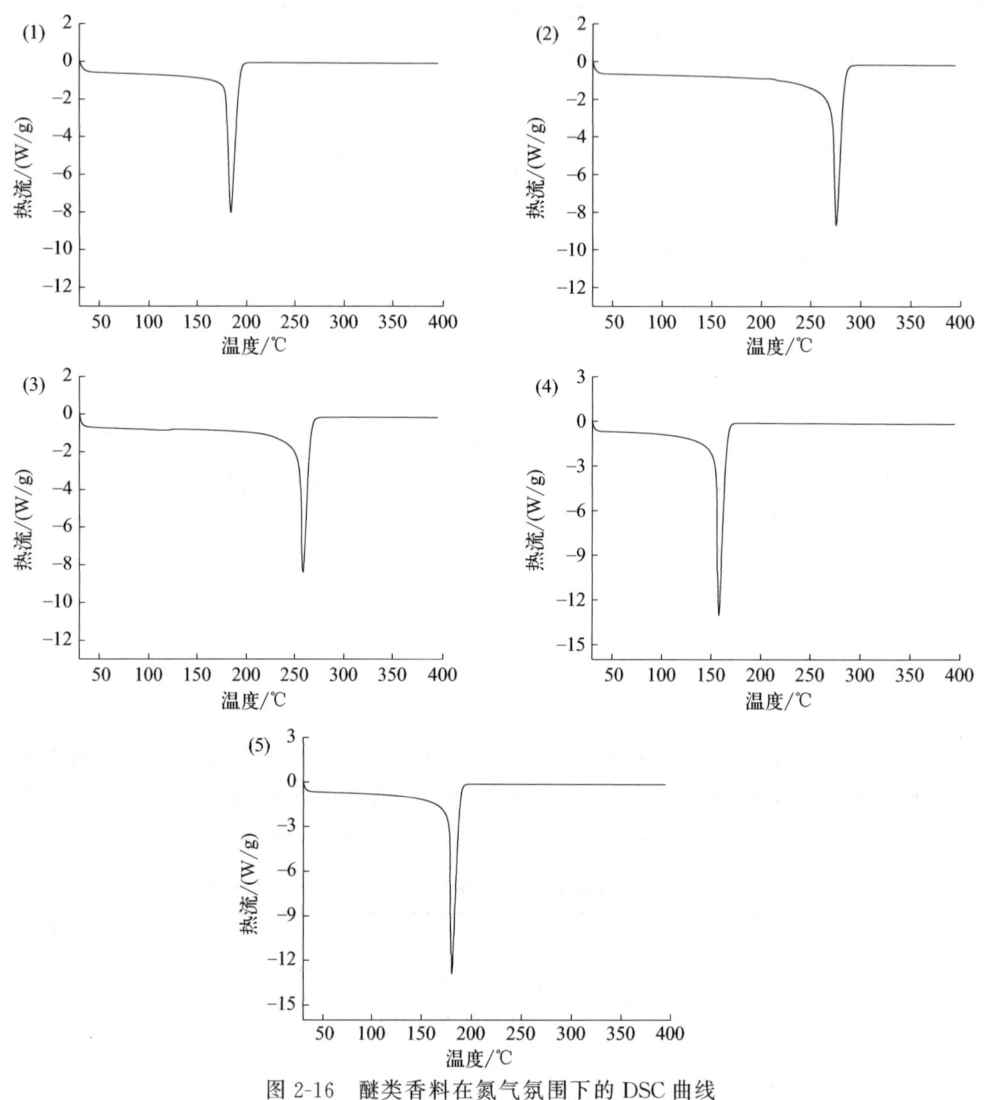

图 2-16 醚类香料在氮气氛围下的 DSC 曲线

(1) 1,8-桉叶素；(2) 异丁香酚甲醚；(3) 丁香酚甲醚；(4) 茴香醚；(5) 对甲基苯甲醚

表 2-34 各醚类香料加热过程的 DSC 曲线参数

序号	样品	峰 1		峰 2	
		峰值温度/℃	焓变/(J/g)	峰值温度/℃	焓变/(J/g)
1	1,8-桉叶素	184.14	200.00	—	—
2	异丁香酚甲醚	275.08	279.40	—	—

续表

序号	样品	峰1		峰2	
		峰值温度/℃	焓变/(J/g)	峰值温度/℃	焓变/(J/g)
3	丁香酚甲醚	258.71	226.20	—	—
4	茴香醚	157.76	344.40	—	—
5	对甲基苯甲醚	180.32	297.40	—	—

2.2.9 酰胺类香原料的热失重及动力学行为分析

(1) 酰胺类香料单体的失重特性分析

将WS-23以20℃/min的升温速率从30℃加热至500℃，记录样品热失重曲线，结果如图2-15所示。由图可知，WS-23仅有一个主要失重峰，这说明WS-23在加热过程中是由于蒸发造成的失重。

表2-31总结了WS-23在相应热解条件下失重区间的温度范围及失重率。由表可知，WS-23在温度为135.31～263.08℃的范围内发生失重，失重率为97.56%。因此，WS-23符合加热卷烟的加热区间，且释放完全。

表2-35 WS-23在相应热解条件下失重区间的温度范围及失重率

序号	样品	失重阶段	失重区间/℃	失重率/%
1	WS-23	阶段Ⅰ	135.31～263.08	97.56

采用TG-DTG切线法求得WS-23的T_{max}、DTG_{max}、T_i和T_f，结果见表2-36。由表可知，相较于其他香料WS-23的各特征参数均适中，有望在加热卷烟中展现出良好的适用性。

表2-36 WS-23的失重特征参数

序号	样品	T_i/℃	T_{max}/℃	DTG_{max}/(%/min)	T_f/℃	CPI/[$\times10^{-3}$%/(min·℃^{2})]	残留率/%
1	WS-23	222.44	242.74	89.63	247.99	14.45	1.42

(2) 酰胺类香料单体的动力学分析

对WS-23的主要热解阶段进行动力学分析，采用基于单一升温速率的Coats-Redfern法获得了其主要失重阶段的动力学机理函数，经机理函数拟合筛选，确定反应模型D3可较好地描述WS-23的热解过程，其拟合方程、相关系数及热动力学参数列于表2-37。由表可知，相较于其他香料WS-23的各热动力学参数均处于中间水平。

表2-37 WS-23在失重区间的分解热动力学参数汇总

序号	样品	阶段	反应模型	拟合方程	R^2	E/(kJ/mol)	A/min^{-1}	ΔH/(kJ/mol)	ΔG/(kJ/mol)	ΔS/(kJ/mol)
1	WS-23	阶段Ⅰ	D3	$y=-22403.46x+29.04$	0.9672	186.2624	1.84×10^{18}	181.9733	112.6365	0.1344

(3) 酰胺类香料加热过程的热效应分析

WS-23的DSC曲线见图2-18，通过TA Universal Analysis软件的水平S形曲线峰值积分获得的WS-23的DSC曲线参数见表2-38。由图和表可知，WS-23的DSC曲线呈现出两个明显的吸热峰，焓变分别为81.31J/g和276.80J/g，这是由于WS-23在加热过程中熔融和蒸发吸收大量热量导致的。

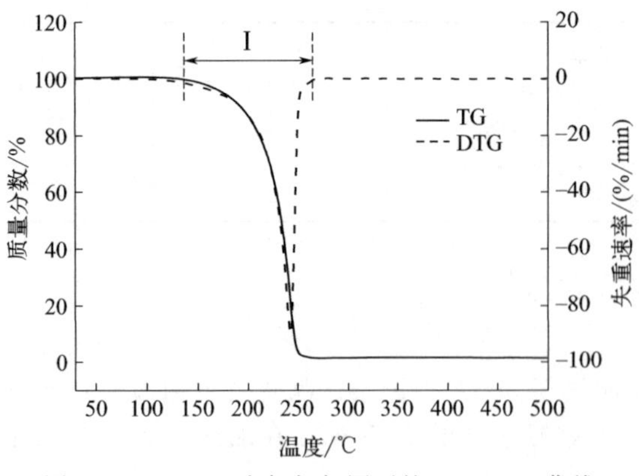

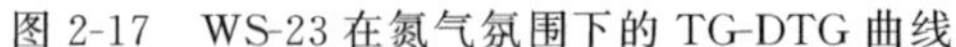
图 2-17　WS-23 在氮气氛围下的 TG-DTG 曲线

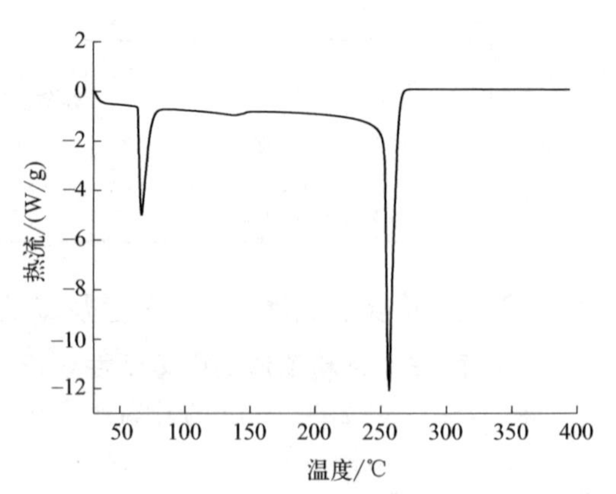

图 2-18　WS-23 在氮气氛围下的 DSC 曲线

表 2-38　WS-23 加热过程的 DSC 曲线参数

序号	样品	峰 1		峰 2	
		峰值温度/℃	焓变/(J/g)	峰值温度/℃	焓变/(J/g)
1	WS-23	66.88	81.31	256.43	276.80

本章小结

本实验通过将各单体香原料从室温加热到加热卷烟的适宜温度范围，得到了各单体香原料的 TG、DTG 和 DSC 曲线，并通过对比不同单体香原料三种曲线的差异性阐明了单体香原料的热失重行为。同时，采用基于单一升温速率的 Coats-Redfern 法对各单体香原料的主要热失重阶段进行动力学分析，获得了各失重阶段的动力学机理函数、动力学参数和热力学参数，结果表明：

(1) 由各单体香原料的 TG 和 DTG 曲线可知，大多数单体香原料仅有一个主要失重阶段，且失重率大多在 90%以上。其中各单体香原料中橙花叔醇、肉桂醛、异丁香酚、丙酮酸、苹果酸、巨豆三烯酮、3-戊烯-2-酮、烟酮和丁酸正戊酯由于热解或同分异构体的影响出现了两个明显的失重峰。各单体香原料中柏木醇、茴香醇、肉桂醛、异丁香酚、丙酮酸、4-羟基-2,5-二甲基-3(2H)呋喃酮、γ-十一内酯、肉桂酸肉桂酯、2-乙酰吡嗪、2,6-二甲基吡嗪和对甲基苯甲醚在其主要失重阶段的失重范围较广，应用于加热卷烟中缓释效果较好。

(2) 由切线法获得的各单体香原料的热重特性参数可知，各单体香原料的 DTG_{max} 位于 12.49～130.71%/min 之间，其中 α-松油醇、肉桂醇、糠醛、2-羟基-4-甲基苯甲醛、丁香酚、百里香酚、3,4-二甲基苯酚、2-甲基戊酸、异戊酸、乳酸、2-辛酮、甲基环戊烯醇酮、乳酸乙酯、3-乙基吡啶、2-乙酰吡啶、2-甲氧基吡嗪、2,3,5,6-四甲基吡嗪、2,3-二乙基-5-甲基吡嗪、2-乙基-3,6-二甲基吡嗪和茴香醚的 DTG_{max} 较高，应用于加热卷烟中释放剧烈、集中，缓释效果较差；各单体香原料的 T_i 位于 30.00～380.35℃之间、T_f 位于 127.68～431.44℃之间、CPI 位于 (0.24～38.95)$\times10^{-3}$%/(min·℃^{2}) 之间，其中金合欢醇、邻甲氧基肉桂醛、异丁香酚、2-甲氧基-4-乙烯基苯酚、丙酮酸、肉豆蔻酸、苹果酸、肉桂酸、α-鸢尾酮、金合欢基丙酮、覆盆子酮、4-羟基-2,5-二甲基-3(2H)呋喃酮、γ-十二内酯、δ-十二内酯、肉桂酸苄酯、肉桂酸异戊酯、异戊酸肉桂酯、肉桂酸肉桂酯、肉桂酸苯乙酯和6-甲基香豆素的热失重区间明显高于加热卷烟最高加热温度 300℃，应用于加热卷烟中无法释放或释放不完全；各单体香原料的残留率位于0.01%～19.64%之间，其中2-庚酮、4-羟基-2,5-二甲基-3(2*H*)呋喃酮、丙酮酸和2-甲氧基-4-乙烯基苯酚残留率较高。

(3) 基于Coats-Redfern法对各单体香原料的主要失重阶段的动力学分析表明，在主要热失重阶段大多数单体香原料均可由三维扩散模型D3来描述，同时部分单体香原料符合F1、F1.5、D1和D2模型。各单体香原料的E位于30.5622～298.5361kJ/mol之间，A位于2.88×10^{2}～$2.69\times10^{28}min^{-1}$之间，$\Delta H$位于26.3720～565.7568kJ/mol之间，ΔG位于70.7159～141.3430kJ/mol之间，ΔS位于－0.1680～0.7963kJ/mol之间。

(4) 通过差示扫描量热法对各单体香原料进行分析可得，大多数单体香原料的DSC曲线含有一个代表蒸发过程的吸热峰，其中柏木醇、薄荷醇、胡椒醛、香兰素、乙基香兰素、邻甲氧基肉桂醛、2-羟基-4-甲基苯甲醛、百里香酚、3,4-二甲基苯酚、2,6-二甲氧基苯酚、肉豆蔻酸、苯甲酸、柠檬酸、苹果酸、肉桂酸、对甲氧基苯乙酮、覆盆子酮、4-羟基-2,5-二甲基-3(2*H*)呋喃酮、乙基麦芽酚、麦芽酚、烟酮、甲基环戊烯醇酮、肉桂酸肉桂酯、肉桂酸苯乙酯、6-甲基香豆素、2-乙酰吡咯、2-乙酰吡嗪、2,6-二甲基吡嗪、吲哚和WS-23还含有一个代表熔融过程的吸热峰，同时金合欢醇、愈创木酚和3,4-二甲基苯酚出现了热解产生的放热峰。

第3章 香原料在加热卷烟中的转移行为研究

加热卷烟通过加热烟草材料释放气溶胶，减少了烟草因高温燃烧裂解产生的有害成分，但同时也带来香味不足、满足感不强等口感缺陷，影响了消费者对加热卷烟产品的接受度。卷烟加香是修饰加热卷烟口感的重要方法和手段，而作为加热卷烟加香的物质基础，香料单体在加热卷烟中的转移行为直接决定了其应用效果。目前，国内外对于香料单体转移行为与加热卷烟调香相关的基础技术研究鲜有报道。因此，本文采用GC/FID的分析检测手段，建立了加热卷烟主流烟气中酯类、醛酮类、醇类、酚类、氮杂环类的检测方法，并基于此考察了储存和抽吸过程中香料单体的转移规律。

3.1 醇类香料单体在加热卷烟中的转移行为研究

3.1.1 实验材料、试剂与仪器

(1) 材料与试剂

加热卷烟［(12mm 烟芯段＋23mm 降温腔体固件＋10mm 醋纤滤棒)×圆周 22mm］由江苏中烟工业有限责任公司提供；使用江苏中烟加热卷烟烟具进行感官质量评价。

香叶醇、α-松油醇、芳樟醇、橙花醇、薄荷醇、氧化芳樟醇、柏木醇、橙花叔醇、金合欢醇、肉桂醇、正丁醇、正戊醇、正己醇、3-辛醇、壬醇、癸醇、异戊醇、3-己醇、苯乙醇、苯丙醇、2-甲基苯甲醇、1-苯基-1-丙醇、反式-3-己烯-1-醇、3-甲氧基苯甲醇、2-甲氧基苯甲醇、1,2-丁二醇、2,3-丁二醇、1,3-丁二醇、苯乙酸苯乙酯（内标）（≥98%，北京百灵威科技有限公司）。

无水乙醇、异丙醇、二氯甲烷、正己烷（≥99.9%，色谱级，天津市大茂化学试剂厂）。

(2) 实验仪器

本实验所用主要仪器如表 3-1 所示。

表 3-1 主要实验仪器

仪器	型号规格	生产厂商
超声波清洗机	SB-3200DT	宁波新芝生物科技股份有限公司
全温振荡培养箱	HZQ-F160	苏州培英实验设备有限公司
电子天平	EL204	Mettler-Toledo 仪器(上海)有限公司
恒温恒湿箱	KBF720	德国弗兰茨宾德有限公司
转盘式吸烟机	RM20H	德国 Borgwaldt KC 公司
气相色谱仪	GKA218/8890	美国 Agilent 公司

3.1.2 方法

(1) 标准溶液的配制

配制以异丙醇为溶剂、浓度为30μg/mL苯乙酸苯乙酯的内标溶液。精确称取一定质量的各醇类香料标品于容量瓶中，用内标溶液逐级稀释，得到质量浓度为1.13μg/mL、2.26μg/mL、4.53μg/mL、9.07μg/mL、15.1μg/mL、25.2μg/mL、42.0μg/mL、70.0μg/mL的系列标准工作溶液。

(2) 醇类香料单体的添加及放置

分别精确称取28种醇类香料单体0.046g于10mL容量瓶中，用异丙醇定容后摇匀，制备混合香料溶液。使用微量进样器采用中心注射法将10μL加香溶液注射入空白加热卷烟，制备加香量为加热卷烟烟芯质量0.5%的加香卷烟。然后在密封袋内于恒温恒湿（22℃±2℃，RH 60%±5%）环境放置48h以上。

(3) 样品前处理

选取6支加香加热卷烟以及空白加热卷烟，迅速将其分为烟芯段、降温段（包括中空和降温材料）和滤棒段，将这三段剪碎后分别转移至50mL锥形瓶中，各加入10mL含有苯乙酸苯乙酯的异丙醇萃取液（30μg/mL），分别超声萃取10min、20min、20min，萃取液过膜后进行GC分析。

采用RM20H转盘式吸烟机参考加拿大深度抽吸模式（HCI）的标准要求进行加热卷烟的抽吸。抽吸参数为：抽吸曲线方形、抽吸容量55mL、持续时间3s、抽吸间隔30s、抽吸11口，采用直径44mm的剑桥滤片捕集6支加热卷烟气溶胶中的粒相物，保留烟支。抽吸结束后，分别将剑桥滤片、滤棒以及烟芯转移至50mL的锥形瓶中，分别加入6mL、10mL、10mL含30μg/mL苯乙酸苯乙酯（内标）的异丙醇溶液，将剑桥滤片摇床振荡15min、烟芯超声萃取10min、滤棒超声萃取20min，萃取液过膜后进行GC分析。

采用RM20H转盘式吸烟机配备逐口抽吸装置进行逐口抽吸，抽吸参数同上，用11张剑桥滤片分别捕集对应于45支加热卷烟11个抽吸口序的气溶胶中的粒相物。抽吸结束后，将11张剑桥滤片分别置于50mL的锥形瓶中，各加入6mL含30μg/mL苯乙酸苯乙酯（内标）的异丙醇溶液，摇床振荡15min，萃取液过膜后进行GC分析。

(4) GC的分析条件

色谱柱：HP-5MS毛细管柱（30m×0.25mm×0.25μm）；进样口温度：250℃；检测器（FID）温度：280℃；载气：氦气（≥99.999%），载气流速：1.0mL/min；尾吹气：25mL/min；空气：450mL/min；氢气：40mL/min；分流比：15∶1；进样量：1μL；升温程序：50℃（保持2min），12℃/min升到62℃，再以2℃/min升到88℃，再以14℃/min升到116℃，再以2℃/min的速率升至118℃，再以0.2℃/min的速率升至120℃，再以2℃/min的速率升至136℃，再以0.1℃/min的速率升至138℃，再以0.5℃/min的速率升至140℃，再以25℃/min的速率升至190℃，再以2℃/min的速率升至210℃（保持5min），再以6℃/min的速率升至258℃（保持2min）。

3.1.3 持留率、迁移率、散失率、转移率、截留率分析

(1) 储存过程中香原料单体的持留率、迁移率、散失率分析

$$Y_1=\frac{m_1-m_0}{m}\times 100\% \tag{3-1}$$

$$Y_2=\frac{m_3-m_2}{m}\times 100\% \tag{3-2}$$

$$Y_3=\frac{m_5-m_4}{m}\times 100\% \tag{3-3}$$

$$Y_4=1-(Y_1+Y_2+Y_3) \tag{3-4}$$

式(3-1)～式(3-4)中，Y_1 为烟芯持留率，%；Y_2 为滤棒迁移率，%；Y_3 为降温段迁移率，%；Y_4 为散失率，%；m 为外加香料量，μg/支；m_0 为空白卷烟烟芯中的香料量，μg/支；m_1 为加香卷烟烟芯中的香料量，μg/支；m_2 为空白卷烟滤棒中的香料量，μg/支；m_3 为加香卷烟滤棒中的香料量，μg/支；m_4 为空白卷烟降温段中的香料量，μg/支；m_5 为加香卷烟降温段中的香料量，μg/支。

(2) 抽吸过程中香原料单体的烟气转移率、烟芯残留率及滤棒截留率分析

$$Y_5=\frac{M_1-M_0}{m}\times 100\% \tag{3-5}$$

$$Y_6=\frac{M_3-M_2}{m}\times 100\% \tag{3-6}$$

$$Y_7=\frac{M_5-M_4}{m}\times 100\% \tag{3-7}$$

$$Y_8=\frac{M_7-M_6}{m}\times 100\% \tag{3-8}$$

式(3-5)～式(3-8)中，Y_5 为主流烟气粒相转移率，%；Y_6 为滤棒截留率，%；Y_7 为烟芯残留率，%；Y_8 为逐口转移率，%；M_0 为空白卷烟主流烟气粒相物中的香料量，μg/支；M_1 为加香卷烟主流烟气粒相物中的香料量，μg/支；M_2 为空白卷烟抽吸后滤棒中的香料量，μg/支；M_3 为加香卷烟抽吸后滤棒中的香料量，μg/支；M_4 为空白卷烟抽吸后烟芯中的香料量，μg/支；M_5 为加香卷烟抽吸后烟芯中的香料量，μg/支；M_6 为空白卷烟每口主流烟气粒相物中的香料量，μg/支；M_7 为加香卷烟每口主流烟气粒相物中的香料量，μg/支；m 为外加香料量，μg/支。

3.1.4 结果与讨论

以下介绍前处理条件的优化。

① 萃取溶剂的选择

按照3.1.2所述方法，采用摇床萃取、摇床时间为15min、萃取液体积为6mL的条件，改变萃取液的种类，考察无水乙醇、正己烷、二氯甲烷和异丙醇4种不同溶剂对剑桥滤片中各醇类香味成分萃取效率的影响，如图3-1所示。结果表明，异丙醇对各醇类香料单体具有较高的萃取效率，因此选择异丙醇作为萃取溶剂。

② 萃取方式的选择

按照3.1.2中所述方法，采用萃取时间为15min、萃取剂为异丙醇、萃取液体积为6mL的条件，改变萃取方式，考察超声和振荡两种不同萃取方式对各醇类香料单体萃取效率的影响，如图3-2所示。结果表明，摇床萃取对各醇类香料单体具有较高的提取效率，因此选择摇床萃取作为萃取方式。

③ 萃取时间的选择

按照3.1.2中所述方法，采用摇床萃取、萃取剂为异丙醇、萃取液体积为6mL的条件，改变萃取时间，考察不同萃取时间5min、10min、15min、20min、25min对各醇类香料单体萃取效率的影响，如图3-3所示。结果表明，萃取时间为15min对各醇类香料单体具有较高的提取效率，因此选择15min作为萃取时间。

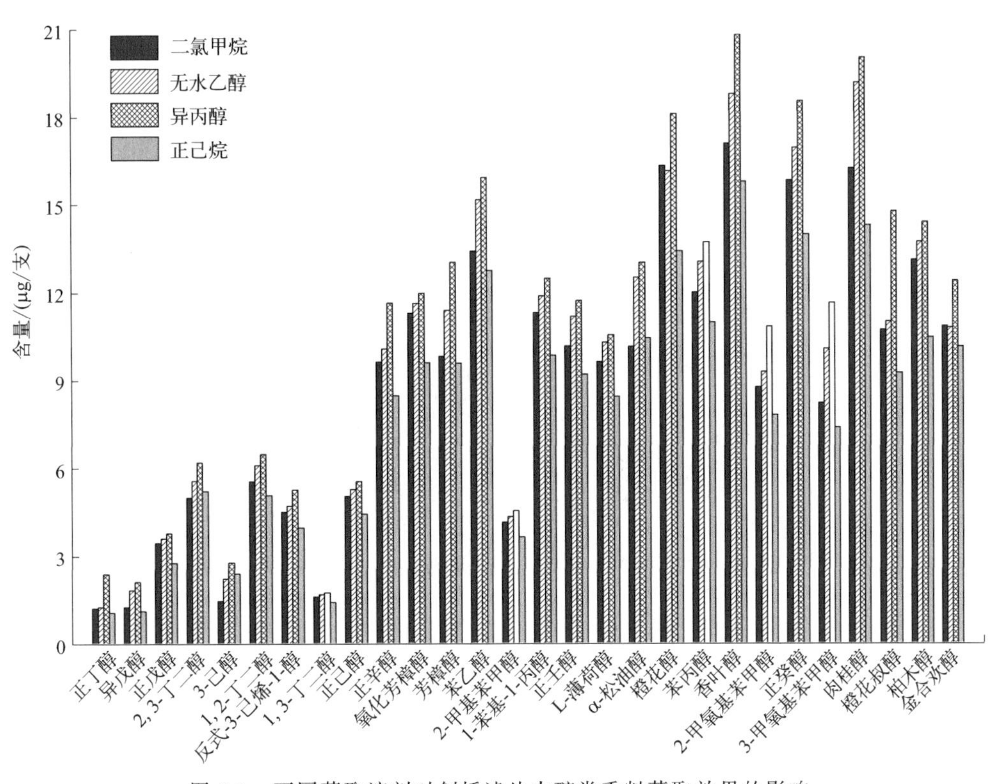

图 3-1　不同萃取溶剂对剑桥滤片中醇类香料萃取效果的影响

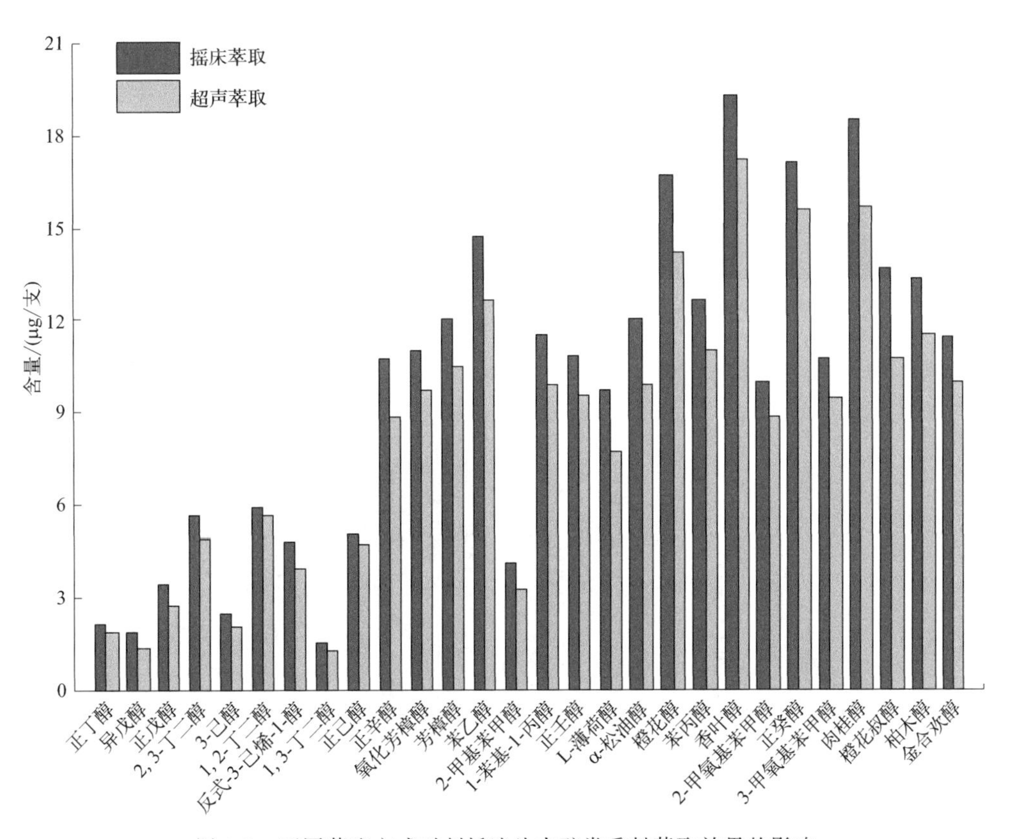

图 3-2　不同萃取方式对剑桥滤片中醇类香料萃取效果的影响

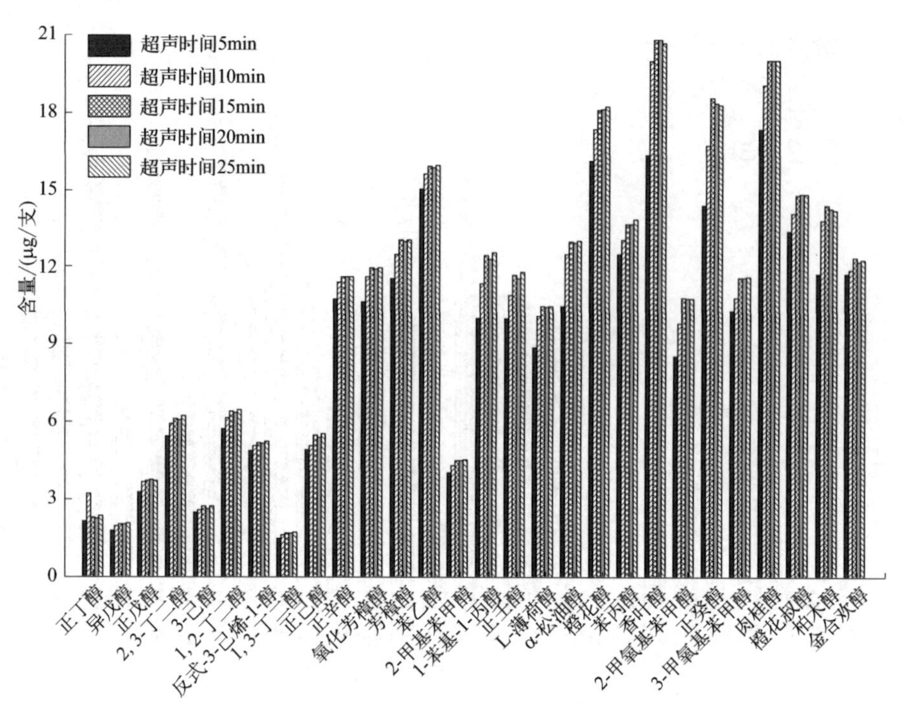

图 3-3　不同萃取时间对剑桥滤片中醇类香料萃取效果的影响

④ 萃取液体积的选择

按照 3.1.2 中所述方法，采用摇床萃取、萃取剂为异丙醇、萃取时间为 15min 的条件，改变萃取液体积，考察萃取液不同体积 4mL、6mL、8mL、10mL、12mL 对各醇类香料单体萃取效率的影响，如图 3-4 所示。结果表明，萃取液体积 6mL 对各醇类香料单体具有较高的提取效率，因此选择 6mL 作为萃取液体积。

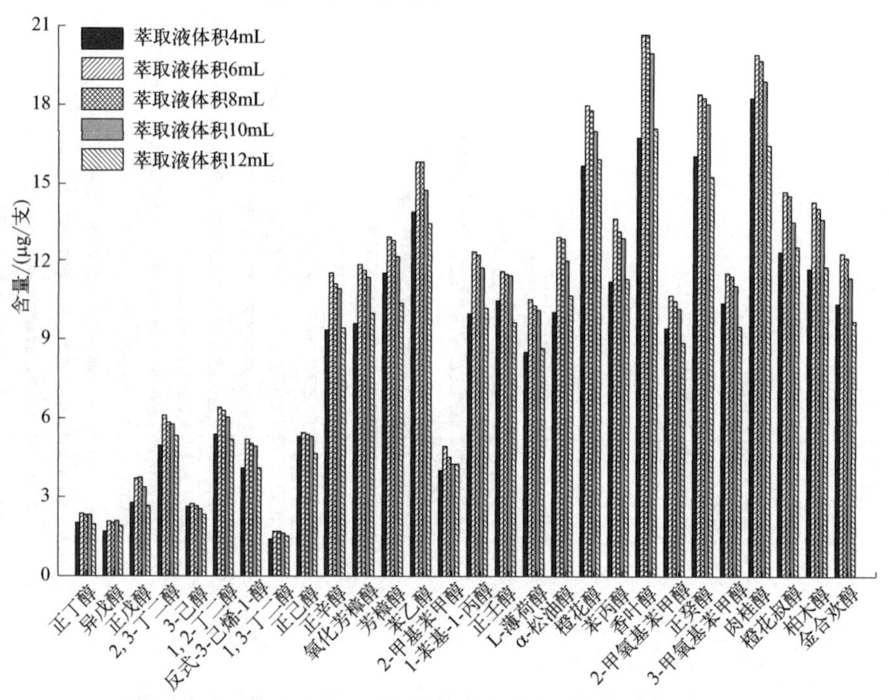

图 3-4　不同萃取液体积对剑桥滤片中醇类香料萃取效果的影响

3.1.5 方法学评价

(1) 工作曲线、精密度、检出限和定量限

分别取系列标准工作溶液进行GC分析，横坐标为各醇类香料单体的峰面积与内标物峰面积的比值（x），纵坐标为各醇类香料单体的浓度与内标物浓度的比值（y），作各醇类香料单体的标准工作曲线，采用最低浓度的标样反复进样10次，以测定值的3倍标准偏差为检出限、10倍标准偏差为定量限、并计算10次重复试验的相对标准偏差（RSD），如表3-2所示，结果表明，28种醇类香料单体在质量浓度1.134～70.000μg/mL范围内线性良好（$R^2 \geqslant 0.9990$），检出限为0.0131～0.0520μg/mL，定量限为0.0437～0.1732μg/mL，RSD值为0.51%～4.99%，该方法重复性较好。

表3-2　28种醇类香料单体的线性方程、相关系数、RSD、检出限和定量限

名称	回归方程	相关系数 (R^2)	RSD /%	检出限 /(μg/mL)	定量限 /(μg/mL)
正丁醇	$y=1.4862x+0.0648$	0.9991	1.8192	0.0332	0.1108
异戊醇	$y=1.3263x+0.0148$	0.9995	1.2839	0.0131	0.0437
正戊醇	$y=1.4854x+0.0707$	0.9990	2.9107	0.0401	0.1336
2,3-丁二醇	$y=2.4176x+0.0568$	0.9993	4.4309	0.0192	0.0640
3-己醇	$y=1.2688x+0.0401$	0.9990	3.8282	0.0341	0.1135
1,2-丁二醇	$y=3.1826x+0.1005$	0.9990	1.8788	0.0252	0.0841
反式-3-己烯-1-醇	$y=1.691x+0.0403$	0.9993	1.7427	0.0160	0.0534
1,3-丁二醇	$y=3.6539x-0.0203$	0.9995	1.7761	0.0179	0.0597
正己醇	$y=1.246x+0.0406$	0.9992	4.2712	0.0464	0.1548
正辛醇	$y=1.2625x+0.0495$	0.9994	2.6204	0.0371	0.1235
氧化芳樟醇	$y=1.304x-0.0232$	0.9991	0.7839	0.0443	0.1478
芳樟醇	$y=1.0689x+0.0019$	0.9995	0.9995	0.0419	0.1398
苯乙醇	$y=1.0899x+0.0864$	0.9990	2.2525	0.0169	0.0563
2-甲基苯甲醇	$y=0.9237x+0.0419$	0.9991	2.1261	0.0142	0.0473
1-苯基-1-丙醇	$y=1.1229x+0.0425$	0.9993	4.3444	0.0270	0.0899
正壬醇	$y=1.0281x+0.0414$	0.9991	4.9872	0.0320	0.1067
L-薄荷醇	$y=1.019x+0.0208$	0.9990	4.1395	0.0520	0.1732
α-松油醇	$y=1.1299x+0.0124$	0.9994	2.2701	0.0399	0.1330
橙花醇	$y=1.0715x+0.0709$	0.9993	1.7147	0.0485	0.1616
苯丙醇	$y=1.0756x+0.0567$	0.9991	0.5282	0.0393	0.1310
香叶醇	$y=1.0169x+0.0325$	0.9990	3.6732	0.0468	0.1561
2-甲氧基苯甲醇	$y=1.1112x+0.0422$	0.9994	4.5625	0.0168	0.0559
正癸醇	$y=1.0202x+0.0446$	0.9990	2.6460	0.0196	0.0652
3-甲氧基苯甲醇	$y=1.3615x+0.1043$	0.9990	2.9170	0.0168	0.0559
肉桂醇	$y=1.1256x+0.1001$	0.9991	3.8135	0.0276	0.0921
橙花叔醇	$y=1.4716x+0.0304$	0.9991	0.5088	0.0351	0.1169
柏木醇	$y=0.8232x+0.0291$	0.9991	1.6508	0.0299	0.0997
金合欢醇	$y=1.362x+0.0658$	0.9992	2.0501	0.0341	0.1138

(2) 加标回收率

选择标样加入法测定加标回收率，选取3份醇类加香加热卷烟样品，分别加入低、中、高三个不同水平浓度的混标溶液，按照3.1.2所述方法，测定3个不同加标水平下的28种醇类香料单体的回收率，平行测定3次，如表3-3所示，结果表明，28种醇类香料单体的平均回收率在92.44%～109.59%，该方法回收率较高。

表 3-3　28 种醇类香料单体的加标回收率的测定

名称	原质量分数/(mg/支)	加标量/(mg/支)	测定值/(mg/支)	平均回收率/%
正丁醇	0.0088	0.0044	0.0134	103.69
		0.0088	0.0177	101.11
		0.0132	0.0226	104.31
异戊醇	0.0118	0.0056	0.0174	100.74
		0.0112	0.0228	98.14
		0.0168	0.0283	98.29
正戊醇	0.0116	0.0063	0.0181	102.90
		0.0126	0.0242	100.39
		0.0188	0.0291	92.83
2,3-丁二醇	0.0419	0.0205	0.0624	99.84
		0.0410	0.0826	99.32
		0.0615	0.1024	98.42
3-己醇	0.0108	0.0058	0.0169	105.04
		0.0116	0.0226	101.70
		0.0173	0.0281	100.19
1,2-丁二醇	0.0422	0.0242	0.0687	109.48
		0.0485	0.0905	99.57
		0.0727	0.1149	99.99
反式-3-己烯-1-醇	0.0106	0.0057	0.0166	105.68
		0.0113	0.0222	102.38
		0.0170	0.0265	93.63
1,3-丁二醇	0.0265	0.0134	0.0404	103.40
		0.0268	0.0533	100.07
		0.0402	0.0656	97.23
正己醇	0.0120	0.0055	0.0180	108.21
		0.0110	0.0228	98.10
		0.0165	0.0281	97.63
正辛醇	0.0353	0.0173	0.0533	103.85
		0.0346	0.0694	98.45
		0.0518	0.0865	98.88
氧化芳樟醇	0.0235	0.0117	0.0360	106.55
		0.0235	0.0476	102.46
		0.0352	0.0588	100.26
芳樟醇	0.0289	0.0140	0.0436	105.02
		0.0281	0.0570	99.90
		0.0422	0.0705	98.53
苯乙醇	0.0481	0.0269	0.0747	98.76
		0.0539	0.1071	109.37
		0.0808	0.1292	100.42
2-甲基苯甲醇	0.0628	0.0224	0.0852	99.88
		0.0449	0.1074	99.41
		0.0673	0.1347	106.79
1-苯基-1-丙醇	0.0427	0.0212	0.0645	102.88
		0.0425	0.0839	96.99
		0.0637	0.1074	101.54
正壬醇	0.0414	0.0252	0.0684	107.14
		0.0505	0.0929	102.07
		0.0757	0.1221	106.63

续表

名称	原质量分数/(mg/支)	加标量/(mg/支)	测定值/(mg/支)	平均回收率/%
L-薄荷醇	0.0391	0.0198	0.0589	99.78
		0.0397	0.0788	99.99
		0.0595	0.1043	109.59
α-松油醇	0.0407	0.0219	0.0627	100.33
		0.0438	0.0843	99.60
		0.0657	0.1073	101.39
橙花醇	0.0484	0.0246	0.0748	107.44
		0.0492	0.0965	97.78
		0.0738	0.1235	101.76
苯丙醇	0.0447	0.0246	0.0705	105.01
		0.0492	0.0931	98.38
		0.0738	0.1173	98.42
香叶醇	0.0458	0.0250	0.0722	105.55
		0.0501	0.0962	100.61
		0.0752	0.1182	96.33
2-甲氧基苯甲醇	0.0439	0.0220	0.0653	97.35
		0.0440	0.0889	102.23
		0.0660	0.1049	92.44
正癸醇	0.0508	0.0289	0.0817	106.76
		0.0579	0.1096	101.59
		0.0868	0.1394	102.06
3-甲氧基苯甲醇	0.0546	0.0315	0.0860	99.61
		0.0630	0.1229	108.47
		0.0945	0.1465	97.24
肉桂醇	0.0557	0.0377	0.0932	99.36
		0.0756	0.1362	106.49
		0.1133	0.1651	96.60
橙花叔醇	0.0330	0.0258	0.0586	99.06
		0.0517	0.0837	98.16
		0.0775	0.1078	96.56
柏木醇	0.0484	0.0316	0.0798	99.35
		0.0634	0.1085	94.80
		0.0950	0.1398	96.21
金合欢醇	0.0549	0.0534	0.1080	99.47
		0.1071	0.1620	99.98
		0.1605	0.2146	99.49

(3) 溶液稳定性

取混合香料溶液1份，加入内标物制备各单体质量浓度为46μg/mL的混合溶液，在室温条件下放置0h、4h、6h、8h、10h、24h后，按照3.1.2所述的分析方法进样测定，计算各醇类香料单体与内标物的峰面积比值（见表3-4），由表可知，28种醇类香料单体的RSD在0.8415%～4.3533%（$n=3$），表明样品溶液在24h内稳定。

表3-4 28种醇类香料单体的稳定性测定结果

名称	时间/h						平均值	RSD/%
	0	4	6	8	10	24		
正丁醇	0.8197	0.8253	0.8119	0.7540	0.8345	0.8518	0.8162	4.0972

续表

名称	时间/h						平均值	RSD/%
	0	4	6	8	10	24		
异戊醇	1.0387	1.0415	1.0482	1.0987	1.0260	1.0453	1.0497	2.3989
正戊醇	0.8982	0.9215	0.9162	0.9431	0.9286	0.9827	0.9317	3.1147
2,3-丁二醇	0.9291	0.9368	0.9365	0.9095	0.9087	0.8987	0.9199	1.7713
3-己醇	1.0401	1.0256	1.0451	1.0804	1.0280	0.9603	1.0299	3.8210
1,2-丁二醇	0.8902	0.9247	0.9319	0.9169	0.8903	0.9305	0.9141	2.1010
反式-3-己烯-1-醇	0.8318	0.8182	0.8282	0.8292	0.8187	0.9046	0.8385	3.9213
1,3-丁二醇	1.3085	1.3255	1.2717	1.2508	1.2239	1.2177	1.2663	3.4812
正己醇	1.0584	1.0238	1.0306	1.0837	1.0736	0.9593	1.0382	4.3533
正辛醇	1.0628	1.0168	1.0227	1.0712	1.0708	0.9608	1.0342	4.1811
氧化芳樟醇	1.0737	1.0791	1.0862	1.0355	1.0317	1.0639	1.0617	2.1645
芳樟醇	1.1417	1.1574	1.1819	1.1435	1.1695	1.1771	1.1619	1.4691
苯乙醇	1.5045	1.5214	1.5301	1.5694	1.4665	1.5787	1.5284	2.7226
2-甲基苯甲醇	1.2338	1.2722	1.1413	1.2559	1.2344	1.1916	1.2215	3.9081
1-苯基-1-丙醇	1.1758	1.1308	1.1382	1.1275	1.1208	1.1655	1.1431	1.9524
正壬醇	1.0512	1.0298	1.0378	1.0791	1.0189	0.9613	1.0297	3.8263
L-薄荷醇	1.3915	1.4945	1.3795	1.4256	1.4271	1.4181	1.4227	2.8193
α-松油醇	1.1963	1.1479	1.1670	1.1181	1.2482	1.1712	1.1748	3.7809
橙花醇	1.1380	1.1300	1.1526	1.1462	1.1324	1.1289	1.1380	0.8415
苯丙醇	1.1577	1.1784	1.1529	1.1871	1.1040	1.0964	1.1461	3.2993
香叶醇	1.1931	1.1416	1.1286	1.1708	1.1890	1.1691	1.1654	2.2018
2-甲氧基苯甲醇	0.9504	0.9280	0.8715	0.9302	0.9720	0.9419	0.9323	3.6240
正癸醇	1.1771	1.1250	1.1478	1.1772	1.1867	1.1667	1.1634	1.9774
3-甲氧基苯甲醇	1.0612	1.0392	1.0312	1.0337	1.0571	1.0493	1.0453	1.1934
肉桂醇	1.2008	1.1457	1.1397	1.1621	1.1698	1.1533	1.1619	1.8859
橙花叔醇	0.8613	0.9321	0.8460	0.8751	0.9148	0.8533	0.8804	3.9869
柏木醇	1.1302	1.1464	1.1853	1.1429	1.2025	1.1830	1.1651	2.4827
金合欢醇	1.2597	1.2879	1.3547	1.2699	1.2547	1.2458	1.2788	3.1198

3.1.6 储存期间醇类香料单体的转移行为分析

按照3.1.2中所述方法，测定各醇类香料单体的转移率，如表3-5所示，结果表明：①在储存期间，28种醇类香料单体的烟芯持留率在7.13%～91.70%之间，其中香叶醇的烟芯持留率最大，为91.70%，其次是肉桂醇、正癸醇、橙花醇、2-甲基苯甲醇，分别为87.81%、85.91%、85.62%、83.70%；②降温段迁移率在0～9.10%之间，其中1,3-丁二醇、2-甲氧基苯甲醇、3-甲氧基苯甲醇的降温段迁移率为0；③滤棒迁移率在0～30.76%之间，其中1,2-丁二醇、1,3-丁二醇、2-甲氧基苯甲醇、3-甲氧基苯甲醇、柏木醇的滤棒迁移率为0；④散失率在1.83%～81.65%之间，其中L-薄荷醇的散失率最小，为1.83%，其次是香叶醇、橙花醇、肉桂醇、苯乙醇，分别为2.00%、2.03%、2.49%、4.85%。综上所述，香叶醇、橙花醇、肉桂醇、正癸醇烟芯持留率高（>85%），散失率小，迁移率较小。

表3-5 28种醇类香料单体在加热卷烟抽吸前的转移行为分析

名称	分子量	沸点/℃	烟芯持留率/%	滤棒迁移率/%	降温段迁移率/%	散失率/%
正丁醇	74	117.7	8.19	13.08	2.10	76.63
异戊醇	88	131.2	7.13	21.24	2.77	68.86
正戊醇	88	138.0	12.02	19.10	2.36	66.53

续表

名称	分子量	沸点/℃	烟芯持留率/%	滤棒迁移率/%	降温段迁移率/%	散失率/%
2,3-丁二醇	90	229.2	29.89	6.91	2.69	60.51
3-己醇	102	134.4	10.15	22.72	4.17	62.96
1,2-丁二醇	90	207.5	28.20	0.00	2.32	71.80
反式-3-己烯-1-醇	100	154.5	12.94	13.92	1.23	71.91
1,3-丁二醇	90	204	16.03	0.00	0.00	81.65
正己醇	102	157.8	14.59	21.00	4.92	61.56
正辛醇	130	195.2	57.48	14.40	4.92	23.20
氧化芳樟醇	170	188	54.24	30.76	9.10	5.90
芳樟醇	154	199	36.84	28.96	9.03	25.16
苯乙醇	122	219.5	83.52	5.12	6.50	4.85
2-甲基苯甲醇	122	205	83.70	4.45	3.86	7.99
1-苯基-1-丙醇	136	219	71.11	6.58	3.89	18.42
正壬醇	144	215	82.42	7.81	2.05	7.72
L-薄荷醇	156	215	74.56	16.87	6.74	1.83
α-松油醇	154	221	75.77	12.63	6.20	5.39
橙花醇	154	227	85.62	7.80	4.56	2.03
苯丙醇	136	237.5	78.14	2.70	1.25	17.90
香叶醇	154	230	91.70	3.49	2.80	2.00
2-甲氧基苯甲醇	138	249	63.25	0.00	0.00	36.75
正癸醇	158	227	85.91	5.72	1.34	7.03
3-甲氧基苯甲醇	138	255	69.77	0.00	0.00	30.23
肉桂醇	134	258	87.81	6.20	3.50	2.49
橙花叔醇	222	146	50.38	2.60	1.92	45.10
柏木醇	222	292	75.20	0.00	1.46	23.33
金合欢醇	222	283	70.14	1.28	1.58	27.01

(1) 互为同系物的醇类香料单体转移行为分析

如图3-5、表3-5所示，随碳链增长、分子量增大、沸点增高，互为同系物的饱和脂肪醇类香料单体的烟芯持留率逐渐增加，其中正癸醇的烟芯持留率最高，为85.91%；滤棒迁移率以及降温段迁移率均呈先升高后降低的趋势，其中正辛醇的滤棒迁移率以及降温段迁移率均为最低，分别为14.40%、4.92%；散失率逐渐减少，其中正癸醇的散失率最低，为7.03%。其中正己醇与正辛醇的烟芯持留率及散失率间的差值较大。

(2) 不同饱和度的醇类香料单体转移行为分析

如图3-6、表3-5所示的结果表明：①不同饱和度的正己醇、3-己烯-1-醇的烟芯持留率分别为14.59%、12.94%，滤棒迁移率分别为21.00%、13.92%，降温段迁移率分别为4.92%、1.23%，散失率分别为61.56%、71.91%。这可能是由于3-己烯-1-醇结构中双键的稳定性较弱，故而沸点较低、有较强的透发性所致。②不同饱和度的苯丙醇、肉桂醇的烟芯持留率分别为78.14%、87.81%，滤棒迁移率分别为2.70%、6.20%，降温段迁移率分别为1.25%、3.50%，散失率分别为17.90%、2.49%。这可能是由于肉桂醇中的双键与苯环发生共轭效应，分子结构稳定性较强，不容易挥发所致。

(3) 互为同分异构体的醇类香料单体转移行为分析

图3-7显示了互为同分异构体醇类香料单体的转移行为，互为主链碳原子个数异构、官能团位置异构、顺反异构和碳链成环异构的醇类香料单体随着分子结构稳定性增强，其烟芯持留率增高，散失率呈减小趋势。

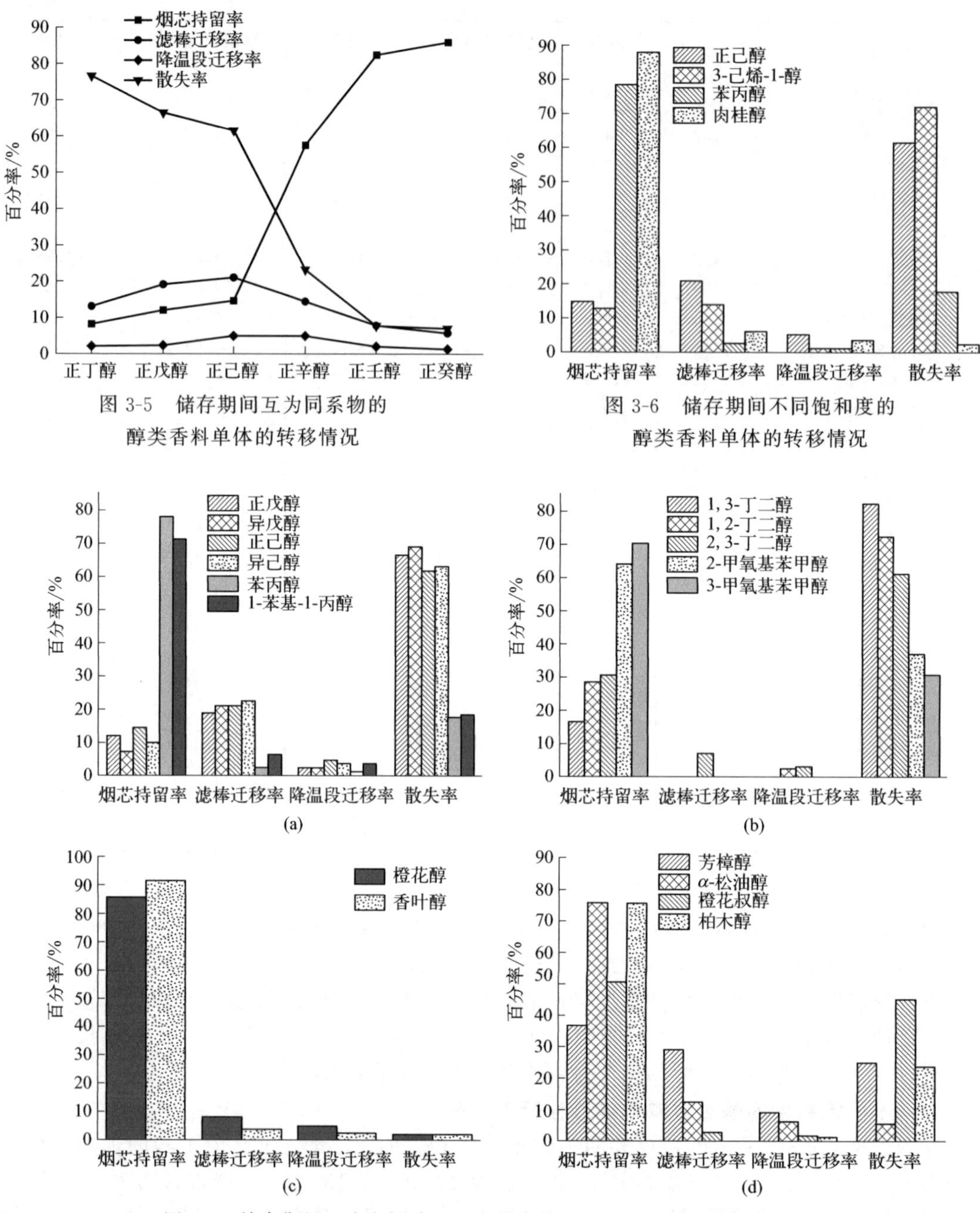

图 3-5 储存期间互为同系物的醇类香料单体的转移情况

图 3-6 储存期间不同饱和度的醇类香料单体的转移情况

图 3-7 储存期间互为主链碳原子个数异构（a）、官能团位置异构（b）、顺反异构（c）和碳链成环异构（d）的醇类香料单体的转移情况

在分子量相同的情况下，互为主链碳原子个数异构的正戊醇与异戊醇、正己醇与异己醇、苯丙醇与 1-苯基-1-丙醇，遵循支链越多，分子间距越大、稳定性降低和挥发性增加的规律，表现为烟芯持留率逐渐降低、迁移率和散失率逐渐增加的趋势，正戊醇、正己醇和苯丙醇的烟芯持留率均较大，分别为 12.02%、14.59%、78.14%；互为官能团位置异构的 1,3-丁二醇和 1,2-丁二醇和 2,3-丁二醇、2-甲氧基苯甲醇与 3-甲氧基苯甲醇，其中 2,3-丁二醇和 3-甲氧基苯甲醇的分子对称性较好，色散力较大，从而具有较高的结构稳定性，散失

率较小，2,3-丁二醇、3-甲氧基苯甲醇的烟芯持留率较大，分别为29.89%、69.77%；互为顺反异构的橙花醇与香叶醇的转移行为较相似，原因可能是由于两者互为顺反异构体，沸点比较接近；互为碳链成环异构的芳樟醇与α-松油醇、橙花叔醇与柏木醇，由于环状的α-松油醇与柏木醇结构较为紧密，故而其分子结构相对乙酸香叶酯更稳定，不易发生逸散，具有较高的烟芯持留率，分别为75.77%、75.20%。

3.1.7 抽吸后醇类香料单体向主流烟气的转移行为分析

按照3.1.2中所述的方法，测定各醇类香料单体的转移率，如表3-6所示，结果表明：①抽吸后28种醇类香料单体的烟芯残留率在1.17%～24.01%之间，其中烟芯残留率最低的是反式-3-己烯-1-醇，为1.17%，其次是异戊醇、3-己醇、正丁醇、正戊醇，分别是1.49%、1.53%、1.58%、1.60%；②滤棒截留率在8.27%～29.46%之间，其中滤棒截留率最低的是1,3-丁二醇，为8.27%，其次是1,2-丁二醇、异戊醇、正丁醇、橙花叔醇，分别是8.39%、9.64%、14.34%、14.49%；③醇类香料单体的主流烟气粒相物转移率在2.29%～34.02%之间，其中主流烟气粒相物转移率最高的是香叶醇，为34.02%，其次是橙花醇、肉桂醇、正癸醇、苯乙醇，分别是33.16%、32.07%、29.55%、26.42%。

表3-6 28种醇类香料单体在加热卷烟抽吸后向主流烟气的转移行为分析

名称	分子量	沸点/℃	烟芯残留率/%	滤棒截留率/%	MS转移率/%
正丁醇	74	117.7	1.58	14.34	2.29
异戊醇	88	131.2	1.49	9.64	2.34
正戊醇	88	138.0	1.60	17.24	6.55
2,3-丁二醇	90	229.2	10.41	15.49	11.07
3-己醇	102	134.4	1.53	15.41	4.14
1,2-丁二醇	90	207.5	9.15	8.39	9.88
反式-3-己烯-1-醇	100	154.5	1.17	16.49	8.27
1,3-丁二醇	90	204	5.31	8.27	3.10
正己醇	102	157.8	1.69	18.09	10.28
正辛醇	130	195.2	3.05	18.42	17.18
氧化芳樟醇	170	188	15.88	23.56	18.79
芳樟醇	154	199	11.83	19.90	20.21
苯乙醇	122	219.5	21.73	24.26	26.42
2-甲基苯甲醇	122	205	20.66	19.56	7.34
1-苯基-1-丙醇	136	219	9.35	18.94	19.23
正壬醇	144	215	7.99	19.19	22.38
L-薄荷醇	156	215	11.57	26.85	20.55
α-松油醇	154	221	22.04	29.46	26.01
橙花醇	154	227	20.23	28.36	33.16
苯丙醇	136	237.5	14.81	23.29	24.58
香叶醇	154	230	22.92	25.18	34.02
2-甲氧基苯甲醇	138	249	17.15	15.79	18.58
正癸醇	158	227	9.74	18.09	29.55
3-甲氧基苯甲醇	138	255	19.30	15.24	19.72
肉桂醇	134	258	15.13	17.73	32.07
橙花叔醇	222	146	15.89	14.49	19.48
柏木醇	222	292	23.60	19.82	23.89
金合欢醇	222	283	24.01	14.63	20.29

整体而言，醇类香料在烟芯中持留率较大时，其向主流烟气的转移率就越高，香叶醇、

橙花醇和肉桂醇向主流烟气粒相物转移率较高（>30%），与抽吸前的结论相符合。其中，香叶醇有玫瑰似的香气，留香较长，稍苦，用于烟草香精中可调制甜花香香韵、与烟香谐调、增进浓郁感、改善烟气吸味、使烟气具有柔和滋润的口感；橙花醇具有新鲜清甜的橙花和玫瑰花香，留香不长，玫瑰香甜胜过香叶醇，微带柠檬香，在烟用香精中可增进烟草的芳香和清甜香韵，缓和烟气的重浊感；肉桂醇具有类似风信子的令人愉快的香树脂气息，香味优雅，具有定香的作用，在烟草香精中供调配辛香、坚果香，能丰满烟香，改进吃味。因此，这三种醇类香料单体具有较好的加热卷烟香精调配应用潜力。

（1）互为同系物的醇类香料单体转移行为分析

如图3-8、表3-6所示，互为同系物的正丁醇、正戊醇、正己醇、正辛醇、正壬醇、正癸醇，其向主流烟气粒相物转移率、烟芯残留率随着分子量、沸点的增大而增大，其中正癸醇向主流烟气粒相物的转移率、烟芯残留率均为最大值，分别为9.74%、29.55%，滤棒截留率随着分子量、沸点的增大呈现出先增大后减小的趋势，其中正丁醇的滤棒截留率最小，为14.34%。

（2）不同饱和度的醇类香料单体转移行为分析

如图3-9、表3-6所示的结果表明：①不同饱和度的正己醇、3-己烯-1-醇的烟芯残留率分别为1.69%、1.17%，滤棒截留率分别为18.09%、16.49%，向主流烟气粒相物转移率分别为10.28%、8.27%。由于3-己烯-1-醇在储存期间的散失率较大，其向主流烟气粒相物的转移率低于正己醇。②不同饱和度的苯丙醇、肉桂醇的烟芯残留率分别为14.81%、15.13%，滤棒截留率分别为23.29%、17.73%，向主流烟气粒相物的转移率分别为24.58%、32.07%。相比于苯丙醇，肉桂醇向主流烟气粒相物转移率较高，较适合作为加热卷烟烟芯加香香原料。

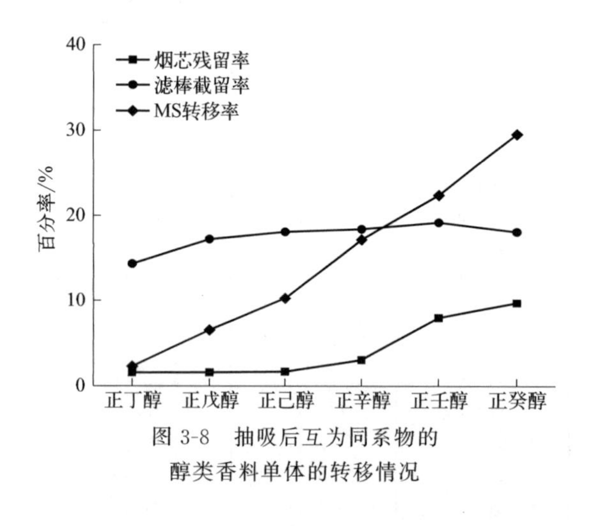

图3-8 抽吸后互为同系物的醇类香料单体的转移情况

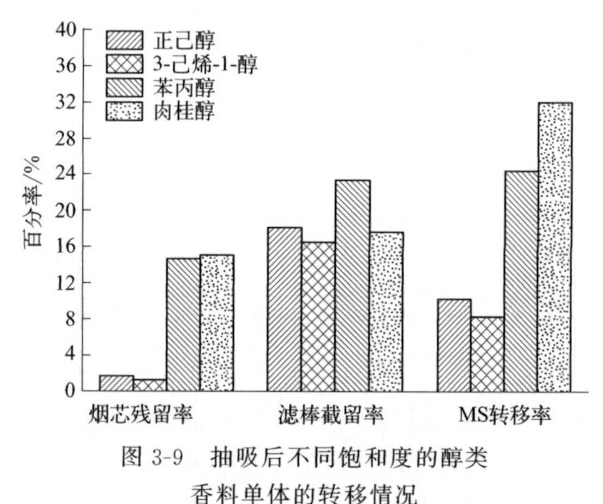

图3-9 抽吸后不同饱和度的醇类香料单体的转移情况

（3）互为同分异构体的醇类香料单体转移行为分析

图3-10显示了互为同分异构体醇类香料单体的转移行为，互为主链碳原子个数异构、官能团位置异构、顺反异构和碳链成环异构的醇类香料单体随着分子结构稳定性增强，其烟芯残留率、烟气转移率呈增高的趋势。

在分子量相同的情况下，互为主链碳原子个数异构的正戊醇与异戊醇、正己醇与异己醇、苯丙醇与1-苯基-1-丙醇，正戊醇、正己醇和苯丙醇的烟气转移率均较大，分别为6.55%、10.28%、24.58%；互为官能团位置异构的1,3-丁二醇和1,2-丁二醇和2,3-丁二醇、2-甲氧基苯甲醇与3-甲氧基苯甲醇，其中2,3-丁二醇和3-甲氧基苯甲醇具有较高的烟气转移率，分别为 11.07%、19.72%；互为顺反异构的橙花醇与香叶醇的转移行为较相似，原因可能是由于两者沸点较为接近；互为碳链成环异构的芳樟醇与 α-松油醇、橙花叔醇与柏木醇，环状结构的 α-松油醇与柏木醇具有较高的烟气转移率，分别为 26.01%、23.89%。

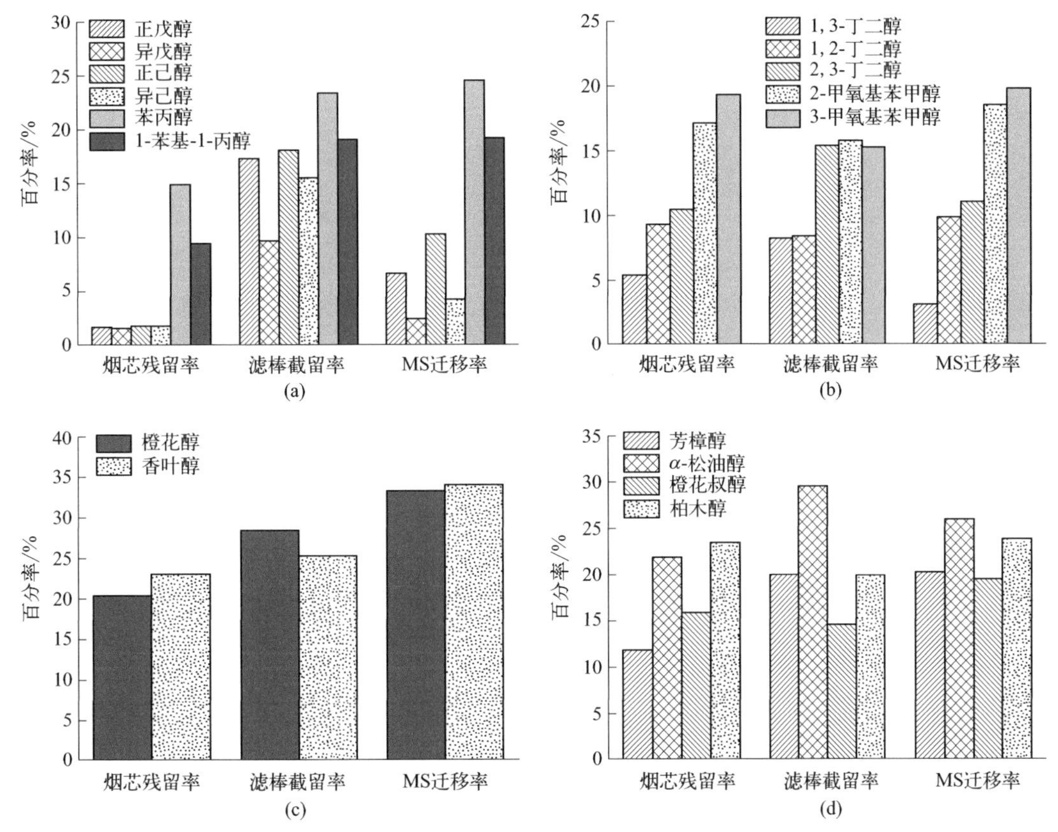

图 3-10　抽吸后互为主链碳原子个数异构（a）、官能团位置异构（b）、顺反异构（c）和碳链成环异构（d）的醇类香料单体的转移情况

3.1.8　抽吸后醇类香料单体向主流烟气的逐口转移行为分析

按照 3.1.2 中所述的方法，测定各醇类香料单体的逐口转移率，如表 3-7 所示，醇类香料单体第 1 口到第 11 口的转移率为 0.11%～3.35%，其中香叶醇的逐口释放量均为最大，其次是橙花醇、肉桂醇、正癸醇、苯丙醇，这与 3.1.7 节所测主流烟气总粒相物转移率所得结果较一致。结果表明，随着加热卷烟抽吸口序的增加，各醇类香料单体的释放量均呈现先增大后减小的趋势，当抽吸口序为第 6 口至第 10 口时，醇类香料单体的逐口转移率分别达到最大。原因可能是 IQOS 烟具的加热方式为中心加热，随着加热卷烟抽吸口序的增加，烟草材料的受热面积逐渐扩大，从而提高醇类香料单体向主流烟气的转移率，随着抽吸口序的继续增加，醇类香料单体不断受热蒸发，烟芯中持留量逐渐减少，故而向主流烟气的转移率随之减小。

(1) 互为同系物的醇类香料单体逐口转移行为分析

如图 3-11、表 3-7 所示，正丁醇的逐口转移率由第 1 口的 0.15%上升到第 6 口的 0.35%，再下降到第 11 口的 0.21%；正戊醇的逐口转移率由第 1 口的 0.27%上升到第 7 口的 0.85%，再下降到第 11 口的 0.58%；正己醇的逐口转移率由第 1 口的 0.30%上升到第 7 口的 1.45%，再下降到第 11 口的 0.73%；正辛醇的逐口转移率由第 1 口的 0.65%上升到第

表 3-7　28 种醇类香料单体在加热卷烟抽吸后向主流烟气的逐口转移行为分析

中文名称	第 1 口烟气转移率/%	第 2 口烟气转移率/%	第 3 口烟气转移率/%	第 4 口烟气转移率/%	第 5 口烟气转移率/%	第 6 口烟气转移率/%	第 7 口烟气转移率/%	第 8 口烟气转移率/%	第 9 口烟气转移率/%	第 10 口烟气转移率/%	第 11 口烟气转移率/%
正丁醇	0.15	0.19	0.24	0.26	0.29	0.35	0.32	0.29	0.26	0.24	0.21
异戊醇	0.11	0.14	0.25	0.39	0.50	0.53	0.68	0.57	0.49	0.38	0.29
正戊醇	0.27	0.30	0.41	0.50	0.68	0.79	0.85	0.81	0.79	0.68	0.58
2,3-丁二醇	0.51	0.96	1.29	1.58	1.62	1.66	1.69	1.81	1.83	1.66	1.51
3-己醇	0.17	0.28	0.42	0.46	0.51	0.53	0.62	0.52	0.46	0.45	0.36
1,2-丁二醇	0.39	0.76	0.93	1.19	1.36	1.42	1.62	1.63	1.71	1.57	1.39
3-己烯-1-醇	0.27	0.54	0.78	0.85	0.90	1.01	1.15	1.09	1.06	0.83	0.71
1,3-丁二醇	0.31	0.65	0.94	1.16	1.26	1.34	1.56	1.63	1.53	1.39	1.14
正己醇	0.30	0.63	0.92	1.24	1.29	1.38	1.45	1.26	1.09	0.91	0.73
正辛醇	0.65	1.02	1.33	1.64	1.74	1.97	2.13	2.18	2.01	1.84	1.79
氧化芳樟醇	0.75	1.09	1.41	1.53	1.78	1.86	2.04	2.18	2.00	2.02	1.77
芳樟醇	0.87	1.21	1.63	1.81	1.82	1.87	1.90	1.84	1.69	1.67	1.50
苯乙醇	1.22	1.54	1.79	2.08	2.25	2.36	2.48	2.65	2.76	2.14	2.02
2-甲基苯甲醇	0.50	0.63	0.69	0.69	0.72	0.79	0.87	0.93	1.16	1.15	0.93
1-苯基-1-丙醇	1.02	1.31	1.48	1.74	1.83	1.84	1.92	2.00	2.03	1.89	1.73
正壬醇	1.21	1.54	1.91	2.19	2.46	2.60	2.74	2.85	2.74	2.53	2.42
L-薄荷醇	1.05	1.37	1.66	1.71	1.82	1.96	2.06	2.16	2.17	2.13	2.01
α-松油醇	1.35	1.77	2.02	2.12	2.31	2.35	2.38	2.51	2.43	2.35	2.23
橙花醇	1.92	2.38	2.68	2.79	2.87	3.04	3.09	3.10	3.03	3.07	2.85
苯丙醇	1.57	1.84	2.18	2.27	2.45	2.62	2.75	2.86	2.72	2.52	2.40
香叶醇	1.96	2.49	2.69	2.92	3.06	3.18	3.20	3.27	3.19	3.03	2.96
2-甲氧基苯甲醇	0.98	1.24	1.57	1.89	2.21	2.24	2.39	2.55	2.63	2.63	2.45
正癸醇	1.66	2.03	2.31	2.57	2.81	2.93	3.00	3.15	3.18	3.18	2.99
3-甲氧基苯甲醇	1.07	1.46	1.81	2.04	2.25	2.33	2.55	2.68	2.77	2.79	2.48
肉桂醇	1.89	2.29	2.55	2.80	2.86	3.17	3.32	3.33	3.35	3.06	2.96
橙花叔醇	0.63	0.94	1.04	1.20	1.37	1.39	1.41	1.32	1.33	1.24	1.19
柏木醇	1.16	1.52	1.88	2.18	2.23	2.35	2.47	2.58	2.47	2.48	2.31
金合欢醇	0.84	1.13	1.39	1.73	1.94	2.07	2.17	2.29	2.32	2.12	2.12

8 口的 2.18%，再下降到第 11 口的 1.79%；正壬醇的逐口转移率由第 1 口的 1.21%上升到第 8 口的 2.85%，再下降到第 11 口的 2.42%；正癸醇的逐口转移率由第 1 口的 1.66%上升到第 9 口的 3.18%，再下降到第 11 口的 2.99%；其中，正癸醇的逐口转移率均较大。结果表明，互为同系物的正丁醇、正戊醇、正己醇、正辛醇、正壬醇、正癸醇的逐口转移率均随着抽吸口序的增加呈现先增加后降低的趋势，且逐口转移率随着沸点以及分子量的增大而增加。

(2) 不同饱和度的醇类香料单体逐口转移行为分析

如图 3-12、表 3-7 所示的结果表明：①不同饱和度的醇类香料单体正己醇与 3-己烯-1-醇随着抽吸口序的增加转移率呈现先增加后减小的趋势，两者均在第 7 口达到最大，分别为 1.45%、1.15%，正己醇的逐口转移率较大。其中，正己醇前四口上升速率较快，然后上升速率变缓，第 7 口至第 11 口快速下降，几乎呈线性。②不同饱和度的醇类香料单体苯丙醇与肉桂醇随着抽吸口序的增加转移率呈现先增加后减小的趋势，苯丙醇在第 8 口达到最大，为 2.86%；肉桂醇在第 9 口达到最大，为 3.35%，肉桂醇的逐口转移率较大，两者的逐口转移率变化曲线较为接近。

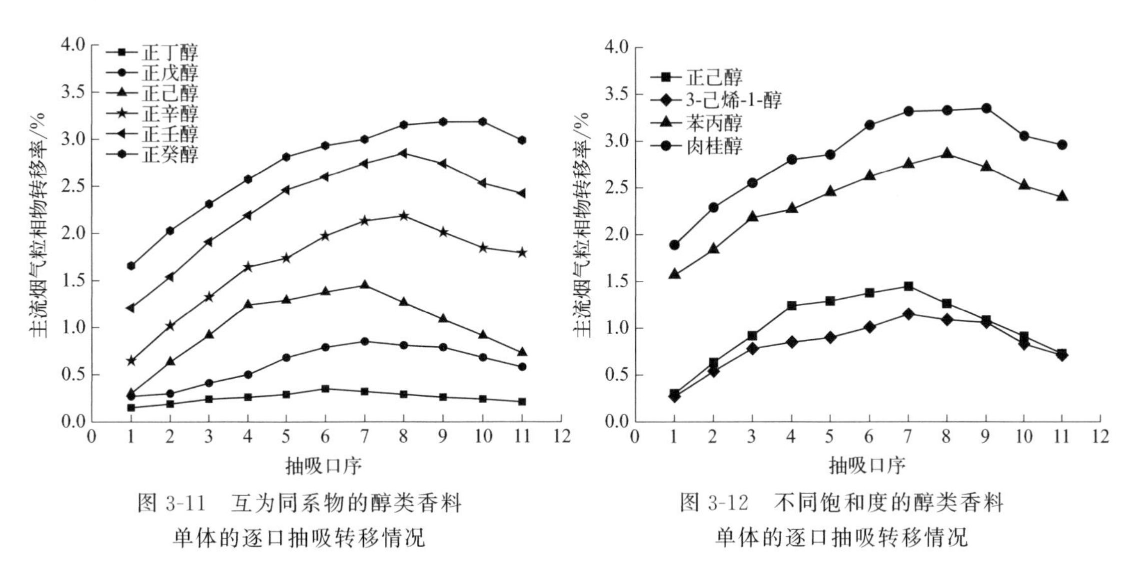

图 3-11　互为同系物的醇类香料单体的逐口抽吸转移情况

图 3-12　不同饱和度的醇类香料单体的逐口抽吸转移情况

(3) 互为同分异构体的醇类香料单体逐口转移行为分析

图 3-13 显示了互为同分异构体醇类香料单体的转移行为，互为主链碳原子个数异构、官能团位置异构、顺反异构和碳链成环异构的醇类香料单体随着分子结构稳定性增强，其逐口转移率呈增高趋势，这与 3.1.7 节中所述的烟气转移率相符合。

在分子量相同的情况下，互为主链碳原子个数异构的正戊醇与异戊醇、正己醇与异己醇、苯丙醇与 1-苯基-1-丙醇，正戊醇、正己醇和苯丙醇的逐口转移率均较大，逐口转移率最大值分别为 0.85%、1.78%、2.86%，最大值分别集中在第 7 口、第 7 口、第 8 口；互为官能团位置异构的 1,3-丁二醇和 1,2-丁二醇和 2,3-丁二醇、2-甲氧基苯甲醇与 3-甲氧基苯甲醇，其中 2,3-丁二醇和 3-甲氧基苯甲醇具有较高的逐口转移率，逐口转移率最大值分别为 1.83%、2.79%，最大值分别集中在第 9 口、第 10 口；互为顺反异构的橙花醇与香叶醇的转移行为较相似，整体上香叶醇的逐口转移率较高，逐口转移率最大值为 3.27%，最大值集中在第 8 口；互为碳链成环异构的芳樟醇与 α-松油醇、橙花叔醇与柏木醇，环状的 α-松油醇与柏木醇具有较高的逐口转移率，逐口转移率最大值分别为 2.51%、2.48%，最大值分别集中在第 8 口、第 10 口。

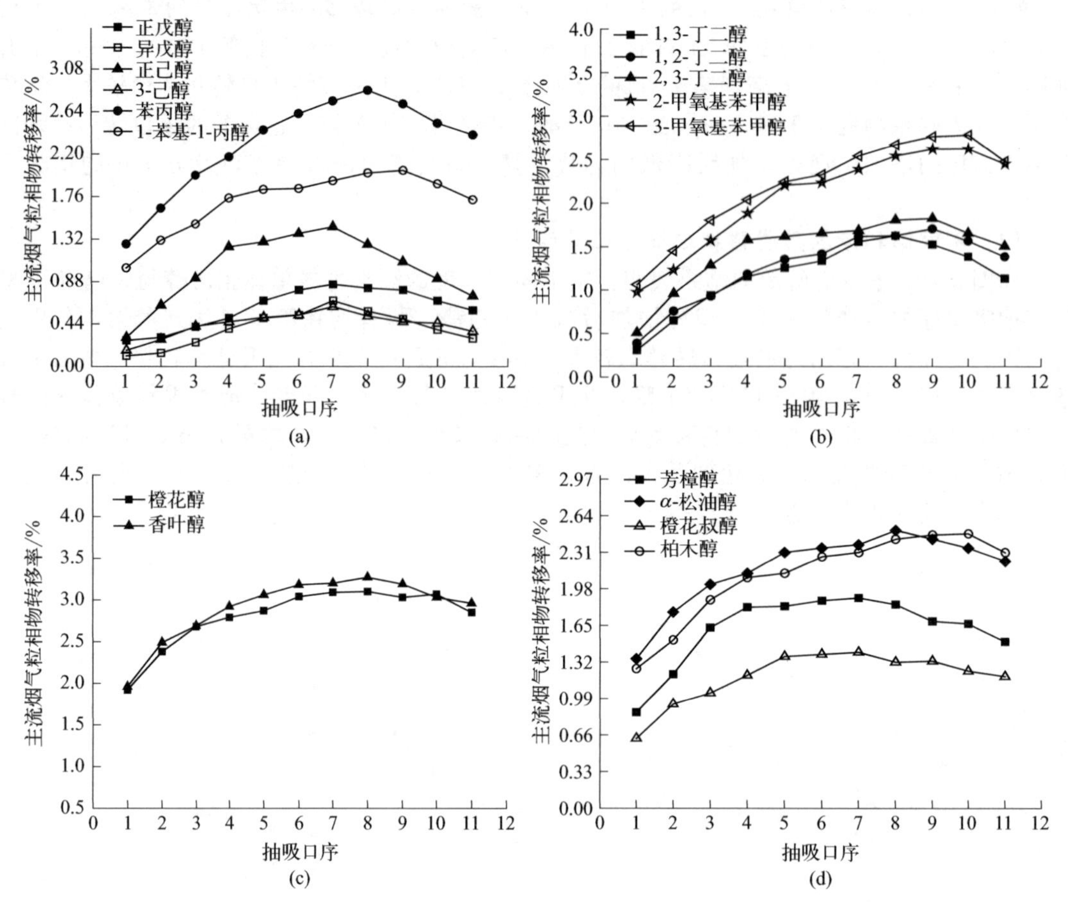

图 3-13 互为主链碳原子个数异构（a）、官能团位置异构（b）、顺反异构（c）和碳链成环异构（d）的醇类香料单体的逐口抽吸转移情况

3.1.9 小结

本实验利用气相色谱法建立了加热卷烟主流烟气粒相物中的醇类香料单体的检测方法，并对该方法的前处理条件进行了优化，从而揭示了加热卷烟芯材外加醇类香料单体在卷烟储存以及抽吸后的转移规律，结果表明：

（1）当提取条件为：萃取溶剂为异丙醇，萃取方式为摇床，萃取液体积为 6mL，萃取时间为 15min 时，萃取效率最高。

（2）28 种醇类香料单体在质量浓度 1.134～70.000μg/mL 范围内线性良好，检出限为 0.0131～0.0520μg/mL、定量限为 0.0437～0.1732μg/mL、RSD 值为 0.51%～4.99%，平均回收率为 92.44%～109.59%，该方法重复性较好、回收率较高。

（3）28 种醇类香料单体的烟芯持留率为 7.13%～91.70%、降温段迁移率为 0～9.10%、滤棒迁移率为 0～30.76%、散失率为 1.83%～81.65%、主流烟气粒相物转移率为 2.29%～34.02%、烟芯残留率为 1.17%～24.01%、滤棒截留率为 8.27%～29.46%。

（4）28 种醇类香料单体的逐口转移率为 0.11%～3.35%，随着抽吸口序的增加，逐口转移率均呈现先增加后降低的趋势。当加热卷烟进行前 5 口抽吸时，各香料单体的逐口释放量显著增大，当抽吸口序为第 6 口至第 10 口时，香料单体的转移率达到最大，而后逐渐降低。

（5）互为同系物的醇类香料单体，随着碳链依次增多、沸点增大，其烟芯持留率、烟芯残留率、主流烟气粒相物转移率以及逐口转移率逐渐增大，迁移率、滤棒截留率先增加后减小，散失率逐渐减小。说明在添加量相同的情况下，同系高级脂肪醇类的加香效果较好。

（6）互为同分异构的醇类香料单体，随着结构稳定性增强，其烟芯持留率、烟芯残留率、滤棒截留率、主流烟气粒相物转移率以及逐口转移率逐渐增大，散失率逐渐减小。

（7）不同饱和度的醇类香料单体遵循物质沸点越高，其烟芯持留率、主流烟气粒相物转移率以及逐口转移率越高，散失率越小的规律。

（8）香叶醇、橙花醇和肉桂醇的烟芯持留率、向主流烟气粒相物转移率以及逐口转移率相对较高，迁移率、散失率相对较低，具有较好的加热卷烟香精调配应用潜力。

3.2 酯类香料单体在加热卷烟中的转移行为研究

3.2.1 实验材料、试剂与仪器

（1）材料与试剂

加热卷烟［（12mm烟芯段+23mm降温腔体固件+10mm醋纤滤棒）×圆周22mm］由江苏中烟工业有限责任公司提供；使用江苏中烟加热卷烟烟具进行感官质量评价。

肉桂酸甲酯、肉桂酸正丙酯、肉桂酸异戊酯、γ-己内酯、γ-庚内酯、γ-癸内酯、δ-癸内酯、γ-十二内酯、δ-十二内酯、异戊酸丁酯、异戊酸乙酯、戊酸异戊酯、戊酸戊酯、乙酸异戊酯、乙酸戊酯、丁酸异戊酯、丁酸戊酯、乙酸香叶酯、乙酸芳樟酯、乙酸苯乙酯、乙酸薄荷酯、乙酸茴香酯、葫芦巴内酯、邻氨基苯甲酸甲酯、二氢茉莉酮酸甲酯、苯乙酸苯乙酯（内标）（≥98%，北京百灵威科技有限公司）。

无水乙醇、异丙醇、二氯甲烷、正己烷（≥99.9%，色谱级，天津市大茂化学试剂厂）。

（2）实验仪器

本实验所用主要仪器如表3-8所示。

表3-8 主要实验仪器

仪器	型号规格	生产厂商
超声波清洗机	SB-3200DT	宁波新芝生物科技股份有限公司
全温振荡培养箱	HZQ-F160	苏州培英实验设备有限公司
电子天平	EL204	Mettler-Toledo仪器(上海)有限公司
恒温恒湿箱	KBF720	德国弗兰茨宾德有限公司
转盘式吸烟机	RM20H	德国Borgwaldt KC公司
气相色谱仪	GKA218/8890	美国Agilent公司

3.2.2 方法

（1）标准溶液的配制

配制以异丙醇为溶剂、浓度为36.2μg/mL苯乙酸苯乙酯的内标溶液。精确称取一定质量的各酯类香料标品于容量瓶中，用内标溶液逐级稀释，得到质量浓度为0.972μg/mL、1.94μg/mL、3.89μg/mL、7.78μg/mL、13.0μg/mL、21.6μg/mL、36.0μg/mL、60.0μg/mL的系列标准工作溶液。

（2）酯类香料单体的添加及放置

分别精确称取25种酯类香料单体0.050g于10mL容量瓶中，用异丙醇定容后摇匀，制备混合香料溶液。使用微量进样器采用中心注射法将10μL加香溶液注射入空白加热卷烟，制备加香量为加热卷烟烟芯质量0.5%的加香卷烟。然后在密封袋内于恒温恒湿（22℃±2℃，RH 60%±5%）环境放置48h以上。

（3）样品前处理

选取 6 支加香加热卷烟以及空白加热卷烟，迅速将其分为烟芯段、降温段（包括中空和降温材料）和滤棒段，将这三段剪碎后分别转移至 50mL 锥形瓶中，各加入 12mL 含有苯乙酸苯乙酯的异丙醇萃取液（36.2μg/mL），分别超声萃取 20min，萃取液过膜后进行 GC 分析。

采用 RM20H 转盘式吸烟机参考加拿大深度抽吸模式(HCI) 的标准要求进行加热卷烟的抽吸。抽吸参数为：抽吸曲线方形、抽吸容量 55mL、持续时间 3s、抽吸间隔 30s、抽吸 11 口，采用直径 44mm 的剑桥滤片捕集 6 支加热卷烟气溶胶中的粒相物，保留烟支。抽吸结束后，分别将剑桥滤片、滤棒以及烟芯转移至 50mL 的锥形瓶中，分别加入 12mL 含 36.2μg/mL 苯乙酸苯乙酯（内标）的异丙醇溶液，将剑桥滤片摇床振荡 20min、烟芯和滤棒超声萃取 20min，萃取液过膜后进行 GC 分析。

采用 RM20H 转盘式吸烟机配备逐口抽吸装置进行逐口抽吸，抽吸参数同上，用 11 张剑桥滤片分别捕集对应于 45 支加热卷烟 11 个抽吸口序的气溶胶中的粒相物。抽吸结束后，将 11 张剑桥滤片分别置于 50mL 的锥形瓶中，各加入 12mL 含 36.2μg/mL 苯乙酸苯乙酯（内标）的异丙醇溶液，摇床振荡 20min，萃取液过膜后进行 GC 分析。

（4）GC 的分析条件

色谱柱：HP-5MS 毛细管柱（30m×0.25mm×0.25μm)；进样口温度：250℃；检测器（FID）温度：280℃；载气：氦气（≥99.999%），载气流速：1.0mL/min；尾吹气：25mL/min；空气：450mL/min；氢气：40mL/min；分流比：15∶1；进样量：1μL；升温程序：50℃（保持 2min），24℃/min 升到 102℃，再以 4℃/min 升到 148℃，再以 0.5℃/min 升到 150℃，再以 4℃/min 升到 164.4℃，再以 0.1℃/min 升到 165.6℃，再以 4℃/min 升到 176.4℃，再以 3℃/min 升到 184.4℃，再以 4℃/min 升到 248℃（保持 10min）。

3.2.3 持留率、迁移率、散失率、转移率、截留率分析

按照 3.1.3 中所述方法计算烟丝持留率、滤棒迁移率、降温段迁移率、散失率、烟气转移率、滤棒截留率、烟丝残留率以及逐口转移率。

3.2.4 结果与讨论

以下介绍前处理条件的优化。

① 萃取溶剂的选择

按照 3.2.2 中所述方法，采用摇床萃取、摇床时间为 20min、萃取液体积为 12mL 的条件，改变萃取液的种类，考察无水乙醇、正己烷、二氯甲烷和异丙醇 4 种不同溶剂对剑桥滤片中各酯类香味成分萃取效率的影响，如图 3-14 所示。结果表明，异丙醇对各酯类香料单体具有较高的萃取效率，因此选择异丙醇作为萃取溶剂。

② 萃取方式的选择

按照 3.2.2 中所述方法，采用萃取时间为 20min、萃取剂选择异丙醇、萃取液体积为 12mL 的条件，改变萃取方式，考察超声和振荡两种不同萃取方式对各酯类香料单体萃取效率的影响，如图 3-15 所示。结果表明，摇床萃取对各酯类香料单体具有较高的提取效率，因此选择摇床萃取作为萃取方式。

③ 萃取时间的选择

按照 3.2.2 中所述方法，采用摇床萃取、萃取剂为异丙醇、萃取液体积为 12mL 的条件，改变萃取时间，考察不同萃取时间 5min、10min、15min、20min、25min 对各酯类香料单体萃取效率的影响，如图 3-16 所示。结果表明，萃取时间为 20min 对各酯类香料单体具有较高的提取效率，因此选择 20min 作为萃取时间。

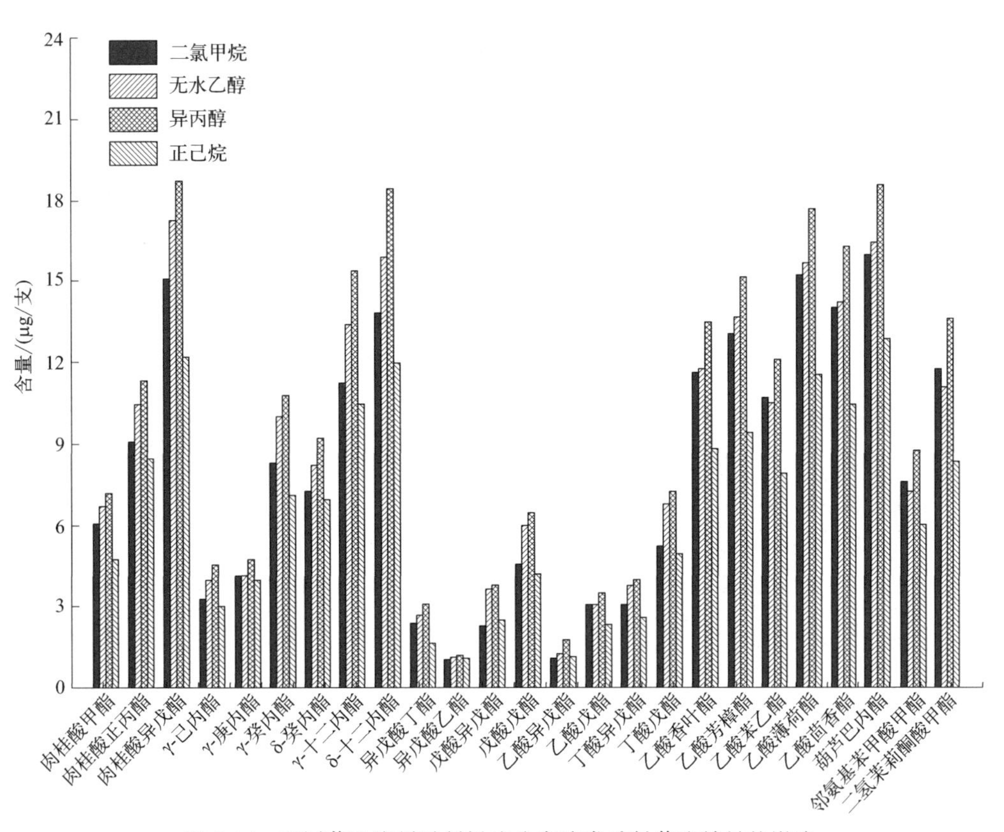

图 3-14　不同萃取溶剂对剑桥滤片中酯类香料萃取效果的影响

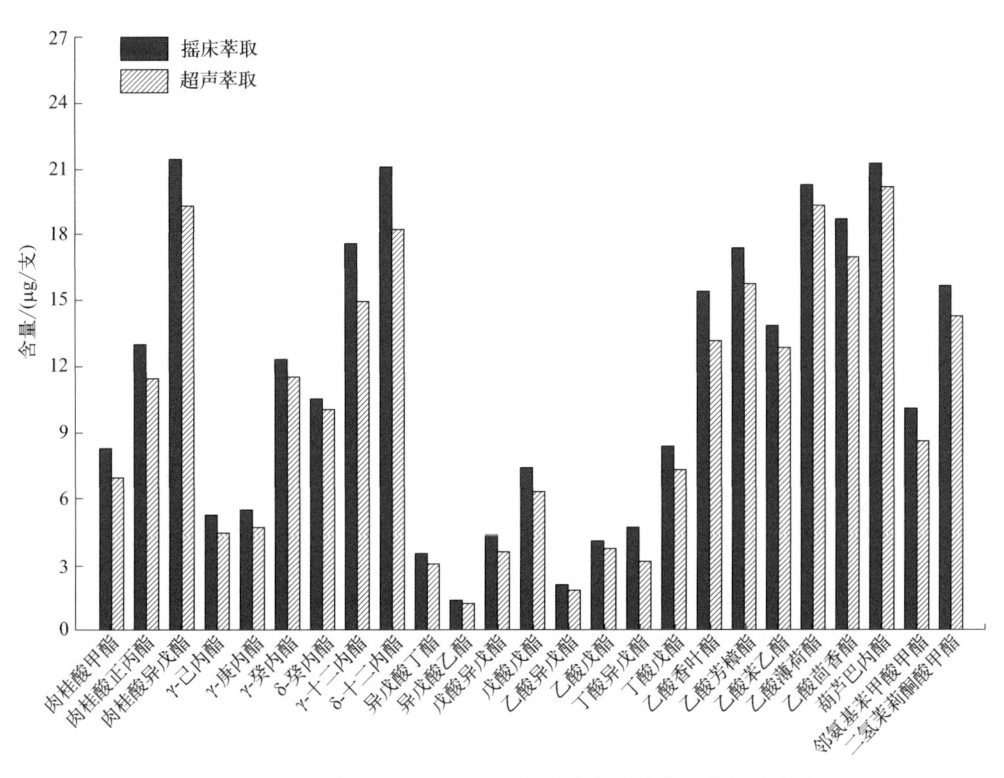

图 3-15　不同萃取方式对剑桥滤片中酯类香料萃取效果的影响

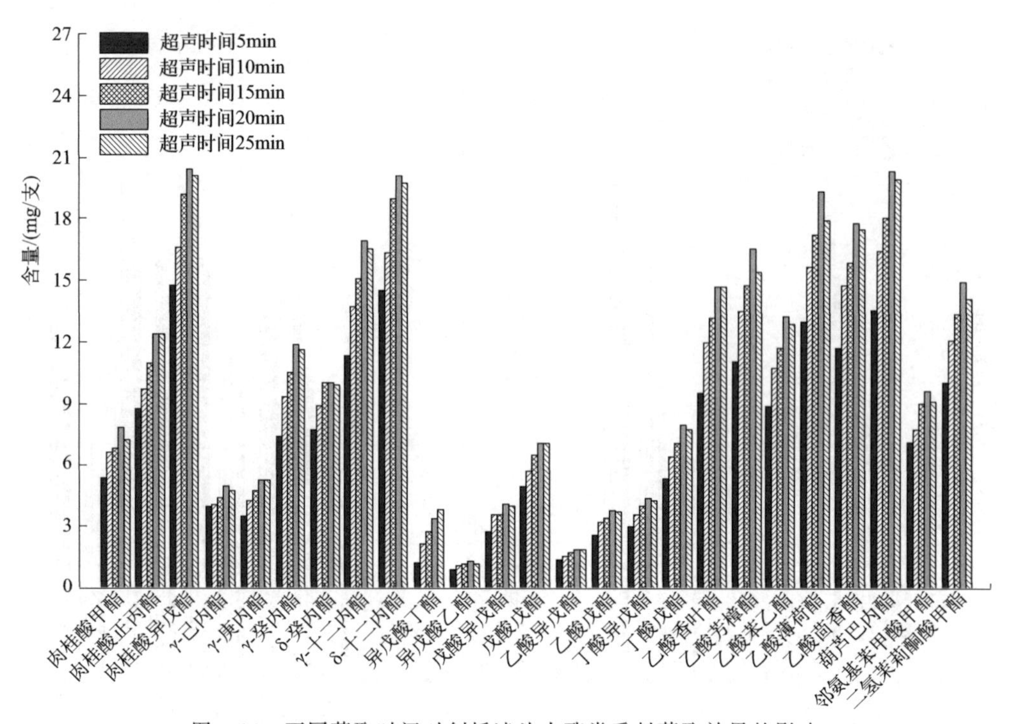

图 3-16 不同萃取时间对剑桥滤片中酯类香料萃取效果的影响

④ 萃取液体积的选择

按照 3.2.2 中所述方法，采用摇床萃取、萃取剂为异丙醇、萃取时间为 20min 的条件，改变萃取液体积，考察萃取液不同体积 6mL、8mL、10mL、12mL、14mL 对各酯类香料单体萃取效率的影响，如图 3-17 所示。结果表明，萃取液体积 12mL 对各酯类香料单体具有

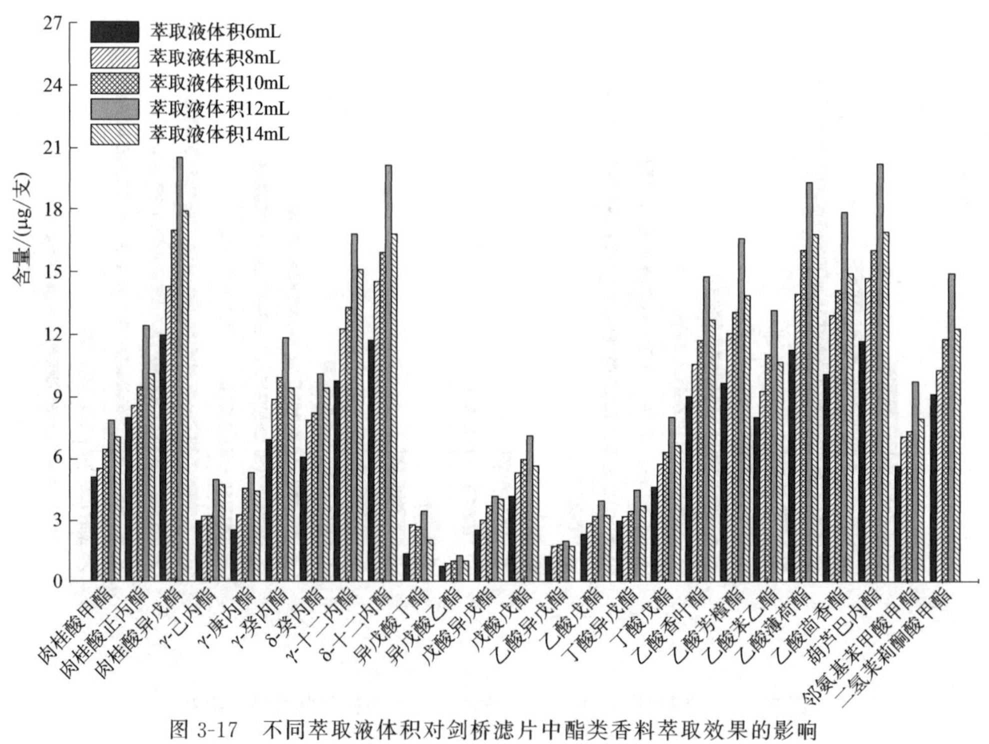

图 3-17 不同萃取液体积对剑桥滤片中酯类香料萃取效果的影响

较高的提取效率，因此选择12mL作为萃取液体积。

3.2.5 方法学评价

(1) 工作曲线、精密度、检出限和定量限

分别取系列标准工作溶液进行GC分析，横坐标为各酯类香料单体的峰面积与内标物峰面积的比值（x），纵坐标为各酯类香料单体的浓度与内标物浓度的比值（y），作各酯类香料单体的标准工作曲线，采用最低浓度的标样反复进样10次，以测定值的3倍标准偏差为检出限、10倍标准偏差为定量限，并计算5次重复试验的相对标准偏差（RSD），如表3-9所示。结果表明，25种酯类香料单体在质量浓度0.972～60.0μg/mL范围内线性良好（$R^2 \geqslant 0.9991$），检出限为0.0380～0.2275μg/mL，定量限为0.1266～0.7585μg/mL，RSD值为0.97%～3.58%，该方法重复性较好。

表3-9 25种酯类香料单体的线性方程、相关系数、RSD、检出限和定量限

名称	回归方程	相关系数（R^2）	RSD /%	检出限 /(μg/mL)	定量限 /(μg/mL)
异戊酸丁酯	$y=0.9732x+0.0148$	0.9994	3.0133	0.1725	0.5751
乙酸异戊酯	$y=0.9962x-0.0056$	0.9996	2.0002	0.2050	0.6835
乙酸戊酯	$y=1.0118x+0.0147$	0.9991	2.0892	0.1609	0.5362
异戊酸乙酯	$y=0.8099x-0.0081$	0.9996	1.3678	0.2023	0.6742
丁酸异戊酯	$y=0.845x-0.0042$	0.9994	1.1496	0.1989	0.6629
γ-己内酯	$y=1.4288x-0.0006$	0.9993	1.0622	0.1181	0.3937
丁酸戊酯	$y=0.8667x-0.0105$	0.9997	1.1098	0.1953	0.6511
葫芦巴内酯	$y=2.713x-0.0216$	0.9991	0.9723	0.0665	0.2215
戊酸异戊酯	$y=0.8174x+0.0179$	0.9994	2.8626	0.0380	0.1266
γ-庚内酯	$y=1.2427x-0.0336$	0.9993	2.9873	0.1408	0.4695
戊酸戊酯	$y=0.8295x-0.0083$	0.9997	1.3169	0.2006	0.6688
乙酸芳樟酯	$y=0.7392x+0.0081$	0.9991	1.1271	0.2275	0.7585
乙酸苯乙酯	$y=0.9338x+0.0015$	0.9996	2.5636	0.1877	0.6258
乙酸薄荷酯	$y=0.7406x+0.0011$	0.9997	1.2374	0.1934	0.6446
邻氨基苯甲酸甲酯	$y=1.0557x+0.0156$	0.9996	1.1261	0.1736	0.5787
乙酸香叶酯	$y=0.9227x-0.0185$	0.9993	1.3781	0.1839	0.6129
肉桂酸甲酯	$y=0.9234x-0.0147$	0.9996	2.0218	0.1843	0.6143
乙酸茴香酯	$y=1.0741x-0.0185$	0.9996	1.9725	0.1923	0.6411
γ-癸内酯	$y=0.8586x+0.0037$	0.9995	1.0357	0.2031	0.6769
δ-癸内酯	$y=0.9306x-0.011$	0.9995	1.0021	0.1850	0.6166
肉桂酸正丙酯	$y=0.8563x+0.0037$	0.9997	3.5811	0.2057	0.6856
二氢茉莉酮酸甲酯	$y=1.0929x+0.0033$	0.9993	1.9558	0.1550	0.5167
γ-十二内酯	$y=0.7654x+0.0137$	0.9997	0.9757	0.2244	0.7481
δ-十二内酯	$y=1.2989x+0.0032$	0.9995	1.1096	0.1351	0.4503
肉桂酸异戊酯	$y=0.7552x+0.0072$	0.9993	2.1130	0.1614	0.5381

(2) 加标回收率

选择标样加入法测定加标回收率，选取3份酯类加香加热卷烟样品，分别加入低、中、高三个不同水平浓度的混标溶液，按照3.2.2中所述方法，测定3个不同加标水平下的25种酯类香料单体的回收率，平行测定3次，如表3-10所示，结果表明，25种酯类香料单体的平均回收率在95.23%～114.12%，该方法回收率较高。

表 3-10　25 种酯类香料单体的加标回收率的测定

名称	原质量分数/(mg/支)	加标量/(mg/支)	测定值/(mg/支)	平均回收率/%
异戊酸丁酯	0.0027	0.0032	0.0060	102.83
		0.0021	0.0049	103.45
		0.0011	0.0038	104.68
乙酸异戊酯	0.0015	0.0025	0.0040	97.50
		0.0017	0.0032	99.15
		0.0008	0.0024	101.45
乙酸戊酯	0.0031	0.0043	0.0073	98.96
		0.0029	0.0060	102.45
		0.0014	0.0046	110.23
异戊酸乙酯	0.0010	0.0013	0.0024	106.23
		0.0009	0.0019	104.52
		0.0004	0.0015	106.58
丁酸异戊酯	0.0035	0.0046	0.0081	100.23
		0.0031	0.0067	104.56
		0.0015	0.0050	102.76
γ-己内酯	0.0039	0.0052	0.0090	98.12
		0.0035	0.0074	99.56
		0.0017	0.0057	101.54
丁酸戊酯	0.0063	0.0098	0.0156	95.23
		0.0065	0.0126	96.45
		0.0033	0.0095	100.25
葫芦巴内酯	0.0161	0.0240	0.0403	100.86
		0.0160	0.0325	102.54
		0.0080	0.0241	99.56
戊酸异戊酯	0.0032	0.0051	0.0083	99.56
		0.0034	0.0067	101.24
		0.0017	0.0049	97.56
γ-庚内酯	0.0041	0.0067	0.0109	101.28
		0.0045	0.0087	103.25
		0.0022	0.0065	104.56
戊酸戊酯	0.0056	0.0087	0.0143	99.13
		0.0058	0.0118	106.45
		0.0029	0.0086	103.45
乙酸芳樟酯	0.0132	0.0190	0.0332	105.23
		0.0127	0.0265	104.78
		0.0063	0.0198	104.23
乙酸苯乙酯	0.0105	0.0160	0.0264	99.78
		0.0106	0.0213	101.45
		0.0053	0.0161	105.23
乙酸薄荷酯	0.0154	0.0229	0.0374	96.23
		0.0153	0.0303	97.88
		0.0076	0.0230	100.55
邻氨基苯甲酸甲酯	0.0076	0.0114	0.0198	106.82
		0.0076	0.0157	106.22
		0.0038	0.0116	104.12
乙酸香叶酯	0.0117	0.0177	0.0320	114.12
		0.0118	0.0242	105.46
		0.0059	0.0183	111.23

续表

名称	原质量分数/(mg/支)	加标量/(mg/支)	测定值/(mg/支)	平均回收率/%
肉桂酸甲酯	0.0062	0.0093	0.0158	103.11
		0.0062	0.0124	99.56
		0.0031	0.0093	98.65
乙酸茴香酯	0.0142	0.0205	0.0351	101.77
		0.0137	0.0280	100.45
		0.0068	0.0215	106.58
γ-癸内酯	0.0094	0.0148	0.0253	107.56
		0.0099	0.0197	104.23
		0.0049	0.0145	103.21
δ-癸内酯	0.0080	0.0111	0.0187	96.18
		0.0074	0.0160	107.92
		0.0037	0.0116	97.25
肉桂酸正丙酯	0.0098	0.0142	0.0242	101.23
		0.0095	0.0196	102.45
		0.0047	0.0147	103.56
二氢茉莉酮酸甲酯	0.0119	0.0177	0.0290	96.45
		0.0118	0.0234	97.56
		0.0059	0.0179	102.45
γ-十二内酯	0.0134	0.0199	0.0346	106.45
		0.0133	0.0275	106.24
		0.0066	0.0202	102.34
δ-十二内酯	0.0160	0.0237	0.0391	97.56
		0.0158	0.0318	99.87
		0.0079	0.0243	105.24
肉桂酸异戊酯	0.0163	0.0232	0.0398	101.59
		0.0155	0.0325	105.23
		0.0077	0.0242	102.87

(3) 溶液稳定性

取混合香料溶液1份，加入内标物制备各单体质量浓度为50.0μg/mL的混合溶液，在室温条件下放置0h、4h、6h、8h、10h、24h后，按照3.2.2中所述的分析方法进样测定，计算各酯类香料单体与内标物的峰面积比值（见表3-11），由表可知，25种酯类香料单体的RSD在0.69%～4.92%（$n=3$），表明样品溶液在24h内稳定。

表3-11 25种酯类香料单体的稳定性测定结果

名称	时间/h						平均值	RSD/%
	0	4	6	8	10	24		
异戊酸丁酯	1.3170	1.3063	1.2975	1.2911	1.2385	1.2210	1.2786	3.0641
乙酸异戊酯	1.3647	1.3743	1.3786	1.3649	1.3381	1.3296	1.3584	1.4677
乙酸戊酯	1.2749	1.2494	1.2663	1.2320	1.2021	1.2346	1.2432	2.1159
异戊酸乙酯	1.4031	1.3850	1.3810	1.3729	1.2970	1.2875	1.3544	3.6362
丁酸异戊酯	1.5762	1.5689	1.5893	1.4974	1.4626	1.4028	1.5162	4.9172
γ-己内酯	1.0362	1.0544	1.0508	1.0435	1.0458	1.0222	1.0421	1.1135
丁酸戊酯	1.5482	1.5372	1.5217	1.5075	1.5384	1.5138	1.5278	1.0389
葫芦巴内酯	0.9277	0.9181	0.9486	0.8803	0.8711	0.8741	0.9033	3.5964
戊酸异戊酯	1.6235	1.6105	1.5948	1.5923	1.5830	1.5749	1.5965	1.1177
γ-庚内酯	1.1162	1.1139	1.0928	1.0904	1.0650	1.0345	1.0855	2.8683

续表

名称	时间/h						平均值	RSD /%
	0	4	6	8	10	24		
戊酸戊酯	1.5903	1.5846	1.5556	1.5751	1.4783	1.4933	1.5462	3.1336
乙酸芳樟酯	1.7035	1.6939	1.6952	1.6829	1.6726	1.6786	1.6878	0.6896
乙酸苯乙酯	1.4879	1.4814	1.4733	1.4835	1.4686	1.4324	1.4712	1.3756
乙酸薄荷酯	1.7202	1.7169	1.7067	1.7034	1.6871	1.6531	1.6979	1.4638
邻氨基苯甲酸甲酯	1.3761	1.3856	1.3798	1.3728	1.3622	1.3471	1.3706	1.0147
乙酸香叶酯	1.4573	1.4528	1.4353	1.4384	1.4260	1.3970	1.4345	1.5118
肉桂酸甲酯	1.4607	1.4509	1.4469	1.4388	1.4628	1.4200	1.4467	1.0914
乙酸茴香酯	1.4243	1.4096	1.3916	1.3931	1.3813	1.3762	1.3960	1.2896
γ-癸内酯	1.5094	1.4923	1.4741	1.4510	1.4895	1.3434	1.4600	4.1371
δ-癸内酯	1.4561	1.4468	1.4222	1.4283	1.4167	1.4049	1.4292	1.3400
肉桂酸正丙酯	1.5302	1.5500	1.5213	1.5371	1.5229	1.4520	1.5189	2.2667
二氢茉莉酮酸甲酯	1.2287	1.2041	1.2018	1.1972	1.1622	1.1935	1.1979	1.7887
γ-十二内酯	1.6788	1.6526	1.6468	1.6049	1.5481	1.4942	1.6042	4.4060
δ-十二内酯	1.0706	1.0492	1.0485	1.0271	1.0557	0.9876	1.0398	2.8073
肉桂酸异戊酯	1.7376	1.7283	1.6955	1.7013	1.7021	1.6450	1.7016	1.9039

3.2.6 储存期间酯类香料单体的转移行为分析

按照 3.2.2 中所述的方法，测定各酯类香料单体的转移率，如表 3-12 所示，结果表明：①在储存期间，25 种酯类香料单体的烟芯持留率在 6.33%～81.95%之间，其中肉桂酸异戊酯的烟芯持留率最大，为 81.95%，其次是δ-十二内酯、乙酸茴香酯、肉桂酸正丙酯、γ-十二内酯，分别为 78.81%、77.40%、77.16%、76.43%；②降温段迁移率在 0.45%～6.33%之间，其中δ-十二内酯的降温段迁移率最小，为 0.45%，其次是肉桂酸正丙酯、肉桂酸异戊酯、γ-癸内酯、γ-庚内酯，分别为 0.51%、0.98%、1.13%、1.22%；③滤棒迁移率在 0.91%～13.23%之间，其中δ-癸内酯的滤棒迁移率最小，为 0.91%，其次是γ-癸内酯、肉桂酸正丙酯、γ-庚内酯、乙酸薄荷酯，分别为 1.52%、2.20%、2.99%、3.34%；④散失率在 13.12%～76.60%之间，其中肉桂酸异戊酯的散失率最小，为 13.12%，其次是乙酸茴香酯、δ-十二内酯、γ-十二内酯、葫芦巴内酯，分别为 13.29%、15.11%、16.75%、17.68%。综上所述，除乙酸薄荷酯和δ-癸内酯外，绝大多数酯类香料单体的滤棒迁移率高于降温段迁移率，可能与滤棒段材质对香料的吸附能力较强有关，肉桂酸异戊酯、δ-十二内酯、乙酸茴香酯、γ-十二内酯和肉桂酸正丙酯烟芯持留率高（>75%），散失率小，迁移率较小。

表 3-12　25 种酯类香料单体在卷烟抽吸前的转移行为分析

名称	分子量	沸点 /℃	烟芯持留率 /%	滤棒迁移率 /%	降温段迁移率 %	散失率 /%
异戊酸丁酯	158	176.5	17.08	8.62	2.40	71.90
乙酸异戊酯	130	142	8.76	13.14	3.39	74.70
乙酸戊酯	130	149	15.28	11.43	2.02	71.27
异戊酸乙酯	130	135	6.33	13.23	3.84	76.60
丁酸异戊酯	158	179	20.19	7.53	1.91	70.37
γ-己内酯	114	219	42.70	6.29	2.39	48.61
丁酸戊酯	158	185	31.91	5.85	1.80	60.44
葫芦巴内酯	128	184	72.46	6.89	2.96	17.68
戊酸异戊酯	172	195	36.98	6.34	6.33	50.35

续表

名称	分子量	沸点 /℃	烟芯持留率 /%	滤棒迁移率 /%	降温段迁移率 %	散失率 /%
γ-庚内酯	128	226.3	58.42	2.99	1.22	37.38
戊酸戊酯	172	202	40.11	6.72	4.62	48.55
乙酸芳樟酯	196	220	58.01	5.30	3.61	33.09
乙酸苯乙酯	164	232	67.56	5.09	3.97	23.38
乙酸薄荷酯	198	227	66.12	3.34	5.07	25.47
邻氨基苯甲酸甲酯	151	256	71.51	6.77	3.90	17.83
乙酸香叶酯	196	138	36.86	10.81	5.42	46.90
肉桂酸甲酯	162	261	67.54	7.02	1.85	23.60
乙酸茴香酯	180	251.4	77.40	6.79	2.51	13.29
γ-癸内酯	170	281	72.67	1.52	1.13	24.68
δ-癸内酯	170	267.2	65.06	0.91	1.54	32.50
肉桂酸正丙酯	190	283	77.16	2.20	0.51	20.14
二氢茉莉酮酸甲酯	226	307.8	67.72	4.10	2.43	25.75
γ-十二内酯	198	294.7	76.43	4.90	1.92	16.75
δ-十二内酯	198	295.2	78.81	5.63	0.45	15.11
肉桂酸异戊酯	218	310	81.95	3.96	0.98	13.12

(1) 互为同系物的酯类香料单体转移行为分析

进一步分析了互为同系物的香料单体的转移行为，如图 3-18 所示。随着分子量增大、沸点增高，互为同系物的戊醇羧酸酯类、肉桂酸酯类以及内酯类香料单体的烟芯持留率逐渐

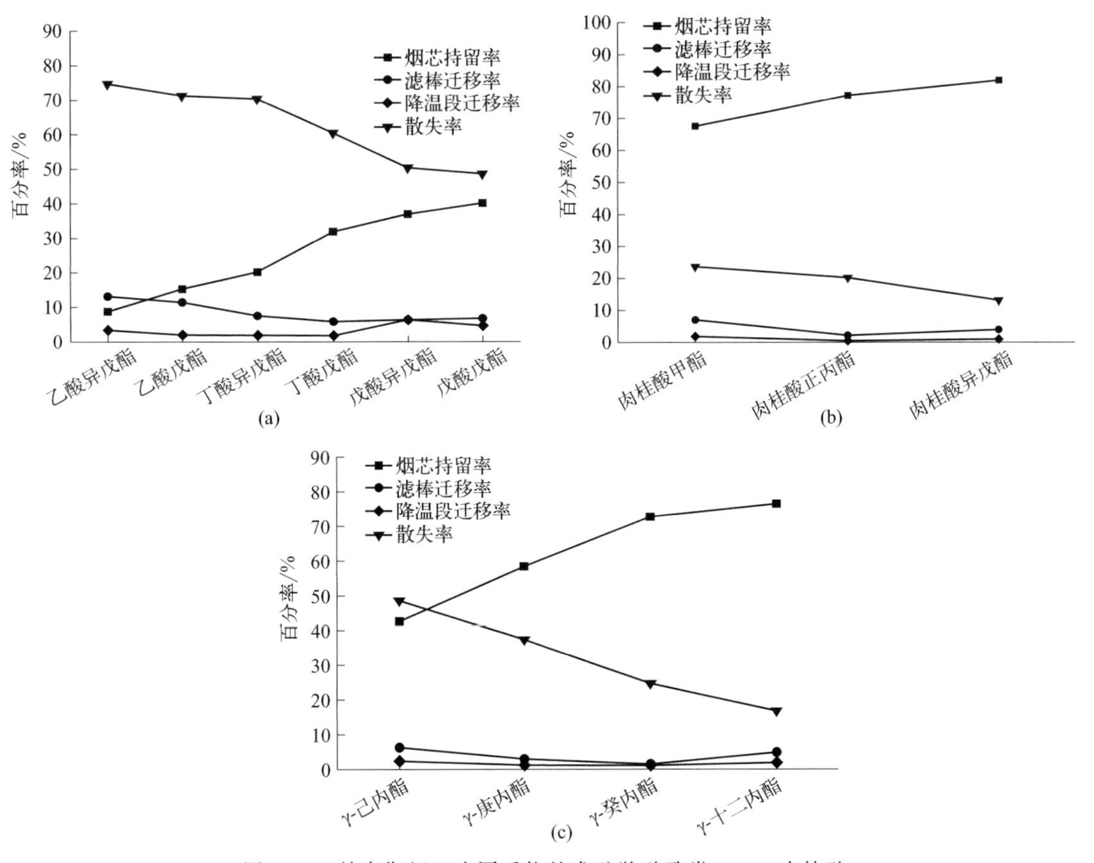

图 3-18　储存期间互为同系物的戊醇羧酸酯类（a）、肉桂酸酯类（b）和内酯类（c）香料单体的转移情况

增大，散失率逐渐减小，降温段迁移率先减小后增加，滤棒迁移率变化规律不明显。其中，六种戊醇羧酸酯的散失率较高，整体均≥48.55%，烟芯持留率较低，这与其碳链较短、沸点较低有关（≤202℃）；肉桂酸酯类香料单体分子结构中存在共轭效应，沸点均≥261℃，性质较稳定，烟芯持留率均≥65%，散失率、迁移率相对较低；内酯类香料单体的烟芯持留率以及散失率变化幅度较大，原因可能是内酯类物质随着侧链的增长和分子量的增加，分子间的相互作用力增加，沸点逐渐升高，物质结构更加稳定，四种内酯类香料单体沸点差别较大所致。

（2）互为同分异构体的酯类香料单体转移行为分析

图 3-19 显示了互为同分异构体酯类香料单体的转移行为，互为主链碳原子个数异构、碳链异构、官能团位置异构和立体异构的酯类香料单体随着分子结构稳定性增强，其烟芯持留率增高，散失率呈降低趋势。

在分子量相同的情况下，互为主链碳原子个数异构的乙酸异戊酯与乙酸戊酯、丁酸异戊酯与丁酸戊酯、戊酸异戊酯与戊酸戊酯，遵循支链越多，分子间距越大，稳定性降低和挥发性增加的规律，表现为烟芯持留率逐渐降低，乙酸戊酯、丁酸戊酯、戊酸戊酯的烟芯持留率均较大，分别为 15.28%、31.91%、40.11%；互为碳链异构的异戊酸乙酯与乙酸异戊酯、异戊酸丁酯与丁酸异戊酯，其中乙酸异戊酯和丁酸异戊酯的分子对称性较好，色散力较大，从而具有较高的结构稳定性，散失率较小，烟芯持留率较大，分别为 8.76%、20.19%。互为立体异构的 δ-癸内酯与 γ-癸内酯、γ-十二内酯与 δ-十二内酯，由于五元环的张力比六元

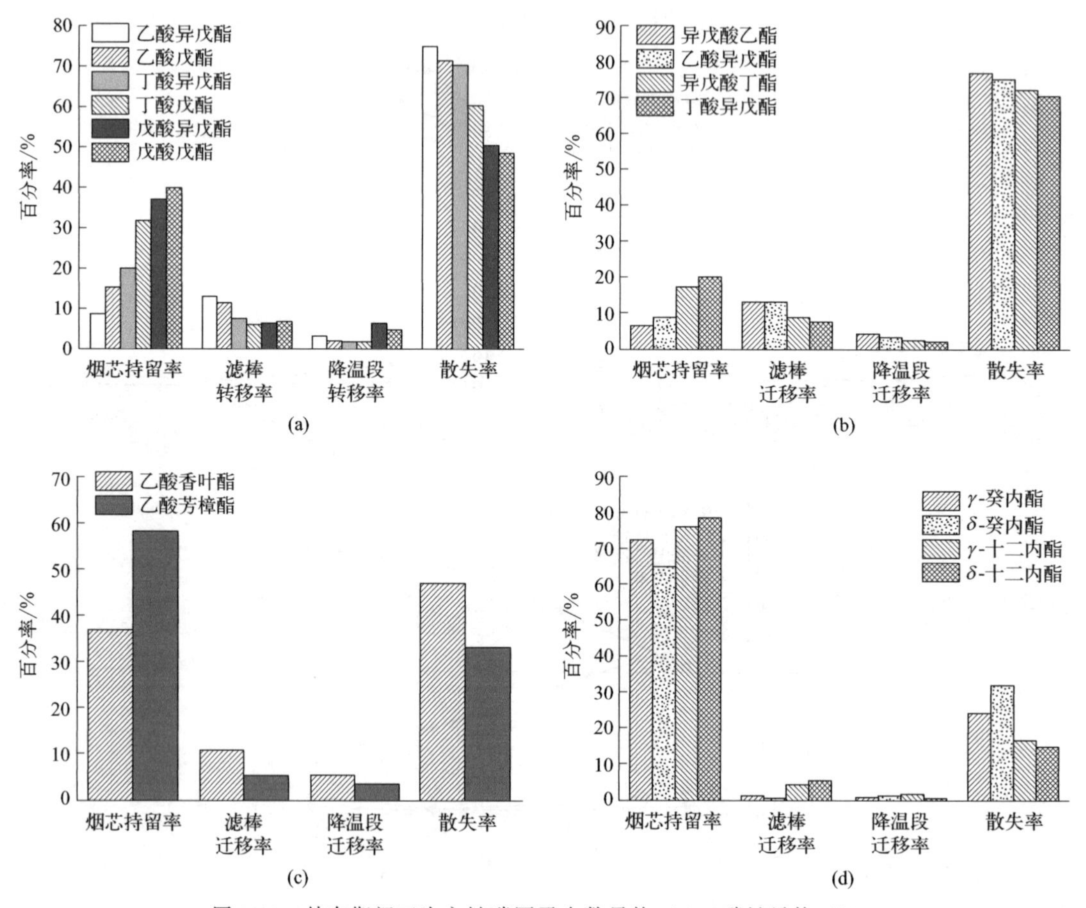

图 3-19 储存期间互为主链碳原子个数异构（a）、碳链异构（b）、官能团位置异构（c）和立体异构（d）的酯类香料单体的转移情况

环的大，δ-癸内酯比γ-癸内酯的结构更稳定，而γ-十二内酯与δ-十二内酯的转移行为差别较小，可能与分子间的化学键有关，γ-癸内酯、δ-十二内酯的烟芯持留率较大，分别为72.67%、78.81%；互为官能团位置异构的乙酸香叶酯、乙酸芳樟酯，由于乙酸芳樟酯结构较为紧密，故而其分子结构相对乙酸香叶酯更稳定，不易发生逸散，具有较高的烟芯持留率，为58.01%。

3.2.7 抽吸后酯类香料单体向主流烟气的转移行为分析

按照3.2.2中所述的方法，测定各酯类香料单体的转移率，如表3-13所示，结果表明：①抽吸后25种酯类香料单体的烟芯残留率在3.86%～26.00%之间，其中异戊酸乙酯的烟芯残留率最低，为3.86%，其次是乙酸香叶酯、乙酸异戊酯、葫芦巴内酯、乙酸戊酯，分别是5.22%、5.29%、5.70%、8.01%；②滤棒截留率在6.47%～41.00%之间，其中戊酸戊酯的滤棒截留率最低，为6.47%，其次是异戊酸丁酯、乙酸异戊酯、丁酸戊酯、戊酸异戊酯，分别是7.52%、8.16%、8.47%、8.71%；③酯类香料单体的主流烟气粒相物转移率在3.03%～33.47%之间，其中肉桂酸异戊酯向主流烟气粒相物转移率最高，为33.47%，其次是δ-十二内酯、γ-十二内酯、葫芦巴内酯、乙酸茴香酯，分别为31.85%、31.63%、31.35%、30.39%。

表3-13 25种酯类香料单体在加热卷烟抽吸后向主流烟气的转移行为分析

名称	分子量	沸点/℃	烟芯残留率/%	滤棒截留率/%	MS转移率/%
异戊酸丁酯	158	176.5	15.65	7.52	9.32
乙酸异戊酯	130	142	5.29	8.16	3.96
乙酸戊酯	130	149	8.01	10.91	8.96
异戊酸乙酯	130	135	3.86	10.34	3.03
丁酸异戊酯	158	179	16.29	8.94	10.86
γ-己内酯	114	219	12.95	19.63	20.99
丁酸戊酯	158	185	18.18	8.47	12.38
葫芦巴内酯	128	184	5.70	18.60	31.35
戊酸异戊酯	172	195	18.52	8.71	17.44
γ-庚内酯	128	226.3	18.39	20.23	27.34
戊酸戊酯	172	202	20.90	6.47	24.08
乙酸芳樟酯	196	220	17.75	19.31	26.07
乙酸苯乙酯	164	232	14.40	41.00	20.62
乙酸薄荷酯	198	227	12.25	8.76	30.02
邻氨基苯甲酸甲酯	151	256	18.79	31.75	29.93
乙酸香叶酯	196	138	5.22	10.94	20.62
肉桂酸甲酯	162	261	20.16	28.95	27.11
乙酸茴香酯	180	251.4	20.94	37.63	30.39
γ-癸内酯	170	281	20.95	24.76	29.85
δ-癸内酯	170	267.2	17.62	20.86	25.94
肉桂酸正丙酯	190	283	24.25	26.59	27.38
二氢茉莉酮酸甲酯	226	307.8	20.71	25.93	22.18
γ-十二内酯	198	294.7	22.27	16.91	31.63
δ-十二内酯	198	295.2	24.70	17.27	31.85
肉桂酸异戊酯	218	310	26.00	27.18	33.47

整体而言，酯类香料在烟芯中持留率较大时，其向主流烟气的转移率就越高，肉桂酸异戊酯、δ-十二内酯、γ-十二内酯、葫芦巴内酯和乙酸茴香酯向主流烟气粒相物转移率较高（>30%），与抽吸前的结论相符合。其中肉桂酸异戊酯具有微弱的树脂膏香、似可可的香

味、赖百当样的香调，留香持留，在烟草制品中能增加可可与树脂膏香的香气风味；δ-十二内酯带有桃子样果香，有良好的定香作用，γ-十二内酯呈奶油、桃子、梨似的水果香气，两者均可应用于烟用香精；葫芦巴内酯呈甜、焦糖、槭树、红糖香，在卷烟香精中使用，可增加烟草的焦甜香味、增添烟香、掩盖杂气、降低卷烟刺激性、改善抽吸口感；乙酸茴香酯有果香、花香和香脂香气，并伴有覆盆子样的香韵，在烟草制品中能增强巧克力、可可、香荚豆香和浆果的风味。因此，这五种酯类香料单体具有较好的加热卷烟香精调配应用潜力。

（1）互为同系物的酯类香料单体转移行为分析

进一步分析了互为同系物的香料单体的转移行为，如图 3-20 所示。随着分子量增大、沸点增高，互为同系物的戊醇羧酸酯类、肉桂酸酯类以及内酯类香料单体的烟芯残留率、向主流烟气粒相物转移率逐渐增大，滤棒截留率呈现先增加后减小的趋势。其中，六种戊醇羧酸酯中戊酸戊酯的烟芯残留率和向主流烟气粒相物转移率最大、滤棒截留率最小，分别为 20.90%、24.08%、6.47%；三种肉桂酸酯类中肉桂酸异戊酯的主流烟气粒相物转移率最大，为 33.47%，肉桂酸甲酯的烟芯残留率和滤棒截留率最低，分别为 20.16%、28.95%；四种内酯类中 γ-十二内酯的烟芯残留率和向主流烟气粒相物转移率最大、滤棒迁移率最小，分别为 22.27%、31.63%、16.91%。

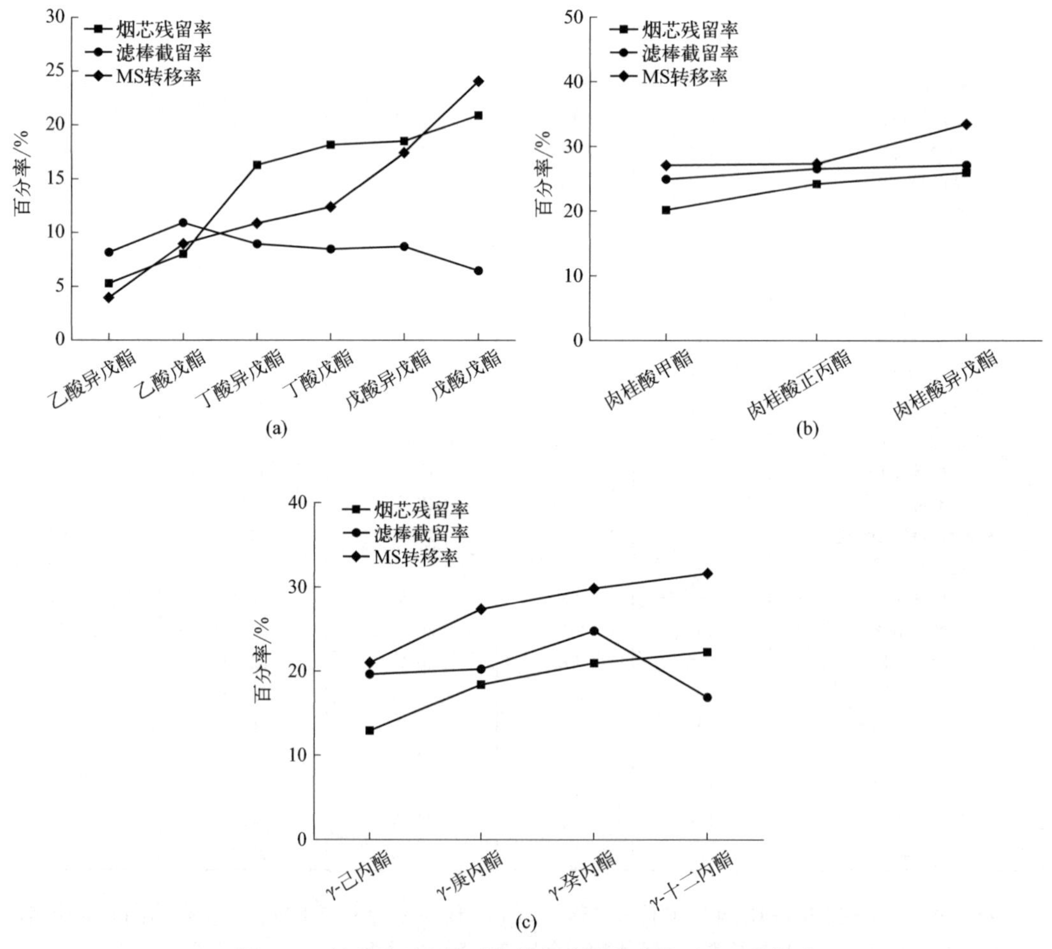

图 3-20 抽吸后互为同系物的戊醇羧酸酯类（a）、肉桂酸酯类（b）和内酯类（c）香料单体的转移情况

(2) 互为同分异构体的酯类香料单体转移行为分析

图 3-21 显示了互为同分异构体酯类香料单体的转移行为，互为主链碳原子个数异构、碳链异构、官能团位置异构和立体异构的酯类香料单体随着分子结构稳定性增强，其烟芯残留率、向主流烟气粒相物转移率增高，滤棒截留率变化规律不明显。

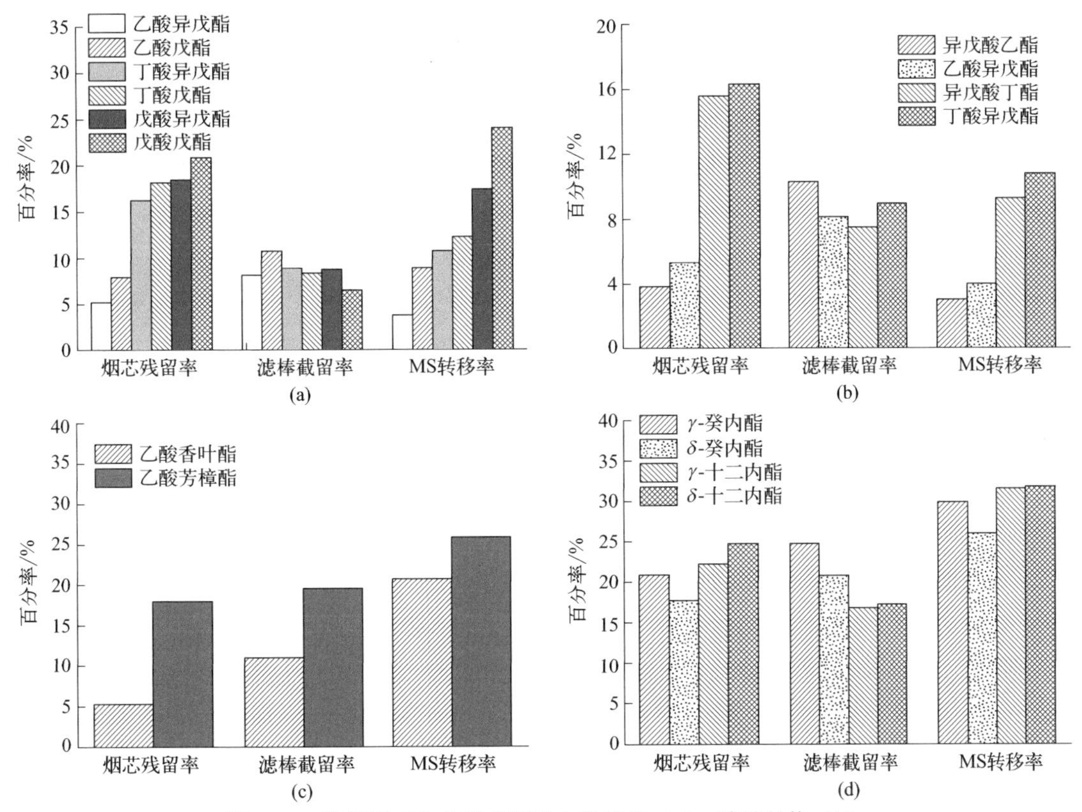

图 3-21 抽吸后互为主链碳原子个数异构 (a)、碳链异构 (b)、官能团位置异构 (c) 和立体异构 (d) 的酯类香料单体的转移情况

在分子量相同的情况下，互为主链碳原子个数异构的乙酸异戊酯与乙酸戊酯、丁酸异戊酯与丁酸戊酯、戊酸异戊酯与戊酸戊酯，乙酸戊酯、丁酸戊酯、戊酸戊酯的烟气转移率均较大，分别为 8.96%、12.38%、24.08%；互为碳链异构的异戊酸乙酯与乙酸异戊酯、异戊酸丁酯与丁酸异戊酯，其中乙酸异戊酯和丁酸异戊酯的分子对称性较好，具有较高的主流烟气粒相物转移率，分别为 3.96%、10.86%；互为立体异构的 δ-癸内酯与 γ-癸内酯、γ-十二内酯与 δ-十二内酯，其中 γ-癸内酯、δ-十二内酯的烟气转移率均较大，分别为 29.85%、31.85%；互为官能团位置异构的乙酸香叶酯、乙酸芳樟酯，乙酸芳樟酯具有较高的主流烟气粒相物的转移率，为 26.07%。

3.2.8 抽吸后酯类香料单体向主流烟气的逐口转移行为分析

按照 3.2.2 中所述的方法，测定各酯类香料单体的逐口转移率，如表 3-14 所示，酯类香料单体第 1 口到第 11 口的转移率为 0.28%～3.77%，其中肉桂酸异戊酯的逐口释放量均较大，其次是 δ-十二内酯、乙酸薄荷酯、γ-十二内酯、肉桂酸正丙酯，这与 3.2.7 节所测主流烟气总粒相物的转移率所得结果较一致。结果表明，随着加热卷烟抽吸口序的增加，各酯类香料单体的释放量均呈现先增大后减小的趋势，当抽吸口序为第 5 口至第 9 口时，酯类香料单位的逐口转移率分别达到最大。

表 3-14　25 种酯类香料单体在加热卷烟抽吸后向主流烟气的逐口转移行为分析

中文名称	第 1 口烟气转移率/%	第 2 口烟气转移率/%	第 3 口烟气转移率/%	第 4 口烟气转移率/%	第 5 口烟气转移率/%	第 6 口烟气转移率/%	第 7 口烟气转移率/%	第 8 口烟气转移率/%	第 9 口烟气转移率/%	第 10 口烟气转移率/%	第 11 口烟气转移率/%
异戊酸丁酯	0.50	0.98	1.25	1.40	1.48	1.59	1.36	1.13	1.05	0.87	0.63
乙酸异戊酯	0.29	0.60	0.87	1.18	1.23	1.31	1.18	1.01	0.84	0.62	0.47
乙酸戊酯	0.33	0.63	0.97	1.21	1.39	1.43	1.23	1.07	0.88	0.70	0.60
异戊酸乙酯	0.28	0.51	0.83	1.14	1.19	1.06	0.87	0.53	0.47	0.44	0.30
丁酸异戊酯	0.62	0.97	1.38	1.58	1.67	1.78	1.59	1.39	1.16	0.95	0.72
γ-己内酯	1.27	1.52	1.81	2.10	2.17	2.27	2.07	1.92	1.71	1.58	1.35
丁酸戊酯	0.71	1.16	1.31	1.51	1.61	1.74	1.84	1.63	1.42	1.25	1.01
葫芦巴内酯	2.03	2.41	2.76	2.93	3.03	3.17	3.25	3.27	3.27	3.07	2.85
戊酸异戊酯	0.80	1.20	1.63	1.92	2.15	2.40	2.27	2.07	1.97	1.74	1.53
γ-庚内酯	1.63	1.96	2.21	2.45	2.63	2.75	2.98	2.75	2.60	2.46	2.38
戊酸戊酯	1.73	2.05	2.24	2.57	2.68	2.80	2.63	2.46	2.22	2.06	1.88
乙酸芳樟酯	2.07	2.47	2.80	2.92	3.07	3.13	2.99	2.93	2.82	2.63	2.42
乙酸苯乙酯	1.27	1.61	1.79	1.94	2.12	2.25	2.33	2.43	2.54	2.39	2.18
乙酸薄荷酯	2.35	2.75	2.92	3.16	3.22	3.30	3.33	3.13	2.94	2.79	2.58
邻氨基苯甲酸甲酯	1.62	2.03	2.36	2.69	2.82	3.08	3.27	3.41	3.57	3.32	3.19
乙酸香叶酯	1.45	1.76	2.16	2.47	2.82	2.66	2.49	2.25	2.17	2.01	1.82
肉桂酸甲酯	1.84	2.19	2.52	2.82	2.93	3.08	3.16	3.18	2.94	2.77	2.52
乙酸茴香酯	1.91	2.34	2.68	2.86	3.10	3.26	3.29	3.38	3.02	2.84	2.63
γ-癸内酯	2.00	2.36	2.57	2.81	3.17	3.27	3.43	3.46	3.32	3.16	3.02
δ-癸内酯	1.81	2.14	2.42	2.67	2.94	3.01	3.18	3.19	3.22	3.01	2.85
肉桂酸正丙酯	2.16	2.42	2.77	2.98	3.10	3.25	3.32	3.40	3.20	3.06	2.89
二氢茉莉酮酸甲酯	1.34	1.74	1.86	1.91	2.24	2.39	2.53	2.68	2.77	2.58	2.50
γ-十二内酯	2.27	2.50	2.77	2.96	3.20	3.32	3.47	3.51	3.40	3.35	3.29
δ-十二内酯	2.48	2.60	2.84	3.01	3.20	3.46	3.56	3.60	3.58	3.45	3.29
肉桂酸异戊酯	2.38	2.57	2.86	3.13	3.34	3.57	3.65	3.77	3.57	3.46	3.20

(1) 互为同系物的酯类香料单体逐口转移行为分析

图 3-22 显示了互为同系物的酯类香料单体的转移行为，随着分子量增大、沸点增高，互为同系物的戊醇羧酸酯类、肉桂酸酯类以及内酯类香料单体的逐口转移率逐渐增大。其中，六种戊醇羧酸酯中戊酸戊酯的烟气转移率最大，逐口转移率最大值为 2.80%，最大值集中在第 6 口；三种肉桂酸酯类中肉桂酸异戊酯的烟气转移率最大，逐口转移率最大值为 3.77%，最大值集中在第 8 口；四种内酯类中 γ-十二内酯的烟气转移率最大，逐口转移率最大值为 3.51%，最大值集中在第 8 口。

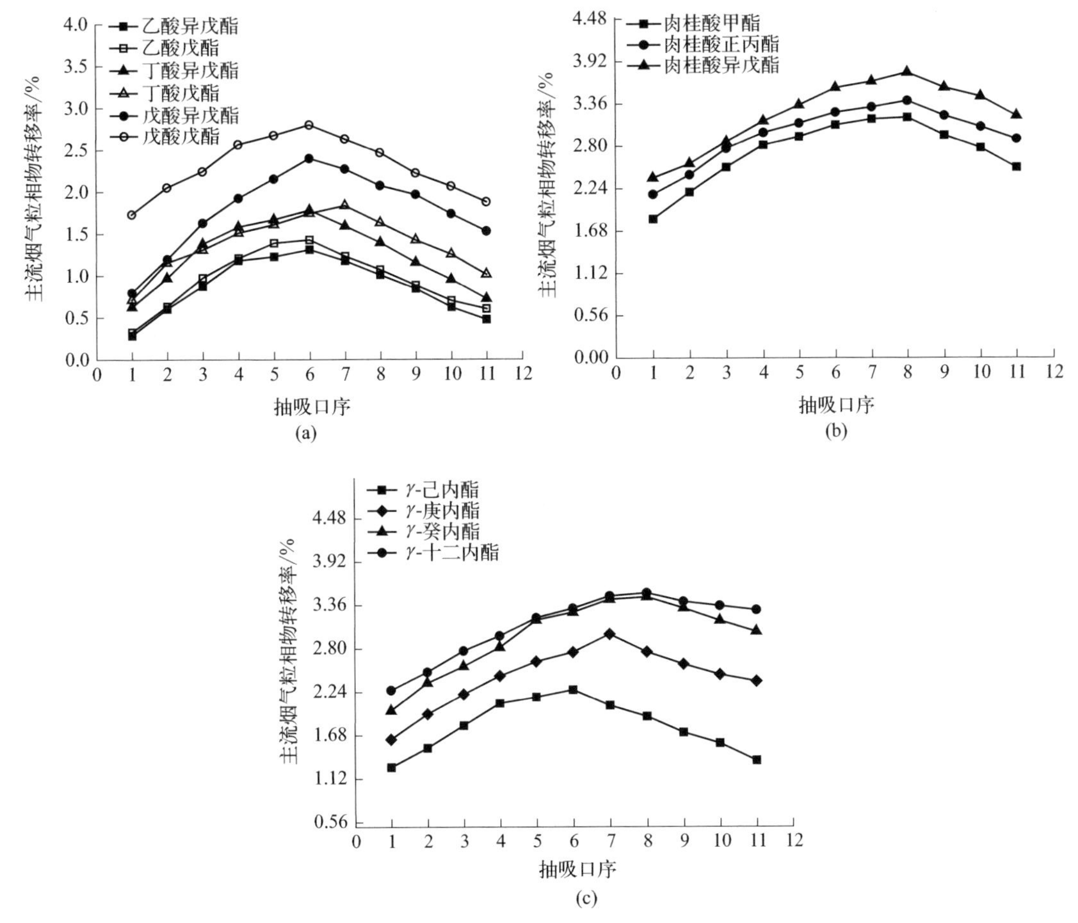

图 3-22　互为同系物的戊醇羧酸酯类（a）、肉桂酸酯类（b）和内酯类（c）香料单体的逐口抽吸转移情况

(2) 互为同分异构体的酯类香料单体逐口转移行为分析

图 3-23 显示了互为同分异构体酯类香料单体的转移行为，互为主链碳原子个数异构、碳链异构、官能团位置异构和立体异构的酯类香料单体随着分子结构稳定性增强，其逐口转移率增高。

在分子量相同的情况下，互为主链碳原子个数异构的乙酸异戊酯与乙酸戊酯、丁酸异戊酯与丁酸戊酯、戊酸异戊酯与戊酸戊酯，乙酸戊酯、丁酸戊酯、戊酸戊酯的逐口转移率较大，逐口转移率最大值分别为 1.43%、1.84%、2.80%，最大值分别集中在第 6 口、第 7 口、第 6 口；互为碳链异构的异戊酸乙酯与乙酸异戊酯、异戊酸丁酯与丁酸异戊酯，其中乙酸异戊酯和丁酸异戊酯具有较高的逐口转移率，逐口转移率最大值分别为 1.31%、1.78%，最大值均集中在第 6 口；互为立体异构的 δ-癸内酯与 γ-癸内酯、γ-十二内酯与 δ-十二内酯，其中 γ-癸内酯、δ-十二内酯的逐口转移率均较大，逐口转移率最大值分别为 3.46%、3.60%，最大值均集中在第 8 口；互为官能团位置异构的乙酸香叶酯、乙酸芳樟酯，乙酸芳樟酯具有较高的逐口转移率，逐口转移率最大值为 3.13%，最大值集中在第 6 口。

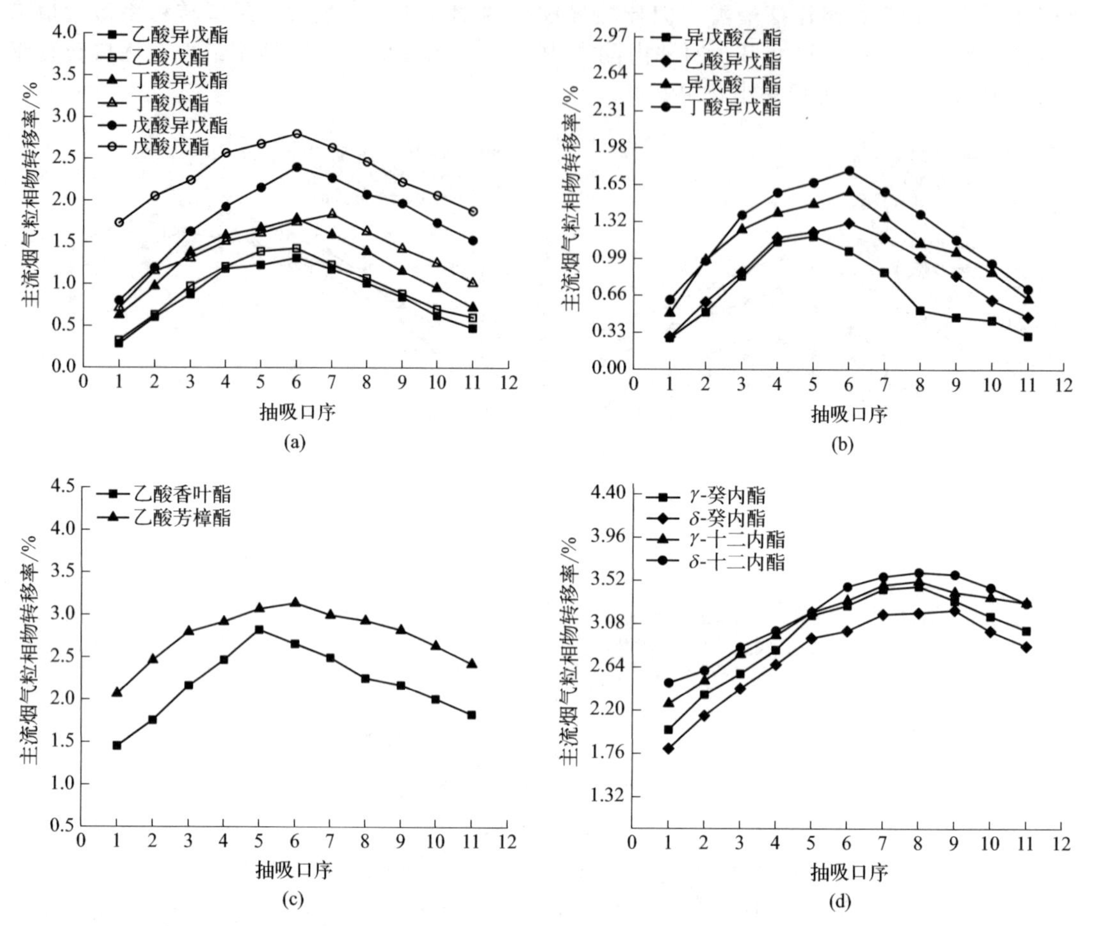

图 3-23　互为主链碳原子个数异构（a）、碳链异构（b）、官能团位置异构（c）和立体异构（d）的酯类香料单体的逐口抽吸转移情况

3.2.9　小结

本实验利用气相色谱法建立了加热卷烟主流烟气粒相物中的酯类香料单体的检测方法，并对该方法的前处理条件进行了优化，从而揭示了加热卷烟芯材外加酯类香料单体在卷烟储存以及抽吸后的转移规律，结果表明：

（1）当提取条件为：萃取溶剂为异丙醇，萃取方式为摇床，萃取液体积为 12mL，萃取时间为 20min 时，萃取效率最高。

（2）25 种酯类香料单体在质量浓度 0.972～60.0μg/mL 范围内线性良好，检出限为 0.0380～0.2275μg/mL、定量限为 0.1266～0.7585μg/mL、RSD 值为 0.97%～3.58%，平均回收率为 95.23%～114.12%，该方法重复性较好、回收率较高。

（3）25 种酯类香料单体的烟芯持留率为 6.33%～81.95%、降温段迁移率为 0.45%～6.33%、滤棒迁移率为 0.91%～13.23%、散失率为 13.12%～76.60%、主流烟气粒相物转移率为 3.03%～33.47%、烟芯残留率为 3.86%～26.00%、滤棒截留率为 6.47%～41.00%。

(4) 25种酯类香料单体的逐口转移率为0.28%～3.77%，随着抽吸口序的增加，逐口转移率均呈现先增加后降低的趋势。当加热卷烟进行前4口抽吸时，各香料单体的逐口释放量显著增大，当抽吸口序为第5口至第9口时，香料单体的转移率达到最大，而后逐渐降低。

(5) 互为同系物的酯类香料单体，随着碳链依次增长、沸点增大，其烟芯持留率、烟芯残留率、主流烟气粒相物转移率以及逐口转移率逐渐增大，散失率逐渐减小。其中，肉桂酸酯类香料沸点均≥261℃，烟芯持留率均≥65%，烟气转移率≥27.11%，性质较稳定。

(6) 互为同分异构的酯类香料单体，随着结构稳定性增强，其烟芯持留率、烟芯残留率、主流烟气粒相物转移率以及逐口转移率逐渐增大，散失率逐渐减小。

(7) 肉桂酸异戊酯、δ-十二内酯、γ-十二内酯、葫芦巴内酯和乙酸茴香酯的烟芯持留率、烟气转移率以及逐口转移率相对较高，迁移率、散失率相对较低，具有较好的加热卷烟香精调配应用潜力。

3.3 酮类香料单体在加热卷烟中的转移行为研究

3.3.1 实验材料、试剂与仪器

(1) 材料与试剂

加热卷烟［(12mm烟芯段＋23mm降温腔体固件＋10mm醋纤滤棒)×圆周22mm］由江苏中烟工业有限责任公司提供；使用江苏中烟加热卷烟烟具进行感官质量评价。

羟基丙酮、2-戊酮、巨豆三烯酮、2-庚酮、甲基环戊烯醇酮、3,4-二甲基-1,2-环戊二酮、6-甲基-3,5-庚二烯-2-酮、麦芽酚、异佛尔酮、4-氧代异佛尔酮、薄荷酮、2-癸酮、乙基麦芽酚、2-十一酮、β-大马酮、β-二氢大马酮、β-紫罗兰酮、α-紫罗兰酮、金合欢基丙酮、2-羟基-3,5,5-三甲基-2-环己烯-1-酮（烟酮）、苯乙酸苯乙酯（内标）（≥98%，北京百灵威科技有限公司）。

无水乙醇、异丙醇、二氯甲烷、正己烷（≥99.9%，色谱级，天津市大茂化学试剂厂）。

(2) 实验仪器

本实验所用主要仪器如表3-15所示。

表3-15 主要实验仪器

仪器	型号规格	生产厂商
超声波清洗机	SB-3200DT	宁波新芝生物科技股份有限公司
全温振荡培养箱	HZQ-F160	苏州培英实验设备有限公司
电子天平	EL204	Mettler-Toledo仪器(上海)有限公司
恒温恒湿箱	KBF720	德国弗兰茨宾德有限公司
转盘式吸烟机	RM20H	德国Borgwaldt KC公司
气相色谱仪	GKA218/8890	美国Agilent公司

3.3.2 方法

(1) 标准溶液的配制

配制以无水乙醇为溶剂、浓度为30μg/mL苯乙酸苯乙酯的内标溶液。精确称取一定质量的各酮类香料标品于容量瓶中，用内标溶液逐级稀释，得到质量浓度为1.30μg/mL、2.59μg/mL、5.18μg/mL、10.4μg/mL、17.3μg/mL、28.8μg/mL、48.0μg/mL、80.0μg/mL的系列标准工作溶液。

(2) 酮类香料单体的添加及放置

分别精确称取20种酮类香料单体0.0675g于10mL容量瓶中，用无水乙醇定容后摇匀，

制备混合香料溶液。使用微量进样器采用中心注射法将10μL加香溶液注射入空白加热卷烟，制备加香量为加热卷烟烟芯质量0.5%的加香卷烟。然后在密封袋内于恒温恒湿（22℃±2℃，RH 60%±5%）环境放置48h以上。

(3) 样品前处理

选取8支加香加热卷烟以及空白加热卷烟，迅速将其分为烟芯段、降温段（包括中空和降温材料）和滤棒段，将这三段剪碎后分别转移至50mL锥形瓶中，各加入12mL含有苯乙酸苯乙酯的无水乙醇萃取液（30μg/mL），分别摇床振荡15min，萃取液过膜后进行GC分析。

采用RM20H转盘式吸烟机参考加拿大深度抽吸模式(HCI)的标准要求进行加热卷烟的抽吸。抽吸参数为：抽吸曲线方形、抽吸容量55mL、持续时间3s、抽吸间隔30s、抽吸11口，采用直径44mm的剑桥滤片捕集8支加热卷烟气溶胶中的粒相物，保留烟支。抽吸结束后，分别将剑桥滤片、滤棒以及烟芯转移至50mL的锥形瓶中，分别加入12mL含30μg/mL苯乙酸苯乙酯(内标)的无水乙醇溶液，分别摇床振荡15min，萃取液过膜后进行GC分析。

采用RM20H转盘式吸烟机配备逐口抽吸装置进行逐口抽吸，抽吸参数同上，用11张剑桥滤片分别捕集对应于50支加热卷烟11个抽吸口序的气溶胶中的粒相物。抽吸结束后，将11张剑桥滤片分别置于50mL的锥形瓶中，各加入12mL含30μg/mL苯乙酸苯乙酯（内标）的无水乙醇溶液，摇床振荡15min，萃取液过膜后进行GC分析。

(4) GC的分析条件

色谱柱：HP-5MS毛细管柱（30m×0.25mm×0.25μm）；进样口温度：250℃；检测器(FID)温度：280℃；载气：氦气（≥99.999%），载气流速：1.0mL/min；尾吹气：25mL/min；空气：450mL/min；氢气：40mL/min；分流比：15∶1；进样量：1μL；升温程序：40℃（保持3min），5℃/min升到90℃（保持3min），再以3℃/min升到120℃（保持3min），再以8℃/min升到250℃（保持3min）。

3.3.3 持留率、迁移率、散失率、转移率、截留率分析

按照3.1.3所述的方法计算烟丝持留率、滤棒迁移率、降温段迁移率、散失率、烟气转移率、滤棒截留率、烟丝残留率以及逐口转移率。

3.3.4 结果与讨论

以下介绍前处理条件的优化。

① 萃取溶剂的选择

按照3.3.2所述方法，采用摇床萃取、摇床时间为15min、萃取液体积为12mL的条件，改变萃取液的种类，考察无水乙醇、正已烷、二氯甲烷和异丙醇4种不同溶剂对剑桥滤片中各酮类香味成分萃取效率的影响，如图3-24所示。结果表明，无水乙醇对各酮类香料单体具有较高的萃取效率，因此选择无水乙醇作为萃取溶剂。

② 萃取方式的选择

按照3.3.2所述方法，采用萃取时间为15min、萃取剂选择无水乙醇、萃取液体积为12mL的条件，改变萃取方式，考察超声和振荡两种不同萃取方式对各酮类香料单体萃取效率的影响，如图3-25所示。结果表明，摇床萃取对各酮类香料单体具有较高的提取效率，因此选择摇床萃取作为萃取方式。

③ 萃取时间的选择

按照3.3.2中所述方法，采用摇床萃取、萃取剂为无水乙醇、萃取液体积为12mL的条件，改变萃取时间，考察不同萃取时间5min、10min、15min、20min、25min对各酮类香料单体萃取效率的影响，如图3-26所示。结果表明，萃取时间为15min对各酮类香料单体具有较高的提取效率，因此选择15min作为萃取时间。

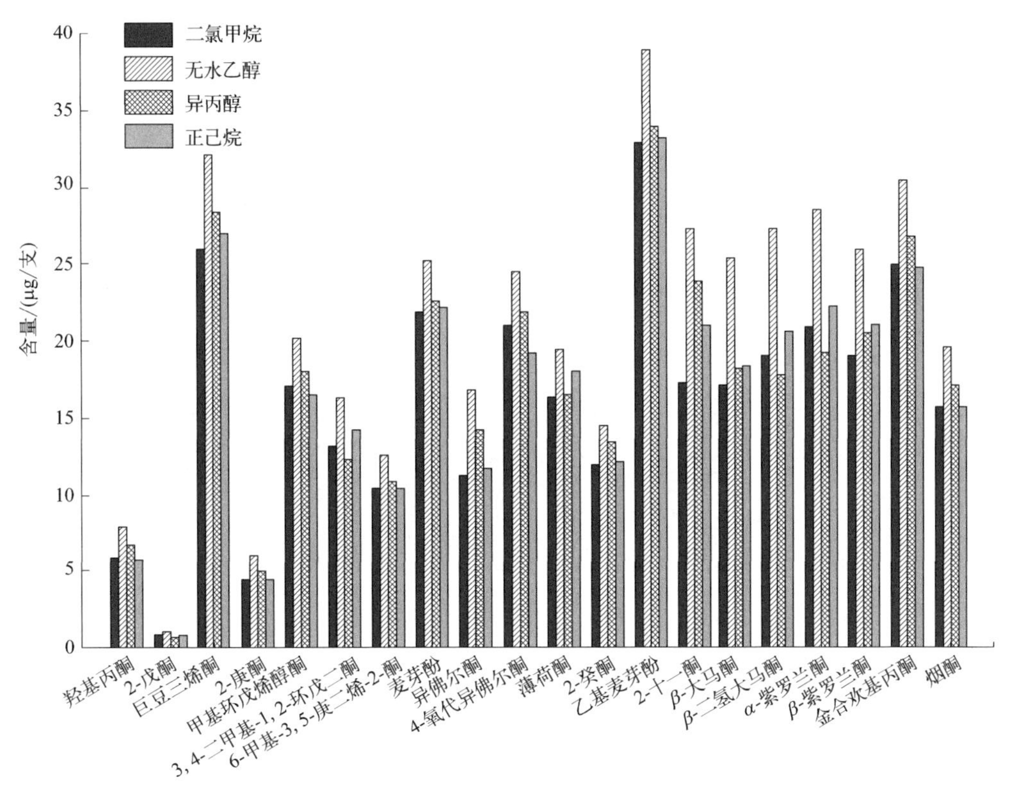

图 3-24　不同萃取溶剂对剑桥滤片中酮类香料萃取效果的影响

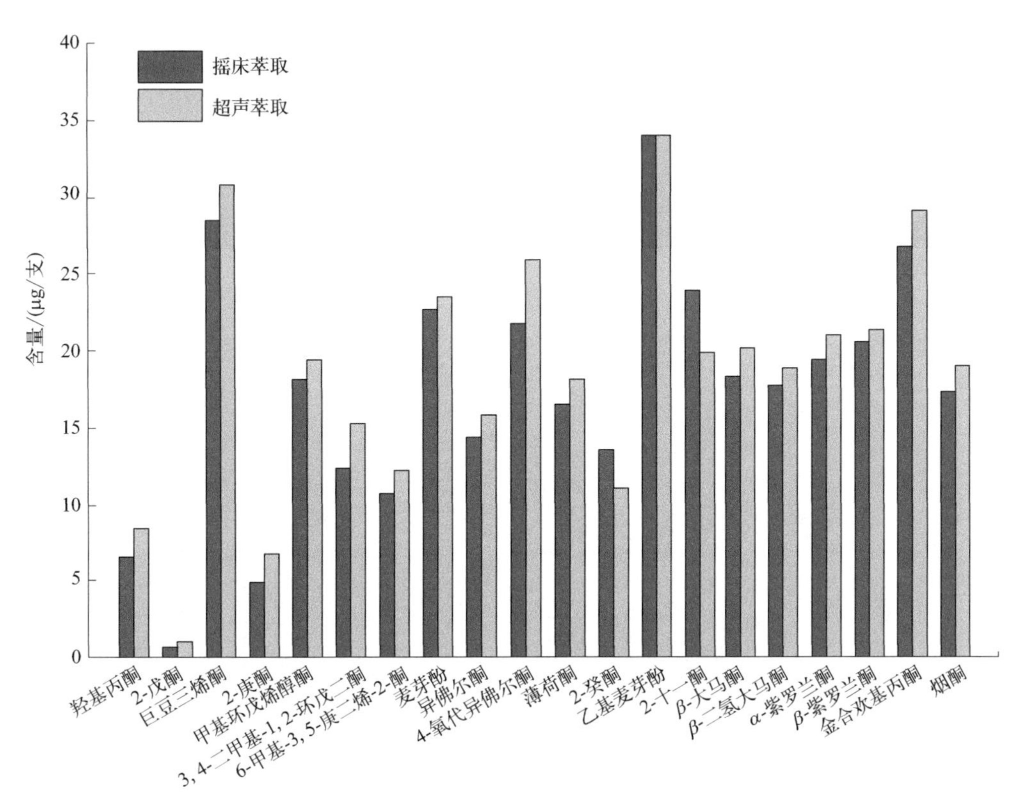

图 3-25　不同萃取方式对剑桥滤片中酮类香料萃取效果的影响

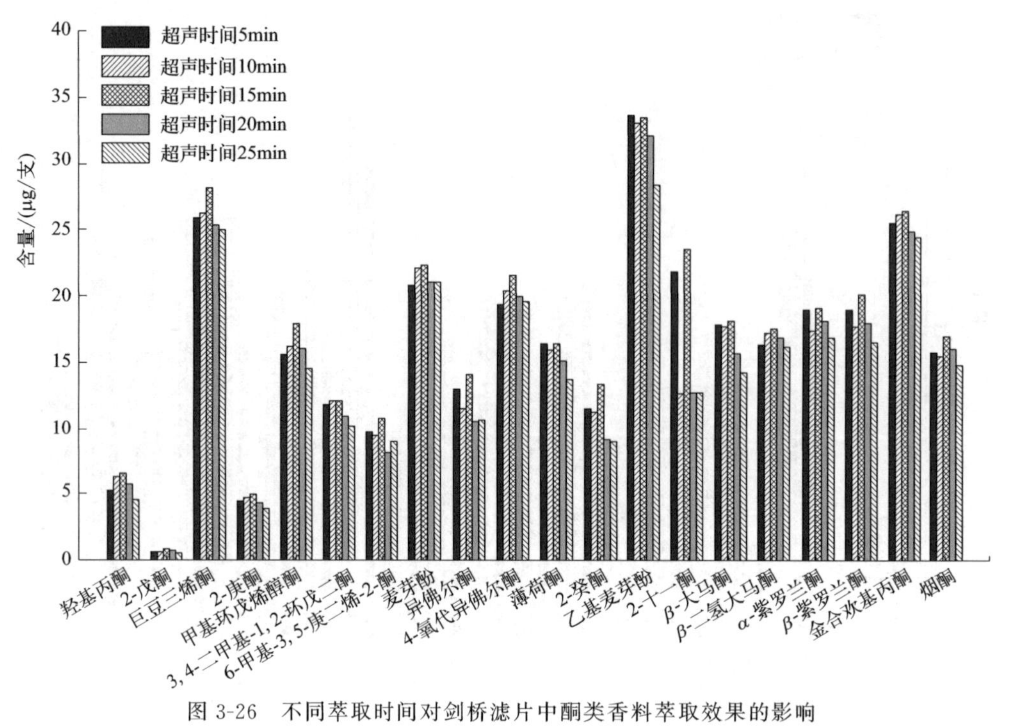

图 3-26　不同萃取时间对剑桥滤片中酮类香料萃取效果的影响

④ 萃取液体积的选择

按照 3.3.2 中所述方法，采用摇床萃取、萃取剂为无水乙醇、萃取时间为 15min 的条件，改变萃取液体积，考察萃取液不同体积 6mL、8mL、10mL、12mL、14mL 对各酮类香料单体萃取效率的影响，如图 3-27 所示。结果表明，萃取液体积 12mL 对各酮类香料单体具有较高的提取效率，因此选择 12mL 作为萃取液体积。

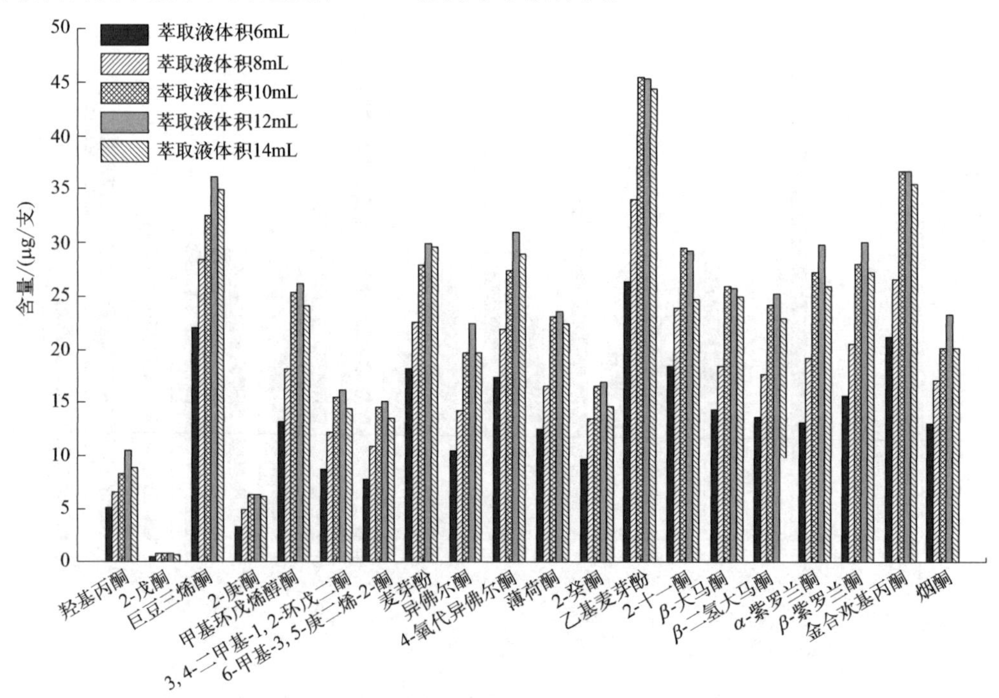

图 3-27　不同萃取液体积对剑桥滤片中酮类香料萃取效果的影响

3.3.5 方法学评价

(1) 工作曲线、精密度、检出限和定量限

分别取系列标准工作溶液进行 GC 分析，横坐标为各酮类香料单体的峰面积与内标物峰面积的比值（x），纵坐标为各酮类香料单体的浓度与内标物浓度的比值（y），作各酮类香料单体的标准工作曲线，采用最低浓度的标样反复进样 10 次，以测定值的 3 倍标准偏差为检出限、10 倍标准偏差为定量限，并计算 5 次重复试验的相对标准偏差（RSD），如表 3-16 所示，结果表明，20 种酮类香料单体在质量浓度 1.30～80.0μg/mL 范围内线性良好（$R^2 \geqslant 0.9990$），检出限为 0.0402～0.1376μg/mL，定量限为 0.1339～0.4588μg/mL，RSD 值为 0.05%～2.55%，该方法重复性较好。

表 3-16　20 种酮类香料单体的线性方程、相关系数、RSD、检出限和定量限

名称	回归方程	相关系数 (R^2)	RSD /%	检出限 /(μg/mL)	定量限 /(μg/mL)
羟基丙酮	$y=4.0926x+0.2072$	0.9992	0.4474	0.0663	0.2211
2-戊酮	$y=2.7741x+0.0136$	0.9992	0.3359	0.1005	0.3350
巨豆三烯酮	$y=2.3757x-0.0034$	0.9991	0.1974	0.0668	0.2225
2-庚酮	$y=1.883x+0.1356$	0.9991	0.1890	0.0606	0.2020
甲基环戊烯醇酮	$y=2.8677x+0.6437$	0.9998	2.5458	0.1376	0.4588
3,4-二甲基-1,2-环戊二酮	$y=1.8188x+0.2147$	0.9992	0.2624	0.0792	0.2640
6-甲基-3,5-庚二烯-2-酮	$y=1.5811x+0.3127$	0.9993	0.4283	0.0662	0.2207
麦芽酚	$y=4.5747x-0.0465$	0.9996	0.3832	0.0736	0.2453
异佛尔酮	$y=1.2159x+0.0287$	0.9994	0.1746	0.1215	0.4049
4-氧代异佛尔酮	$y=1.3332x+0.0338$	0.9992	0.1434	0.0843	0.2811
薄荷酮	$y=1.9404x+0.0039$	0.9994	0.1078	0.0477	0.1591
2-癸酮	$y=1.2721x+0.0475$	0.9994	0.1266	0.0754	0.2515
乙基麦芽酚	$y=3.1661x+0.2938$	0.9999	0.4021	0.0622	0.2073
2-十一酮	$y=1.2387x+0.0583$	0.9992	0.1541	0.0921	0.3069
β-大马酮	$y=1.4652x+0.0105$	0.9994	0.0782	0.0426	0.1420
β-二氢大马酮	$y=1.3169x+0.0148$	0.9993	0.0758	0.0467	0.1557
β-紫罗兰酮	$y=1.2159x+0.0134$	0.9991	0.0629	0.0443	0.1476
α-紫罗兰酮	$y=0.9623x+0.0103$	0.9994	0.0496	0.0402	0.1339
金合欢基丙酮	$y=16.476x+0.1531$	0.9994	1.1183	0.0445	0.1482
烟酮	$y=3.3318x+0.0182$	0.9990	0.2515	0.0630	0.2099

(2) 加标回收率

选择标样加入法测定加标回收率，选取 3 份酮类加香加热卷烟样品，分别加入低、中、高三个不同水平浓度的混标溶液，按照 3.3.2 中所述方法，测定 3 个不同加标水平下的 20 种酮类香料单体的回收率，平行测定 3 次，如表 3-17 所示，结果表明，20 种酮类香料单体的平均回收率在 94.85%～108.91%，该方法回收率较高。

表 3-17　20 种酮类香料单体的加标回收率的测定

名称	原质量分数 /(mg/支)	加标量 /(mg/支)	测定值 /(mg/支)	平均回收率 /%
羟基丙酮	0.0125	0.0182	0.0307	99.91
		0.0122	0.0248	101.18
		0.0061	0.0185	98.48

续表

名称	原质量分数/(mg/支)	加标量/(mg/支)	测定值/(mg/支)	平均回收率/%
2-戊酮	0.0076	0.0117	0.0188	96.14
		0.0078	0.0152	97.67
		0.0039	0.0115	101.25
巨豆三烯酮	0.0084	0.0124	0.0207	99.34
		0.0083	0.0167	99.58
		0.0041	0.0125	100.56
2-庚酮	0.0099	0.0151	0.0255	103.24
		0.0101	0.0199	99.18
		0.0050	0.0147	96.2
甲基环戊烯醇酮	0.0153	0.0227	0.0392	105.18
		0.0152	0.0297	94.86
		0.0076	0.0226	95.72
3,4-二甲基-1,2-环戊二酮	0.0098	0.0142	0.0244	102.95
		0.0095	0.0195	101.76
		0.0047	0.0143	96.66
6-甲基-3,5-庚二烯-2-酮	0.0095	0.0137	0.0241	106.81
		0.0092	0.0195	108.91
		0.0046	0.0142	102.94
麦芽酚	0.0088	0.0126	0.0208	95.01
		0.0084	0.0177	105.63
		0.0042	0.0133	106.44
异佛尔酮	0.0205	0.0311	0.0504	96.16
		0.0207	0.0413	100.62
		0.0104	0.0306	96.99
4-氧代异佛尔酮	0.0426	0.0635	0.1116	108.7
		0.0423	0.0833	96.22
		0.0212	0.0628	95.16
薄荷酮	0.0102	0.0149	0.0257	104.12
		0.0099	0.0204	102.65
		0.0050	0.0152	99.41
2-癸酮	0.0177	0.0268	0.0437	96.98
		0.0179	0.0355	99.31
		0.0089	0.0265	99.11
乙基麦芽酚	0.0125	0.0189	0.0310	97.95
		0.0126	0.0251	99.99
		0.0063	0.0186	97.12
2-十一酮	0.0344	0.0522	0.0884	103.36
		0.0348	0.0720	107.99
		0.0174	0.0518	100.04
β-大马酮	0.0332	0.0500	0.0815	96.64
		0.0333	0.0691	107.69
		0.0167	0.0500	100.65
β-二氢大马酮	0.0346	0.0522	0.0841	94.85
		0.0348	0.0716	106.44
		0.0174	0.0520	99.85
β-紫罗兰酮	0.0412	0.0612	0.1055	105.11
		0.0408	0.0825	101.15
		0.0204	0.0613	98.71

续表

名称	原质量分数/(mg/支)	加标量/(mg/支)	测定值/(mg/支)	平均回收率/%
α-紫罗兰酮	0.0397	0.0603	0.1032	105.35
		0.0402	0.0793	98.61
		0.0201	0.0591	96.45
金合欢基丙酮	0.0091	0.0133	0.0225	101.11
		0.0089	0.0185	105.65
		0.0044	0.0138	107.22
烟酮	0.0159	0.0241	0.0401	100.61
		0.0161	0.0323	101.73
		0.0080	0.0235	95.17

(3) 溶液稳定性

取混合香料溶液1份，加入内标物制备各单体质量浓度为67.5μg/mL的混合溶液，在室温条件下放置0h、3h、7h、10h、13h、24h后，按照3.3.2中所述的分析方法进样测定，计算各酮类香料单体与内标物的峰面积比值（见表3-18），由表可知，20种酮类香料单体的RSD在0.96%～3.85%（$n=3$），表明样品溶液在24h内稳定。

表3-18 20种酮类香料单体的稳定性测定结果

名称	时间/h						平均值	RSD/%
	0	3	7	10	13	24		
羟基丙酮	0.4991	0.4990	0.5109	0.4720	0.4794	0.4864	0.4911	2.9391
2-戊酮	0.7962	0.7946	0.8051	0.7923	0.7835	0.7856	0.7929	0.9852
巨豆三烯酮	0.9485	0.9486	0.9708	0.9692	0.8951	0.9243	0.9428	3.0606
2-庚酮	1.1229	1.1067	1.1493	1.1804	1.0769	1.0943	1.1217	3.3798
甲基环戊烯醇酮	0.5601	0.5521	0.5733	0.5664	0.5672	0.5459	0.5608	1.8336
3,4-二甲基-1,2-环戊二酮	1.1190	1.1029	1.1145	1.1582	1.1004	1.0905	1.1143	2.1369
6-甲基-3,5-庚二烯-2-酮	1.2253	1.2176	1.2254	1.2159	1.2100	1.1940	1.2147	0.9643
麦芽酚	0.5020	0.4948	0.5138	0.4947	0.4905	0.4892	0.4975	1.8402
异佛尔酮	1.8269	1.8006	1.8070	1.8275	1.7639	1.7803	1.8010	1.4067
4-氧代异佛尔酮	1.6623	1.6384	1.6701	1.6719	1.5918	1.6199	1.6424	1.9481
薄荷酮	1.1575	1.1409	1.1847	1.0946	1.1388	1.1280	1.1408	2.6344
2-癸酮	1.7314	1.7065	1.7208	1.6720	1.6554	1.6872	1.6955	1.7248
乙基麦芽酚	0.6179	0.6090	0.6324	0.6246	0.6545	0.6021	0.6234	2.9928
2-十一酮	1.7694	1.7439	1.6811	1.6731	1.5878	1.7242	1.6966	3.8120
β-大马酮	1.5285	1.5065	1.5438	1.4945	1.4717	1.4895	1.5057	1.7611
β-二氢大马酮	1.6973	1.6729	1.7072	1.6985	1.5923	1.6540	1.6704	2.5737
β-紫罗兰酮	1.8395	1.8130	1.8269	1.7394	1.7508	1.7926	1.7937	2.2798
α-紫罗兰酮	2.2744	2.2939	2.2821	2.2008	2.1887	2.2681	2.2514	1.9919
金合欢基丙酮	0.1273	0.1254	0.1303	0.1203	0.1242	0.1240	0.1253	2.6680
烟酮	0.6698	0.6602	0.6559	0.6334	0.6011	0.6528	0.6455	3.8477

3.3.6 储存期间酮类香料单体的转移行为分析

按照3.3.2中所述的方法，测定各酮类香料单体的转移率，如表3-19所示，结果表明：①在储存期间，20种酮类香料单体的烟芯持留率在1.80%～84.13%之间，其中乙基麦芽酚的烟芯持留率最大，为84.13%，其次是巨豆三烯酮、金合欢基丙酮、麦芽酚、β-大马酮，分别为74.68%、70.32%、69.90%、61.88%；②降温段迁移率在0～7.38%之间，其中乙基麦芽酚和巨豆三烯酮的降温段迁移率均未检测到，其次是金合欢基丙酮、麦芽酚、β-二氢大马酮较小，分别为0.58%、1.02%、1.35%；③滤棒迁移率在0.81%～17.70%之间，其中巨豆三烯酮的滤棒迁移率最小，为0.81%，其次是乙基麦芽酚、金合欢基丙酮、麦芽酚、α-紫罗兰酮，分别为1.06%、1.16%、1.97%、3.06%；④散失率在14.80%～86.28%之间，其中乙基麦芽酚的散失率最小，为14.80%，其次是巨豆三烯酮、麦芽酚、金合欢基丙酮、β-大马酮，分别为24.51%、27.12%、27.94%、32.16%。综上所述，20种酮类香料单体的滤棒迁移率高于降温段迁移率，可能与滤棒段材质对香料的吸附能力较强有关，乙基麦芽酚、巨豆三烯酮、金合欢基丙酮的烟芯持留率高（>70%），散失率小，迁移率较小。

表3-19 20种酮类香料单体在卷烟抽吸前的转移行为分析

名称	分子量	沸点/℃	烟芯持留率/%	滤棒迁移率/%	降温段迁移率/%	散失率/%
羟基丙酮	74	145.5	8.41	13.12	5.46	73.00
2-戊酮	86	102.7	1.80	10.15	1.76	86.28
巨豆三烯酮	190	289	74.68	0.81	0.00	24.51
2-庚酮	114	151	13.52	17.70	1.89	66.88
甲基环戊烯醇酮	112	212.2	42.74	5.98	3.20	48.09
3,4-二甲基-1,2-环戊二酮	126	187.4	49.79	3.43	2.19	44.58
6-甲基-3,5-庚二烯-2-酮	124	193.5	31.85	5.82	3.99	58.34
麦芽酚	126	284.7	69.90	1.97	1.02	27.12
异佛尔酮	138	215.2	42.69	7.42	6.44	43.45
4-氧代异佛尔酮	152	214.2	44.93	10.88	7.38	36.82
薄荷酮	154	205.0	41.51	6.43	3.38	48.68
2-癸酮	156	211	38.73	5.61	4.09	51.57
乙基麦芽酚	140	290.3	84.13	1.06	0.00	14.80
2-十一酮	170	230.8	56.18	5.26	3.91	34.65
β-大马酮	190	275.6	61.88	3.50	2.45	32.16
β-二氢大马酮	192	271	58.05	3.44	1.35	37.15
β-紫罗兰酮	192	254.8	50.91	8.08	2.54	38.47
α-紫罗兰酮	192	257.6	46.14	3.06	2.62	48.18
金合欢基丙酮	262	372.8	70.32	1.16	0.58	27.94
烟酮	154	214.6	39.13	4.85	3.54	52.49

（1）互为同系物的酮类香料单体转移行为分析

如图3-28、表3-19所示，随着同系物碳原子数增加，分子量增大，互为同系物的2-戊酮、2-庚酮、2-癸酮、2-十一酮的烟芯持留率逐渐增加，其中2-十一酮的烟芯持留率最高，为56.18%；滤棒迁移率以及降温段迁移率均呈先升高后降低的趋势，其中2-十一酮的滤棒迁移率最低，为5.26%，2-戊酮的降温段迁移率最低，为1.76%；散失率逐渐减小，其中2-十一酮的散失率最低，为34.65%。四种酮类香料单体烟芯持留率以及散失率差别较大，可能由于沸点相差较大导致。

（2）不同饱和度的酮类香料单体转移行为分析

如图3-29、表3-19所示的结果表明：不同饱和度的β-二氢大马酮、β-大马酮的烟芯持留率分别为58.05%、61.88%，滤棒迁移率分别为3.44%、3.50%，降温段迁移率分别为1.35%、2.45%，散失率分别为37.15%、32.16%。β-大马酮的烟芯持留率、迁移率较高，散失率较低，这可能是由于β-大马酮环状结构中双键形成共轭π键，致使体系的能量降低，键长趋于平均化，分子更加稳定，向空气中散失较少。

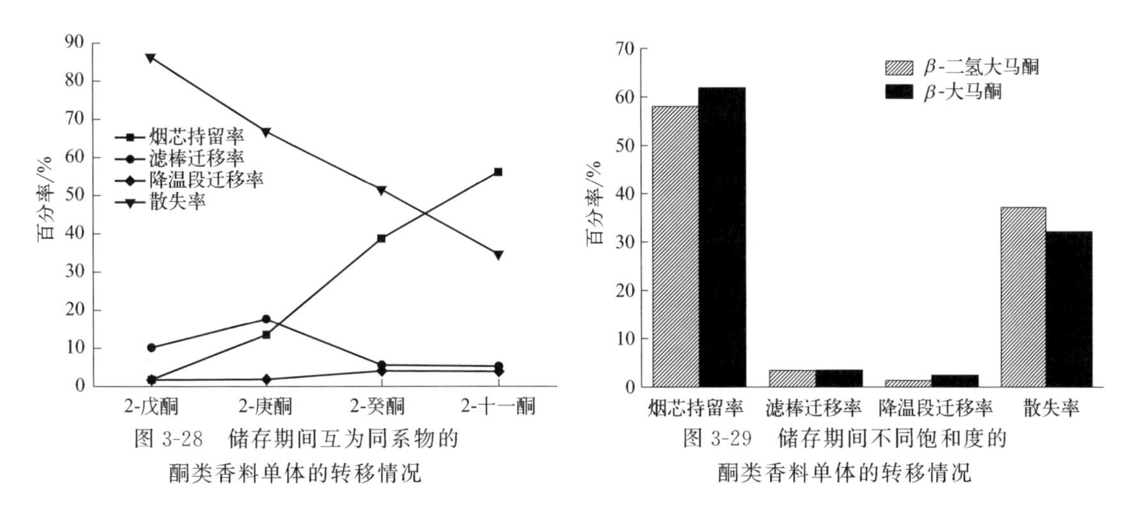

图 3-28 储存期间互为同系物的酮类香料单体的转移情况

图 3-29 储存期间不同饱和度的酮类香料单体的转移情况

(3) 互为同分异构体的酮类香料单体转移行为分析

如图 3-30、表 3-19 所示，互为同分异构体的α-紫罗兰酮、β-紫罗兰酮、β-二氢大马酮的烟芯持留率分别为 46.14%、50.91%、58.05%，滤棒迁移率分别为 3.06%、8.08%、3.44%，降温段迁移率分别为 2.62%、2.54%、1.35%，散失率分别为 48.18%、38.47%、37.15%。三者烟芯持留率为β-二氢大马酮>β-紫罗兰酮>α-紫罗兰酮，原因可能是由于互为同分异构的α-紫罗兰酮六元环内双键位于丙位，未与酮基形成共轭结构，导致α-紫罗兰酮结构稳定性最差，而β-二氢大马酮侧链结构中酮基位于两个双键之间，分子结构对称性最好。

(4) 不同取代基的酮类香料单体转移行为分析

如图 3-31、表 3-19 所示，不同取代基的烟酮、异佛尔酮、4-氧代异佛尔酮的烟芯持留率分别为 39.13%、42.69%、44.93%，滤棒迁移率分别为 4.85%、7.42%、10.88%，降温段迁移率分别为 3.54%、6.44%、7.38%，散失率分别为 52.49%、43.45%、36.82%。三种酮类香料单体中，4-氧代异佛尔酮的烟芯持留率最高、散失率最小，原因可能是 4-氧代异佛尔酮结构中六元环 4 号位的氢原子由酮基取代，分子对称性升高，结构稳定性增强。

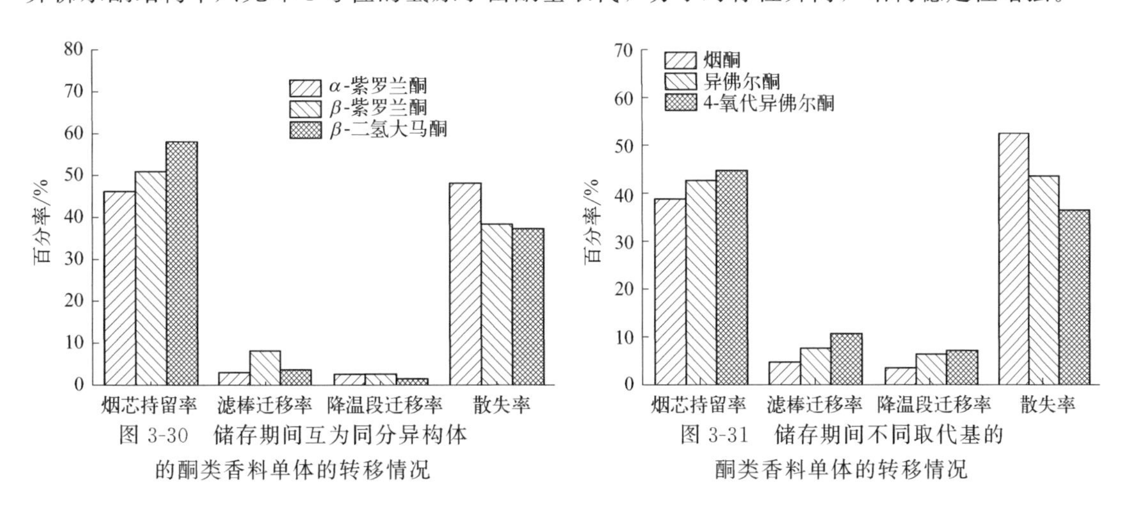

图 3-30 储存期间互为同分异构体的酮类香料单体的转移情况

图 3-31 储存期间不同取代基的酮类香料单体的转移情况

3.3.7 抽吸后酮类香料单体向主流烟气的转移行为分析

按照 3.3.2 中所述的方法，测定各酮类香料单体的转移率，如表 3-20 所示，结果表明：①抽吸后 20 种酮类香料单体的烟芯残留率在 0.49%～27.00%之间，其中 2-戊酮的烟芯残留率最低，为 0.49%，其次是羟基丙酮、2-庚酮、甲基环戊烯醇酮、麦芽酚，分别是

0.91%、1.57%、2.28%、4.31%；②滤棒截留率在1.37%～25.44%之间，其中巨豆三烯酮的滤棒截留率最低，为1.37%，其次是薄荷酮、金合欢基丙酮、2-癸酮、2-戊酮，分别是4.10%、5.10%、6.26%、6.53%；③酮类香料单体的主流烟气粒相物的转移率在1.06%～42.07%之间，其中乙基麦芽酚向主流烟气粒相物的转移率最高，为42.07%，其次是β-二氢大马酮、巨豆三烯酮、2-十一酮、β-紫罗兰酮，分别为37.13%、36.45%、35.35%、35.20%。

表3-20 20种酮类香料单体在加热卷烟抽吸后向主流烟气的转移行为分析

名称	分子量	沸点/℃	烟芯残留率/%	滤棒截留率/%	MS转移率/%
羟基丙酮	74	145.5	0.91	12.01	8.74
2-戊酮	86	102.7	0.49	6.53	1.06
巨豆三烯酮	190	289	10.58	1.37	36.45
2-庚酮	114	151	1.57	15.85	6.55
甲基环戊烯醇酮	112	212.2	2.28	25.44	21.61
3,4-二甲基-1,2-环戊二酮	126	187.4	13.90	20.54	18.37
6-甲基-3,5-庚二烯-2-酮	124	193.5	10.82	15.15	14.05
麦芽酚	126	284.7	4.31	20.40	27.67
异佛尔酮	138	215.2	11.57	23.69	21.89
4-氧代异佛尔酮	152	214.2	12.40	14.48	32.20
薄荷酮	154	205.0	17.95	4.10	22.08
2-癸酮	156	211	8.49	6.26	18.91
乙基麦芽酚	140	290.3	21.26	21.40	42.07
2-十一酮	170	230.8	11.36	16.80	35.35
β-大马酮	190	275.6	12.33	22.55	32.87
β-二氢大马酮	192	271	12.57	7.43	37.13
β-紫罗兰酮	192	254.8	8.66	15.03	35.20
α-紫罗兰酮	192	257.6	4.37	12.85	34.30
金合欢基丙酮	262	372.8	27.00	5.10	33.84
烟酮	154	214.6	5.81	15.89	19.15

整体而言，酮类香料在烟芯中持留率较大时，其向主流烟气的转移率就越高，乙基麦芽酚、β-二氢大马酮、巨豆三烯酮、2-十一酮和β-紫罗兰酮向主流烟气粒相物的转移率较高（>35%），与抽吸前的结论相符合。其中，乙基麦芽酚具持久的焦糖和水果香气，味甜，用于烟草中能增加烟气丰满度、减少杂气、降低刺激性、改善余味；β-二氢大马酮具有强烈的玫瑰香气以及果香、青香和烟草香韵，在烟草中能给予白肋烟香韵，增强混合型卷烟香气和风味；巨豆三烯酮有甜润又持久的烟草样香气和干果香气，具有烟草香和辛香底韵，用于烟草中能够增强烟香、改善吸味、调和烟气、减少刺激性；2-十一酮具有特定的芸香香气，浓度低时具有近似于桃的甜的风味，在烟草中使用可以增强干草香韵、增浓烟味；β-紫罗兰酮具有紫罗兰花特征的甜花香，带有木香底韵，用于烟草中能增加甜香和类似花香、木香以及醇和的吃味。因此，这五种酮类香料单体具有较好的加热卷烟香精调配应用潜力。

（1）互为同系物的酮类香料单体转移行为分析

如图3-32、表3-20所示，同系物碳原子数增加，分子量增大，互为同系物的2-戊酮、2-庚酮、2-癸酮、2-十一酮的烟芯残留率、向主流烟气粒相物转移率逐渐增大，滤棒截留率呈现出先增后减再增的趋势。其中，2-十一酮向主流烟气粒相物的转移率、烟芯残留率均较大，分别为35.35%、11.36%，2-癸酮的滤棒截留率最小，为6.26%。

(2) 不同饱和度的酮类香料单体转移行为分析

如图 3-33、表 3-20 所示，不同饱和度的 β-二氢大马酮、β-大马酮的烟芯残留率分别为 12.57%、12.33%，滤棒截留率分别为 7.43%、22.55%，向主流烟气粒相物的转移率分别为 37.13%、32.87%。由于 β-大马酮在抽吸期间滤棒截留率较大，其向主流烟气粒相物的转移率低于 β-二氢大马酮。

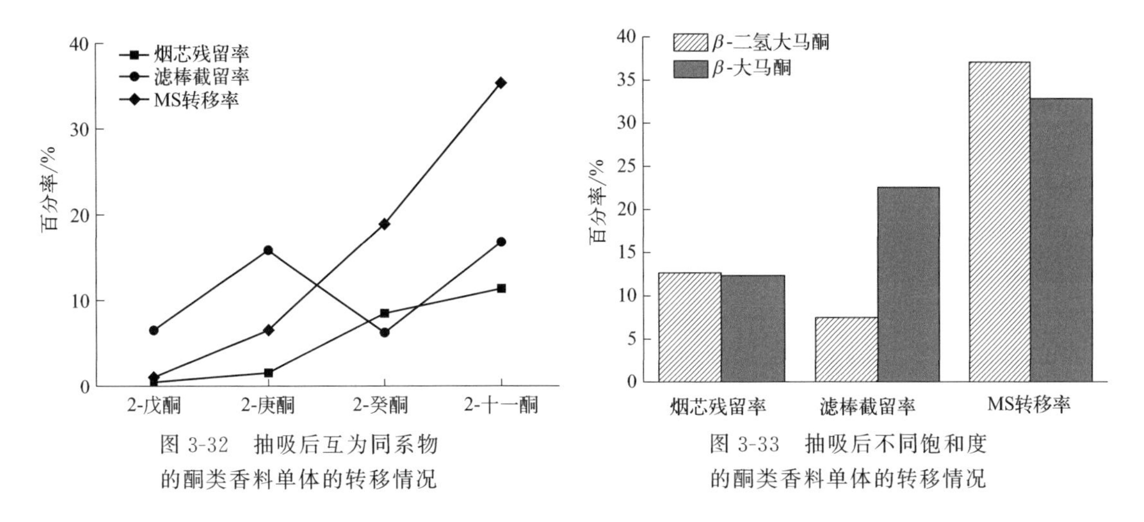

图 3-32　抽吸后互为同系物的酮类香料单体的转移情况

图 3-33　抽吸后不同饱和度的酮类香料单体的转移情况

(3) 互为同分异构体的酮类香料单体转移行为分析

如图 3-34、表 3-20 所示，α-紫罗兰酮、β-紫罗兰酮、β-二氢大马酮的烟芯残留率分别为 4.37%、8.66%、12.57%，滤棒截留率分别为 12.85%、15.03%、7.43%，向主流烟气粒相物的转移率分别为 34.30%、35.20%、37.13%。三者的烟芯残留率和主流烟气粒相物转移率逐渐增加，滤棒截留率呈现先增加再减小的趋势。

(4) 不同取代基的酮类香料单体转移行为分析

如图 3-35、表 3-20 所示，不同取代基的烟酮、异佛尔酮、4-氧代异佛尔酮的主流烟气粒相物转移率分别为 19.15%、21.89%、32.20%，烟芯残留率分别为 5.81%、11.57%、12.40%，滤棒截留率分别为 15.89%、23.69%、14.48%。三种酮类香料单体中，4-氧代异佛尔酮的烟芯残留率、主流烟气粒相物转移率最高，滤棒截留率最小，最适合作为烟芯加香的香原料，与抽吸前的结论相一致。

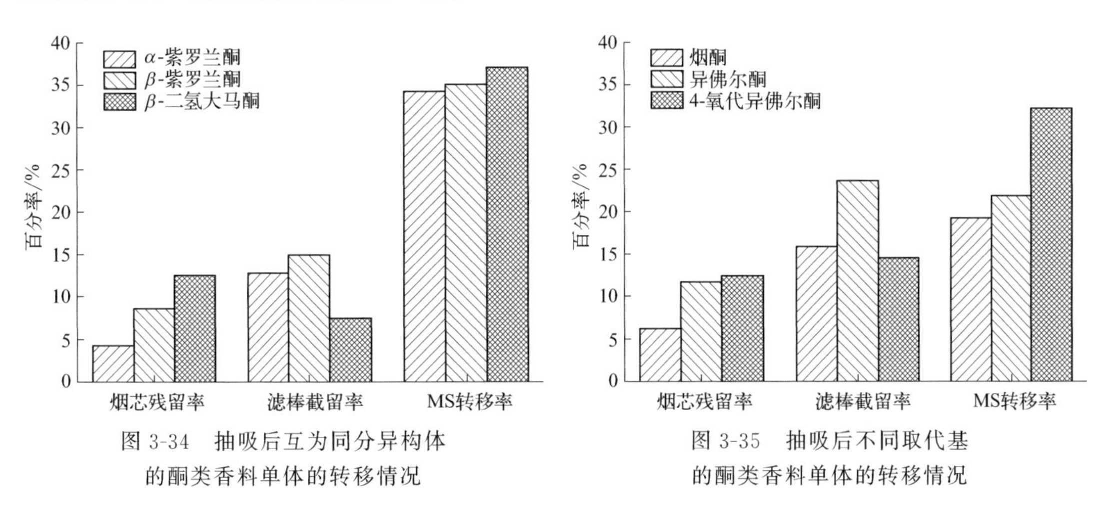

图 3-34　抽吸后互为同分异构体的酮类香料单体的转移情况

图 3-35　抽吸后不同取代基的酮类香料单体的转移情况

3.3.8 抽吸后酮类香料单体向主流烟气的逐口转移行为分析

按照 3.3.2 中所述的方法，测定各酮类香料单体的逐口转移率，如表 3-21 所示，酮类香料单体第 1 口到第 11 口的转移率为 0.12%～4.40%，其中乙基麦芽酚的逐口释放量均较大，其次是 β-二氢大马酮、β-紫罗兰酮、巨豆三烯酮、2-十一酮，这与 3.3.7 节所测主流烟气总粒相物转移率所得结果较一致。结果表明，随着加热卷烟抽吸口序的增加，各酮类香料单体的释放量均呈现先增大后减小的趋势，当抽吸口序为第 5 口至第 9 口时，酮类香料单体的逐口转移率分别达到最大。

表 3-21 20 种酮类香料单体在加热卷烟抽吸后向主流烟气的逐口转移行为分析

中文名称	第 1 口烟气转移率/%	第 2 口烟气转移率/%	第 3 口烟气转移率/%	第 4 口烟气转移率/%	第 5 口烟气转移率/%	第 6 口烟气转移率/%	第 7 口烟气转移率/%	第 8 口烟气转移率/%	第 9 口烟气转移率/%	第 10 口烟气转移率/%	第 11 口烟气转移率/%
羟基丙酮	0.24	0.49	0.83	0.93	1.06	1.28	1.14	1.05	0.82	0.81	0.67
2-戊酮	0.12	0.35	0.40	0.43	0.52	0.43	0.32	0.27	0.22	0.22	0.17
巨豆三烯酮	2.16	2.55	2.81	3.19	3.35	3.49	3.67	3.82	3.97	3.74	3.59
2-庚酮	0.23	0.40	0.65	0.94	1.16	1.26	1.24	1.03	0.84	0.61	0.53
甲基环戊烯醇酮	1.20	1.40	1.78	1.92	2.23	2.39	2.41	2.33	2.35	2.09	1.98
3,4-二甲基-1,2-环戊二酮	1.17	1.37	1.66	1.88	2.02	2.14	2.27	2.10	1.97	1.90	1.84
6-甲基-3,5-庚二烯-2-酮	0.84	0.98	1.27	1.42	1.75	1.90	2.05	1.93	1.70	1.51	1.42
麦芽酚	1.60	2.05	2.30	2.56	2.73	3.03	3.13	3.20	3.14	2.90	1.57
异佛尔酮	1.31	1.62	1.89	2.00	2.19	2.41	2.57	2.32	2.18	1.93	1.77
4-氧代异佛尔酮	2.20	2.54	2.70	3.06	3.23	3.35	3.49	3.26	3.13	2.85	2.66
薄荷酮	1.35	1.70	1.95	2.22	2.45	2.68	2.44	2.44	2.19	2.09	1.86
2-癸酮	1.19	1.48	1.72	1.84	2.04	2.24	2.19	2.03	1.83	1.79	1.60
乙基麦芽酚	2.60	2.96	3.23	3.42	3.61	3.81	3.94	4.23	4.40	4.25	4.13
2-十一酮	2.41	2.73	2.95	3.09	3.22	3.50	3.71	3.86	3.83	3.59	3.37
β-大马酮	2.15	2.40	2.74	2.99	3.18	3.29	3.42	3.67	3.74	3.53	3.36
β-二氢大马酮	2.55	2.91	3.11	3.39	3.56	3.83	3.90	4.02	4.08	3.95	3.73
β-紫罗兰酮	2.49	2.75	2.92	3.10	3.35	3.52	3.65	3.87	3.74	3.61	3.49
α-紫罗兰酮	2.45	2.73	2.90	3.09	3.21	3.34	3.41	3.54	3.38	3.28	3.14
金合欢基丙酮	2.19	2.44	2.73	2.97	3.26	3.41	3.47	3.61	3.35	3.27	3.03
烟酮	1.21	1.55	1.62	1.83	2.03	2.37	2.41	2.38	2.25	2.08	1.89

(1) 互为同系物的酮类香料单体逐口转移行为分析

图 3-36 显示了互为同系物的酮类香料单体的转移行为，随着分子量增大、沸点增高，互为同系物的 2-戊酮、2-庚酮、2-癸酮、2-十一酮的逐口转移率逐渐增大。其中，2-十一酮的逐口转移率均较大，逐口转移率最大值为 3.86%，最大值集中在第 8 口。

(2) 不同饱和度的酮类香料单体逐口转移行为分析

如图 3-37、表 3-21 所示，不同饱和度的酮类香料单体 β-二氢大马酮与 β-大马酮随着抽吸口序的增加转移率呈现先增加后减小的趋势，两者均在第 9 口达到最大，分别为 4.08%、3.74%，两者转移行为较为相似，β-二氢大马酮的逐口转移率较大。

(3) 互为同分异构体的酮类香料单体逐口转移行为分析

如图 3-38、表 3-21 所示，互为同分异构体的 β-紫罗兰酮、α-紫罗兰酮、β-二氢大马酮均随着抽吸口序的增加转移率呈现先增加后降低的趋势，沸点最高的 β-二氢大马酮的逐口转移率也最大。β-紫罗兰酮、α-紫罗兰酮均在第 8 口达到最大，最大值分别为 3.87%、3.54%，β-二氢大马酮在第 9 口达到最大，为 4.08%。其中 β-二氢大马酮的逐口抽吸率均为最大，这与 3.3.7 (3) 节的结论一致。

(4) 不同取代基的酮类香料单体逐口转移行为分析

如图 3-39、表 3-21 所示，不同取代基的酮类香料单体烟酮、异佛尔酮与 4-氧代异佛尔酮的逐口转移率均在第7口达到最大，最大值分别为2.41%、2.57%、3.49%。其中4-氧代异佛尔酮的逐口转移率明显高于其他两种酮类香料单体，较适合作为烟芯加香的香原料。

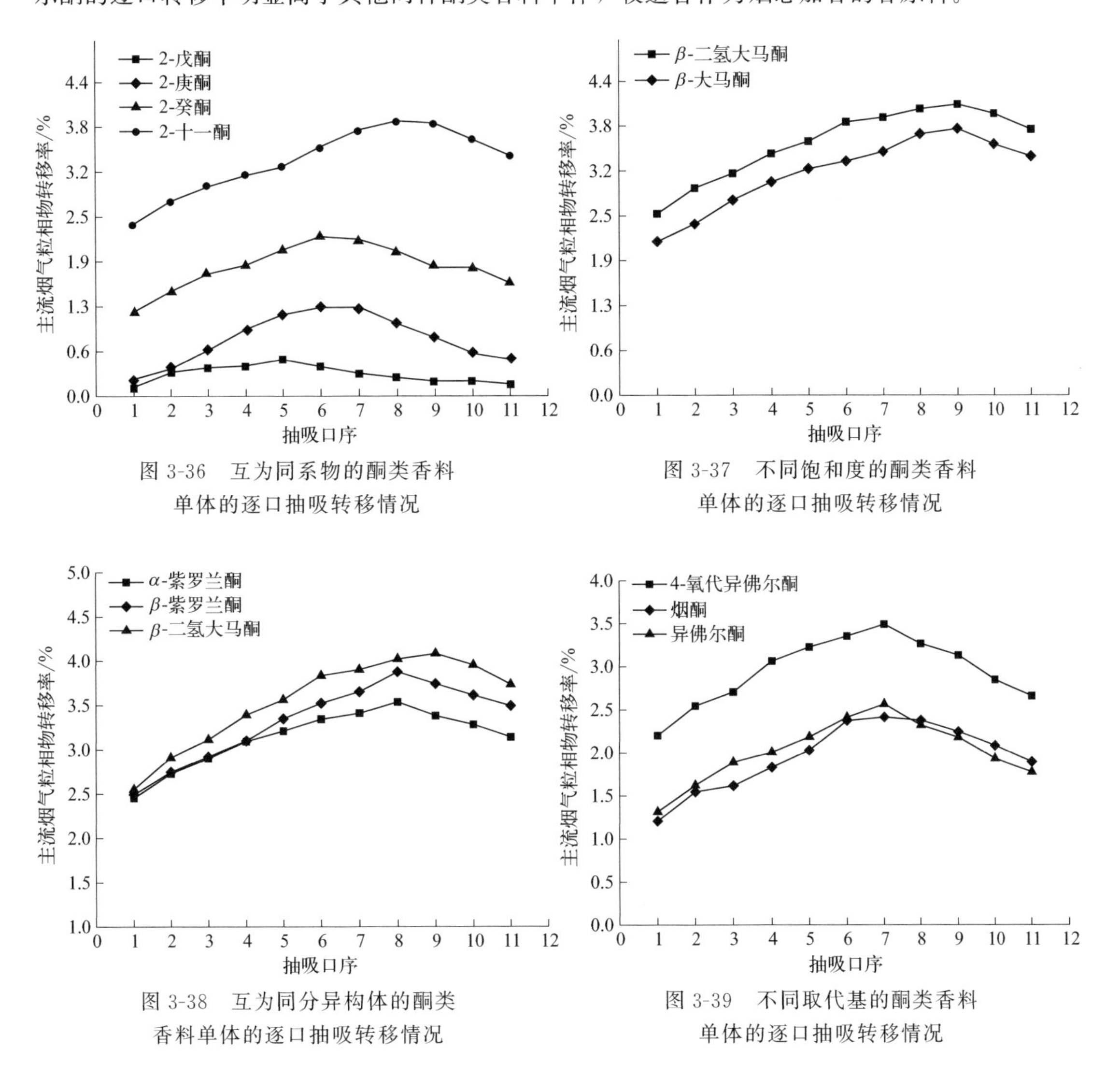

图3-36 互为同系物的酮类香料单体的逐口抽吸转移情况

图3-37 不同饱和度的酮类香料单体的逐口抽吸转移情况

图3-38 互为同分异构体的酮类香料单体的逐口抽吸转移情况

图3-39 不同取代基的酮类香料单体的逐口抽吸转移情况

3.3.9 小结

本实验利用气相色谱法建立了加热卷烟主流烟气粒相物中的酮类香料单体的检测方法，并对该方法的前处理条件进行了优化，从而揭示了加热卷烟芯材外加酮类香料单体在卷烟储存以及抽吸后的转移规律，结果表明：

(1) 当提取条件为：萃取溶剂为无水乙醇，萃取方式为摇床萃取，萃取液体积为12mL，萃取时间为15min时，萃取效率最高。

(2) 20种酮类香料单体在质量浓度1.30～80.0μg/mL范围内线性良好，检出限为0.0402～0.1376μg/mL、定量限为0.1339～0.4588μg/mL、RSD值为0.05%～2.55%，平均回收率为94.85%～108.91%，该方法重复性较好、回收率较高。

(3) 20种酮类香料单体的烟芯持留率为1.80%～84.13%、降温段迁移率为0～7.38%、滤棒迁移率为0.81%～17.70%、散失率为14.80%～86.28%、主流烟气粒相物转移率为1.06%～42.07%、烟芯残留率为0.49%～27.00%、滤棒截留率为1.37%～25.44%。

(4) 20种酮类香料单体的逐口转移率为0.12%～4.40%，随着抽吸口序的增加，逐口转移率均呈现先增加后降低的趋势。当加热卷烟进行前4口抽吸时，各香料单体的逐口释放量显著增大，当抽吸口序为第5口至第9口时，香料单体的转移率达到最大，而后逐渐降低。

(5) 互为同系物的酮类香料单体，随着碳链依次增长、沸点增大，其烟芯持留率、烟芯残留率、向主流烟气粒相物转移率以及逐口转移率逐渐增大，散失率逐渐减小。

(6) 互为同分异构的酮类香料单体，随着结构稳定性增强，其烟芯持留率、烟芯残留率、向主流烟气粒相物转移率以及逐口转移率逐渐增大，散失率逐渐减小。

(7) 不同饱和度以及不同取代基的酮类香料单体遵循物质沸点越高，其烟芯持留率、向主流烟气粒相物转移率以及逐口转移率越高，散失率越小的规律。

(8) 乙基麦芽酚、β-二氢大马酮、巨豆三烯酮、2-十一酮和β-紫罗兰酮的烟芯持留率、向主流烟气粒相物转移率以及逐口转移率相对较高，迁移率、散失率相对较低，具有较好的加热卷烟香精调配应用潜力。

3.4 醛类香料单体在加热卷烟中的转移行为研究

3.4.1 实验材料、试剂与仪器

(1) 材料与试剂

加热卷烟［(12mm烟芯段+23mm降温腔体固件+10mm醋纤滤棒)×圆周22mm］由江苏中烟工业有限责任公司提供；使用江苏中烟加热卷烟烟具进行感官质量评价。

丁醛、异戊醛、2-甲基丁醛、戊醛、3-甲硫丙醛、己醛、糠醛、反式-2-己烯醛、苯甲醛、苯乙醛、邻甲基苯甲醛、反式-2-壬烯醛、4-乙基苯甲醛、癸醛、5-羟甲基糠醛、枯茗醛、大茴香醛、柠檬醛、十一醛、2-羟基-4-甲氧基苯甲醛、香兰素、3-(4-异丙苯基)异丁醛、藜芦醛、苯乙酸苯乙酯（内标）(≥98%，北京百灵威科技有限公司)。

无水乙醇、异丙醇、二氯甲烷、正己烷（≥99.9%，色谱级，天津市大茂化学试剂厂）。

(2) 实验仪器

本实验所用主要仪器如表3-22所示。

表3-22 主要实验仪器

仪器	型号规格	生产厂商
超声波清洗机	SB-3200DT	宁波新芝生物科技股份有限公司
全温振荡培养箱	HZQ-F160	苏州培英实验设备有限公司
电子天平	EL204	Mettler-Toledo仪器(上海)有限公司
恒温恒湿箱	KBF720	德国弗兰茨宾德有限公司
转盘式吸烟机	RM20H	德国Borgwaldt KC公司
气相色谱仪	GKA218/8890	美国Agilent公司

3.4.2 方法

(1) 标准溶液的配制

配制以无水乙醇为溶剂、浓度为40μg/mL苯乙酸苯乙酯的内标溶液。精确称取一定质量的各醛类香料标品于容量瓶中，用内标溶液逐级稀释，得到质量浓度为1.29μg/mL、2.57μg/mL、5.15μg/mL、10.3μg/mL、17.2μg/mL、24.5μg/mL、49.0μg/mL、70.0μg/mL的系列标准工作溶液。

(2) 醛类香料单体的添加及放置

分别精确称取23种醛类香料单体0.0587g于10mL容量瓶中，用无水乙醇定容后摇匀，制备混合香料溶液。使用微量进样器采用中心注射法将10μL加香溶液注射入空白加热卷烟，制备加香量为加热卷烟烟芯质量0.5%的加香卷烟。然后在密封袋内于恒温恒湿(22℃±2℃，RH60%±5%)环境放置48h以上。

(3) 样品前处理

选取8支加香加热卷烟以及空白加热卷烟，迅速将其分为烟芯段、降温段（包括中空和降温材料）和滤棒段，将这三段剪碎后分别转移至50mL锥形瓶中，各加入12mL含有苯乙酸苯乙酯的无水乙醇萃取液（40μg/mL），分别摇床振荡20min，萃取液过膜后进行GC分析。

采用RM20H转盘式吸烟机参考加拿大深度抽吸模式(HCI)的标准要求[87]进行加热卷烟的抽吸。抽吸参数为：抽吸曲线方形、抽吸容量55mL、持续时间3s、抽吸间隔30s、抽吸11口，采用直径44mm的剑桥滤片捕集8支加热卷烟气溶胶中的粒相物，保留烟支。抽吸结束后，分别将剑桥滤片、滤棒以及烟芯转移至50mL的锥形瓶中，分别加入12mL含40μg/mL苯乙酸苯乙酯（内标）的无水乙醇溶液，分别摇床振荡20min，萃取液过膜后进行GC分析。

采用RM20H转盘式吸烟机配备逐口抽吸装置进行逐口抽吸，抽吸参数同上，用11张剑桥滤片分别捕集对应于50支加热卷烟11个抽吸口序的气溶胶中的粒相物。抽吸结束后，将11张剑桥滤片分别置于50mL的锥形瓶中，各加入12mL含40μg/mL苯乙酸苯乙酯（内标）的无水乙醇溶液，摇床振荡20min，萃取液过膜后进行GC分析。

(4) GC的分析条件

色谱柱：HP-5MS毛细管柱（30m×0.25mm×0.25μm）；进样口温度：250℃；检测器(FID)温度：280℃；载气：氦气（≥99.999%），载气流速：1.0mL/min；尾吹气：25mL/min；空气：450mL/min；氢气：40mL/min；分流比：15∶1；进样量：1μL；升温程序：40℃（保持3min），5℃/min升到90℃（保持3min），再以2℃/min升到120℃（保持3min），再以8℃/min升到250℃（保持3min）。

3.4.3 持留率、迁移率、散失率、转移率、截留率分析

按照3.1.3中所述方法计算烟丝持留率、滤棒迁移率、降温段迁移率、散失率、烟气转移率、滤棒截留率、烟丝残留率以及逐口转移率。

3.4.4 结果与讨论

以下介绍前处理条件的优化。

① 萃取溶剂的选择

按照3.4.2中所述方法，采用摇床萃取、摇床时间为20min、萃取液体积为12mL的条件，改变萃取液的种类，考察无水乙醇、正己烷、二氯甲烷和异丙醇4种不同溶剂对剑桥滤片中各醛类香味成分萃取效率的影响，如图3-40所示。结果表明，无水乙醇对各醛类香料单体具有较高的萃取效率，因此选择无水乙醇作为萃取溶剂。

② 萃取方式的选择

按照3.4.2中所述方法，采用萃取时间为20min、萃取剂选择无水乙醇、萃取液体积为12mL的条件，改变萃取方式，考察超声和振荡两种不同萃取方式对各醛类香料单体萃取效率的影响，如图3-41所示。结果表明，摇床萃取对各醛类香料单体具有较高的提取效率，因此选择摇床萃取作为萃取方式。

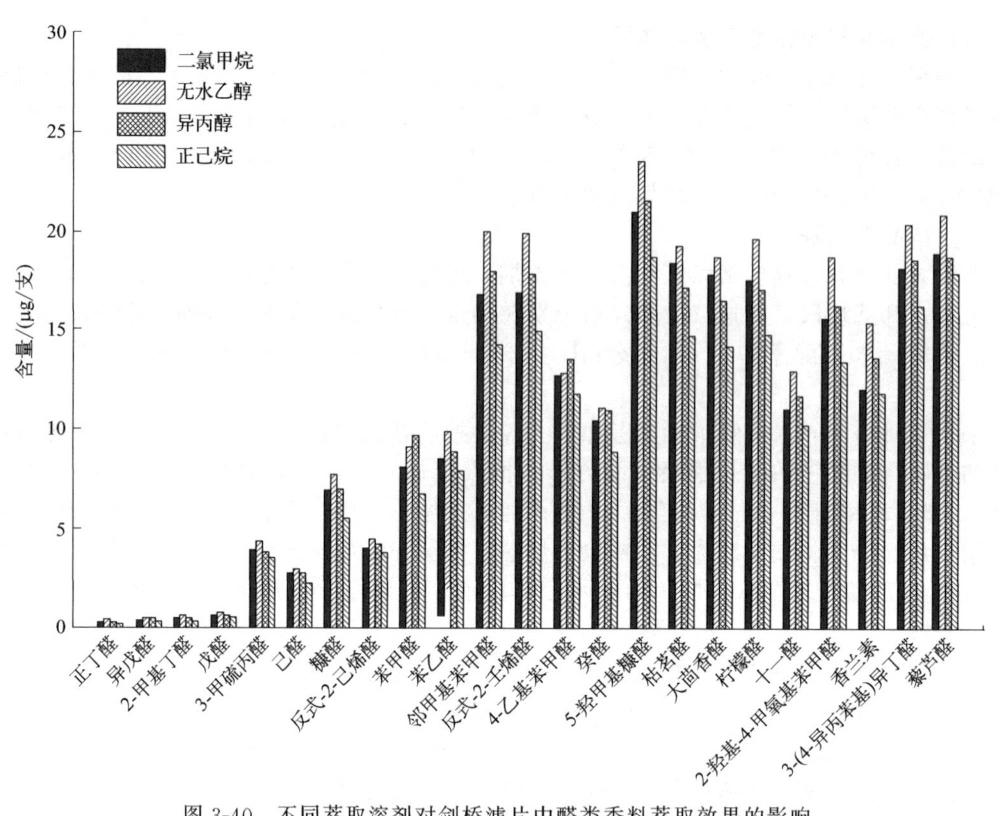

图 3-40 不同萃取溶剂对剑桥滤片中醛类香料萃取效果的影响

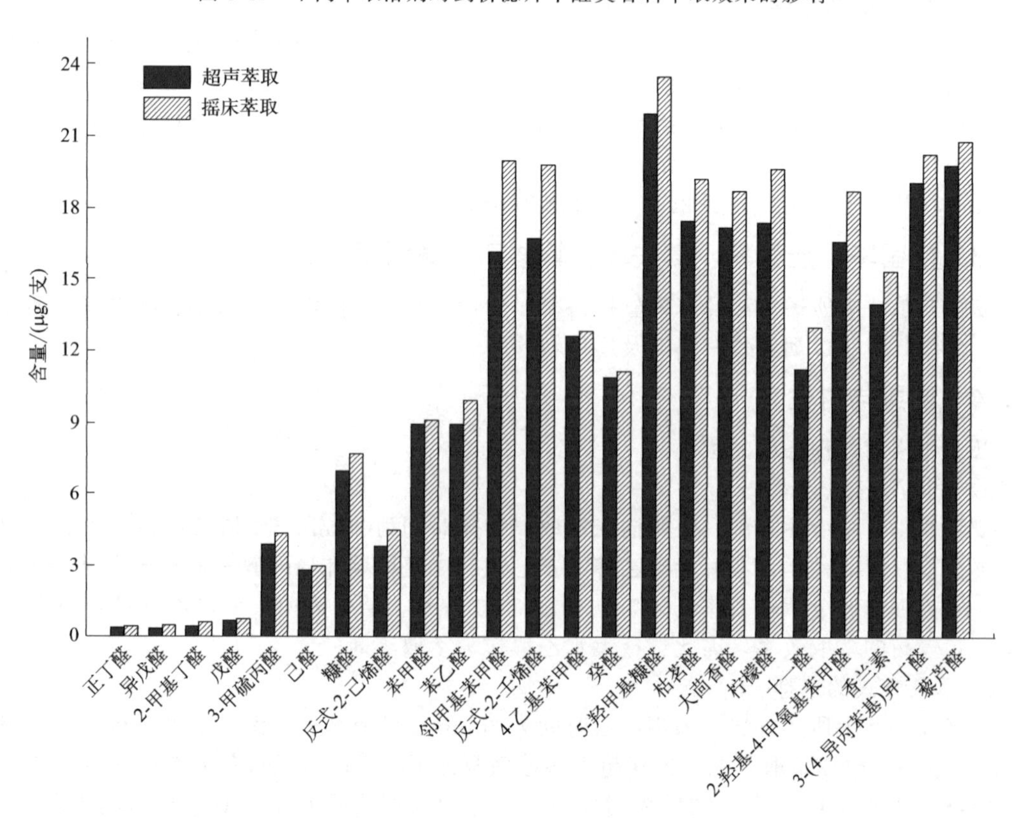

图 3-41 不同萃取方式对剑桥滤片中醛类香料萃取效果的影响

③ 萃取时间的选择

按照3.4.2中所述方法，采用摇床萃取、萃取剂为无水乙醇、萃取液体积为12mL的条件，改变萃取时间，考察不同萃取时间5min、10min、15min、20min、25min对各醛类香料单体萃取效率的影响，如图3-42所示。结果表明，萃取时间为20min对各醛类香料单体具有较高的提取效率，因此选择20min作为萃取时间。

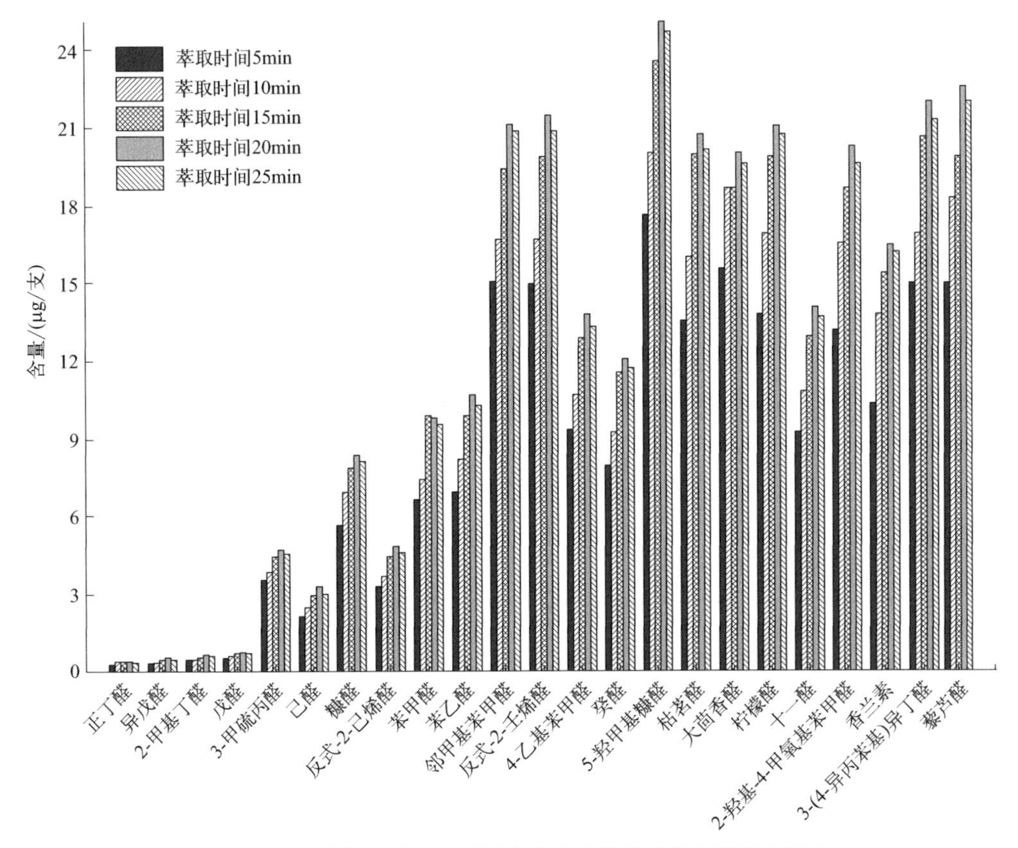

图3-42 不同萃取时间对剑桥滤片中醛类香料萃取效果的影响

④ 萃取液体积的选择

按照3.4.2中所述方法，采用摇床萃取、萃取剂为无水乙醇、萃取时间为20min的条件，改变萃取液体积，考察萃取液不同体积6mL、8mL、10mL、12mL、14mL对各醛类香料单体萃取效率的影响，如图3-43所示。结果表明，萃取液体积12mL对各醛类香料单体具有较高的提取效率，因此选择12mL作为萃取液体积。

3.4.5 方法学评价

(1) 工作曲线、精密度、检出限和定量限

分别取系列标准工作溶液进行GC分析，横坐标为各醛类香料单体的峰面积与内标物峰面积的比值（x），纵坐标为各醛类香料单体的浓度与内标物浓度的比值（y），作各醛类香料单体的标准工作曲线，采用最低浓度的标样反复进样10次，以测定值的3倍标准偏差为检出限、10倍标准偏差为定量限，并计算5次重复试验的相对标准偏差（RSD），如表3-23所示。结果表明，23种醛类香料单体在质量浓度1.29～70.0μg/mL范围内线性良好（$R^2 \geq$ 0.9990），检出限为0.0542～0.1522μg/mL，定量限为0.1806～0.5072μg/mL，RSD值为0.06%～2.11%，该方法重复性较好。

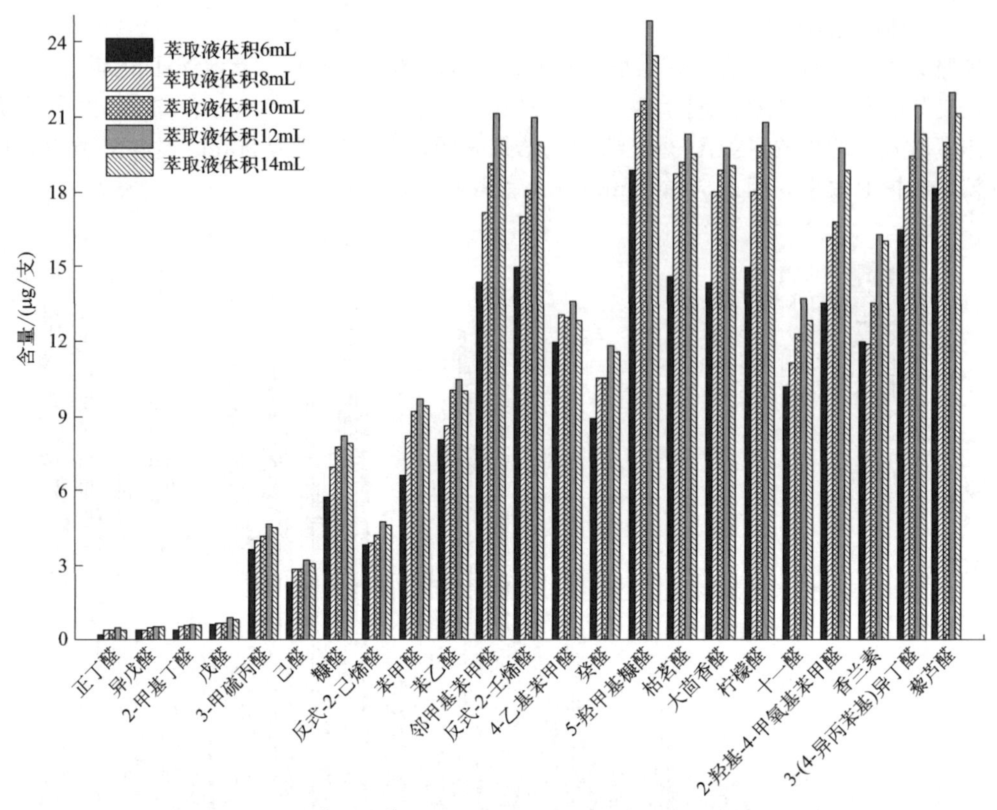

图 3-43　不同萃取液体积对剑桥滤片中醛类香料萃取效果的影响

表 3-23　23 种醛类香料单体的线性方程、相关系数、RSD、检出限和定量限

名称	回归方程	相关系数 (R^2)	RSD /%	检出限 /(μg/mL)	定量限 /(μg/mL)
丁醛	$y=1.9925x-0.016$	0.9995	0.1474	0.0912	0.3042
异戊醛	$y=2.5781x-0.0375$	0.9991	0.5359	0.0542	0.1806
2-甲基丁醛	$y=1.7097x+0.2135$	0.9991	0.2197	0.1022	0.3405
戊醛	$y=5.2897x-0.0914$	0.9992	1.8897	0.0912	0.3042
3-甲硫丙醛	$y=3.8067x+0.001$	0.9993	0.5458	0.0542	0.1807
己醛	$y=2.2531x-0.0247$	0.9994	1.2624	0.0712	0.2375
糠醛	$y=1.6154x+0.1339$	0.9990	0.2832	0.1231	0.4105
反式-2-己烯醛	$y=2.6468x+0.0457$	0.9993	0.8323	0.0645	0.2150
苯甲醛	$y=1.6661x+0.02$	0.9994	0.7457	0.0715	0.2384
苯乙醛	$y=1.4623x+0.085$	0.9993	0.2434	0.0812	0.2708
邻甲基苯甲醛	$y=1.2196x+0.0896$	0.9990	2.1078	0.0612	0.2042
反式-2-壬烯醛	$y=1.5536x+0.0173$	0.9997	0.1266	0.1021	0.3405
4-乙基苯甲醛	$y=1.1596x+0.0042$	0.9991	0.4209	0.1212	0.4042
癸醛	$y=1.2618x-0.0045$	0.9992	0.1413	0.1452	0.4841
5-羟甲基糠醛	$y=4.0668x-0.051$	0.9990	0.1278	0.0612	0.2042
枯茗醛	$y=1.0815x+0.0556$	0.9995	1.1758	0.0813	0.2709
大茴香醛	$y=5.6113x-0.0212$	0.9991	0.0688	0.0612	0.2042
柠檬醛	$y=4.1239x-0.0316$	0.9996	0.0588	0.1216	0.4055
十一醛	$y=1.3462x+0.0488$	0.9994	1.1183	0.1522	0.5072
2-羟基-4-甲氧基苯甲醛	$y=2.1978x+0.1024$	0.9994	0.5146	0.0813	0.2709
香兰素	$y=1.7188x+0.0729$	0.9995	1.6126	0.0912	0.3042
3-(4-异丙苯基)异丁醛	$y=0.8248x+0.0366$	0.9990	1.0133	0.1015	0.3382
藜芦醛	$y=1.3286x+0.1321$	0.9993	0.8422	0.1312	0.4375

(2) 加标回收率

选择标样加入法测定加标回收率，选取 3 份醛类加香加热卷烟样品，分别加入低、中、高三个不同水平浓度的混标溶液，按照 4.4.2 中所述方法，测定 3 个不同加标水平下的 23 种醛类香料单体的回收率，平行测定 3 次，如表 3-24 所示，结果表明，23 种醛类香料单体的平均回收率在 91.05%～108.21%，该方法回收率较高。

表 3-24　23 种醛类香料单体的加标回收率的测定

名称	原质量分数 /(mg/支)	加标量 /(mg/支)	测定值 /(mg/支)	平均回收率 /%
丁醛	0.0005	0.0003	0.0303	95.12
		0.0006	0.0644	102.12
		0.0009	0.0954	101.12
异戊醛	0.0007	0.0004	0.0378	96.12
		0.0008	0.0825	106.12
		0.0012	0.1117	96.05
2-甲基丁醛	0.0013	0.0008	0.0817	98.12
		0.0016	0.1621	94.12
		0.0025	0.2351	95.12
戊醛	0.0017	0.0009	0.0925	102.12
		0.0018	0.1726	96.12
		0.0027	0.2738	102.02
3-甲硫丙醛	0.0043	0.0022	0.0079	106.12
		0.0044	0.4567	102.03
		0.0067	0.6968	104.12
己醛	0.0030	0.0015	0.2396	95.21
		0.0030	0.3138	103.05
		0.0045	0.4376	96.05
糠醛	0.0078	0.0040	0.3842	94.12
		0.0080	0.8005	99.11
		0.0120	1.2679	105.02
反式-2-己烯醛	0.0045	0.0023	0.2418	103.12
		0.0046	0.4567	98.25
		0.0069	0.7365	106.02
苯甲醛	0.0092	0.0045	0.4987	108.21
		0.0090	0.9684	106.03
		0.0136	1.3418	98.20
苯乙醛	0.0100	0.0051	0.5047	96.13
		0.0103	1.0858	104.52
		0.0154	1.5389	99.03
邻甲基苯甲醛	0.0199	0.0099	1.0338	102.31
		0.0198	1.9468	97.22
		0.0297	3.0233	101.02
反式-2-壬烯醛	0.0198	0.0101	1.0595	103.21
		0.0201	1.8938	93.02
		0.0302	3.1934	105.02
4-乙基苯甲醛	0.0138	0.0067	0.6591	96.12
		0.0134	1.3593	100.22
		0.0201	2.1092	104.05
癸醛	0.0111	0.0057	0.5324	91.10
		0.0114	1.1922	103.20
		0.0172	1.8309	106.01

续表

名称	原质量分数/(mg/支)	加标量/(mg/支)	测定值/(mg/支)	平均回收率/%
5-羟甲基糠醛	0.0235	0.0112	1.2020	105.12
		0.0224	2.1787	96.12
		0.0336	3.3236	98.12
枯茗醛	0.0192	0.0099	1.0450	103.51
		0.0198	1.9619	98.02
		0.0297	2.8738	96.02
大茴香醛	0.0186	0.0090	0.8976	98.12
		0.0179	1.8356	101.41
		0.0269	2.4656	91.05
柠檬醛	0.0195	0.0101	1.0771	105.22
		0.0201	2.0504	101.02
		0.0302	2.9463	97.06
十一醛	0.0130	0.0065	0.6677	101.23
		0.0129	1.2435	95.12
		0.0194	1.9572	100.20
2-羟基-4-甲氧基苯甲醛	0.0184	0.0090	0.8789	95.12
		0.0181	1.7038	93.16
		0.0271	2.7871	102.03
香兰素	0.0153	0.0084	0.8036	94.12
		0.0167	1.7415	103.06
		0.0251	2.5941	102.64
3-(4-异丙苯基)异丁醛	0.0201	0.0106	1.0362	96.13
		0.0211	2.0315	95.14
		0.0317	3.2234	101.02
藜芦醛	0.0210	0.0103	1.0219	97.12
		0.0206	2.1261	102.13
		0.0309	2.9588	95.02

(3) 溶液稳定性

取混合香料溶液1份，加入内标物制备各单体质量浓度为58.7μg/mL的混合溶液，在室温条件下放置0h、3h、7h、10h、13h、24h后，按照3.4.2中所述的分析方法进样测定，计算各醛类香料单体与内标物的峰面积比值（见表3-25），由表可知，23种醛类香料单体的RSD在1.09%～4.14%（$n=3$），表明样品溶液在24h内稳定。

表3-25　23种醛类香料单体的稳定性测定结果

名称	时间/h						平均值	RSD/%
	0	3	7	10	13	24		
丁醛	0.7247	0.7182	0.7166	0.7034	0.6941	0.6927	0.7083	1.8980
异戊醛	0.9125	0.9242	0.9160	0.9030	0.8909	0.8685	0.9025	2.2410
2-甲基丁醛	1.1216	1.0792	1.1068	1.0970	1.0983	0.9961	1.0832	4.1379
戊醛	0.8123	0.8068	0.8022	0.7921	0.7843	0.7699	0.7946	1.9853
3-甲硫丙醛	1.0213	1.0201	1.0148	0.9942	0.9900	0.9688	1.0015	2.0798
己醛	1.3125	1.2962	1.2996	1.2434	1.2681	1.1872	1.2678	3.6847
糠醛	0.9125	0.9042	0.9076	0.9033	0.8908	0.8747	0.8988	1.5395
反式-2-己烯醛	1.5125	1.5098	1.5104	1.4364	1.4616	1.4301	1.4768	2.6297
苯甲醛	1.3063	1.2901	1.2954	1.2887	1.2626	1.2338	1.2795	2.0791
苯乙醛	1.4126	1.4127	1.4061	1.3854	1.3718	1.3481	1.3895	1.8755

续表

名称	时间/h						平均值	RSD/%
	0	3	7	10	13	24		
邻甲基苯甲醛	1.2031	1.2077	1.1950	1.2086	1.2079	1.1347	1.1928	2.4263
反式-2-壬烯醛	0.8422	0.8435	0.8485	0.8176	0.7953	0.7943	0.8236	3.0040
4-乙基苯甲醛	0.9125	0.9142	0.9066	0.9034	0.9121	0.8747	0.9039	1.6454
癸醛	1.2315	1.2207	1.2202	1.1629	1.2296	1.1591	1.2040	2.7949
5-羟甲基糠醛	0.6125	0.6002	0.5966	0.5953	0.6094	0.5967	0.6018	1.2164
枯茗醛	1.5125	1.5221	1.5196	1.4734	1.4761	1.4182	1.4870	2.6881
大茴香醛	1.4216	1.3932	1.4277	1.4291	1.4065	1.3261	1.4007	2.7887
柠檬醛	0.8314	0.8348	0.8144	0.8277	0.7995	0.7800	0.8146	2.6233
十一醛	0.9125	0.9142	0.9058	0.9033	0.8909	0.8471	0.8956	2.8098
2-羟基-4-甲氧基苯甲醛	1.0313	1.0207	1.0072	1.0385	0.9879	0.9392	1.0041	3.6413
香兰素	1.0613	1.0440	1.0881	1.0575	1.0453	0.9927	1.0482	3.0051
3-(4-异丙苯基)异丁醛	1.6125	1.6021	1.5958	1.5733	1.5858	1.5671	1.5894	1.0895
藜芦醛	1.3027	1.3029	1.3205	1.2841	1.2936	1.2802	1.2973	1.1326

3.4.6 储存期间醛类香料单体的转移行为分析

按照3.4.2中所述的方法，测定各醛类香料单体的转移率，如表3-26所示，结果表明：①在储存期间，23种醛类香料单体的烟芯持留率在6.49%～89.64%之间，其中5-羟甲基糠醛的烟芯持留率最大，为89.64%，其次是香兰素、大茴香醛、藜芦醛、柠檬醛，分别为74.42%、71.20%、69.45%、62.85%；②降温段迁移率在0.12%～10.29%之间，其中大茴香醛的降温段迁移率最小，为0.12%，其次是5-羟甲基糠醛、藜芦醛、2-羟基-4-甲氧基苯甲醛、十一醛，分别为1.09%、1.15%、1.25%、2.83%；③滤棒迁移率在5.36%～19.74%之间，其中大茴香醛的滤棒迁移率最小，为5.36%，其次是5-羟甲基糠醛、藜芦醛、十一醛、2-羟基-4-甲氧基苯甲醛，分别为6.06%、6.72%、7.06%、7.72%；④散失率在3.21%～78.32%之间，其中5-羟甲基糠醛的散失率最小，为3.21%，其次是香兰素、柠檬醛、藜芦醛、大茴香醛，分别为4.57%、17.92%、21.68%、23.31%。综上所述，23种醛类香料单体的滤棒迁移率高于降温段迁移率，可能与滤棒段材质对香料的吸附能力较强有关，5-羟甲基糠醛、香兰素、大茴香醛的烟芯持留率高（>70%），散失率小，迁移率较小。

表3-26 23种醛类香料单体在卷烟抽吸前的转移行为分析

名称	分子量	沸点/℃	烟芯持留率/%	滤棒迁移率/%	降温段迁移率/%	散失率/%
丁醛	72	77.6	6.49	11.99	3.21	78.32
异戊醛	86	93	8.69	12.78	7.59	70.94
2-甲基丁醛	86	93.5	12.07	11.66	6.13	70.13
戊醛	86	103.7	16.90	11.16	4.96	66.99
3-甲硫丙醛	104	165	18.92	12.58	6.28	62.22
己醛	100	128	19.94	10.42	5.06	64.58
糠醛	96	161	19.34	11.53	9.16	59.97
反式-2-己烯醛	98	147	22.45	19.74	5.16	52.66
苯甲醛	106	179	24.57	17.99	10.29	47.16
苯乙醛	120	198	35.13	13.82	9.71	41.34
邻甲基苯甲醛	120	201	30.11	15.59	7.94	46.35
反式-2-壬烯醛	140	205	39.23	9.25	2.91	48.61
4-乙基苯甲醛	134	221	41.87	14.42	5.90	37.81
癸醛	156	207	41.09	8.68	2.99	47.23

续表

名称	分子量	沸点/℃	烟芯持留率/%	滤棒迁移率/%	降温段迁移率/%	散失率/%
5-羟甲基糠醛	126	291.5	89.64	6.06	1.09	3.21
枯茗醛	148	235	48.36	10.23	3.62	37.79
大茴香醛	136	248	71.20	5.36	0.12	23.31
柠檬醛	152	229	62.85	12.76	6.47	17.92
十一醛	170	226.1	55.51	7.06	2.83	34.60
2-羟基-4-甲氧基苯甲醛	152	271.5	62.39	7.72	1.25	28.63
香兰素	152	282.6	74.42	15.38	5.63	4.57
3-(4-异丙苯基)异丁醛	190	270	56.83	9.24	2.99	30.94
藜芦醛	166	281	69.45	6.72	1.15	21.68

(1) 互为同系物的醛类香料单体转移行为分析

如图3-44、表3-26所示，随着同系物碳原子数增加，分子量增大，互为同系物的丁醛、戊醛、己醛、癸醛、十一醛的烟芯持留率逐渐增加，其中十一醛的烟芯持留率最高，为55.51%；降温段迁移率呈先升高后降低的趋势，其中十一醛的迁移率最低，为2.83%；滤棒迁移率、散失率均逐渐减小，其中十一醛的滤棒迁移率、散失率均为最低，分别为7.06%、34.60%。5种醛类香料单体烟芯持留率以及散失率差别较大，可能由于沸点相差较大导致。

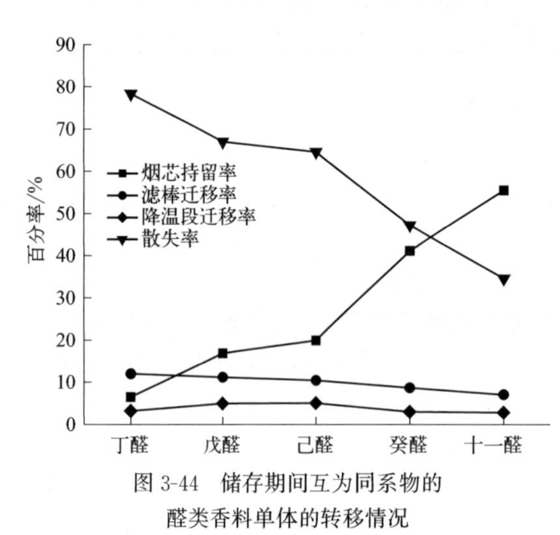

图3-44 储存期间互为同系物的醛类香料单体的转移情况

(2) 互为同分异构体的醛类香料单体转移行为分析

如图3-45、表3-26所示，互为同分异构体的异戊醛、2-甲基丁醛、戊醛的烟芯持留率分别为8.69%、12.07%、16.90%，滤棒迁移率分别为12.78%、11.66%、11.16%，降温段迁移率分别为7.59%、6.13%、4.96%，散失率分别为70.94%、70.13%、66.99%。三者烟芯持留率为戊醛>2-甲基丁醛>异戊醛，原因可能是由于互为同分异构的醛类香料单体支链越多，分子间距越大，稳定性降低以及挥发性增加。

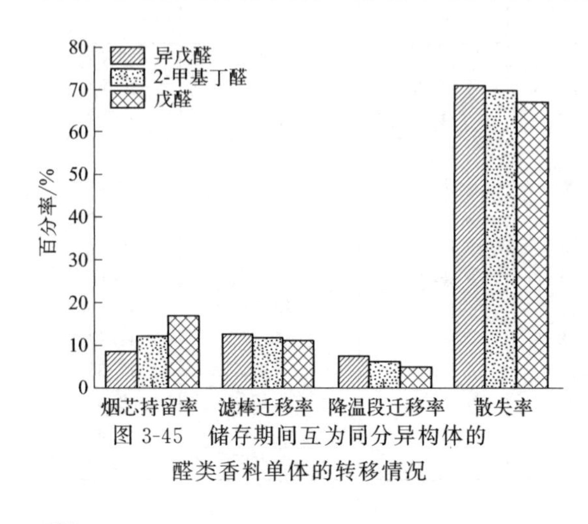

图3-45 储存期间互为同分异构体的醛类香料单体的转移情况

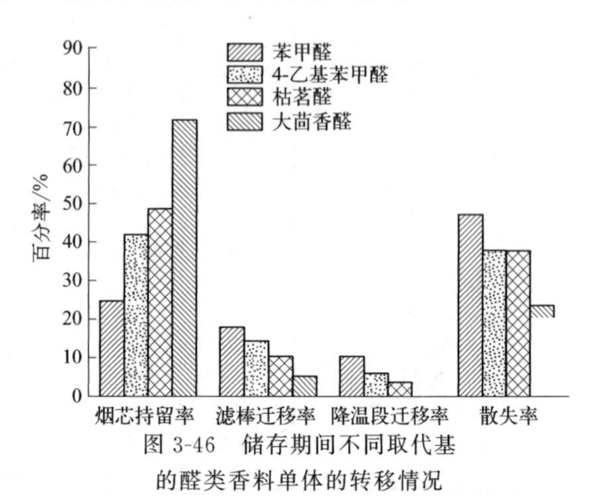

图3-46 储存期间不同取代基的醛类香料单体的转移情况

(3) 不同取代基的醛类香料单体转移行为分析

如图3-46、表3-26所示，不同取代基的苯甲醛、4-乙基苯甲醛、枯茗醛、大茴香醛的烟芯持留率分别为24.57%、41.87%、48.36%、71.20%，滤棒迁移率分别为17.99%、14.42%、10.32%、5.36%，降温段迁移率分别为10.29%、5.90%、3.62%、0.12%，散失率分别为47.16%、37.81%、37.79%、23.31%。四种醛类香料单体中，大茴香醛的烟芯持留率最高、散失率最小，最适合作为烟芯加香的香原料，这可能与分子结构有关。

3.4.7 抽吸后醛类香料单体向主流烟气的转移行为分析

按照3.4.2中所述的方法，测定各醛类香料单体的转移率，如表3-27所示，结果表明：①抽吸后23种醛类香料单体的烟芯残留率在3.53%～29.15%之间，其中丁醛的烟芯残留率最低，为3.53%，其次是异戊醛、2-甲基丁醛、戊醛、己醛，分别是4.54%、5.60%、9.03%、9.94%；②滤棒截留率在5.20%～28.61%之间，其中苯甲醛的滤棒截留率最低，为5.20%，其次是丁醛、3-甲硫丙醛、十一醛、大茴香醛，分别是5.62%、5.81%、6.80%、7.87%；③醛类香料单体的主流烟气粒相物的转移率在0.65%～41.09%之间，其中5-羟甲基糠醛向主流烟气粒相物的转移率最高，为41.09%，其次是藜芦醛、香兰素、大茴香醛、柠檬醛，分别是35.07%、31.50%、31.23%、30.73%。

表3-27　23种醛类香料单体在加热卷烟抽吸后向主流烟气的转移行为分析

名称	分子量	沸点/℃	烟芯残留率/%	滤棒截留率/%	MS转移率/%
丁醛	72	77.6	3.53	5.62	0.65
异戊醛	86	93	4.54	15.36	0.84
2-甲基丁醛	86	93.5	5.60	10.60	0.94
戊醛	86	103.7	9.03	10.07	1.29
3-甲硫丙醛	104	165	11.49	5.81	7.11
己醛	100	128	9.94	17.23	5.36
糠醛	96	161	11.89	9.60	13.44
反式-2-己烯醛	98	147	14.68	15.04	8.05
苯甲醛	106	179	12.55	5.20	16.47
苯乙醛	120	198	13.48	21.15	18.47
邻甲基苯甲醛	120	201	13.15	14.72	23.51
反式-2-壬烯醛	140	205	15.98	9.77	23.51
4-乙基苯甲醛	134	221	16.25	19.11	24.36
癸醛	156	207	17.26	14.53	20.20
5-羟甲基糠醛	126	291.5	29.15	23.29	41.09
枯茗醛	148	235	19.93	20.11	22.18
大茴香醛	136	248	21.10	7.87	31.23
柠檬醛	152	229	19.84	14.21	30.73
十一醛	170	226.1	20.72	6.80	25.16
2-羟基-4-甲氧基苯甲醛	152	271.5	23.67	9.96	29.22
香兰素	152	282.6	27.42	28.61	31.50
3-(4-异丙苯基)异丁醛	190	270	14.70	22.82	30.24
藜芦醛	166	281	24.94	12.56	35.07

整体而言，醛类香料在烟芯中持留率较大时，其向主流烟气的转移率就越高，5-羟甲基糠醛、藜芦醛、香兰素、大茴香醛和柠檬醛向主流烟气粒相物的转移率较高（>30%），与抽吸前的结论相符合。其中，5-羟甲基糠醛具有甘菊花味，用于烟草中可以增强卷烟烟气的烤烟香及焦糖香；藜芦醛具有非常甜的、木质的、类似香草的香气，甜的、类似香草的味道，在烟草中能增强坚果、焦糖香气；香兰素具有浓而甜的香荚兰豆特征气味，香气持久，与烟草香气非常谐调，赋予烟草丰满柔和的风味，也可用以修饰可可、坚果、脂香等香韵；大茴香醛具有花的、类似干草的香气，甜的、茴香的草本植物的味道，常用于辛香香精中（例如茴香或甘草型）；柠檬醛具有强烈的柠檬样香气，即特有的苦甜味道，用于烟草中能增加甜香和柠檬香的吃味。因此，这五种醛类香料单体具有较好的加热卷烟香精调配应用潜力。

(1) 互为同系物的醛类香料单体转移行为分析

如图 3-47、表 3-27 所示，同系物碳原子数增加，分子量增大，互为同系物的丁醛、戊醛、己醛、癸醛、十一醛的烟芯残留率、向主流烟气粒相物转移率逐渐增大，滤棒截留率呈现出先增后减的趋势。其中，十一醛向主流烟气粒相物的转移率、烟芯残留率均较大，分别为 25.16%、20.72%，丁醛的滤棒截留率最小，为 5.62%。

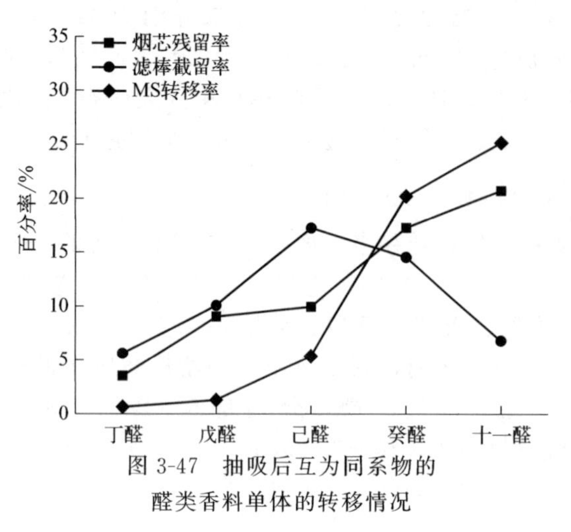

图 3-47 抽吸后互为同系物的醛类香料单体的转移情况

(2) 互为同分异构体的醛类香料单体转移行为分析

如图 3-48、表 3-27 所示，互为同分异构体的异戊醛、2-甲基丁醛、戊醛的烟芯残留率分别为 4.54%、5.60%、9.03%，滤棒截留率分别为 15.36%、10.60%、10.07%，向主流烟气粒相物的转移率分别为 0.84%、0.94%、1.29%。三者的烟气转移率均较小(<5%)，其烟芯残留率和主流烟气粒相物转移率逐渐增加，滤棒截留率逐渐减小。

(3) 不同取代基的醛类香料单体转移行为分析

如图 3-49、表 3-27 所示，不同取代基的苯甲醛、4-乙基苯甲醛、枯茗醛、大茴香醛的主流烟气粒相物转移率分别为 16.47%、24.36%、22.18%、31.23%，烟芯残留率分别为 12.55%、16.25%、19.93%、21.10%，滤棒截留率分别为 5.20%、19.11%、20.11%、7.87%。其中，大茴香醛的主流烟气粒相物转移率最高，较适合作为烟芯加香的香原料，与抽吸前的结论相符合。

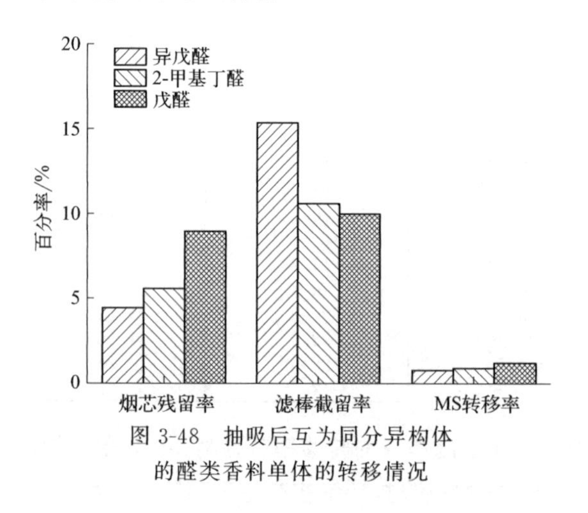

图 3-48 抽吸后互为同分异构体的醛类香料单体的转移情况

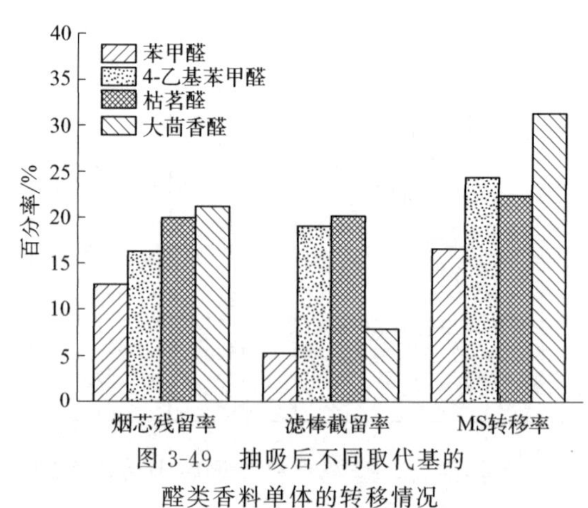

图 3-49 抽吸后不同取代基的醛类香料单体的转移情况

3.4.8 抽吸后醛类香料单体向主流烟气的逐口转移行为分析

按照 3.4.2 中所述的方法，测定各醛类香料单体的逐口转移率，如表 3-28 所示，醛类香料单体第 1 口到第 11 口的转移率为 0～4.66%，其中 5-羟甲基糠醛的逐口释放量均较大，其次是藜芦醛、大茴香醛、香兰素、柠檬醛，这与 3.4.7 节所测主流烟气总粒相物转移率所得结果较一致。结果表明，随着加热卷烟抽吸口序的增加，各醛类香料单体的释放量均呈现先增大后减小的趋势，当抽吸口序为第 4 口至第 9 口时，醛类香料单体的逐口转移率分别达到最大。

表 3-28 23 种醛类香料单体在加热卷烟抽吸后向主流烟气的逐口转移行为分析

中文名称	第 1 口烟气转移率/%	第 2 口烟气转移率/%	第 3 口烟气转移率/%	第 4 口烟气转移率/%	第 5 口烟气转移率/%	第 6 口烟气转移率/%	第 7 口烟气转移率/%	第 8 口烟气转移率/%	第 9 口烟气转移率/%	第 10 口烟气转移率/%	第 11 口烟气转移率/%
丁醛	0.06	0.16	0.23	0.46	0.35	0.21	0.10	0.05	—	—	—
异戊醛	0.11	0.22	0.25	0.52	0.43	0.21	0.13	0.08	—	—	—
2-甲基丁醛	0.13	0.24	0.41	0.61	0.52	0.40	0.17	0.09	—	—	—
戊醛	0.26	0.41	0.51	0.69	0.73	0.51	0.31	0.16	0.06	—	—
3-甲硫丙醛	0.32	0.62	0.86	1.01	1.05	1.11	0.94	0.83	0.76	0.63	0.31
己醛	0.29	0.51	0.80	1.00	1.13	1.06	0.91	0.69	0.36	0.13	0.09
糠醛	0.61	0.91	1.22	1.51	1.72	1.81	1.86	1.61	1.32	1.05	0.71
反式-2-己烯醛	0.64	0.91	1.30	1.36	1.46	1.62	1.36	1.18	1.02	0.82	0.66
苯甲醛	1.03	1.22	1.53	1.78	1.95	2.06	2.13	1.87	1.62	1.31	1.01
苯乙醛	1.03	1.21	1.49	1.74	1.94	2.11	2.32	2.03	1.81	1.71	1.51
邻甲基苯甲醛	1.35	1.61	1.85	2.16	2.36	2.56	2.71	2.45	2.22	2.02	1.84
反式-2-壬烯醛	1.21	1.51	1.71	1.91	2.18	2.42	2.55	2.31	2.12	1.81	1.61
4-乙基苯甲醛	1.10	1.39	1.63	1.92	2.24	2.47	2.58	2.66	2.45	2.24	1.93
癸醛	1.21	1.52	1.86	2.08	2.25	2.51	2.64	2.51	2.22	1.98	1.72
5-羟甲基糠醛	2.31	2.81	3.25	3.57	3.94	4.18	4.27	4.50	4.66	4.38	4.06
枯茗醛	1.42	1.71	2.05	2.31	2.42	2.61	2.86	2.89	2.52	2.22	2.06
大茴香醛	1.71	2.03	2.56	2.88	3.09	3.31	3.41	3.52	3.30	3.09	2.82
柠檬醛	1.61	1.91	2.31	2.71	3.02	3.22	3.54	3.59	3.21	2.98	2.76
十一醛	1.45	1.71	2.17	2.51	2.71	2.85	2.92	2.94	2.61	2.42	2.22
2-羟基-4-甲氧基苯甲醛	1.35	1.75	2.16	2.59	2.89	3.06	3.15	3.35	3.45	3.15	2.97
香兰素	1.81	2.07	2.31	2.64	2.92	3.22	3.51	3.71	3.42	3.12	2.92
3-(4-异丙苯基)异丁醛	1.65	1.87	2.23	2.63	2.77	2.97	3.17	3.41	3.41	3.07	2.85
藜芦醛	1.91	2.31	2.61	2.92	3.21	3.45	3.61	3.82	4.02	3.71	3.42

注：“—”代表未检测到。

(1) 互为同系物的醛类香料单体逐口转移行为分析

图 3-50 和表 3-28 显示了互为同系物的醛类香料单体的转移行为，随着分子量增大、沸点增高，互为同系物的丁醛、戊醛、己醛、癸醛、十一醛的逐口转移率逐渐增大。其中，十一醛的逐口转移率均较大，逐口转移率最大值为 2.94%，最大值集中在第 8 口。

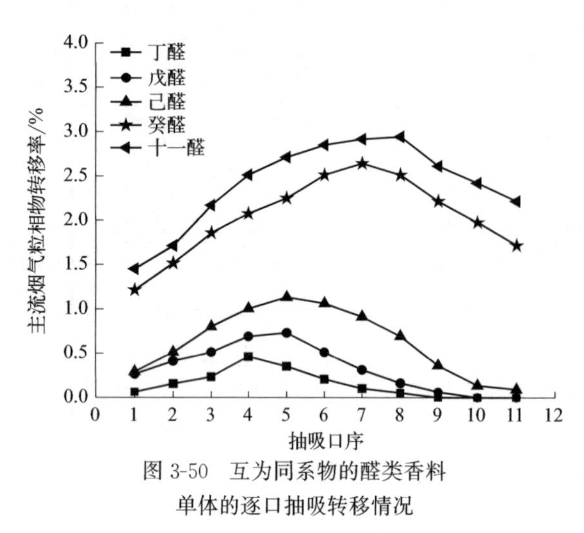

图 3-50　互为同系物的醛类香料单体的逐口抽吸转移情况

(2) 互为同分异构体的醛类香料单体逐口转移行为分析

由图 3-51、表 3-28 所示，互为同分异构体的异戊醛、2-甲基丁醛、戊醛的逐口转移率均随着抽吸口序的增加呈现先增加后降低的趋势，随着沸点的增加而增加。异戊醛的逐口转移率由第 1 口的 0.11%上升到第 4 口的 0.52%，再下降到第 8 口的 0.08%，第 9 口至第 11 口未检测到；2-甲基丁醛的逐口转移率由第 1 口的 0.13%上升到第 4 口的 0.61%，再下降到第 8 口的 0.09%，第 9 口至第 11 口未检测到；戊醛的逐口转移率由第 1 口的 0.26%上升到第 5 口的 0.73%，再下降到第 9 口的 0.06%，第 10 口、第 11 口未检测到；三者在最后两口抽吸时，在烟气中含量过少而未被检测到，原因可能是由于三者的沸点均较低（≤103.7℃），在储存期间具有较大的空气散失率。

(3) 不同取代基的醛类香料单体逐口转移行为分析

由图 3-52、表 3-28 所示，不同取代基的醛类香料单体苯甲醛、4-乙基苯甲醛、枯茗醛、大茴香醛的逐口转移率随抽吸口序的增加均呈现先增加后减小的趋势。苯甲醛在第 7 口达到最大，最大值为 2.13%；4-乙基苯甲醛、枯茗醛、大茴香醛均在第 8 口达到最大，分别为 2.66%、2.89%、3.52%。其中大茴香醛的逐口转移率明显高于其他三种醛类香料单体，最适合作为烟芯加香的香原料。

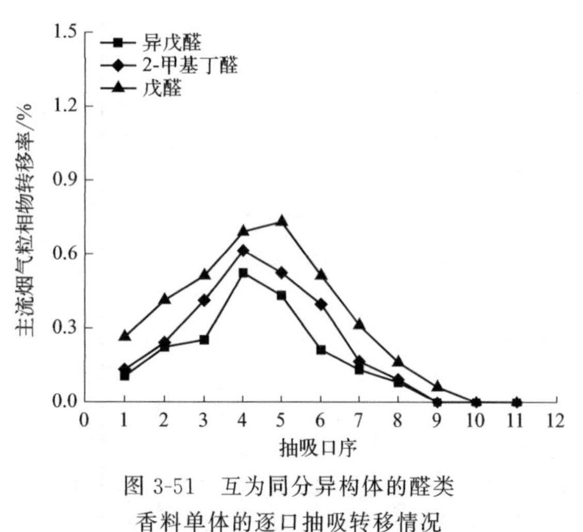

图 3-51　互为同分异构体的醛类香料单体的逐口抽吸转移情况

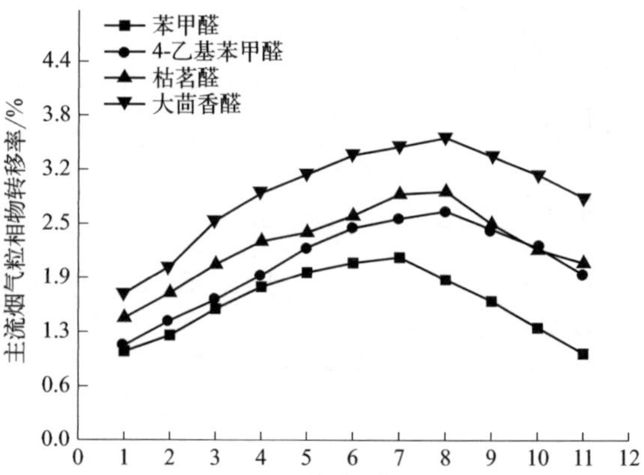

图 3-52　不同取代基的醛类香料单体的逐口抽吸转移情况

3.4.9　小结

本实验利用气相色谱法建立了加热卷烟主流烟气粒相物中的醛类香料单体的检测方法，

并对该方法的前处理条件进行了优化，从而揭示了加热卷烟芯材外加醛类香料单体在卷烟储存以及抽吸后的转移规律，结果表明：

（1）当提取条件为：萃取溶剂为无水乙醇，萃取方式为摇床萃取，萃取液体积为12mL，萃取时间为20min时，萃取效率最高。

（2）23种醛类香料单体在质量浓度1.29～70.0μg/mL范围内线性良好，检出限为0.0542～0.1522μg/mL、定量限为0.1806～0.5072μg/mL、RSD值为0.06%～2.11%，平均回收率为91.05%～108.21%，该方法重复性较好、回收率较高。

（3）23种醛类香料单体的烟芯持留率为6.49%～89.64%、降温段迁移率为0.12%～10.29%、滤棒迁移率为5.36%～19.74%、散失率为3.21%～78.32%、主流烟气粒相物转移率为0.65%～41.09%、烟芯残留率为3.53%～29.15%、滤棒截留率为5.20%～28.61%。

（4）23种醛类香料单体的逐口转移率为0～4.66%，随着抽吸口序的增加，逐口转移率均呈现先增加后降低的趋势。当加热卷烟进行前3口抽吸时，各香料单体的逐口释放量显著增大，当抽吸口序为第4口至第9口时，香料单体的转移率达到最大，而后逐渐降低。

（5）互为同系物的醛类香料单体，随着碳链依次增长、沸点增大，其烟芯持留率、烟芯残留率、向主流烟气粒相物转移率以及逐口转移率逐渐增大，散失率逐渐减小。

（6）互为同分异构体的醛类香料单体，随着结构稳定性增强，其烟芯持留率、烟芯残留率、向主流烟气粒相物转移率以及逐口转移率逐渐增大，散失率逐渐减小。

（7）不同取代基的醛类香料单体遵循物质沸点越高，其烟芯持留率、向主流烟气粒相物转移率以及逐口转移率越高，散失率越小的规律。

（8）5-羟甲基糠醛、藜芦醛、香兰素、大茴香醛和柠檬醛的烟芯持留率、向主流烟气粒相物转移率以及逐口转移率相对较高，迁移率、散失率相对较低，具有较好的加热卷烟香精调配应用潜力。

3.5 杂环类香料单体在加热卷烟中的转移行为研究

3.5.1 实验材料、试剂与仪器

（1）材料与试剂

加热卷烟［(12mm烟支+23mm降温腔体固件+10mm醋纤滤棒)×圆周22mm］由江苏中烟工业有限责任公司提供；使用烟具为IQOS 3 MULTI。

2-甲基吡嗪、2-甲氧基吡嗪、2-乙酰基呋喃、2,3-二甲基吡嗪、2-乙酰基吡嗪、2-乙酰基吡啶、2-乙基-3,5-二甲基吡嗪、2-乙基-3,6-二甲基吡嗪、苯乙酸苯乙酯(内标)(≥98%，北京百灵威科技有限公司)。

无水乙醇、异丙醇、二氯甲烷、正己烷（≥99.9%，色谱级，天津市大茂化学试剂厂）。

（2）实验仪器

本实验所用主要仪器如表3-29所示。

表3-29 主要实验仪器

仪器	型号规格	生产厂商
超声波清洗机	SB-3200DT	宁波新芝生物科技股份有限公司
全温振荡培养箱	HZQ-F160	苏州培英实验设备有限公司
电子天平	EL204	Mettler-Toledo仪器(上海)有限公司
恒温恒湿箱	KBF720	德国弗兰茨宾德有限公司
转盘式吸烟机	RM20H	德国Borgwaldt KC公司
气相色谱仪	GKA218/8890	美国Agilent公司

3.5.2 方法

(1) 标准溶液的配制

配制以异丙醇为溶剂、浓度为31.6μg/mL苯乙酸苯乙酯的内标溶液。精确称取一定质量的各杂环类香料标品于容量瓶中，用内标溶液逐级稀释，得到质量浓度为1.30μg/mL、2.60μg/mL、5.18μg/mL、10.4μg/mL、17.3μg/mL、28.8μg/mL、48.0μg/mL、70.0μg/mL的系列标准工作溶液。

(2) 杂环类香料单体的添加及放置

分别精确称取8种杂环类香料单体0.05g于10mL容量瓶中，用异丙醇定容后摇匀，制备混合香料溶液。使用微量进样器采用中心注射法将10μL加香溶液注射入空白加热卷烟，制备加香量为加热卷烟烟芯质量0.1%的加香卷烟。然后在密封袋内于恒温恒湿（22℃±2℃，RH60%±5%）环境放置48h以上。

(3) 样品前处理

选取8支加香加热卷烟以及空白加热卷烟，迅速将其分为烟芯段、降温段（包括中空和降温材料）和滤棒段，将这三段剪碎后分别转移至50mL锥形瓶中，各加入10mL含有苯乙酸苯乙酯的异丙醇萃取液（31.6μg/mL），分别超声萃取20min，萃取液过膜后进行GC分析。

采用RM20H转盘式吸烟机参考加拿大深度抽吸模式(HCI)的标准要求进行加热卷烟的抽吸。抽吸参数为：抽吸曲线方形、抽吸容量55mL、持续时间3s、抽吸间隔30s、抽吸11口，采用直径44mm的剑桥滤片捕集8支加热卷烟气溶胶中的粒相物，保留烟支。抽吸结束后，分别将剑桥滤片、滤棒以及烟芯转移至50mL的锥形瓶中，加入10mL含有苯乙酸苯乙酯的异丙醇萃取液（31.6μg/mL），分别超声萃取20min，萃取液过膜后进行GC分析。

采用RM20H转盘式吸烟机配备逐口抽吸装置进行逐口抽吸，抽吸参数同上，用11张剑桥滤片分别捕集对应于50支加热卷烟11个抽吸口序的气溶胶中的粒相物。抽吸结束后，将11张剑桥滤片分别置于50mL的锥形瓶中，各加入10mL含有苯乙酸苯乙酯的异丙醇萃取液（31.6μg/mL），分别超声萃取20min，萃取液过膜后进行GC分析。

(4) GC的分析条件

色谱柱：HP-5MS毛细管柱（30m×0.25mm×0.25μm）；进样口温度：250℃；检测器(FID)温度：280℃；载气：氦气（≥99.999%），载气流速：1.0mL/min；尾吹气：25mL/min；空气：450mL/min；氢气：40mL/min；分流比：15∶1；进样量：1μL；升温程序：50℃（保持2min），10℃/min升到85℃，再以4℃/min升到190℃，再以10℃/min升到250℃（保持10min）。

3.5.3 持留率、迁移率、散失率、转移率、截留率分析

按照3.1.3中所述方法计算烟丝持留率、滤棒迁移率、降温段迁移率、散失率、烟气转移率、滤棒截留率、烟丝残留率以及逐口转移率。

3.5.4 结果与讨论

以下介绍前处理条件的优化。

① 萃取溶剂的选择

按照3.5.2中所述方法，采用超声萃取、超声时间为20min、萃取液体积为10mL的条件，改变萃取液的种类，考察无水乙醇、正己烷、二氯甲烷和异丙醇4种不同溶剂对剑桥滤片中各杂环类香味成分萃取效率的影响，如图3-53所示。结果表明，异丙醇对各杂环类香料单体具有较高的萃取效率，因此选择异丙醇作为萃取溶剂。

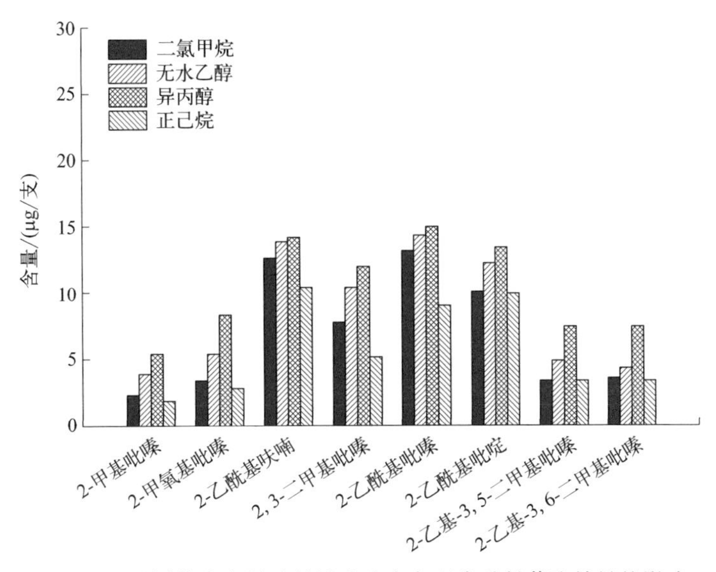

图 3-53　不同萃取溶剂对剑桥滤片中杂环类香料萃取效果的影响

② 萃取方式的选择

按照 3.5.2 中所述方法，采用萃取时间为 20min、萃取剂选择异丙醇、萃取液体积为 10mL 的条件，改变萃取方式，考察超声和振荡两种不同萃取方式对各杂环类香料单体萃取效率的影响，如图 3-54 所示。结果表明，超声萃取对各杂环类香料单体具有较高的提取效率，因此选择超声萃取作为萃取方式。

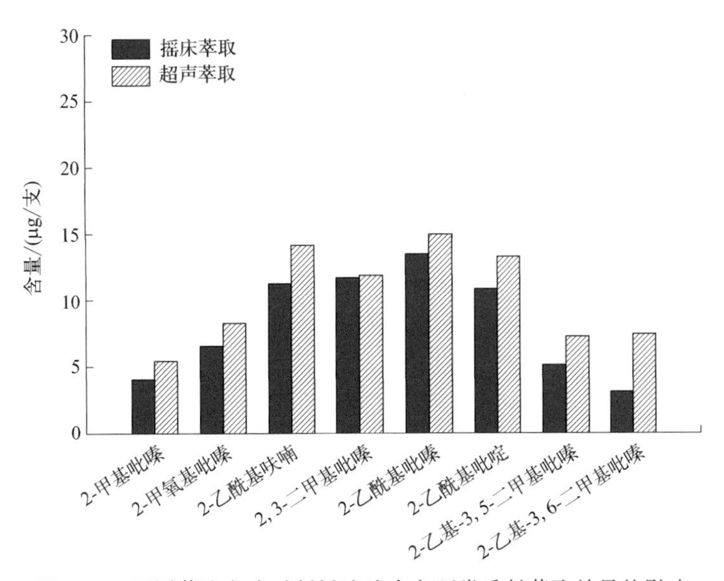

图 3-54　不同萃取方式对剑桥滤片中杂环类香料萃取效果的影响

③ 萃取时间的选择

按照 3.5.2 中所述方法，采用超声萃取、萃取剂为异丙醇、萃取液体积为 10mL 的条件，改变萃取时间，考察不同萃取时间 5min、10min、15min、20min、25min 对各杂环类香料单体萃取效率的影响，如图 3-55 所示。结果表明，萃取时间为 20min 对各杂环类香料单体具有较高的提取效率，因此选择 20min 作为萃取时间。

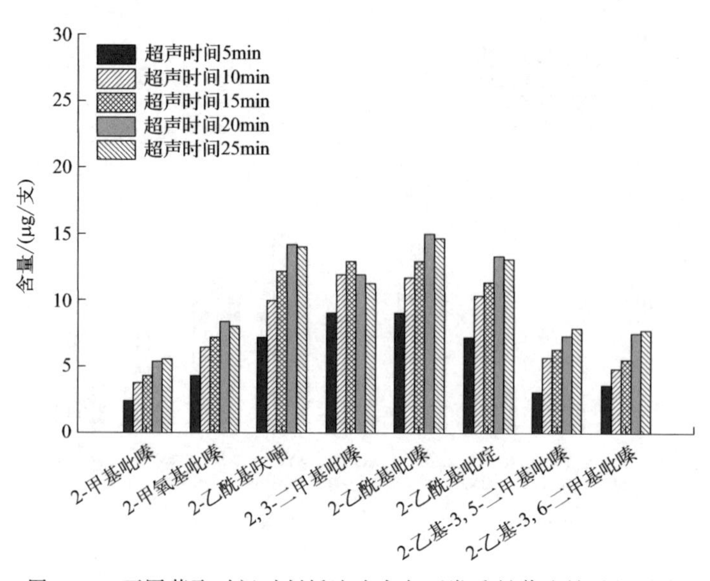

图 3-55 不同萃取时间对剑桥滤片中杂环类香料萃取效果的影响

④ 萃取液体积的选择

按照 3.5.2 中所述方法，采用超声萃取、萃取剂为异丙醇、萃取时间为 20min 的条件，改变萃取液体积，考察萃取液不同体积 6mL、8mL、10mL、12mL、14mL 对各杂环类香料单体萃取效率的影响，如图 3-56 所示。结果表明，萃取液体积 10mL 对各杂环类香料单体具有较高的提取效率，因此选择 10mL 作为萃取液体积。

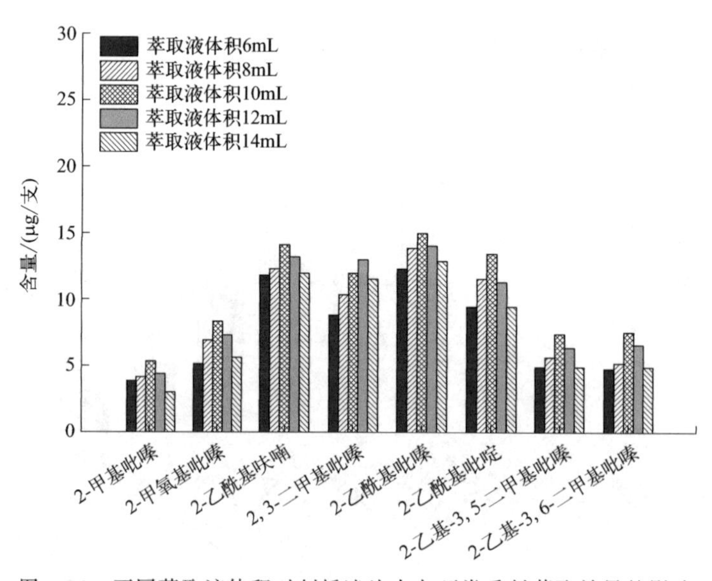

图 3-56 不同萃取液体积对剑桥滤片中杂环类香料萃取效果的影响

3.5.5 方法学评价

(1) 工作曲线、精密度、检出限和定量限

分别取系列标准工作溶液进行 GC 分析，横坐标为各杂环类香料单体的峰面积与内标物峰面积的比值（x），纵坐标为各杂环类香料单体的浓度与内标物浓度的比值（y），作各杂环类香料单体的标准工作曲线，采用最低浓度的标样反复进样 10 次，以测定值的 3 倍标准偏差为检出限、10倍标准偏差为定量限，并计算5次重复试验的相对标准偏差（RSD），如表3-30所示。结果表明，8种杂环类香料单体在质量浓度1.296～80.000μg/mL范围内线性良好（R^2≥0.9992），检出限为0.0089～0.2349μg/mL，定量限为0.0296～0.7829μg/mL，RSD值为0.18%～2.96%，该方法重复性较好。

表3-30 8种杂环类香料单体的线性方程、相关系数、RSD、检出限和定量限

名称	回归方程	相关系数（R^2）	RSD /%	检出限 /(μg/mL)	定量限 /(μg/mL)
2-甲基吡嗪	$y=1.1138x-0.0077$	0.9994	2.9640	0.2349	0.7829
2-甲氧基吡嗪	$y=1.8282x+0.0042$	0.9993	0.6981	0.0184	0.0612
2-乙酰基呋喃	$y=1.7324x+0.0059$	0.9993	1.0775	0.0089	0.0296
2,3-二甲基吡嗪	$y=0.8149x-0.0014$	0.9992	0.1828	0.0099	0.0330
2-乙酰基吡嗪	$y=1.1228x-0.0039$	0.9993	1.0693	0.0905	0.3016
2-乙酰基吡啶	$y=1.2093x+0.003$	0.9992	2.6944	0.0251	0.0836
2-乙基-3,5-二甲基吡嗪	$y=1.418x+0.0079$	0.9994	0.7774	0.0255	0.0848
2-乙基-3,6-二甲基吡嗪	$y=1.579x-0.025$	0.9995	0.6730	0.0400	0.1334

（2）加标回收率

选择标样加入法测定加标回收率，选取3份杂环类加香加热卷烟样品，分别加入低、中、高三个不同水平浓度的混标溶液，按照3.4.2中所述方法，测定3个不同加标水平下的8种杂环类香料单体的回收率，平行测定3次，如表3-31所示，结果表明，8种杂环类香料单体的平均回收率在91.03%～107.97%，该方法回收率较高。

表3-31 8种杂环类香料单体的加标回收率的测定

名称	原质量分数 /(mg/支)	加标量 /(mg/支)	测定值 /(mg/支)	平均回收率 /%
2-甲基吡嗪	0.0033	0.0016	0.0050	104.68
		0.0011	0.0044	106.02
		0.0005	0.0038	106.49
2-甲氧基吡嗪	0.0069	0.0037	0.0103	93.21
		0.0025	0.0091	92.03
		0.0012	0.0081	100.76
2-乙酰基呋喃	0.0115	0.0036	0.0151	100.69
		0.0024	0.0138	94.04
		0.0012	0.0126	93.06
2,3-二甲基吡嗪	0.0085	0.0018	0.0104	105.02
		0.0012	0.0097	98.96
		0.0006	0.0091	103.25
2-乙酰基吡嗪	0.0138	0.0011	0.0149	104.94
		0.0007	0.0146	107.03
		0.0004	0.0142	99.77
2-乙酰基吡啶	0.0116	0.0024	0.0138	94.58
		0.0016	0.0133	107.97
		0.0008	0.0124	99.27
2-乙基-3,5-二甲基吡嗪	0.0055	0.0025	0.0081	105.41
		0.0016	0.0073	107.61
		0.0008	0.0064	98.22
2-乙基-3,6-二甲基吡嗪	0.0055	0.0025	0.0079	95.41
		0.0016	0.0072	104.61
		0.0008	0.0063	91.03

(3) 溶液稳定性

采用内标溶液稀释加香溶液制备混合香料溶液（各香料单体质量浓度为50μg/mL），在室温条件下放置0h、2h、5h、9h、12h、24h后，根据3.5.2中所述的方法进样测定，计算各杂环类香料单体与内标物的峰面积比值（见表3-32），由表可知，8种杂环类香料单体的RSD在0.55%～3.99%（$n=3$），表明样品溶液在24h内稳定。

表3-32　混合香料溶液的稳定性

名称	时间/h						平均值	RSD/%
	0	2	5	9	12	24		
2-甲基吡嗪	1.2883	1.2878	1.2861	1.2710	1.2536	1.2034	1.2650	2.6158
2-甲氧基吡嗪	0.7321	0.7174	0.7175	0.7153	0.6907	0.6959	0.7115	2.1619
2-乙酰基呋喃	0.8213	0.8205	0.8179	0.7931	0.7913	0.7914	0.8059	1.9078
2,3-二甲基吡嗪	1.6329	1.6383	1.6396	1.6280	1.6253	1.6155	1.6299	0.5529
2-乙酰基吡嗪	1.1874	1.1836	1.1822	1.1568	1.1167	1.1517	1.1631	2.3365
2-乙酰基吡啶	1.1543	1.1312	1.1307	1.1273	1.0825	1.0869	1.1188	2.5164
2-乙基-3,5-二甲基吡嗪	0.9669	0.9476	0.9369	0.9257	0.8927	0.8670	0.9228	3.9943
2-乙基-3,6-二甲基吡嗪	0.8892	0.8814	0.8724	0.8474	0.8253	0.8217	0.8562	3.3869

3.5.6 储存期间杂环类香料单体的转移行为分析

按照3.5.2中所述的方法，测定各杂环类香料单体的转移率，如表3-33所示，结果表明：①在储存期间，8种杂环类香料单体的烟芯持留率在8.68%～69.30%之间，其中2-乙酰基吡嗪的烟芯持留率最大，为69.30%，其次是2-乙酰基吡啶、2-乙酰基呋喃，分别为58.43%、53.05%；②降温段迁移率在1.12%～5.65%之间，其中2-乙基-3,6-二甲基吡嗪的降温段迁移率最小，为1.12%，其次是2-乙酰基吡嗪、2-乙酰基吡啶，分别为1.16%、1.54%；③滤棒迁移率在4.58%～16.42%之间，其中2-乙酰基吡嗪的滤棒迁移率最小，为4.58%，其次是2-乙酰基吡啶、2-乙酰基呋喃，分别为6.21%、6.64%；④散失率在24.96%～71.50%之间，其中2-乙酰基吡嗪的散失率最小，为24.96%，其次是2-乙酰基吡啶、2-乙酰基呋喃，分别为33.82%、36.33%。综上所述，8种杂环类香料单体的滤棒迁移率高于降温段迁移率，可能与滤棒段材质对香料的吸附能力较强有关，2-乙酰基吡嗪、2-乙酰基吡啶、2-乙酰基呋喃的烟芯持留率高（>50%），散失率小，迁移率较小。

表3-33　8种杂环类香料单体在加热卷烟抽吸前的转移行为分析

名称	分子量	沸点/℃	烟芯持留率/%	滤棒迁移率/%	降温段迁移率/%	散失率/%
2-甲基吡嗪	94	135	8.68	14.17	5.65	71.50
2-甲氧基吡嗪	110	153.6	19.83	16.42	4.33	59.42
2-乙酰基呋喃	110	183.4	53.05	6.64	3.98	36.33
2,3-二甲基吡嗪	108	158	24.91	12.70	3.78	58.61
2-乙酰基吡嗪	122	249	69.30	4.58	1.16	24.96
2-乙酰基吡啶	121	192.8	58.43	6.21	1.54	33.82
2-乙基-3,5-二甲基吡嗪	136	188	46.48	13.92	2.35	37.25
2-乙基-3,6-二甲基吡嗪	136	180.5	33.05	10.41	1.12	55.42

(1) 互为同系物的杂环类香料单体转移行为分析

如图3-57、表3-33所示，随着同系物碳原子数增加，分子量增大，互为同系物的2-甲基吡嗪、2,3-二甲基吡嗪、2-乙基-3,5-二甲基吡嗪的烟芯持留率逐渐增加，其中2-乙基-3,5-二甲基吡嗪的烟芯持留率最高，为46.48%；滤棒迁移率呈现先减小后增加的趋势，2,3-二甲基吡嗪的滤棒迁移率最小，为12.70%；降温段迁移率、散失率逐渐减小，2-乙基-3,5-二甲基吡嗪的降温段迁移率、散失率均为最小，分别为2.35%、37.25%。这说明由于同系物香料的吡嗪环上侧链依次增多，物质分子量增加、分子结构变密集、沸点逐渐升高，导致物质结构更稳定。

(2) 互为同分异构体的杂环类香料单体转移行为分析

如图3-58、表3-33所示，结果表明：互为同分异构体的2-乙基-3,5-二甲基吡嗪和2-乙基-3,6-二甲基吡嗪的散失率相差较大，分别是37.25%与55.42%，可能与分子结构有关，其中烟芯持留率、滤棒迁移率、降温段迁移率随着沸点的增大而增大，散失率随着沸点的增大而减小。原因可能与分子极性有关，分子量相同时，极性大的物质化学键较强，沸点较高，散失率小。

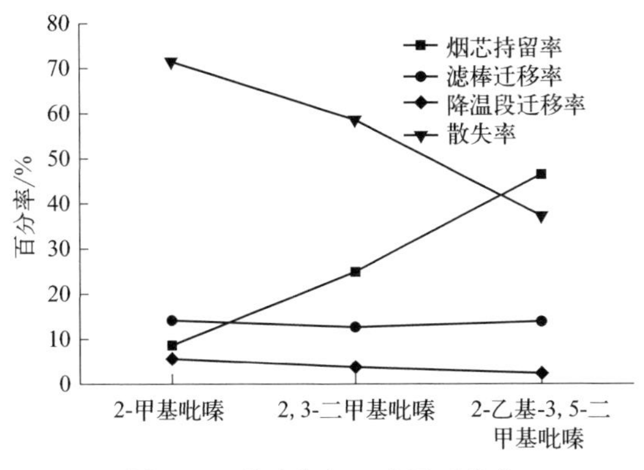

图3-57 储存期间互为同系物的杂环类香料单体的转移情况

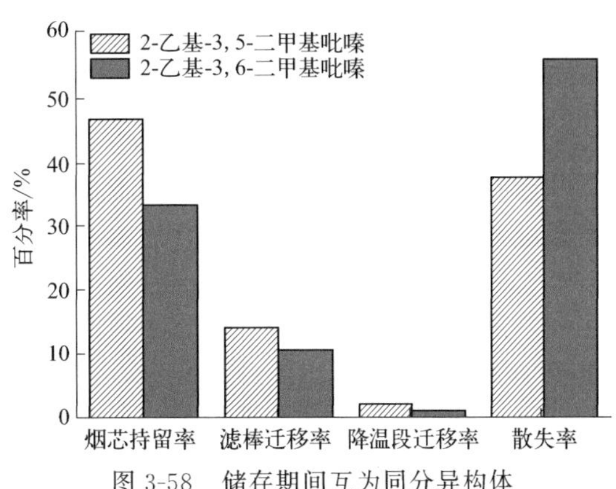

图3-58 储存期间互为同分异构体的杂环类香料单体的转移情况

(3) 不同环结构的杂环类香料单体转移行为分析

如图3-59、表3-33所示，结果表明：2-乙酰基呋喃、2-乙酰基吡啶、2-乙酰基吡嗪的烟芯持留率逐渐增加，滤棒迁移率、降温段迁移率、散失率逐渐减小。2-乙酰基吡嗪的烟芯持留率最大，滤棒迁移率、降温段迁移率、散失率均最小，分别为69.30%、4.58%、1.16%、24.96%。原因可能与结构稳定性有关，三种不同环结构的杂环类香料中，由于五元杂环分子内应力相比于六元杂环较大，性质更活泼，导致2-乙酰基呋喃稳定性最差，2-乙酰基吡嗪中含有两个氮原子，其分子对称性最好，因此，三者的稳定性为2-乙酰基吡嗪>2-乙酰基吡啶>2-乙酰基呋喃。

(4) 不同取代基的杂环类香料单体转移行为分析

如图3-60、表3-33所示，结果表明：2-甲基吡嗪、2-甲氧基吡嗪的烟芯持留率、滤棒迁移率逐渐增加，降温段迁移率、散失率逐渐减小。原因可能是甲氧基和吡嗪存在共轭效应，所以2-甲氧基吡嗪的稳定性较好，沸点较高，不易逸散。

3.5.7 抽吸后杂环类香料单体向主流烟气的转移行为分析

按照3.5.2中所述的方法，测定各杂环类香料单体的转移率，如表3-34所示，结果表明：①抽吸后8种杂环类香料单体的烟芯残留率在5.21%～27.13%之间，其中烟芯残留率最低的是2-甲基吡嗪，为5.21%，其次是2-甲氧基吡嗪、2,3-二甲基吡嗪，分别是10.73%、11.73%；②滤棒截留率在8.27%～22.72%之间，其中滤棒截留率最低的是2-甲基吡嗪，为8.27%，其次是2,3-二甲基吡嗪、2-甲氧基吡嗪，分别是10.04%、14.41%；③杂环类香料单体的主流烟气粒相物转移率在6.16%～28.49%之间，其中转移率最高的是

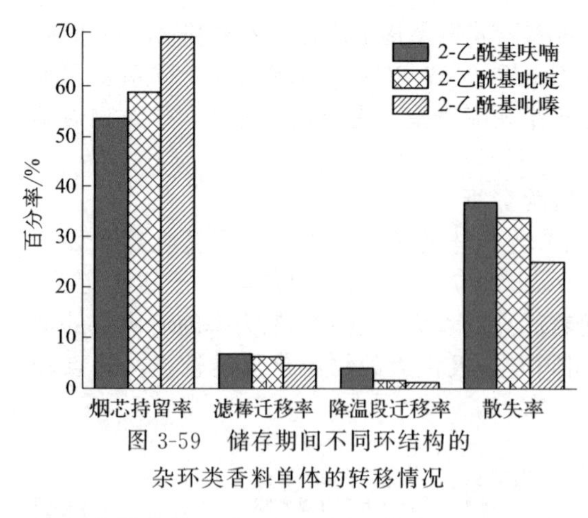

图 3-59 储存期间不同环结构的杂环类香料单体的转移情况

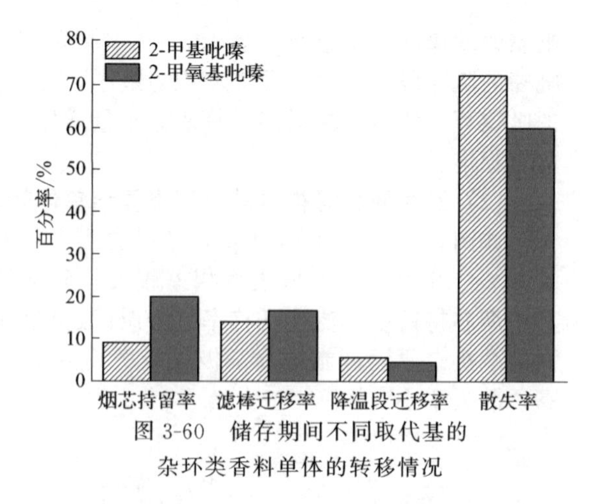

图 3-60 储存期间不同取代基的杂环类香料单体的转移情况

2-乙酰基吡嗪，为 28.49%，其次是 2-乙酰基吡啶、2-乙基-3,5-二甲基吡嗪，分别是 26.49%、24.65%。

整体而言，杂环类香料在烟芯中的持留率较大时，其向主流烟气的转移率就越高，2-乙酰基吡嗪、2-乙酰基吡啶和 2-乙基-3,5-二甲基吡嗪向主流烟气粒相物的转移率较高（≥24.65%），与抽吸前的结论相符合。其中，2-乙基-3,5-二甲基吡嗪具有炒坚果香气，可用于烟草加香以增强坚果、烘烤香韵；2-乙酰基吡啶具有烟草特征香气，可用于烟草加香以增浓烟味，增强坚果、烘烤香韵；2-乙酰基吡嗪具有爆玉米花的香气，类似坚果的、面包皮的味道，可用于烟草加香以增强烟草的烘烤香、显示烟叶的自然风味。因此，这三种杂环类香料单体具有较好的加热卷烟香精调配应用潜力。

表 3-34 8 种杂环类香料单体在加热卷烟抽吸后向主流烟气的转移行为分析

名称	分子量	沸点/℃	烟芯残留率/%	滤棒截留率/%	MS 转移率/%
2-甲基吡嗪	94	135	5.21	8.27	6.16
2-甲氧基吡嗪	110	153.6	10.73	14.41	12.68
2-乙酰基呋喃	110	183.4	23.41	16.25	23.57
2,3-二甲基吡嗪	108	158	11.73	10.04	10.30
2-乙酰基吡嗪	122	249	27.13	22.72	28.49
2-乙酰基吡啶	121	192.8	26.04	19.52	26.49
2-乙基-3,5-二甲基吡嗪	136	188	22.98	17.07	24.65
2-乙基-3,6-二甲基吡嗪	136	180.5	19.29	14.87	19.47

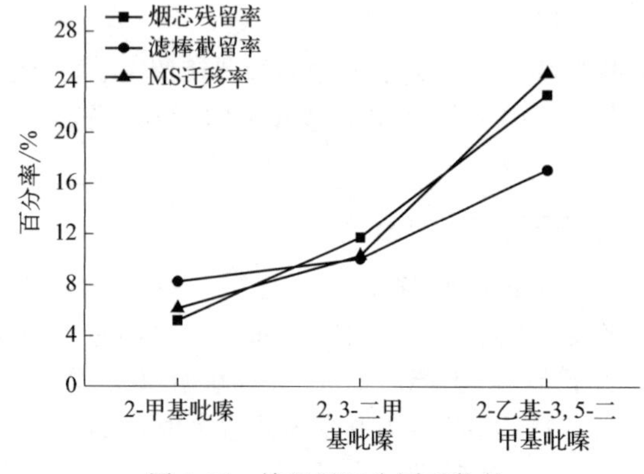

图 3-61 抽吸后互为同系物的杂环类香料单体的转移情况

（1）互为同系物的杂环类香料单体转移行为分析

如图 3-61、表 3-34 所示，互为同系物的 2-甲基吡嗪、2,3-二甲基吡嗪、2-乙基-3,5-二甲基吡嗪，其向主流烟气粒相物转移率、烟芯残留率、滤棒截留率均随着分子量、沸点的增大而增大，其中 2-乙基-3,5-二甲基吡嗪向主流烟气粒相物的转移率最大，为 24.65%。

（2）互为同分异构体的杂环类香料单体转移行为分析

如图 3-62、表 3-34 所示，结果表明：

2-乙基-3,5-二甲基吡嗪、2-乙基-3,6-二甲基吡嗪的主流烟气粒相物转移率分别为24.65%、19.47%，烟芯残留率分别为22.98%、19.29%，滤棒截留率分别为17.07%、14.87%。其烟芯残留率、滤棒截留率、主流烟气粒相物转移率均随着沸点的增加而增加。

(3) 不同环结构的杂环类香料单体转移行为分析

如图3-63、表3-34所示，结果表明：2-乙酰基呋喃、2-乙酰基吡啶、2-乙酰基吡嗪的烟芯残留率、滤棒截留率、主流烟气粒相物转移率逐渐增加。三者的转移行为比较相似，且主流烟气粒相物转移率均较高（≥23.57%），可能与其沸点较高有关（≥183.4℃）。

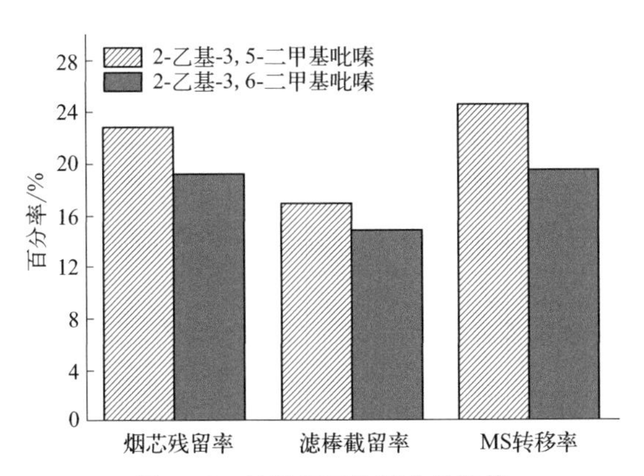

图3-62　抽吸后互为同分异构体的杂环类香料单体的转移情况

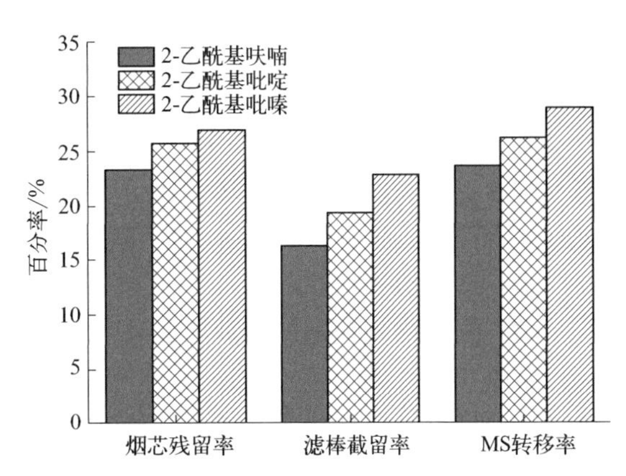

图3-63　抽吸后不同环结构的杂环类香料单体的转移情况

(4) 不同取代基的杂环类香料单体转移行为分析

如图3-64、表3-34所示，结果表明：2-甲基吡嗪、2-甲氧基吡嗪的主流烟气粒相物转移率分别为6.16%、12.68%，烟芯残留率分别为5.21%、10.73%，滤棒截留率分别为8.27%、14.41%。其烟芯残留率、主流烟气粒相物转移率、滤棒截留率均随着分子量、沸点的增加而增加。

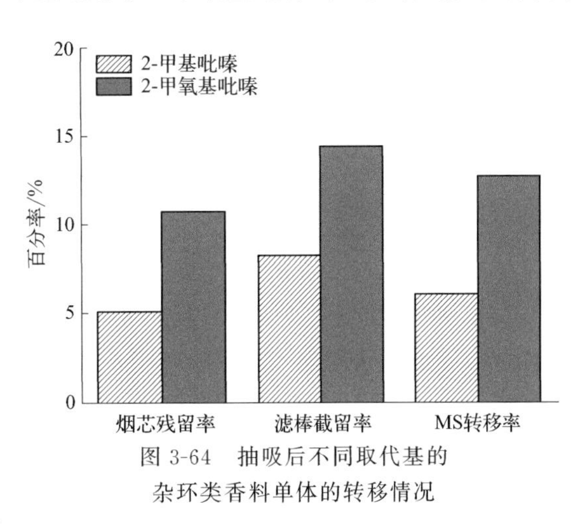

图3-64　抽吸后不同取代基的杂环类香料单体的转移情况

3.5.8　抽吸后杂环类香料单体向主流烟气的逐口转移行为分析

按照3.5.2中所述的方法，测定各杂环类香料单体的逐口转移率，如表3-35所示，杂环类香料单体第1口到第11口的转移率为0.32%～3.07%，其中2-乙酰基吡嗪的逐口释放量均较大，其次是2-乙酰基吡啶和2-乙基-3,5-二甲基吡嗪，这与3.5.7节所测主流烟气总粒相物转移率所得结果较一致。结果表明，随着加热卷烟抽吸口序的增加，各杂环类香料单体的释放量均呈现先增大后减小的趋势，当抽吸口序为第6口至第8口时，杂环类香料单体的逐口转移率分别达到最大。

表 3-35 8 种杂环类香料单体在加热卷烟逐口抽吸后向主流烟气的转移行为分析

中文名称	第1口烟气转移率/%	第2口烟气转移率/%	第3口烟气转移率/%	第4口烟气转移率/%	第5口烟气转移率/%	第6口烟气转移率/%	第7口烟气转移率/%	第8口烟气转移率/%	第9口烟气转移率/%	第10口烟气转移率/%	第11口烟气转移率/%
2-甲基吡嗪	0.32	0.63	0.90	1.04	1.18	1.19	1.04	0.97	0.80	0.71	0.50
2-甲氧基吡嗪	0.59	0.84	1.12	1.32	1.45	1.59	1.47	1.30	1.13	1.03	0.80
2-乙酰基呋喃	1.69	1.92	2.18	2.34	2.39	2.46	2.49	2.35	2.23	2.14	2.09
2,3-二甲基吡嗪	0.48	0.80	1.10	1.22	1.41	1.60	1.42	1.29	1.16	0.98	0.81
2-乙酰基吡嗪	2.16	2.41	2.60	2.79	2.85	2.91	2.99	3.07	2.87	2.70	2.60
2-乙酰基吡啶	1.72	2.05	2.26	2.47	2.58	2.78	2.87	2.94	2.77	2.63	2.52
2-乙基-3,5-二甲基吡嗪	1.47	1.77	2.10	2.33	2.47	2.60	2.75	2.62	2.51	2.38	2.20
2-乙基-3,6-二甲基吡嗪	1.39	1.63	1.86	1.97	2.07	2.16	2.20	2.09	2.02	1.95	1.80

(1) 互为同系物的杂环类香料单体逐口转移行为分析

图 3-65 和表 3-35 显示了互为同系物的杂环类香料单体的转移行为，随着分子量增大、沸点增高，互为同系物的 2-甲基吡嗪、2,3-二甲基吡嗪、2-乙基-3,5-二甲基吡嗪的逐口转移率逐渐增大。其中，2-乙基-3,5-二甲基吡嗪的逐口转移率均较大，逐口转移率最大值为 2.75%，最大值集中在第 7 口。

(2) 互为同分异构体的杂环类香料单体逐口转移行为分析

由图 3-66、表 3-35 所示，互为同分异构体的 2-乙基-3,5-二甲基吡嗪与 2-乙基-3,6-二甲基吡嗪逐口转移率均在第 7 口达到最大，分别为 2.75%、2.20%，与 3.5.7(2) 中所得结果相符合。

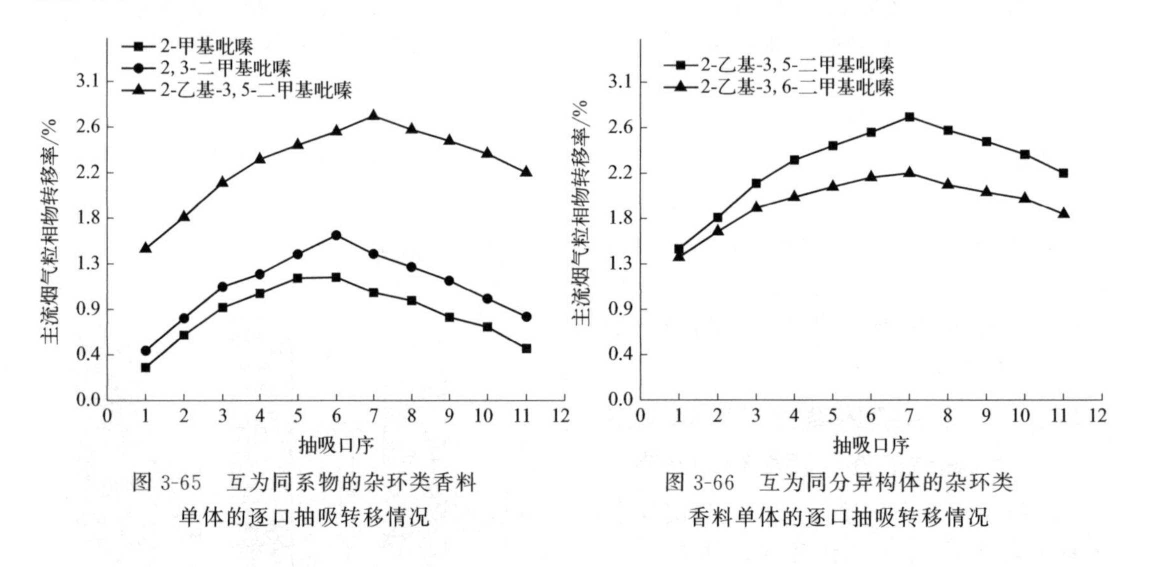

图 3-65 互为同系物的杂环类香料单体的逐口抽吸转移情况

图 3-66 互为同分异构体的杂环类香料单体的逐口抽吸转移情况

(3) 不同环结构的杂环类香料单体逐口转移行为分析

由图 3-67、表 3-35 所示，2-乙酰基呋喃的逐口转移率最大值出现在第 7 口，为 2.49%；2-乙酰基吡啶和 2-乙酰基吡嗪的逐口转移率最大值均出现在第 8 口，分别为 2.94%、3.07%，三者中 2-乙酰基吡嗪的逐口转移率曲线最为平缓。

(4) 不同取代基的杂环类香料单体逐口转移行为分析

由图 3-68、表 3-35 所示，不同取代基的杂环类香料单体 2-甲基吡嗪、2-甲氧基吡嗪的逐口转移率均在第 6 口达到最大，分别为 1.19%、1.59%。其中 2-甲氧基吡嗪的逐口转移率明显高于 2-甲基吡嗪，较适合作为烟芯加香的香原料。

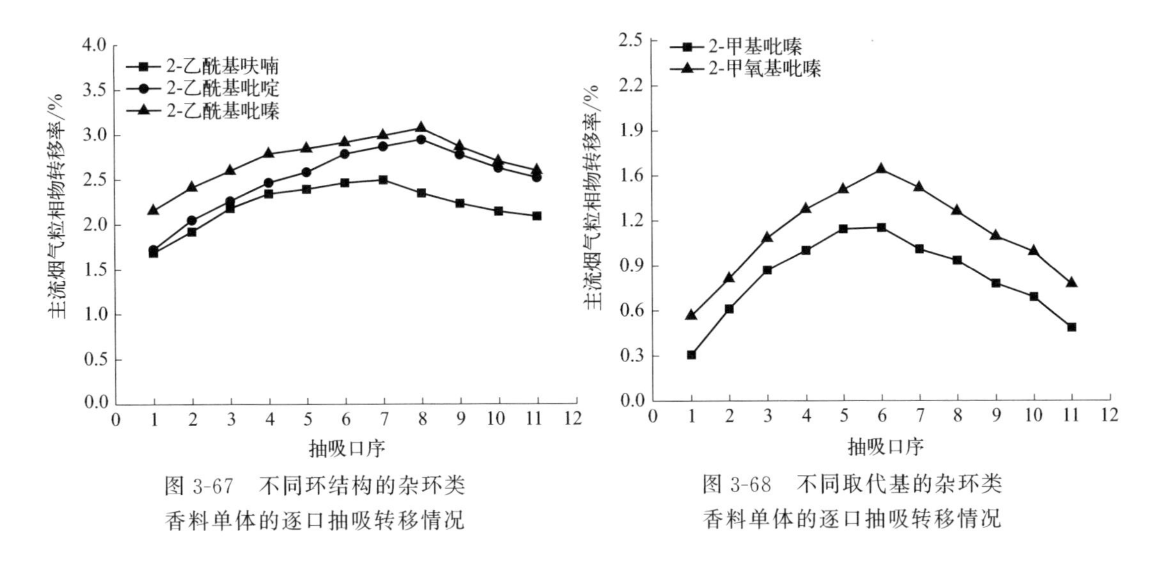

图 3-67　不同环结构的杂环类香料单体的逐口抽吸转移情况

图 3-68　不同取代基的杂环类香料单体的逐口抽吸转移情况

3.5.9　小结

本实验利用气相色谱法建立了加热卷烟主流烟气粒相物中的杂环类香料单体的检测方法，并对该方法的前处理条件进行了优化，从而揭示了加热卷烟芯材外加杂环类香料单体在卷烟储存以及抽吸后的转移规律，结果表明：

(1) 当提取条件为：萃取溶剂为异丙醇，萃取方式为超声萃取，萃取液体积为 10mL，萃取时间为 20min 时，萃取效率最高。

(2) 8 种杂环类香料单体在质量浓度 1.296～80.0μg/mL 范围内线性良好，检出限为 0.0089～0.2349μg/mL、定量限为 0.0296～0.7829μg/mL、RSD 值为 0.18%～2.96%，平均回收率为 91.03%～107.97%，该方法重复性较好、回收率较高。

(3) 8 种杂环类香料单体的烟芯持留率为 8.68%～69.30%、降温段迁移率为 1.12%～5.65%、滤棒迁移率为 4.58%～16.42%、散失率为 24.96%～71.50%、烟芯残留率为 5.21%～27.13%、滤棒截留率为 8.27%～22.72%、向主流烟气粒相物的转移率为 6.16%～28.49%。

(4) 8 种杂环类香料单体的逐口转移率为 0.32%～3.07%，随着抽吸口序的增加，逐口转移率均呈现先增加后降低的趋势。当加热卷烟进行前 5 口抽吸时，各香料单体的逐口释放量显著增大，当抽吸口序为第 6 口至第 8 口时，香料单体的转移率达到最大，而后逐渐降低。

(5) 互为同系物的杂环类香料单体，随着侧链依次增多、沸点增大，其烟芯持留率、烟芯残留率、向主流烟气粒相物转移率以及逐口转移率逐渐增大，散失率逐渐减小。

(6) 互为同分异构体的杂环类香料单体，随着结构稳定性增强，其烟芯持留率、烟芯残留率、向主流烟气粒相物转移率以及逐口转移率逐渐增大，散失率逐渐减小。

(7) 不同环结构以及不同取代基的杂环类香料单体遵循物质沸点越高，其烟芯持留率、向主流烟气粒相物转移率以及逐口转移率越高，散失率越小的规律。

(8) 2-乙酰基吡嗪、2-乙酰基吡啶和 2-乙酰基呋喃的烟芯持留率、向主流烟气粒相物转移率以及逐口转移率相对较高，迁移率、散失率相对较低，具有较好的加热卷烟香精调配应用潜力。

3.6 酚类香料单体在加热卷烟中的转移行为研究

3.6.1 实验材料、试剂与仪器

(1) 材料与试剂

加热卷烟［(12mm 烟芯段＋23mm 降温腔体固件＋10mm 醋纤滤棒)×圆周 22mm］由江苏中烟工业有限责任公司提供；使用江苏中烟加热卷烟烟具进行感官质量评价。

邻甲酚、愈创木酚、2,6-二甲基苯酚、3,4-二甲基苯酚、2,4,6-三甲基苯酚、4-乙基愈创木酚、2,6-二甲氧基苯酚、异丁香酚、苯乙酸苯乙酯（内标）(≥98%，北京百灵威科技有限公司)。

无水乙醇、异丙醇、二氯甲烷、正己烷（≥99.9%，色谱级，天津市大茂化学试剂厂）。

(2) 实验仪器

本实验所用主要仪器如表 3-36 所示。

表 3-36 主要实验仪器

仪器	型号规格	生产厂商
超声波清洗机	SB-3200DT	宁波新芝生物科技股份有限公司
全温振荡培养箱	HZQ-F160	苏州培英实验设备有限公司
电子天平	EL204	Mettler-Toledo 仪器(上海)有限公司
恒温恒湿箱	KBF720	德国弗兰茨宾德有限公司
转盘式吸烟机	RM20H	德国 Borgwaldt KC 公司
气相色谱仪	GKA218/8890	美国 Agilent 公司

3.6.2 方法

(1) 标准溶液的配制

配制以无水乙醇为溶剂、浓度为 30.1μg/mL 苯乙酸苯乙酯的内标溶液。精确称取一定质量的各酚类香料标品于容量瓶中，用内标溶液逐级稀释，得到质量浓度为 0.175μg/mL、0.875μg/mL、2.19μg/mL、4.38μg/mL、8.75μg/mL、17.5μg/mL、35.0μg/mL、70.0μg/mL 的系列标准工作溶液。

(2) 酚类香料单体的添加及放置

分别精确称取 8 种酚类香料单体 0.05g 于 10mL 容量瓶中，用无水乙醇定容后摇匀，制备混合香料溶液。使用微量进样器采用中心注射法将 10μL 加香溶液注射入空白加热卷烟，制备加香量为加热卷烟烟芯质量 0.1% 的加香卷烟。然后在密封袋内于恒温恒湿（22℃±2℃，RH 60%±5%）环境放置 48h 以上。

(3) 样品前处理

选取 6 支加香加热卷烟以及空白加热卷烟，迅速将其分为烟芯段、降温段（包括中空和降温材料）和滤棒段，将这三段剪碎后分别转移至 50mL 锥形瓶中，各加入 10mL、12mL、12mL 含有苯乙酸苯乙酯的无水乙醇萃取液（30.1μg/mL），分别超声萃取 20min，萃取液过膜后进行 GC 分析。

采用 RM20H 转盘式吸烟机参考加拿大深度抽吸模式（HCI）的标准要求[87] 进行加热卷烟的抽吸。抽吸参数为：抽吸曲线方形、抽吸容量 55mL、持续时间 3s、抽吸间隔 30s、抽吸 11 口，采用直径 44mm 的剑桥滤片捕集 6 支加热卷烟气溶胶中的粒相物，保留烟支。抽吸结束后，分别将剑桥滤片、滤棒以及烟芯转移至 50mL 的锥形瓶中，加入 12mL、12mL、10mL 含有苯乙酸苯乙酯的无水乙醇萃取液（30.1μg/mL），分别超声萃取 20min，萃取液过膜后进行 GC 分析。

采用 RM20H 转盘式吸烟机配备逐口抽吸装置进行逐口抽吸，抽吸参数同上，用 11 张剑桥滤片分别捕集对应于 50 支加热卷烟 11 个抽吸口序的气溶胶中的粒相物。抽吸结束后，将 11 张剑桥滤片分别置于 50mL 的锥形瓶中，各加入 12mL 含有苯乙酸苯乙酯的无水乙醇萃取液（30.1μg/mL），分别超声萃取 20min，萃取液过膜后进行 GC 分析。

(4) GC 的分析条件

色谱柱：HP-5MS 毛细管柱（30m×0.25mm×0.25μm）；进样口温度：250℃；检测器（FID）温度：280℃；载气：氦气（≥99.999%），载气流速：1.0mL/min；尾吹气：25mL/min；空气：450mL/min；氢气：40mL/min；分流比：15∶1；进样量：1μL；升温程序：50℃（保持 2min），10℃/min 升到 85℃，再以 4℃/min 升到 190℃，再以 10℃/min 升到 250℃（保持 10min）。

3.6.3 持留率、迁移率、散失率、转移率、截留率分析

按照 3.1.3 中所述方法计算烟丝持留率、滤棒迁移率、降温段迁移率、散失率、烟气转移率、滤棒截留率、烟丝残留率以及逐口转移率。

3.6.4 结果与讨论

以下介绍前处理条件的优化。

① 萃取溶剂的选择

按照 3.6.2 中所述方法，采用超声萃取、超声时间为 20min、萃取液体积为 12mL 的条件，改变萃取液的种类，考察无水乙醇、正己烷、二氯甲烷和异丙醇 4 种不同溶剂对剑桥滤片中各酚类香味成分萃取效率的影响，如图 3-69 所示。结果表明，无水乙醇对各酚类香料单体具有较高的萃取效率，因此选择无水乙醇作为萃取溶剂。

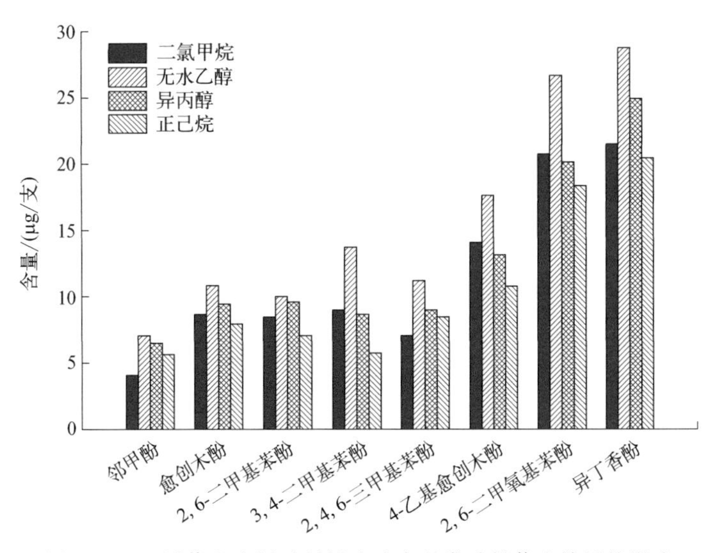

图 3-69 不同萃取溶剂对剑桥滤片中酚类香料萃取效果的影响

② 萃取方式的选择

按照 3.6.2 中所述方法，采用萃取时间为 20min、萃取剂选择无水乙醇、萃取液体积为 12mL 的条件，改变萃取方式，考察超声和振荡两种不同萃取方式对各酚类香料单体萃取效率的影响，如图 3-70 所示。结果表明，超声萃取对各酚类香料单体具有较高的提取效率，因此选择超声萃取作为萃取方式。

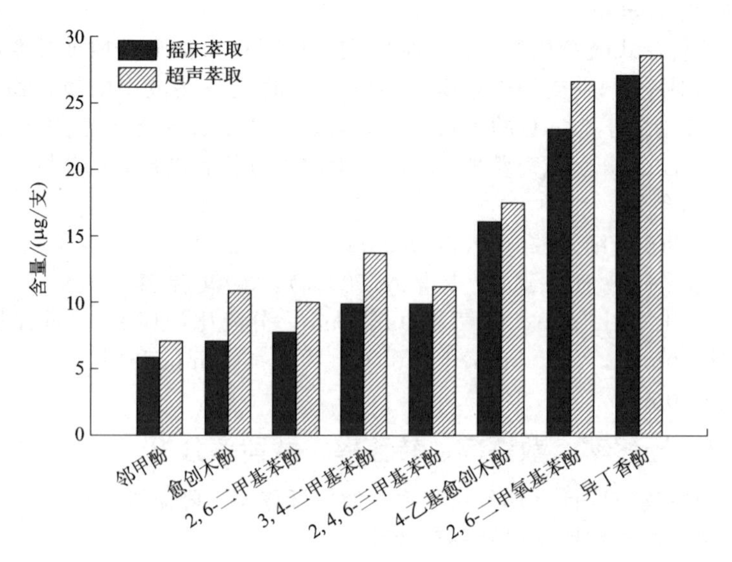

图 3-70　不同萃取方式对剑桥滤片中酚类香料萃取效果的影响

③ 萃取时间的选择

按照 3.6.2 中所述方法，采用超声萃取、萃取剂为无水乙醇、萃取液体积为 12mL 的条件，改变萃取时间，考察不同萃取时间 5min、10min、15min、20min、25min 对各酚类香料单体萃取效率的影响，如图 3-71 所示。结果表明，萃取时间为 20min 对各酚类香料单体具有较高的提取效率，因此选择 20min 作为萃取时间。

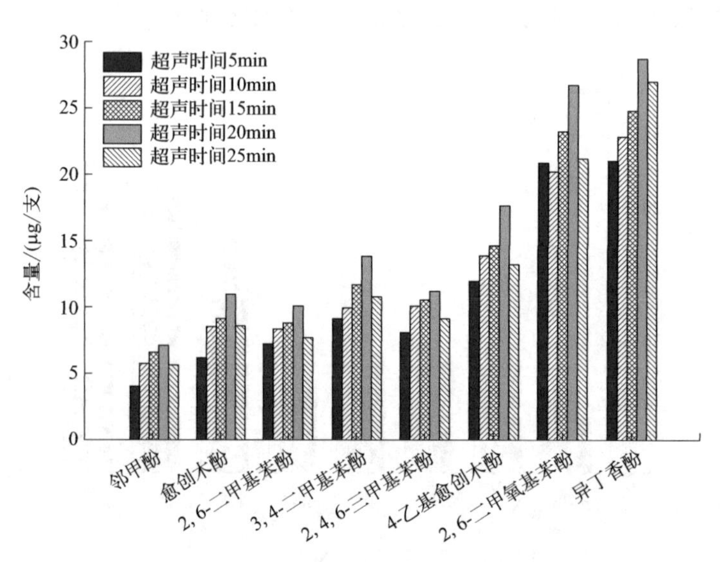

图 3-71　不同萃取时间对剑桥滤片中酚类香料萃取效果的影响

④ 萃取液体积的选择

按照 3.6.2 中所述方法，采用超声萃取、萃取剂为无水乙醇、萃取时间为 20min 的条件，改变萃取液体积，考察萃取液不同体积 6mL、8mL、10mL、12mL、14mL 对各酚类香料单体萃取效率的影响，如图 3-72 所示。结果表明，萃取液体积 12mL 对各酚类香料单体具有较高的提取效率，因此选择 12mL 作为萃取液体积。

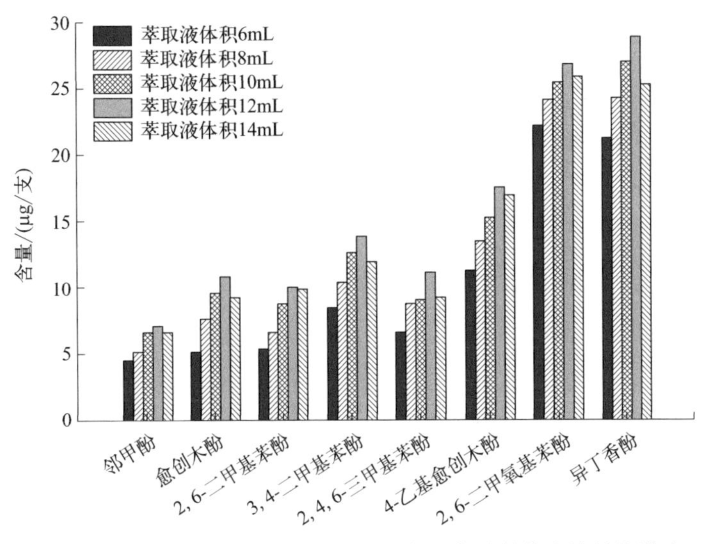

图 3-72 不同萃取液体积对剑桥滤片中酚类香料萃取效果的影响

3.6.5 方法学评价

(1) 工作曲线、精密度、检出限和定量限

分别取系列标准工作溶液进行 GC 分析，横坐标为各酚类香料单体的峰面积与内标物峰面积的比值（x），纵坐标为各酚类香料单体的浓度与内标物浓度的比值（y），作各酚类香料单体的标准工作曲线，采用最低浓度的标样反复进样 10 次，以测定值的 3 倍标准偏差为检出限、10 倍标准偏差为定量限，并计算 5 次重复试验的相对标准偏差（RSD），如表 3-37 所示。结果表明，8 种酚类香料单体在质量浓度 0.175～70.0μg/mL 范围内线性良好（$R^2 \geqslant 0.9990$），检出限为 0.0070～0.0472μg/mL，定量限为 0.0232～0.1572μg/mL，RSD 值为 0.66%～3.42%，该方法重复性较好。

表 3-37 8 种酚类香料单体的线性方程、相关系数、RSD、检出限和定量限

名称	回归方程	相关系数 (R^2)	RSD /%	检出限 /(μg/mL)	定量限 /(μg/mL)
邻甲酚	$y=0.8863x-0.0109$	0.9990	1.1132	0.0070	0.0232
愈创木酚	$y=0.968x+0.0086$	0.9994	2.2856	0.0400	0.1333
2,6-二甲基苯酚	$y=0.9541x-0.0013$	0.9992	2.3225	0.0300	0.1000
3,4-二甲基苯酚	$y=1.9885x-0.0113$	0.9990	3.4234	0.0217	0.0722
2,4,6-三甲基苯酚	$y=0.9923x-0.0013$	0.9994	1.2914	0.0472	0.1572
4-乙基愈创木酚	$y=1.0724x+0.0021$	0.9995	2.3099	0.0245	0.0815
2,6-二甲氧基苯酚	$y=0.9588x+0.0053$	0.9991	0.6601	0.0329	0.1095
异丁香酚	$y=0.8822x-0.0196$	0.9991	1.7376	0.0271	0.0902

(2) 加标回收率

选择标样加入法测定加标回收率，选取 3 份酚类加香加热卷烟样品，分别加入低、中、高三个不同水平浓度的混标溶液，按照 3.6.2 中所述方法，测定 3 个不同加标水平下的 8 种酚类香料单体的回收率，平行测定 3 次，如表 3-38 所示，结果表明，8 种酚类香料单体的平均回收率在 94.56%～109.12%，该方法回收率较高。

表 3-38　8 种酚类香料单体的加标回收率的测定

名称	原质量分数/(mg/支)	加标量/(mg/支)	测定值/(mg/支)	平均回收率/%
邻甲酚	0.0054	0.0022	0.0076	101.25
		0.0014	0.0069	103.85
		0.0007	0.0061	96.25
愈创木酚	0.0069	0.0031	0.0100	99.85
		0.0021	0.0090	103.25
		0.0010	0.0079	102.56
2,6-二甲基苯酚	0.0061	0.0027	0.0088	98.25
		0.0018	0.0080	104.26
		0.0009	0.0071	105.78
3,4-二甲基苯酚	0.0092	0.0086	0.0179	101.98
		0.0057	0.0151	102.91
		0.0029	0.0119	95.25
2,4,6-三甲基苯酚	0.0087	0.0035	0.0121	98.36
		0.0023	0.0109	94.56
		0.0012	0.0099	102.78
4-乙基愈创木酚	0.0108	0.0027	0.0134	96.35
		0.0018	0.0126	98.56
		0.0009	0.0117	101.23
2,6-二甲氧基苯酚	0.0195	0.0074	0.0277	109.12
		0.0050	0.0248	105.36
		0.0025	0.0219	96.35
异丁香酚	0.0205	0.0106	0.0317	105.32
		0.0071	0.0277	101.25
		0.0035	0.0240	98.56

（3）溶液稳定性

采用内标溶液稀释加香溶液制备混合香料溶液（各单体香料质量浓度为 50μg/mL），在室温条件下放置 0h、2h、5h、9h、12h、24h 后，根据 3.6.2 中所述的方法进样测定，计算各酚类香料单体与内标物的峰面积比值（见表 3-39），由表可知，8 种酚类香料单体的 RSD 在 0.27%～3.39%（$n=3$），表明样品溶液在 24h 内稳定。

表 3-39　混合香料溶液的稳定性

名称	时间/h						平均值	RSD/%
	0	2	5	9	12	24		
邻甲酚	1.4710	1.4706	1.4756	1.4612	1.4124	1.4621	1.4588	1.6049
愈创木酚	1.3609	1.3725	1.3515	1.3721	1.3622	1.3725	1.3653	0.6302
2,6-二甲基苯酚	1.4189	1.4121	1.4122	1.4213	1.4487	1.4012	1.4191	1.1332
3,4-二甲基苯酚	0.6758	0.6751	0.6722	0.6218	0.6848	0.6722	0.6670	3.3907
2,4,6-三甲基苯酚	1.4177	1.4119	1.4152	1.4165	1.4222	1.4213	1.4175	0.2711
4-乙基愈创木酚	1.2159	1.2152	1.2157	1.2152	1.2312	1.2547	1.2246	1.3061
2,6-二甲氧基苯酚	1.3740	1.3722	1.3612	1.3516	1.3614	1.3721	1.3654	0.6457
异丁香酚	1.6041	1.6025	1.6146	1.6128	1.6215	1.6842	1.6233	1.8876

3.6.6　储存期间酚类香料单体的转移行为分析

按照 3.6.2 中所述的方法，测定各酚类香料单体的转移率，如表 3-40 所示，结果表明：①在储存期间，8 种酚类香料单体的烟芯持留率在 36.07%～65.27%之间，其中异丁香酚的烟芯持留率最大，为 65.27%，其次是 2,6-二甲氧基苯酚、4-乙基愈创木酚，分别为 64.88%、56.22%；②降温段迁移率在 0.46%～4.83%之间，其中 2,6-二甲氧基苯酚的降温段迁移率最小，为 0.46%，其次是异丁香酚、4-乙基愈创木酚，分别为 1.02%、1.77%；③滤棒迁移率在 2.83%～12.26%之间，其中 2,6-二甲氧基苯酚的滤棒迁移率最小，为 2.83%，其次是异丁香酚、4-乙基愈创木酚，分别为 4.71%、7.55%；④散失率在 29.01%～49.51%之间，其中异丁香酚的散失率最小，为 29.01%，其次是 2,6-二甲氧基苯酚、4-乙基愈创木酚，分别为 31.83%、34.46%。综上所述，8 种酚类香料单体的滤棒迁移率高于降温段迁移率，可能与滤棒段材质对香料的吸附能力较强有关，异丁香酚、2,6-二甲氧基苯酚、4-乙基愈创木酚的烟芯持留率高（≥56.22%），散失率小，迁移率较小。

表 3-40　8 种酚类香料单体在加热卷烟抽吸前的转移行为分析

名称	分子量	沸点/℃	烟芯持留率/%	滤棒迁移率/%	降温段迁移率/%	散失率/%
邻甲酚	108	192	36.07	10.35	4.07	49.51
愈创木酚	124	205	43.94	12.26	3.54	40.27
2,6-二甲基苯酚	122	203	41.32	11.79	4.83	42.06
3,4-二甲基苯酚	122	220	50.38	8.30	3.72	37.59
2,4,6-三甲基苯酚	136	221	50.68	9.30	3.30	36.71
4-乙基愈创木酚	152	235	56.22	7.55	1.77	34.46
2,6-二甲氧基苯酚	154	261	64.88	2.83	0.46	31.83
异丁香酚	164	266	65.27	4.71	1.02	29.01

(1) 互为同系物的酚类香料单体转移行为分析

如图 3-73、表 3-40 所示，随着同系物碳原子数增加，分子量增大，互为同系物的邻甲酚、2,6-二甲基苯酚、2,4,6-三甲基苯酚的烟芯持留率逐渐增加，其中 2,4,6-三甲基苯酚的烟芯持留率最大，为 50.68%；滤棒迁移率、降温段迁移率均呈现先增加后减小的趋势，2,4,6-三甲基苯酚的滤棒迁移率、降温段迁移率均为最小，分别为 9.30%、3.30%；散失率逐渐减小，2,4,6-三甲基苯酚的散失率最小，为 36.71%。这说明由于同系物香料的苯环上侧链依次增多，物质分子量增加、分子结构变密集、沸点逐渐升高，导致物质结构更稳定。

(2) 互为同分异构体的酚类香料单体转移行为分析

如图 3-74、表 3-40 所示，结果表明：互为同分异构体的 2,6-二甲基苯酚、3,4-二甲基苯酚的烟芯持留率分别为 41.32%、50.38%，滤棒迁移率分别为 11.79%、8.30%，降温段迁移率分别为 4.83%、3.72%，散失率分别为 42.06%、37.59%。其中 3,4-二甲基苯酚的烟芯持留率较大，这可能与物质的沸点以及分子量有关。

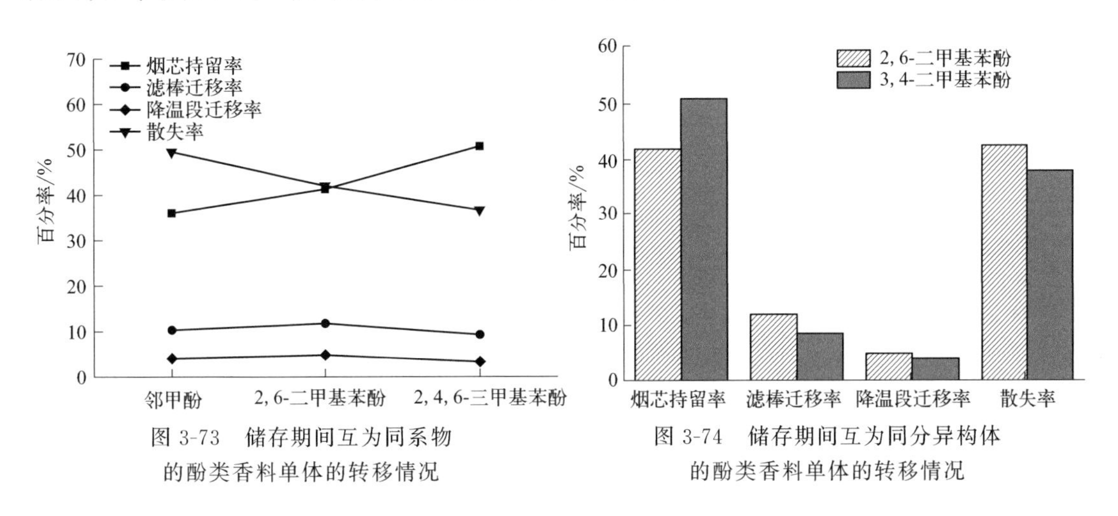

图 3-73　储存期间互为同系物的酚类香料单体的转移情况

图 3-74　储存期间互为同分异构体的酚类香料单体的转移情况

(3) 不同取代基的酚类香料单体转移行为分析

如图 3-75、表 3-40 所示，结果表明：不同取代基的 2,6-二甲基苯酚与 2,6-二甲氧基苯酚、邻甲酚与愈创木酚的烟芯持留率以及散失率相差较大，分别是 41.32%与 64.88%、42.06%与 31.83%以及 36.07%与 43.94%、49.51%与 40.27%。这可能与分子结构有关，甲氧基和苯环存在共轭效应，所以 2,6-二甲氧基苯酚、愈创木酚的稳定性比 2,6-二甲基苯酚、邻甲酚好，沸点较高，不易发生逸散。

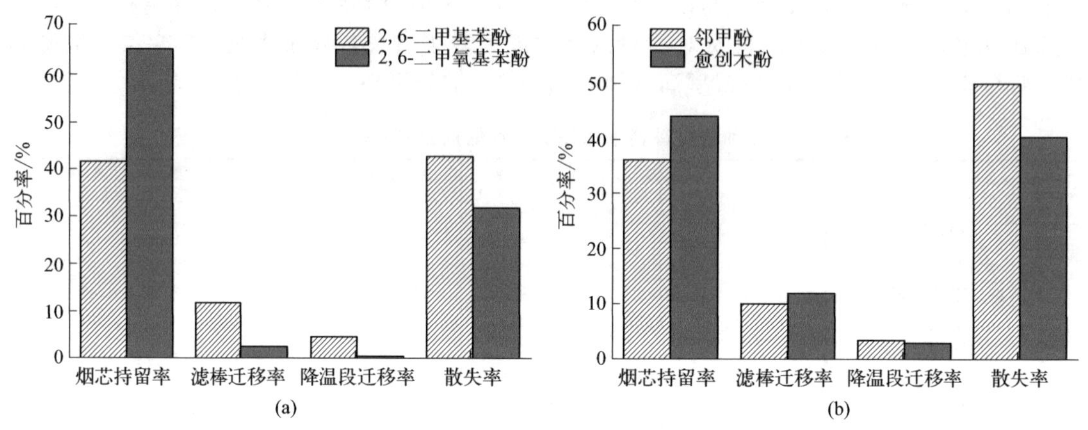

图 3-75 储存期间不同取代基的酚类香料单体的转移情况

3.6.7 抽吸后酚类香料单体向主流烟气的转移行为分析

按照 3.6.2 中所述的方法，测定各酚类香料单体的转移率，如表 3-41 所示，结果表明：①抽吸后 8 种酚类香料单体的烟芯残留率在 17.41%～30.60%之间，其中烟芯残留率最低的是邻甲酚，为 17.41%，其次是 2,6-二甲基苯酚、愈创木酚，分别是 18.13%、19.17%；②滤棒截留率在 8.00%～20.32%之间，其中滤棒截留率最低的是邻甲酚，为 8.00%，其次是愈创木酚、2,6-二甲基苯酚，分别是 10.19%、10.34%；③酚类香料单体的主流烟气粒相物转移率在 17.68%～32.19%之间，其中转移率最高的是异丁香酚，为 32.19%，其次是 2,6-二甲氧基苯酚、4-乙基愈创木酚，分别是 31.05%、27.80%。

整体而言，酚类香料在烟芯中的持留率较大时，其向主流烟气的转移率就越高，异丁香酚、2,6-二甲氧基苯酚向主流烟气粒相物的转移率较高（>30%），与抽吸前的结论相符合。其中，异丁香酚具柔和甜清的辛香，有香石竹、丁香花样花香，可用于烟草加香以增强辛香、花香；2,6-二甲氧基苯酚具有甜香、木香、药香、烟熏香，可用于烟草加香以增强坚果、烘烤香韵。因此，这两种酚类香料单体具有较好的加热卷烟香精调配应用潜力。

表 3-41 8 种酚类香料单体在加热卷烟抽吸后向主流烟气的转移行为分析

名称	分子量	沸点/℃	烟芯残留率/%	滤棒截留率/%	MS 转移率/%
邻甲酚	108	192	17.41	8.00	17.68
愈创木酚	124	205	19.17	10.19	20.57
2,6-二甲基苯酚	122	203	18.13	10.34	19.02
3,4-二甲基苯酚	122	220	22.44	12.19	23.13
2,4,6-三甲基苯酚	136	221	25.53	14.78	24.51
4-乙基愈创木酚	152	235	27.34	13.15	27.80
2,6-二甲氧基苯酚	154	261	30.60	17.30	31.05
异丁香酚	164	266	29.33	20.32	32.19

（1）互为同系物的酚类香料单体转移行为分析

如图 3-76、表 3-41 所示，互为同系物的邻甲酚、2,6-二甲基苯酚、2,4,6-三甲基苯酚，其向主流烟气粒相物转移率、滤棒截留率、烟芯残留率随着分子量、沸点的增大而增大，其中 2,4,6-三甲基苯酚向主流烟气粒相物的转移率最大，为 24.51%，三者的向主流烟气粒相物的转移率与烟芯残留率均较为接近。

（2）互为同分异构体的酚类香料单体转移行为分析

如图 3-77、表 3-41 所示，结果表明：2,6-二甲基苯酚、3,4-二甲基苯酚的烟芯残留率分别为 18.13%、22.44%，滤棒截留率分别为 10.34%、12.19%，向主流烟气粒相物的转移率分别为 19.02%、23.13%。其烟芯残留率、滤棒截留率、向主流烟气粒相物的转移率均随着沸点的增加而增加。

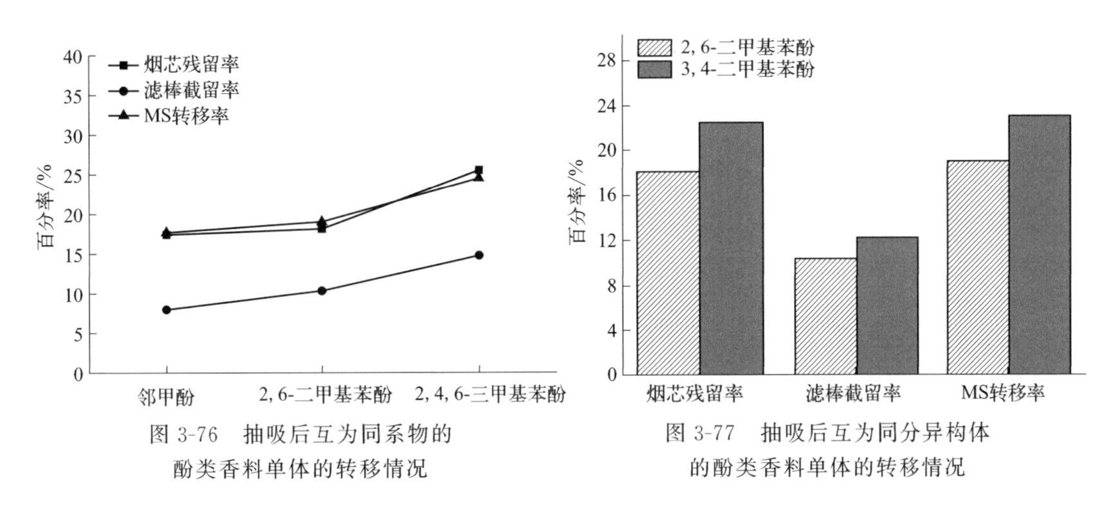

图 3-76 抽吸后互为同系物的酚类香料单体的转移情况

图 3-77 抽吸后互为同分异构体的酚类香料单体的转移情况

（3）不同取代基的酚类香料单体转移行为分析

如图 3-78、表 3-41 所示，结果表明：①2,6-二甲基苯酚与 2,6-二甲氧基苯酚的主流烟气粒相物转移率分别为 19.02%、31.05%，烟芯残留率分别为 18.13%、30.60%，滤棒截留率分别为 10.34%、17.30%；②邻甲酚与愈创木酚的主流烟气粒相物转移率分别为 17.68%、20.57%，烟芯残留率分别为 17.41%、19.17%，滤棒截留率分别为 8.00%、10.19%。两组不同取代基的酚类香料单体的烟芯残留率、主流烟气粒相物转移率、滤棒截留率均随着分子量、沸点的增加而增加。

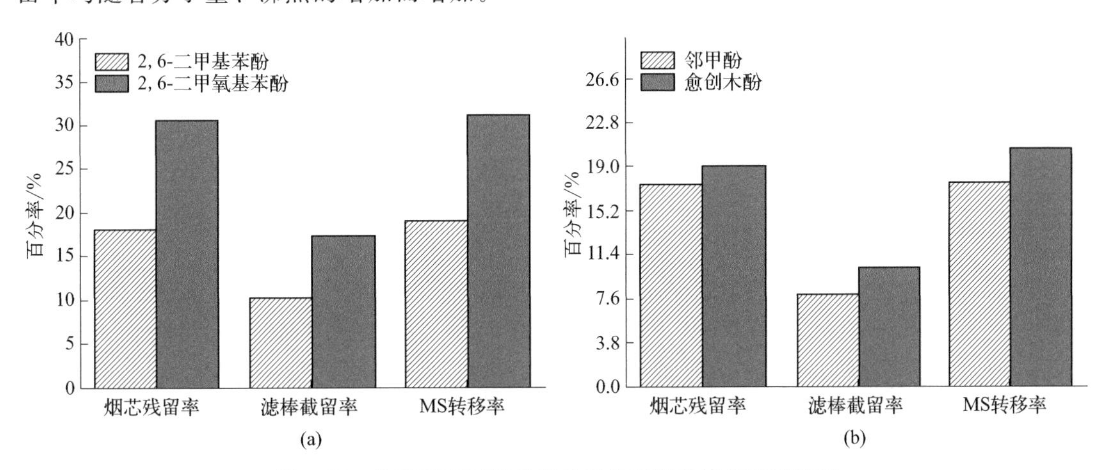

图 3-78 抽吸后不同取代基的酚类香料单体的转移情况

3.6.8 抽吸后酚类香料单体向主流烟气的逐口转移行为分析

按照 3.6.2 中所述的方法，测定各酚类香料单体的逐口转移率，如表 3-42 所示，酚类香料单体第 1 口到第 11 口的转移率为 1.05%～3.42%，其中异丁香酚的逐口释放量均较大，其次是 2,6-二甲氧基苯酚和 4-乙基愈创木酚，这与 3.6.7 节所测主流烟气总粒相物转移率所得结果较一致。结果表明，随着加热卷烟抽吸口序的增加，各酚类香料单体的释放量均呈现先增大后减小的趋势，当抽吸口序为第 6 口至第 8 口时，酚类香料单体的逐口转移率分别达到最大。

表 3-42　8 种酚类香料单体在加热卷烟逐口抽吸后向主流烟气的转移行为分析

中文名称	第 1 口烟气转移率/%	第 2 口烟气转移率/%	第 3 口烟气转移率/%	第 4 口烟气转移率/%	第 5 口烟气转移率/%	第 6 口烟气转移率/%	第 7 口烟气转移率/%	第 8 口烟气转移率/%	第 9 口烟气转移率/%	第 10 口烟气转移率/%	第 11 口烟气转移率/%
邻甲酚	1.05	1.36	1.58	1.77	1.89	1.96	1.99	1.86	1.79	1.60	1.43
愈创木酚	1.32	1.61	1.87	2.08	2.26	2.33	2.39	2.27	2.17	2.10	1.69
2,6-二甲基苯酚	1.09	1.26	1.57	1.76	2.02	2.13	2.21	2.06	1.94	1.89	1.76
3,4-二甲基苯酚	1.38	1.77	2.03	2.18	2.53	2.54	2.63	2.44	2.31	2.11	1.98
2,4,6-三甲基苯酚	1.36	1.76	2.05	2.21	2.34	2.46	2.52	2.69	2.56	2.40	2.28
4-乙基愈创木酚	2.04	2.34	2.55	2.65	2.84	2.90	2.99	3.05	2.93	2.84	2.76
2,6-二甲氧基苯酚	2.19	2.50	2.80	3.03	3.07	3.21	3.29	3.38	3.22	3.12	2.88
异丁香酚	2.52	2.87	3.05	3.16	3.34	3.42	3.31	3.14	3.00	2.85	2.77

(1) 互为同系物的酚类香料单体逐口转移行为分析

图 3-79 和表 3-42 显示了互为同系物的酚类香料单体的转移行为，随着分子量增大、沸点增高，互为同系物的邻甲酚、2,6-二甲基苯酚、2,4,6-三甲基苯酚的逐口转移率逐渐增大。其中 2,4,6-三甲基苯酚的逐口转移率均较大，逐口转移率最大值为 2.69%，最大值集中在第 8 口。

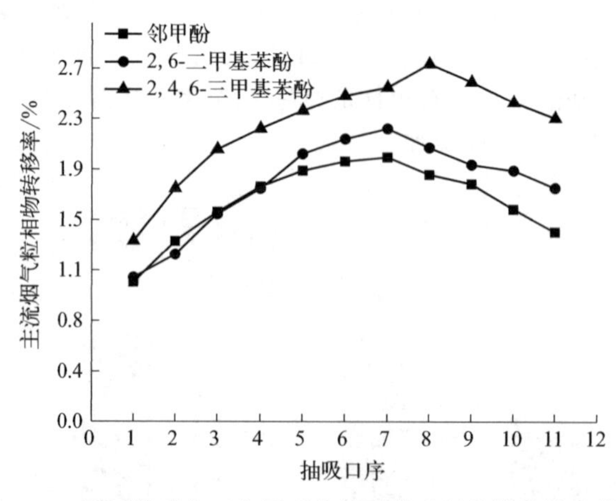

图 3-79　逐口抽吸中互为同系物的酚类香料单体的转移情况

(2) 互为同分异构体的酚类香料单体逐口转移行为分析

如图 3-80、表 3-42 所示，互为同分异构体的 2,6-二甲基苯酚与 3,4-二甲基苯酚随着抽吸口序的增加转移率呈现先增加后减小的趋势，两者的逐口转移率均在第 7 口达到最大，分别为 2.21%、2.63%。3,4-二甲基苯酚的逐口转移率均较大，且两者的逐口转移行为较为接近，可能与两者沸点相近有关。

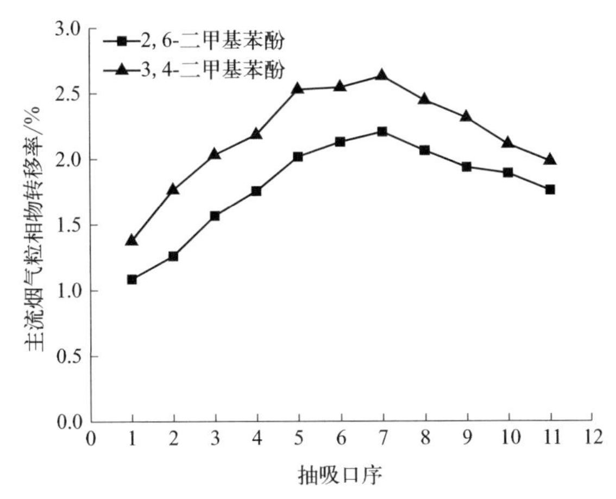

图 3-80　逐口抽吸中互为同分异构体的酚类香料单体的转移情况

(3) 不同取代基的酚类香料单体逐口转移行为分析

如图 3-81、表 3-42 所示可知：①不同取代基的酚类香料单体 2,6-二甲基苯酚与 2,6-二甲氧基苯酚的逐口转移率随抽吸口序的增加均呈现先增加后减小的趋势。2,6-二甲基苯酚在第 7 口达到最大，为 2.21%；2,6-二甲氧基苯酚在第 8 口达到最大，为 3.38%。②不同取代基的酚类香料单体邻甲酚与愈创木酚的逐口转移率随抽吸口序的增加均呈现先增加后减小的趋势，两者均在第 7 口达到最大，最大值分别为 1.99%、2.39%。

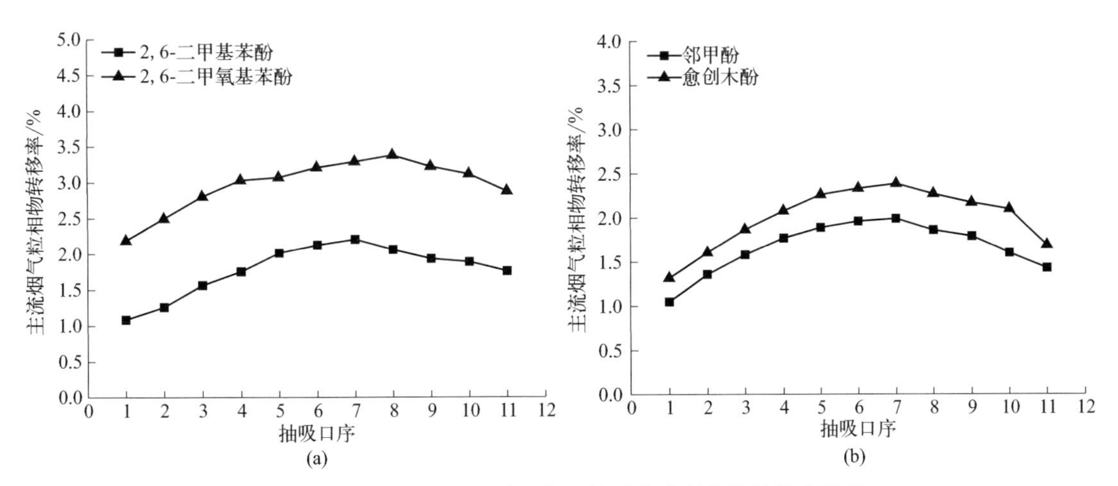

图 3-81　逐口抽吸中不同取代基的酚类香料单体的转移情况

3.6.9　小结

本实验利用气相色谱法建立了加热卷烟主流烟气粒相物中的酚类香料单体的检测方法，并对该方法的前处理条件进行了优化，从而揭示了加热卷烟芯材外加酚类香料单体在卷烟储存以及抽吸后的转移规律，结果表明：

(1) 当提取条件为：萃取溶剂为无水乙醇，萃取方式为超声萃取，萃取液体积为 12mL，萃取时间为 20min 时，萃取效率最高。

（2）8种酚类香料单体在质量浓度0.175～70.0μg/mL范围内线性良好，检出限为0.0070～0.0472μg/mL、定量限为0.0232～0.1572μg/mL、RSD值为0.66%～3.42%，平均回收率为94.56%～109.12%，该方法重复性较好、回收率较高。

（3）8种酚类香料单体的烟芯持留率为36.07%～65.27%、降温段迁移率为0.46%～4.83%、滤棒迁移率为2.83%～12.26%、散失率为29.01%～49.51%、烟芯残留率为17.41%～30.60%、滤棒截留率为8.00%～20.32%、向主流烟气粒相物的转移率为17.68%～32.19%。

（4）8种酚类香料单体的逐口转移率为1.05%～3.42%，随着抽吸口序的增加，逐口转移率均呈现先增加后降低的趋势。当加热卷烟进行前5口抽吸时，各香料单体的逐口释放量显著增大，当抽吸口序为第6口至第8口时，香料单体的转移率达到最大，而后逐渐降低。

（5）互为同系物的酚类香料单体，随着侧链依次增多、沸点增大，其烟芯持留率、烟芯残留率、向主流烟气粒相物转移率以及逐口转移率逐渐增大，散失率逐渐减小。

（6）互为同分异构体的酚类香料单体，随着结构稳定性增强，其烟芯持留率、烟芯残留率、向主流烟气粒相物转移率以及逐口转移率逐渐增大，散失率逐渐减小。

（7）不同取代基的酚类香料单体遵循物质沸点越高，其烟芯持留率、向主流烟气粒相物转移率以及逐口转移率越高，散失率越小的规律。

（8）异丁香酚、2,6-二甲氧基苯酚的烟芯持留率、向主流烟气粒相物转移率以及逐口转移率相对较高，迁移率、散失率相对较低，具有较好的加热卷烟香精调配应用潜力。

第4章 香原料热失重行为与转移行为的相关性分析

4.1 醇类单体香原料热失重行为与转移行为的相关性分析

对醇类单体香原料的热失重行为参数与转移行为参数进行相关性分析，结果如表4-1所示。由表可知，T_{max} 与降温段迁移率、滤棒截留率显著负相关；DTG_{max} 与散失率显著负相关；CPI与散失率显著负相关，表明醇类单体香原料的热失重特性参数与转移行为参数具有一定的相关性，可在一定程度上反映其在加热卷烟中的转移行为。醇类单体香原料的分子量与散失率极显著正相关（$P<0.01$），与 DTG_{max} 显著负相关，与CPI极显著负相关（$P<0.01$），而沸点与热失重行为参数、转移行为参数均无明显相关关系，表明分子量可在一定程度上反映醇类单体香原料的热失重行为及转移行为，但沸点不能反映醇类单体香原料的热失重行为及转移行为。

表4-1 醇类单体香原料热失重行为及转移行为的相关性分析

	T_{max}	DTG_{max}	CPI	E	ΔH	ΔG	ΔS	分子量	沸点	烟芯持留率	滤棒迁移率	降温段迁移率	散失率	烟芯残留率	滤棒截留率	烟气转移率
T_{max}	1															
DTG_{max}	−0.143	1														
CPI	−0.216	0.990**	1													
E	0.428	0.302	0.250	1												
ΔH	0.421	0.304	0.253	1.000**	1											
ΔG	0.858**	0.029	−0.040	0.700*	0.695*	1										
ΔS	0.181	0.364	0.329	0.958**	0.960**	0.467	1									

续表

	T_{max}	DTG_{max}	CPI	E	ΔH	ΔG	ΔS	分子量	沸点	烟芯持留率	滤棒迁移率	降温段迁移率	散失率	烟芯残留率	滤棒截留率	烟气转移率
分子量	0.636	−0.761*	−0.810**	−0.162	−0.168	0.343	−0.347	1								
沸点	0.543	0.133	0.118	0.153	0.149	0.606	−0.033	0.117	1							
烟芯持留率	0.052	0.472	0.472	0.231	0.231	0.071	0.273	−0.327	0.525	1						
滤棒迁移率	−0.630	0.231	0.262	−0.181	−0.176	−0.336	−0.090	−0.548	−0.385	−0.535	1					
降温段迁移率	−0.693*	0.388	0.417	−0.186	−0.181	−0.392	−0.072	−0.655	−0.366	−0.381	0.976**	1				
散失率	0.431	−0.739*	−0.762*	−0.124	−0.128	0.184	−0.244	0.806**	−0.307	−0.756*	−0.148	−0.313	1			
烟芯残留率	0.452	−0.115	−0.098	0.045	0.041	0.356	−0.072	0.401	0.564	0.486	−0.703*	−0.643	−0.029	1		
滤棒截留率	−0.697*	0.525	0.558	−0.300	−0.295	−0.541	−0.140	−0.618	−0.053	0.441	0.312	0.493	−0.769*	0.061	1	
烟气转移率	−0.211	0.496	0.553	0.247	0.250	−0.144	0.386	−0.582	0.244	0.792*	−0.275	−0.149	−0.712*	0.324	0.449	1

注：*为显著，**为非常显著。下同。

4.2 酯类单体香原料热失重行为及转移行为的相关性分析

对酯类单体香原料的热失重行为参数与转移行为参数进行相关性分析，结果如表 4-2 所示。由表可知，T_{max} 与沸点、烟芯持留率、烟气转移率极显著正相关（$P<0.01$），与分子量和烟芯残留率显著正相关，与散失率极显著负相关（$P<0.01$），表明酯类单体香原料的热失重行为的参数 T_{max} 与其在加热卷烟中的转移行为具有很好的相关性；DTG_{max} 与降温段迁移率显著正相关；CPI 值与降温段迁移率极显著正相关（$P<0.01$），表明酯类单体香原料的热失重特性参数与其在加热卷烟中的转移行为参数相关性较强，其中 T_{max} 与多个转移行为参数有较强的相关关系，可在一定程度上反应酯类单体香原料在加热卷烟中的转移行为。酯类单体香原料的热失重动力学参数和热力学参数中 ΔG 与散失率显著正相关，与烟芯持留率显著负相关，而其他热失重动力学参数和热力学参数与转移行为参数无显著相关关系。

酯类单体香原料的沸点和分子量都仅与其热失重行为参数的 T_{max} 极显著正相关，与其他热失重行为参数无明显相关关系，表明影响醇类单体香原料热失重行为的因素不局限于沸点和分子量，可能还有其他因素。沸点与烟芯残留率极显著正相关（$P<0.01$），与烟芯持留率显著正相关，与散失率显著负相关；分子量与烟芯残留率显著正相关，表明沸点和分子量一定程度上影响着酯类单体香原料的转移行为。

表 4-2 酯类单体香原料热失重行为及转移行为的相关性分析

	T_{max}	DTG_{max}	CPI	E	ΔH	ΔG	ΔS	分子量	沸点	烟芯持留率	滤棒迁移率	降温段迁移率	散失率	烟芯残留率	滤棒截留率	烟气转移率
T_{max}	1															
DTG_{max}	−0.445	1														
CPI	−0.074	0.617*	1													

续表

	T_{max}	DTG_{max}	CPI	E	ΔH	ΔG	ΔS	分子量	沸点	烟芯持留率	滤棒迁移率	降温段迁移率	散失率	烟芯残留率	滤棒截留率	烟气转移率
E	0.259	0.470	0.303	1												
ΔH	0.076	0.434	0.230	0.959**	1											
ΔG	−0.332	−0.292	−0.359	0.053	0.317	1										
ΔS	0.099	0.607*	0.353	0.982**	0.954**	0.037	1									
分子量	0.623*	−0.378	0.179	0.230	0.189	0.108	0.096	1								
沸点	0.877**	−0.363	−0.027	0.360	0.220	−0.167	0.217	0.767**	1							
烟芯持留率	0.839**	−0.260	0.309	0.131	−0.078	−0.565*	0.008	0.528	0.657*	1						
滤棒迁移率	−0.150	0.143	0.144	−0.061	−0.012	0.127	−0.032	−0.316	−0.365	−0.121	1					
降温段迁移率	−0.439	0.630*	0.775**	−0.065	−0.097	−0.343	0.031	−0.109	−0.401	−0.065	0.228	1				
散失率	−0.786**	0.187	−0.399	−0.119	0.089	0.586*	−0.007	−0.485	−0.582*	−0.987**	−0.015	−0.054	1			
烟芯残留率	0.635*	−0.286	−0.136	0.539	0.526	0.265	0.429	0.629*	0.809**	0.350	0.282	−0.633*	−0.261	1		
滤棒截留率	0.276	0.270	0.272	0.323	0.193	−0.413	0.312	0.041	0.276	0.439	0.159	0.129	−0.472	0.177	1	
烟气转移率	0.727**	−0.159	0.299	0.138	−0.070	−0.603*	0.045	0.275	0.473	0.866**	−0.134	−0.110	−0.846**	0.221	0.126	1

4.3 酮类单体香原料热失重行为及转移行为的相关性分析

对酮类单体香原料的热失重行为参数与转移行为参数进行相关性分析，结果如表4-3所示。由表可知，酮类单体香原料的热失重行为参数与转移行为参数无明显相关关系，表明酮类单体香原料的热失重行为无法反应其转移行为。酮类单体香原料的沸点与烟芯持留率、烟气转移率极显著正相关（$P<0.01$），与烟芯残留率显著正相关，与降温段迁移率显著负相关，与滤棒迁移率、散失率极显著负相关（$P<0.01$）；分子量与烟芯残留率显著正相关，与滤棒截留率显著负相关，结果表明酮类单体香原料的沸点和分子量与其在加热卷烟中的转移行为相关性较强，其中沸点与多个转移行为参数具有较强的相关关系，可在一定程度上反应酮类单体香原料在加热卷烟中的转移行为。

表4-3 酮类单体香原料热失重行为及转移行为的相关性分析

	T_{max}	DTG_{max}	CPI	E	ΔH	ΔG	ΔS	分子量	沸点	烟芯持留率	滤棒迁移率	降温段迁移率	散失率	烟芯残留率	滤棒截留率	烟气转移率
T_{max}	1															
DTG_{max}	0.267	1														
CPI	0.225	0.858**	1													
E	−0.330	0.512	0.379	1												
ΔH	0.092	0.456	0.597	0.684*	1											

续表

	T_{max}	DTG_{max}	CPI	E	ΔH	ΔG	ΔS	分子量	沸点	烟芯持留率	滤棒迁移率	降温段迁移率	散失率	烟芯残留率	滤棒截留率	烟气转移率
ΔG	0.312	−0.151	0.263	−0.345	0.162	1										
ΔS	−0.151	0.410	0.373	0.795**	0.850**	−0.361	1									
分子量	0.379	−0.404	−0.462	−0.288	−0.403	0.188	−0.488	1								
沸点	0.461	0.027	−0.127	−0.178	−0.375	0.129	−0.469	0.757**	1							
烟芯持留率	0.266	0.271	0.074	−0.020	−0.306	0.075	−0.398	0.449	0.859**	1						
滤棒迁移率	−0.471	−0.259	−0.152	0.192	0.321	−0.378	0.597	−0.505	−0.800**	−0.854**	1					
降温段迁移率	0.143	−0.025	0.106	−0.215	0.190	0.171	0.080	−0.332	−0.686*	−0.695*	0.369	1				
散失率	−0.224	−0.277	−0.063	−0.009	0.289	−0.004	0.339	−0.408	−0.825**	−0.992**	0.790**	0.706*	1			
烟芯残留率	0.408	−0.048	−0.152	−0.462	−0.528	−0.020	−0.506	0.617*	0.631*	0.553	−0.469	−0.361	−0.552	1		
滤棒截留率	0.207	0.447	0.435	0.078	0.390	−0.043	0.366	−0.676*	−0.307	−0.123	0.173	0.223	0.089	−0.460	1	
烟气转移率	0.343	0.216	−0.034	0.055	−0.225	0.047	−0.325	0.560	0.778**	0.899**	−0.814**	−0.513	−0.890**	0.506	−0.156	1

4.4 杂环类单体香原料热失重行为及转移行为的相关性分析

对杂环类单体香原料的热失重行为参数与转移行为参数进行相关性分析，结果如表4-4所示。由表可知，杂环类单体香原料的热失重行为参数仅有 T_{max} 与转移行为参数的降温段迁移率显著负相关，表明杂环类单体香原料的热失重行为与其转移行为无较明显相关关系。杂环类单体香原料的沸点与 DTG_{max}、CPI、滤棒迁移率、散失率显著负相关，与烟芯残留率、烟气转移率显著正相关，与烟芯持留率、滤棒截留率极显著正相关（$P<0.01$）；分子量与 T_{max} 显著正相关，与降温段迁移率显著负相关，结果表明杂环类单体香原料的沸点和分子量与热失重行为和转移行为相关性较强，其中沸点与多个转移行为参数具有较强的相关关系，可在一定程度上反应杂环类单体香原料在加热卷烟中的转移行为。

表4-4　杂环类单体香原料热失重行为及转移行为的相关性分析

	T_{max}	DTG_{max}	CPI	E	ΔH	ΔG	ΔS	分子量	沸点	烟芯持留率	滤棒迁移率	降温段迁移率	散失率	烟芯残留率	滤棒截留率	烟气转移率
T_{max}	1															
DTG_{max}	0.002	1														
CPI	0.012	0.996**	1													
E	0.309	0.915**	0.916**	1												
ΔH	0.307	0.915**	0.917**	1.000**	1											
ΔG	0.801*	0.547	0.570	0.780*	0.779*	1										
ΔS	0.188	0.941**	0.940**	0.992**	0.992**	0.694	1									

续表

	T_{max}	DTG_{max}	CPI	E	ΔH	ΔG	ΔS	分子量	沸点	烟芯持留率	滤棒迁移率	降温段迁移率	散失率	烟芯残留率	滤棒截留率	烟气转移率
分子量	0.782*	−0.055	−0.060	0.223	0.221	0.610	0.133	1								
沸点	0.414	−0.779*	−0.799*	−0.593	−0.595	−0.193	−0.650	0.338	1							
烟芯持留率	0.524	−0.596	−0.594	−0.339	−0.341	0.039	−0.405	0.237	0.889**	1						
滤棒迁移率	−0.473	0.503	0.518	0.321	0.322	−0.026	0.385	−0.027	−0.761*	−0.867*	1					
降温段迁移率	−0.843*	0.326	0.343	0.118	0.120	−0.413	0.226	−0.766*	−0.696	−0.574	0.532	1				
散失率	−0.454	0.592	0.582	0.333	0.334	−0.002	0.388	−0.227	−0.857*	−0.982**	0.769*	0.485	1			
烟芯残留率	0.712	−0.448	−0.446	−0.123	−0.125	0.289	−0.206	0.450	0.823*	0.960**	−0.813*	−0.675	−0.937**	1		
滤棒截留率	0.470	−0.451	−0.474	−0.259	−0.260	−0.004	−0.304	0.345	0.890**	0.889**	−0.685	−0.636	−0.888**	0.862*	1	
烟气转移率	0.675	−0.419	−0.422	−0.101	−0.103	0.259	−0.175	0.481	0.830*	0.945**	−0.743	−0.661	−0.941**	0.987**	0.913**	1

本章小结

本实验通过对醇类、酯类、酮类和杂环类单体香原料的热失重参数和转移行为参数进行相关性分析，获得了四种单体香原料的热失重行为与转移行为的相关性，结果表明：

（1）4 种单体香原料中醇类、酯类和杂环类单体香原料的热失重参数与转移行为参数具有一定的相关关系，其中酯类单体香原料两参数之间的相关性最强。同时，醇类、酯类和杂环类单体香原料热失重参数中的 T_{max} 均与三者的转移行为参数具有一定的相关关系。

（2）酯类和杂环类单体香原料的沸点和分子量均与其热失重参数和转移行为参数具有一定的相关关系；醇类单体香原料的热失重参数和转移行为参数与其分子量具有一定相关关系，与沸点不相关；酮类单体香原料的沸点和分子量与其转移行为参数相关性较强，但与其热失重参数不相关。

第5章 香原料对加热卷烟感官质量影响的研究

香原料的香韵特征对加热卷烟香基的香韵组成、嗅香特征起到了至关重要的作用，单体香原料是形成加热卷烟产品风格特色的关键物质基础，对于塑造产品风格、提高加热卷烟香气质量和改善抽吸品质起着决定性的作用。对香原料在加热卷烟中的作用进行研究，是企业在产品开发和维护过程中的重要内容之一，因此，本章根据香味轮廓分析法原理，对单体香原料的主体、辅助以及修饰香韵进行评价和描述，以期了解香原料的嗅香香韵组成和特征，并对香原料样品对加热卷烟质量、风格香韵特征的影响进行了研究，为调香奠定基础。

5.1 实验方法

5.1.1 香原料香韵组成和嗅香感官特征的评价方法

根据香味轮廓分析法原理，参考中式卷烟风格感官评价方法，形成香味轮廓评价表具体参见表 5-1。由 7 位具有评吸资格的感官评价人员和调香人员组成评价小组，采用嗅香纸评价香料的香韵组成及强度，汇总评价结果并以雷达图表示。

表 5-1　香原料香味轮廓评价表

序号	香韵名称	评分(0—9)	评判分值
1	树脂香		0:无 1～2:弱 3～4:稍弱 5:适中 6～7:较强 8～9:强
2	干草香		
3	清香		
4	果香		
5	辛香		
6	木香		
7	青滋香		
8	花香		
9	药草香		
10	豆香		
11	可可香		
12	奶香		
13	膏香		
14	烘焙香		
15	焦香		
16	酒香		
17	甜香		
18	酸香		

5.1.2 香原料在加热卷烟中的感官质量和风格特征作用评价方法

以未加香的空白加热卷烟为基础，加香香原料按照用量注射到空白加热卷烟烟支中。借鉴行业相关评吸方法将感官特征评价指标分为烟气特征、口感特征和香气风格等 3 个方面，其中烟气特征包括香气质、香气量、杂气、浓度等方面；口感特征包括细腻柔和、刺激性、余味等方面。同时，对香原料施加后加热卷烟的香气风格进行评价，最终给出香原料作用的总体描述。具体赋值与感官描述见表 5-2。

表 5-2 香原料作用评价汇总表

烟气特征	香气质	
	香气量	
	杂气	
	浓度	
	透发性	
	劲头	
	协调性	
	均匀性	
口感特征	干燥	
	细腻柔和	
	刺激	
	余味	

香气风格（0—3分）	烤烟烟香	0		晾晒烟香	0		清香	0		果香	0		辛香	0	
		1			1			1			1			1	
		2			2			2			2			2	
		3			3			3			3			3	
	木香	0		青滋香	0		花香	0		药草香	0		豆香	0	
		1			1			1			1			1	
		2			2			2			2			2	
		3			3			3			3			3	
	可可香	0		奶香	0		膏香	0		烘焙香	0		甜香	0	
		1			1			1			1			1	
		2			2			2			2			2	
		3			3			3			3			3	

注：评分标准为：

香气特征与口感特征：与参比卷烟相比，带来正面作用的评分为正值，改善越大，分值越高；与参比卷烟相比，带来负面效应的评分为负值，负面效应越大，分值越低。

5.2 醇类香原料对加热卷烟感官质量影响的研究

5.2.1 香叶醇的香韵组成和嗅香感官特征

采用香味轮廓分析法对香叶醇的香韵组成及强度进行评价，评价结果见表 5-3 及图 5-1。

由 1%香叶醇香味感官评价结果可知：1%香叶醇嗅香主体香韵为青滋香（5.0）、花香（4.5）；辅助香韵为果香（≥2.0）；修饰香韵为清香、甜香（≥0.5）等香韵。

表 5-3 1%香叶醇香味轮廓评价表

序号	香韵名称	评分(0—9)	评判分值
1	树脂香	0	0:无 1～2:弱
2	干草香	0	
3	清香	0.5	

续表

序号	香韵名称	评分(0—9)	评判分值
4	果香	2.0	3～4:稍弱 5:适中 6～7:较强 8～9:强
5	辛香	0	
6	木香	0	
7	青滋香	5.0	
8	花香	4.5	
9	药草香	0	
10	豆香	0	
11	可可香	0	
12	奶香	0	
13	膏香	0	
14	烘焙香	0	
15	焦香	0	
16	酒香	0	
17	甜香	1.5	
18	酸香	0	

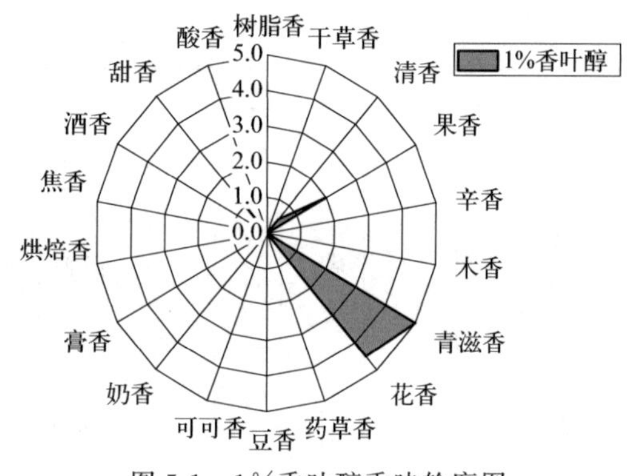

图 5-1　1%香叶醇香味轮廓图

5.2.2　香叶醇对加热卷烟风格、感官质量和香韵特征的影响

对1%香叶醇的加香作用进行评价，结果见表5-4和图5-2、图5-3。从中可以看出，香叶醇在卷烟中的主要作用是提升香气质、增加烟气协调性，烟气细腻柔和感好，烟气浓度和透发性尚可，稍降低杂气，主要赋予卷烟青滋香、花香、甜香、烤烟烟香、烘焙香、果香和木香韵。

表 5-4　1%香叶醇作用评价汇总表

烟气特征	香气质	7.5
	香气量	7.0
	杂气	7.0
	浓度	7.0
	透发性	7.0
	劲头	6.5
	协调性	7.5
	均匀性	6.5
口感特征	干燥	7.0
	细腻柔和	7.5
	刺激	6.5
	余味	6.5

续表

香气风格（0—3 分）	烤烟烟香	0	1.0	晾晒烟香	0	0	清香	0	0	果香	0	1.0	辛香	0	0
		1			1			1			1			1	
		2			2			2			2			2	
		3			3			3			3			3	
	木香	0	0.5	青滋香	0	1.5	花香	0	1.5	药草香	0	0	豆香	0	0
		1			1			1			1			1	
		2			2			2			2			2	
		3			3			3			3			3	
	可可香	0	0	奶香	0	0	膏香	0	0	烘焙香	0	1.0	甜香	0	1.5
		1			1			1			1			1	
		2			2			2			2			2	
		3			3			3			3			3	

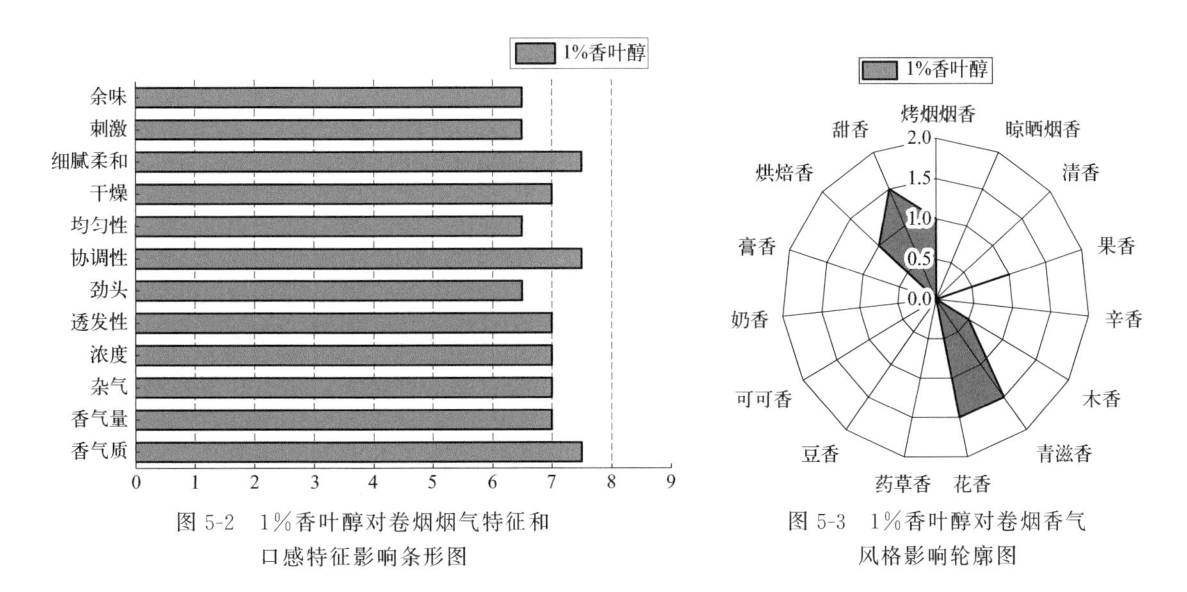

图 5-2　1%香叶醇对卷烟烟气特征和口感特征影响条形图

图 5-3　1%香叶醇对卷烟香气风格影响轮廓图

5.2.3　α-松油醇的香韵组成和嗅香感官特征

采用香味轮廓分析法对 α-松油醇的香韵组成及强度进行评价，评价结果见表 5-5 及图 5-4。

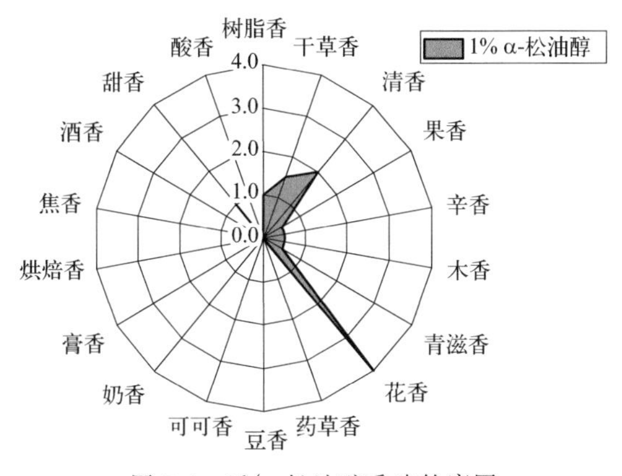

图 5-4　1%α-松油醇香味轮廓图

表 5-5　1% α-松油醇香味轮廓评价表

序号	香韵名称	评分(0—9)	评判分值
1	树脂香	1.0	0:无 1～2:弱 3～4:稍弱 5:适中 6～7:较强 8～9:强
2	干草香	1.5	
3	清香	2.0	
4	果香	0.5	
5	辛香	0.5	
6	木香	0.5	
7	青滋香	0.5	
8	花香	4.0	
9	药草香	0	
10	豆香	0	
11	可可香	0	
12	奶香	0	
13	膏香	0	
14	烘焙香	0	
15	焦香	0	
16	酒香	0	
17	甜香	1.0	
18	酸香	0	

由 1% α-松油醇香味感官评价结果可知：1% α-松油醇嗅香主体香韵为花香（4.0）；辅助香韵为清香（≥2.0）；修饰香韵为树脂香、干草香、果香、辛香、木香、青滋香、甜香（≥0.5）等香韵。

5.2.4　α-松油醇对加热卷烟风格、感官质量和香韵特征的影响

对 0.5%α-松油醇的加香作用进行评价，结果见表 5-6 和图 5-5、图 5-6。从中可以看出，α-松油醇在卷烟中的主要作用是提升香气量、增加烟气浓度，烟气均匀性尚可，烟气细腻柔和感较好，稍降低刺激性，主要赋予卷烟烤烟烟香、花香、果香、辛香、木香、清香、青滋香、药草香、甜香和烘焙香韵。

表 5-6　0.5%α-松油醇作用评价汇总表

<table>
<tr><td rowspan="8">烟气
特征</td><td>香气质</td><td colspan="13">6.5</td></tr>
<tr><td>香气量</td><td colspan="13">7.5</td></tr>
<tr><td>杂气</td><td colspan="13">6.5</td></tr>
<tr><td>浓度</td><td colspan="13">7.5</td></tr>
<tr><td>透发性</td><td colspan="13">6.5</td></tr>
<tr><td>劲头</td><td colspan="13">6.5</td></tr>
<tr><td>协调性</td><td colspan="13">6.5</td></tr>
<tr><td>均匀性</td><td colspan="13">7.0</td></tr>
<tr><td rowspan="4">口感
特征</td><td>干燥</td><td colspan="13">6.5</td></tr>
<tr><td>细腻柔和</td><td colspan="13">6.5</td></tr>
<tr><td>刺激</td><td colspan="13">7.0</td></tr>
<tr><td>余味</td><td colspan="13">6.0</td></tr>
<tr><td rowspan="4">香气
风格
(0—3 分)</td><td rowspan="4">烤烟
烟香</td><td>0</td><td rowspan="4">1.5</td><td rowspan="4">晾晒
烟香</td><td>0</td><td rowspan="4">0</td><td rowspan="4">清香</td><td>0</td><td rowspan="4">0.5</td><td rowspan="4">果香</td><td>0</td><td rowspan="4">1.0</td><td rowspan="4">辛香</td><td>0</td><td rowspan="4">1.0</td></tr>
<tr><td>1</td><td>1</td><td>1</td><td>1</td><td>1</td></tr>
<tr><td>2</td><td>2</td><td>2</td><td>2</td><td>2</td></tr>
<tr><td>3</td><td>3</td><td>3</td><td>3</td><td>3</td></tr>
</table>

续表

	香韵	选项	分值	香韵	选项	分值	香韵	选项	分值	香韵	选项	分值	香韵	选项	分值
香气风格（0—3分）	木香	0 1 2 3	1.0	青滋香	0 1 2 3	0.5	花香	0 1 2 3	1.5	药草香	0 1 2 3	0.5	豆香	0 1 2 3	0
	可可香	0 1 2 3	0	奶香	0 1 2 3	0	膏香	0 1 2 3	0	烘焙香	0 1 2 3	0.5	甜香	0 1 2 3	0.5

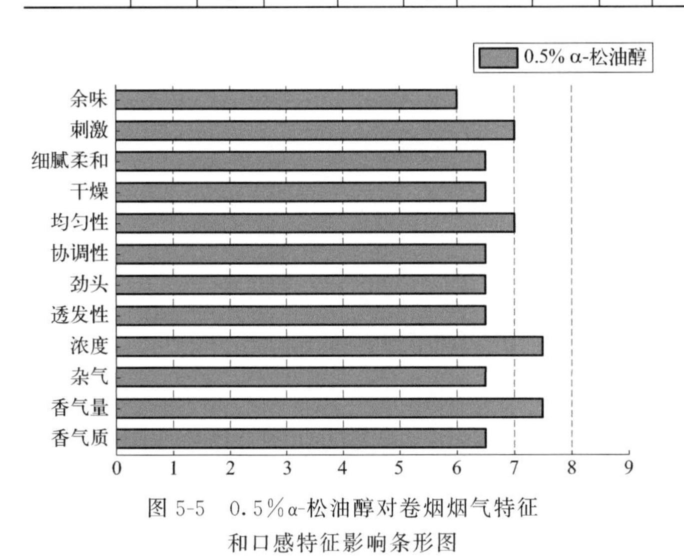

图5-5 0.5%α-松油醇对卷烟烟气特征和口感特征影响条形图

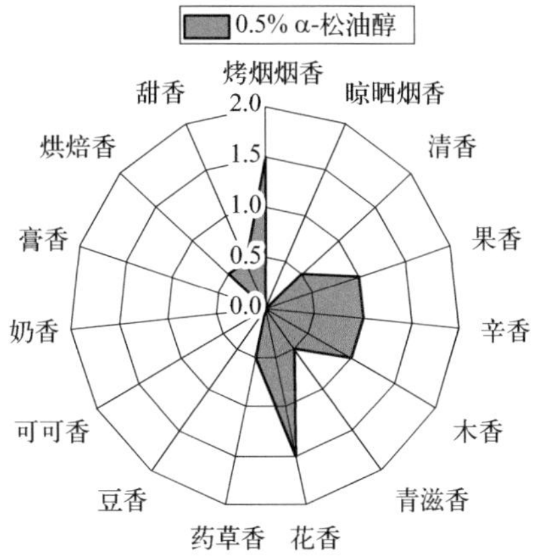

图5-6 0.5%α-松油醇对卷烟香气风格影响轮廓图

5.2.5 芳樟醇的香韵组成和嗅香感官特征

采用香味轮廓分析法对芳樟醇的香韵组成及强度进行评价，评价结果见表5-7及图5-7。

表5-7 1%芳樟醇香味轮廓评价表

序号	香韵名称	评分(0—9)	评判分值
1	树脂香	0	0:无 1～2:弱 3～4:稍弱 5:适中 6～7:较强 8～9:强
2	干草香	0	
3	清香	2.0	
4	果香	3.0	
5	辛香	1.5	
6	木香	1.0	
7	青滋香	4.0	
8	花香	7.0	
9	药草香	0	
10	豆香	0	
11	可可香	0	
12	奶香	0	
13	膏香	0	
14	烘焙香	0	
15	焦香	0	
16	酒香	1.0	
17	甜香	3.0	
18	酸香	0	

由1%芳樟醇香味感官评价结果可知：1%芳樟醇嗅香主体香韵为花香（7.0）、青滋香（4.0）；辅助香韵为清香、果香、甜香（≥2.0）；修饰香韵为辛香、木香、酒香（≥0.5）等香韵。

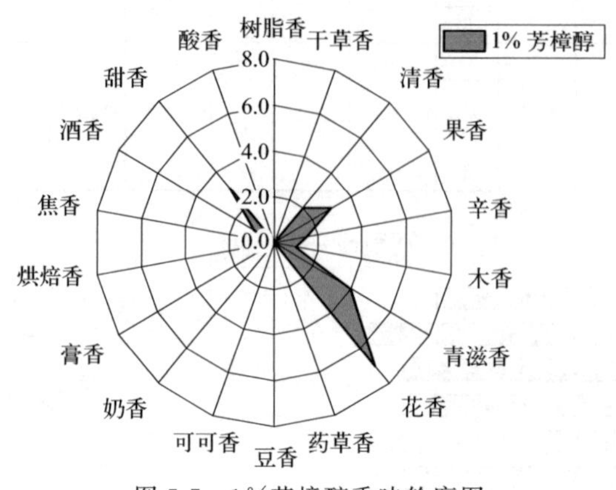

图5-7 1%芳樟醇香味轮廓图

5.2.6 芳樟醇对加热卷烟风格、感官质量和香韵特征的影响

对1%芳樟醇的加香作用进行评价，结果见表5-8和图5-8、图5-9。从中可以看出，芳樟醇在卷烟中的主要作用是提升香气质和香气量，增加烟气浓度、劲头、协调性和均匀性，稍降低杂气和刺激性，烟气透发性尚可，烟气细腻柔和感较好，主要赋予卷烟烤烟烟香、青滋香、花香、清香、果香、辛香、烘焙香和甜香韵。

表5-8 1%芳樟醇作用评价汇总表

烟气特征	香气质	7.5													
	香气量	7.5													
	杂气	7.0													
	浓度	7.5													
	透发性	7.0													
	劲头	7.5													
	协调性	7.5													
	均匀性	7.5													
口感特征	干燥	7.0													
	细腻柔和	6.5													
	刺激	7.0													
	余味	6.5													
香气风格（0—3分）	烤烟烟香	0 1 2 3	1.5	晾晒烟香	0 1 2 3	0	清香	0 1 2 3	1.0	果香	0 1 2 3	1.0	辛香	0 1 2 3	1.0
	木香	0 1 2 3	0.5	青滋香	0 1 2 3	1.5	花香	0 1 2 3	1.5	药草香	0 1 2 3	0	豆香	0 1 2 3	0
	可可香	0 1 2 3	0	奶香	0 1 2 3	0	膏香	0 1 2 3	0	烘焙香	0 1 2 3	1.0	甜香	0 1 2 3	1.0

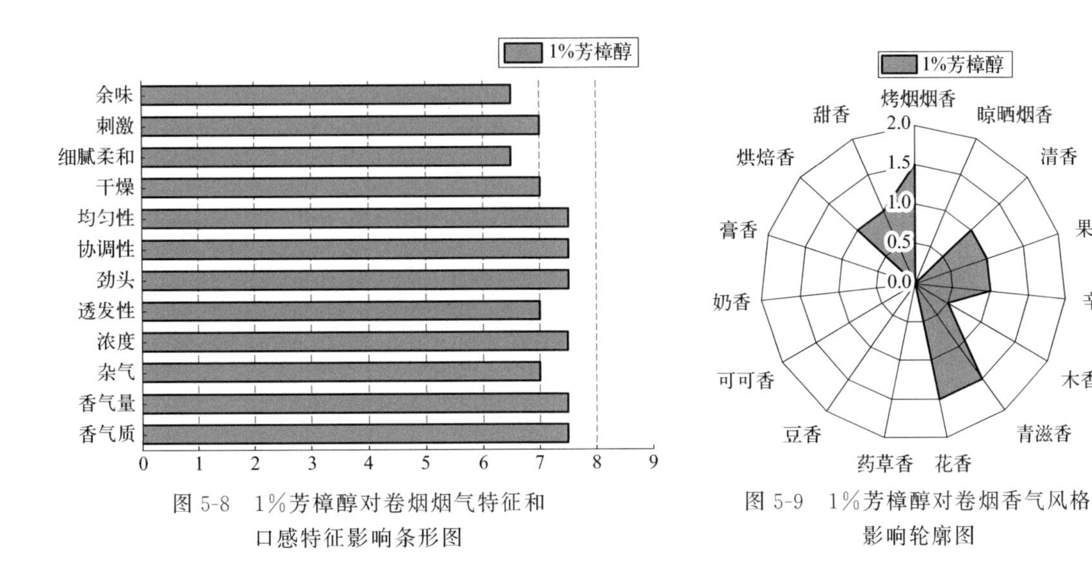

图 5-8　1%芳樟醇对卷烟烟气特征和口感特征影响条形图

图 5-9　1%芳樟醇对卷烟香气风格影响轮廓图

5.2.7　橙花醇的香韵组成和嗅香感官特征

采用香味轮廓分析法对橙花醇的香韵组成及强度进行评价，评价结果见表 5-9 及图 5-10。

由 1%橙花醇香味感官评价结果可知：1%橙花醇嗅香主体香韵为花香（7.0）、青滋香（4.5）、果香（4.0）；辅助香韵为干草香、清香、甜香（≥2.0）；修饰香韵为木香、药草香（≥0.5）等香韵。

表 5-9　1%橙花醇香味轮廓评价表

序号	香韵名称	评分(0—9)	评判分值
1	树脂香	0	0:无 1～2:弱 3～4:稍弱 5:适中 6～7:较强 8～9:强
2	干草香	2.0	
3	清香	2.0	
4	果香	4.0	
5	辛香	0	
6	木香	1.0	
7	青滋香	4.5	
8	花香	7.0	
9	药草香	0.5	
10	豆香	0	
11	可可香	0	
12	奶香	0	
13	膏香	0	
14	烘焙香	0	
15	焦香	0	
16	酒香	0	
17	甜香	3.5	
18	酸香	0	

5.2.8　橙花醇对加热卷烟风格、感官质量和香韵特征的影响

对 1%橙花醇的加香作用进行评价，结果见表 5-10 和图 5-11、图 5-12。从中可以看出，橙花醇在卷烟中的主要作用是提升香气质，增加烟气劲头、透发性和均匀性，烟气细腻柔和

感较好，主要赋予卷烟花香、烤烟烟香、果香、青滋香、甜香、清香、辛香和烘焙香韵。

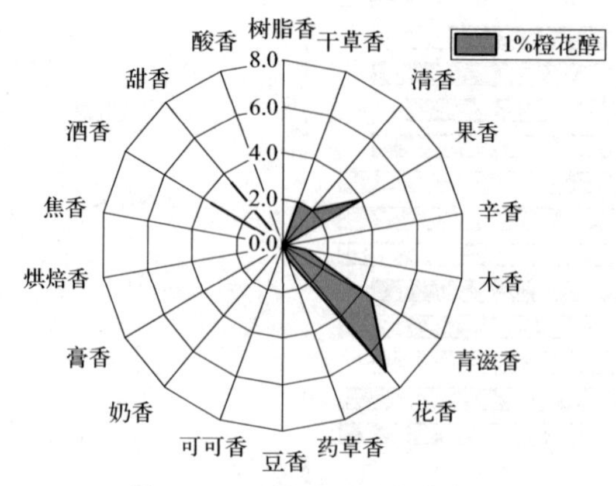

图 5-10　1%橙花醇香味轮廓图

表 5-10　1%橙花醇作用评价汇总表

烟气特征	香气质	7.0													
	香气量	6.5													
	杂气	6.0													
	浓度	6.5													
	透发性	7.0													
	劲头	7.0													
	协调性	6.5													
	均匀性	7.0													
口感特征	干燥	6.5													
	细腻柔和	6.5													
	刺激	6.5													
	余味	6.5													
香气风格（0—3分）	烤烟烟香	0	1.0	晾晒烟香	0	0	清香	0	0.5	果香	0	1.0	辛香	0	0.5
		1			1			1			1			1	
		2			2			2			2			2	
		3			3			3			3			3	
	木香	0	0	青滋香	0	1.0	花香	0	1.5	药草香	0	0	豆香	0	0
		1			1			1			1			1	
		2			2			2			2			2	
		3			3			3			3			3	
	可可香	0	0	奶香	0	0	膏香	0	0	烘焙香	0	0.5	甜香	0	1.0
		1			1			1			1			1	
		2			2			2			2			2	
		3			3			3			3			3	

5.2.9　薄荷醇的香韵组成和嗅香感官特征

采用香味轮廓分析法对薄荷醇的香韵组成及强度进行评价，评价结果见表 5-11 及图 5-13。

由 1%薄荷醇香味感官评价结果可知：1%薄荷醇嗅香主体香韵为药草香（4.0）；辅助香韵为青滋香（≥2.0）；修饰香韵为干草香、清香、辛香、木香、花香、甜香（≥0.5）等香韵。

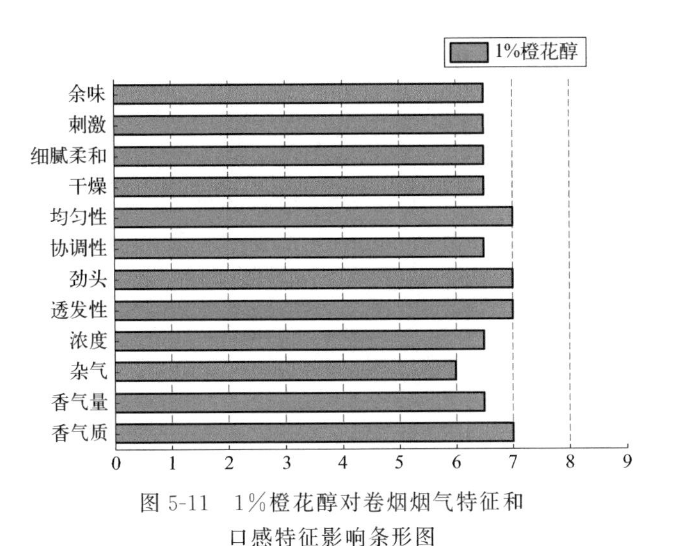

图 5-11　1%橙花醇对卷烟烟气特征和口感特征影响条形图

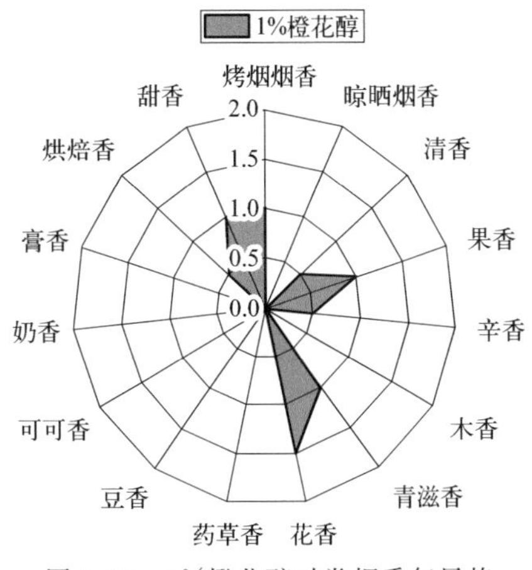

图 5-12　1%橙花醇对卷烟香气风格影响轮廓图

表 5-11　1%薄荷醇香味轮廓评价表

序号	香韵名称	评分(0—9)	评判分值
1	树脂香	0	0:无 1～2:弱 3～4:稍弱 5:适中 6～7:较强 8～9:强
2	干草香	0.5	
3	清香	1.5	
4	果香	0	
5	辛香	0.5	
6	木香	0.5	
7	青滋香	2.0	
8	花香	1.0	
9	药草香	4.0	
10	豆香	0	
11	可可香	0	
12	奶香	0	
13	膏香	0	
14	烘焙香	0	
15	焦香	0	
16	酒香	0	
17	甜香	1.5	
18	酸香	0	

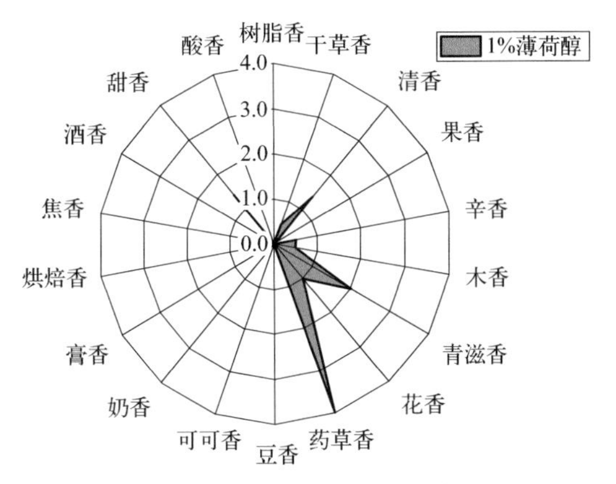

图 5-13　1%薄荷醇香味轮廓图

5.2.10 薄荷醇对加热卷烟风格、感官质量和香韵特征的影响

对 2%薄荷醇的加香作用进行评价，结果见表 5-12 和图 5-14、图 5-15。从中可以看出，薄荷醇在卷烟中的主要作用是降低杂气和刺激性，香气质、烟气劲头、透发性和均匀性尚可，烟气细腻柔和感较好，余味干净，主要赋予卷烟药草香、烤烟烟香、青滋香、甜香、清香、辛香和烘焙香韵。

表 5-12 2%薄荷醇作用评价汇总表

<table>
<tr><td rowspan="8">烟气
特征</td><td>香气质</td><td colspan="14">6.5</td></tr>
<tr><td>香气量</td><td colspan="14">6.5</td></tr>
<tr><td>杂气</td><td colspan="14">7.0</td></tr>
<tr><td>浓度</td><td colspan="14">6.5</td></tr>
<tr><td>透发性</td><td colspan="14">7.0</td></tr>
<tr><td>劲头</td><td colspan="14">7.0</td></tr>
<tr><td>协调性</td><td colspan="14">6.5</td></tr>
<tr><td>均匀性</td><td colspan="14">6.5</td></tr>
<tr><td rowspan="4">口感
特征</td><td>干燥</td><td colspan="14">7.5</td></tr>
<tr><td>细腻柔和</td><td colspan="14">6.5</td></tr>
<tr><td>刺激</td><td colspan="14">7.0</td></tr>
<tr><td>余味</td><td colspan="14">7.0</td></tr>
<tr><td rowspan="12">香气
风格
（0—3 分）</td><td rowspan="4">烤烟
烟香</td><td>0</td><td rowspan="4">1.0</td><td rowspan="4">晾晒
烟香</td><td>0</td><td rowspan="4">0</td><td rowspan="4">清香</td><td>0</td><td rowspan="4">0.5</td><td rowspan="4">果香</td><td>0</td><td rowspan="4">0</td><td rowspan="4">辛香</td><td>0</td><td rowspan="4">0.5</td></tr>
<tr><td>1</td><td>1</td><td>1</td><td>1</td><td>1</td></tr>
<tr><td>2</td><td>2</td><td>2</td><td>2</td><td>2</td></tr>
<tr><td>3</td><td>3</td><td>3</td><td>3</td><td>3</td></tr>
<tr><td rowspan="4">木香</td><td>0</td><td rowspan="4">0</td><td rowspan="4">青滋香</td><td>0</td><td rowspan="4">0.5</td><td rowspan="4">花香</td><td>0</td><td rowspan="4">0</td><td rowspan="4">药草香</td><td>0</td><td rowspan="4">1.5</td><td rowspan="4">豆香</td><td>0</td><td rowspan="4">0</td></tr>
<tr><td>1</td><td>1</td><td>1</td><td>1</td><td>1</td></tr>
<tr><td>2</td><td>2</td><td>2</td><td>2</td><td>2</td></tr>
<tr><td>3</td><td>3</td><td>3</td><td>3</td><td>3</td></tr>
<tr><td rowspan="4">可可香</td><td>0</td><td rowspan="4">0</td><td rowspan="4">奶香</td><td>0</td><td rowspan="4">0</td><td rowspan="4">膏香</td><td>0</td><td rowspan="4">0</td><td rowspan="4">烘焙香</td><td>0</td><td rowspan="4">0.5</td><td rowspan="4">甜香</td><td>0</td><td rowspan="4">0.5</td></tr>
<tr><td>1</td><td>1</td><td>1</td><td>1</td><td>1</td></tr>
<tr><td>2</td><td>2</td><td>2</td><td>2</td><td>2</td></tr>
<tr><td>3</td><td>3</td><td>3</td><td>3</td><td>3</td></tr>
</table>

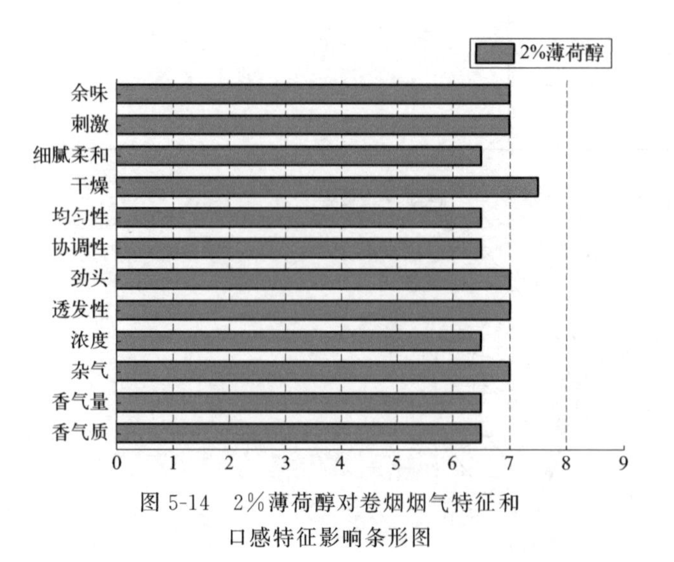

图 5-14 2%薄荷醇对卷烟烟气特征和口感特征影响条形图

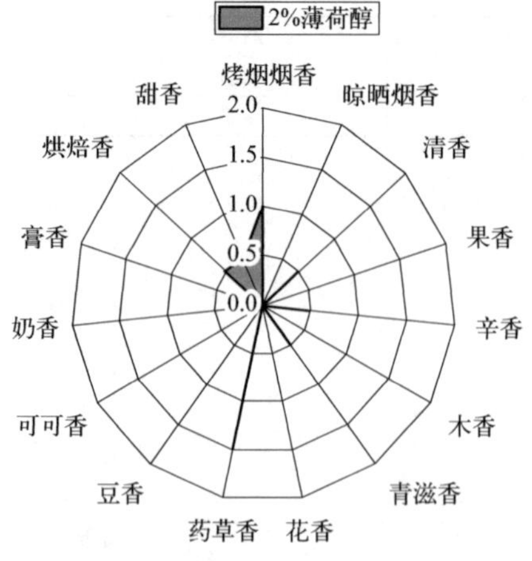

图 5-15 2%薄荷醇对卷烟香气风格影响轮廓图

5.2.11 氧化芳樟醇的香韵组成和嗅香感官特征

采用香味轮廓分析法对氧化芳樟醇的香韵组成及强度进行评价，评价结果见表5-13及图5-16。

由1%氧化芳樟醇香味感官评价结果可知：1%氧化芳樟醇嗅香主体香韵为木香（4.0）；辅助香韵为清香、果香、青滋香、花香、甜香（≥2.0）；修饰香韵为辛香、药草香（≥0.5）等香韵。

表5-13 1%氧化芳樟醇香味轮廓评价表

序号	香韵名称	评分(0—9)	评判分值
1	树脂香	0	0:无 1～2:弱 3～4:稍弱 5:适中 6～7:较强 8～9:强
2	干草香	0	
3	清香	2.0	
4	果香	2.0	
5	辛香	0.5	
6	木香	4.0	
7	青滋香	3.5	
8	花香	2.5	
9	药草香	1.5	
10	豆香	0	
11	可可香	0	
12	奶香	0	
13	膏香	0	
14	烘焙香	0	
15	焦香	0	
16	酒香	0	
17	甜香	2.5	
18	酸香	0	

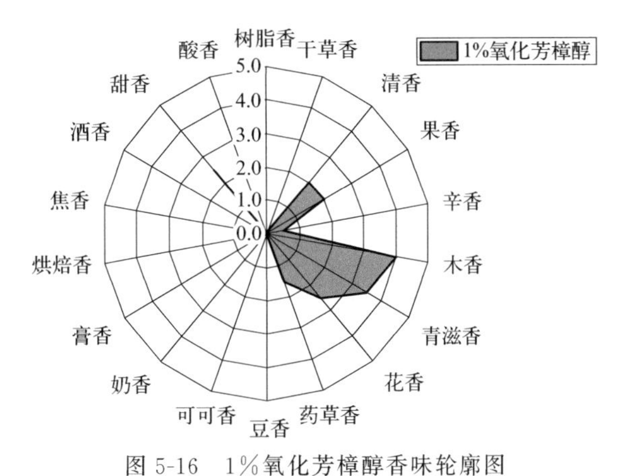

图5-16 1%氧化芳樟醇香味轮廓图

5.2.12 氧化芳樟醇对加热卷烟风格、感官质量和香韵特征的影响

对1%氧化芳樟醇的加香作用进行评价，结果见表5-14和图5-17、图5-18。从中可以看出，氧化芳樟醇在卷烟中的主要作用是提升香气质和香气量，增加烟气劲头、透发性和均匀性，稍降低刺激性，烟气浓度和协调性尚可，烟气细腻柔和感较好，主要赋予卷烟烤烟烟香、花香、清香、果香、木香、烘焙香、辛香、青滋香和甜香韵。

表 5-14 1%氧化芳樟醇作用评价汇总表

类别	指标	评分
烟气特征	香气质	7.5
	香气量	7.5
	杂气	7.5
	浓度	7.0
	透发性	7.5
	劲头	7.5
	协调性	7.0
	均匀性	7.5
口感特征	干燥	7.0
	细腻柔和	7.0
	刺激	7.0
	余味	6.5

类别	香韵	刻度	评分	香韵	刻度	评分	香韵	刻度	评分	香韵	刻度	评分	香韵	刻度	评分
香气风格（0—3分）	烤烟烟香	0	1.5	晾晒烟香	0	0	清香	0	1.0	果香	0	1.0	辛香	0	0.5
		1			1			1			1			1	
		2			2			2			2			2	
		3			3			3			3			3	
	木香	0	1.0	青滋香	0	0.5	花香	0	1.5	药草香	0	0	豆香	0	0
		1			1			1			1			1	
		2			2			2			2			2	
		3			3			3			3			3	
	可可香	0	0	奶香	0	0	膏香	0	0	烘焙香	0	1.0	甜香	0	0.5
		1			1			1			1			1	
		2			2			2			2			2	
		3			3			3			3			3	

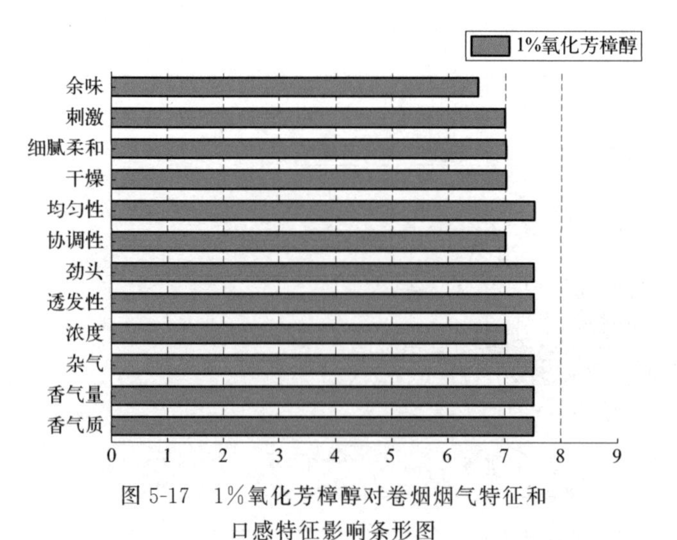

图 5-17 1%氧化芳樟醇对卷烟烟气特征和口感特征影响条形图

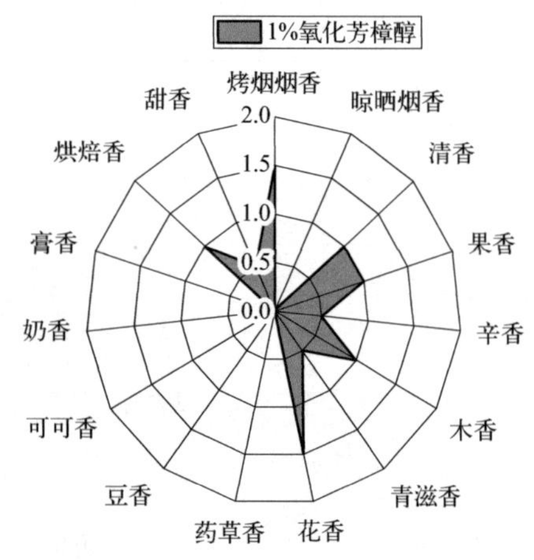

图 5-18 1%氧化芳樟醇对卷烟香气风格影响轮廓图

5.2.13 柏木醇的香韵组成和嗅香感官特征

采用香味轮廓分析法对柏木醇的香韵组成及强度进行评价，评价结果见表 5-15 及图 5-19。

由 1%柏木醇香味感官评价结果可知：1%柏木醇嗅香辅助香韵为木香、花香（≥2.0）；修饰香韵为树脂香、清香、辛香、青滋香、药草香、甜香（≥0.5）等香韵。

表 5-15　1%柏木醇香味轮廓评价表

序号	香韵名称	评分(0—9)	评判分值
1	树脂香	1.5	0:无 1～2:弱 3～4:稍弱 5:适中 6～7:较强 8～9:强
2	干草香	0	
3	清香	1.0	
4	果香	0	
5	辛香	0.5	
6	木香	3.5	
7	青滋香	1.0	
8	花香	2.0	
9	药草香	0.5	
10	豆香	0	
11	可可香	0	
12	奶香	0	
13	膏香	0	
14	烘焙香	0	
15	焦香	0	
16	酒香	0	
17	甜香	1.0	
18	酸香	0	

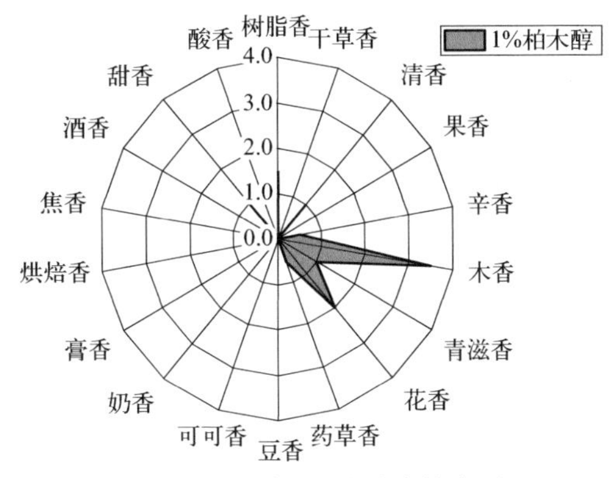

图 5-19　1%柏木醇香味轮廓图

5.2.14　柏木醇对加热卷烟风格、感官质量和香韵特征的影响

对0.5%柏木醇的加香作用进行评价，结果见表5-16和图5-20、图5-21。从中可以看出，柏木醇在卷烟中的主要作用是降低刺激性、增加烟气均匀性，香气量、烟气劲头和浓度尚可，烟气细腻柔和感较好，主要赋予卷烟木香、烤烟烟香、清香、青滋香、烘焙香、辛香、药草香、膏香和甜香韵。

表 5-16　0.5%柏木醇作用评价汇总表

烟气特征	香气质	6.5
	香气量	7.0
	杂气	6.5
	浓度	7.0
	透发性	6.5
	劲头	7.0
	协调性	6.5
	均匀性	7.5

续表

口感特征	干燥	7.0													
	细腻柔和	7.0													
	刺激	7.5													
	余味	5.5													
香气风格（0—3分）	烤烟烟香	0 1 2 3	1.0	晾晒烟香	0 1 2 3	0	清香	0 1 2 3	1.0	果香	0 1 2 3	0	辛香	0 1 2 3	0.5
	木香	0 1 2 3	2.0	青滋香	0 1 2 3	1.0	花香	0 1 2 3	0	药草香	0 1 2 3	0.5	豆香	0 1 2 3	0
	可可香	0 1 2 3	0	奶香	0 1 2 3	0	膏香	0 1 2 3	0.5	烘焙香	0 1 2 3	1.0	甜香	0 1 2 3	0.5

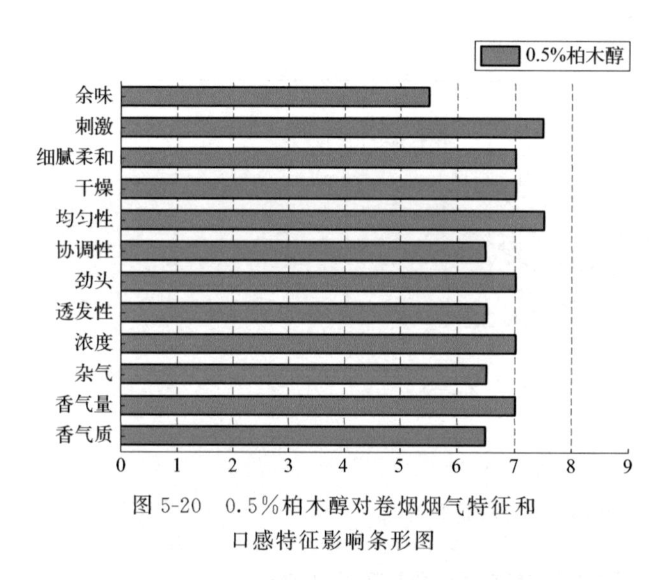

图 5-20　0.5%柏木醇对卷烟烟气特征和口感特征影响条形图

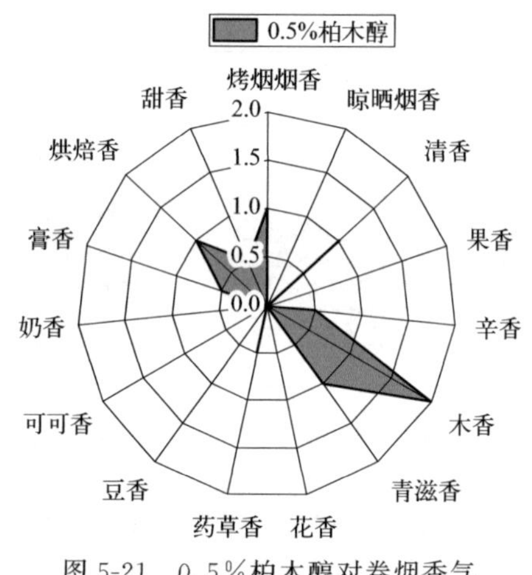

图 5-21　0.5%柏木醇对卷烟香气风格影响轮廓图

5.2.15 橙花叔醇的香韵组成和嗅香感官特征

采用香味轮廓分析法对橙花叔醇的香韵组成及强度进行评价，评价结果见表 5-17 及图 5-22。

由 1%橙花叔醇香味感官评价结果可知：1%橙花叔醇嗅香主体香韵为花香（5.5）；辅助香韵为果香、木香、青滋香、甜香（≥2.0）；修饰香韵为树脂香、干草香、清香、奶香、膏香（≥0.5）等香韵。

表 5-17　1%橙花叔醇香味轮廓评价表

序号	香韵名称	评分(0—9)	评判分值
1	树脂香	1.0	0:无 1～2:弱 3～4:稍弱
2	干草香	1.0	
3	清香	1.5	
4	果香	3.0	
5	辛香	0	

续表

序号	香韵名称	评分(0—9)	评判分值
6	木香	2.0	5:适中 6～7:较强 8～9:强
7	青滋香	2.5	
8	花香	5.5	
9	药草香	0	
10	豆香	0	
11	可可香	0	
12	奶香	0.5	
13	膏香	0.5	
14	烘焙香	0	
15	焦香	0	
16	酒香	0	
17	甜香	2.0	
18	酸香	0	

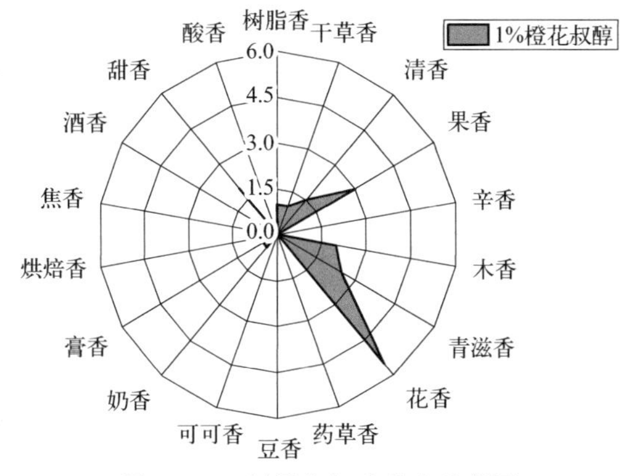

图 5-22　1%橙花叔醇香味轮廓图

5.2.16　橙花叔醇对加热卷烟风格、感官质量和香韵特征的影响

对 1%橙花叔醇的加香作用进行评价，结果见表 5-18 和图 5-23、图 5-24。从中可以看出，橙花叔醇在卷烟中的主要作用是提升香气质和香气量、增加烟气协调性，降低刺激性和杂气，增加烟气均匀性、劲头和浓度，余味干净，主要赋予卷烟花香、青滋香、烤烟烟香、清香、甜香、果香、辛香和烘焙香韵。

表 5-18　1%橙花叔醇作用评价汇总表

烟气特征	香气质	7.5
	香气量	7.5
	杂气	7.0
	浓度	7.0
	透发性	6.0
	劲头	7.0
	协调性	7.5
	均匀性	7.0
口感特征	干燥	7.0
	细腻柔和	6.5
	刺激	7.5
	余味	7.5

续表

香气风格（0—3分）	烤烟烟香	0	1.0	晾晒烟香	0	0	清香	0	1.0	果香	0	0.5	辛香	0	0.5
		1			1			1			1			1	
		2			2			2			2			2	
		3			3			3			3			3	
	木香	0	0	青滋香	0	1.5	花香	0	2.0	药草香	0	0	豆香	0	0
		1			1			1			1			1	
		2			2			2			2			2	
		3			3			3			3			3	
	可可香	0	0	奶香	0	0	膏香	0	0	烘焙香	0	0.5	甜香	0	1.0
		1			1			1			1			1	
		2			2			2			2			2	
		3			3			3			3			3	

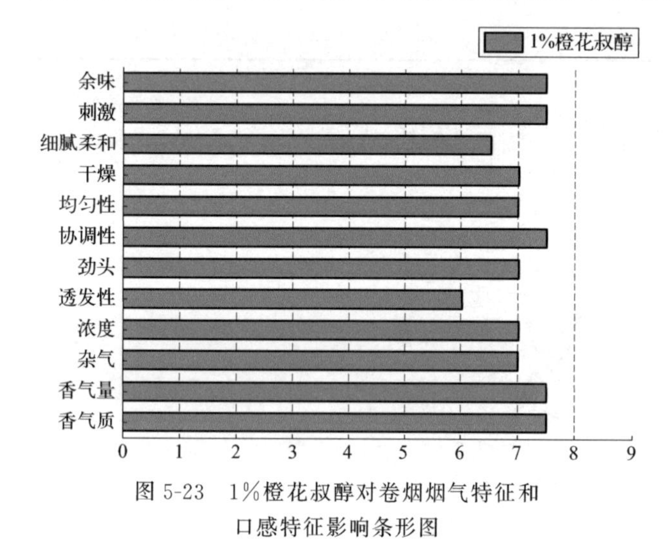

图 5-23　1%橙花叔醇对卷烟烟气特征和口感特征影响条形图

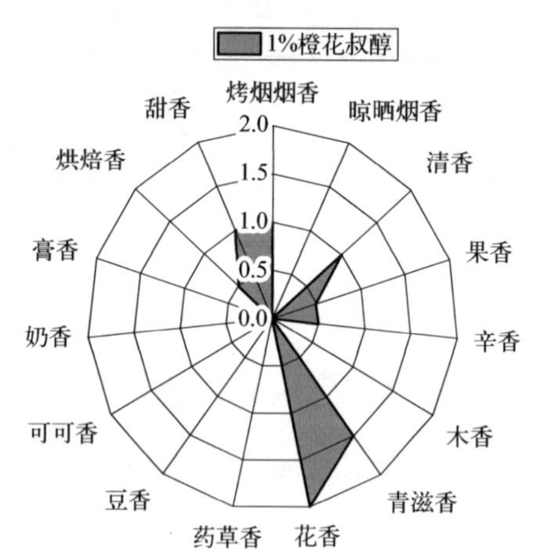

图 5-24　1%橙花叔醇对卷烟香气风格影响轮廓图

5.2.17　金合欢醇的香韵组成和嗅香感官特征

采用香味轮廓分析法对金合欢醇的香韵组成及强度进行评价，评价结果见表 5-19 及图 5-25。

由 1%金合欢醇香味感官评价结果可知：1%金合欢醇嗅香辅助香韵为树脂香、清香、花香（≥2.0）；修饰香韵为果香、木香、青滋香、酒香、甜香（≥0.5）等香韵。

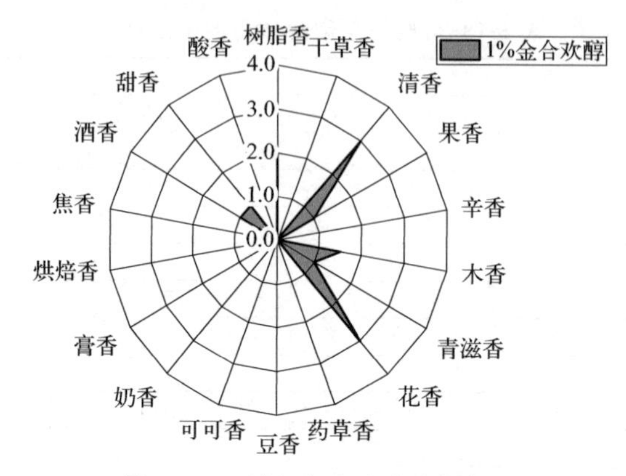

图 5-25　1%金合欢醇香味轮廓图

表 5-19 1%金合欢醇香味轮廓评价表

序号	香韵名称	评分(0—9)	评判分值
1	树脂香	2.0	0:无 1～2:弱 3～4:稍弱 5:适中 6～7:较强 8～9:强
2	干草香	0	
3	清香	3.0	
4	果香	1.0	
5	辛香	0	
6	木香	1.5	
7	青滋香	1.0	
8	花香	3.0	
9	药草香	0	
10	豆香	0	
11	可可香	0	
12	奶香	0	
13	膏香	0	
14	烘焙香	0	
15	焦香	0	
16	酒香	1.0	
17	甜香	1.0	
18	酸香	0	

5.2.18 金合欢醇对加热卷烟风格、感官质量和香韵特征的影响

对1%金合欢醇的加香作用进行评价，结果见表5-20和图5-26、图5-27。从中可以看出，金合欢醇在卷烟中的主要作用是降低刺激性、提升香气质、增加烟气透发性和均匀性，烟气细腻柔和感好，稍降低杂气，香气量、烟气协调性、劲头和浓度尚可，余味干净，主要赋予卷烟清香、花香、烤烟烟香、青滋香、甜香、果香和烘焙香韵。

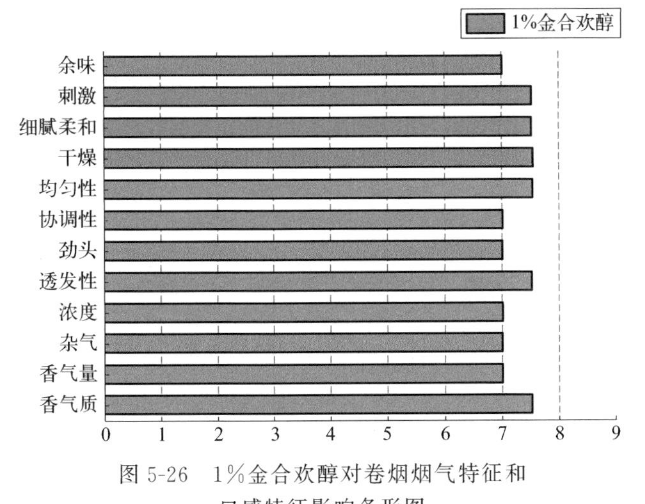

图 5-26 1%金合欢醇对卷烟烟气特征和口感特征影响条形图

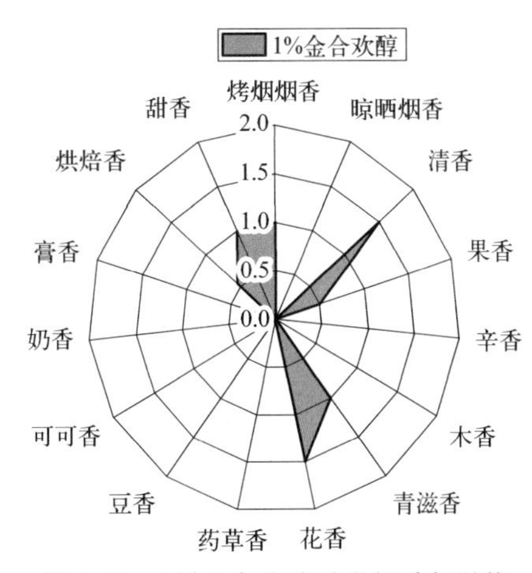

图 5-27 1%金合欢醇对卷烟香气风格影响轮廓图

表 5-20 1%金合欢醇作用评价汇总表

烟气特征	香气质	7.5
	香气量	7.0
	杂气	7.0
	浓度	7.0
	透发性	7.5

续表

烟气特征	劲头	7.0													
	协调性	7.0													
	均匀性	7.5													
口感特征	干燥	7.5													
	细腻柔和	7.5													
	刺激	7.5													
	余味	7.0													
香气风格（0—3分）	烤烟烟香	0 1 2 3	1.0	晾晒烟香	0 1 2 3	0	清香	0 1 2 3	1.5	果香	0 1 2 3	0.5	辛香	0 1 2 3	0
	木香	0 1 2 3	0	青滋香	0 1 2 3	1.0	花香	0 1 2 3	1.5	药草香	0 1 2 3	0	豆香	0 1 2 3	0
	可可香	0 1 2 3	0	奶香	0 1 2 3	0	膏香	0 1 2 3	0	烘焙香	0 1 2 3	0.5	甜香	0 1 2 3	1.0

5.2.19 肉桂醇的香韵组成和嗅香感官特征

采用香味轮廓分析法对肉桂醇的香韵组成及强度进行评价，评价结果见表5-21及图5-28。

由1%肉桂醇香味感官评价结果可知：1%肉桂醇嗅香主体香韵为辛香（6.5）、甜香（5.5）；辅助香韵为果香、花香（≥2.0）；修饰香韵为干草香、清香、木香、青滋香、膏香（≥0.5）等香韵。

表5-21 1%肉桂醇香味轮廓评价表

序号	香韵名称	评分(0—9)	评判分值
1	树脂香	0	0:无 1～2:弱 3～4:稍弱 5:适中 6～7:较强 8～9:强
2	干草香	1.0	
3	清香	1.0	
4	果香	2.0	
5	辛香	6.5	
6	木香	0.5	
7	青滋香	1.5	
8	花香	3.0	
9	药草香	0	
10	豆香	0	
11	可可香	0	
12	奶香	0	
13	膏香	1.5	
14	烘焙香	0	
15	焦香	0	
16	酒香	0	
17	甜香	5.5	
18	酸香	0	

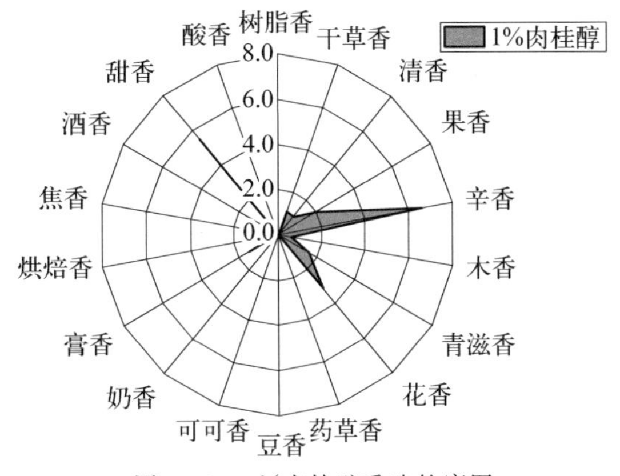

图 5-28　1%肉桂醇香味轮廓图

5.2.20　肉桂醇对加热卷烟风格、感官质量和香韵特征的影响

对 2%肉桂醇的加香作用进行评价，结果见表 5-22 和图 5-29、图 5-30。从中可以看出，肉桂醇在卷烟中的主要作用是提升香气量，增加烟气劲头、浓度、协调性和均匀性，烟气细腻柔和感较好，主要赋予卷烟辛香、烤烟烟香、花香、甜香、果香和烘焙香韵。

表 5-22　2%肉桂醇作用评价汇总表

类别	项目	评分
烟气特征	香气质	6.0
	香气量	7.0
	杂气	6.0
	浓度	7.0
	透发性	6.5
	劲头	7.0
	协调性	7.0
	均匀性	7.0
口感特征	干燥	6.0
	细腻柔和	6.5
	刺激	6.5
	余味	6.0

类别	香韵	分档	评分	香韵	分档	评分	香韵	分档	评分	香韵	分档	评分	香韵	分档	评分
香气风格（0—3 分）	烤烟烟香	0 1 2 3	1.0	晾晒烟香	0 1 2 3	0	清香	0 1 2 3	0	果香	0 1 2 3	0.5	辛香	0 1 2 3	1.5
	木香	0 1 2 3	0	青滋香	0 1 2 3	0	花香	0 1 2 3	1.0	药草香	0 1 2 3	0	豆香	0 1 2 3	0
	可可香	0 1 2 3	0	奶香	0 1 2 3	0	膏香	0 1 2 3	0	烘焙香	0 1 2 3	0.5	甜香	0 1 2 3	1.0

5.2.21　正丁醇的香韵组成和嗅香感官特征

采用香味轮廓分析法对正丁醇的香韵组成及强度进行评价，评价结果见表 5-23 及图 5-31。

由 1%正丁醇香味感官评价结果可知：1%正丁醇嗅香辅助香韵为木香、青滋香、酒香（≥2.0）；修饰香韵为树脂香、清香、果香、花香、药草香、甜香（≥0.5）等香韵。

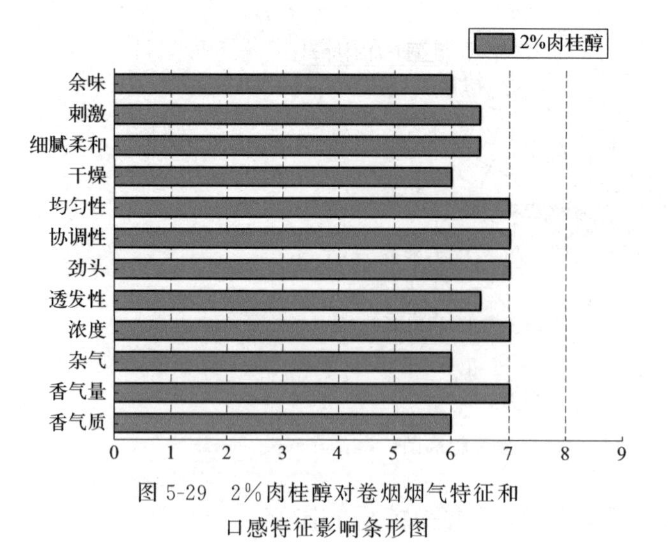

图 5-29　2%肉桂醇对卷烟烟气特征和口感特征影响条形图

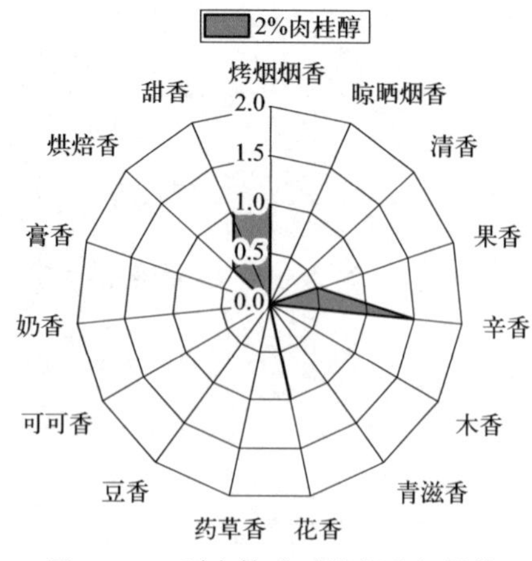

图 5-30　2%肉桂醇对卷烟香气风格影响轮廓图

表 5-23　1%正丁醇香味轮廓评价表

序号	香韵名称	评分(0—9)	评判分值
1	树脂香	1.5	0:无 1～2:弱 3～4:稍弱 5:适中 6～7:较强 8～9:强
2	干草香	0	
3	清香	1.0	
4	果香	1.5	
5	辛香	0	
6	木香	2.0	
7	青滋香	2.0	
8	花香	1.0	
9	药草香	1.5	
10	豆香	0	
11	可可香	0	
12	奶香	0	
13	膏香	0	
14	烘焙香	0	
15	焦香	0	
16	酒香	3.0	
17	甜香	1.5	
18	酸香	0	

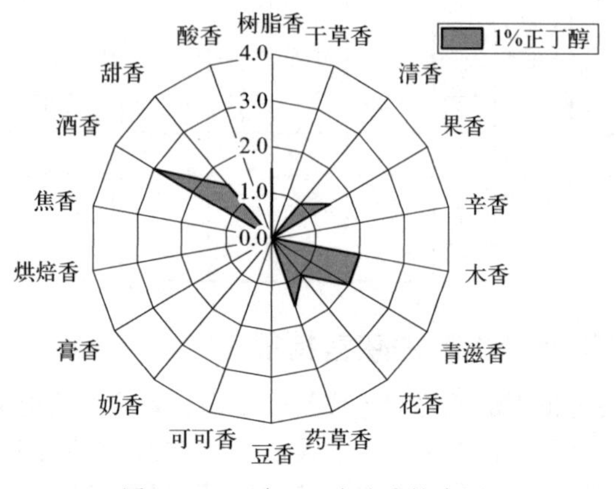

图 5-31　1%正丁醇香味轮廓图

5.2.22　正丁醇对加热卷烟风格、感官质量和香韵特征的影响

对 2%正丁醇的加香作用进行评价，结果见表 5-24 和图 5-32、图 5-33。从中可以看出，正丁醇在卷烟中的主要作用是降低刺激性，烟气劲头、浓度和均匀性尚可，烟气细腻柔和感较好，主要赋予卷烟烤烟烟香、青滋香、清香、木香、甜香和烘焙香韵。

表 5-24　2%正丁醇作用评价汇总表

烟气特征	香气质	6.0
	香气量	5.5
	杂气	6.0
	浓度	6.5
	透发性	6.0
	劲头	7.0
	协调性	6.0
	均匀性	6.5
口感特征	干燥	6.5
	细腻柔和	6.5
	刺激	7.0
	余味	6.0

香气风格（0—3 分）															
	烤烟烟香	0 1 2 3	1.0	晾晒烟香	0 1 2 3	0	清香	0 1 2 3	0.5	果香	0 1 2 3	0	辛香	0 1 2 3	0
	木香	0 1 2 3	0.5	青滋香	0 1 2 3	1.0	花香	0 1 2 3	0	药草香	0 1 2 3	0	豆香	0 1 2 3	0
	可可香	0 1 2 3	0	奶香	0 1 2 3	0	膏香	0 1 2 3	0	烘焙香	0 1 2 3	0.5	甜香	0 1 2 3	0.5

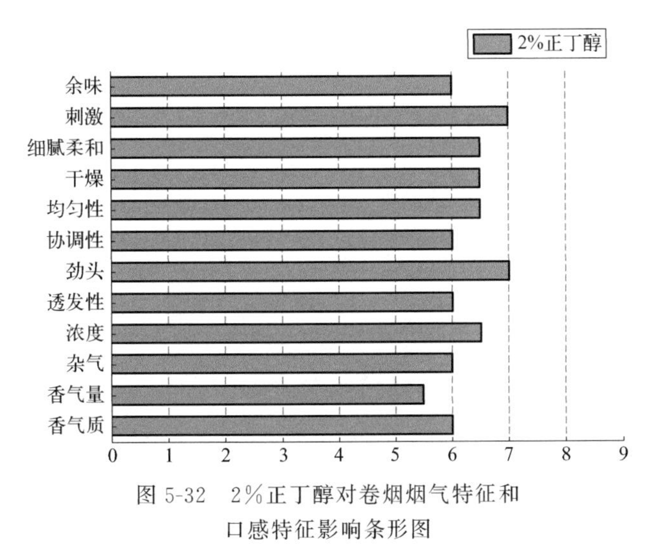

图 5-32　2%正丁醇对卷烟烟气特征和口感特征影响条形图

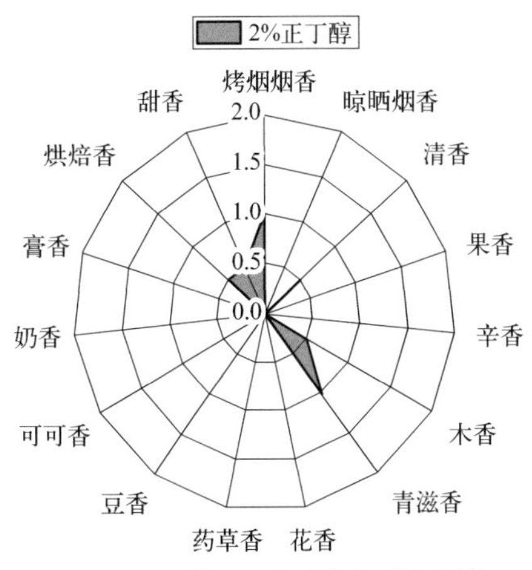

图 5-33　2%正丁醇对卷烟香气风格影响轮廓图

5.2.23 正戊醇的香韵组成和嗅香感官特征

采用香味轮廓分析法对正戊醇的香韵组成及强度进行评价，评价结果见表 5-25 及图 5-34。

由 1%正戊醇香味感官评价结果可知：1%正戊醇嗅香辅助香韵为树脂香、干草香、清香、果香、酒香、甜香（≥2.0）；修饰香韵为木香、青滋香、药草香、奶香、膏香（≥0.5）等香韵。

表 5-25 1%正戊醇香味轮廓评价表

序号	香韵名称	评分(0—9)	评判分值
1	树脂香	3.0	0:无 1～2:弱 3～4:稍弱 5:适中 6～7:较强 8～9:强
2	干草香	2.0	
3	清香	2.0	
4	果香	2.5	
5	辛香	0	
6	木香	1.0	
7	青滋香	1.5	
8	花香	0	
9	药草香	1.5	
10	豆香	0	
11	可可香	0	
12	奶香	1.0	
13	膏香	0.5	
14	烘焙香	0	
15	焦香	0	
16	酒香	3.5	
17	甜香	2.0	
18	酸香	0	

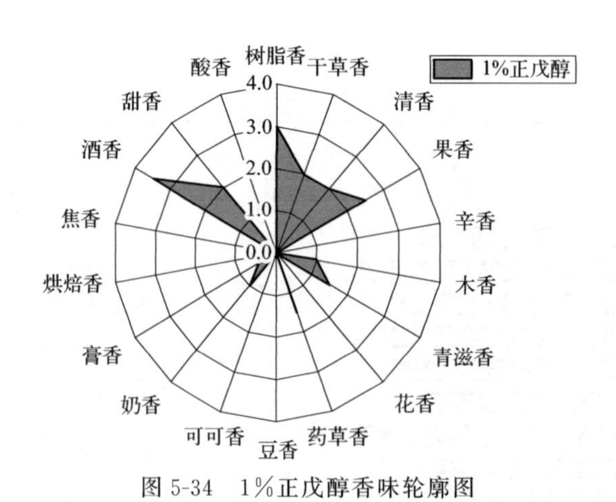

图 5-34 1%正戊醇香味轮廓图

5.2.24 正戊醇对加热卷烟风格、感官质量和香韵特征的影响

对 2%正戊醇的加香作用进行评价，结果见表 5-26 和图 5-35、图 5-36。从中可以看出，正戊醇在卷烟中的主要作用是增加烟气协调性，稍降低杂气和刺激性，香气质、香气量、烟气劲头、浓度和透发性尚可，烟气细腻柔和感较好，余味干净，主要赋予卷烟烤烟烟香、果香、青滋香、清香、烘焙香、甜香、豆香和奶香韵。

表 5-26　2%正戊醇作用评价汇总表

<table>
<tr><td rowspan="8">烟气特征</td><td colspan="2">香气质</td><td colspan="12">7.0</td></tr>
<tr><td colspan="2">香气量</td><td colspan="12">7.0</td></tr>
<tr><td colspan="2">杂气</td><td colspan="12">7.0</td></tr>
<tr><td colspan="2">浓度</td><td colspan="12">7.0</td></tr>
<tr><td colspan="2">透发性</td><td colspan="12">7.0</td></tr>
<tr><td colspan="2">劲头</td><td colspan="12">7.0</td></tr>
<tr><td colspan="2">协调性</td><td colspan="12">7.5</td></tr>
<tr><td colspan="2">均匀性</td><td colspan="12">6.5</td></tr>
<tr><td rowspan="4">口感特征</td><td colspan="2">干燥</td><td colspan="12">7.0</td></tr>
<tr><td colspan="2">细腻柔和</td><td colspan="12">6.5</td></tr>
<tr><td colspan="2">刺激</td><td colspan="12">7.0</td></tr>
<tr><td colspan="2">余味</td><td colspan="12">7.0</td></tr>
<tr><td rowspan="12">香气风格（0—3 分）</td><td rowspan="4">烤烟烟香</td><td>0</td><td rowspan="4">1.5</td><td rowspan="4">晾晒烟香</td><td>0</td><td rowspan="4">0</td><td rowspan="4">清香</td><td>0</td><td rowspan="4">1.0</td><td rowspan="4">果香</td><td>0</td><td rowspan="4">1.5</td><td rowspan="4">辛香</td><td>0</td><td rowspan="4">0</td></tr>
<tr><td>1</td><td>1</td><td>1</td><td>1</td><td>1</td></tr>
<tr><td>2</td><td>2</td><td>2</td><td>2</td><td>2</td></tr>
<tr><td>3</td><td>3</td><td>3</td><td>3</td><td>3</td></tr>
<tr><td rowspan="4">木香</td><td>0</td><td rowspan="4">0</td><td rowspan="4">青滋香</td><td>0</td><td rowspan="4">1.5</td><td rowspan="4">花香</td><td>0</td><td rowspan="4">0</td><td rowspan="4">药草香</td><td>0</td><td rowspan="4">0</td><td rowspan="4">豆香</td><td>0</td><td rowspan="4">0.5</td></tr>
<tr><td>1</td><td>1</td><td>1</td><td>1</td><td>1</td></tr>
<tr><td>2</td><td>2</td><td>2</td><td>2</td><td>2</td></tr>
<tr><td>3</td><td>3</td><td>3</td><td>3</td><td>3</td></tr>
<tr><td rowspan="4">可可香</td><td>0</td><td rowspan="4">0</td><td rowspan="4">奶香</td><td>0</td><td rowspan="4">0.5</td><td rowspan="4">膏香</td><td>0</td><td rowspan="4">0</td><td rowspan="4">烘焙香</td><td>0</td><td rowspan="4">1.0</td><td rowspan="4">甜香</td><td>0</td><td rowspan="4">1.0</td></tr>
<tr><td>1</td><td>1</td><td>1</td><td>1</td><td>1</td></tr>
<tr><td>2</td><td>2</td><td>2</td><td>2</td><td>2</td></tr>
<tr><td>3</td><td>3</td><td>3</td><td>3</td><td>3</td></tr>
</table>

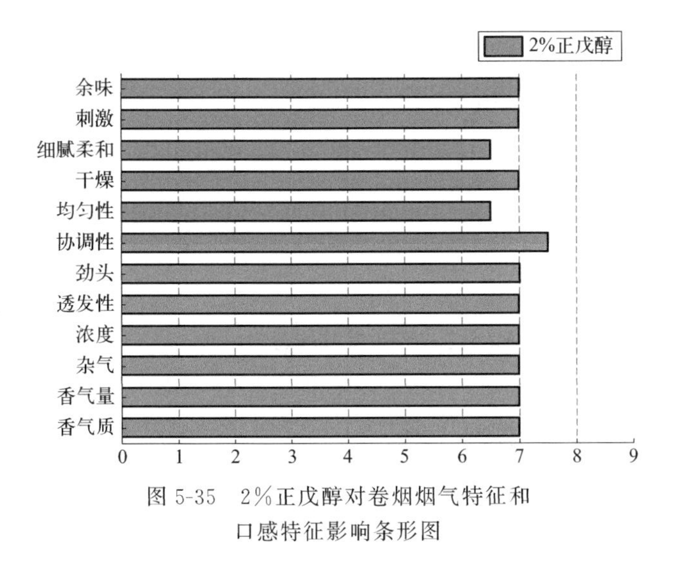

图 5-35　2%正戊醇对卷烟烟气特征和口感特征影响条形图

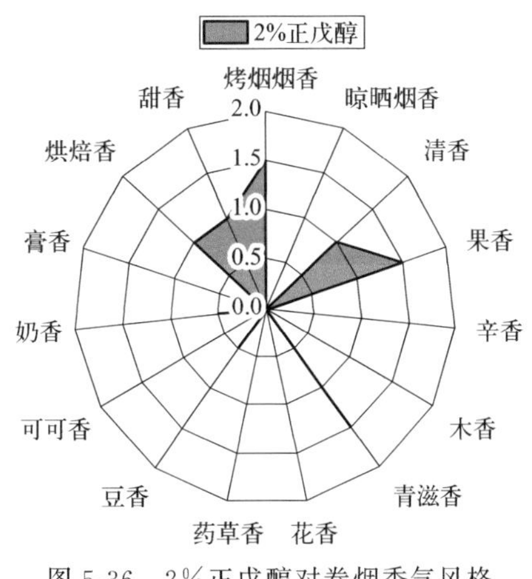

图 5-36　2%正戊醇对卷烟香气风格影响轮廓图

5.2.25　正己醇的香韵组成和嗅香感官特征

采用香味轮廓分析法对正己醇的香韵组成及强度进行评价，评价结果见表 5-27 及图 5-37。

由 1%正己醇香味感官评价结果可知：1%正己醇嗅香主体香韵为青滋香（6.0）；辅助香韵为干草香、清香、木香（≥2.0）；修饰香韵为树脂香、果香、酒香、甜香（≥0.5）等香韵。

表 5-27 1%正己醇香味轮廓评价表

序号	香韵名称	评分(0—9)	评判分值
1	树脂香	1.0	0:无 1~2:弱 3~4:稍弱 5:适中 6~7:较强 8~9:强
2	干草香	3.0	
3	清香	2.0	
4	果香	1.0	
5	辛香	0	
6	木香	2.5	
7	青滋香	6.0	
8	花香	0	
9	药草香	0	
10	豆香	0	
11	可可香	0	
12	奶香	0	
13	膏香	0	
14	烘焙香	0	
15	焦香	0	
16	酒香	1.0	
17	甜香	1.0	
18	酸香	0	

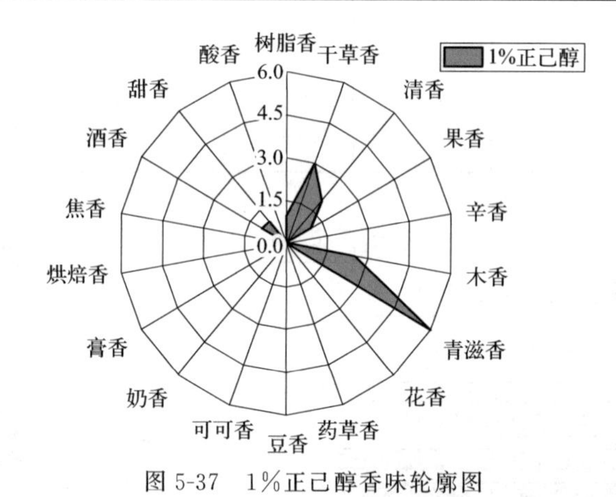

图 5-37 1%正己醇香味轮廓图

5.2.26 正己醇对加热卷烟风格、感官质量和香韵特征的影响

对 2%正己醇的加香作用进行评价，结果见表 5-28 和图 5-38、图 5-39。从中可以看出，正己醇在卷烟中的主要作用是增加烟气透发性，降低杂气和刺激性，香气质、香气量、烟气劲头、均匀性和协调性尚可，烟气细腻柔和感较好，主要赋予卷烟烤烟烟香、青滋香、清香、烘焙香、甜香、果香、木香和膏香韵。

表 5-28 2%正己醇作用评价汇总表

烟气特征	香气质	7.0
	香气量	7.0
	杂气	7.5
	浓度	6.5
	透发性	7.5
	劲头	7.0
	协调性	7.0
	均匀性	7.0

续表

口感特征	干燥	7.5													
	细腻柔和	7.0													
	刺激	7.0													
	余味	6.5													
香气风格（0—3 分）	烤烟烟香	0 1 2 3	1.5	晾晒烟香	0 1 2 3	0	清香	0 1 2 3	1.0	果香	0 1 2 3	0.5	辛香	0 1 2 3	0
	木香	0 1 2 3	0.5	青滋香	0 1 2 3	1.5	花香	0 1 2 3	0	药草香	0 1 2 3	0	豆香	0 1 2 3	0
	可可香	0 1 2 3	0	奶香	0 1 2 3	0	膏香	0 1 2 3	0.5	烘焙香	0 1 2 3	1.0	甜香	0 1 2 3	1.0

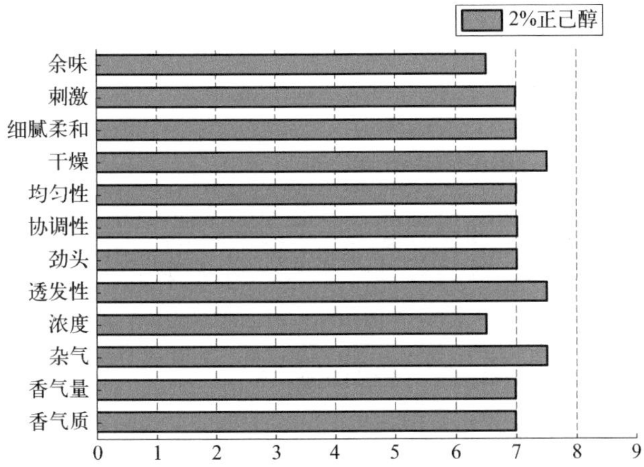

图 5-38　2%正己醇对卷烟烟气特征和口感特征影响条形图

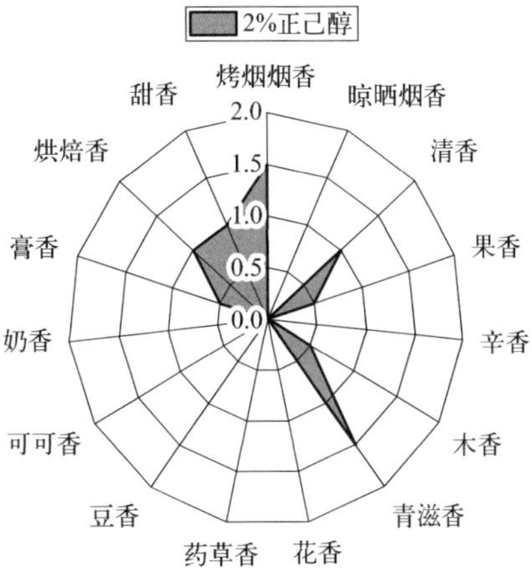

图 5-39　2%正己醇对卷烟香气风格影响轮廓图

5.2.27　3-辛醇的香韵组成和嗅香感官特征

采用香味轮廓分析法对 3-辛醇的香韵组成及强度进行评价，评价结果见表 5-29 及图 5-40。

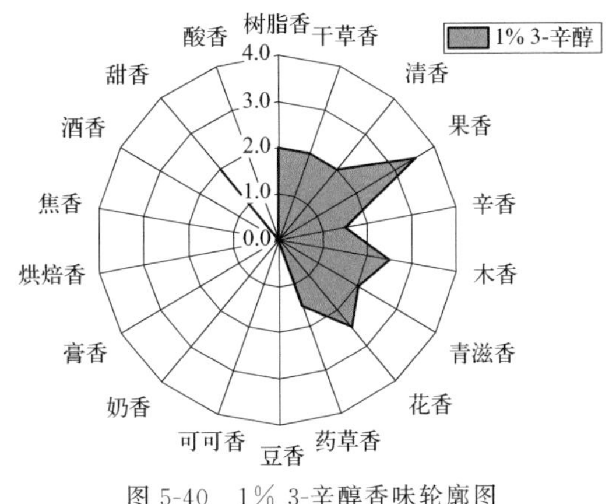

图 5-40　1% 3-辛醇香味轮廓图

表 5-29　1% 3-辛醇香味轮廓评价表

序号	香韵名称	评分(0—9)	评判分值
1	树脂香	2.0	0:无 1～2:弱 3～4:稍弱 5:适中 6～7:较强 8～9:强
2	干草香	2.0	
3	清香	2.0	
4	果香	3.5	
5	辛香	1.5	
6	木香	2.5	
7	青滋香	2.0	
8	花香	2.5	
9	药草香	1.5	
10	豆香	0	
11	可可香	0	
12	奶香	0	
13	膏香	0	
14	烘焙香	0	
15	焦香	0	
16	酒香	0	
17	甜香	2.0	
18	酸香	0	

由 1% 3-辛醇香味感官评价结果可知：1% 3-辛醇嗅香辅助香韵为树脂香、干草香、清香、果香、木香、青滋香、花香、甜香（≥2.0）；修饰香韵为辛香、药草香（≥0.5）等香韵。

5.2.28　3-辛醇对加热卷烟风格、感官质量和香韵特征的影响

对 2% 3-辛醇的加香作用进行评价，结果见表 5-30 和图 5-41、图 5-42。从中可以看出，3-辛醇在卷烟中的主要作用是提升香气量、增加烟气劲头，降低刺激性和杂气，香气质、烟气浓度、均匀性和透发性尚可，烟气细腻柔和感较好，主要赋予卷烟青滋香、清香、花香、烘焙香、甜香、果香和辛香韵。

表 5-30　2% 3-辛醇作用评价汇总表

烟气特征	香气质	7.0
	香气量	7.5
	杂气	7.0
	浓度	7.0
	透发性	7.0
	劲头	7.5
	协调性	6.5
	均匀性	7.0
口感特征	干燥	7.0
	细腻柔和	7.0
	刺激	7.5
	余味	6.5

续表

香气风格（0—3 分）	烤烟烟香	0 1 2 3	0	晾晒烟香	0 1 2 3	0	清香	0 1 2 3	1.0	果香	0 1 2 3	0.5	辛香	0 1 2 3	0.5
	木香	0 1 2 3	0	青滋香	0 1 2 3	1.5	花香	0 1 2 3	1.0	药草香	0 1 2 3	0	豆香	0 1 2 3	0
	可可香	0 1 2 3	0	奶香	0 1 2 3	0	膏香	0 1 2 3	0	烘焙香	0 1 2 3	1.0	甜香	0 1 2 3	1.0

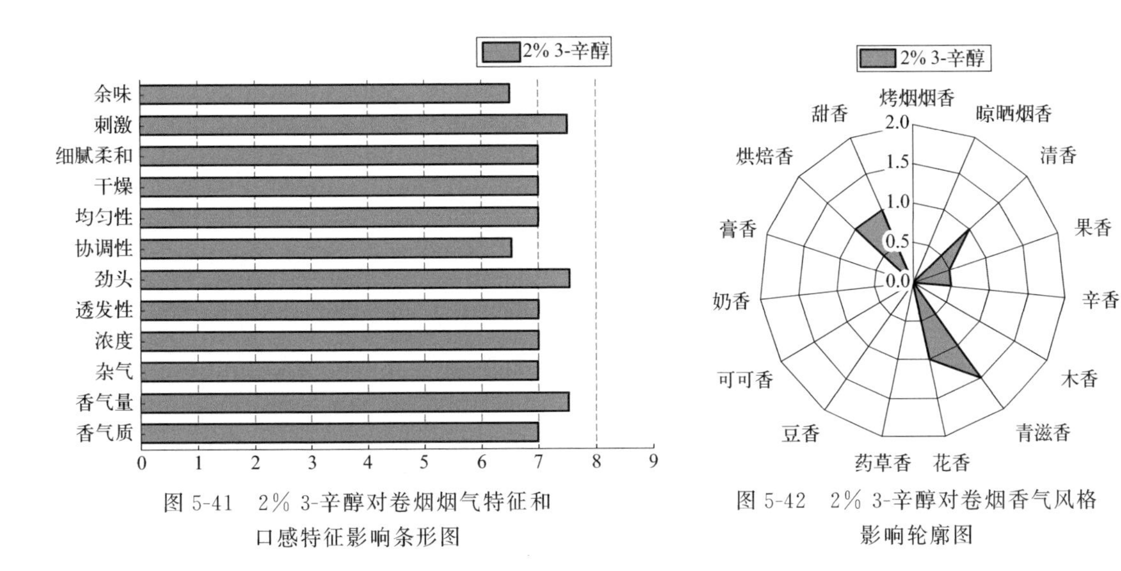

图 5-41　2% 3-辛醇对卷烟烟气特征和口感特征影响条形图

图 5-42　2% 3-辛醇对卷烟香气风格影响轮廓图

5.2.29　正壬醇的香韵组成和嗅香感官特征

采用香味轮廓分析法对正壬醇的香韵组成及强度进行评价，评价结果见表 5-31 及图 5-43。

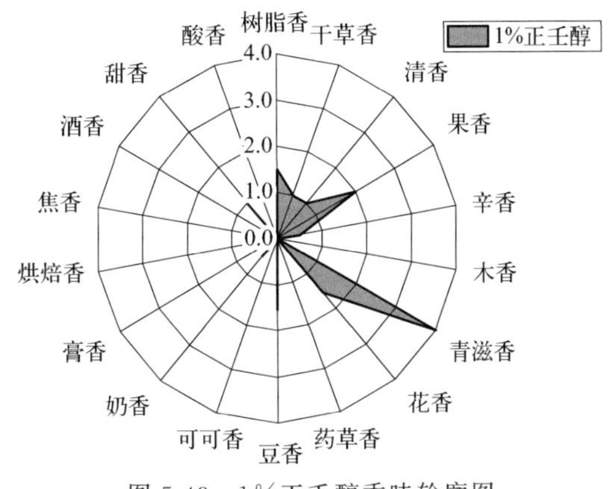

图 5-43　1%正壬醇香味轮廓图

由1%正壬醇香味感官评价结果可知：1%正壬醇嗅香主体香韵为青滋香（4.0）；辅助香韵为果香（≥2.0）；修饰香韵为树脂香、干草香、清香、辛香、花香、豆香、奶香、甜香（≥0.5）等香韵。

表5-31 1%正壬醇香味轮廓评价表

序号	香韵名称	评分(0—9)	评判分值
1	树脂香	1.5	0:无 1～2:弱 3～4:稍弱 5:适中 6～7:较强 8～9:强
2	干草香	1.0	
3	清香	1.0	
4	果香	2.0	
5	辛香	0.5	
6	木香	0	
7	青滋香	4.0	
8	花香	1.5	
9	药草香	0	
10	豆香	1.5	
11	可可香	0	
12	奶香	0.5	
13	膏香	0	
14	烘焙香	0	
15	焦香	0	
16	酒香	0	
17	甜香	1.0	
18	酸香	0	

5.2.30 正壬醇对加热卷烟风格、感官质量和香韵特征的影响

对2%正壬醇的加香作用进行评价，结果见表5-32和图5-44、图5-45。从中可以看出，正壬醇在卷烟中的主要作用是增加烟气浓度和劲头，香气量、香气质、烟气均匀性和透发性尚可，烟气细腻柔和感较好，稍降低刺激性，余味干净，主要赋予卷烟青滋香、烤烟烟香、清香、花香、辛香、烘焙香和甜香韵。

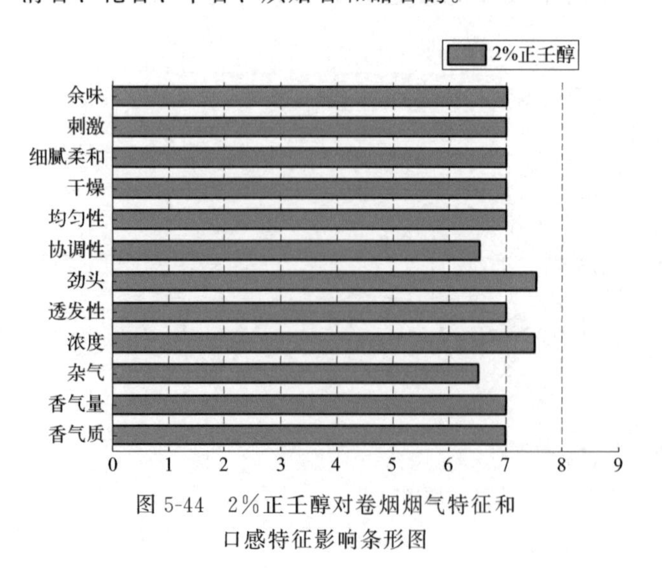

图5-44 2%正壬醇对卷烟烟气特征和口感特征影响条形图

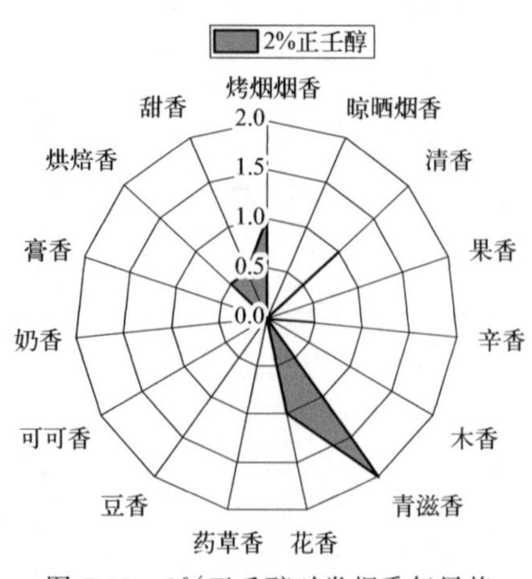

图5-45 2%正壬醇对卷烟香气风格影响轮廓图

表 5-32　2%正壬醇作用评价汇总表

<table>
<tr><td rowspan="8">烟气特征</td><td colspan="2">香气质</td><td colspan="13">7.0</td></tr>
<tr><td colspan="2">香气量</td><td colspan="13">7.0</td></tr>
<tr><td colspan="2">杂气</td><td colspan="13">6.5</td></tr>
<tr><td colspan="2">浓度</td><td colspan="13">7.5</td></tr>
<tr><td colspan="2">透发性</td><td colspan="13">7.0</td></tr>
<tr><td colspan="2">劲头</td><td colspan="13">7.5</td></tr>
<tr><td colspan="2">协调性</td><td colspan="13">6.5</td></tr>
<tr><td colspan="2">均匀性</td><td colspan="13">7.0</td></tr>
<tr><td rowspan="4">口感特征</td><td colspan="2">干燥</td><td colspan="13">7.0</td></tr>
<tr><td colspan="2">细腻柔和</td><td colspan="13">7.0</td></tr>
<tr><td colspan="2">刺激</td><td colspan="13">7.0</td></tr>
<tr><td colspan="2">余味</td><td colspan="13">7.0</td></tr>
<tr><td rowspan="12">香气风格（0—3 分）</td><td rowspan="4">烤烟烟香</td><td>0</td><td rowspan="4">1.0</td><td rowspan="4">晾晒烟香</td><td>0</td><td rowspan="4">0</td><td rowspan="4">清香</td><td>0</td><td rowspan="4">1.0</td><td rowspan="4">果香</td><td>0</td><td rowspan="4">0</td><td rowspan="4">辛香</td><td>0</td><td rowspan="4">0.5</td></tr>
<tr><td>1</td><td>1</td><td>1</td><td>1</td><td>1</td></tr>
<tr><td>2</td><td>2</td><td>2</td><td>2</td><td>2</td></tr>
<tr><td>3</td><td>3</td><td>3</td><td>3</td><td>3</td></tr>
<tr><td rowspan="4">木香</td><td>0</td><td rowspan="4">0</td><td rowspan="4">青滋香</td><td>0</td><td rowspan="4">2.0</td><td rowspan="4">花香</td><td>0</td><td rowspan="4">1.0</td><td rowspan="4">药草香</td><td>0</td><td rowspan="4">0</td><td rowspan="4">豆香</td><td>0</td><td rowspan="4">0</td></tr>
<tr><td>1</td><td>1</td><td>1</td><td>1</td><td>1</td></tr>
<tr><td>2</td><td>2</td><td>2</td><td>2</td><td>2</td></tr>
<tr><td>3</td><td>3</td><td>3</td><td>3</td><td>3</td></tr>
<tr><td rowspan="4">可可香</td><td>0</td><td rowspan="4">0</td><td rowspan="4">奶香</td><td>0</td><td rowspan="4">0</td><td rowspan="4">膏香</td><td>0</td><td rowspan="4">0</td><td rowspan="4">烘焙香</td><td>0</td><td rowspan="4">0.5</td><td rowspan="4">甜香</td><td>0</td><td rowspan="4">0.5</td></tr>
<tr><td>1</td><td>1</td><td>1</td><td>1</td><td>1</td></tr>
<tr><td>2</td><td>2</td><td>2</td><td>2</td><td>2</td></tr>
<tr><td>3</td><td>3</td><td>3</td><td>3</td><td>3</td></tr>
</table>

5.2.31　正癸醇的香韵组成和嗅香感官特征

采用香味轮廓分析法对正癸醇的香韵组成及强度进行评价，评价结果见表 5-33 及图 5-46。

由 1%正癸醇香味感官评价结果可知：1%正癸醇嗅香辅助香韵为青滋香（≥2.0）；修饰香韵为树脂香、干草香、清香、辛香、木香、花香、豆香、奶香、甜香（≥0.5）等香韵。

表 5-33　1%正癸醇香味轮廓评价表

序号	香韵名称	评分(0—9)	评判分值
1	树脂香	1.5	0:无 1～2:弱 3～4:稍弱 5:适中 6～7:较强 8～9:强
2	干草香	0.5	
3	清香	1.0	
4	果香	0	
5	辛香	0.5	
6	木香	1.0	
7	青滋香	2.0	
8	花香	1.5	
9	药草香	0	
10	豆香	0.5	
11	可可香	0	
12	奶香	0.5	
13	膏香	0	
14	烘焙香	0	
15	焦香	0	
16	酒香	0	
17	甜香	1.0	
18	酸香	0	

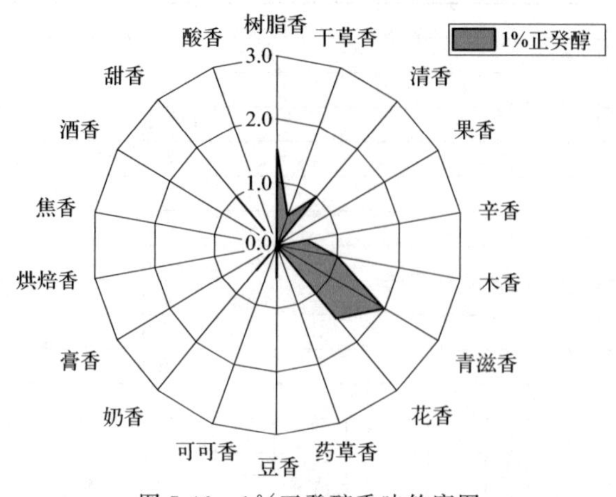

图 5-46　1%正癸醇香味轮廓图

5.2.32　正癸醇对加热卷烟风格、感官质量和香韵特征的影响

对 2%正癸醇的加香作用进行评价，结果见表 5-34 和图 5-47、图 5-48。从中可以看出，正癸醇在卷烟中的主要作用是提升香气量，增加烟气浓度、劲头和烟气均匀性，烟气细腻柔和感较好，稍降低刺激性，主要赋予卷烟青滋香、药草香、烤烟烟香、清香、烘焙香和甜香韵。

表 5-34　2%正癸醇作用评价汇总表

<table>
<tr><td rowspan="8">烟气特征</td><td colspan="3">香气质</td><td colspan="12">6.0</td></tr>
<tr><td colspan="3">香气量</td><td colspan="12">7.0</td></tr>
<tr><td colspan="3">杂气</td><td colspan="12">6.5</td></tr>
<tr><td colspan="3">浓度</td><td colspan="12">7.0</td></tr>
<tr><td colspan="3">透发性</td><td colspan="12">6.0</td></tr>
<tr><td colspan="3">劲头</td><td colspan="12">7.0</td></tr>
<tr><td colspan="3">协调性</td><td colspan="12">6.5</td></tr>
<tr><td colspan="3">均匀性</td><td colspan="12">7.0</td></tr>
<tr><td rowspan="4">口感特征</td><td colspan="3">干燥</td><td colspan="12">7.0</td></tr>
<tr><td colspan="3">细腻柔和</td><td colspan="12">7.0</td></tr>
<tr><td colspan="3">刺激</td><td colspan="12">7.0</td></tr>
<tr><td colspan="3">余味</td><td colspan="12">6.0</td></tr>
<tr><td rowspan="12">香气风格（0—3 分）</td><td rowspan="4">烤烟烟香</td><td>0</td><td rowspan="4">0.5</td><td rowspan="4">晾晒烟香</td><td>0</td><td rowspan="4">0</td><td rowspan="4">清香</td><td>0</td><td rowspan="4">0.5</td><td rowspan="4">果香</td><td>0</td><td rowspan="4">0</td><td rowspan="4">辛香</td><td>0</td><td rowspan="4">0</td></tr>
<tr><td>1</td><td>1</td><td>1</td><td>1</td><td>1</td></tr>
<tr><td>2</td><td>2</td><td>2</td><td>2</td><td>2</td></tr>
<tr><td>3</td><td>3</td><td>3</td><td>3</td><td>3</td></tr>
<tr><td rowspan="4">木香</td><td>0</td><td rowspan="4">0</td><td rowspan="4">青滋香</td><td>0</td><td rowspan="4">2.0</td><td rowspan="4">花香</td><td>0</td><td rowspan="4">0</td><td rowspan="4">药草香</td><td>0</td><td rowspan="4">1.0</td><td rowspan="4">豆香</td><td>0</td><td rowspan="4">0</td></tr>
<tr><td>1</td><td>1</td><td>1</td><td>1</td><td>1</td></tr>
<tr><td>2</td><td>2</td><td>2</td><td>2</td><td>2</td></tr>
<tr><td>3</td><td>3</td><td>3</td><td>3</td><td>3</td></tr>
<tr><td rowspan="4">可可香</td><td>0</td><td rowspan="4">0</td><td rowspan="4">奶香</td><td>0</td><td rowspan="4">0</td><td rowspan="4">膏香</td><td>0</td><td rowspan="4">0</td><td rowspan="4">烘焙香</td><td>0</td><td rowspan="4">0.5</td><td rowspan="4">甜香</td><td>0</td><td rowspan="4">0.5</td></tr>
<tr><td>1</td><td>1</td><td>1</td><td>1</td><td>1</td></tr>
<tr><td>2</td><td>2</td><td>2</td><td>2</td><td>2</td></tr>
<tr><td>3</td><td>3</td><td>3</td><td>3</td><td>3</td></tr>
</table>

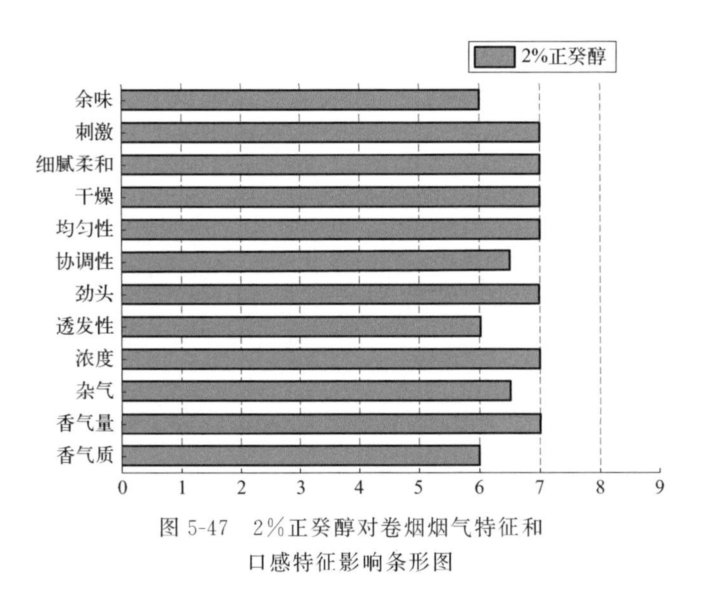

图 5-47　2%正癸醇对卷烟烟气特征和口感特征影响条形图

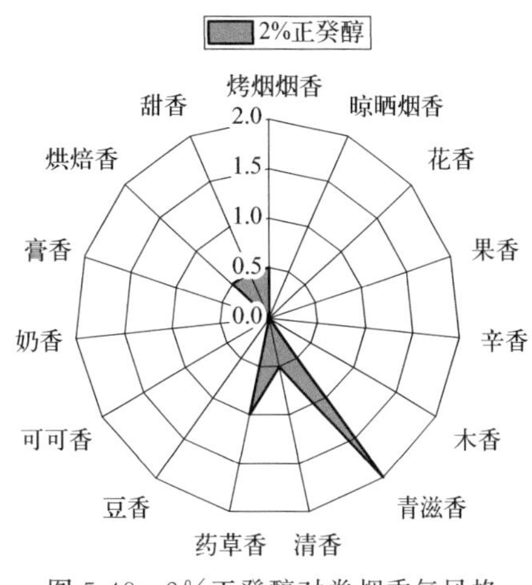

图 5-48　2%正癸醇对卷烟香气风格影响轮廓图

5.2.33　异戊醇的香韵组成和嗅香感官特征

采用香味轮廓分析法对异戊醇的香韵组成及强度进行评价，评价结果见表 5-35 及图 5-49。

由 1%异戊醇香味感官评价结果可知：1%异戊醇嗅香辅助香韵为树脂香、青滋香（≥2.0）；修饰香韵为清香、果香、木香、豆香、膏香、酒香、甜香（≥0.5）等香韵。

表 5-35　1%异戊醇香味轮廓评价表

序号	香韵名称	评分(0—9)	评判分值
1	树脂香	2.5	0:无 1～2:弱 3～4:稍弱 5:适中 6～7:较强 8～9:强
2	干草香	0	
3	清香	1.0	
4	果香	1.0	
5	辛香	0	
6	木香	0.5	
7	青滋香	3.5	
8	花香	0	
9	药草香	0	
10	豆香	0.5	
11	可可香	0	
12	奶香	0	
13	膏香	1.0	
14	烘焙香	0	
15	焦香	0	
16	酒香	1.5	
17	甜香	1.0	
18	酸香	0	

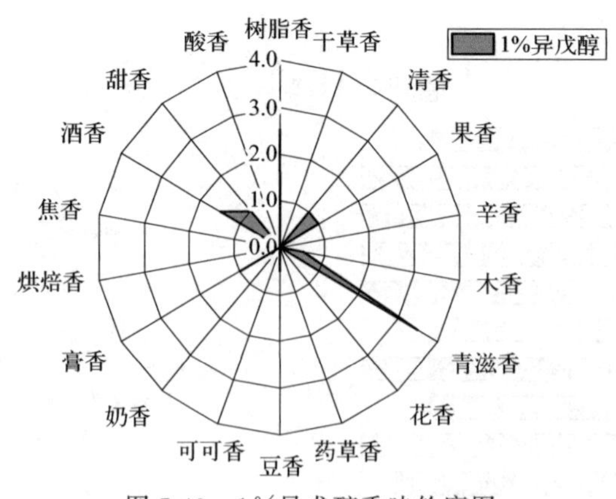

图 5-49　1%异戊醇香味轮廓图

5.2.34 异戊醇对加热卷烟风格、感官质量和香韵特征的影响

对 2%异戊醇的加香作用进行评价，结果见表 5-36 和图 5-50、图 5-51。从中可以看出，异戊醇在卷烟中的主要作用是降低杂气和刺激性、提升香气量，烟气浓度尚可，主要赋予卷烟青滋香、木香、烤烟烟香、晾晒烟香、清香、花香、烘焙香和甜香韵。

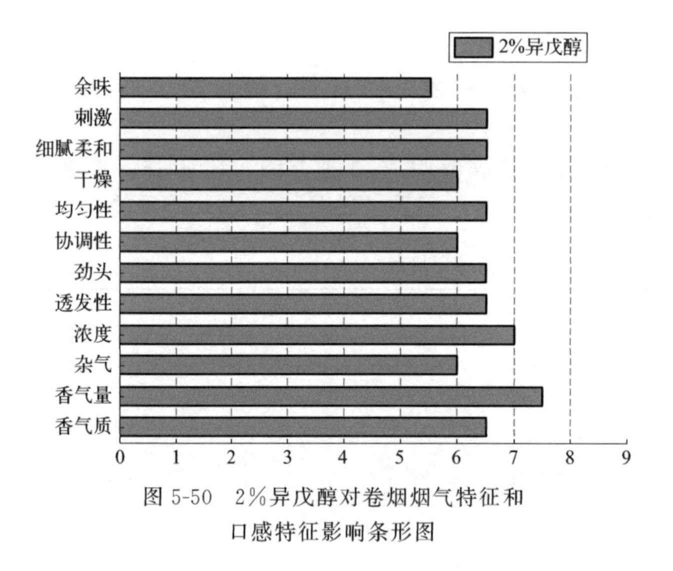

图 5-50　2%异戊醇对卷烟烟气特征和口感特征影响条形图

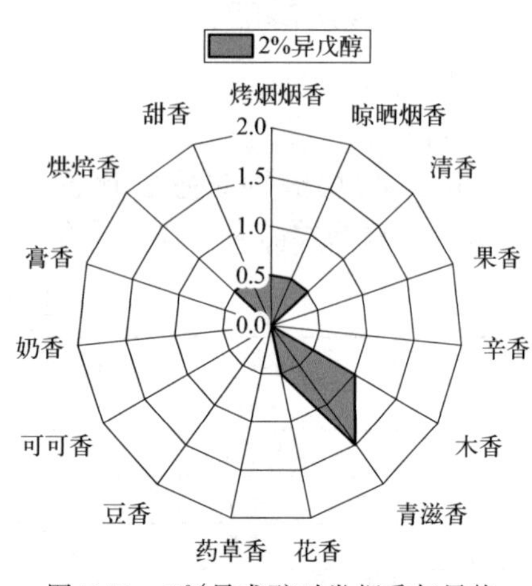

图 5-51　2%异戊醇对卷烟香气风格影响轮廓图

表 5-36　2%异戊醇作用评价汇总表

烟气特征	香气质	6.5
	香气量	7.5
	杂气	6.0
	浓度	7.0
	透发性	6.5
	劲头	6.5
	协调性	6.0
	均匀性	6.5
口感特征	干燥	6.0
	细腻柔和	6.5
	刺激	6.5
	余味	5.5

续表

香气风格（0—3分）	烤烟烟香	0 1 2 3	0.5	晾晒烟香	0 1 2 3	0.5	清香	0 1 2 3	0.5	果香	0 1 2 3	0	辛香	0 1 2 3	0
	木香	0 1 2 3	1.0	青滋香	0 1 2 3	1.5	花香	0 1 2 3	0.5	药草香	0 1 2 3	0	豆香	0 1 2 3	0
	可可香	0 1 2 3	0	奶香	0 1 2 3	0	膏香	0 1 2 3	0	烘焙香	0 1 2 3	0.5	甜香	0 1 2 3	0.5

5.2.35　3-己醇的香韵组成和嗅香感官特征

采用香味轮廓分析法对3-己醇的香韵组成及强度进行评价，评价结果见表5-37及图5-52。

由1% 3-己醇香味感官评价结果可知：1% 3-己醇嗅香主体香韵为青滋香（4.0）；辅助香韵为果香、木香、酒香（≥2.0）；修饰香韵为清香、辛香、甜香（≥0.5）等香韵。

表5-37　1% 3-己醇香味轮廓评价表

序号	香韵名称	评分(0—9)	评判分值
1	树脂香	0	0:无 1～2:弱 3～4:稍弱 5:适中 6～7:较强 8～9:强
2	干草香	0	
3	清香	1.0	
4	果香	2.5	
5	辛香	1.0	
6	木香	2.0	
7	青滋香	4.0	
8	花香	0	
9	药草香	0	
10	豆香	0	
11	可可香	0	
12	奶香	0	
13	膏香	0	
14	烘焙香	0	
15	焦香	0	
16	酒香	2.5	
17	甜香	1.5	
18	酸香	0	

5.2.36　3-己醇对加热卷烟风格、感官质量和香韵特征的影响

对2% 3-己醇的加香作用进行评价，结果见表5-38和图5-53、图5-54。从中可以看出，3-己醇在卷烟中的主要作用是降低刺激性，稍降低杂气，香气量、烟气浓度和劲头尚可，主要赋予卷烟烤烟烟香、木香、青滋香、烘焙香、甜香、清香、辛香、花香和药草香韵。

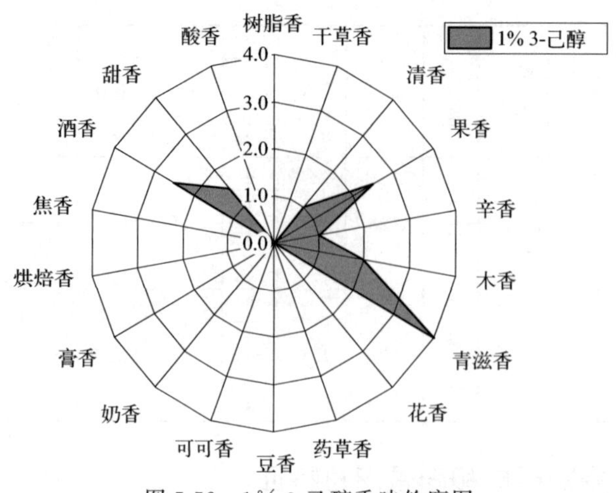

图 5-52 1% 3-己醇香味轮廓图

表 5-38 2% 3-己醇作用评价汇总表

类别	指标	评分
烟气特征	香气质	6.5
	香气量	7.0
	杂气	7.0
	浓度	7.0
	透发性	6.0
	劲头	7.0
	协调性	6.5
	均匀性	6.5
口感特征	干燥	6.5
	细腻柔和	6.5
	刺激	6.5
	余味	6.5

香气风格（0—3分）															
	烤烟烟香	0	1.0	晾晒烟香	0	0	清香	0	0.5	果香	0	0	辛香	0	0.5
		1			1			1			1			1	
		2			2			2			2			2	
		3			3			3			3			3	
	木香	0	1.0	青滋香	0	1.0	花香	0	0.5	药草香	0	0.5	豆香	0	0
		1			1			1			1			1	
		2			2			2			2			2	
		3			3			3			3			3	
	可可香	0	0	奶香	0	0	膏香	0	0	烘焙香	0	1.0	甜香	0	1.0
		1			1			1			1			1	
		2			2			2			2			2	
		3			3			3			3			3	

5.2.37 苯乙醇的香韵组成和嗅香感官特征

采用香味轮廓分析法对苯乙醇的香韵组成及强度进行评价，评价结果见表 5-39 及图 5-55。

由 1%苯乙醇香味感官评价结果可知：1%苯乙醇嗅香主体香韵为花香（4.5）；辅助香韵为清香、甜香（≥2.0）；修饰香韵为果香、辛香、木香（≥0.5）等香韵。

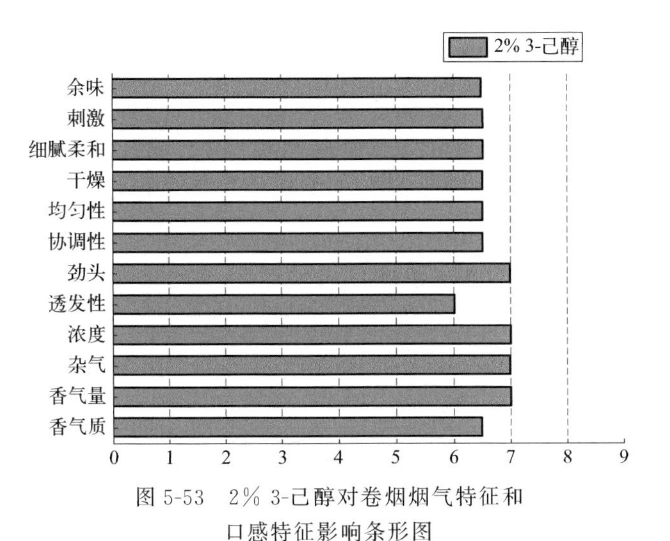

图 5-53　2% 3-己醇对卷烟烟气特征和口感特征影响条形图

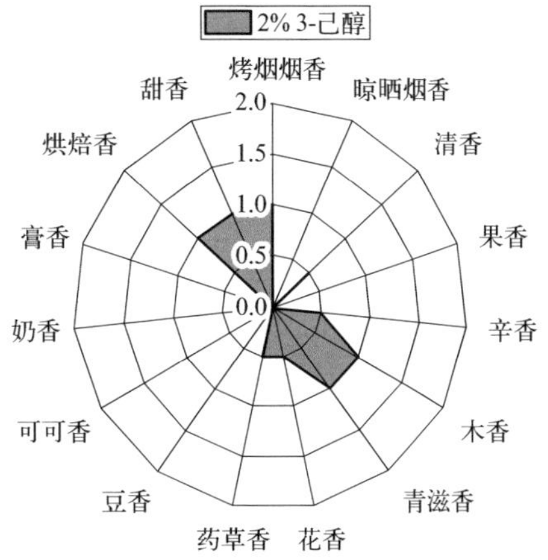

图 5-54　2% 3-己醇对卷烟香气风格影响轮廓图

表 5-39　1%苯乙醇香味轮廓评价表

序号	香韵名称	评分(0—9)	评判分值
1	树脂香	0	0:无 1～2:弱 3～4:稍弱 5:适中 6～7:较强 8～9:强
2	干草香	0	
3	清香	3.0	
4	果香	1.0	
5	辛香	1.0	
6	木香	0.5	
7	青滋香	0	
8	花香	4.5	
9	药草香	0	
10	豆香	0	
11	可可香	0	
12	奶香	0	
13	膏香	0	
14	烘焙香	0	
15	焦香	0	
16	酒香	0	
17	甜香	2.5	
18	酸香	0	

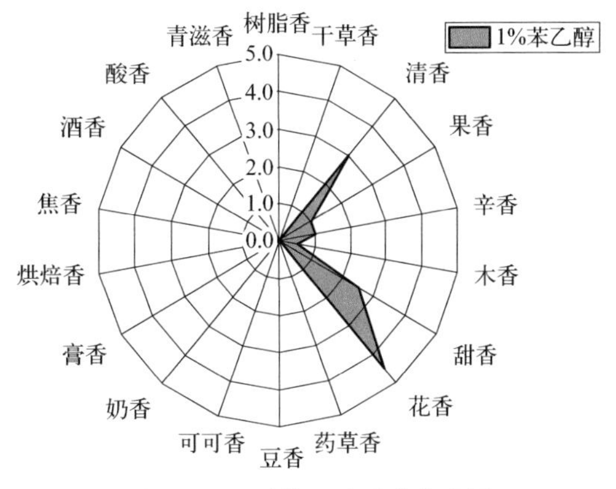

图 5-55　1%苯乙醇香味轮廓图

5.2.38 苯乙醇对加热卷烟风格、感官质量和香韵特征的影响

对 1%苯乙醇的加香作用进行评价，结果见表 5-40 和图 5-56、图 5-57。从中可以看出，苯乙醇在卷烟中的主要作用是提升香气质和烟气均匀性，烟气细腻柔和感好，稍降低杂气，香气量、烟气浓度、劲头、透发性和协调性尚可，余味干净，主要赋予卷烟花香、烤烟烟香、烘焙香、清香、果香、甜香、木香和青滋香韵。

表 5-40 1%苯乙醇作用评价汇总表

类别	指标	评分刻度	结果
烟气特征	香气质		7.5
	香气量		7.0
	杂气		7.0
	浓度		7.0
	透发性		7.0
	劲头		7.0
	协调性		7.0
	均匀性		7.5
口感特征	干燥		7.0
	细腻柔和		7.5
	刺激		7.5
	余味		7.0
香气风格（0—3 分）	烤烟烟香	0 1 2 3	1.5
	晾晒烟香	0 1 2 3	0
	清香	0 1 2 3	1.0
	果香	0 1 2 3	1.0
	辛香	0 1 2 3	0
	木香	0 1 2 3	0.5
	青滋香	0 1 2 3	0.5
	花香	0 1 2 3	2.0
	药草香	0 1 2 3	0
	豆香	0 1 2 3	0
	可可香	0 1 2 3	0
	奶香	0 1 2 3	0
	膏香	0 1 2 3	0
	烘焙香	0 1 2 3	1.5
	甜香	0 1 2 3	1.0

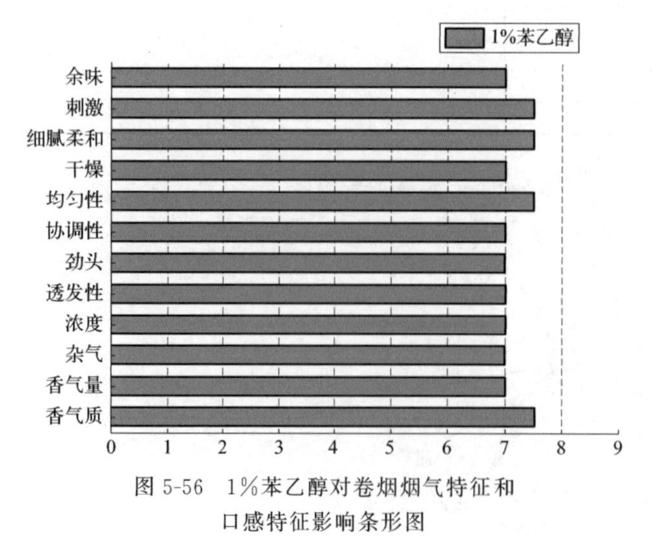

图 5-56 1%苯乙醇对卷烟烟气特征和口感特征影响条形图

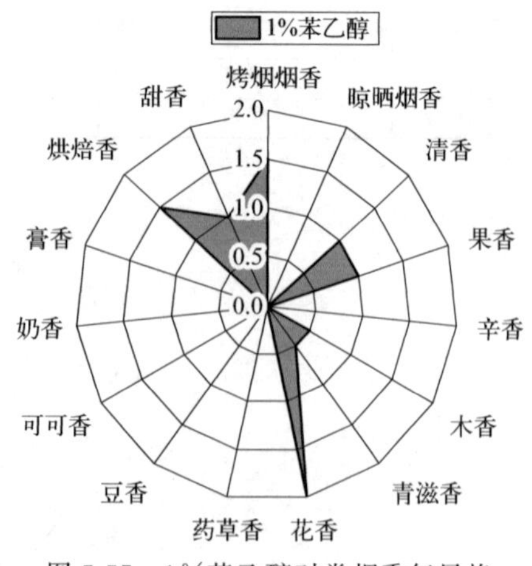

图 5-57 1%苯乙醇对卷烟香气风格影响轮廓图

5.2.39 苯丙醇的香韵组成和嗅香感官特征

采用香味轮廓分析法对苯丙醇的香韵组成及强度进行评价，评价结果见表5-41及图5-58。

由1%苯丙醇香味感官评价结果可知：1%苯丙醇嗅香辅助香韵为清香、果香（≥2.0）；修饰香韵为木香、花香、奶香、膏香、酒香、甜香（≥0.5）等香韵。

表5-41 1%苯丙醇香味轮廓评价表

序号	香韵名称	评分(0—9)	评判分值
1	树脂香	0	0:无 1～2:弱 3～4:稍弱 5:适中 6～7:较强 8～9:强
2	干草香	0	
3	清香	2.0	
4	果香	2.0	
5	辛香	0	
6	木香	0.5	
7	青滋香	0	
8	花香	1.5	
9	药草香	0	
10	豆香	0	
11	可可香	0	
12	奶香	0.5	
13	膏香	0.5	
14	烘焙香	0	
15	焦香	0	
16	酒香	1.5	
17	甜香	1.0	
18	酸香	0	

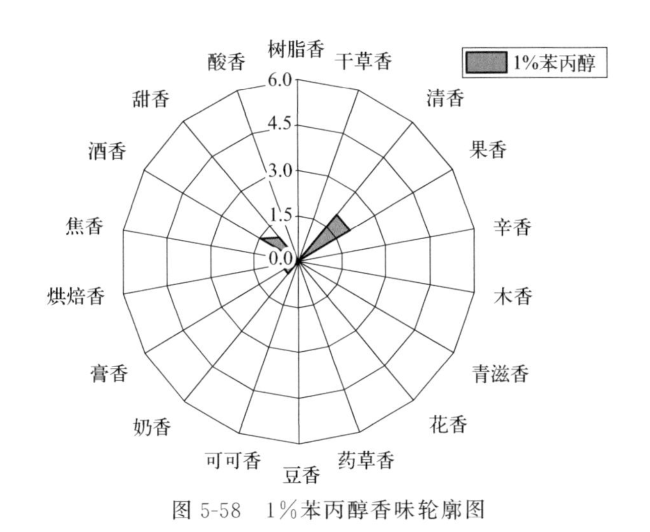

图5-58 1%苯丙醇香味轮廓图

5.2.40 苯丙醇对加热卷烟风格、感官质量和香韵特征的影响

对2%苯丙醇的加香作用进行评价，结果见表5-42和图5-59、图5-60。从中可以看出，苯丙醇在卷烟中的主要作用是稍降低杂气和刺激性，余味干净，烟气细腻柔和感较好，烟气协调性尚可，主要赋予卷烟烤烟烟香、木香、青滋香、清香、果香、烘焙香和甜香韵。

表 5-42　2%苯丙醇作用评价汇总表

类别	指标		分值												
烟气特征	香气质		6.5												
	香气量		6.5												
	杂气		7.0												
	浓度		6.5												
	透发性		6.0												
	劲头		6.5												
	协调性		7.0												
	均匀性		6.5												
口感特征	干燥		7.0												
	细腻柔和		6.5												
	刺激		7.0												
	余味		7.5												
香气风格（0—3分）	烤烟烟香	0	1.0	晾晒烟香	0	0	清香	0	0.5	果香	0	0.5	辛香	0	0
		1			1			1			1			1	
		2			2			2			2			2	
		3			3			3			3			3	
	木香	0	1.0	青滋香	0	1.0	花香	0	0	药草香	0	0	豆香	0	0
		1			1			1			1			1	
		2			2			2			2			2	
		3			3			3			3			3	
	可可香	0	0	奶香	0	0	膏香	0	0	烘焙香	0	0.5	甜香	0	0.5
		1			1			1			1			1	
		2			2			2			2			2	
		3			3			3			3			3	

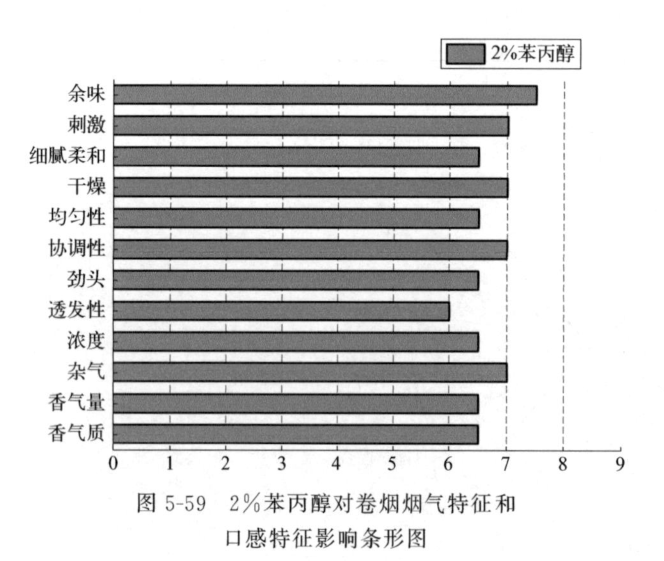

图 5-59　2%苯丙醇对卷烟烟气特征和口感特征影响条形图

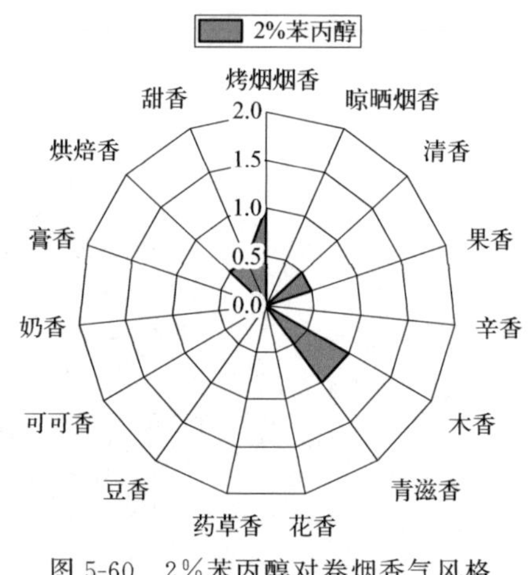

图 5-60　2%苯丙醇对卷烟香气风格影响轮廓图

5.2.41　2-甲基苯甲醇的香韵组成和嗅香感官特征

采用香味轮廓分析法对 2-甲基苯甲醇的香韵组成及强度进行评价，评价结果见表 5-43 及图 5-61。

由 1% 2-甲基苯甲醇香味感官评价结果可知：1% 2-甲基苯甲醇嗅香辅助香韵为干草香、辛香（≥2.0）；修饰香韵为青滋香、花香、药草香（≥0.5）等香韵。

表 5-43　1% 2-甲基苯甲醇香味轮廓评价表

序号	香韵名称	评分(0—9)	评判分值
1	树脂香	0	0:无 1～2:弱 3～4:稍弱 5:适中 6～7:较强 8～9:强
2	干草香	2.0	
3	清香	0	
4	果香	0	
5	辛香	3.0	
6	木香	0	
7	青滋香	0.5	
8	花香	1.0	
9	药草香	0.5	
10	豆香	0	
11	可可香	0	
12	奶香	0	
13	膏香	0	
14	烘焙香	0	
15	焦香	0	
16	酒香	0	
17	甜香	0	
18	酸香	0	

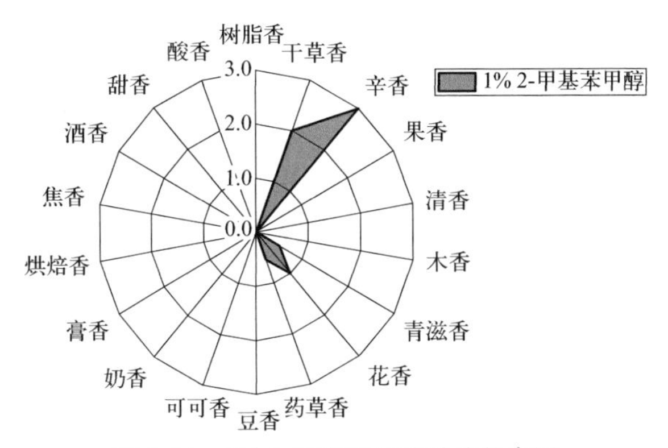

图 5-61　1% 2-甲基苯甲醇香味轮廓图

5.2.42　2-甲基苯甲醇对加热卷烟风格、感官质量和香韵特征的影响

对 2% 2-甲基苯甲醇的加香作用进行评价，结果见表 5-44 和图 5-62、图 5-63。从中可以看出，2-甲基苯甲醇在卷烟中的主要作用是提升香气质和香气量，增加烟气浓度和协调性，烟气细腻柔和感好，降低杂气，余味干净，烟气透发性、劲头和均匀性尚可，主要赋予卷烟烤烟烟香、辛香、烘焙香、清香和甜香韵。

表 5-44　2% 2-甲基苯甲醇作用评价汇总表

烟气特征	香气质	7.5
	香气量	7.5
	杂气	7.5
	浓度	7.5
	透发性	7.0
	劲头	7.0
	协调性	7.5
	均匀性	7.0

续表

口感特征	干燥	7.0													
	细腻柔和	7.5													
	刺激	6.5													
	余味	7.5													
香气风格（0—3分）	烤烟烟香	0	1.5	晾晒烟香	0	0	清香	0	1.0	果香	0	0	辛香	0	1.5
		1			1			1			1			1	
		2			2			2			2			2	
		3			3			3			3			3	
	木香	0	0	青滋香	0	0	花香	0	0	药草香	0	0	豆香	0	0
		1			1			1			1			1	
		2			2			2			2			2	
		3			3			3			3			3	
	可可香	0	0	奶香	0	0	膏香	0	0	烘焙香	0	1.5	甜香	0	0.5
		1			1			1			1			1	
		2			2			2			2			2	
		3			3			3			3			3	

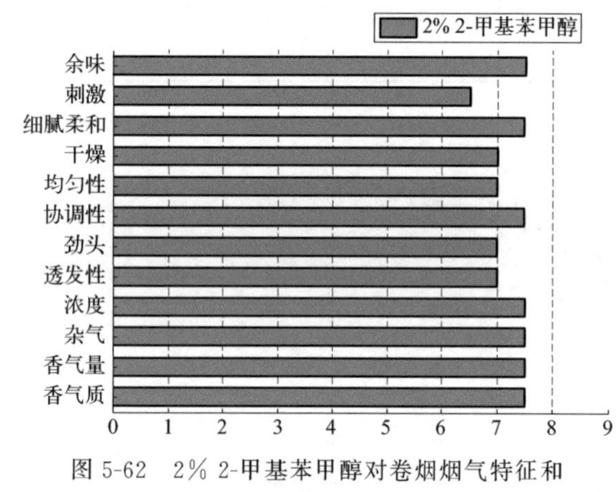

图 5-62　2% 2-甲基苯甲醇对卷烟烟气特征和口感特征影响条形图

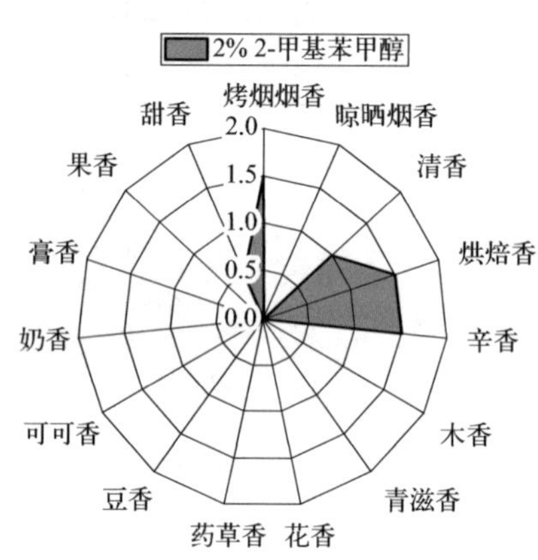

图 5-63　2% 2-甲基苯甲醇对卷烟香气风格影响轮廓图

5.2.43　1-苯基-1-丙醇的香韵组成和嗅香感官特征

采用香味轮廓分析法对1-苯基-1-丙醇的香韵组成及强度进行评价，评价结果见表5-45及图5-64。

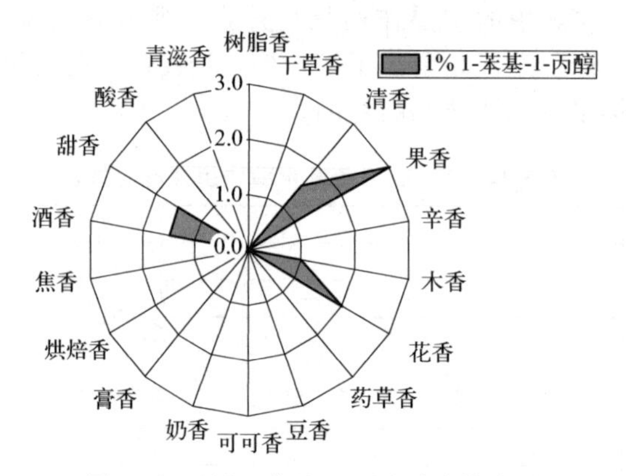

图 5-64　1% 1-苯基-1-丙醇香味轮廓图

由1% 1-苯基-1-丙醇香味感官评价结果可知：1% 1-苯基-1-丙醇嗅香辅助香韵为果香、辛香（≥2.0）；修饰香韵为清香、木香、酒香、甜香（≥0.5）等香韵。

表5-45　1% 1-苯基-1-丙醇香味轮廓评价表

序号	香韵名称	评分(0—9)	评判分值
1	树脂香	0	0:无 1～2:弱 3～4:稍弱 5:适中 6～7:较强 8～9:强
2	干草香	0	
3	清香	1.5	
4	果香	3.0	
5	辛香	0	
6	木香	1.0	
7	青滋香	0	
8	花香	2.0	
9	药草香	0	
10	豆香	0	
11	可可香	0	
12	奶香	0	
13	膏香	0	
14	烘焙香	0	
15	焦香	0	
16	酒香	1.5	
17	甜香	1.5	
18	酸香	0	

5.2.44　1-苯基-1-丙醇对加热卷烟风格、感官质量和香韵特征的影响

对2% 1-苯基-1-丙醇的加香作用进行评价，结果见表5-46和图5-65、图5-66。从中可以看出，1-苯基-1-丙醇在卷烟中的主要作用是提升香气质和香气量，增加烟气浓度，烟气细腻柔和感较好，稍降低杂气和刺激性，烟气协调性、劲头和均匀性尚可，主要赋予卷烟烘焙香、烤烟烟香、果香、辛香、甜香和可可香韵。

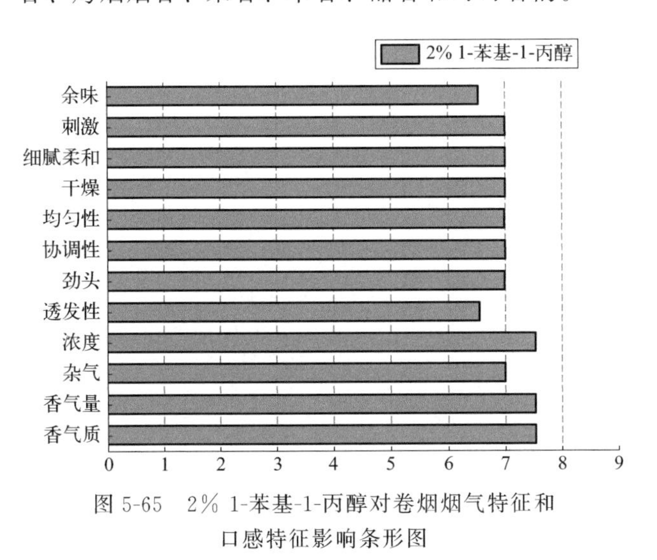

图5-65　2% 1-苯基-1-丙醇对卷烟烟气特征和口感特征影响条形图

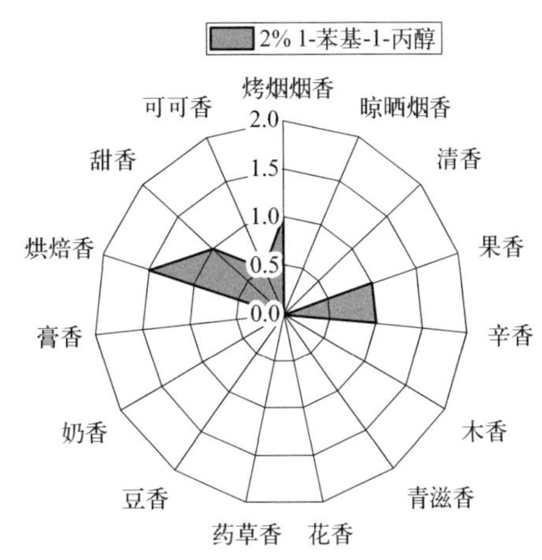

图5-66　2% 1-苯基-1-丙醇对卷烟香气风格影响轮廓图

表 5-46　2% 1-苯基-1-丙醇作用评价汇总表

类别	指标	评分
烟气特征	香气质	7.5
	香气量	7.5
	杂气	7.0
	浓度	7.5
	透发性	6.5
	劲头	7.0
	协调性	7.0
	均匀性	7.0
口感特征	干燥	7.0
	细腻柔和	7.0
	刺激	7.0
	余味	6.5

香气风格(0—3分)	香韵	刻度	评分	香韵	刻度	评分	香韵	刻度	评分	香韵	刻度	评分	香韵	刻度	评分
	烤烟烟香	0 1 2 3	1.0	晾晒烟香	0 1 2 3	0	清香	0 1 2 3	0	果香	0 1 2 3	1.0	辛香	0 1 2 3	1.0
	木香	0 1 2 3	0	青滋香	0 1 2 3	0	花香	0 1 2 3	0	药草香	0 1 2 3	0	豆香	0 1 2 3	0
	可可香	0 1 2 3	0.5	奶香	0 1 2 3	0	膏香	0 1 2 3	0	烘焙香	0 1 2 3	1.5	甜香	0 1 2 3	1.0

5.2.45　3-己烯-1-醇的香韵组成和嗅香感官特征

采用香味轮廓分析法对 3-己烯-1-醇的香韵组成及强度进行评价，评价结果见表 5-47 及图 5-67。

由 1% 3-己烯-1-醇香味感官评价结果可知：1% 3-己烯-1-醇嗅香主体香韵为青滋香(6.0)；辅助香韵为干草香、木香（≥2.0）；修饰香韵为辛香、酒香、甜香（≥0.5）等香韵。

表 5-47　1% 3-己烯-1-醇香味轮廓评价表

序号	香韵名称	评分(0—9)	评判分值
1	树脂香	0	0:无 1～2:弱 3～4:稍弱 5:适中 6～7:较强 8～9:强
2	干草香	2.0	
3	清香	0	
4	果香	0	
5	辛香	1.5	
6	木香	2.0	
7	青滋香	6.0	
8	花香	0	
9	药草香	0	
10	豆香	0	
11	可可香	0	
12	奶香	0	
13	膏香	0	
14	烘焙香	0	
15	焦香	0	
16	酒香	1.0	
17	甜香	1.5	
18	酸香	0	

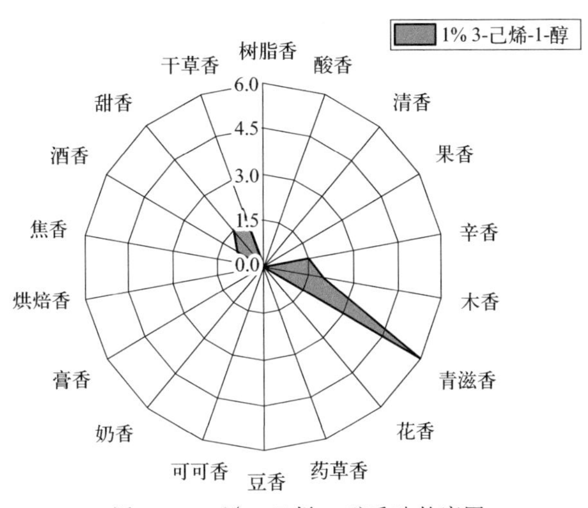

图 5-67　1% 3-己烯-1-醇香味轮廓图

5.2.46　3-己烯-1-醇对加热卷烟风格、感官质量和香韵特征的影响

对 1% 3-己烯-1-醇的加香作用进行评价，结果见表 5-48 和图 5-68、图 5-69。从中可以看出，3-己烯-1-醇在卷烟中的主要作用是提升香气量，增加烟气透发性、劲头和均匀性，烟气细腻柔和感好，香气质和烟气浓度尚可，主要赋予卷烟青滋香、甜香、烤烟烟香、烘焙香、辛香和木香香韵。

表 5-48　1% 3-己烯-1-醇作用评价汇总表

<table>
<tr><td rowspan="8">烟气特征</td><td colspan="2">香气质</td><td colspan="13">7.0</td></tr>
<tr><td colspan="2">香气量</td><td colspan="13">7.5</td></tr>
<tr><td colspan="2">杂气</td><td colspan="13">6.5</td></tr>
<tr><td colspan="2">浓度</td><td colspan="13">7.0</td></tr>
<tr><td colspan="2">透发性</td><td colspan="13">7.5</td></tr>
<tr><td colspan="2">劲头</td><td colspan="13">7.5</td></tr>
<tr><td colspan="2">协调性</td><td colspan="13">6.5</td></tr>
<tr><td colspan="2">均匀性</td><td colspan="13">7.5</td></tr>
<tr><td rowspan="4">口感特征</td><td colspan="2">干燥</td><td colspan="13">7.5</td></tr>
<tr><td colspan="2">细腻柔和</td><td colspan="13">7.5</td></tr>
<tr><td colspan="2">刺激</td><td colspan="13">6.5</td></tr>
<tr><td colspan="2">余味</td><td colspan="13">6.5</td></tr>
<tr><td rowspan="12">香气风格（0—3 分）</td><td rowspan="4">烤烟烟香</td><td>0</td><td rowspan="4">1.0</td><td rowspan="4">晾晒烟香</td><td>0</td><td rowspan="4">0</td><td rowspan="4">清香</td><td>0</td><td rowspan="4">0</td><td rowspan="4">果香</td><td>0</td><td rowspan="4">0</td><td rowspan="4">辛香</td><td>0</td><td rowspan="4">0.5</td></tr>
<tr><td>1</td><td>1</td><td>1</td><td>1</td><td>1</td></tr>
<tr><td>2</td><td>2</td><td>2</td><td>2</td><td>2</td></tr>
<tr><td>3</td><td>3</td><td>3</td><td>3</td><td>3</td></tr>
<tr><td rowspan="4">木香</td><td>0</td><td rowspan="4">0.5</td><td rowspan="4">青滋香</td><td>0</td><td rowspan="4">1.5</td><td rowspan="4">花香</td><td>0</td><td rowspan="4">0</td><td rowspan="4">药草香</td><td>0</td><td rowspan="4">0</td><td rowspan="4">豆香</td><td>0</td><td rowspan="4">0</td></tr>
<tr><td>1</td><td>1</td><td>1</td><td>1</td><td>1</td></tr>
<tr><td>2</td><td>2</td><td>2</td><td>2</td><td>2</td></tr>
<tr><td>3</td><td>3</td><td>3</td><td>3</td><td>3</td></tr>
<tr><td rowspan="4">可可香</td><td>0</td><td rowspan="4">0</td><td rowspan="4">奶香</td><td>0</td><td rowspan="4">0</td><td rowspan="4">膏香</td><td>0</td><td rowspan="4">0</td><td rowspan="4">烘焙香</td><td>0</td><td rowspan="4">1.0</td><td rowspan="4">甜香</td><td>0</td><td rowspan="4">1.5</td></tr>
<tr><td>1</td><td>1</td><td>1</td><td>1</td><td>1</td></tr>
<tr><td>2</td><td>2</td><td>2</td><td>2</td><td>2</td></tr>
<tr><td>3</td><td>3</td><td>3</td><td>3</td><td>3</td></tr>
</table>

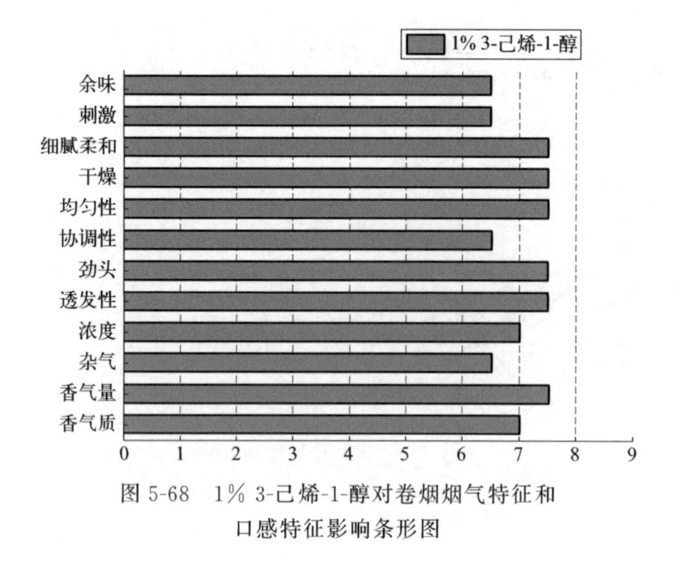

图 5-68 1% 3-己烯-1-醇对卷烟烟气特征和口感特征影响条形图

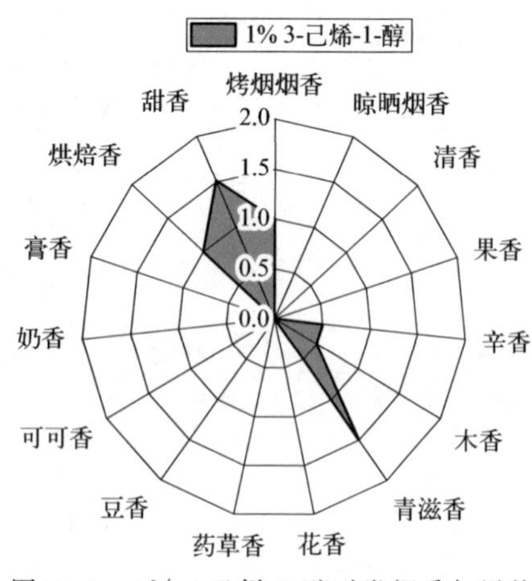

图 5-69 1% 3-己烯-1-醇对卷烟香气风格影响轮廓图

5.2.47 3-甲氧基苯甲醇的香韵组成和嗅香感官特征

采用香味轮廓分析法对 3-甲氧基苯甲醇的香韵组成及强度进行评价，评价结果见表 5-49 及图 5-70。

由 1% 3-甲氧基苯甲醇香味感官评价结果可知：1% 3-甲氧基苯甲醇嗅香辅助香韵为辛香（≥2.0）；修饰香韵为干草香、果香、花香、豆香、烘焙香、酒香、甜香（≥0.5）等香韵。

表 5-49 1% 3-甲氧基苯甲醇香味轮廓评价表

序号	香韵名称	评分(0—9)	评判分值
1	树脂香	0	0:无 1～2:弱 3～4:稍弱 5:适中 6～7:较强 8～9:强
2	干草香	1.0	
3	清香	0	
4	果香	1.0	
5	辛香	3.0	
6	木香	0	
7	青滋香	0	
8	花香	1.5	
9	药草香	0	
10	豆香	0.5	
11	可可香	0	
12	奶香	0	
13	膏香	0	
14	烘焙香	1.0	
15	焦香	0	
16	酒香	0.5	
17	甜香	1.0	
18	酸香	0	

5.2.48 3-甲氧基苯甲醇对加热卷烟风格、感官质量和香韵特征的影响

对 1% 3-甲氧基苯甲醇的加香作用进行评价，结果见表 5-50 和图 5-71、图 5-72。从中可以看出，3-甲氧基苯甲醇在卷烟中的主要作用是细腻柔和烟气，稍降低杂气和刺激性，香

气量、香气质和烟气浓度、透发性、劲头以及均匀性尚可，主要赋予卷烟烤烟烟香、辛香、烘焙香、果香、青滋香和甜香韵。

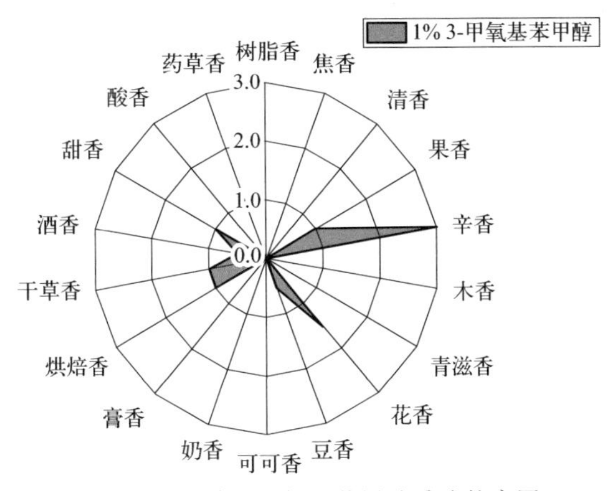

图 5-70　1% 3-甲氧基苯甲醇香味轮廓图

表 5-50　1% 3-甲氧基苯甲醇作用评价汇总表

<table>
<tr><td rowspan="8">烟气特征</td><td colspan="2">香气质</td><td colspan="13">7.0</td></tr>
<tr><td colspan="2">香气量</td><td colspan="13">7.0</td></tr>
<tr><td colspan="2">杂气</td><td colspan="13">6.5</td></tr>
<tr><td colspan="2">浓度</td><td colspan="13">7.0</td></tr>
<tr><td colspan="2">透发性</td><td colspan="13">7.0</td></tr>
<tr><td colspan="2">劲头</td><td colspan="13">7.0</td></tr>
<tr><td colspan="2">协调性</td><td colspan="13">6.5</td></tr>
<tr><td colspan="2">均匀性</td><td colspan="13">7.0</td></tr>
<tr><td rowspan="4">口感特征</td><td colspan="2">干燥</td><td colspan="13">7.5</td></tr>
<tr><td colspan="2">细腻柔和</td><td colspan="13">7.0</td></tr>
<tr><td colspan="2">刺激</td><td colspan="13">7.0</td></tr>
<tr><td colspan="2">余味</td><td colspan="13">6.5</td></tr>
<tr><td rowspan="12">香气风格（0—3 分）</td><td rowspan="4">烤烟烟香</td><td>0</td><td rowspan="4">1.0</td><td rowspan="4">晾晒烟香</td><td>0</td><td rowspan="4">0</td><td rowspan="4">清香</td><td>0</td><td rowspan="4">0</td><td rowspan="4">果香</td><td>0</td><td rowspan="4">0.5</td><td rowspan="4">辛香</td><td>0</td><td rowspan="4">1.0</td></tr>
<tr><td>1</td><td>1</td><td>1</td><td>1</td><td>1</td></tr>
<tr><td>2</td><td>2</td><td>2</td><td>2</td><td>2</td></tr>
<tr><td>3</td><td>3</td><td>3</td><td>3</td><td>3</td></tr>
<tr><td rowspan="4">木香</td><td>0</td><td rowspan="4">0</td><td rowspan="4">青滋香</td><td>0</td><td rowspan="4">0.5</td><td rowspan="4">花香</td><td>0</td><td rowspan="4">0</td><td rowspan="4">药草香</td><td>0</td><td rowspan="4">0</td><td rowspan="4">豆香</td><td>0</td><td rowspan="4">0</td></tr>
<tr><td>1</td><td>1</td><td>1</td><td>1</td><td>1</td></tr>
<tr><td>2</td><td>2</td><td>2</td><td>2</td><td>2</td></tr>
<tr><td>3</td><td>3</td><td>3</td><td>3</td><td>3</td></tr>
<tr><td rowspan="4">可可香</td><td>0</td><td rowspan="4">0</td><td rowspan="4">奶香</td><td>0</td><td rowspan="4">0</td><td rowspan="4">膏香</td><td>0</td><td rowspan="4">0</td><td rowspan="4">烘焙香</td><td>0</td><td rowspan="4">1.0</td><td rowspan="4">甜香</td><td>0</td><td rowspan="4">1.5</td></tr>
<tr><td>1</td><td>1</td><td>1</td><td>1</td><td>1</td></tr>
<tr><td>2</td><td>2</td><td>2</td><td>2</td><td>2</td></tr>
<tr><td>3</td><td>3</td><td>3</td><td>3</td><td>3</td></tr>
</table>

5.2.49　2-甲氧基苯甲醇的香韵组成和嗅香感官特征

采用香味轮廓分析法对 2-甲氧基苯甲醇的香韵组成及强度进行评价，评价结果见表 5-51 和图 5-73。

由 1% 2-甲氧基苯甲醇香味感官评价结果可知：1% 2-甲氧基苯甲醇嗅香主体香韵为辛香（4.0）；辅助香韵为清香、甜香（≥2.0）；修饰香韵为青滋香、花香、豆香、奶香、膏香（≥0.5）等香韵。

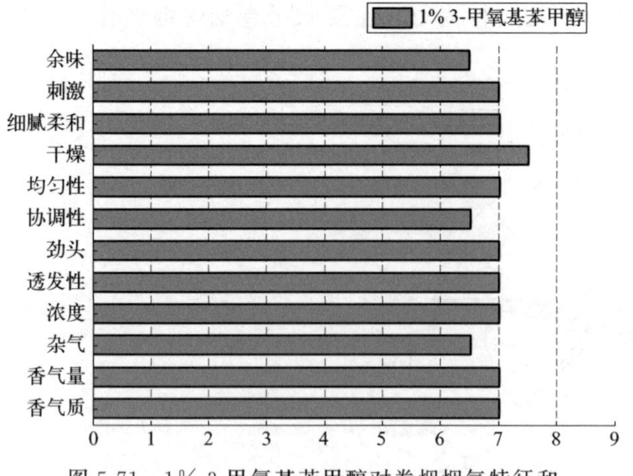

图 5-71 1% 3-甲氧基苯甲醇对卷烟烟气特征和口感特征影响条形图

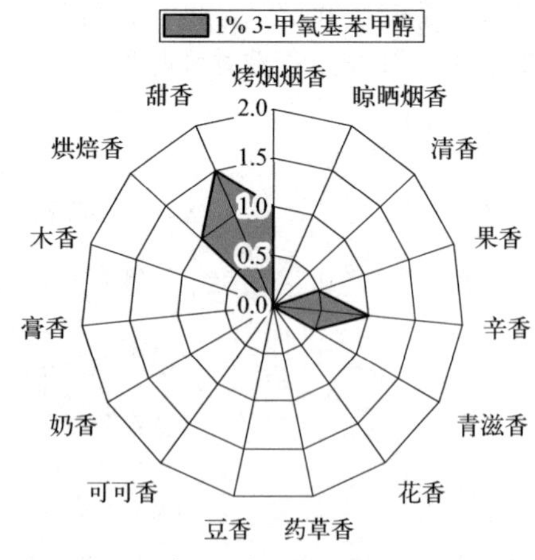

图 5-72 1% 3-甲氧基苯甲醇对卷烟香气风格影响轮廓图

表 5-51 1% 2-甲氧基苯甲醇香味轮廓评价表

序号	香韵名称	评分(0—9)	评判分值
1	树脂香	0	0:无 1～2:弱 3～4:稍弱 5:适中 6～7:较强 8～9:强
2	干草香	0	
3	清香	3.0	
4	果香	0	
5	辛香	4.0	
6	木香	0	
7	青滋香	0.5	
8	花香	0.5	
9	药草香	0	
10	豆香	0.5	
11	可可香	0	
12	奶香	0.5	
13	膏香	1.5	
14	烘焙香	0	
15	焦香	0	
16	酒香	0	
17	甜香	2.0	
18	酸香	0	

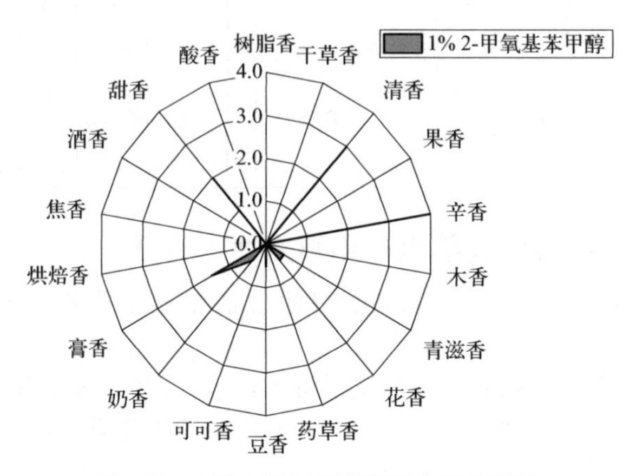

图 5-73 1% 2-甲氧基苯甲醇香味轮廓图

5.2.50 2-甲氧基苯甲醇对加热卷烟风格、感官质量和香韵特征的影响

对1% 2-甲氧基苯甲醇的加香作用进行评价，结果见表5-52和图5-74、图5-75。从中可以看出，2-甲氧基苯甲醇在卷烟中的主要作用是提升香气质，增加烟气浓度、透发性和协调性，稍降低杂气和刺激性，烟气细腻柔和感较好，香气量、烟气劲头和均匀性尚可，主要赋予卷烟烤烟烟香、辛香、烘焙香、甜香、晾晒烟香、清香、青滋香、膏香和奶香韵。

表5-52 1% 2-甲氧基苯甲醇作用评价汇总表

烟气特征	香气质	7.5
	香气量	7.0
	杂气	7.0
	浓度	7.5
	透发性	7.5
	劲头	7.0
	协调性	7.5
	均匀性	7.0
口感特征	干燥	7.0
	细腻柔和	7.0
	刺激	7.0
	余味	6.5

香气风格（0—3分）														
烤烟烟香	0/1/2/3	1.5	晾晒烟香	0/1/2/3	1.0	清香	0/1/2/3	1.0	果香	0/1/2/3	0	辛香	0/1/2/3	1.5
木香	0/1/2/3	0	青滋香	0/1/2/3	1.0	花香	0/1/2/3	0	药草香	0/1/2/3	0	豆香	0/1/2/3	0
可可香	0/1/2/3	0	奶香	0/1/2/3	0.5	膏香	0/1/2/3	1.0	烘焙香	0/1/2/3	1.5	甜香	0/1/2/3	1.5

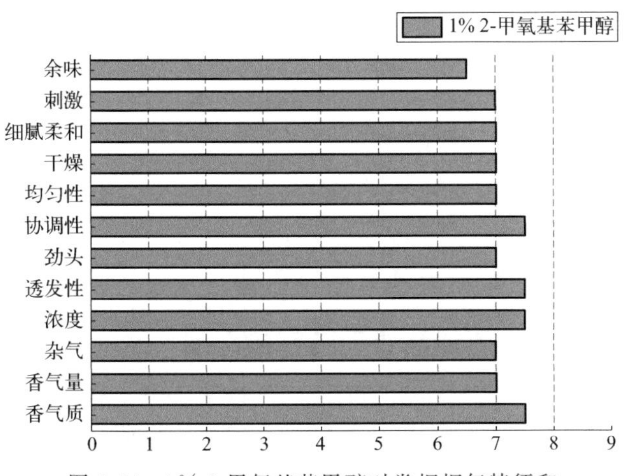

图5-74 1% 2-甲氧基苯甲醇对卷烟烟气特征和口感特征影响条形图

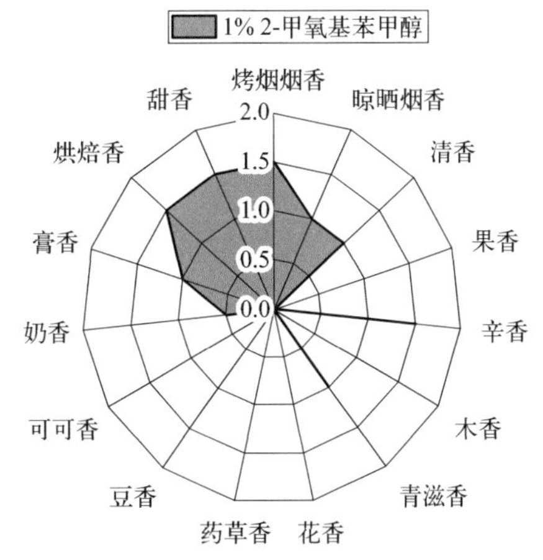

图5-75 1% 2-甲氧基苯甲醇对卷烟香气风格影响轮廓图

5.2.51 1,2-丁二醇的香韵组成和嗅香感官特征

采用香味轮廓分析法对1,2-丁二醇的香韵组成及强度进行评价，评价结果见表5-53及图5-76。

由1% 1,2-丁二醇香味感官评价结果可知：1% 1,2-丁二醇嗅香修饰香韵为清香、酒香、甜香（≥0.5）等香韵。

表5-53 1% 1,2-丁二醇香味轮廓评价表

序号	香韵名称	评分(0—9)	评判分值
1	树脂香	0	0:无 1～2:弱 3～4:稍弱 5:适中 6～7:较强 8～9:强
2	干草香	0	
3	清香	0.5	
4	果香	0	
5	辛香	0	
6	木香	0	
7	青滋香	0	
8	花香	0	
9	药草香	0	
10	豆香	0	
11	可可香	0	
12	奶香	0	
13	膏香	0	
14	烘焙香	0	
15	焦香	0	
16	酒香	1.0	
17	甜香	0.5	
18	酸香	0	

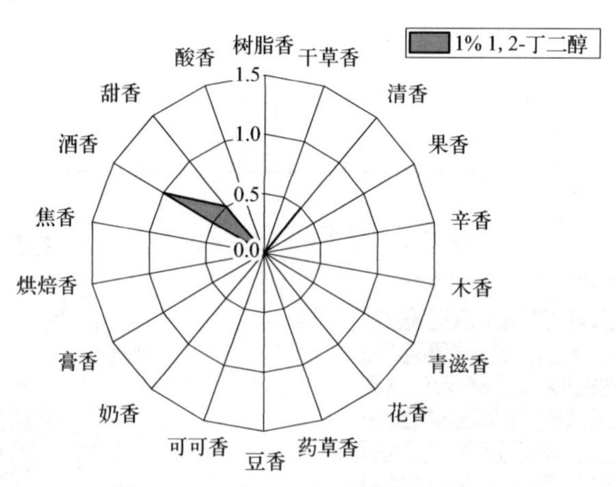

图5-76 1% 1,2-丁二醇香味轮廓图

5.2.52 1,2-丁二醇对加热卷烟风格、感官质量和香韵特征的影响

对2% 1,2-丁二醇的加香作用进行评价，结果见表5-54和图5-77和图5-78。从中可以看出，1,2-丁二醇在卷烟中的主要作用是降低刺激性，香气质、烟气透发性、协调性和均匀性尚可，烟气细腻柔和感较好，稍降低杂气，余味干净，主要赋予卷烟烘焙香、烤烟烟香、甜香、晾晒烟香和清香韵。

表 5-54　2% 1,2-丁二醇作用评价汇总表

类别	指标	评价
烟气特征	香气质	7.0
	香气量	6.5
	杂气	7.0
	浓度	6.5
	透发性	7.0
	劲头	6.5
	协调性	7.0
	均匀性	7.0
口感特征	干燥	7.5
	细腻柔和	7.0
	刺激	7.5
	余味	7.0

类别	香韵	分值	评价	香韵	分值	评价	香韵	分值	评价	香韵	分值	评价	香韵	分值	评价
香气风格（0—3 分）	烤烟烟香	0 1 2 3	1.0	晾晒烟香	0 1 2 3	0.5	清香	0 1 2 3	0.5	果香	0 1 2 3	0	辛香	0 1 2 3	0
	木香	0 1 2 3	0	青滋香	0 1 2 3	0	花香	0 1 2 3	0	药草香	0 1 2 3	0	豆香	0 1 2 3	0
	可可香	0 1 2 3	0	奶香	0 1 2 3	0	膏香	0 1 2 3	0	烘焙香	0 1 2 3	1.5	甜香	0 1 2 3	1.0

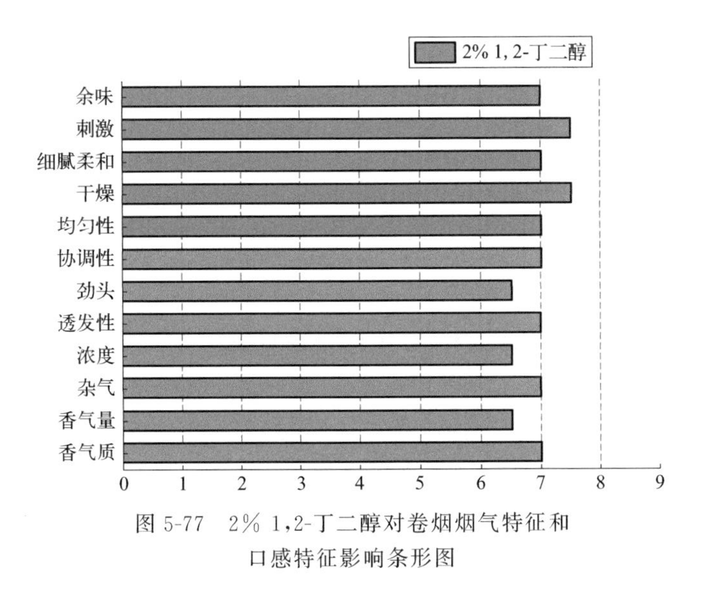

图 5-77　2% 1,2-丁二醇对卷烟烟气特征和口感特征影响条形图

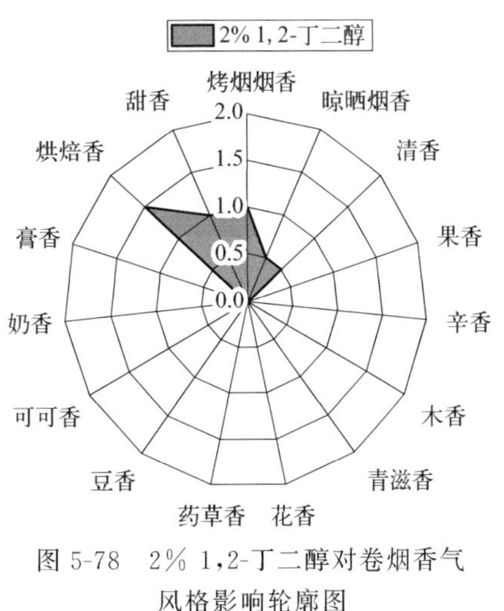

图 5-78　2% 1,2-丁二醇对卷烟香气风格影响轮廓图

5.2.53　2, 3-丁二醇的香韵组成和嗅香感官特征

采用香味轮廓分析法对 2,3-丁二醇的香韵组成及强度进行评价，评价结果见表 5-55 及图 5-79。

由 1% 2,3-丁二醇香味感官评价结果可知：1% 2,3-丁二醇嗅香辅助香韵为酒香（≥2.0）；修饰香韵为甜香（≥0.5）等香韵。

表 5-55　1% 2,3-丁二醇香味轮廓评价表

序号	香韵名称	评分(0—9)	评判分值
1	树脂香	0	0:无 1～2:弱 3～4:稍弱 5:适中 6～7:较强 8～9:强
2	干草香	0	
3	清香	0	
4	果香	0	
5	辛香	0	
6	木香	0	
7	青滋香	0	
8	花香	0	
9	药草香	0	
10	豆香	0	
11	可可香	0	
12	奶香	0	
13	膏香	0	
14	烘焙香	0	
15	焦香	0	
16	酒香	2.0	
17	甜香	0.5	
18	酸香	0	

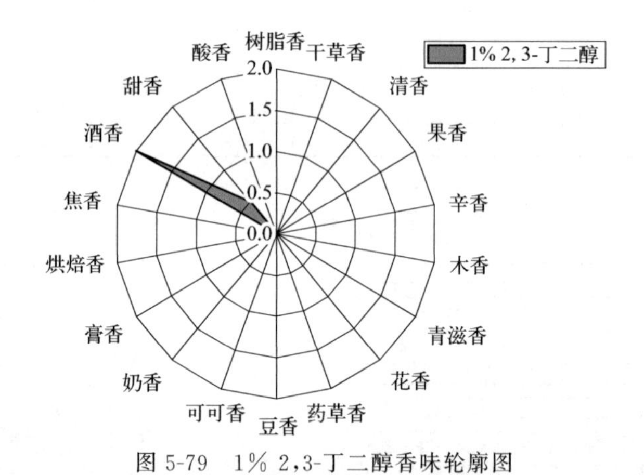

图 5-79　1% 2,3-丁二醇香味轮廓图

5.2.54　2, 3-丁二醇对加热卷烟风格、感官质量和香韵特征的影响

对 2% 2,3-丁二醇的加香作用进行评价，结果见表 5-56 和图 5-80、图 5-81。从中可以看出，2,3-丁二醇在卷烟中的主要作用是降低刺激性，烟气透发性、协调性和均匀性尚可，烟气细腻柔和感较好，稍降低杂气，余味干净，主要赋予卷烟烘焙香、烤烟烟香、甜香、晾晒烟香、青滋香和清香韵。

表 5-56　2% 2,3-丁二醇作用评价汇总表

烟气特征	香气质	6.5
	香气量	6.5
	杂气	7.0
	浓度	6.5
	透发性	7.0
	劲头	6.5
	协调性	7.0
	均匀性	7.0

续表

口感特征	干燥	7.0													
	细腻柔和	7.0													
	刺激	7.5													
	余味	7.0													
香气风格（0—3分）	烤烟烟香	0	1.0	晾晒烟香	0	0.5	清香	0	0.5	果香	0	0	辛香	0	0
		1			1			1			1			1	
		2			2			2			2			2	
		3			3			3			3			3	
	木香	0	0	青滋香	0	0.5	花香	0	0	药草香	0	0	豆香	0	0
		1			1			1			1			1	
		2			2			2			2			2	
		3			3			3			3			3	
	可可香	0	0	奶香	0	0	膏香	0	0	烘焙香	0	1.0	甜香	0	1.0
		1			1			1			1			1	
		2			2			2			2			2	
		3			3			3			3			3	

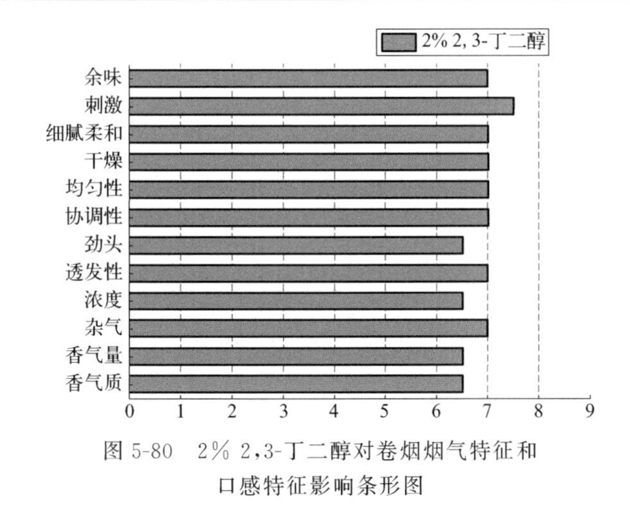

图5-80　2% 2,3-丁二醇对卷烟烟气特征和口感特征影响条形图

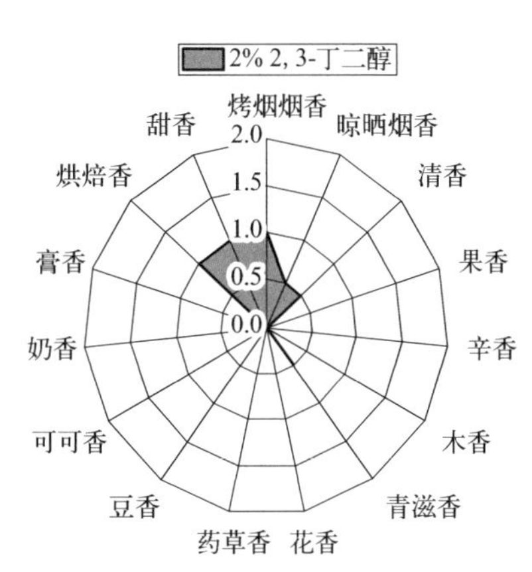

图5-81　2% 2,3-丁二醇对卷烟香气风格影响轮廓图

5.2.55　1, 3-丁二醇的香韵组成和嗅香感官特征

采用香味轮廓分析法对1,3-丁二醇的香韵组成及强度进行评价，评价结果见表5-57及图5-82。

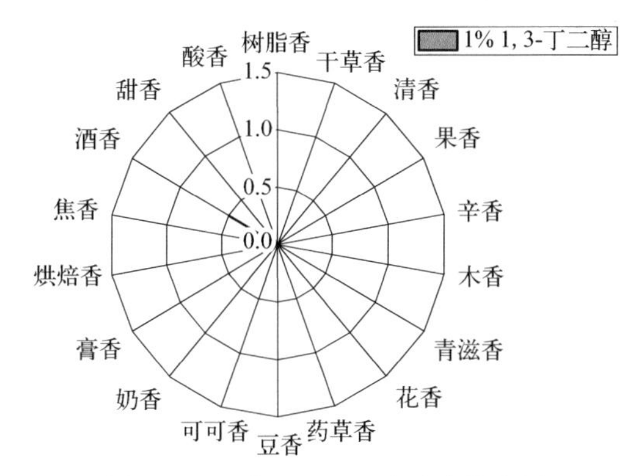

图5-82　1% 1,3-丁二醇香味轮廓图

由1% 1,3-丁二醇香味感官评价结果可知：1% 1,3-丁二醇嗅香修饰香韵为酒香（≥0.5）等香韵。

表 5-57　1% 1,3-丁二醇香味轮廓评价表

序号	香韵名称	评分(0—9)	评判分值
1	树脂香	0	0:无 1～2:弱 3～4:稍弱 5:适中 6～7:较强 8～9:强
2	干草香	0	
3	清香	0	
4	果香	0	
5	辛香	0	
6	木香	0	
7	青滋香	0	
8	花香	0	
9	药草香	0	
10	豆香	0	
11	可可香	0	
12	奶香	0	
13	膏香	0	
14	烘焙香	0	
15	焦香	0	
16	酒香	0.5	
17	甜香	0	
18	酸香	0	

5.2.56　1,3-丁二醇对加热卷烟风格、感官质量和香韵特征的影响

对2% 1,3-丁二醇的加香作用进行评价，结果见表5-58和图5-83、图5-84。从中可以看出，1,3-丁二醇在卷烟中的主要作用是降低刺激性，香气质、烟气协调性尚可，烟气细腻柔和感好，稍降低杂气，余味干净，主要赋予卷烟烘焙香、烤烟烟香、甜香、晾晒烟香、青滋香和清香韵。

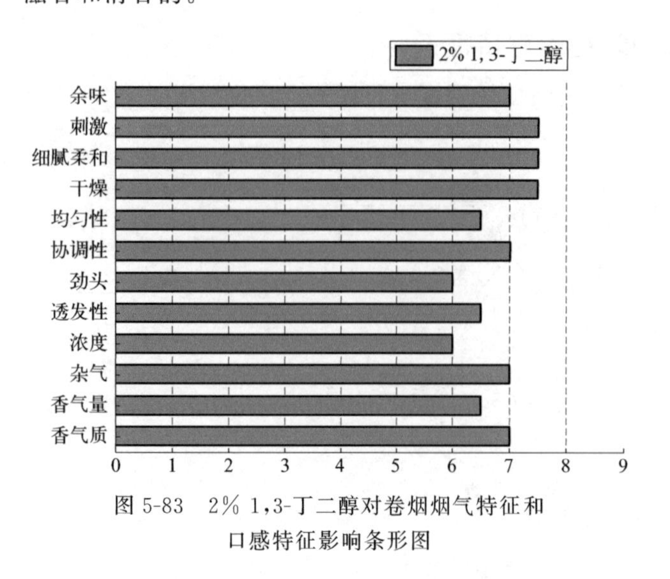

图 5-83　2% 1,3-丁二醇对卷烟烟气特征和口感特征影响条形图

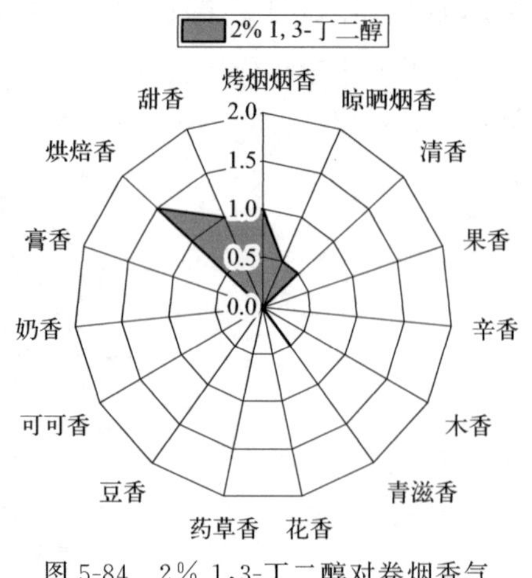

图 5-84　2% 1,3-丁二醇对卷烟香气风格影响轮廓图

表 5-58　2% 1,3-丁二醇作用评价汇总表

<table>
<tr><td rowspan="8">烟气特征</td><td colspan="2">香气质</td><td colspan="13">7.0</td></tr>
<tr><td colspan="2">香气量</td><td colspan="13">6.5</td></tr>
<tr><td colspan="2">杂气</td><td colspan="13">7.0</td></tr>
<tr><td colspan="2">浓度</td><td colspan="13">6.0</td></tr>
<tr><td colspan="2">透发性</td><td colspan="13">6.5</td></tr>
<tr><td colspan="2">劲头</td><td colspan="13">6.0</td></tr>
<tr><td colspan="2">协调性</td><td colspan="13">7.0</td></tr>
<tr><td colspan="2">均匀性</td><td colspan="13">6.5</td></tr>
<tr><td rowspan="4">口感特征</td><td colspan="2">干燥</td><td colspan="13">7.5</td></tr>
<tr><td colspan="2">细腻柔和</td><td colspan="13">7.5</td></tr>
<tr><td colspan="2">刺激</td><td colspan="13">7.5</td></tr>
<tr><td colspan="2">余味</td><td colspan="13">7.0</td></tr>
<tr><td rowspan="12">香气风格（0—3分）</td><td rowspan="4">烤烟烟香</td><td>0</td><td rowspan="4">1.0</td><td rowspan="4">晾晒烟香</td><td>0</td><td rowspan="4">0.5</td><td rowspan="4">清香</td><td>0</td><td rowspan="4">0.5</td><td rowspan="4">果香</td><td>0</td><td rowspan="4">0</td><td rowspan="4">辛香</td><td>0</td><td rowspan="4">0</td></tr>
<tr><td>1</td><td>1</td><td>1</td><td>1</td><td>1</td></tr>
<tr><td>2</td><td>2</td><td>2</td><td>2</td><td>2</td></tr>
<tr><td>3</td><td>3</td><td>3</td><td>3</td><td>3</td></tr>
<tr><td rowspan="4">木香</td><td>0</td><td rowspan="4">0</td><td rowspan="4">青滋香</td><td>0</td><td rowspan="4">0.5</td><td rowspan="4">花香</td><td>0</td><td rowspan="4">0</td><td rowspan="4">药草香</td><td>0</td><td rowspan="4">0</td><td rowspan="4">豆香</td><td>0</td><td rowspan="4">0</td></tr>
<tr><td>1</td><td>1</td><td>1</td><td>1</td><td>1</td></tr>
<tr><td>2</td><td>2</td><td>2</td><td>2</td><td>2</td></tr>
<tr><td>3</td><td>3</td><td>3</td><td>3</td><td>3</td></tr>
<tr><td rowspan="4">可可香</td><td>0</td><td rowspan="4">0</td><td rowspan="4">奶香</td><td>0</td><td rowspan="4">0</td><td rowspan="4">膏香</td><td>0</td><td rowspan="4">0</td><td rowspan="4">烘焙香</td><td>0</td><td rowspan="4">1.5</td><td rowspan="4">甜香</td><td>0</td><td rowspan="4">1.0</td></tr>
<tr><td>1</td><td>1</td><td>1</td><td>1</td><td>1</td></tr>
<tr><td>2</td><td>2</td><td>2</td><td>2</td><td>2</td></tr>
<tr><td>3</td><td>3</td><td>3</td><td>3</td><td>3</td></tr>
</table>

5.3　酯类香原料对加热卷烟感官质量影响的研究

5.3.1　肉桂酸甲酯的香韵组成和嗅香感官特征

采用香味轮廓分析法对肉桂酸甲酯的香韵组成及强度进行评价，评价结果见表5-59及图5-85。

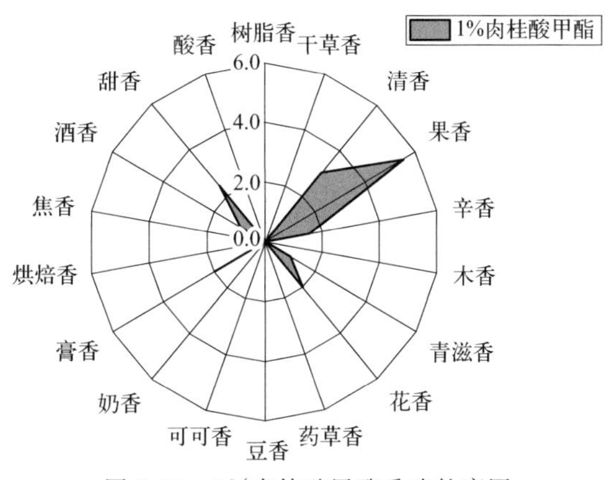

图5-85　1%肉桂酸甲酯香味轮廓图

由1%肉桂酸甲酯香味感官评价结果可知：1%肉桂酸甲酯嗅香主体香韵为果香（5.5）；辅助香韵为清香、花香、甜香（≥2.0）；修饰香韵为辛香、青滋香、膏香、酒香（≥0.5）等香韵。

表 5-59　1%肉桂酸甲酯香味轮廓评价表

序号	香韵名称	评分(0—9)	评判分值
1	树脂香	0	0:无 1～2:弱 3～4:稍弱 5:适中 6～7:较强 8～9:强
2	干草香	0	
3	清香	3.0	
4	果香	5.5	
5	辛香	1.5	
6	木香	0	
7	青滋香	1.0	
8	花香	2.0	
9	药草香	0	
10	豆香	0	
11	可可香	0	
12	奶香	0	
13	膏香	1.5	
14	烘焙香	0	
15	焦香	0	
16	酒香	1.0	
17	甜香	2.5	
18	酸香	0	

5.3.2　肉桂酸甲酯对加热卷烟风格、感官质量和香韵特征的影响

对 2%肉桂酸甲酯的加香作用进行评价，结果见表 5-60 和图 5-86、图 5-87。从中可以看出，肉桂酸甲酯在卷烟中的主要作用是增加烟气浓度和劲头，提升香气质和香气量，增强透发性，提升烟气协调性和均匀性，稍降低杂气，主要赋予卷烟烘焙香、烤烟烟香、果香、膏香和甜香韵。

表 5-60　2%肉桂酸甲酯作用评价汇总表

烟气特征	香气质	7.0
	香气量	7.0
	杂气	7.0
	浓度	7.5
	透发性	7.0
	劲头	7.5
	协调性	7.0
	均匀性	7.0
口感特征	干燥	6.5
	细腻柔和	6.5
	刺激	6.5
	余味	6.0

香气风格（0—3分）															
	烤烟烟香	0 1 2 3	1.0	晾晒烟香	0 1 2 3	0	清香	0 1 2 3	0.5	果香	0 1 2 3	1.0	辛香	0 1 2 3	0.5
	木香	0 1 2 3	0	青滋香	0 1 2 3	0.5	花香	0 1 2 3	0	药草香	0 1 2 3	0	豆香	0 1 2 3	0
	可可香	0 1 2 3	0	奶香	0 1 2 3	0	膏香	0 1 2 3	1.0	烘焙香	0 1 2 3	1.5	甜香	0 1 2 3	1.0

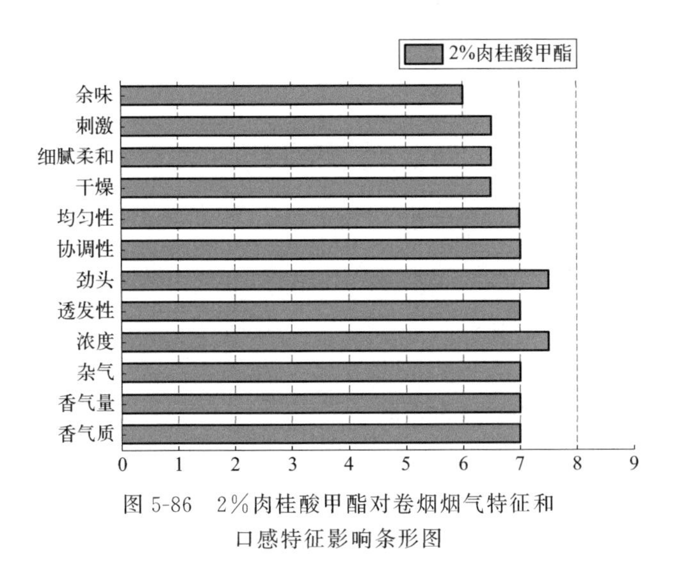

图 5-86 2%肉桂酸甲酯对卷烟烟气特征和口感特征影响条形图

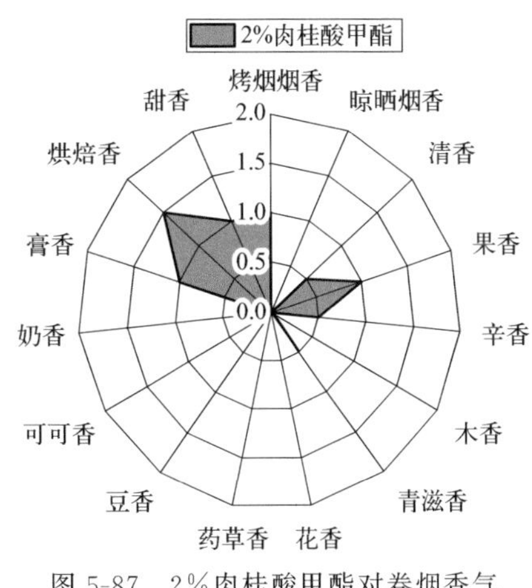

图 5-87 2%肉桂酸甲酯对卷烟香气风格影响轮廓图

5.3.3 肉桂酸正丙酯的香韵组成和嗅香感官特征

采用香味轮廓分析法对肉桂酸正丙酯的香韵组成及强度进行评价，评价结果见表 5-61 及图 5-88。

由 1%肉桂酸正丙酯香味感官评价结果可知：1%肉桂酸正丙酯嗅香辅助香韵为清香、果香（≥2.0）；修饰香韵为青滋香、花香、甜香、树脂香、可可香、奶香、膏香、辛香（≥0.5）等香韵。

表 5-61 1%肉桂酸正丙酯香味轮廓评价表

序号	香韵名称	评分(0—9)	评判分值
1	树脂香	1.0	0:无 1～2:弱 3～4:稍弱 5:适中 6～7:较强 8～9:强
2	干草香	0	
3	清香	2.0	
4	果香	3.0	
5	辛香	0.5	
6	木香	0	
7	青滋香	1.5	
8	花香	1.5	
9	药草香	0	
10	豆香	0	
11	可可香	1.0	
12	奶香	1.0	
13	膏香	1.0	
14	烘焙香	0	
15	焦香	0	
16	酒香	0	
17	甜香	1.5	
18	酸香	0	

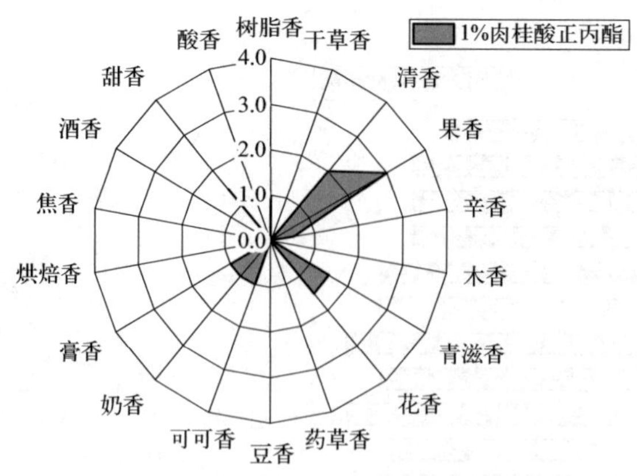

图 5-88　1%肉桂酸正丙酯香味轮廓图

5.3.4　肉桂酸正丙酯对加热卷烟风格、感官质量和香韵特征的影响

对 2%肉桂酸正丙酯的加香作用进行评价，结果见表 5-62 和图 5-89、图 5-90。从中可以看出，肉桂酸正丙酯在卷烟中的主要作用是增加烟气浓度和透发性，降刺除杂尚可、烟气柔和细腻感较好、提升香气量和劲头，主要赋予卷烟果香、烤烟烟香、清香、青滋香、膏香、烘焙香和甜香韵。

表 5-62　2%肉桂酸正丙酯作用评价汇总表

<table>
<tr><td rowspan="8">烟气特征</td><td colspan="3">香气质</td><td colspan="12">6.5</td></tr>
<tr><td colspan="3">香气量</td><td colspan="12">7.0</td></tr>
<tr><td colspan="3">杂气</td><td colspan="12">7.0</td></tr>
<tr><td colspan="3">浓度</td><td colspan="12">7.5</td></tr>
<tr><td colspan="3">透发性</td><td colspan="12">7.5</td></tr>
<tr><td colspan="3">劲头</td><td colspan="12">7.0</td></tr>
<tr><td colspan="3">协调性</td><td colspan="12">6.5</td></tr>
<tr><td colspan="3">均匀性</td><td colspan="12">7.0</td></tr>
<tr><td rowspan="4">口感特征</td><td colspan="3">干燥</td><td colspan="12">7.0</td></tr>
<tr><td colspan="3">细腻柔和</td><td colspan="12">7.0</td></tr>
<tr><td colspan="3">刺激</td><td colspan="12">7.0</td></tr>
<tr><td colspan="3">余味</td><td colspan="12">6.5</td></tr>
<tr><td rowspan="12">香气风格（0—3 分）</td><td rowspan="4">烤烟烟香</td><td>0</td><td rowspan="4">1.0</td><td rowspan="4">晾晒烟香</td><td>0</td><td rowspan="4">0</td><td rowspan="4">清香</td><td>0</td><td rowspan="4">1.0</td><td rowspan="4">果香</td><td>0</td><td rowspan="4">1.5</td><td rowspan="4">辛香</td><td>0</td><td rowspan="4">0</td></tr>
<tr><td>1</td><td>1</td><td>1</td><td>1</td><td>1</td></tr>
<tr><td>2</td><td>2</td><td>2</td><td>2</td><td>2</td></tr>
<tr><td>3</td><td>3</td><td>3</td><td>3</td><td>3</td></tr>
<tr><td rowspan="4">木香</td><td>0</td><td rowspan="4">0</td><td rowspan="4">青滋香</td><td>0</td><td rowspan="4">1.0</td><td rowspan="4">花香</td><td>0</td><td rowspan="4">0.5</td><td rowspan="4">药草香</td><td>0</td><td rowspan="4">0</td><td rowspan="4">豆香</td><td>0</td><td rowspan="4">0</td></tr>
<tr><td>1</td><td>1</td><td>1</td><td>1</td><td>1</td></tr>
<tr><td>2</td><td>2</td><td>2</td><td>2</td><td>2</td></tr>
<tr><td>3</td><td>3</td><td>3</td><td>3</td><td>3</td></tr>
<tr><td rowspan="4">可可香</td><td>0</td><td rowspan="4">0</td><td rowspan="4">奶香</td><td>0</td><td rowspan="4">0</td><td rowspan="4">膏香</td><td>0</td><td rowspan="4">1.0</td><td rowspan="4">烘焙香</td><td>0</td><td rowspan="4">1.0</td><td rowspan="4">甜香</td><td>0</td><td rowspan="4">1.0</td></tr>
<tr><td>1</td><td>1</td><td>1</td><td>1</td><td>1</td></tr>
<tr><td>2</td><td>2</td><td>2</td><td>2</td><td>2</td></tr>
<tr><td>3</td><td>3</td><td>3</td><td>3</td><td>3</td></tr>
</table>

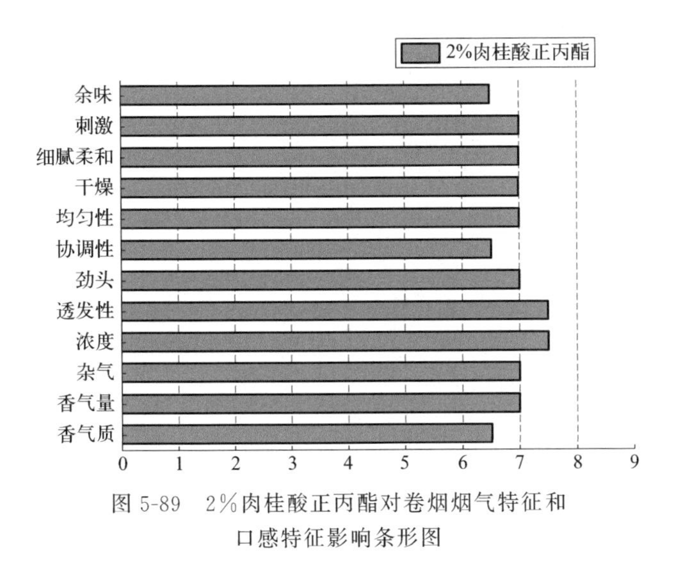

图 5-89　2%肉桂酸正丙酯对卷烟烟气特征和口感特征影响条形图

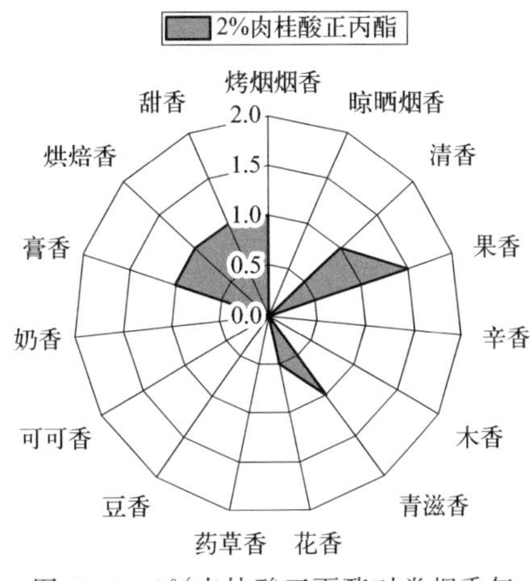

图 5-90　2%肉桂酸正丙酯对卷烟香气风格影响轮廓图

5.3.5　肉桂酸异戊酯的香韵组成和嗅香感官特征

采用香味轮廓分析法对肉桂酸异戊酯的香韵组成及强度进行评价，评价结果见表 5-63 及图 5-91。

由 1%肉桂酸异戊酯香味感官评价结果可知：1%肉桂酸异戊酯嗅香修饰香韵为果香、花香、膏香、青滋香、甜香、树脂香（≥0.5）等香韵。

表 5-63　1%肉桂酸异戊酯香味轮廓评价表

序号	香韵名称	评分(0—9)	评判分值
1	树脂香	0.5	0:无 1～2:弱 3～4:稍弱 5:适中 6～7:较强 8～9:强
2	干草香	0	
3	清香	0	
4	果香	1.5	
5	辛香	0	
6	木香	0	
7	青滋香	1.0	
8	花香	1.5	
9	药草香	0	
10	豆香	0	
11	可可香	0	
12	奶香	0	
13	膏香	1.5	
14	烘焙香	0	
15	焦香	0	
16	酒香	0	
17	甜香	1.0	
18	酸香	0	

5.3.6　肉桂酸异戊酯对加热卷烟风格、感官质量和香韵特征的影响

对 2%肉桂酸异戊酯的加香作用进行评价，结果见表 5-64 和图 5-92、图 5-93。从中可

以看出，肉桂酸异戊酯在卷烟中的主要作用是提升香气量，香气质、烟气浓度和透发性、劲头尚可，烟气柔和细腻感较好，主要赋予卷烟烘焙香、烤烟烟香、花香和豆香韵。

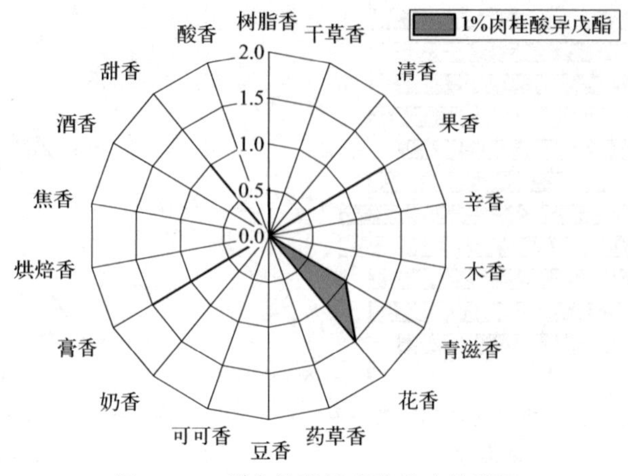

图 5-91　1%肉桂酸异戊酯香味轮廓图

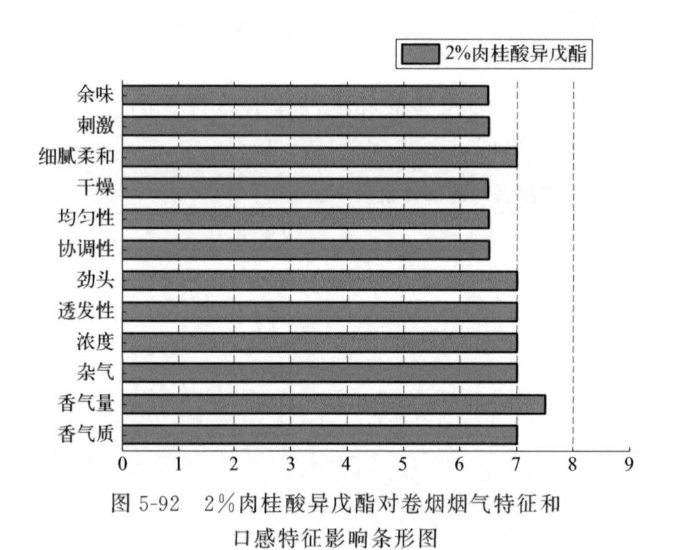

图 5-92　2%肉桂酸异戊酯对卷烟烟气特征和口感特征影响条形图

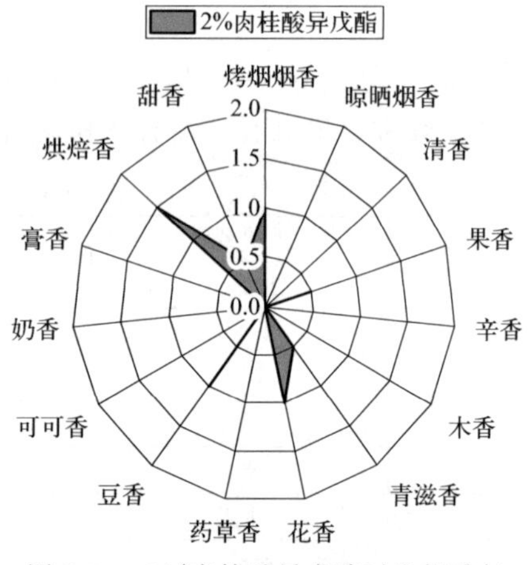

图 5-93　2%肉桂酸异戊酯对卷烟香气风格影响轮廓图

表 5-64　2%肉桂酸异戊酯作用评价汇总表

烟气特征	香气质	7.0
	香气量	7.5
	杂气	7.0
	浓度	7.0
	透发性	7.0
	劲头	7.0
	协调性	6.5
	均匀性	6.5
口感特征	干燥	6.5
	细腻柔和	7.0
	刺激	6.5
	余味	6.5

续表

香气风格（0—3分）	烤烟烟香	0	1.0	晾晒烟香	0	0	清香	0	0	果香	0	0.5	辛香	0	0
		1			1			1			1			1	
		2			2			2			2			2	
		3			3			3			3			3	
	木香	0	0	青滋香	0	0.5	花香	0	1.0	药草香	0	0	豆香	0	1.0
		1			1			1			1			1	
		2			2			2			2			2	
		3			3			3			3			3	
	可可香	0	0	奶香	0	0	膏香	0	0	烘焙香	0	1.5	甜香	0	0.5
		1			1			1			1			1	
		2			2			2			2			2	
		3			3			3			3			3	

5.3.7　γ-己内酯的香韵组成和嗅香感官特征

采用香味轮廓分析法对γ-己内酯的香韵组成及强度进行评价，评价结果见表5-65及图5-94。

由1% γ-己内酯香味感官评价结果可知：1% γ-己内酯嗅香辅助香韵为奶香、药草香、甜香（≥2.0）；修饰香韵为木香、焦香、清香、青滋香（≥0.5）等香韵。

表5-65　1% γ-己内酯香味轮廓评价表

序号	香韵名称	评分(0—9)	评判分值
1	树脂香	0	0:无 1～2:弱 3～4:稍弱 5:适中 6～7:较强 8～9:强
2	干草香	0	
3	清香	1.0	
4	果香	0	
5	辛香	0	
6	木香	1.5	
7	青滋香	1.0	
8	花香	0	
9	药草香	2.5	
10	豆香	0	
11	可可香	0	
12	奶香	3.0	
13	膏香	0	
14	烘焙香	0	
15	焦香	1.5	
16	酒香	0	
17	甜香	2.0	
18	酸香	0	

5.3.8　γ-己内酯对加热卷烟风格、感官质量和香韵特征的影响

对1% γ-己内酯的加香作用进行评价，结果见表5-66和图5-95、图5-96。从中可以看出，γ-己内酯在卷烟中的主要作用是提升烟气均匀性，香气质、烟气浓度和透发性尚可，稍降低刺激性，主要赋予卷烟药草香、奶香、烘焙香和青滋香韵。

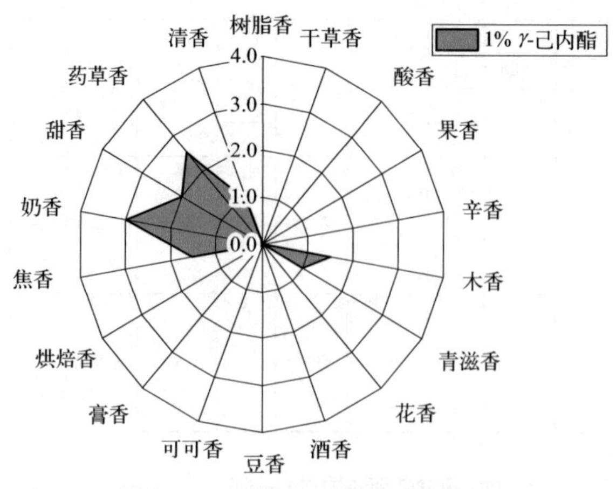

图 5-94　1% γ-己内酯香味轮廓图

表 5-66　1% γ-己内酯作用评价汇总表

<table>
<tr><td rowspan="8">烟气特征</td><td colspan="2">香气质</td><td colspan="13">6.0</td></tr>
<tr><td colspan="2">香气量</td><td colspan="13">7.0</td></tr>
<tr><td colspan="2">杂气</td><td colspan="13">6.5</td></tr>
<tr><td colspan="2">浓度</td><td colspan="13">7.0</td></tr>
<tr><td colspan="2">透发性</td><td colspan="13">7.0</td></tr>
<tr><td colspan="2">劲头</td><td colspan="13">6.5</td></tr>
<tr><td colspan="2">协调性</td><td colspan="13">6.5</td></tr>
<tr><td colspan="2">均匀性</td><td colspan="13">7.5</td></tr>
<tr><td rowspan="4">口感特征</td><td colspan="2">干燥</td><td colspan="13">6.5</td></tr>
<tr><td colspan="2">细腻柔和</td><td colspan="13">6.5</td></tr>
<tr><td colspan="2">刺激</td><td colspan="13">7.0</td></tr>
<tr><td colspan="2">余味</td><td colspan="13">6.5</td></tr>
<tr><td rowspan="12">香气风格（0—3 分）</td><td rowspan="4">烤烟烟香</td><td>0</td><td rowspan="4">0.5</td><td rowspan="4">晾晒烟香</td><td>0</td><td rowspan="4">0</td><td rowspan="4">清香</td><td>0</td><td rowspan="4">0.5</td><td rowspan="4">果香</td><td>0</td><td rowspan="4">0</td><td rowspan="4">辛香</td><td>0</td><td rowspan="4">0</td></tr>
<tr><td>1</td><td>1</td><td>1</td><td>1</td><td>1</td></tr>
<tr><td>2</td><td>2</td><td>2</td><td>2</td><td>2</td></tr>
<tr><td>3</td><td>3</td><td>3</td><td>3</td><td>3</td></tr>
<tr><td rowspan="4">木香</td><td>0</td><td rowspan="4">0</td><td rowspan="4">青滋香</td><td>0</td><td rowspan="4">1.0</td><td rowspan="4">花香</td><td>0</td><td rowspan="4">0</td><td rowspan="4">药草香</td><td>0</td><td rowspan="4">1.5</td><td rowspan="4">豆香</td><td>0</td><td rowspan="4">0</td></tr>
<tr><td>1</td><td>1</td><td>1</td><td>1</td><td>1</td></tr>
<tr><td>2</td><td>2</td><td>2</td><td>2</td><td>2</td></tr>
<tr><td>3</td><td>3</td><td>3</td><td>3</td><td>3</td></tr>
<tr><td rowspan="4">可可香</td><td>0</td><td rowspan="4">0</td><td rowspan="4">奶香</td><td>0</td><td rowspan="4">1.5</td><td rowspan="4">膏香</td><td>0</td><td rowspan="4">0</td><td rowspan="4">烘焙香</td><td>0</td><td rowspan="4">1.5</td><td rowspan="4">甜香</td><td>0</td><td rowspan="4">0.5</td></tr>
<tr><td>1</td><td>1</td><td>1</td><td>1</td><td>1</td></tr>
<tr><td>2</td><td>2</td><td>2</td><td>2</td><td>2</td></tr>
<tr><td>3</td><td>3</td><td>3</td><td>3</td><td>3</td></tr>
</table>

5.3.9　γ-庚内酯的香韵组成和嗅香感官特征

采用香味轮廓分析法对 γ-庚内酯的香韵组成及强度进行评价，评价结果见表 5-67 及图 5-97。

由 1% γ-庚内酯香味感官评价结果可知：1% γ-庚内酯嗅香主体香韵为奶香（4.5），辅助香韵为甜香（≥2.0）；修饰香韵为果香、青滋香、烘焙香、焦香、干草香、清香、木香（≥0.5）等香韵。

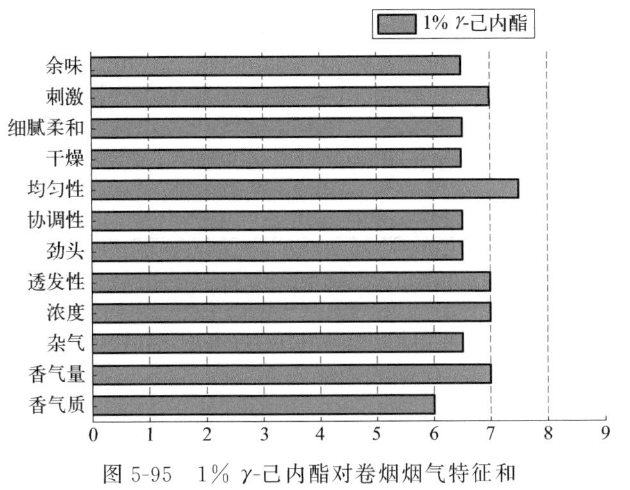

图 5-95　1% γ-己内酯对卷烟烟气特征和口感特征影响条形图

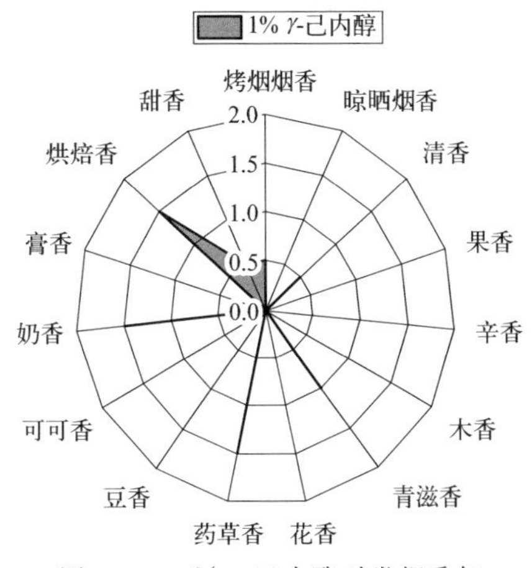

图 5-96　1% γ-己内酯对卷烟香气风格影响轮廓图

表 5-67　1% γ-庚内酯香味轮廓评价表

序号	香韵名称	评分(0—9)	评判分值
1	树脂香	0	0:无 1～2:弱 3～4:稍弱 5:适中 6～7:较强 8～9:强
2	干草香	1.0	
3	清香	1.0	
4	果香	1.5	
5	辛香	0	
6	木香	1.0	
7	青滋香	1.5	
8	花香	0	
9	药草香	0	
10	豆香	0	
11	可可香	0	
12	奶香	4.5	
13	膏香	0	
14	烘焙香	1.5	
15	焦香	1.5	
16	酒香	0	
17	甜香	2.5	
18	酸香	0	

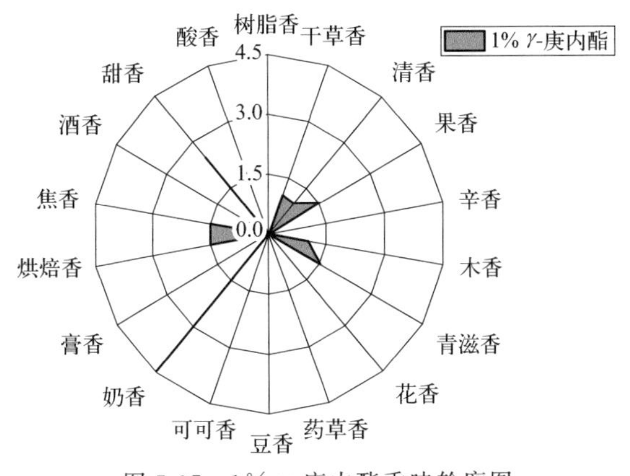

图 5-97　1% γ-庚内酯香味轮廓图

5.3.10 γ-庚内酯对加热卷烟风格、感官质量和香韵特征的影响

对 1% γ-庚内酯的加香作用进行评价，结果见表 5-68 和图 5-98、图 5-99。从中可以看出，γ-庚内酯在卷烟中的主要作用是增加烟气浓度，香气量、劲头和烟气均匀性尚可，烟气柔和细腻感较好，稍降低刺激性，主要赋予卷烟烘焙香、青滋香和奶香韵。

表 5-68 1% γ-庚内酯作用评价汇总表

烟气特征	香气质		6.5
	香气量		7.0
	杂气		6.5
	浓度		7.5
	透发性		6.5
	劲头		7.0
	协调性		6.5
	均匀性		7.0
口感特征	干燥		6.0
	细腻柔和		7.0
	刺激		7.0
	余味		6.5
香气风格（0—3 分）	烤烟烟香	0 1 2 3	0.5
	晾晒烟香	0 1 2 3	0
	清香	0 1 2 3	0.5
	果香	0 1 2 3	0
	辛香	0 1 2 3	0
	木香	0 1 2 3	0
	青滋香	0 1 2 3	1.0
	花香	0 1 2 3	0
	药草香	0 1 2 3	0
	豆香	0 1 2 3	0
	可可香	0 1 2 3	0.5
	奶香	0 1 2 3	1.0
	膏香	0 1 2 3	0
	烘焙香	0 1 2 3	1.5
	甜香	0 1 2 3	0.5

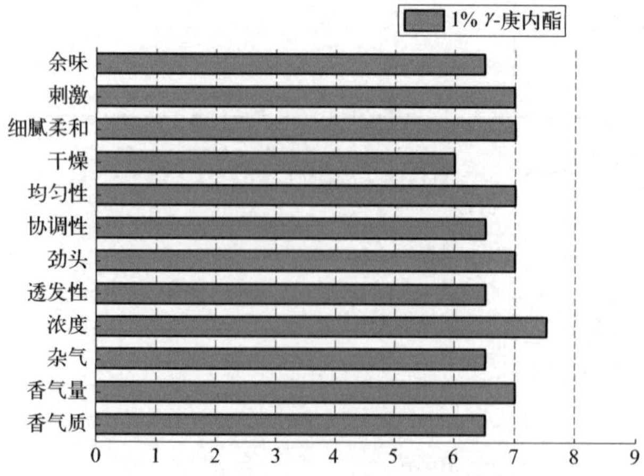

图 5-98 1% γ-庚内酯对卷烟烟气特征和口感特征影响条形图

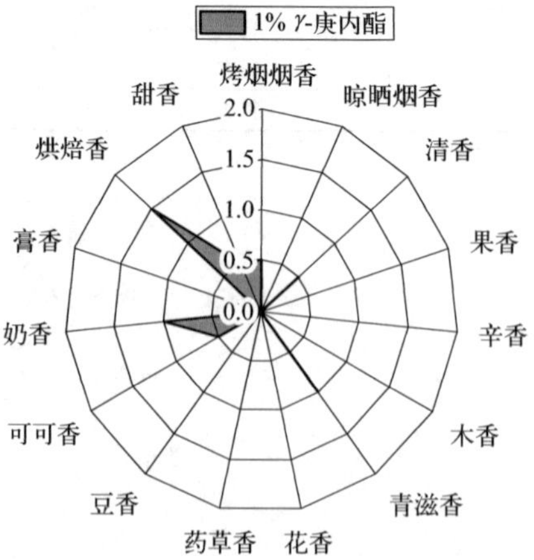

图 5-99 1% γ-庚内酯对卷烟香气风格影响轮廓图

5.3.11 γ-癸内酯的香韵组成和嗅香感官特征

采用香味轮廓分析法对 γ-癸内酯的香韵组成及强度进行评价，评价结果见表 5-69 及图 5-100。

由 1% γ-癸内酯香味感官评价结果可知：1% γ-癸内酯嗅香辅助香韵为果香、奶香、甜香（≥2.0）；修饰香韵为树脂香、干草香、花香（≥0.5）等香韵。

表 5-69 1% γ-癸内酯香味轮廓评价表

序号	香韵名称	评分(0—9)	评判分值
1	树脂香	0.5	0:无 1～2:弱 3～4:稍弱 5:适中 6～7:较强 8～9:强
2	干草香	1.0	
3	清香	0	
4	果香	3.0	
5	辛香	0	
6	木香	0	
7	青滋香	0	
8	花香	1.0	
9	药草香	0	
10	豆香	0	
11	可可香	0	
12	奶香	3.0	
13	膏香	0	
14	烘焙香	0	
15	焦香	0	
16	酒香	0	
17	甜香	2.0	
18	酸香	0	

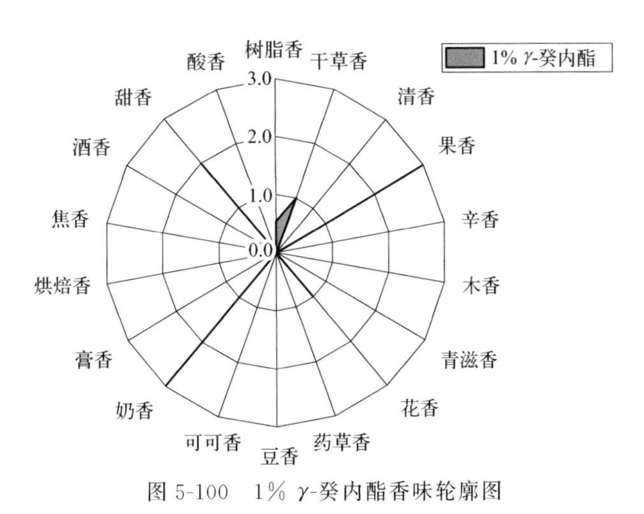

图 5-100 1% γ-癸内酯香味轮廓图

5.3.12 γ-癸内酯对加热卷烟风格、感官质量和香韵特征的影响

对 1% γ-癸内酯的加香作用进行评价，结果见表 5-70 和图 5-101、图 5-102。从中可以看出，γ-癸内酯在卷烟中的主要作用是细腻柔和烟气、降低刺激性，提升香气质、稍降低杂气，增加烟气劲头、协调性和均匀性，余味干净，主要赋予卷烟甜香、果香、青滋香、奶香和烘焙香韵。

表 5-70　1% γ-癸内酯作用评价汇总表

<table>
<tr><td rowspan="8">烟气特征</td><td colspan="2">香气质</td><td colspan="13">7.0</td></tr>
<tr><td colspan="2">香气量</td><td colspan="13">6.5</td></tr>
<tr><td colspan="2">杂气</td><td colspan="13">7.0</td></tr>
<tr><td colspan="2">浓度</td><td colspan="13">6.5</td></tr>
<tr><td colspan="2">透发性</td><td colspan="13">6.5</td></tr>
<tr><td colspan="2">劲头</td><td colspan="13">7.0</td></tr>
<tr><td colspan="2">协调性</td><td colspan="13">7.0</td></tr>
<tr><td colspan="2">均匀性</td><td colspan="13">7.0</td></tr>
<tr><td rowspan="4">口感特征</td><td colspan="2">干燥</td><td colspan="13">6.5</td></tr>
<tr><td colspan="2">细腻柔和</td><td colspan="13">7.5</td></tr>
<tr><td colspan="2">刺激</td><td colspan="13">7.5</td></tr>
<tr><td colspan="2">余味</td><td colspan="13">7.0</td></tr>
<tr><td rowspan="12">香气风格（0—3分）</td><td rowspan="4">烤烟烟香</td><td>0</td><td rowspan="4">0.5</td><td rowspan="4">晾晒烟香</td><td>0</td><td rowspan="4">0</td><td rowspan="4">清香</td><td>0</td><td rowspan="4">0.5</td><td rowspan="4">果香</td><td>0</td><td rowspan="4">1.0</td><td rowspan="4">辛香</td><td>0</td><td rowspan="4">0</td></tr>
<tr><td>1</td><td>1</td><td>1</td><td>1</td><td>1</td></tr>
<tr><td>2</td><td>2</td><td>2</td><td>2</td><td>2</td></tr>
<tr><td>3</td><td>3</td><td>3</td><td>3</td><td>3</td></tr>
<tr><td rowspan="4">木香</td><td>0</td><td rowspan="4">0</td><td rowspan="4">青滋香</td><td>0</td><td rowspan="4">1.0</td><td rowspan="4">花香</td><td>0</td><td rowspan="4">0</td><td rowspan="4">药草香</td><td>0</td><td rowspan="4">0</td><td rowspan="4">豆香</td><td>0</td><td rowspan="4">0</td></tr>
<tr><td>1</td><td>1</td><td>1</td><td>1</td><td>1</td></tr>
<tr><td>2</td><td>2</td><td>2</td><td>2</td><td>2</td></tr>
<tr><td>3</td><td>3</td><td>3</td><td>3</td><td>3</td></tr>
<tr><td rowspan="4">可可香</td><td>0</td><td rowspan="4">0</td><td rowspan="4">奶香</td><td>0</td><td rowspan="4">1.0</td><td rowspan="4">膏香</td><td>0</td><td rowspan="4">0</td><td rowspan="4">烘焙香</td><td>0</td><td rowspan="4">1.0</td><td rowspan="4">甜香</td><td>0</td><td rowspan="4">1.5</td></tr>
<tr><td>1</td><td>1</td><td>1</td><td>1</td><td>1</td></tr>
<tr><td>2</td><td>2</td><td>2</td><td>2</td><td>2</td></tr>
<tr><td>3</td><td>3</td><td>3</td><td>3</td><td>3</td></tr>
</table>

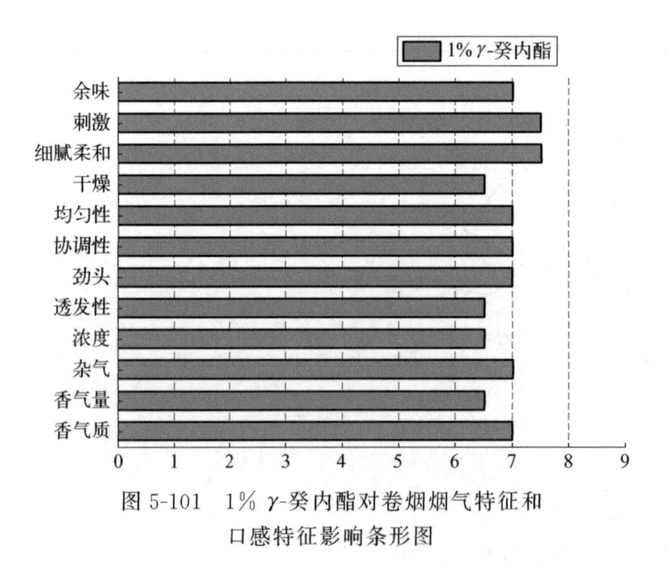

图 5-101　1% γ-癸内酯对卷烟烟气特征和口感特征影响条形图

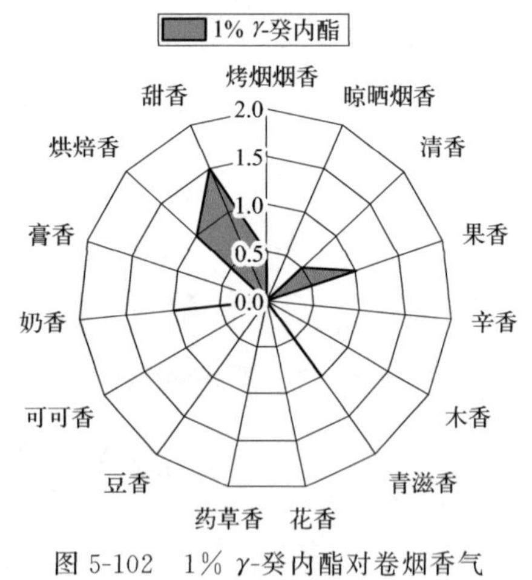

图 5-102　1% γ-癸内酯对卷烟香气风格影响轮廓图

5.3.13　δ-癸内酯的香韵组成和嗅香感官特征

采用香味轮廓分析法对 δ-癸内酯的香韵组成及强度进行评价，评价结果见表 5-71 及图 5-103。

由 1% δ-癸内酯香味感官评价结果可知：1% δ-癸内酯嗅香辅助香韵为清香、果香、花香、奶香、甜香（≥2.0）等香韵。

表 5-71　1% δ-癸内酯香味轮廓评价表

序号	香韵名称	评分(0—9)	评判分值
1	树脂香	0	0:无 1~2:弱 3~4:稍弱 5:适中 6~7:较强 8~9:强
2	干草香	0	
3	清香	2.0	
4	果香	2.5	
5	辛香	0	
6	木香	0	
7	青滋香	0	
8	花香	2.0	
9	药草香	0	
10	豆香	0	
11	可可香	0	
12	奶香	2.0	
13	膏香	0	
14	烘焙香	0	
15	焦香	0	
16	酒香	0	
17	甜香	2.0	
18	酸香	0	

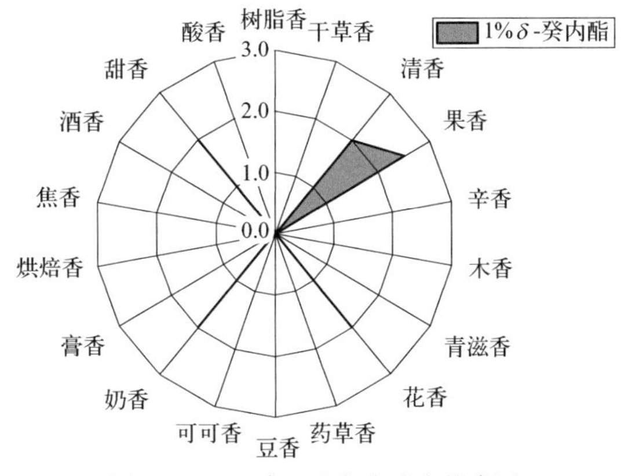

图 5-103　1% δ-癸内酯香味轮廓图

5.3.14　δ-癸内酯对加热卷烟风格、感官质量和香韵特征的影响

对 1% δ-癸内酯的加香作用进行评价，结果见表 5-72 和图 5-104、图 5-105。从中可以看出，δ-癸内酯在卷烟中的主要作用是降低刺激性，增加烟气浓度，提升香气质、香气量和烟气柔和细腻感，稍降低杂气，增加烟气协调性和均匀性，余味干净，主要赋予卷烟果香、烤烟烟香、奶香和烘焙香韵。

表 5-72　1% δ-癸内酯作用评价汇总表

烟气特征	香气质	7.0
	香气量	7.0
	杂气	7.0
	浓度	7.5
	透发性	6.5
	劲头	6.5
	协调性	7.0
	均匀性	7.0

续表

口感特征	干燥	7.0													
	细腻柔和	6.5													
	刺激	6.5													
	余味	7.0													
香气风格（0—3分）	烤烟烟香	0	1.0	晾晒烟香	0	0	清香	0	0.5	果香	0	1.0	辛香	0	0
		1			1			1			1			1	
		2			2			2			2			2	
		3			3			3			3			3	
	木香	0	0	青滋香	0	0	花香	0	0.5	药草香	0	0	豆香	0	0
		1			1			1			1			1	
		2			2			2			2			2	
		3			3			3			3			3	
	可可香	0	0	奶香	0	1.0	膏香	0	0	烘焙香	0	1.0	甜香	0	0.5
		1			1			1			1			1	
		2			2			2			2			2	
		3			3			3			3			3	

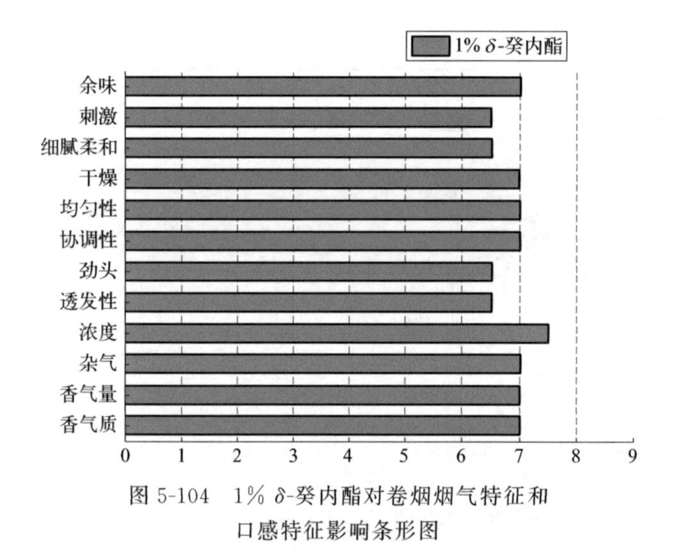

图 5-104　1% δ-癸内酯对卷烟烟气特征和口感特征影响条形图

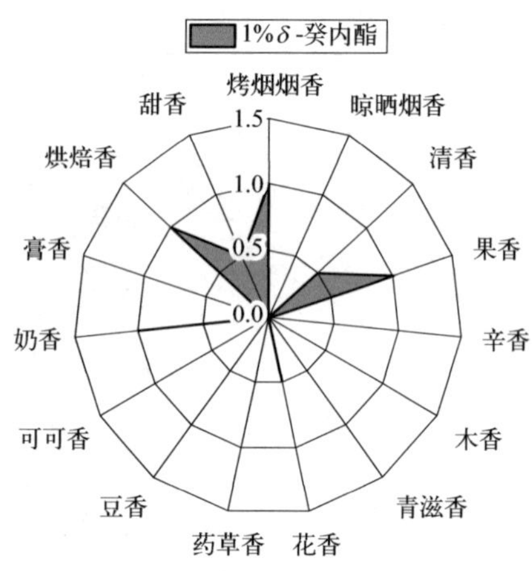

图 5-105　1% δ-癸内酯对卷烟香气风格影响轮廓图

5.3.15　γ-十二内酯的香韵组成和嗅香感官特征

采用香味轮廓分析法对 γ-十二内酯的香韵组成及强度进行评价，评价结果见表 5-73 及图 5-106。

由 1% γ-十二内酯香味感官评价结果可知：1% γ-十二内酯嗅香主体香韵为果香（4.0）；辅助香韵为清香（≥2.0）；修饰香韵为木香、青滋香、奶香、甜香（≥0.5）等香韵。

表 5-73　1% γ-十二内酯香味轮廓评价表

序号	香韵名称	评分(0—9)	评判分值
1	树脂香	0	0:无 1～2:弱 3～4:稍弱 5:适中 6～7:较强 8～9:强
2	干草香	0	
3	清香	2.0	
4	果香	4.0	
5	辛香	0	
6	木香	0.5	

续表

序号	香韵名称	评分(0—9)	评判分值
7	青滋香	0.5	0:无 1～2:弱 3～4:稍弱 5:适中 6～7:较强 8～9:强
8	花香	0	
9	药草香	0	
10	豆香	0	
11	可可香	0	
12	奶香	1.5	
13	膏香	0	
14	烘焙香	0	
15	焦香	0	
16	酒香	0	
17	甜香	1.5	
18	酸香	0	

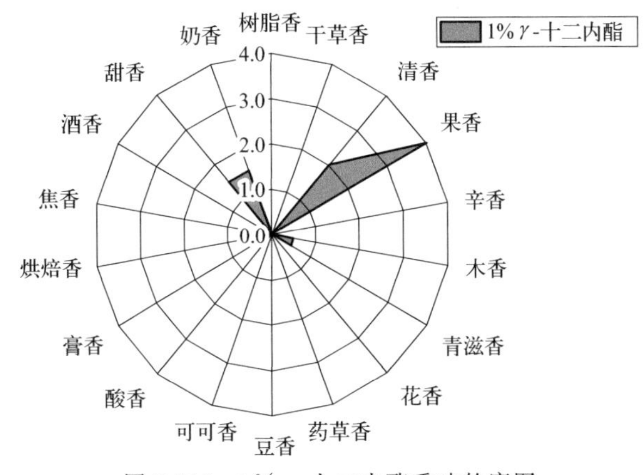

图5-106　1% γ-十二内酯香味轮廓图

5.3.16　γ-十二内酯对加热卷烟风格、感官质量和香韵特征的影响

对1% γ-十二内酯的加香作用进行评价，结果见表5-74和图5-107、图5-108。从中可以看出，γ-十二内酯在卷烟中的主要作用是提升香气量、增加烟气均匀性，香气质、烟气透发性和劲头尚可，烟气柔和细腻感较好，稍降低刺激性，主要赋予卷烟烤烟烟香、果香、青滋香、奶香和甜香韵。

表5-74　1% γ-十二内酯作用评价汇总表

烟气特征	香气质	7.0
	香气量	7.5
	杂气	6.5
	浓度	7.0
	透发性	7.0
	劲头	7.0
	协调性	6.5
	均匀性	7.5
口感特征	干燥	6.5
	细腻柔和	7.0
	刺激	7.0
	余味	6.5

续表

香气风格（0—3分）	烤烟烟香	0	1.0	晾晒烟香	0	0	清香	0	0.5	果香	0	1.0	辛香	0	0
		1			1			1			1			1	
		2			2			2			2			2	
		3			3			3			3			3	
	木香	0	0	青滋香	0	1.0	花香	0	0.5	药草香	0	0	豆香	0	0
		1			1			1			1			1	
		2			2			2			2			2	
		3			3			3			3			3	
	可可香	0	0	奶香	0	1.0	膏香	0	0	烘焙香	0	0.5	甜香	0	1.0
		1			1			1			1			1	
		2			2			2			2			2	
		3			3			3			3			3	

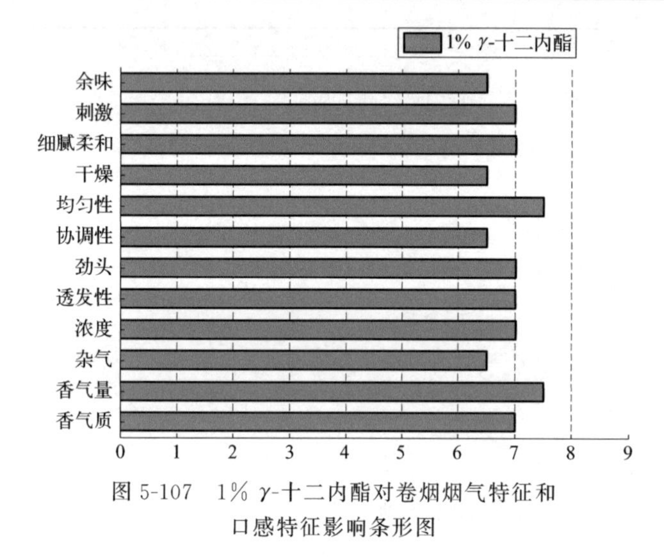

图 5-107　1% γ-十二内酯对卷烟烟气特征和口感特征影响条形图

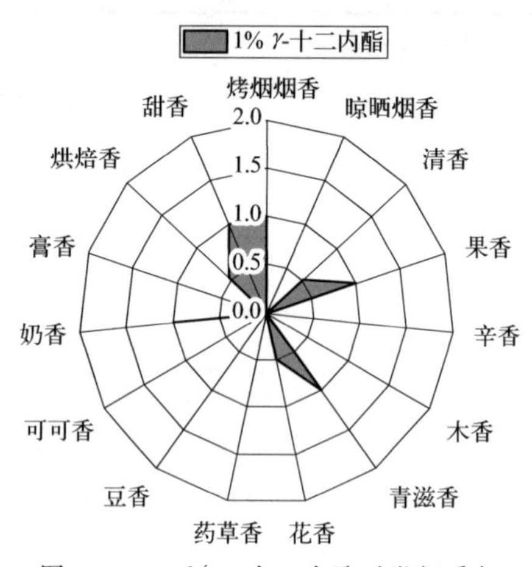

图 5-108　1% γ-十二内酯对卷烟香气风格影响轮廓图

5.3.17　δ-十二内酯的香韵组成和嗅香感官特征

采用香味轮廓分析法对 δ-十二内酯的香韵组成及强度进行评价，评价结果见表 5-75 及图 5-109。

由 1% δ-十二内酯香味感官评价结果可知：1% δ-十二内酯嗅香辅助香韵为果香（≥2.0）；修饰香韵为清香、青滋香、奶香、甜香（≥0.5）等香韵。

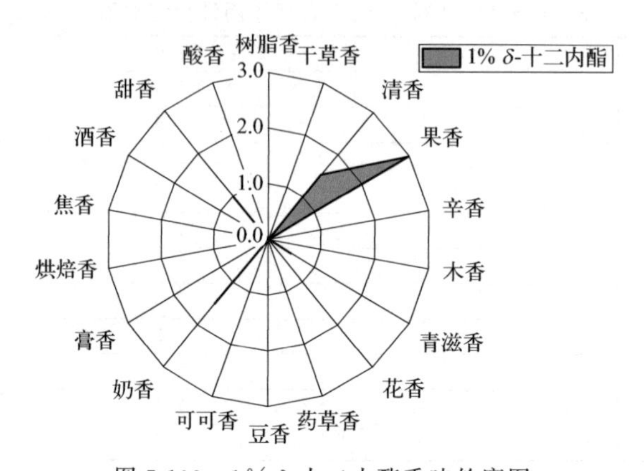

图 5-109　1% δ-十二内酯香味轮廓图

表 5-75　1% δ-十二内酯香味轮廓评价表

序号	香韵名称	评分(0—9)	评判分值
1	树脂香	0	0:无 1～2:弱 3～4:稍弱 5:适中 6～7:较强 8～9:强
2	干草香	0	
3	清香	1.5	
4	果香	3.0	
5	辛香	0	
6	木香	0	
7	青滋香	0.5	
8	花香	0	
9	药草香	0	
10	豆香	0	
11	可可香	0	
12	奶香	1.5	
13	膏香	0	
14	烘焙香	0	
15	焦香	0	
16	酒香	0	
17	甜香	1.0	
18	酸香	0	

5.3.18　δ-十二内酯对加热卷烟风格、感官质量和香韵特征的影响

对 1% δ-十二内酯的加香作用进行评价，结果见表 5-76 和图 5-110、图 5-111。从中可以看出，δ-十二内酯在卷烟中的主要作用是增加烟气浓度、透发性和劲头，烟气柔和细腻感较好，烟气均匀性和香气量较好，主要赋予卷烟烤烟烟香、果香、青滋香、奶香和甜香韵。

表 5-76　1% δ-十二内酯作用评价汇总表

烟气特征	香气质	6.5
	香气量	7.0
	杂气	6.0
	浓度	7.0
	透发性	7.0
	劲头	7.0
	协调性	6.5
	均匀性	7.0
口感特征	干燥	6.5
	细腻柔和	7.0
	刺激	6.5
	余味	6.5

香气风格(0—3分)															
	烤烟烟香	0 1 2 3	1.0	晾晒烟香	0 1 2 3	0	清香	0 1 2 3	0.5	果香	0 1 2 3	1.0	辛香	0 1 2 3	0
	木香	0 1 2 3	0	青滋香	0 1 2 3	1.0	花香	0 1 2 3	0.5	药草香	0 1 2 3	0	豆香	0 1 2 3	0
	可可香	0 1 2 3	0	奶香	0 1 2 3	1.5	膏香	0 1 2 3	0	烘焙香	0 1 2 3	0.5	甜香	0 1 2 3	0.5

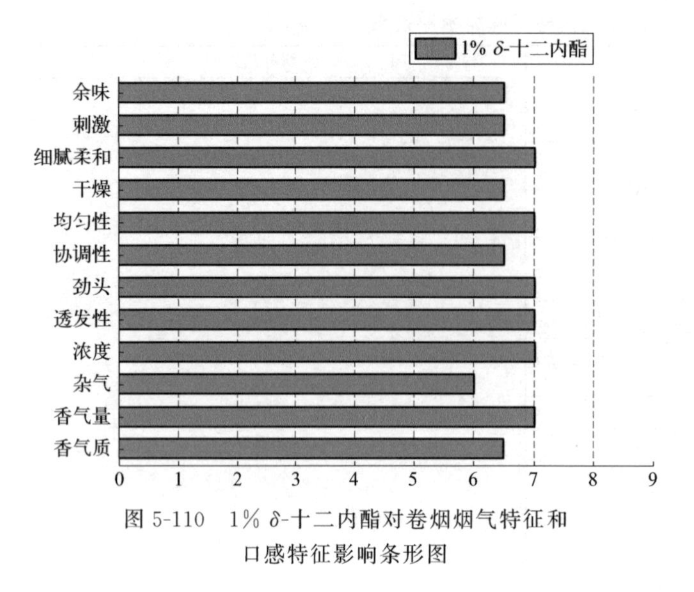

图 5-110 1% δ-十二内酯对卷烟烟气特征和口感特征影响条形图

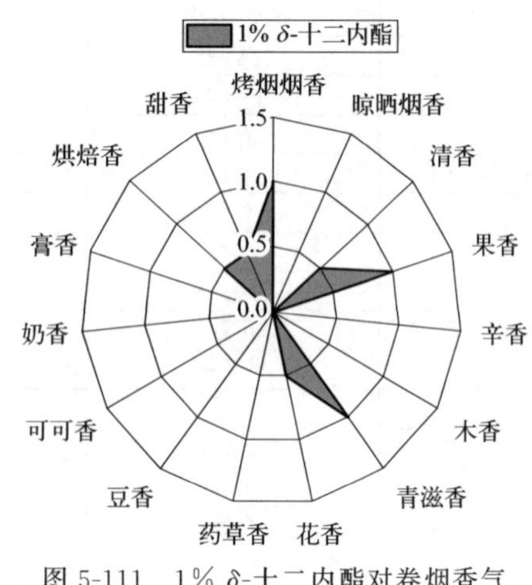

图 5-111 1% δ-十二内酯对卷烟香气风格影响轮廓图

5.3.19 异戊酸丁酯的香韵组成和嗅香感官特征

采用香味轮廓分析法对异戊酸丁酯的香韵组成及强度进行评价，评价结果见表 5-77 及图 5-112。

由 1%异戊酸丁酯香味感官评价结果可知：1%异戊酸丁酯嗅香主体香韵为果香（6.0）、酒香（4.5）；辅助香韵为青滋香、甜香、酸香（≥2.0）；修饰香韵为清香、药草香（≥0.5）等香韵。

表 5-77 1%异戊酸丁酯香味轮廓评价表

序号	香韵名称	评分(0—9)	评判分值
1	树脂香	0	0:无 1～2:弱 3～4:稍弱 5:适中 6～7:较强 8～9:强
2	干草香	0	
3	清香	1.0	
4	果香	6.0	
5	辛香	0	
6	木香	0	
7	青滋香	2.0	
8	花香	0	
9	药草香	0.5	
10	豆香	0	
11	可可香	0	
12	奶香	0	
13	膏香	0	
14	烘焙香	0	
15	焦香	0	
16	酒香	4.5	
17	甜香	3.0	
18	酸香	2.5	

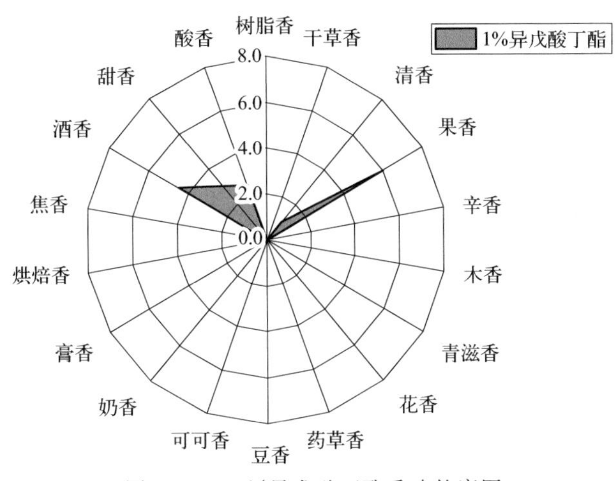

图 5-112　1%异戊酸丁酯香味轮廓图

5.3.20　异戊酸丁酯对加热卷烟风格、感官质量和香韵特征的影响

对 2%异戊酸丁酯的加香作用进行评价，结果见表 5-78 和图 5-113、图 5-114。从中可以看出，异戊酸丁酯在卷烟中的主要作用是均匀烟气、提升香气质和香气量、增加烟气浓度和协调性、降低杂气，烟气透发性和劲头尚可，烟气柔和细腻感较好，余味干净，主要赋予卷烟烤烟烟香、晾晒烟香、果香、青滋香、烘焙香和甜香韵。

表 5-78　2%异戊酸丁酯作用评价汇总表

<table>
<tr><td rowspan="8">烟气特征</td><td colspan="2">香气质</td><td colspan="13">7.5</td></tr>
<tr><td colspan="2">香气量</td><td colspan="13">7.5</td></tr>
<tr><td colspan="2">杂气</td><td colspan="13">7.5</td></tr>
<tr><td colspan="2">浓度</td><td colspan="13">7.5</td></tr>
<tr><td colspan="2">透发性</td><td colspan="13">7.0</td></tr>
<tr><td colspan="2">劲头</td><td colspan="13">7.0</td></tr>
<tr><td colspan="2">协调性</td><td colspan="13">7.5</td></tr>
<tr><td colspan="2">均匀性</td><td colspan="13">8.0</td></tr>
<tr><td rowspan="4">口感特征</td><td colspan="2">干燥</td><td colspan="13">7.5</td></tr>
<tr><td colspan="2">细腻柔和</td><td colspan="13">7.0</td></tr>
<tr><td colspan="2">刺激</td><td colspan="13">6.5</td></tr>
<tr><td colspan="2">余味</td><td colspan="13">7.0</td></tr>
<tr><td rowspan="12">香气风格
(0—3 分)</td><td rowspan="4">烤烟烟香</td><td>0</td><td rowspan="4">1.5</td><td rowspan="4">晾晒烟香</td><td>0</td><td rowspan="4">1.0</td><td rowspan="4">清香</td><td>0</td><td rowspan="4">0.5</td><td rowspan="4">果香</td><td>0</td><td rowspan="4">1.0</td><td rowspan="4">辛香</td><td>0</td><td rowspan="4">0</td></tr>
<tr><td>1</td><td>1</td><td>1</td><td>1</td><td>1</td></tr>
<tr><td>2</td><td>2</td><td>2</td><td>2</td><td>2</td></tr>
<tr><td>3</td><td>3</td><td>3</td><td>3</td><td>3</td></tr>
<tr><td rowspan="4">木香</td><td>0</td><td rowspan="4">0</td><td rowspan="4">青滋香</td><td>0</td><td rowspan="4">1.0</td><td rowspan="4">花香</td><td>0</td><td rowspan="4">0</td><td rowspan="4">药草香</td><td>0</td><td rowspan="4">0</td><td rowspan="4">豆香</td><td>0</td><td rowspan="4">0</td></tr>
<tr><td>1</td><td>1</td><td>1</td><td>1</td><td>1</td></tr>
<tr><td>2</td><td>2</td><td>2</td><td>2</td><td>2</td></tr>
<tr><td>3</td><td>3</td><td>3</td><td>3</td><td>3</td></tr>
<tr><td rowspan="4">可可香</td><td>0</td><td rowspan="4">0</td><td rowspan="4">奶香</td><td>0</td><td rowspan="4">0</td><td rowspan="4">膏香</td><td>0</td><td rowspan="4">0</td><td rowspan="4">烘焙香</td><td>0</td><td rowspan="4">1.0</td><td rowspan="4">甜香</td><td>0</td><td rowspan="4">1.0</td></tr>
<tr><td>1</td><td>1</td><td>1</td><td>1</td><td>1</td></tr>
<tr><td>2</td><td>2</td><td>2</td><td>2</td><td>2</td></tr>
<tr><td>3</td><td>3</td><td>3</td><td>3</td><td>3</td></tr>
</table>

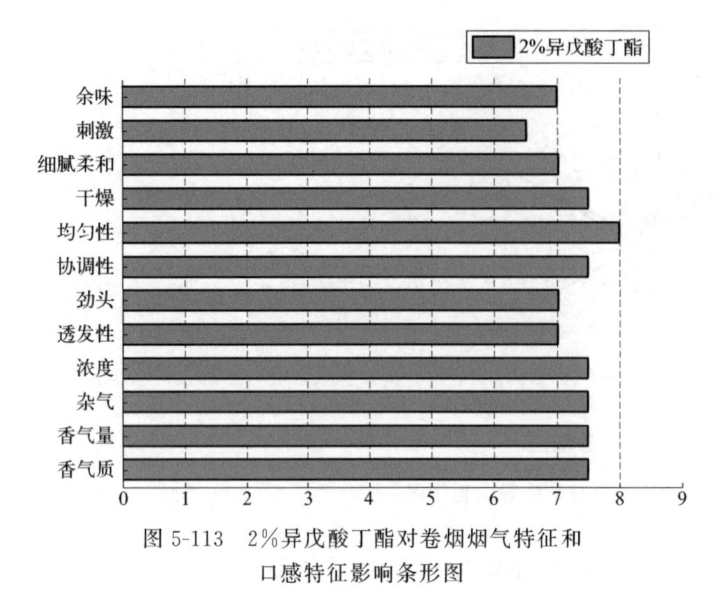

图 5-113 2%异戊酸丁酯对卷烟烟气特征和口感特征影响条形图

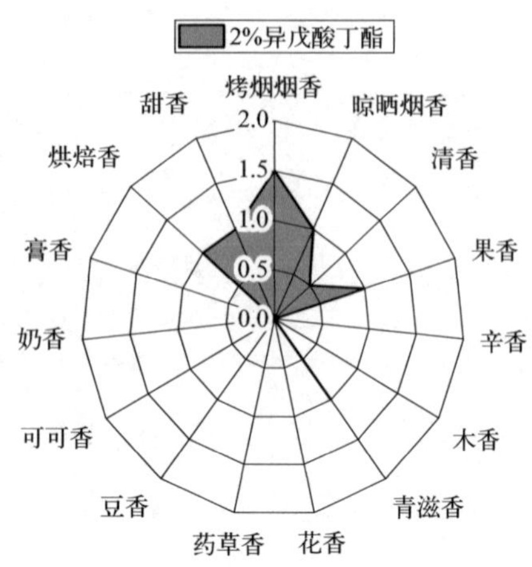

图 5-114 2%异戊酸丁酯对卷烟香气风格影响轮廓图

5.3.21 异戊酸乙酯的香韵组成和嗅香感官特征

采用香味轮廓分析法对异戊酸乙酯的香韵组成及强度进行评价，评价结果见表 5-79 及图 5-115。

由 1%异戊酸乙酯香味感官评价结果可知：1%异戊酸乙酯嗅香主体香韵为果香（7.0）；辅助香韵为清香、木香、酒香、甜香（≥2.0）；修饰香韵为青滋香、酸香（≥0.5）等香韵。

表 5-79 1%异戊酸乙酯香味轮廓评价表

序号	香韵名称	评分(0—9)	评判分值
1	树脂香	0	0:无 1～2:弱 3～4:稍弱 5:适中 6～7:较强 8～9:强
2	干草香	0	
3	清香	2.5	
4	果香	7.0	
5	辛香	0	
6	木香	3.0	
7	青滋香	1.0	
8	花香	0	
9	药草香	0	
10	豆香	0	
11	可可香	0	
12	奶香	0	
13	膏香	0	
14	烘焙香	0	
15	焦香	0	
16	酒香	2.0	
17	甜香	3.5	
18	酸香	1.5	

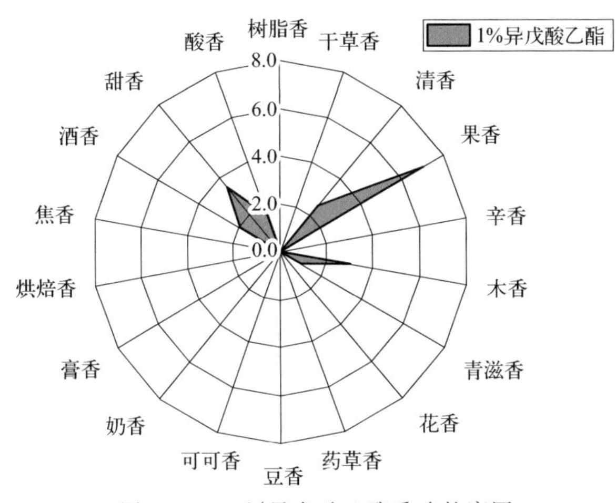

图 5-115　1%异戊酸乙酯香味轮廓图

5.3.22　异戊酸乙酯对加热卷烟风格、感官质量和香韵特征的影响

对 2%异戊酸乙酯的加香作用进行评价，结果见表 5-80 和图 5-116、图 5-117。从中可以看出，异戊酸乙酯在卷烟中的主要作用是提升香气质和香气量、增加烟气劲头和协调性、余味干净，烟气透发性和浓度尚可，烟气柔和细腻感较好，降低杂气和刺激性，主要赋予卷烟烤烟烟香、清香、果香、木香、烘焙香和甜香韵。

表 5-80　2%异戊酸乙酯作用评价汇总表

<table>
<tr><td rowspan="8">烟气特征</td><td colspan="3">香气质</td><td colspan="12">8.0</td></tr>
<tr><td colspan="3">香气量</td><td colspan="12">7.5</td></tr>
<tr><td colspan="3">杂气</td><td colspan="12">7.5</td></tr>
<tr><td colspan="3">浓度</td><td colspan="12">7.0</td></tr>
<tr><td colspan="3">透发性</td><td colspan="12">7.0</td></tr>
<tr><td colspan="3">劲头</td><td colspan="12">7.5</td></tr>
<tr><td colspan="3">协调性</td><td colspan="12">7.5</td></tr>
<tr><td colspan="3">均匀性</td><td colspan="12">7.0</td></tr>
<tr><td rowspan="4">口感特征</td><td colspan="3">干燥</td><td colspan="12">7.5</td></tr>
<tr><td colspan="3">细腻柔和</td><td colspan="12">7.5</td></tr>
<tr><td colspan="3">刺激</td><td colspan="12">7.0</td></tr>
<tr><td colspan="3">余味</td><td colspan="12">7.5</td></tr>
<tr><td rowspan="12">香气风格
(0—3 分)</td><td rowspan="4">烤烟烟香</td><td>0</td><td rowspan="4">1.5</td><td rowspan="4">晾晒烟香</td><td>0</td><td rowspan="4">0</td><td rowspan="4">清香</td><td>0</td><td rowspan="4">1.0</td><td rowspan="4">果香</td><td>0</td><td rowspan="4">1.0</td><td rowspan="4">辛香</td><td>0</td><td rowspan="4">0</td></tr>
<tr><td>1</td><td>1</td><td>1</td><td>1</td><td>1</td></tr>
<tr><td>2</td><td>2</td><td>2</td><td>2</td><td>2</td></tr>
<tr><td>3</td><td>3</td><td>3</td><td>3</td><td>3</td></tr>
<tr><td rowspan="4">木香</td><td>0</td><td rowspan="4">1.0</td><td rowspan="4">青滋香</td><td>0</td><td rowspan="4">0.5</td><td rowspan="4">花香</td><td>0</td><td rowspan="4">0</td><td rowspan="4">药草香</td><td>0</td><td rowspan="4">0</td><td rowspan="4">豆香</td><td>0</td><td rowspan="4">0</td></tr>
<tr><td>1</td><td>1</td><td>1</td><td>1</td><td>1</td></tr>
<tr><td>2</td><td>2</td><td>2</td><td>2</td><td>2</td></tr>
<tr><td>3</td><td>3</td><td>3</td><td>3</td><td>3</td></tr>
<tr><td rowspan="4">可可香</td><td>0</td><td rowspan="4">0</td><td rowspan="4">奶香</td><td>0</td><td rowspan="4">0</td><td rowspan="4">膏香</td><td>0</td><td rowspan="4">0</td><td rowspan="4">烘焙香</td><td>0</td><td rowspan="4">1.0</td><td rowspan="4">甜香</td><td>0</td><td rowspan="4">1.0</td></tr>
<tr><td>1</td><td>1</td><td>1</td><td>1</td><td>1</td></tr>
<tr><td>2</td><td>2</td><td>2</td><td>2</td><td>2</td></tr>
<tr><td>3</td><td>3</td><td>3</td><td>3</td><td>3</td></tr>
</table>

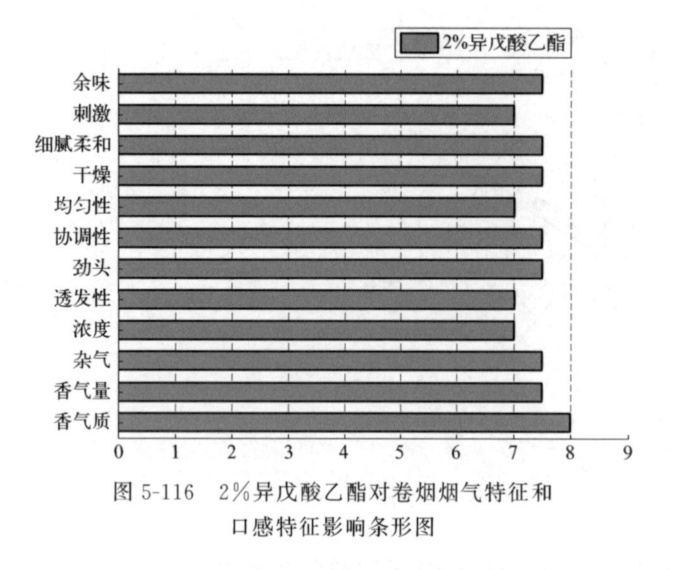

图 5-116　2%异戊酸乙酯对卷烟烟气特征和口感特征影响条形图

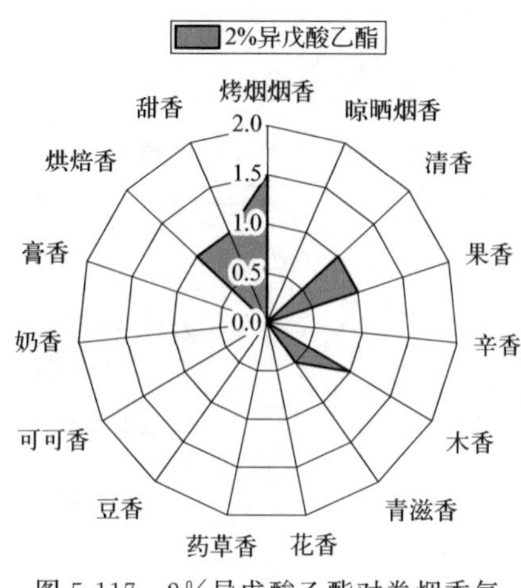

图 5-117　2%异戊酸乙酯对卷烟香气风格影响轮廓图

5.3.23　戊酸异戊酯的香韵组成和嗅香感官特征

采用香味轮廓分析法对戊酸异戊酯的香韵组成及强度进行评价，评价结果见表 5-81 及图 5-118。

由 1%戊酸异戊酯香味感官评价结果可知：1%戊酸异戊酯嗅香辅助香韵为果香、青滋香、酒香（≥2.0）；修饰香韵为清香、甜香（≥0.5）等香韵。

表 5-81　1%戊酸异戊酯香味轮廓评价表

序号	香韵名称	评分(0—9)	评判分值
1	树脂香	0	0:无 1～2:弱 3～4:稍弱 5:适中 6～7:较强 8～9:强
2	干草香	0	
3	清香	1.0	
4	果香	3.0	
5	辛香	0	
6	木香	0	
7	青滋香	2.0	
8	花香	0	
9	药草香	0	
10	豆香	0	
11	可可香	0	
12	奶香	0	
13	膏香	0	
14	烘焙香	0	
15	焦香	0	
16	酒香	2.0	
17	甜香	1.0	
18	酸香	0	

5.3.24　戊酸异戊酯对加热卷烟风格、感官质量和香韵特征的影响

对 2%戊酸异戊酯的加香作用进行评价，结果见表 5-82 和图 5-119、图 5-120。从中可以看出，戊酸异戊酯在卷烟中的主要作用是增加香气量，稍降低刺激性，烟气均匀性较好，主要赋予卷烟烘焙香、烤烟烟香、果香、青滋香和甜香韵。

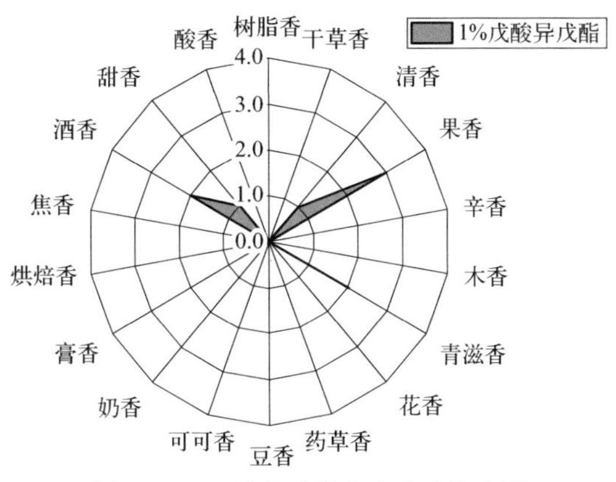

图 5-118　1%戊酸异戊酯香味轮廓图

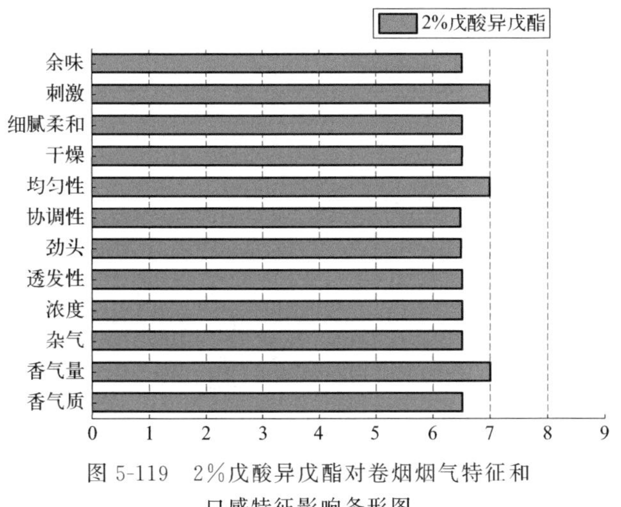

图 5-119　2%戊酸异戊酯对卷烟烟气特征和口感特征影响条形图

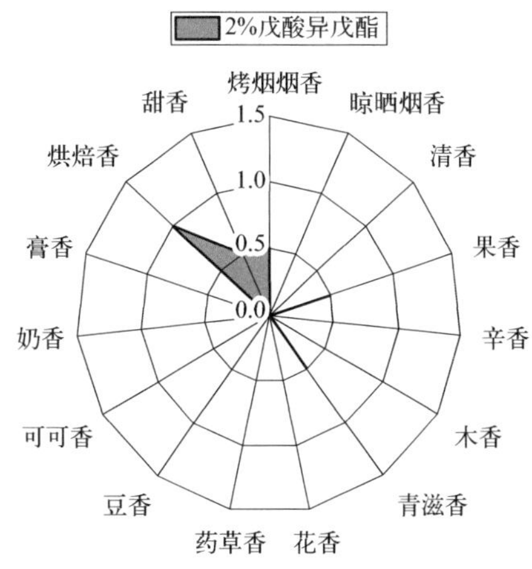

图 5-120　2%戊酸异戊酯对卷烟香气风格影响轮廓图

表 5-82　2%戊酸异戊酯作用评价汇总表

烟气特征	香气质	6.5												
	香气量	7.0												
	杂气	6.5												
	浓度	6.5												
	透发性	6.5												
	劲头	6.5												
	协调性	6.5												
	均匀性	7.0												
口感特征	干燥	6.5												
	细腻柔和	6.5												
	刺激	7.0												
	余味	6.5												
香气风格（0—3 分）	烤烟烟香	0	0.5	晾晒烟香	0	0	清香	0	0	果香	0	0.5	辛香	0	0
		1			1			1			1			1	
		2			2			2			2			2	
		3			3			3			3			3	

续表

香气风格（0—3分）	木香	0	0	青滋香	0	0.5	花香	0	0	药草香	0	0	豆香	0	0
		1			1			1			1			1	
		2			2			2			2			2	
		3			3			3			3			3	
	可可香	0	0	奶香	0	0	膏香	0	0	烘焙香	0	1.0	甜香	0	0.5
		1			1			1			1			1	
		2			2			2			2			2	
		3			3			3			3			3	

5.3.25 戊酸戊酯的香韵组成和嗅香感官特征

采用香味轮廓分析法对戊酸戊酯的香韵组成及强度进行评价，评价结果见表5-83及图5-121。

由1%戊酸戊酯香味感官评价结果可知：1%戊酸戊酯嗅香主体香韵为果香（4.5）；辅助香韵为甜香（≥2.0）；修饰香韵为清香、辛香、木香、青滋香、奶香、酒香、酸香（≥0.5）等香韵。

表5-83 1%戊酸戊酯香味轮廓评价表

序号	香韵名称	评分(0—9)	评判分值
1	树脂香	0	0:无 1～2:弱 3～4:稍弱 5:适中 6～7:较强 8～9:强
2	干草香	0	
3	清香	1.5	
4	果香	4.5	
5	辛香	1.0	
6	木香	1.0	
7	青滋香	1.0	
8	花香	0	
9	药草香	0	
10	豆香	0	
11	可可香	0	
12	奶香	1.0	
13	膏香	0	
14	烘焙香	0	
15	焦香	0	
16	酒香	1.5	
17	甜香	2.5	
18	酸香	1.5	

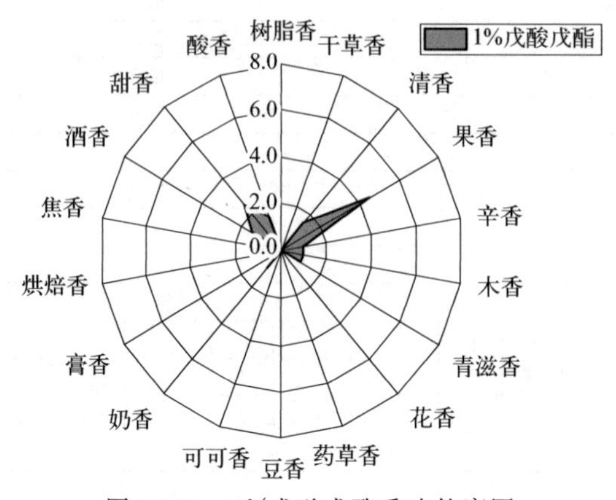

图5-121 1%戊酸戊酯香味轮廓图

5.3.26　戊酸戊酯对加热卷烟风格、感官质量和香韵特征的影响

对2%戊酸戊酯的加香作用进行评价，结果见表5-84和图5-122、图5-123。从中可以看出，戊酸戊酯在卷烟中的主要作用是提升香气量、增加烟气浓度和劲头、提升烟气透发性和均匀性，香气质尚可，主要赋予卷烟烤烟烟香、果香、辛香、青滋香、烘焙香和甜香韵。

表5-84　2%戊酸戊酯作用评价汇总表

<table>
<tr><td rowspan="8">烟气特征</td><td colspan="2">香气质</td><td colspan="13">7.0</td></tr>
<tr><td colspan="2">香气量</td><td colspan="13">7.5</td></tr>
<tr><td colspan="2">杂气</td><td colspan="13">6.5</td></tr>
<tr><td colspan="2">浓度</td><td colspan="13">7.5</td></tr>
<tr><td colspan="2">透发性</td><td colspan="13">7.5</td></tr>
<tr><td colspan="2">劲头</td><td colspan="13">7.5</td></tr>
<tr><td colspan="2">协调性</td><td colspan="13">5.5</td></tr>
<tr><td colspan="2">均匀性</td><td colspan="13">7.5</td></tr>
<tr><td rowspan="4">口感特征</td><td colspan="2">干燥</td><td colspan="13">6.5</td></tr>
<tr><td colspan="2">细腻柔和</td><td colspan="13">6.0</td></tr>
<tr><td colspan="2">刺激</td><td colspan="13">6.0</td></tr>
<tr><td colspan="2">余味</td><td colspan="13">5.5</td></tr>
<tr><td rowspan="12">香气风格
(0—3分)</td><td rowspan="4">烤烟烟香</td><td>0</td><td rowspan="4">1.0</td><td rowspan="4">晾晒烟香</td><td>0</td><td rowspan="4">0</td><td rowspan="4">清香</td><td>0</td><td rowspan="4">0</td><td rowspan="4">果香</td><td>0</td><td rowspan="4">0.5</td><td rowspan="4">辛香</td><td>0</td><td rowspan="4">0.5</td></tr>
<tr><td>1</td><td>1</td><td>1</td><td>1</td><td>1</td></tr>
<tr><td>2</td><td>2</td><td>2</td><td>2</td><td>2</td></tr>
<tr><td>3</td><td>3</td><td>3</td><td>3</td><td>3</td></tr>
<tr><td rowspan="4">木香</td><td>0</td><td rowspan="4">0</td><td rowspan="4">青滋香</td><td>0</td><td rowspan="4">0.5</td><td rowspan="4">花香</td><td>0</td><td rowspan="4">0</td><td rowspan="4">药草香</td><td>0</td><td rowspan="4">0</td><td rowspan="4">豆香</td><td>0</td><td rowspan="4">0</td></tr>
<tr><td>1</td><td>1</td><td>1</td><td>1</td><td>1</td></tr>
<tr><td>2</td><td>2</td><td>2</td><td>2</td><td>2</td></tr>
<tr><td>3</td><td>3</td><td>3</td><td>3</td><td>3</td></tr>
<tr><td rowspan="4">可可香</td><td>0</td><td rowspan="4">0</td><td rowspan="4">奶香</td><td>0</td><td rowspan="4">0</td><td rowspan="4">膏香</td><td>0</td><td rowspan="4">0</td><td rowspan="4">烘焙香</td><td>0</td><td rowspan="4">0.5</td><td rowspan="4">甜香</td><td>0</td><td rowspan="4">0.5</td></tr>
<tr><td>1</td><td>1</td><td>1</td><td>1</td><td>1</td></tr>
<tr><td>2</td><td>2</td><td>2</td><td>2</td><td>2</td></tr>
<tr><td>3</td><td>3</td><td>3</td><td>3</td><td>3</td></tr>
</table>

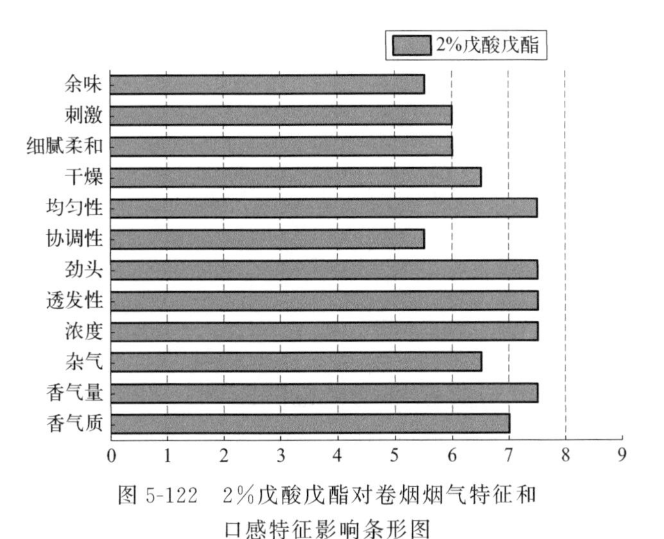

图5-122　2%戊酸戊酯对卷烟烟气特征和口感特征影响条形图

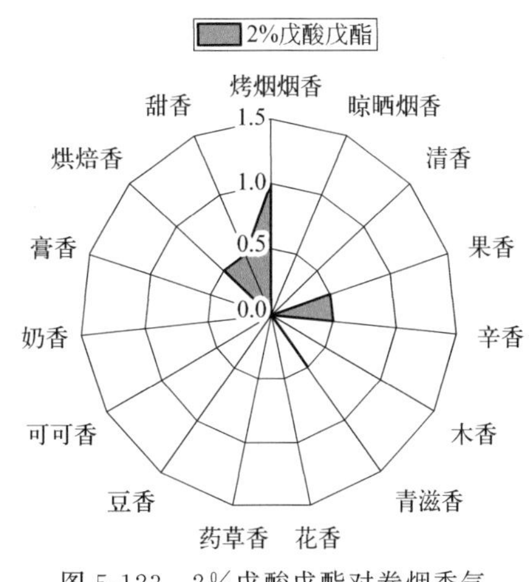

图5-123　2%戊酸戊酯对卷烟香气风格影响轮廓图

5.3.27 乙酸异戊酯的香韵组成和嗅香感官特征

采用香味轮廓分析法对乙酸异戊酯的香韵组成及强度进行评价，评价结果见表 5-85 及图 5-124。

由 1%乙酸异戊酯香味感官评价结果可知：1%乙酸异戊酯嗅香主体香韵为果香（5.0）；辅助香韵为甜香（≥2.0）；修饰香韵为清香、奶香、酒香（≥0.5）等香韵。

表 5-85 1%乙酸异戊酯香味轮廓评价表

序号	香韵名称	评分(0—9)	评判分值
1	树脂香	0	0:无 1～2:弱 3～4:稍弱 5:适中 6～7:较强 8～9:强
2	干草香	0	
3	清香	1.5	
4	果香	5.0	
5	辛香	0	
6	木香	0	
7	青滋香	0	
8	花香	0	
9	药草香	0	
10	豆香	0	
11	可可香	0	
12	奶香	0.5	
13	膏香	0	
14	烘焙香	0	
15	焦香	0	
16	酒香	1.5	
17	甜香	2.0	
18	酸香	0	

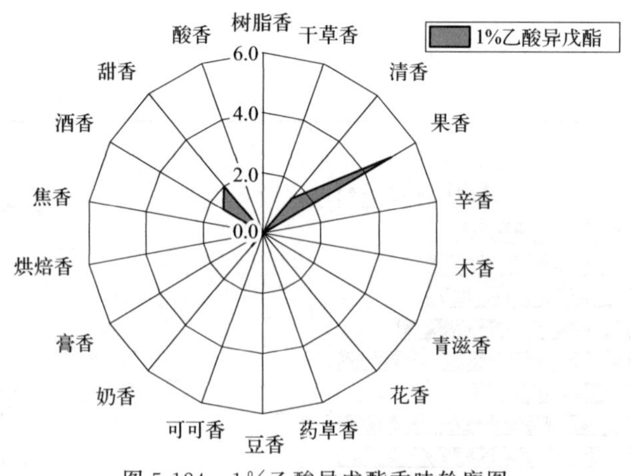

图 5-124 1%乙酸异戊酯香味轮廓图

5.3.28 乙酸异戊酯对加热卷烟风格、感官质量和香韵特征的影响

对 2%乙酸异戊酯的加香作用进行评价，结果见表 5-86 和图 5-125、图 5-126。从中可以看出，乙酸异戊酯在卷烟中的主要作用是提升烟气协调性、烟气细腻柔和感好、余味干净，烟气香气质和香气量较好、增加烟气浓度和透发性、稍降低刺激性和杂气、提升烟气均匀性，主要赋予卷烟烤烟烟香、果香、奶香、甜香、清香、青滋香、花香和烘焙香韵。

表 5-86　2%乙酸异戊酯作用评价汇总表

类别	指标	评分
烟气特征	香气质	7.0
	香气量	7.0
	杂气	7.0
	浓度	7.0
	透发性	7.0
	劲头	6.5
	协调性	7.5
	均匀性	7.0
口感特征	干燥	7.0
	细腻柔和	7.5
	刺激	7.0
	余味	7.5

香气风格（0—3 分）	香韵	分值	评分	香韵	分值	评分	香韵	分值	评分	香韵	分值	评分	香韵	分值	评分
	烤烟烟香	0	1.0	晾晒烟香	0	0	清香	0	0.5	果香	0	1.0	辛香	0	0
		1			1			1			1			1	
		2			2			2			2			2	
		3			3			3			3			3	
	木香	0	0	青滋香	0	0.5	花香	0	0.5	药草香	0	0	豆香	0	0
		1			1			1			1			1	
		2			2			2			2			2	
		3			3			3			3			3	
	可可香	0	0	奶香	0	1.0	膏香	0	0	烘焙香	0	0.5	甜香	0	1.0
		1			1			1			1			1	
		2			2			2			2			2	
		3			3			3			3			3	

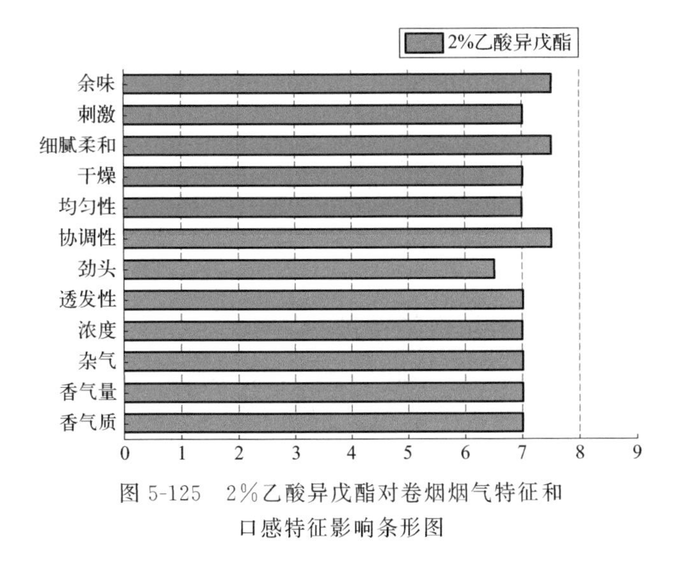

图 5-125　2%乙酸异戊酯对卷烟烟气特征和口感特征影响条形图

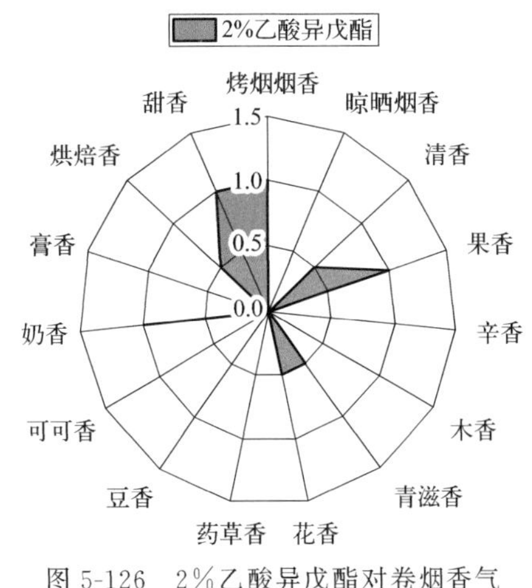

图 5-126　2%乙酸异戊酯对卷烟香气风格影响轮廓图

5.3.29　乙酸戊酯的香韵组成和嗅香感官特征

采用香味轮廓分析法对乙酸戊酯的香韵组成及强度进行评价，评价结果见表 5-87 及图 5-127。

由 1%乙酸戊酯香味感官评价结果可知：1%乙酸戊酯嗅香辅助香韵为果香、甜香（≥2.0）；修饰香韵为清香、青滋香、奶香、焦香、酒香（≥0.5）等香韵。

表 5-87 1%乙酸戊酯香味轮廓评价表

序号	香韵名称	评分(0—9)	评判分值
1	树脂香	0	0:无 1~2:弱 3~4:稍弱 5:适中 6~7:较强 8~9:强
2	干草香	0	
3	清香	1.0	
4	果香	3.5	
5	辛香	0	
6	木香	0	
7	青滋香	1.5	
8	花香	0	
9	药草香	0	
10	豆香	0	
11	可可香	0	
12	奶香	0.5	
13	膏香	0	
14	烘焙香	0	
15	焦香	1.5	
16	酒香	1.5	
17	甜香	2.0	
18	酸香	0	

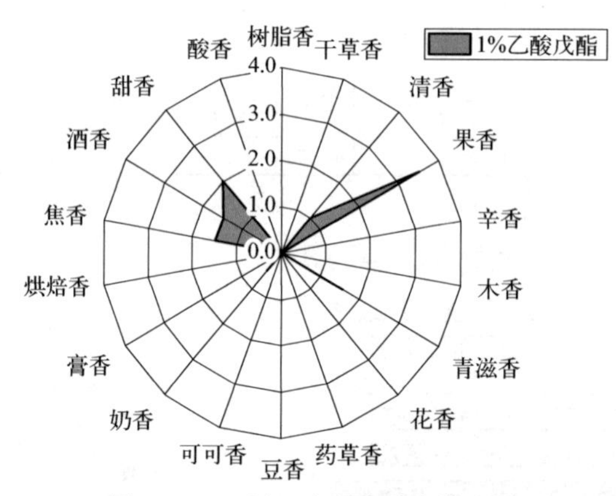

图 5-127 1%乙酸戊酯香味轮廓图

5.3.30 乙酸戊酯对加热卷烟风格、感官质量和香韵特征的影响

对 2%乙酸戊酯的加香作用进行评价，结果见表 5-88 和图 5-128、图 5-129。从中可以看出，乙酸戊酯在卷烟中的主要作用是提升香气质和香气量、烟气浓度和均匀性尚可、烟气细腻柔和感好、余味干净，稍降低刺激性和杂气，主要赋予卷烟烤烟烟香、果香、青滋香、花香和烘焙香韵。

表 5-88 2%乙酸戊酯作用评价汇总表

烟气特征	香气质	7.0
	香气量	7.0
	杂气	7.0
	浓度	7.0
	透发性	6.5
	劲头	6.5
	协调性	6.5
	均匀性	7.0

续表

口感特征	干燥	7.0													
	细腻柔和	7.0													
	刺激	7.0													
	余味	7.0													
香气风格（0—3 分）	烤烟烟香	0 1 2 3	1.5	晾晒烟香	0 1 2 3	0	清香	0 1 2 3	0.5	果香	0 1 2 3	1.5	辛香	0 1 2 3	0
	木香	0 1 2 3	0	青滋香	0 1 2 3	1.0	花香	0 1 2 3	1.0	药草香	0 1 2 3	0	豆香	0 1 2 3	0
	可可香	0 1 2 3	0.5	奶香	0 1 2 3	0.5	膏香	0 1 2 3	0	烘焙香	0 1 2 3	1.0	甜香	0 1 2 3	0.5

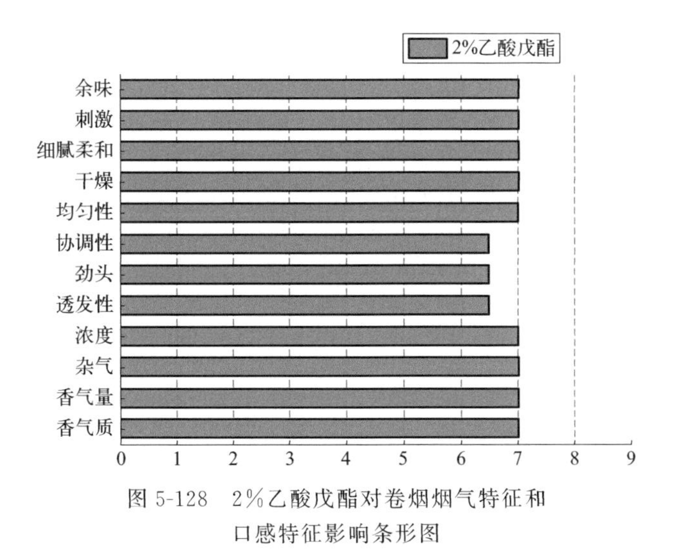

图 5-128　2%乙酸戊酯对卷烟烟气特征和口感特征影响条形图

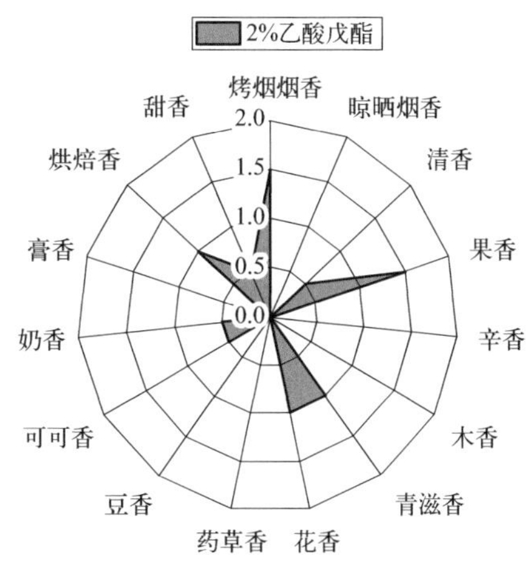

图 5-129　2%乙酸戊酯对卷烟香气风格影响轮廓图

5.3.31　丁酸异戊酯的香韵组成和嗅香感官特征

采用香味轮廓分析法对丁酸异戊酯的香韵组成及强度进行评价，评价结果见表 5-89 及图 5-130。

由 1%丁酸异戊酯香味感官评价结果可知：1%丁酸异戊酯嗅香辅助香韵为酒香（≥2.0）；修饰香韵为清香、果香、辛香、青滋香、花香、甜香、酸香（≥0.5）等香韵。

表 5-89　1%丁酸异戊酯香味轮廓评价表

序号	香韵名称	评分(0—9)	评判分值
1	树脂香	0	0:无 1～2:弱 3～4:稍弱 5:适中 6～7:较强 8～9:强
2	干草香	0	
3	清香	1.0	
4	果香	1.5	
5	辛香	1.5	
6	木香	0	

续表

序号	香韵名称	评分(0—9)	评判分值
7	青滋香	0.5	0:无 1～2:弱 3～4:稍弱 5:适中 6～7:较强 8～9:强
8	花香	1.0	
9	药草香	0	
10	豆香	0	
11	可可香	0	
12	奶香	0	
13	膏香	0	
14	烘焙香	0	
15	焦香	0	
16	酒香	3.0	
17	甜香	0.5	
18	酸香	1.5	

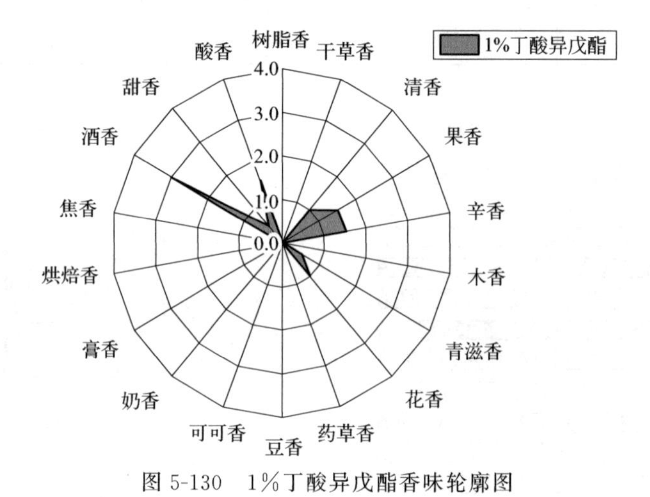

图 5-130　1%丁酸异戊酯香味轮廓图

5.3.32　丁酸异戊酯对加热卷烟风格、感官质量和香韵特征的影响

对 2%丁酸异戊酯的加香作用进行评价，结果见表 5-90 和图 5-131、图 5-132。从中可以看出，丁酸异戊酯在卷烟中的主要作用是降低杂气，香气量、浓度和协调性尚可，主要赋予卷烟烤烟烟香、果香、甜香、清香、青滋香、花香、奶香和烘焙香韵。

表 5-90　2%丁酸异戊酯作用评价汇总表

烟气特征	香气质	6.5
	香气量	7.0
	杂气	7.0
	浓度	7.0
	透发性	6.5
	劲头	6.5
	协调性	7.0
	均匀性	6.5
口感特征	干燥	6.5
	细腻柔和	6.5
	刺激	6.5
	余味	6.0

续表

香气风格（0—3分）	烤烟烟香	0	1.0	晾晒烟香	0	0	清香	0	0.5	果香	0	1.0	辛香	0	0
		1			1			1			1			1	
		2			2			2			2			2	
		3			3			3			3			3	
	木香	0	0	青滋香	0	0.5	花香	0	0.5	药草香	0	0	豆香	0	0
		1			1			1			1			1	
		2			2			2			2			2	
		3			3			3			3			3	
	可可香	0	0	奶香	0	0.5	膏香	0	0	烘焙香	0	0.5	甜香	0	1.0
		1			1			1			1			1	
		2			2			2			2			2	
		3			3			3			3			3	

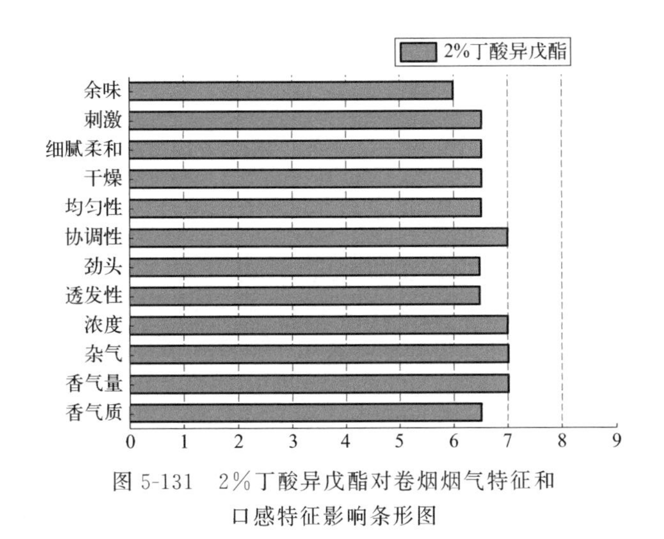

图5-131　2%丁酸异戊酯对卷烟烟气特征和口感特征影响条形图

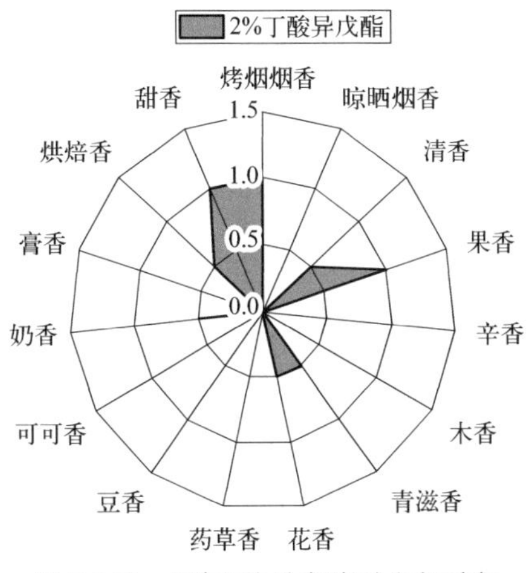

图5-132　2%丁酸异戊酯对卷烟香气风格影响轮廓图

5.3.33　丁酸戊酯的香韵组成和嗅香感官特征

采用香味轮廓分析法对丁酸戊酯的香韵组成及强度进行评价，评价结果见表5-91及图5-133。

由1%丁酸戊酯香味感官评价结果可知：1%丁酸戊酯嗅香主体香韵为酒香（5.0）；辅助香韵为清香（≥2.0）；修饰香韵为果香、辛香、青滋香、花香、甜香（≥0.5）等香韵。

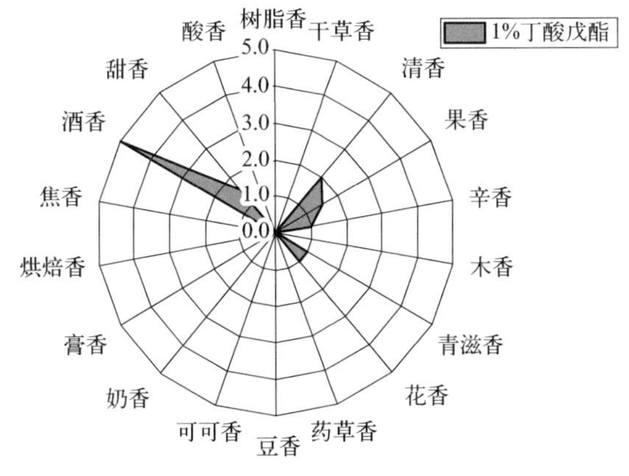

图5-133　1%丁酸戊酯香味轮廓图

表 5-91　1%丁酸戊酯香味轮廓评价表

序号	香韵名称	评分(0—9)	评判分值
1	树脂香	0	0:无 1～2:弱 3～4:稍弱 5:适中 6～7:较强 8～9:强
2	干草香	0	
3	清香	2.0	
4	果香	1.5	
5	辛香	1.0	
6	木香	0	
7	青滋香	1.0	
8	花香	1.0	
9	药草香	0	
10	豆香	0	
11	可可香	0	
12	奶香	0	
13	膏香	0	
14	烘焙香	0	
15	焦香	0	
16	酒香	5.0	
17	甜香	1.5	
18	酸香	0	

5.3.34　丁酸戊酯对加热卷烟风格、感官质量和香韵特征的影响

对 2%丁酸戊酯的加香作用进行评价，结果见表 5-92 和图 5-134、图 5-135。从中可以看出，丁酸戊酯在卷烟中的主要作用是增加烟气浓度、透发性和劲头，主要赋予卷烟烤烟烟香、果香、清香、青滋香、花香、烘焙香和甜香韵。

表 5-92　2%丁酸戊酯作用评价汇总表

类别	指标	评分
烟气特征	香气质	6.5
	香气量	6.5
	杂气	6.5
	浓度	7.0
	透发性	7.0
	劲头	7.0
	协调性	6.5
	均匀性	6.5
口感特征	干燥	7.0
	细腻柔和	6.5
	刺激	6.5
	余味	6.0

香气风格（0—3分）	香韵	等级	评分	香韵	等级	评分	香韵	等级	评分	香韵	等级	评分	香韵	等级	评分
	烤烟烟香	0 1 2 3	1.0	晾晒烟香	0 1 2 3	0	清香	0 1 2 3	0.5	果香	0 1 2 3	1.0	辛香	0 1 2 3	0
	木香	0 1 2 3	0	青滋香	0 1 2 3	0.5	花香	0 1 2 3	0.5	药草香	0 1 2 3	0	豆香	0 1 2 3	0
	可可香	0 1 2 3	0	奶香	0 1 2 3	0	膏香	0 1 2 3	0	烘焙香	0 1 2 3	0.5	甜香	0 1 2 3	0.5

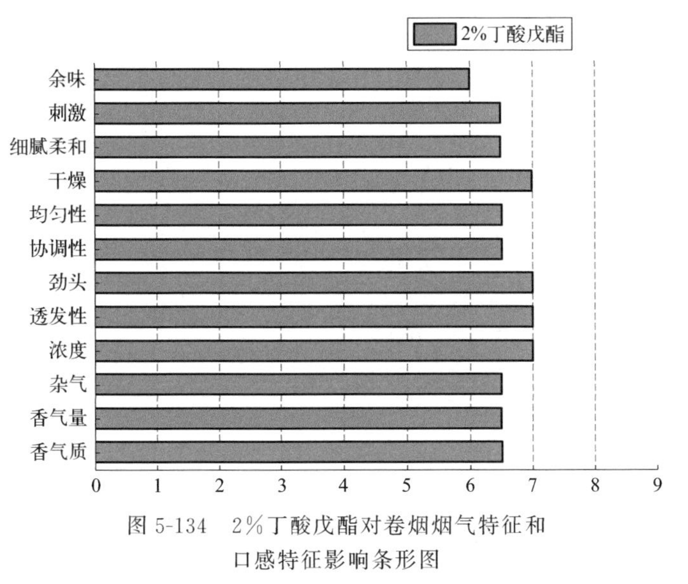

图 5-134　2%丁酸戊酯对卷烟烟气特征和口感特征影响条形图

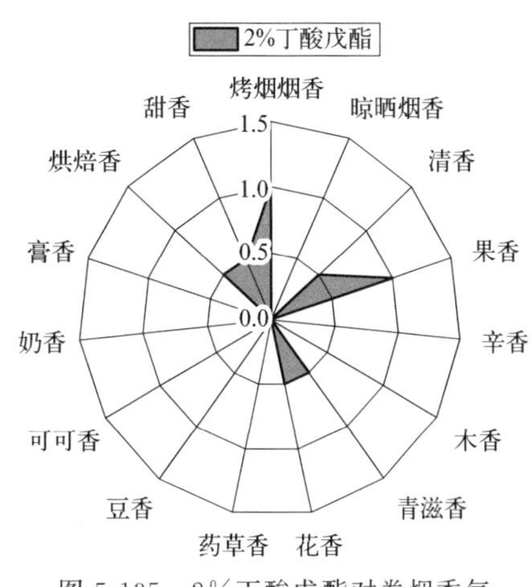

图 5-135　2%丁酸戊酯对卷烟香气风格影响轮廓图

5.3.35　乙酸香叶酯的香韵组成和嗅香感官特征

采用香味轮廓分析法对乙酸香叶酯的香韵组成及强度进行评价，评价结果见表 5-93 及图 5-136。

由 1%乙酸香叶酯香味感官评价结果可知：1%乙酸香叶酯嗅香辅助香韵为辛香、青滋香、花香、甜香（≥2.0）；修饰香韵为干草香、清香、果香（≥0.5）等香韵。

表 5-93　1%乙酸香叶酯香味轮廓评价表

序号	香韵名称	评分(0—9)	评判分值
1	树脂香	0	0:无 1～2:弱 3～4:稍弱 5:适中 6～7:较强 8～9:强
2	干草香	1.0	
3	清香	1.0	
4	果香	1.5	
5	辛香	2.5	
6	木香	0	
7	青滋香	2.0	
8	花香	3.5	
9	药草香	0	
10	豆香	0	
11	可可香	0	
12	奶香	0	
13	膏香	0	
14	烘焙香	0	
15	焦香	0	
16	酒香	0	
17	甜香	2.0	
18	酸香	0	

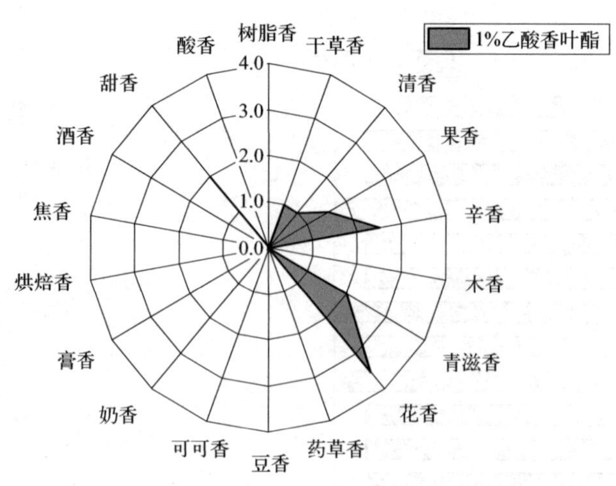

图 5-136 1%乙酸香叶酯香味轮廓图

5.3.36 乙酸香叶酯对加热卷烟风格、感官质量和香韵特征的影响

对 1%乙酸香叶酯的加香作用进行评价，结果见表 5-94 和图 5-137、图 5-138。从中可以看出，乙酸香叶酯在卷烟中的主要作用是降低刺激性，香气量、烟气浓度和均匀性尚可，烟气细腻柔和感较好，主要赋予卷烟青滋香、烤烟烟香、花香、清香、果香、辛香、烘焙香和甜香韵。

表 5-94 1%乙酸香叶酯作用评价汇总表

烟气特征	香气质	6.5
	香气量	7.0
	杂气	6.5
	浓度	7.0
	透发性	6.5
	劲头	6.5
	协调性	6.5
	均匀性	7.0
口感特征	干燥	6.5
	细腻柔和	7.0
	刺激	7.0
	余味	6.5

香气风格（0—3 分）	烤烟烟香	0 1 2 3	1.0	晾晒烟香	0 1 2 3	0	清香	0 1 2 3	0.5	果香	0 1 2 3	0.5	辛香	0 1 2 3	0.5
	木香	0 1 2 3	0	青滋香	0 1 2 3	1.5	花香	0 1 2 3	1.0	药草香	0 1 2 3	0	豆香	0 1 2 3	0
	可可香	0 1 2 3	0	奶香	0 1 2 3	0	膏香	0 1 2 3	0	烘焙香	0 1 2 3	0.5	甜香	0 1 2 3	0.5

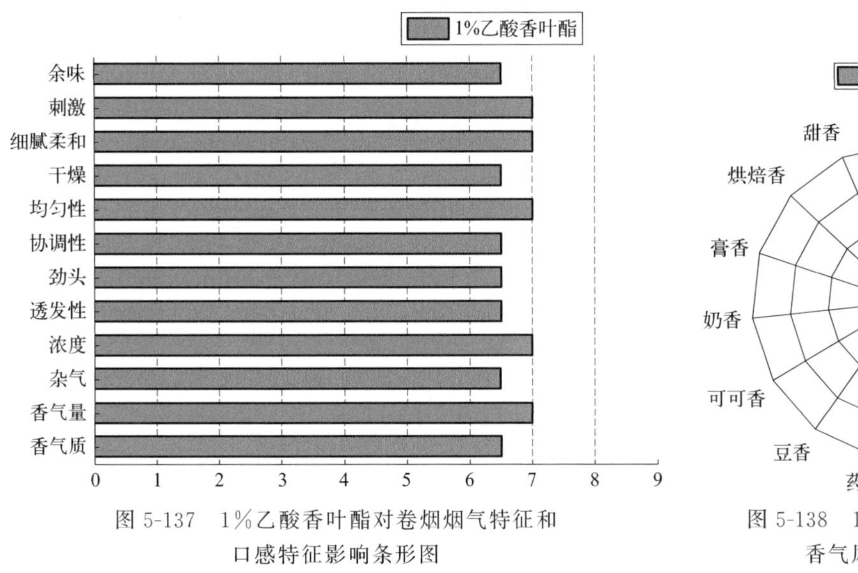

图 5-137　1%乙酸香叶酯对卷烟烟气特征和口感特征影响条形图

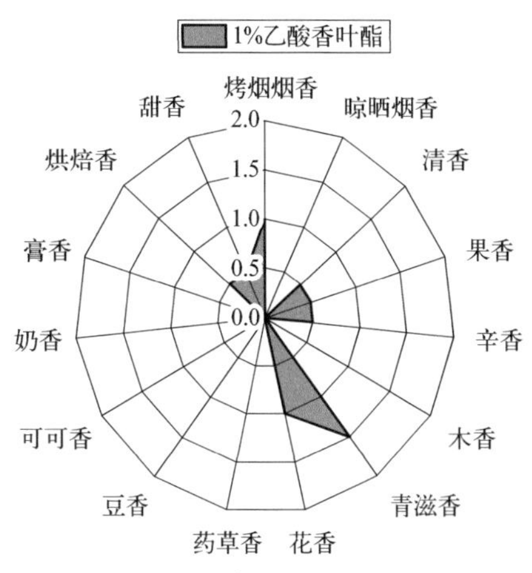

图 5-138　1%乙酸香叶酯对卷烟香气风格影响轮廓图

5.3.37　乙酸芳樟酯的香韵组成和嗅香感官特征

采用香味轮廓分析法对乙酸芳樟酯的香韵组成及强度进行评价，评价结果见表 5-95 及图 5-139。

由 1%乙酸芳樟酯香味感官评价结果可知：1%乙酸芳樟酯嗅香主体香韵为花香（5.0）；辅助香韵为果香、青滋香、甜香（≥2.0）；修饰香韵为清香、焦香、酒香（≥0.5）等香韵。

表 5-95　1%乙酸芳樟酯香味轮廓评价表

序号	香韵名称	评分(0—9)	评判分值
1	树脂香	0	0:无 1～2:弱 3～4:稍弱 5:适中 6～7:较强 8～9:强
2	干草香	0	
3	清香	1.5	
4	果香	2.5	
5	辛香	0	
6	木香	0	
7	青滋香	2.5	
8	花香	5.0	
9	药草香	0	
10	豆香	0	
11	可可香	0	
12	奶香	0	
13	膏香	0	
14	烘焙香	0	
15	焦香	1.0	
16	酒香	1.0	
17	甜香	2.5	
18	酸香	0	

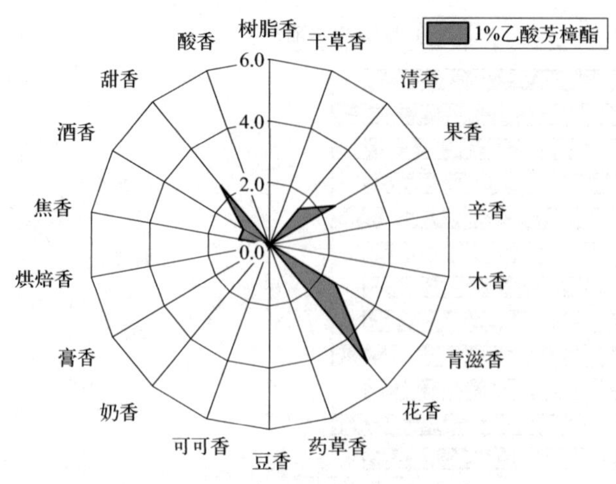

图 5-139　1%乙酸芳樟酯香味轮廓图

5.3.38　乙酸芳樟酯对加热卷烟风格、感官质量和香韵特征的影响

对 2%乙酸芳樟酯的加香作用进行评价，结果见表 5-96 和图 5-140、图 5-141。从中可以看出，乙酸芳樟酯在卷烟中的主要作用是降低刺激性，稍提升香气质和香气量，烟气劲头、协调性和均匀性尚可，主要赋予卷烟青滋香、烤烟烟香、花香、烘焙香、果香、药草香和甜香韵。

表 5-96　2%乙酸芳樟酯作用评价汇总表

类别	项目	评分
烟气特征	香气质	7.0
	香气量	7.0
	杂气	6.5
	浓度	6.5
	透发性	6.5
	劲头	7.0
	协调性	7.0
	均匀性	7.0
口感特征	干燥	6.5
	细腻柔和	6.5
	刺激	7.0
	余味	6.5

香气风格(0—3分)														
烤烟烟香	0/1/2/3	1.0	晾晒烟香	0/1/2/3	0	清香	0/1/2/3	0	果香	0/1/2/3	0.5	辛香	0/1/2/3	0
木香	0/1/2/3	0	青滋香	0/1/2/3	1.5	花香	0/1/2/3	1.0	药草香	0/1/2/3	0.5	豆香	0/1/2/3	0
可可香	0/1/2/3	0	奶香	0/1/2/3	0	膏香	0/1/2/3	0	烘焙香	0/1/2/3	1.0	甜香	0/1/2/3	0.5

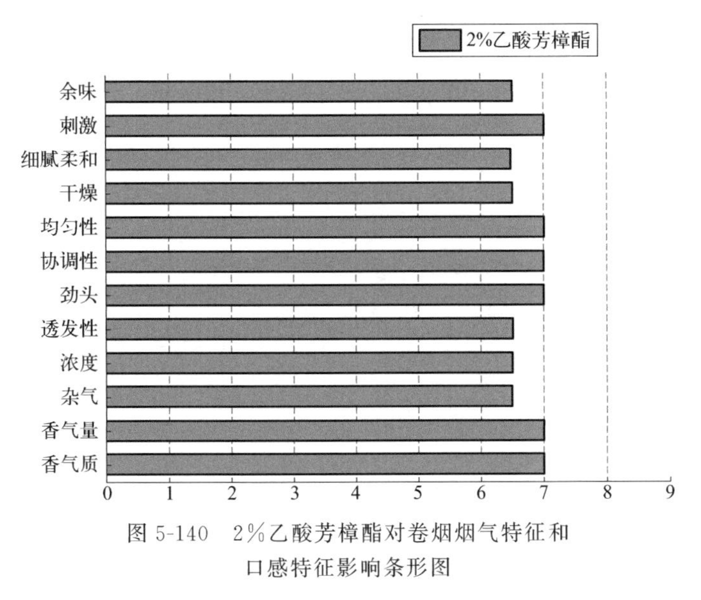

图 5-140 2%乙酸芳樟酯对卷烟烟气特征和口感特征影响条形图

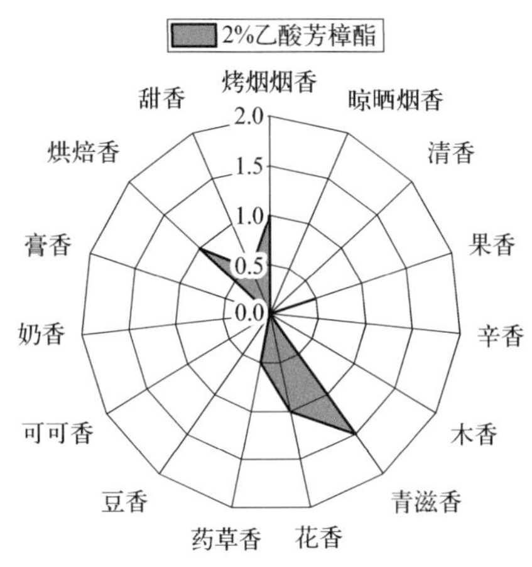

图 5-141 2%乙酸芳樟酯对卷烟香气风格影响轮廓图

5.3.39 乙酸苯乙酯的香韵组成和嗅香感官特征

采用香味轮廓分析法对乙酸苯乙酯的香韵组成及强度进行评价，评价结果见表 5-97 及图 5-142。

由 1%乙酸苯乙酯香味感官评价结果可知：1%乙酸苯乙酯嗅香辅助香韵为果香、花香、甜香（≥2.0）；修饰香韵为清香、木香、青滋香、酒香（≥0.5）等香韵。

表 5-97 1%乙酸苯乙酯香味轮廓评价表

序号	香韵名称	评分(0—9)	评判分值
1	树脂香	0	0:无 1~2:弱 3~4:稍弱 5:适中 6~7:较强 8~9:强
2	干草香	0	
3	清香	1.5	
4	果香	2.0	
5	辛香	0	
6	木香	1.0	
7	青滋香	1.5	
8	花香	3.5	
9	药草香	0	
10	豆香	0	
11	可可香	0	
12	奶香	0	
13	膏香	0	
14	烘焙香	0	
15	焦香	0	
16	酒香	1.0	
17	甜香	2.0	
18	酸香	0	

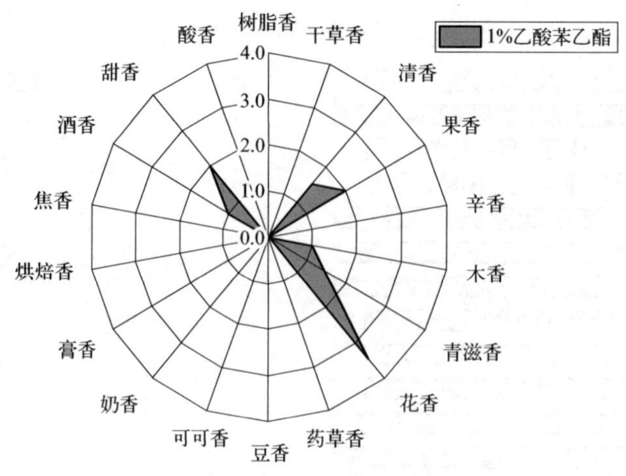

图 5-142　1%乙酸苯乙酯香味轮廓图

5.3.40　乙酸苯乙酯对加热卷烟风格、感官质量和香韵特征的影响

对1%乙酸苯乙酯的加香作用进行评价，结果见表5-98和图5-143、图5-144。从中可以看出，乙酸苯乙酯在卷烟中的主要作用是提升烟气协调性，降低刺激性，稍提升香气质和香气量，烟气浓度、劲头、透发性和均匀性尚可，稍降低杂气，主要赋予卷烟花香、烤烟烟香、青滋香、甜香、清香、果香和烘焙香韵。

表 5-98　1%乙酸苯乙酯作用评价汇总表

烟气特征	香气质	7.0
	香气量	7.0
	杂气	7.0
	浓度	7.0
	透发性	7.0
	劲头	7.0
	协调性	7.5
	均匀性	7.0
口感特征	干燥	7.0
	细腻柔和	6.5
	刺激	7.5
	余味	6.5

香气风格（0—3分）	香韵	标度	得分	香韵	标度	得分	香韵	标度	得分	香韵	标度	得分	香韵	标度	得分
	烤烟烟香	0/1/2/3	1.0	晾晒烟香	0/1/2/3	0	清香	0/1/2/3	0.5	果香	0/1/2/3	0.5	辛香	0/1/2/3	0
	木香	0/1/2/3	0	青滋香	0/1/2/3	1.0	花香	0/1/2/3	1.5	药草香	0/1/2/3	0	豆香	0/1/2/3	0
	可可香	0/1/2/3	0	奶香	0/1/2/3	0	膏香	0/1/2/3	0	烘焙香	0/1/2/3	0.5	甜香	0/1/2/3	1.0

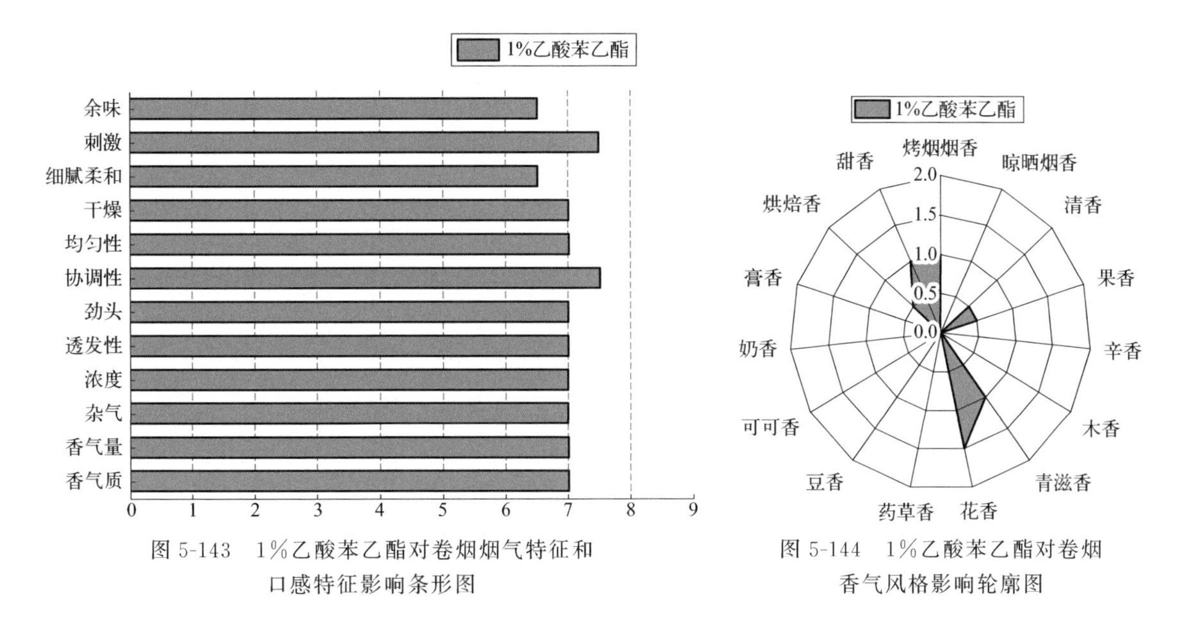

图 5-143　1%乙酸苯乙酯对卷烟烟气特征和口感特征影响条形图

图 5-144　1%乙酸苯乙酯对卷烟香气风格影响轮廓图

5.3.41　乙酸薄荷酯的香韵组成和嗅香感官特征

采用香味轮廓分析法对乙酸薄荷酯的香韵组成及强度进行评价，评价结果见表 5-99 及图 5-145。

由 1%乙酸薄荷酯香味感官评价结果可知：1%乙酸薄荷酯嗅香辅助香韵为甜香、酸香（≥2.0）；修饰香韵为清香、果香、辛香、青滋香、花香、药草香（≥0.5）等香韵。

表 5-99　1%乙酸薄荷酯香味轮廓评价表

序号	香韵名称	评分(0—9)	评判分值
1	树脂香	0	0:无 1～2:弱 3～4:稍弱 5:适中 6～7:较强 8～9:强
2	干草香	0	
3	清香	1.0	
4	果香	1.5	
5	辛香	1.0	
6	木香	0	
7	青滋香	1.0	
8	花香	1.0	
9	药草香	1.5	
10	豆香	0	
11	可可香	0	
12	奶香	0	
13	膏香	0	
14	烘焙香	0	
15	焦香	0	
16	酒香	0	
17	甜香	2.0	
18	酸香	2.0	

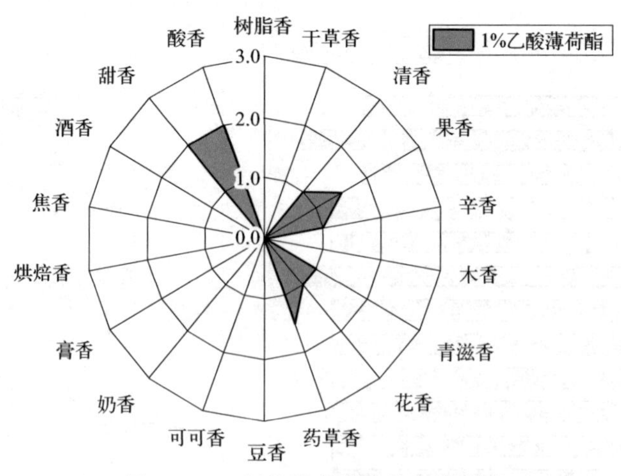

图 5-145　1%乙酸薄荷酯香味轮廓图

5.3.42　乙酸薄荷酯对加热卷烟风格、感官质量和香韵特征的影响

对2%乙酸薄荷酯的加香作用进行评价，结果见表5-100和图5-146、图5-147。从中可以看出，乙酸薄荷酯在卷烟中的主要作用是提升烟气协调性，降低杂气，稍提升香气质，烟气劲头、透发性和均匀性尚可，烟气细腻柔和感较好，稍降低刺激性，主要赋予卷烟烤烟烟香、青滋香、药草香、烘焙香、清香、果香、辛香、木香、花香和甜香韵。

表 5-100　2%乙酸薄荷酯作用评价汇总表

类别	指标	刻度	评分
烟气特征	香气质		7.0
	香气量		6.5
	杂气		7.5
	浓度		6.5
	透发性		7.0
	劲头		7.0
	协调性		7.5
	均匀性		7.0
口感特征	干燥		7.5
	细腻柔和		7.0
	刺激		7.0
	余味		6.5
香气风格（0—3分）	烤烟烟香	0 1 2 3	1.0
	晾晒烟香	0 1 2 3	0
	清香	0 1 2 3	0.5
	果香	0 1 2 3	0.5
	辛香	0 1 2 3	0.5
	木香	0 1 2 3	0.5
	青滋香	0 1 2 3	1.0
	花香	0 1 2 3	0.5
	药草香	0 1 2 3	1.0
	豆香	0 1 2 3	0
	可可香	0 1 2 3	0
	奶香	0 1 2 3	0
	膏香	0 1 2 3	0
	烘焙香	0 1 2 3	1.0
	甜香	0 1 2 3	0.5

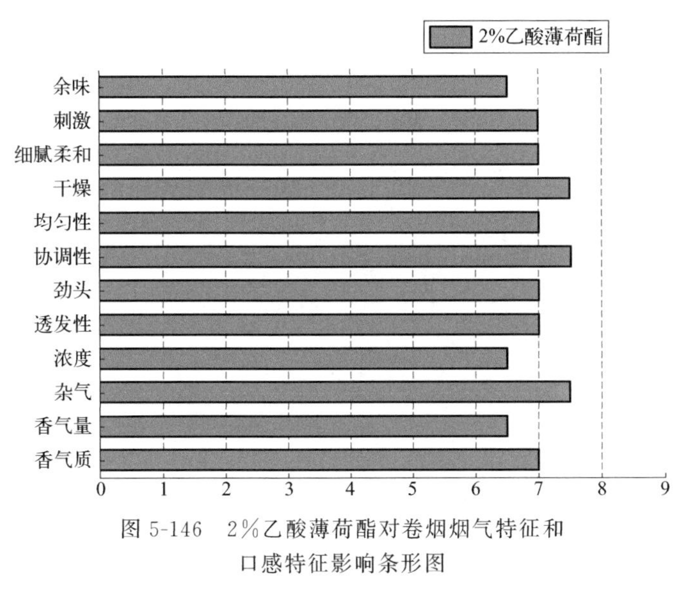

图 5-146 2%乙酸薄荷酯对卷烟烟气特征和口感特征影响条形图

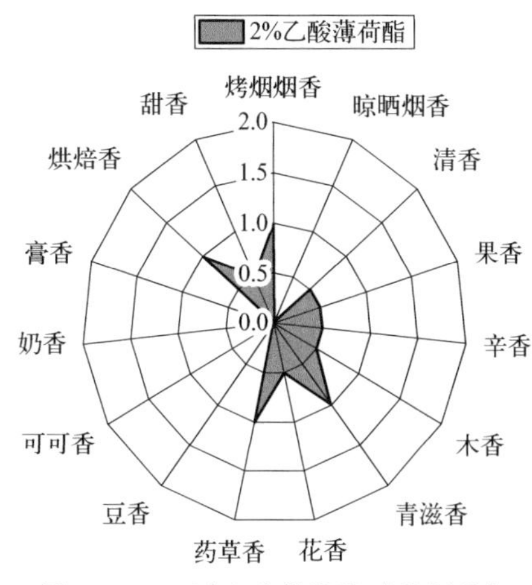

图 5-147 2%乙酸薄荷酯对卷烟香气风格影响轮廓图

5.3.43 乙酸茴香酯的香韵组成和嗅香感官特征

采用香味轮廓分析法对乙酸茴香酯的香韵组成及强度进行评价，评价结果见表 5-101 及图 5-148。

由 1% 乙酸茴香酯香味感官评价结果可知：1% 乙酸茴香酯嗅香辅助香韵为辛香（≥2.0）；修饰香韵为树脂香、清香、果香、木香、青滋香、酒香、甜香（≥0.5）等香韵。

表 5-101 1%乙酸茴香酯香味轮廓评价表

序号	香韵名称	评分(0—9)	评判分值
1	树脂香	1.0	0:无 1～2:弱 3～4:稍弱 5:适中 6～7:较强 8～9:强
2	干草香	0	
3	清香	1.5	
4	果香	1.0	
5	辛香	2.0	
6	木香	1.5	
7	青滋香	1.0	
8	花香	0	
9	药草香	0	
10	豆香	0	
11	可可香	0	
12	奶香	0	
13	膏香	0	
14	烘焙香	0	
15	焦香	0	
16	酒香	1.0	
17	甜香	1.5	
18	酸香	0	

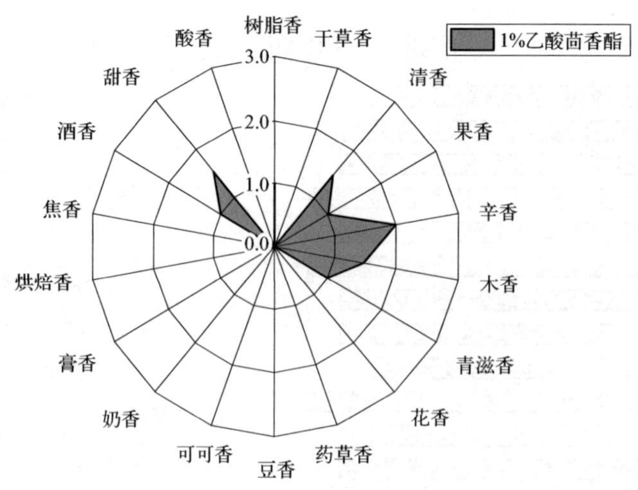

图 5-148 1%乙酸茴香酯香味轮廓图

5.3.44 乙酸茴香酯对加热卷烟风格、感官质量和香韵特征的影响

对2%乙酸茴香酯的加香作用进行评价，结果见表5-102和图5-149、图5-150。从中可以看出，乙酸茴香酯在卷烟中的主要作用是提升烟气透发性和均匀性，降低刺激性，香气质、香气量、烟气浓度、劲头和协调性尚可，烟气细腻柔和感较好，稍降低杂气，主要赋予卷烟烤烟烟香、果香、青滋香、花香、烘焙香、清香和甜香韵。

表 5-102 2%乙酸茴香酯作用评价汇总表

<table>
<tr><td rowspan="8">烟气特征</td><td colspan="2">香气质</td><td colspan="13">7.0</td></tr>
<tr><td colspan="2">香气量</td><td colspan="13">7.0</td></tr>
<tr><td colspan="2">杂气</td><td colspan="13">7.0</td></tr>
<tr><td colspan="2">浓度</td><td colspan="13">7.0</td></tr>
<tr><td colspan="2">透发性</td><td colspan="13">7.5</td></tr>
<tr><td colspan="2">劲头</td><td colspan="13">7.0</td></tr>
<tr><td colspan="2">协调性</td><td colspan="13">7.0</td></tr>
<tr><td colspan="2">均匀性</td><td colspan="13">7.5</td></tr>
<tr><td rowspan="4">口感特征</td><td colspan="2">干燥</td><td colspan="13">7.0</td></tr>
<tr><td colspan="2">细腻柔和</td><td colspan="13">7.0</td></tr>
<tr><td colspan="2">刺激</td><td colspan="13">7.5</td></tr>
<tr><td colspan="2">余味</td><td colspan="13">6.5</td></tr>
<tr><td rowspan="12">香气风格（0—3分）</td><td rowspan="4">烤烟烟香</td><td>0</td><td rowspan="4">1.5</td><td rowspan="4">晾晒烟香</td><td>0</td><td rowspan="4">0</td><td rowspan="4">清香</td><td>0</td><td rowspan="4">0.5</td><td rowspan="4">果香</td><td>0</td><td rowspan="4">1.0</td><td rowspan="4">辛香</td><td>0</td><td rowspan="4">0</td></tr>
<tr><td>1</td><td>1</td><td>1</td><td>1</td><td>1</td></tr>
<tr><td>2</td><td>2</td><td>2</td><td>2</td><td>2</td></tr>
<tr><td>3</td><td>3</td><td>3</td><td>3</td><td>3</td></tr>
<tr><td rowspan="4">木香</td><td>0</td><td rowspan="4">0</td><td rowspan="4">青滋香</td><td>0</td><td rowspan="4">1.0</td><td rowspan="4">花香</td><td>0</td><td rowspan="4">1.0</td><td rowspan="4">药草香</td><td>0</td><td rowspan="4">0</td><td rowspan="4">豆香</td><td>0</td><td rowspan="4">0</td></tr>
<tr><td>1</td><td>1</td><td>1</td><td>1</td><td>1</td></tr>
<tr><td>2</td><td>2</td><td>2</td><td>2</td><td>2</td></tr>
<tr><td>3</td><td>3</td><td>3</td><td>3</td><td>3</td></tr>
<tr><td rowspan="4">可可香</td><td>0</td><td rowspan="4">0</td><td rowspan="4">奶香</td><td>0</td><td rowspan="4">0</td><td rowspan="4">膏香</td><td>0</td><td rowspan="4">0</td><td rowspan="4">烘焙香</td><td>0</td><td rowspan="4">1.0</td><td rowspan="4">甜香</td><td>0</td><td rowspan="4">0.5</td></tr>
<tr><td>1</td><td>1</td><td>1</td><td>1</td><td>1</td></tr>
<tr><td>2</td><td>2</td><td>2</td><td>2</td><td>2</td></tr>
<tr><td>3</td><td>3</td><td>3</td><td>3</td><td>3</td></tr>
</table>

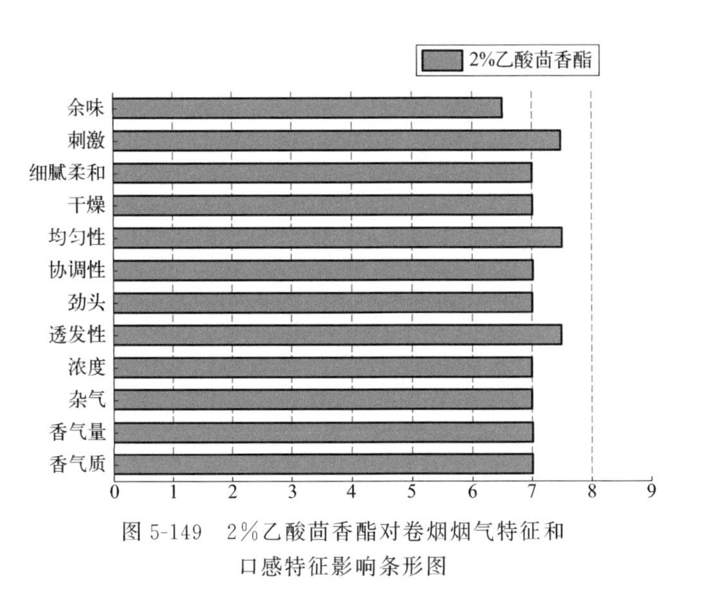

图 5-149　2%乙酸茴香酯对卷烟烟气特征和口感特征影响条形图

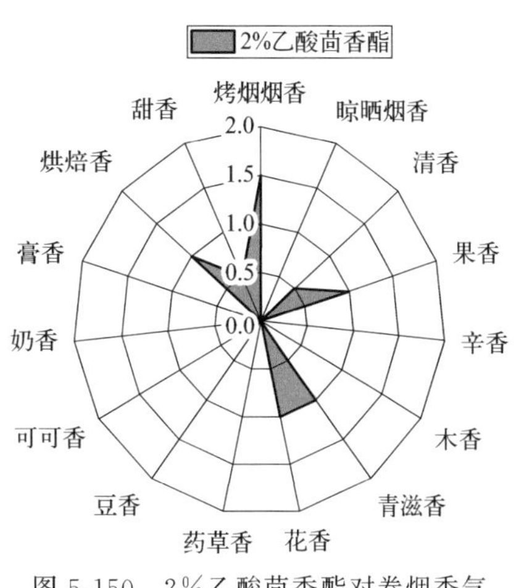

图 5-150　2%乙酸茴香酯对卷烟香气风格影响轮廓图

5.3.45　葫芦巴内酯的香韵组成和嗅香感官特征

采用香味轮廓分析法对葫芦巴内酯的香韵组成及强度进行评价，评价结果见表 5-103 及图 5-151。

由 1%葫芦巴内酯香味感官评价结果可知：1%葫芦巴内酯嗅香主体香韵为甜香（5.0）；辅助香韵为木香、药草香、焦香（≥2.0）；修饰香韵为果香、辛香、豆香、膏香、烘焙香（≥0.5）等香韵。

表 5-103　1%葫芦巴内酯香味轮廓评价表

序号	香韵名称	评分(0—9)	评判分值
1	树脂香	0	0:无 1～2:弱 3～4:稍弱 5:适中 6～7:较强 8～9:强
2	干草香	0	
3	清香	0	
4	果香	1.0	
5	辛香	1.5	
6	木香	2.5	
7	青滋香	0	
8	花香	0	
9	药草香	3.0	
10	豆香	1.0	
11	可可香	0	
12	奶香	0	
13	膏香	1.5	
14	烘焙香	1.0	
15	焦香	2.5	
16	酒香	0	
17	甜香	5.0	
18	酸香	0	

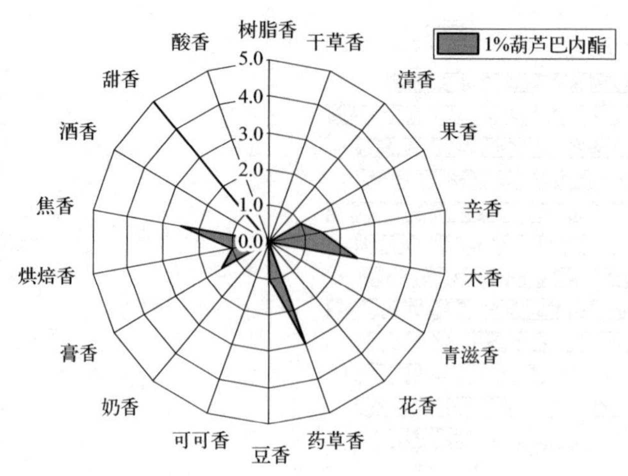

图 5-151 1%葫芦巴内酯香味轮廓图

5.3.46 葫芦巴内酯对加热卷烟风格、感官质量和香韵特征的影响

对 1%葫芦巴内酯的加香作用进行评价，结果见表 5-104 和图 5-152、图 5-153。从中可以看出，葫芦巴内酯在卷烟中的主要作用是提升烟气透发性，稍提升香气质和香气量，烟气浓度、劲头、协调性和均匀性尚可，烟气细腻柔和感较好，稍降低杂气和刺激性，主要赋予卷烟烤烟烟香、烘焙香、甜香、木香、青滋香、药草香和豆香韵。

表 5-104 1%葫芦巴内酯作用评价汇总表

烟气特征	香气质	7.0													
	香气量	7.0													
	杂气	7.0													
	浓度	7.0													
	透发性	7.5													
	劲头	7.0													
	协调性	7.0													
	均匀性	7.0													
口感特征	干燥	7.0													
	细腻柔和	7.0													
	刺激	7.0													
	余味	6.5													
香气风格（0—3 分）	烤烟烟香	0 1 2 3	1.5	晾晒烟香	0 1 2 3	0	清香	0 1 2 3	0	果香	0 1 2 3	0	辛香	0 1 2 3	0
	木香	0 1 2 3	0.5	青滋香	0 1 2 3	0.5	花香	0 1 2 3	0	药草香	0 1 2 3	0.5	豆香	0 1 2 3	0.5
	可可香	0 1 2 3	0	奶香	0 1 2 3	0	膏香	0 1 2 3	0	烘焙香	0 1 2 3	1.5	甜香	0 1 2 3	1.5

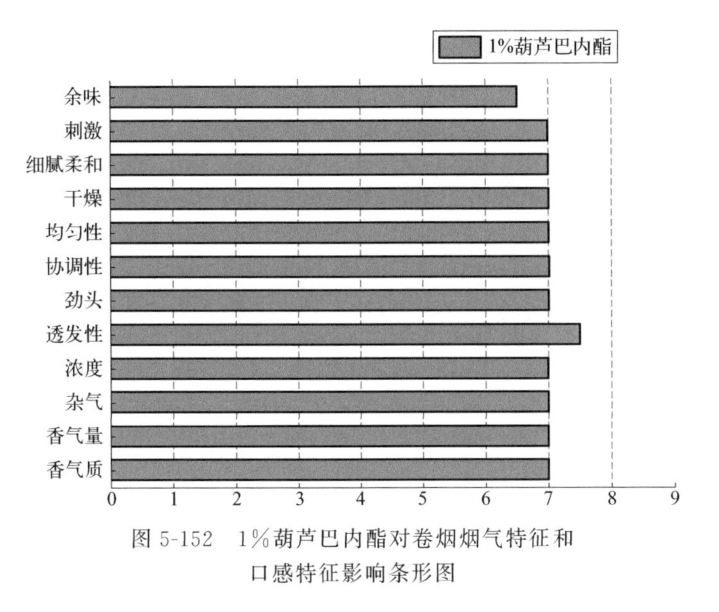

图 5-152　1%葫芦巴内酯对卷烟烟气特征和口感特征影响条形图

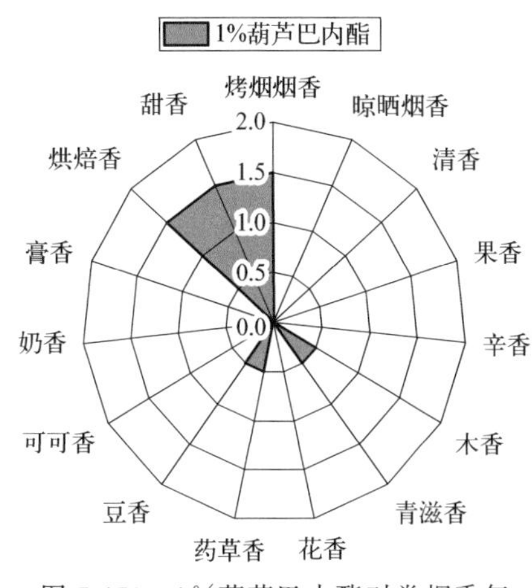

图 5-153　1%葫芦巴内酯对卷烟香气风格影响轮廓图

5.3.47　邻氨基苯甲酸甲酯的香韵组成和嗅香感官特征

采用香味轮廓分析法对邻氨基苯甲酸甲酯的香韵组成及强度进行评价，评价结果见表 5-105 及图 5-154。

由 1%邻氨基苯甲酸甲酯香味感官评价结果可知：1%邻氨基苯甲酸甲酯嗅香辅助香韵为干草香、果香、甜香（≥2.0）；修饰香韵为清香、木香、青滋香、花香（≥0.5）等香韵。

表 5-105　1%邻氨基苯甲酸甲酯香味轮廓评价表

序号	香韵名称	评分(0—9)	评判分值
1	树脂香	0	0:无 1～2:弱 3～4:稍弱 5:适中 6～7:较强 8～9:强
2	干草香	2.0	
3	清香	0.5	
4	果香	3.5	
5	辛香	0	
6	木香	1.5	
7	青滋香	1.5	
8	花香	1.0	
9	药草香	0	
10	豆香	0	
11	可可香	0	
12	奶香	0	
13	膏香	0	
14	烘焙香	0	
15	焦香	0	
16	酒香	0	
17	甜香	2.5	
18	酸香	0	

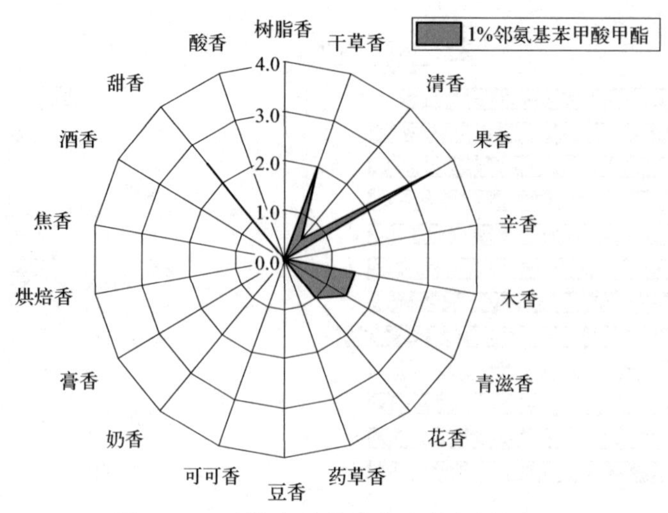

图 5-154　1%邻氨基苯甲酸甲酯香味轮廓图

5.3.48　邻氨基苯甲酸甲酯对加热卷烟风格、感官质量和香韵特征的影响

对 1%邻氨基苯甲酸甲酯的加香作用进行评价，结果见表 5-106 和图 5-155、图 5-156。从中可以看出，邻氨基苯甲酸甲酯在卷烟中的主要作用是提升烟气透发性和均匀性，稍提升香气质和香气量，烟气浓度和劲头尚可，烟气细腻柔和感较好，稍降低刺激性，主要赋予卷烟烤烟烟香、果香、青滋香、清香、木香、花香、烘焙香和甜香韵。

表 5-106　1%邻氨基苯甲酸甲酯作用评价汇总表

<table>
<tr><td rowspan="8">烟气特征</td><td colspan="2">香气质</td><td colspan="13">7.0</td></tr>
<tr><td colspan="2">香气量</td><td colspan="13">7.0</td></tr>
<tr><td colspan="2">杂气</td><td colspan="13">6.5</td></tr>
<tr><td colspan="2">浓度</td><td colspan="13">7.0</td></tr>
<tr><td colspan="2">透发性</td><td colspan="13">7.5</td></tr>
<tr><td colspan="2">劲头</td><td colspan="13">7.0</td></tr>
<tr><td colspan="2">协调性</td><td colspan="13">6.5</td></tr>
<tr><td colspan="2">均匀性</td><td colspan="13">7.5</td></tr>
<tr><td rowspan="4">口感特征</td><td colspan="2">干燥</td><td colspan="13">6.5</td></tr>
<tr><td colspan="2">细腻柔和</td><td colspan="13">7.0</td></tr>
<tr><td colspan="2">刺激</td><td colspan="13">7.0</td></tr>
<tr><td colspan="2">余味</td><td colspan="13">6.0</td></tr>
<tr><td rowspan="12">香气风格（0—3 分）</td><td rowspan="4">烤烟烟香</td><td>0</td><td rowspan="4">1.0</td><td rowspan="4">晾晒烟香</td><td>0</td><td rowspan="4">0</td><td rowspan="4">清香</td><td>0</td><td rowspan="4">0.5</td><td rowspan="4">果香</td><td>0</td><td rowspan="4">1.0</td><td rowspan="4">辛香</td><td>0</td><td rowspan="4">0</td></tr>
<tr><td>1</td><td>1</td><td>1</td><td>1</td><td>1</td></tr>
<tr><td>2</td><td>2</td><td>2</td><td>2</td><td>2</td></tr>
<tr><td>3</td><td>3</td><td>3</td><td>3</td><td>3</td></tr>
<tr><td rowspan="4">木香</td><td>0</td><td rowspan="4">0.5</td><td rowspan="4">青滋香</td><td>0</td><td rowspan="4">1.0</td><td rowspan="4">花香</td><td>0</td><td rowspan="4">0.5</td><td rowspan="4">药草香</td><td>0</td><td rowspan="4">0</td><td rowspan="4">豆香</td><td>0</td><td rowspan="4">0</td></tr>
<tr><td>1</td><td>1</td><td>1</td><td>1</td><td>1</td></tr>
<tr><td>2</td><td>2</td><td>2</td><td>2</td><td>2</td></tr>
<tr><td>3</td><td>3</td><td>3</td><td>3</td><td>3</td></tr>
<tr><td rowspan="4">可可香</td><td>0</td><td rowspan="4">0</td><td rowspan="4">奶香</td><td>0</td><td rowspan="4">0</td><td rowspan="4">膏香</td><td>0</td><td rowspan="4">0</td><td rowspan="4">烘焙香</td><td>0</td><td rowspan="4">0.5</td><td rowspan="4">甜香</td><td>0</td><td rowspan="4">0.5</td></tr>
<tr><td>1</td><td>1</td><td>1</td><td>1</td><td>1</td></tr>
<tr><td>2</td><td>2</td><td>2</td><td>2</td><td>2</td></tr>
<tr><td>3</td><td>3</td><td>3</td><td>3</td><td>3</td></tr>
</table>

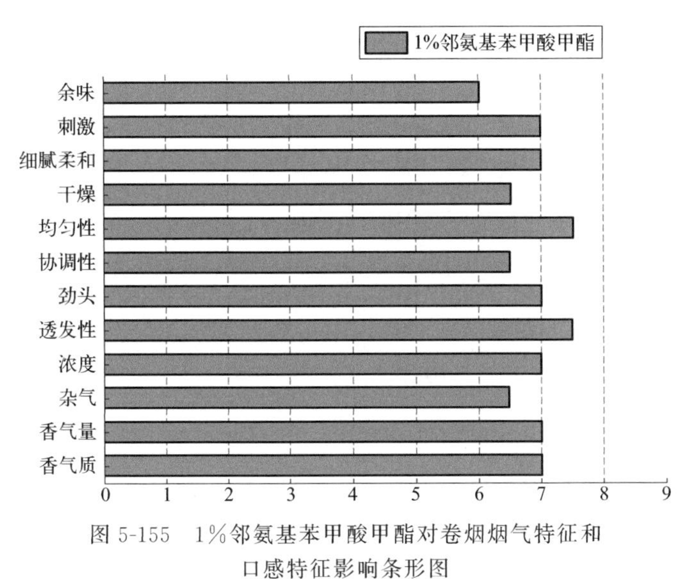

图 5-155 1%邻氨基苯甲酸甲酯对卷烟烟气特征和口感特征影响条形图

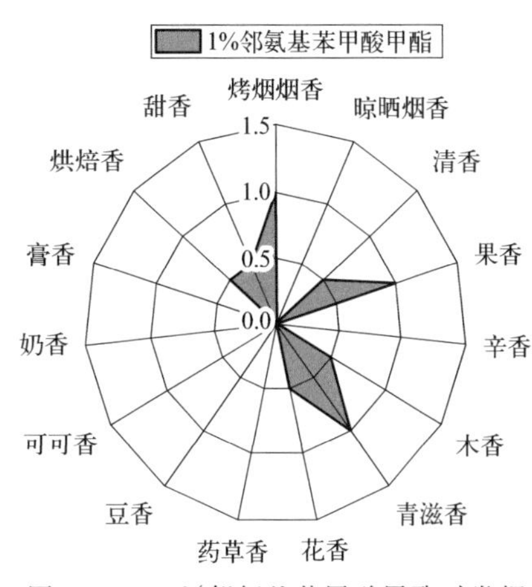

图 5-156 1%邻氨基苯甲酸甲酯对卷烟香气风格影响轮廓图

5.3.49 二氢茉莉酮酸甲酯的香韵组成和嗅香感官特征

采用香味轮廓分析法对二氢茉莉酮酸甲酯的香韵组成及强度进行评价，评价结果见表5-107及图5-157。

由1%二氢茉莉酮酸甲酯香味感官评价结果可知：1%二氢茉莉酮酸甲酯嗅香主体香韵为花香（4.5）；辅助香韵为清香、甜香（≥2.0）；修饰香韵为果香、奶香（≥0.5）等香韵。

表 5-107 1%二氢茉莉酮酸甲酯香味轮廓评价表

序号	香韵名称	评分(0—9)	评判分值
1	树脂香	0	0:无 1～2:弱 3～4:稍弱 5:适中 6～7:较强 8～9:强
2	干草香	0	
3	清香	2.0	
4	果香	0.5	
5	辛香	0	
6	木香	0	
7	青滋香	0	
8	花香	4.5	
9	药草香	0	
10	豆香	0	
11	可可香	0	
12	奶香	1.0	
13	膏香	0	
14	烘焙香	0	
15	焦香	0	
16	酒香	0	
17	甜香	2.0	
18	酸香	0	

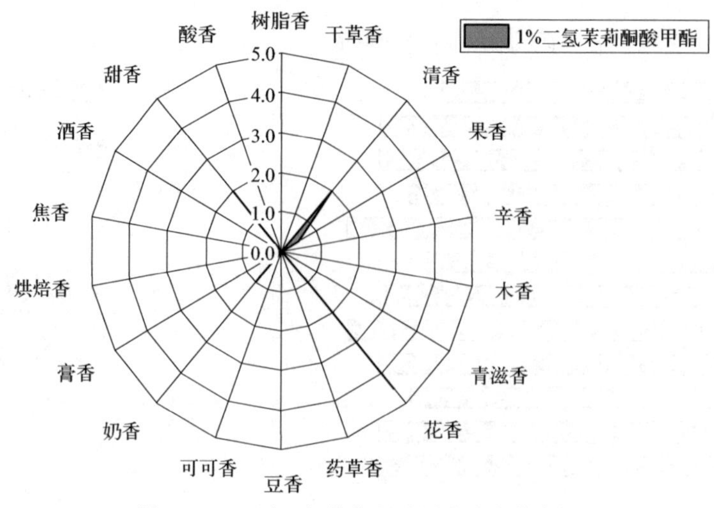

图 5-157　1%二氢茉莉酮酸甲酯香味轮廓图

5.3.50　二氢茉莉酮酸甲酯对加热卷烟风格、感官质量和香韵特征的影响

对 1%二氢茉莉酮酸甲酯的加香作用进行评价，结果见表 5-108 和图 5-158、图 5-159。从中可以看出，二氢茉莉酮酸甲酯在卷烟中的主要作用是提升香气质、烟气透发性和协调性，烟气细腻柔和感好，降低杂气，稍提升香气量，烟气浓度、劲头和均匀性尚可，稍降低刺激性，余味干净，主要赋予卷烟烤烟烟香、青滋香、清香、花香、烘焙香和甜香韵。

表 5-108　1%二氢茉莉酮酸甲酯作用评价汇总表

烟气特征	香气质	7.5
	香气量	7.0
	杂气	7.5
	浓度	7.0
	透发性	7.5
	劲头	7.0
	协调性	7.5
	均匀性	7.0
口感特征	干燥	7.0
	细腻柔和	7.5
	刺激	7.0
	余味	7.0

香气风格（0—3 分）	烤烟烟香	0	1.5	晾晒烟香	0	0	清香	0	1.0	果香	0	0	辛香	0	0
		1			1			1			1			1	
		2			2			2			2			2	
		3			3			3			3			3	
	木香	0	0	青滋香	0	1.5	花香	0	1.0	药草香	0	0	豆香	0	0
		1			1			1			1			1	
		2			2			2			2			2	
		3			3			3			3			3	
	可可香	0	0	奶香	0	0	膏香	0	0	烘焙香	0	1.0	甜香	0	1.0
		1			1			1			1			1	
		2			2			2			2			2	
		3			3			3			3			3	

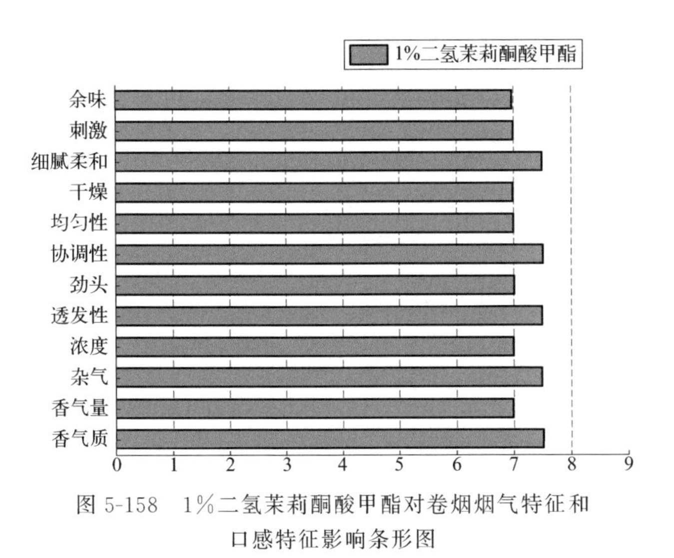

图5-158 1%二氢茉莉酮酸甲酯对卷烟烟气特征和口感特征影响条形图

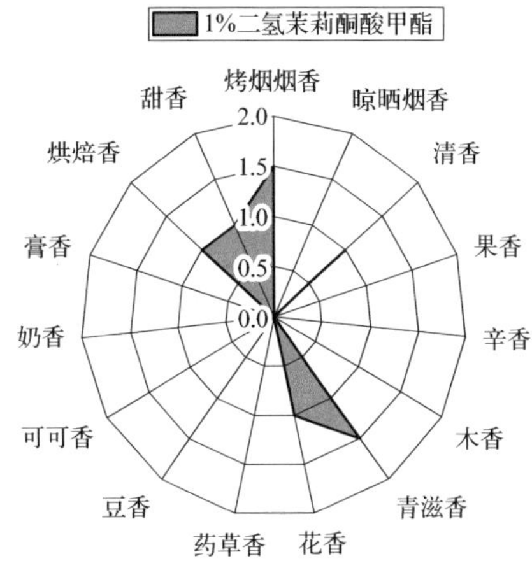

图5-159 1%二氢茉莉酮酸甲酯对卷烟香气风格影响轮廓图

5.4 酮类香原料对加热卷烟感官质量影响的研究

5.4.1 羟基丙酮的香韵组成和嗅香感官特征

采用香味轮廓分析法对羟基丙酮的香韵组成及强度进行评价，评价结果见表5-109及图5-160。

由1%羟基丙酮香味感官评价结果可知：1%羟基丙酮嗅香辅助香韵为清香、烘焙香、焦香（≥2.0）；修饰香韵为干草香、木香、豆香、奶香、甜香（≥0.5）等香韵。

表5-109 1%羟基丙酮香味轮廓评价表

序号	香韵名称	评分(0—9)	评判分值
1	树脂香	0	0:无 1～2:弱 3～4:稍弱 5:适中 6～7:较强 8～9:强
2	干草香	1.5	
3	清香	2.0	
4	果香	0	
5	辛香	0	
6	木香	1.0	
7	青滋香	0	
8	花香	0	
9	药草香	0	
10	豆香	1.5	
11	可可香	0	
12	奶香	1.5	
13	膏香	0	
14	烘焙香	3.0	
15	焦香	2.0	
16	酒香	0	
17	甜香	1.5	
18	酸香	0	

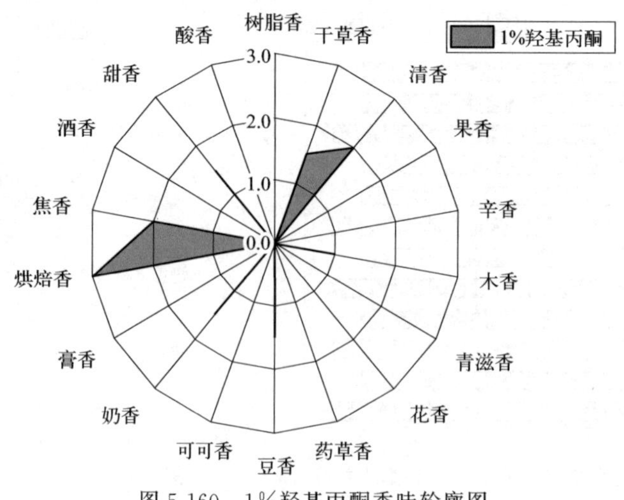

图 5-160　1%羟基丙酮香味轮廓图

5.4.2　羟基丙酮对加热卷烟风格、感官质量和香韵特征的影响

对 0.5%羟基丙酮的加香作用进行评价，结果见表 5-110 和图 5-161、图 5-162。从中可以看出，羟基丙酮在卷烟中的主要作用是提升香气质和香气量，增加烟气浓度、劲头、透发性和协调性，降低杂气和刺激性，烟气细腻柔和感好，烟气均匀性尚可，余味干净，主要赋予卷烟烘焙香、烤烟烟香、清香、甜香、木香、豆香和奶香韵。

表 5-110　0.5%羟基丙酮作用评价汇总表

<table>
<tr><td rowspan="8">烟气特征</td><td>香气质</td><td colspan="14">7.5</td></tr>
<tr><td>香气量</td><td colspan="14">7.5</td></tr>
<tr><td>杂气</td><td colspan="14">7.5</td></tr>
<tr><td>浓度</td><td colspan="14">7.5</td></tr>
<tr><td>透发性</td><td colspan="14">8.0</td></tr>
<tr><td>劲头</td><td colspan="14">7.5</td></tr>
<tr><td>协调性</td><td colspan="14">7.5</td></tr>
<tr><td>均匀性</td><td colspan="14">7.0</td></tr>
<tr><td rowspan="4">口感特征</td><td>干燥</td><td colspan="14">7.5</td></tr>
<tr><td>细腻柔和</td><td colspan="14">7.5</td></tr>
<tr><td>刺激</td><td colspan="14">7.5</td></tr>
<tr><td>余味</td><td colspan="14">7.0</td></tr>
<tr><td rowspan="3">香气风格（0—3 分）</td><td>烤烟烟香</td><td>0
1
2
3</td><td>1.5</td><td>晾晒烟香</td><td>0
1
2
3</td><td>0</td><td>清香</td><td>0
1
2
3</td><td>1.0</td><td>果香</td><td>0
1
2
3</td><td>0</td><td>辛香</td><td>0
1
2
3</td><td>0</td></tr>
<tr><td>木香</td><td>0
1
2
3</td><td>0.5</td><td>青滋香</td><td>0
1
2
3</td><td>0</td><td>花香</td><td>0
1
2
3</td><td>0</td><td>药草香</td><td>0
1
2
3</td><td>0</td><td>豆香</td><td>0
1
2
3</td><td>0.5</td></tr>
<tr><td>可可香</td><td>0
1
2
3</td><td>0</td><td>奶香</td><td>0
1
2
3</td><td>0.5</td><td>膏香</td><td>0
1
2
3</td><td>0</td><td>烘焙香</td><td>0
1
2
3</td><td>2.0</td><td>甜香</td><td>0
1
2
3</td><td>1.0</td></tr>
</table>

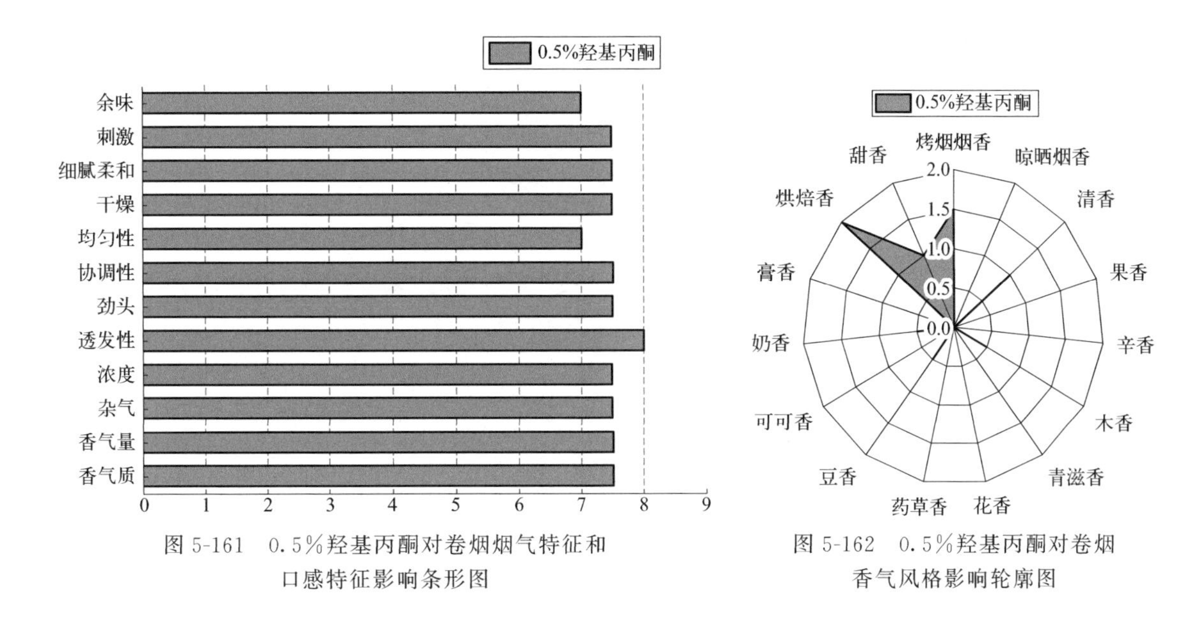

图5-161　0.5%羟基丙酮对卷烟烟气特征和口感特征影响条形图

图5-162　0.5%羟基丙酮对卷烟香气风格影响轮廓图

5.4.3　2-戊酮的香韵组成和嗅香感官特征

采用香味轮廓分析法对2-戊酮的香韵组成及强度进行评价，评价结果见表5-111及图5-163。

由1% 2-戊酮香味感官评价结果可知：1% 2-戊酮嗅香辅助香韵为果香、烘焙香、焦香、甜香（≥2.0）；修饰香韵为清香、青滋香、豆香、奶香（≥0.5）等香韵。

表5-111　1% 2-戊酮香味轮廓评价表

序号	香韵名称	评分(0—9)	评判分值
1	树脂香	0	0:无 1～2:弱 3～4:稍弱 5:适中 6～7:较强 8～9:强
2	干草香	0	
3	清香	1.0	
4	果香	3.0	
5	辛香	0	
6	木香	0	
7	青滋香	1.5	
8	花香	0	
9	药草香	0	
10	豆香	1.0	
11	可可香	0	
12	奶香	1.5	
13	膏香	0	
14	烘焙香	2.0	
15	焦香	2.0	
16	酒香	0	
17	甜香	2.0	
18	酸香	0	

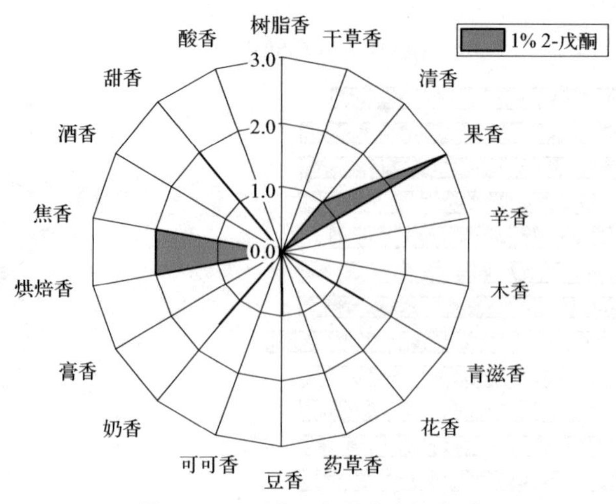

图 5-163　1% 2-戊酮香味轮廓图

5.4.4　2-戊酮对加热卷烟风格、感官质量和香韵特征的影响

对 0.5% 2-戊酮的加香作用进行评价，结果见表 5-112 和图 5-164、图 5-165。从中可以看出，2-戊酮在卷烟中的主要作用是提升香气质和香气量，烟气劲头、透发性和协调性以及均匀性尚可，烟气细腻柔和感好，降低杂气和刺激性，余味干净，主要赋予卷烟烤烟烟香、果香、青滋香、烘焙香、甜香、清香和花香韵。

表 5-112　0.5% 2-戊酮作用评价汇总表

类别	指标	评分
烟气特征	香气质	7.5
	香气量	7.5
	杂气	7.5
	浓度	6.5
	透发性	7.0
	劲头	7.0
	协调性	7.0
	均匀性	7.0
口感特征	干燥	7.0
	细腻柔和	7.5
	刺激	7.5
	余味	7.0

类别	香韵	刻度	评分	香韵	刻度	评分	香韵	刻度	评分	香韵	刻度	评分	香韵	刻度	评分
香气风格（0—3 分）	烤烟烟香	0 1 2 3	1.5	晾晒烟香	0 1 2 3	0	清香	0 1 2 3	0.5	果香	0 1 2 3	1.0	辛香	0 1 2 3	0
	木香	0 1 2 3	0	青滋香	0 1 2 3	1.0	花香	0 1 2 3	0.5	药草香	0 1 2 3	0	豆香	0 1 2 3	0
	可可香	0 1 2 3	0	奶香	0 1 2 3	0	膏香	0 1 2 3	0	烘焙香	0 1 2 3	1.0	甜香	0 1 2 3	1.0

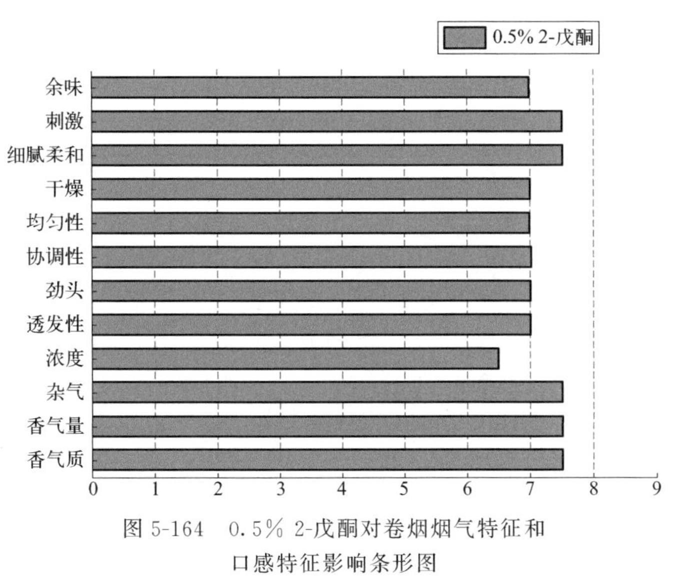

图 5-164　0.5% 2-戊酮对卷烟烟气特征和口感特征影响条形图

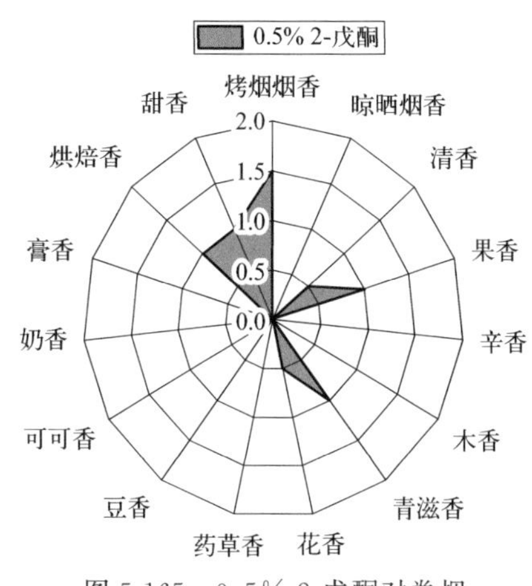

图 5-165　0.5% 2-戊酮对卷烟香气风格影响轮廓图

5.4.5　巨豆三烯酮的香韵组成和嗅香感官特征

采用香味轮廓分析法对巨豆三烯酮的香韵组成及强度进行评价，评价结果见表 5-113 及图 5-166。

由 1%巨豆三烯酮香味感官评价结果可知：1%巨豆三烯酮嗅香主体香韵为干草香（4.0）；修饰香韵为辛香、甜香、青滋香、可可香、清香、奶香（≥0.5）等香韵。

表 5-113　1%巨豆三烯酮香味轮廓评价表

序号	香韵名称	评分(0—9)	评判分值
1	树脂香	0	0:无 1～2:弱 3～4:稍弱 5:适中 6～7:较强 8～9:强
2	干草香	4.0	
3	清香	0.5	
4	果香	0	
5	辛香	1.5	
6	木香	0	
7	青滋香	1.0	
8	花香	0	
9	药草香	0	
10	豆香	0	
11	可可香	1.0	
12	奶香	0.5	
13	膏香	0	
14	烘焙香	0	
15	焦香	0	
16	酒香	0	
17	甜香	1.5	
18	酸香	0	

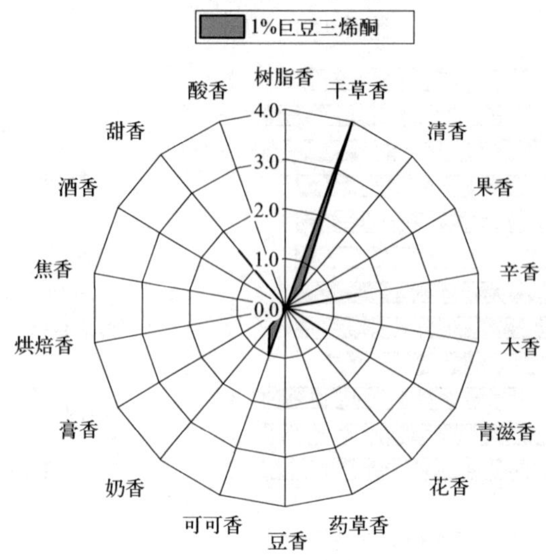

图 5-166　1%巨豆三烯酮香味轮廓图

5.4.6　巨豆三烯酮对加热卷烟风格、感官质量和香韵特征的影响

对1%巨豆三烯酮的加香作用进行评价，结果见表5-114和图5-167、图5-168。从中可以看出，巨豆三烯酮在卷烟中的主要作用是提升香气质和香气量，增加烟气劲头、透发性和协调性，降低杂气和刺激性，烟气浓度和均匀性尚可，烟气细腻柔和感较好，余味干净，主要赋予卷烟烤烟烟香、晾晒烟香、辛香、青滋香、可可香、烘焙香、甜香、清香和豆香韵。

表 5-114　1%巨豆三烯酮作用评价汇总表

烟气特征	香气质	7.5													
	香气量	7.5													
	杂气	7.5													
	浓度	7.0													
	透发性	7.5													
	劲头	7.5													
	协调性	7.5													
	均匀性	7.0													
口感特征	干燥	7.0													
	细腻柔和	7.0													
	刺激	7.5													
	余味	7.5													
香气风格（0—3分）	烤烟烟香	0	2.0	晾晒烟香	0	1.0	清香	0	0.5	果香	0	0	辛香	0	1.0
		1			1			1			1			1	
		2			2			2			2			2	
		3			3			3			3			3	
	木香	0	0	青滋香	0	1.0	花香	0	0	药草香	0	0	豆香	0	0.5
		1			1			1			1			1	
		2			2			2			2			2	
		3			3			3			3			3	
	可可香	0	1.0	奶香	0	0	膏香	0	0	烘焙香	0	1.0	甜香	0	1.0
		1			1			1			1			1	
		2			2			2			2			2	
		3			3			3			3			3	

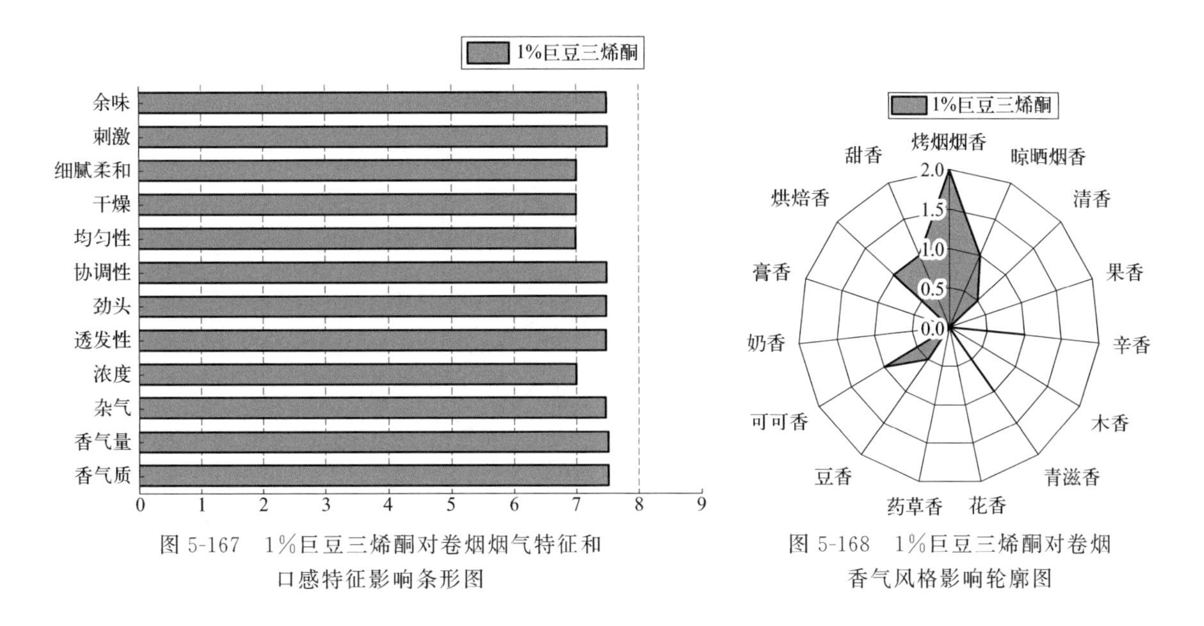

图 5-167　1%巨豆三烯酮对卷烟烟气特征和口感特征影响条形图

图 5-168　1%巨豆三烯酮对卷烟香气风格影响轮廓图

5.4.7　2-庚酮的香韵组成和嗅香感官特征

采用香味轮廓分析法对 2-庚酮的香韵组成及强度进行评价，评价结果见表 5-115 及图 5-169。

由 1% 2-庚酮香味感官评价结果可知：1% 2-庚酮嗅香主体香韵为果香（6.0）；辅助香韵为药草香（≥2.0）；修饰香韵为青滋香、甜香、干草香、清香（≥0.5）等香韵。

表 5-115　1% 2-庚酮香味轮廓评价表

序号	香韵名称	评分(0—9)	评判分值
1	树脂香	0	0:无 1～2:弱 3～4:稍弱 5:适中 6～7:较强 8～9:强
2	干草香	0.5	
3	清香	0.5	
4	果香	6.0	
5	辛香	0	
6	木香	0	
7	青滋香	1.5	
8	花香	0	
9	药草香	3.0	
10	豆香	0	
11	可可香	0	
12	奶香	0	
13	膏香	0	
14	烘焙香	0	
15	焦香	0	
16	酒香	0	
17	甜香	1.5	
18	酸香	0	

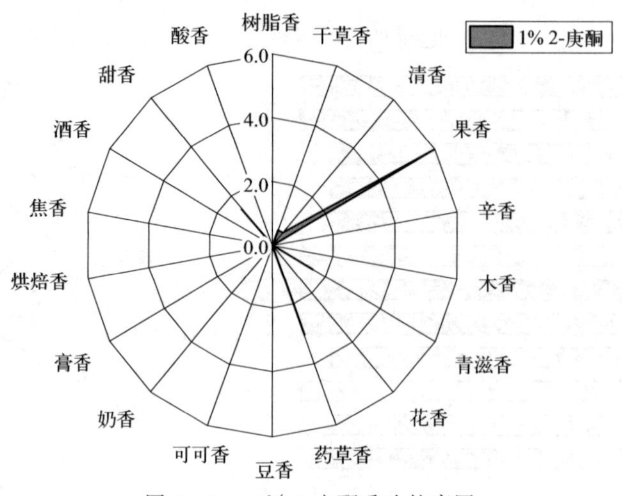

图 5-169　1% 2-庚酮香味轮廓图

5.4.8　2-庚酮对加热卷烟风格、感官质量和香韵特征的影响

对 0.5% 2-庚酮的加香作用进行评价，结果见表 5-116 和图 5-170、图 5-171。从中可以看出，2-庚酮在卷烟中的主要作用是增加香气量、烟气浓度和透发性，烟气细腻柔和感较好，主要赋予卷烟果香、药草香、烤烟烟香、辛香、青滋香、膏香、烘焙香和甜香韵。

表 5-116　0.5% 2-庚酮作用评价汇总表

<table>
<tr><td rowspan="8">烟气特征</td><td colspan="2">香气质</td><td colspan="13">6.5</td></tr>
<tr><td colspan="2">香气量</td><td colspan="13">7.0</td></tr>
<tr><td colspan="2">杂气</td><td colspan="13">6.0</td></tr>
<tr><td colspan="2">浓度</td><td colspan="13">7.0</td></tr>
<tr><td colspan="2">透发性</td><td colspan="13">7.0</td></tr>
<tr><td colspan="2">劲头</td><td colspan="13">6.5</td></tr>
<tr><td colspan="2">协调性</td><td colspan="13">6.5</td></tr>
<tr><td colspan="2">均匀性</td><td colspan="13">6.5</td></tr>
<tr><td rowspan="4">口感特征</td><td colspan="2">干燥</td><td colspan="13">6.0</td></tr>
<tr><td colspan="2">细腻柔和</td><td colspan="13">6.5</td></tr>
<tr><td colspan="2">刺激</td><td colspan="13">6.5</td></tr>
<tr><td colspan="2">余味</td><td colspan="13">5.5</td></tr>
<tr><td rowspan="12">香气风格（0—3 分）</td><td rowspan="4">烤烟烟香</td><td>0</td><td rowspan="4">1.0</td><td rowspan="4">晾晒烟香</td><td>0</td><td rowspan="4">0</td><td rowspan="4">清香</td><td>0</td><td rowspan="4">0</td><td rowspan="4">果香</td><td>0</td><td rowspan="4">2.0</td><td rowspan="4">辛香</td><td>0</td><td rowspan="4">0.5</td></tr>
<tr><td>1</td><td>1</td><td>1</td><td>1</td><td>1</td></tr>
<tr><td>2</td><td>2</td><td>2</td><td>2</td><td>2</td></tr>
<tr><td>3</td><td>3</td><td>3</td><td>3</td><td>3</td></tr>
<tr><td rowspan="4">木香</td><td>0</td><td rowspan="4">0</td><td rowspan="4">青滋香</td><td>0</td><td rowspan="4">0.5</td><td rowspan="4">花香</td><td>0</td><td rowspan="4">0</td><td rowspan="4">药草香</td><td>0</td><td rowspan="4">1.5</td><td rowspan="4">豆香</td><td>0</td><td rowspan="4">0</td></tr>
<tr><td>1</td><td>1</td><td>1</td><td>1</td><td>1</td></tr>
<tr><td>2</td><td>2</td><td>2</td><td>2</td><td>2</td></tr>
<tr><td>3</td><td>3</td><td>3</td><td>3</td><td>3</td></tr>
<tr><td rowspan="4">可可香</td><td>0</td><td rowspan="4">0</td><td rowspan="4">奶香</td><td>0</td><td rowspan="4">0</td><td rowspan="4">膏香</td><td>0</td><td rowspan="4">0.5</td><td rowspan="4">烘焙香</td><td>0</td><td rowspan="4">0.5</td><td rowspan="4">甜香</td><td>0</td><td rowspan="4">0.5</td></tr>
<tr><td>1</td><td>1</td><td>1</td><td>1</td><td>1</td></tr>
<tr><td>2</td><td>2</td><td>2</td><td>2</td><td>2</td></tr>
<tr><td>3</td><td>3</td><td>3</td><td>3</td><td>3</td></tr>
</table>

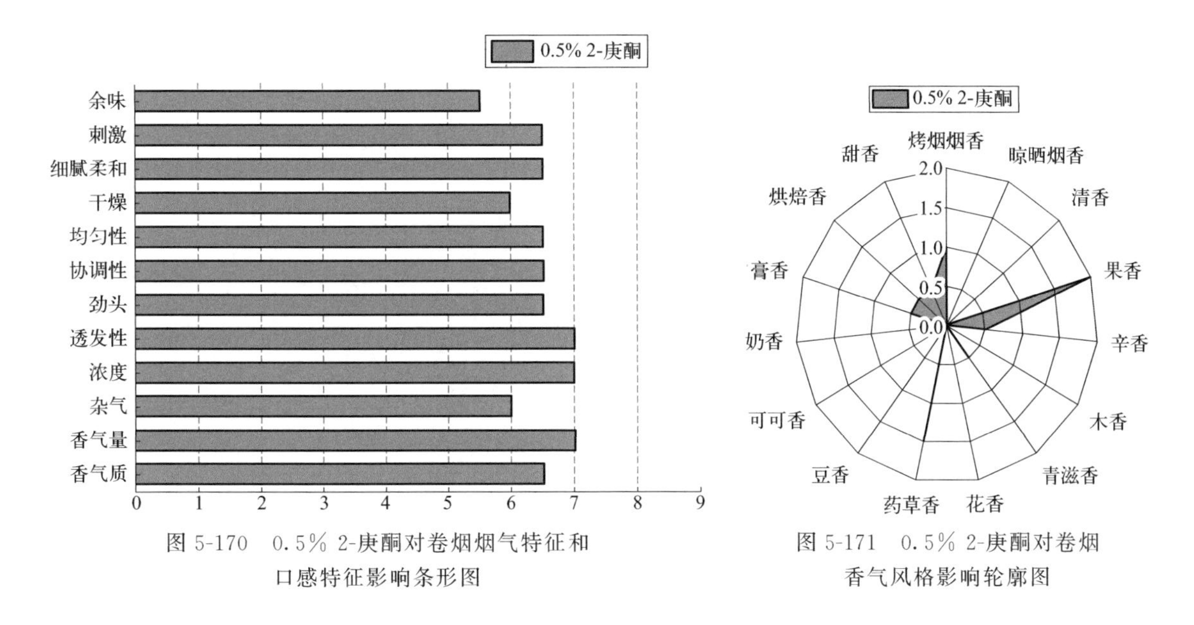

图 5-170　0.5% 2-庚酮对卷烟烟气特征和口感特征影响条形图

图 5-171　0.5% 2-庚酮对卷烟香气风格影响轮廓图

5.4.9　甲基环戊烯醇酮的香韵组成和嗅香感官特征

采用香味轮廓分析法对甲基环戊烯醇酮的香韵组成及强度进行评价，评价结果见表 5-117 及图 5-172。

由 1%甲基环戊烯醇酮香味感官评价结果可知：1%甲基环戊烯醇酮嗅香主体香韵为焦香（5.0）；辅助香韵为烘焙香、甜香（≥2.0）；修饰香韵为树脂香、干草香、清香、木香、青滋香、豆香、可可香（≥0.5）等香韵。

表 5-117　1%甲基环戊烯醇酮香味轮廓评价表

序号	香韵名称	评分(0—9)	评判分值
1	树脂香	1.5	0:无 1～2:弱 3～4:稍弱 5:适中 6～7:较强 8～9:强
2	干草香	1.0	
3	清香	1.5	
4	果香	0	
5	辛香	0	
6	木香	1.0	
7	青滋香	0.5	
8	花香	0	
9	药草香	0	
10	豆香	1.5	
11	可可香	1.0	
12	奶香	0	
13	膏香	0	
14	烘焙香	3.0	
15	焦香	5.0	
16	酒香	0	
17	甜香	2.5	
18	酸香	0	

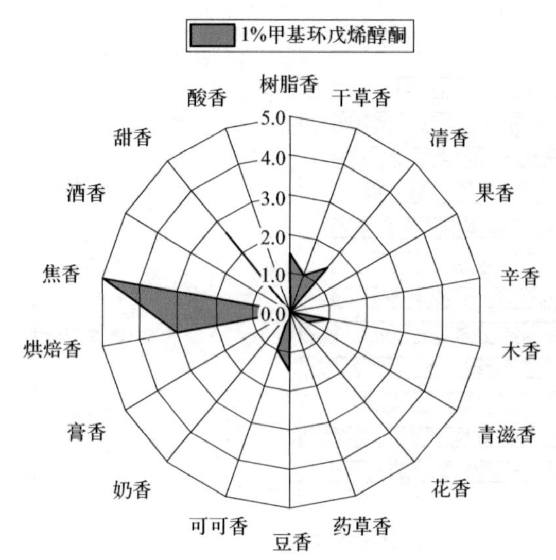

图 5-172　1%甲基环戊烯醇酮香味轮廓图

5.4.10　甲基环戊烯醇酮对加热卷烟风格、感官质量和香韵特征的影响

对 2.5%甲基环戊烯醇酮的加香作用进行评价，结果见表 5-118 和图 5-173、图 5-174。从中可以看出，甲基环戊烯醇酮在卷烟中的主要作用是提升香气质和香气量，增加烟气协调性，烟气细腻柔和感好，降低杂气和刺激性，烟气浓度、劲头、透发性和均匀性尚可，主要赋予卷烟烘焙香、烤烟烟香、甜香、木香、豆香和可可香韵。

表 5-118　2.5%甲基环戊烯醇酮作用评价汇总表

<table>
<tr><td rowspan="8">烟气特征</td><td colspan="2">香气质</td><td colspan="13">7.5</td></tr>
<tr><td colspan="2">香气量</td><td colspan="13">7.5</td></tr>
<tr><td colspan="2">杂气</td><td colspan="13">7.5</td></tr>
<tr><td colspan="2">浓度</td><td colspan="13">7.0</td></tr>
<tr><td colspan="2">透发性</td><td colspan="13">7.0</td></tr>
<tr><td colspan="2">劲头</td><td colspan="13">7.0</td></tr>
<tr><td colspan="2">协调性</td><td colspan="13">7.5</td></tr>
<tr><td colspan="2">均匀性</td><td colspan="13">7.0</td></tr>
<tr><td rowspan="4">口感特征</td><td colspan="2">干燥</td><td colspan="13">7.5</td></tr>
<tr><td colspan="2">细腻柔和</td><td colspan="13">7.5</td></tr>
<tr><td colspan="2">刺激</td><td colspan="13">7.5</td></tr>
<tr><td colspan="2">余味</td><td colspan="13">6.5</td></tr>
<tr><td rowspan="12">香气风格（0—3 分）</td><td rowspan="4">烤烟烟香</td><td>0</td><td rowspan="4">1.5</td><td rowspan="4">晾晒烟香</td><td>0</td><td rowspan="4">0</td><td rowspan="4">清香</td><td>0</td><td rowspan="4">0</td><td rowspan="4">果香</td><td>0</td><td rowspan="4">0</td><td rowspan="4">辛香</td><td>0</td><td rowspan="4">0</td></tr>
<tr><td>1</td><td>1</td><td>1</td><td>1</td><td>1</td></tr>
<tr><td>2</td><td>2</td><td>2</td><td>2</td><td>2</td></tr>
<tr><td>3</td><td>3</td><td>3</td><td>3</td><td>3</td></tr>
<tr><td rowspan="4">木香</td><td>0</td><td rowspan="4">0.5</td><td rowspan="4">青滋香</td><td>0</td><td rowspan="4">0</td><td rowspan="4">花香</td><td>0</td><td rowspan="4">0</td><td rowspan="4">药草香</td><td>0</td><td rowspan="4">0</td><td rowspan="4">豆香</td><td>0</td><td rowspan="4">0.5</td></tr>
<tr><td>1</td><td>1</td><td>1</td><td>1</td><td>1</td></tr>
<tr><td>2</td><td>2</td><td>2</td><td>2</td><td>2</td></tr>
<tr><td>3</td><td>3</td><td>3</td><td>3</td><td>3</td></tr>
<tr><td rowspan="4">可可香</td><td>0</td><td rowspan="4">0.5</td><td rowspan="4">奶香</td><td>0</td><td rowspan="4">0</td><td rowspan="4">膏香</td><td>0</td><td rowspan="4">0</td><td rowspan="4">烘焙香</td><td>0</td><td rowspan="4">2.0</td><td rowspan="4">甜香</td><td>0</td><td rowspan="4">1.5</td></tr>
<tr><td>1</td><td>1</td><td>1</td><td>1</td><td>1</td></tr>
<tr><td>2</td><td>2</td><td>2</td><td>2</td><td>2</td></tr>
<tr><td>3</td><td>3</td><td>3</td><td>3</td><td>3</td></tr>
</table>

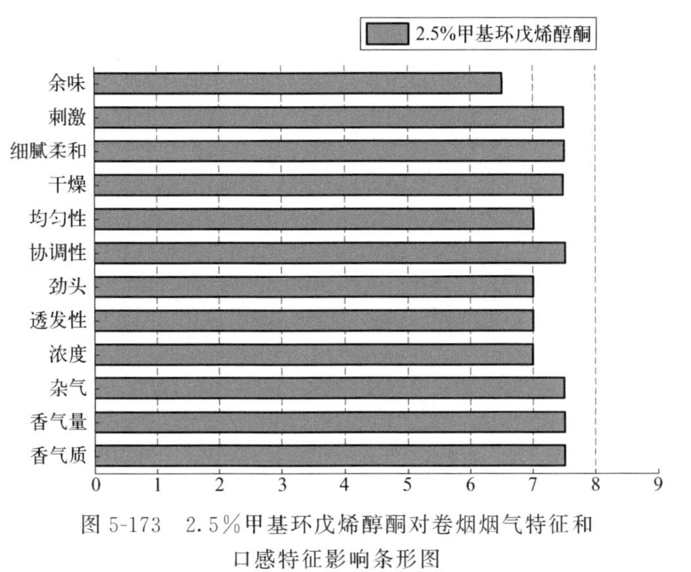

图 5-173　2.5%甲基环戊烯醇酮对卷烟烟气特征和口感特征影响条形图

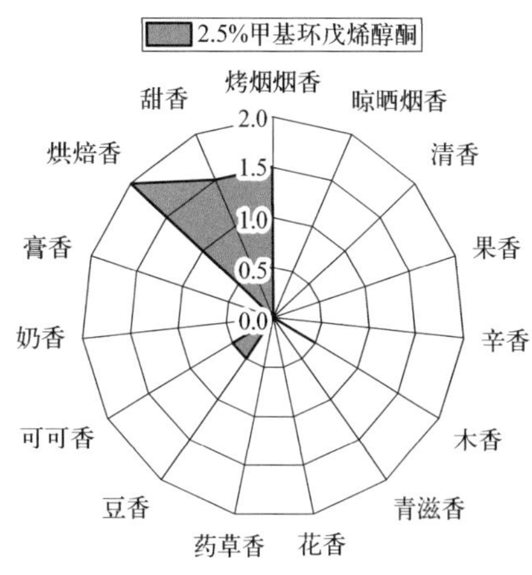

图 5-174　2.5%甲基环戊烯醇酮对卷烟香气风格影响轮廓图

5.4.11　3, 4-二甲基-1, 2-环戊二酮的香韵组成和嗅香感官特征

采用香味轮廓分析法对 3,4-二甲基-1,2-环戊二酮的香韵组成及强度进行评价，评价结果见表 5-119 及图 5-175。

由 1% 3,4-二甲基-1,2-环戊二酮香味感官评价结果可知：1% 3,4-二甲基-1,2-环戊二酮嗅香主体香韵为焦香（5.5）；辅助香韵为豆香、烘焙香（≥2.0）；修饰香韵为干草香、清香、木香、青滋香、甜香、酸香（≥0.5）等香韵。

表 5-119　1% 3,4-二甲基-1,2-环戊二酮香味轮廓评价表

序号	香韵名称	评分(0—9)	评判分值
1	树脂香	0	0:无 1～2:弱 3～4:稍弱 5:适中 6～7:较强 8～9:强
2	干草香	1.5	
3	清香	1.0	
4	果香	0	
5	辛香	0	
6	木香	1.5	
7	青滋香	1.0	
8	花香	0	
9	药草香	0	
10	豆香	2.0	
11	可可香	0	
12	奶香	0	
13	膏香	0	
14	烘焙香	3.5	
15	焦香	5.5	
16	酒香	0	
17	甜香	1.5	
18	酸香	1.5	

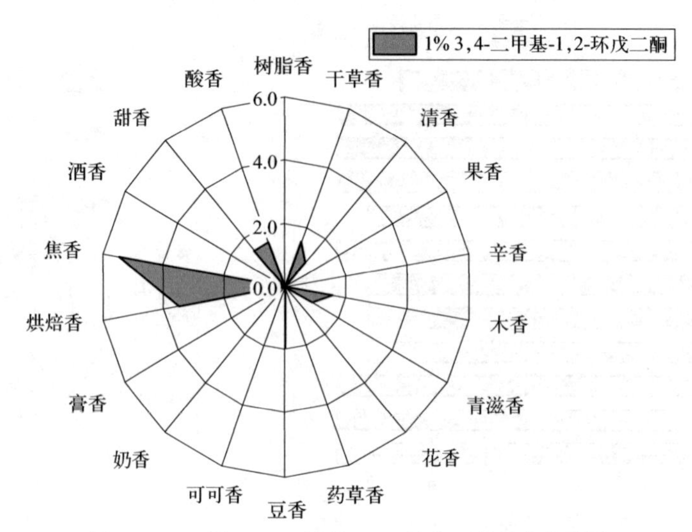

图 5-175　1% 3,4-二甲基-1,2-环戊二酮香味轮廓图

5.4.12　3, 4-二甲基-1, 2-环戊二酮对加热卷烟风格、感官质量和香韵特征的影响

对 0.5% 3,4-二甲基-1,2-环戊二酮的加香作用进行评价，结果见表 5-120 和图 5-176、图 5-177。从中可以看出，3,4-二甲基-1,2-环戊二酮在卷烟中的主要作用是提升香气质和香气量，降低杂气和刺激性，烟气细腻柔和感较好，烟气浓度、透发性、协调性和均匀性尚可，余味干净，主要赋予卷烟烤烟烟香、烘焙香、甜香、清香、豆香、可可香和奶香韵。

表 5-120　0.5% 3,4-二甲基-1,2-环戊二酮作用评价汇总表

类别	指标	标度	评分
烟气特征	香气质		7.5
	香气量		7.5
	杂气		7.0
	浓度		7.0
	透发性		7.0
	劲头		6.5
	协调性		7.0
	均匀性		7.0
口感特征	干燥		7.5
	细腻柔和		7.0
	刺激		7.5
	余味		7.0
香气风格（0—3 分）	烤烟烟香	0 1 2 3	1.5
	晾晒烟香	0 1 2 3	0
	清香	0 1 2 3	0.5
	果香	0 1 2 3	0
	辛香	0 1 2 3	0
	木香	0 1 2 3	0
	青滋香	0 1 2 3	0
	花香	0 1 2 3	0
	药草香	0 1 2 3	0
	豆香	0 1 2 3	0.5
	可可香	0 1 2 3	0.5
	奶香	0 1 2 3	0.5
	膏香	0 1 2 3	0
	烘焙香	0 1 2 3	1.5
	甜香	0 1 2 3	1.0

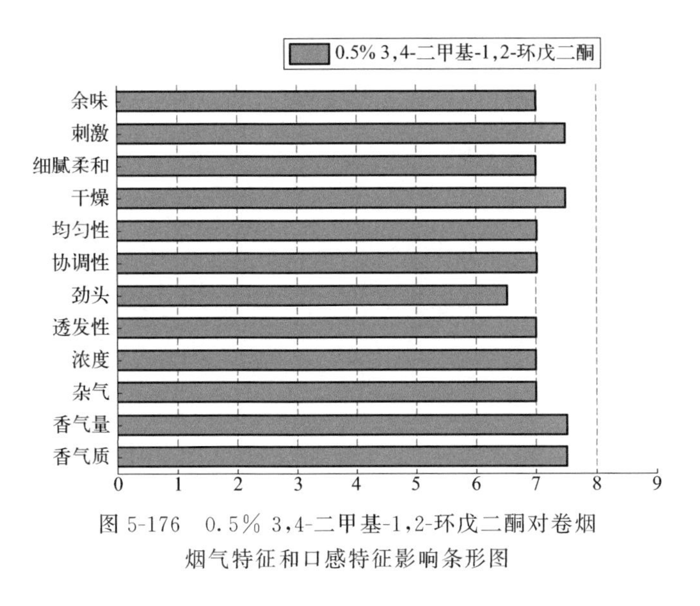

图 5-176　0.5% 3,4-二甲基-1,2-环戊二酮对卷烟烟气特征和口感特征影响条形图

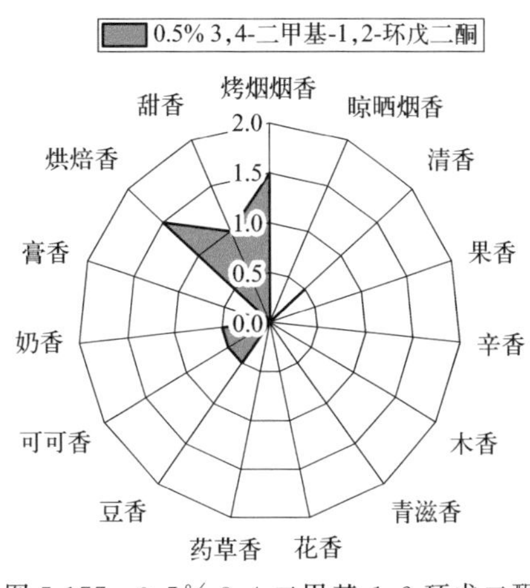

图 5-177　0.5% 3,4-二甲基-1,2-环戊二酮对卷烟香气风格影响轮廓图

5.4.13　6-甲基-3, 5-庚二烯-2-酮的香韵组成和嗅香感官特征

采用香味轮廓分析法对 6-甲基-3，5-庚二烯-2-酮的香韵组成及强度进行评价，评价结果见表 5-121 及图 5-178。

由 1% 6-甲基-3,5-庚二烯-2-酮香味感官评价结果可知：1% 6-甲基-3,5-庚二烯-2-酮嗅香主体香韵为奶香（5.0）；辅助香韵为干草香、豆香、烘焙香、焦香、甜香（≥2.0）；修饰香韵为清香、青滋香（≥0.5）等香韵。

表 5-121　1% 6-甲基-3,5-庚二烯-2-酮香味轮廓评价表

序号	香韵名称	评分(0—9)	评判分值
1	树脂香	0	0:无 1～2:弱 3～4:稍弱 5:适中 6～7:较强 8～9:强
2	干草香	2.0	
3	清香	1.0	
4	果香	0	
5	辛香	0	
6	木香	0	
7	青滋香	1.5	
8	花香	0	
9	药草香	0	
10	豆香	3.5	
11	可可香	0	
12	奶香	5.0	
13	膏香	0	
14	烘焙香	3.5	
15	焦香	2.0	
16	酒香	0	
17	甜香	3.5	
18	酸香	0	

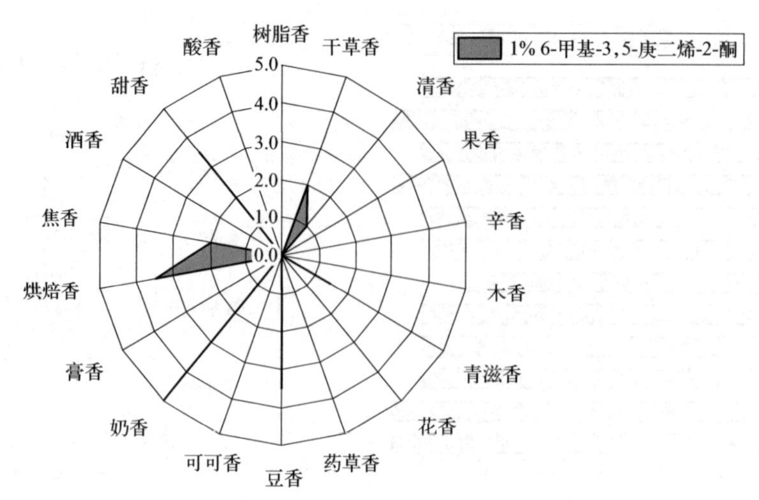

图 5-178　1% 6-甲基-3,5-庚二烯-2-酮香味轮廓图

5.4.14　6-甲基-3, 5-庚二烯-2-酮对加热卷烟风格、感官质量和香韵特征的影响

对 0.5% 6-甲基-3,5-庚二烯-2-酮的加香作用进行评价，结果见表 5-122 和图 5-179、图 5-180。从中可以看出，6-甲基-3,5-庚二烯-2-酮在卷烟中的主要作用是提升香气质，提升烟气浓度和透发性，降低杂气和刺激性，烟气细腻柔和感较好，香气量、烟气劲头、协调性和均匀性尚可，主要赋予卷烟烤烟烟香、豆香、奶香、烘焙香、甜香、清香和青滋香韵。

表 5-122　0.5% 6-甲基-3,5-庚二烯-2-酮作用评价汇总表

类别	指标	评分
烟气特征	香气质	7.5
	香气量	7.0
	杂气	7.0
	浓度	7.5
	透发性	7.5
	劲头	7.0
	协调性	7.0
	均匀性	7.0
口感特征	干燥	7.0
	细腻柔和	7.0
	刺激	7.5
	余味	6.5

香气风格（0—3分）	香韵	分度	评分	香韵	分度	评分	香韵	分度	评分	香韵	分度	评分	香韵	分度	评分
	烤烟烟香	0 1 2 3	1.0	晾晒烟香	0 1 2 3	0	清香	0 1 2 3	0.5	果香	0 1 2 3	0	辛香	0 1 2 3	0
	木香	0 1 2 3	0	青滋香	0 1 2 3	0.5	花香	0 1 2 3	0	药草香	0 1 2 3	0	豆香	0 1 2 3	1.0
	可可香	0 1 2 3	0	奶香	0 1 2 3	1.0	膏香	0 1 2 3	0	烘焙香	0 1 2 3	1.0	甜香	0 1 2 3	1.0

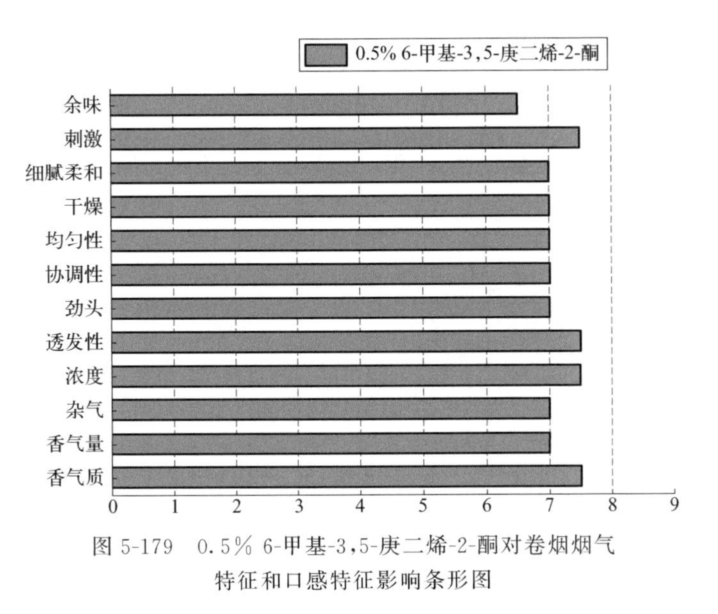

图 5-179 0.5% 6-甲基-3,5-庚二烯-2-酮对卷烟烟气特征和口感特征影响条形图

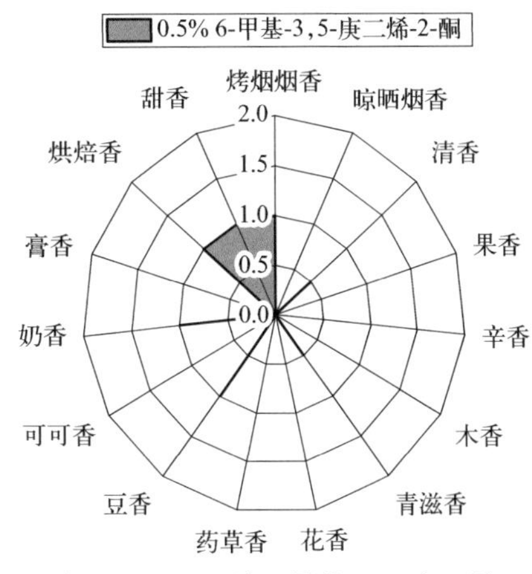

图 5-180 0.5% 6-甲基-3,5-庚二烯-2-酮对卷烟香气风格影响轮廓图

5.4.15 麦芽酚的香韵组成和嗅香感官特征

采用香味轮廓分析法对麦芽酚的香韵组成及强度进行评价，评价结果见表 5-123 及图 5-181。

由 1%麦芽酚香味感官评价结果可知：1%麦芽酚嗅香辅助香韵为烘焙香、焦香（≥2.0）；修饰香韵为干草香、清香、青滋香、豆香、甜香（≥0.5）等香韵。

表 5-123 1%麦芽酚香味轮廓评价表

序号	香韵名称	评分(0—9)	评判分值
1	树脂香	0	0:无 1～2:弱 3～4:稍弱 5:适中 6～7:较强 8～9:强
2	干草香	1.5	
3	清香	0.5	
4	果香	0	
5	辛香	0	
6	木香	0	
7	青滋香	1.5	
8	花香	0	
9	药草香	0	
10	豆香	1.5	
11	可可香	0	
12	奶香	0	
13	膏香	0	
14	烘焙香	2.5	
15	焦香	3.0	
16	酒香	0	
17	甜香	1.5	
18	酸香	0	

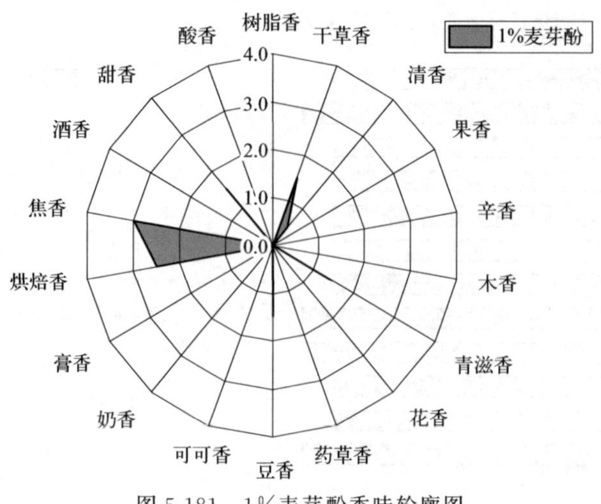

图 5-181　1%麦芽酚香味轮廓图

5.4.16　麦芽酚对加热卷烟风格、感官质量和香韵特征的影响

对 2.5%麦芽酚的加香作用进行评价，结果见表 5-124 和图 5-182、图 5-183。从中可以看出，麦芽酚在卷烟中的主要作用是提升香气质，提升烟气浓度和透发性，降低杂气和刺激性，烟气细腻柔和感较好，香气量、烟气劲头、协调性和均匀性尚可，余味干净，主要赋予卷烟烤烟烟香、烘焙香、甜香和豆香韵。

表 5-124　2.5%麦芽酚作用评价汇总表

<table>
<tr><td rowspan="8">烟气特征</td><td colspan="3">香气质</td><td colspan="12">7.5</td></tr>
<tr><td colspan="3">香气量</td><td colspan="12">7.0</td></tr>
<tr><td colspan="3">杂气</td><td colspan="12">7.0</td></tr>
<tr><td colspan="3">浓度</td><td colspan="12">7.0</td></tr>
<tr><td colspan="3">透发性</td><td colspan="12">7.0</td></tr>
<tr><td colspan="3">劲头</td><td colspan="12">6.5</td></tr>
<tr><td colspan="3">协调性</td><td colspan="12">7.0</td></tr>
<tr><td colspan="3">均匀性</td><td colspan="12">7.0</td></tr>
<tr><td rowspan="4">口感特征</td><td colspan="3">干燥</td><td colspan="12">7.0</td></tr>
<tr><td colspan="3">细腻柔和</td><td colspan="12">7.0</td></tr>
<tr><td colspan="3">刺激</td><td colspan="12">7.5</td></tr>
<tr><td colspan="3">余味</td><td colspan="12">7.0</td></tr>
<tr><td rowspan="12">香气风格（0—3 分）</td><td rowspan="4">烤烟烟香</td><td>0</td><td rowspan="4">1.5</td><td rowspan="4">晾晒烟香</td><td>0</td><td rowspan="4">0</td><td rowspan="4">清香</td><td>0</td><td rowspan="4">0</td><td rowspan="4">果香</td><td>0</td><td rowspan="4">0</td><td rowspan="4">辛香</td><td>0</td><td rowspan="4">0</td></tr>
<tr><td>1</td><td>1</td><td>1</td><td>1</td><td>1</td></tr>
<tr><td>2</td><td>2</td><td>2</td><td>2</td><td>2</td></tr>
<tr><td>3</td><td>3</td><td>3</td><td>3</td><td>3</td></tr>
<tr><td rowspan="4">木香</td><td>0</td><td rowspan="4">0</td><td rowspan="4">青滋香</td><td>0</td><td rowspan="4">0</td><td rowspan="4">花香</td><td>0</td><td rowspan="4">0</td><td rowspan="4">药草香</td><td>0</td><td rowspan="4">0</td><td rowspan="4">豆香</td><td>0</td><td rowspan="4">0.5</td></tr>
<tr><td>1</td><td>1</td><td>1</td><td>1</td><td>1</td></tr>
<tr><td>2</td><td>2</td><td>2</td><td>2</td><td>2</td></tr>
<tr><td>3</td><td>3</td><td>3</td><td>3</td><td>3</td></tr>
<tr><td rowspan="4">可可香</td><td>0</td><td rowspan="4">0</td><td rowspan="4">奶香</td><td>0</td><td rowspan="4">0</td><td rowspan="4">膏香</td><td>0</td><td rowspan="4">0</td><td rowspan="4">烘焙香</td><td>0</td><td rowspan="4">1.5</td><td rowspan="4">甜香</td><td>0</td><td rowspan="4">1.0</td></tr>
<tr><td>1</td><td>1</td><td>1</td><td>1</td><td>1</td></tr>
<tr><td>2</td><td>2</td><td>2</td><td>2</td><td>2</td></tr>
<tr><td>3</td><td>3</td><td>3</td><td>3</td><td>3</td></tr>
</table>

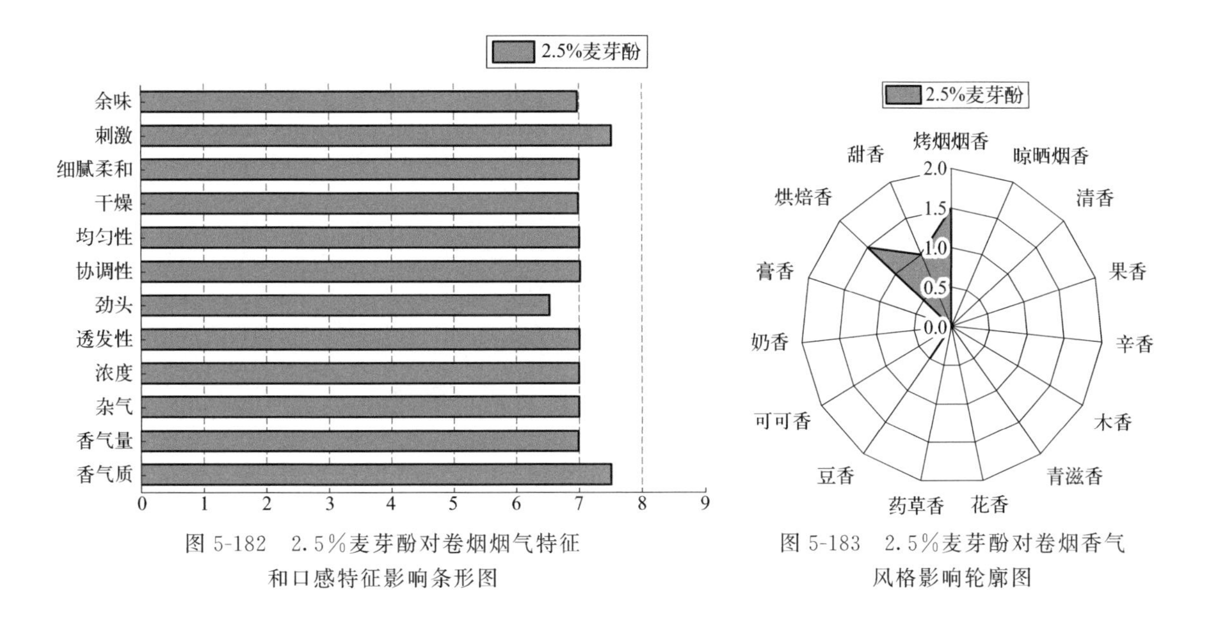

图 5-182 2.5%麦芽酚对卷烟烟气特征和口感特征影响条形图

图 5-183 2.5%麦芽酚对卷烟香气风格影响轮廓图

5.4.17 异佛尔酮的香韵组成和嗅香感官特征

采用香味轮廓分析法对异佛尔酮的香韵组成及强度进行评价，评价结果见表 5-125 及图 5-184。

由 1%异佛尔酮香味感官评价结果可知：1%异佛尔酮嗅香辅助香韵为药草香（≥2.0）；修饰香韵为清香、青滋香、焦香、甜香（≥0.5）等香韵。

表 5-125 1%异佛尔酮香味轮廓评价表

序号	香韵名称	评分(0—9)	评判分值
1	树脂香	0	0:无 1～2:弱 3～4:稍弱 5:适中 6～7:较强 8～9:强
2	干草香	0	
3	清香	0.5	
4	果香	0	
5	辛香	0	
6	木香	0	
7	青滋香	1.5	
8	花香	0	
9	药草香	2.5	
10	豆香	0	
11	可可香	0	
12	奶香	0	
13	膏香	0	
14	烘焙香	0	
15	焦香	1.5	
16	酒香	0	
17	甜香	0.5	
18	酸香	0	

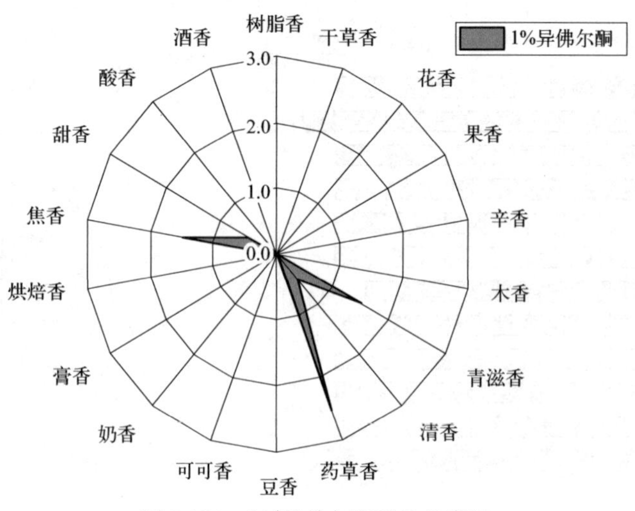

图 5-184　1%异佛尔酮香味轮廓图

5.4.18　异佛尔酮对加热卷烟风格、感官质量和香韵特征的影响

对 0.5%异佛尔酮的加香作用进行评价，结果见表 5-126 和图 5-185、图 5-186。从中可以看出，异佛尔酮在卷烟中的主要作用是提升烟气浓度，烟气细腻柔和感较好，香气量、烟气协调性、均匀性和透发性尚可，稍降低刺激性，主要赋予卷烟烤烟烟香、药草香、烘焙香、清香、青滋香和甜香韵。

表 5-126　0.5%异佛尔酮作用评价汇总表

烟气特征	香气质	6.5													
	香气量	7.0													
	杂气	6.5													
	浓度	7.5													
	透发性	7.0													
	劲头	6.5													
	协调性	7.0													
	均匀性	7.0													
口感特征	干燥	7.0													
	细腻柔和	7.0													
	刺激	7.0													
	余味	6.5													
香气风格（0—3 分）	烤烟烟香	0 1 2 3	1.0	晾晒烟香	0 1 2 3	0	清香	0 1 2 3	0.5	果香	0 1 2 3	0	辛香	0 1 2 3	0
	木香	0 1 2 3	0	青滋香	0 1 2 3	0.5	花香	0 1 2 3	0	药草香	0 1 2 3	1.0	豆香	0 1 2 3	0
	可可香	0 1 2 3	0	奶香	0 1 2 3	0	膏香	0 1 2 3	0	烘焙香	0 1 2 3	1.0	甜香	0 1 2 3	0.5

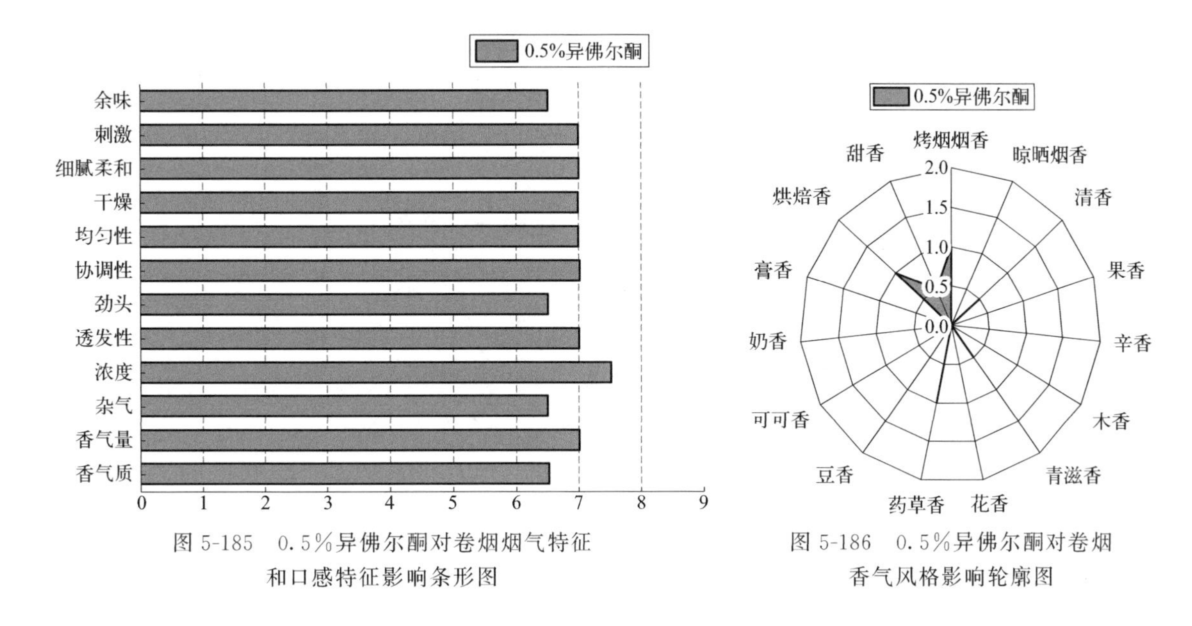

图 5-185 0.5%异佛尔酮对卷烟烟气特征和口感特征影响条形图

图 5-186 0.5%异佛尔酮对卷烟香气风格影响轮廓图

5.4.19 4-氧代异佛尔酮的香韵组成和嗅香感官特征

采用香味轮廓分析法对 4-氧代异佛尔酮的香韵组成及强度进行评价，评价结果见表 5-127 及图 5-187。

由 1% 4-氧代异佛尔酮香味感官评价结果可知：1% 4-氧代异佛尔酮嗅香辅助香韵为药草香（≥2.0）；修饰香韵为清香、青滋香、焦香、酒香（≥0.5）等香韵。

表 5-127 1% 4-氧代异佛尔酮香味轮廓评价表

序号	香韵名称	评分(0—9)	评判分值
1	树脂香	0	0:无 1～2:弱 3～4:稍弱 5:适中 6～7:较强 8～9:强
2	干草香	0	
3	清香	0.5	
4	果香	0	
5	辛香	0	
6	木香	0	
7	青滋香	1.0	
8	花香	0	
9	药草香	2.0	
10	豆香	0	
11	可可香	0	
12	奶香	0	
13	膏香	0	
14	烘焙香	0	
15	焦香	1.5	
16	酒香	1.5	
17	甜香	0	
18	酸香	0	

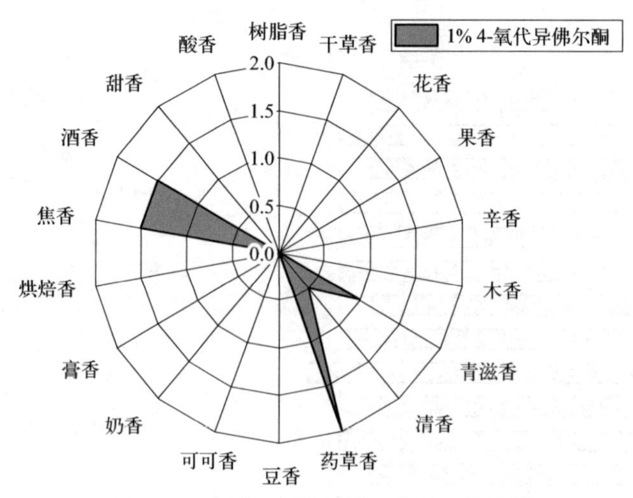

图 5-187　1% 4-氧代异佛尔酮香味轮廓图

5.4.20　4-氧代异佛尔酮对加热卷烟风格、感官质量和香韵特征的影响

对 0.5% 4-氧代异佛尔酮的加香作用进行评价，结果见表 5-128 和图 5-188、图 5-189。从中可以看出，4-氧代异佛尔酮在卷烟中的主要作用是降低刺激性，烟气细腻柔和感较好，香气量、香气质、烟气浓度、协调性、均匀性和透发性尚可，主要赋予卷烟药草香、烤烟烟香、烘焙香、甜香、清香和青滋香韵。

表 5-128　0.5% 4-氧代异佛尔酮作用评价汇总表

烟气特征	香气质	7.0
	香气量	7.0
	杂气	6.5
	浓度	7.0
	透发性	7.0
	劲头	6.5
	协调性	7.0
	均匀性	7.0
口感特征	干燥	6.5
	细腻柔和	7.0
	刺激	7.0
	余味	6.5

香气风格（0—3分）	烤烟烟香	0 1 2 3	1.0	晾晒烟香	0 1 2 3	0	清香	0 1 2 3	0.5	果香	0 1 2 3	0	辛香	0 1 2 3	0
	木香	0 1 2 3	0	青滋香	0 1 2 3	0.5	花香	0 1 2 3	0	药草香	0 1 2 3	1.5	豆香	0 1 2 3	0
	可可香	0 1 2 3	0	奶香	0 1 2 3	0	膏香	0 1 2 3	0	烘焙香	0 1 2 3	1.0	甜香	0 1 2 3	1.0

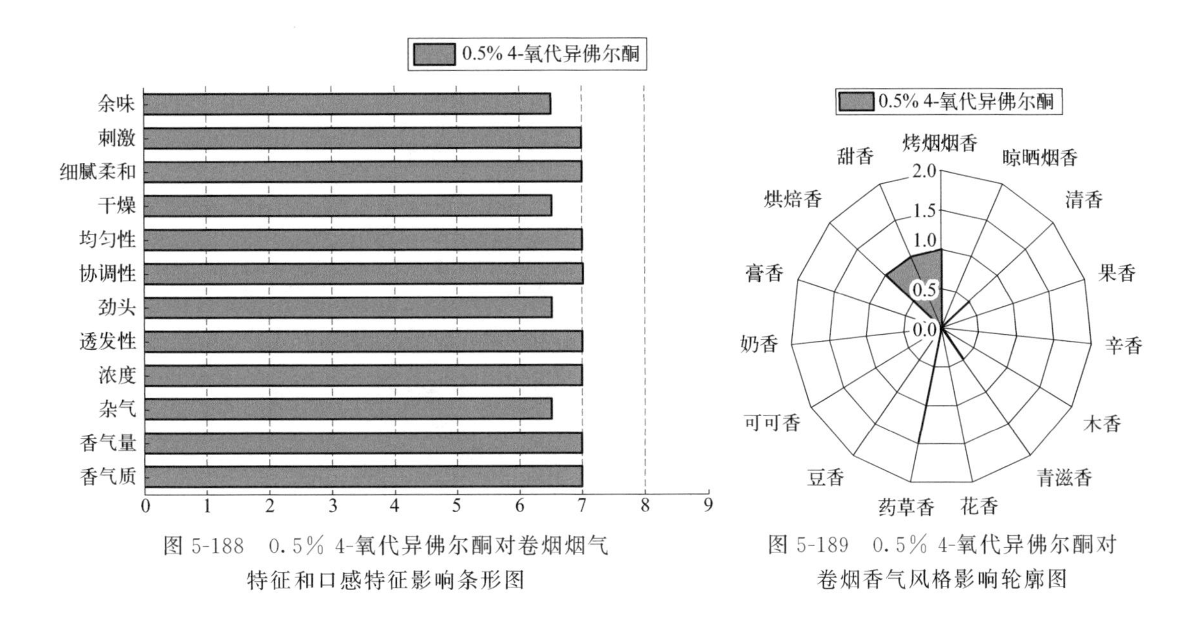

图 5-188　0.5% 4-氧代异佛尔酮对卷烟烟气特征和口感特征影响条形图

图 5-189　0.5% 4-氧代异佛尔酮对卷烟香气风格影响轮廓图

5.4.21　薄荷酮的香韵组成和嗅香感官特征

采用香味轮廓分析法对薄荷酮的香韵组成及强度进行评价，评价结果见表 5-129 及图 5-190。

由 1%薄荷酮香味感官评价结果可知：1%薄荷酮嗅香主体香韵为药草香（5.0）；辅助香韵为干草香（≥2.0）；修饰香韵为清香、木香、青滋香、酒香（≥0.5）等香韵。

表 5-129　1%薄荷酮香味轮廓评价表

序号	香韵名称	评分(0—9)	评判分值
1	树脂香	0	0:无 1～2:弱 3～4:稍弱 5:适中 6～7:较强 8～9:强
2	干草香	2.0	
3	清香	1.5	
4	果香	0	
5	辛香	0	
6	木香	0.5	
7	青滋香	1.5	
8	花香	0	
9	药草香	5.0	
10	豆香	0	
11	可可香	0	
12	奶香	0	
13	膏香	0	
14	烘焙香	0	
15	焦香	0	
16	酒香	1.0	
17	甜香	0	
18	酸香	0	

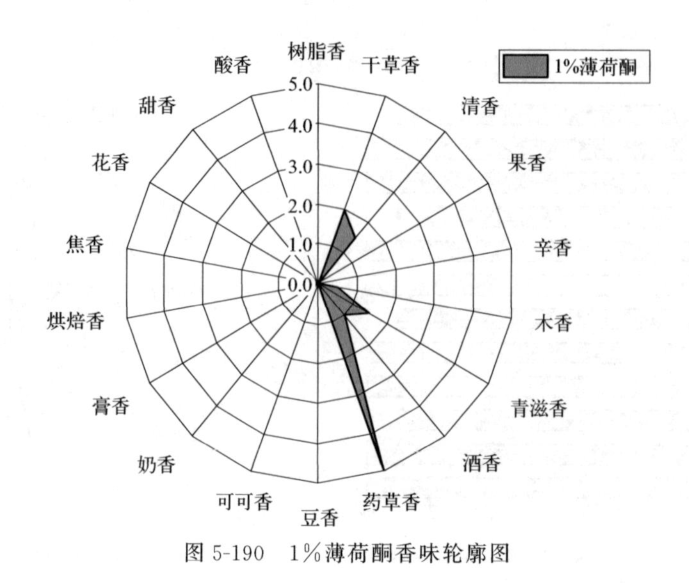

图 5-190　1%薄荷酮香味轮廓图

5.4.22　薄荷酮对加热卷烟风格、感官质量和香韵特征的影响

对 0.5%薄荷酮的加香作用进行评价，结果见表 5-130 和图 5-191、图 5-192。从中可以看出，薄荷酮在卷烟中的主要作用是降低刺激性，香气量、烟气浓度、协调性和均匀性尚可，主要赋予卷烟药草香、烤烟烟香、烘焙香、果香和甜香韵。

表 5-130　0.5%薄荷酮作用评价汇总表

<table>
<tr><td rowspan="8">烟气特征</td><td colspan="2">香气质</td><td colspan="13">6.5</td></tr>
<tr><td colspan="2">香气量</td><td colspan="13">7.0</td></tr>
<tr><td colspan="2">杂气</td><td colspan="13">6.5</td></tr>
<tr><td colspan="2">浓度</td><td colspan="13">7.0</td></tr>
<tr><td colspan="2">透发性</td><td colspan="13">6.5</td></tr>
<tr><td colspan="2">劲头</td><td colspan="13">6.5</td></tr>
<tr><td colspan="2">协调性</td><td colspan="13">7.0</td></tr>
<tr><td colspan="2">均匀性</td><td colspan="13">7.0</td></tr>
<tr><td rowspan="4">口感特征</td><td colspan="2">干燥</td><td colspan="13">6.5</td></tr>
<tr><td colspan="2">细腻柔和</td><td colspan="13">6.5</td></tr>
<tr><td colspan="2">刺激</td><td colspan="13">7.0</td></tr>
<tr><td colspan="2">余味</td><td colspan="13">6.5</td></tr>
<tr><td rowspan="12">香气风格（0—3 分）</td><td rowspan="4">烤烟烟香</td><td>0</td><td rowspan="4">1.0</td><td rowspan="4">晾晒烟香</td><td>0</td><td rowspan="4">0</td><td rowspan="4">清香</td><td>0</td><td rowspan="4">0</td><td rowspan="4">果香</td><td>0</td><td rowspan="4">0.5</td><td rowspan="4">辛香</td><td>0</td><td rowspan="4">0</td></tr>
<tr><td>1</td><td>1</td><td>1</td><td>1</td><td>1</td></tr>
<tr><td>2</td><td>2</td><td>2</td><td>2</td><td>2</td></tr>
<tr><td>3</td><td>3</td><td>3</td><td>3</td><td>3</td></tr>
<tr><td rowspan="4">木香</td><td>0</td><td rowspan="4">0</td><td rowspan="4">青滋香</td><td>0</td><td rowspan="4">0</td><td rowspan="4">花香</td><td>0</td><td rowspan="4">0</td><td rowspan="4">药草香</td><td>0</td><td rowspan="4">1.5</td><td rowspan="4">豆香</td><td>0</td><td rowspan="4">0</td></tr>
<tr><td>1</td><td>1</td><td>1</td><td>1</td><td>1</td></tr>
<tr><td>2</td><td>2</td><td>2</td><td>2</td><td>2</td></tr>
<tr><td>3</td><td>3</td><td>3</td><td>3</td><td>3</td></tr>
<tr><td rowspan="4">可可香</td><td>0</td><td rowspan="4">0</td><td rowspan="4">奶香</td><td>0</td><td rowspan="4">0</td><td rowspan="4">膏香</td><td>0</td><td rowspan="4">0</td><td rowspan="4">烘焙香</td><td>0</td><td rowspan="4">1.0</td><td rowspan="4">甜香</td><td>0</td><td rowspan="4">0.5</td></tr>
<tr><td>1</td><td>1</td><td>1</td><td>1</td><td>1</td></tr>
<tr><td>2</td><td>2</td><td>2</td><td>2</td><td>2</td></tr>
<tr><td>3</td><td>3</td><td>3</td><td>3</td><td>3</td></tr>
</table>

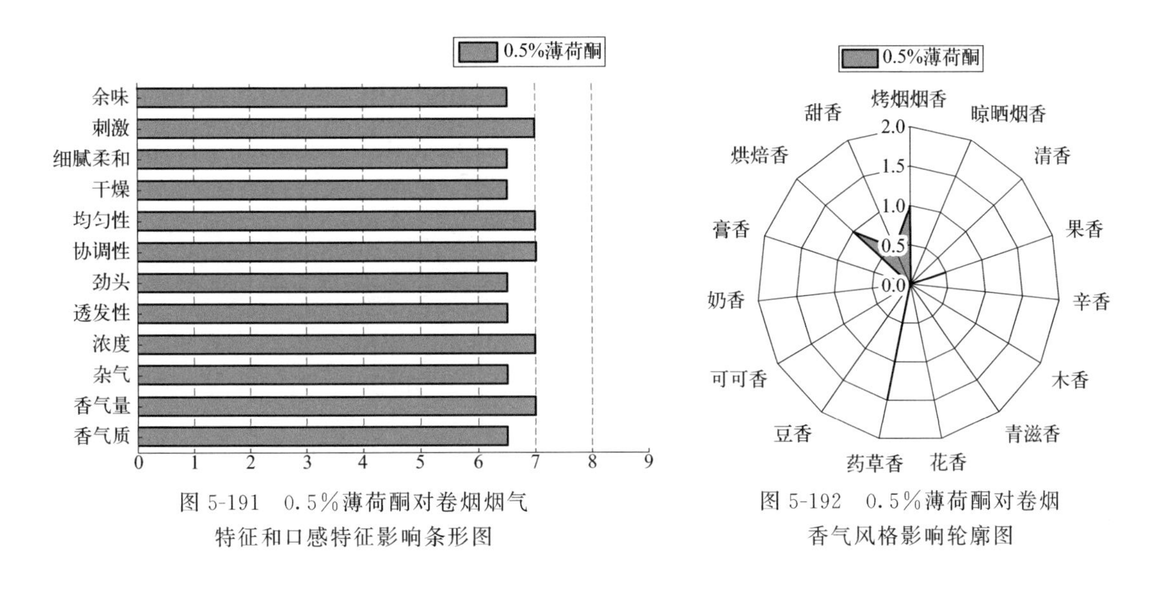

图 5-191　0.5%薄荷酮对卷烟烟气特征和口感特征影响条形图

图 5-192　0.5%薄荷酮对卷烟香气风格影响轮廓图

5.4.23　2-癸酮的香韵组成和嗅香感官特征

采用香味轮廓分析法对 2-癸酮的香韵组成及强度进行评价，评价结果见表 5-131 及图 5-193。

由 1% 2-癸酮香味感官评价结果可知：1% 2-癸酮嗅香主体香韵为果香（4.5）；辅助香韵为干草香、清香、辛香、青滋香、酸香（≥2.0）；修饰香韵为奶香、酒香、甜香（≥0.5）等香韵。

表 5-131　1% 2-癸酮香味轮廓评价表

序号	香韵名称	评分(0—9)	评判分值
1	树脂香	0	0:无 1～2:弱 3～4:稍弱 5:适中 6～7:较强 8～9:强
2	干草香	2.0	
3	清香	2.5	
4	果香	4.5	
5	辛香	2.0	
6	木香	0	
7	青滋香	3.0	
8	花香	0	
9	药草香	0	
10	豆香	0	
11	可可香	0	
12	奶香	1.5	
13	膏香	0	
14	烘焙香	0	
15	焦香	0	
16	酒香	1.5	
17	甜香	1.5	
18	酸香	2.0	

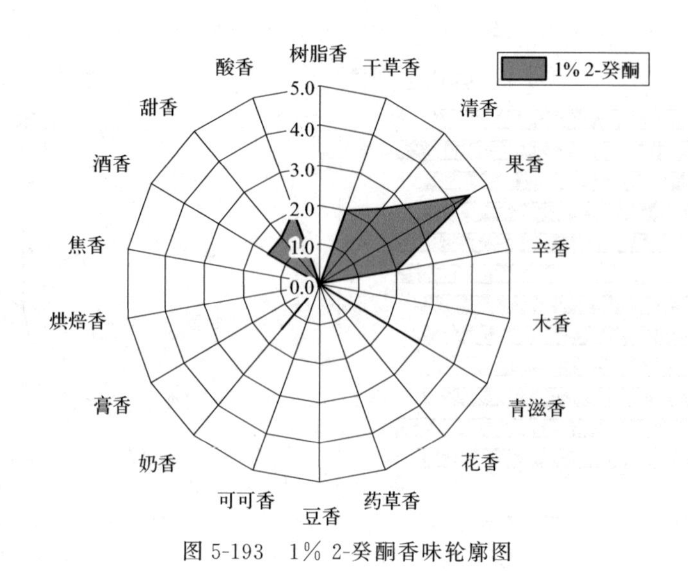

图 5-193　1% 2-癸酮香味轮廓图

5.4.24　2-癸酮对加热卷烟风格、感官质量和香韵特征的影响

对 0.5% 2-癸酮的加香作用进行评价，结果见表 5-132 和图 5-194、图 5-195。从中可以看出，2-癸酮在卷烟中的主要作用是提升香气量，降低杂气和刺激性，香气质、烟气浓度、透发性、协调性和均匀性尚可，烟气细腻柔和感较好，余味干净，主要赋予卷烟烤烟烟香、烘焙香、果香、青滋香和甜香韵。

表 5-132　0.5% 2-癸酮作用评价汇总表

<table>
<tr><td rowspan="8">烟气
特征</td><td colspan="2">香气质</td><td colspan="13">7.0</td></tr>
<tr><td colspan="2">香气量</td><td colspan="13">7.5</td></tr>
<tr><td colspan="2">杂气</td><td colspan="13">7.0</td></tr>
<tr><td colspan="2">浓度</td><td colspan="13">7.0</td></tr>
<tr><td colspan="2">透发性</td><td colspan="13">7.0</td></tr>
<tr><td colspan="2">劲头</td><td colspan="13">6.5</td></tr>
<tr><td colspan="2">协调性</td><td colspan="13">7.0</td></tr>
<tr><td colspan="2">均匀性</td><td colspan="13">7.0</td></tr>
<tr><td rowspan="4">口感
特征</td><td colspan="2">干燥</td><td colspan="13">7.0</td></tr>
<tr><td colspan="2">细腻柔和</td><td colspan="13">7.0</td></tr>
<tr><td colspan="2">刺激</td><td colspan="13">7.5</td></tr>
<tr><td colspan="2">余味</td><td colspan="13">7.0</td></tr>
<tr><td rowspan="12">香气
风格
(0—3 分)</td><td rowspan="4">烤烟
烟香</td><td>0</td><td rowspan="4">1.0</td><td rowspan="4">晾晒
烟香</td><td>0</td><td rowspan="4">0</td><td rowspan="4">清香</td><td>0</td><td rowspan="4">0</td><td rowspan="4">果香</td><td>0</td><td rowspan="4">0.5</td><td rowspan="4">辛香</td><td>0</td><td rowspan="4">0</td></tr>
<tr><td>1</td><td>1</td><td>1</td><td>1</td><td>1</td></tr>
<tr><td>2</td><td>2</td><td>2</td><td>2</td><td>2</td></tr>
<tr><td>3</td><td>3</td><td>3</td><td>3</td><td>3</td></tr>
<tr><td rowspan="4">木香</td><td>0</td><td rowspan="4">0</td><td rowspan="4">青滋香</td><td>0</td><td rowspan="4">0.5</td><td rowspan="4">花香</td><td>0</td><td rowspan="4">0</td><td rowspan="4">药草香</td><td>0</td><td rowspan="4">0</td><td rowspan="4">豆香</td><td>0</td><td rowspan="4">0</td></tr>
<tr><td>1</td><td>1</td><td>1</td><td>1</td><td>1</td></tr>
<tr><td>2</td><td>2</td><td>2</td><td>2</td><td>2</td></tr>
<tr><td>3</td><td>3</td><td>3</td><td>3</td><td>3</td></tr>
<tr><td rowspan="4">可可香</td><td>0</td><td rowspan="4">0</td><td rowspan="4">奶香</td><td>0</td><td rowspan="4">0</td><td rowspan="4">膏香</td><td>0</td><td rowspan="4">0</td><td rowspan="4">烘焙香</td><td>0</td><td rowspan="4">1.0</td><td rowspan="4">甜香</td><td>0</td><td rowspan="4">0.5</td></tr>
<tr><td>1</td><td>1</td><td>1</td><td>1</td><td>1</td></tr>
<tr><td>2</td><td>2</td><td>2</td><td>2</td><td>2</td></tr>
<tr><td>3</td><td>3</td><td>3</td><td>3</td><td>3</td></tr>
</table>

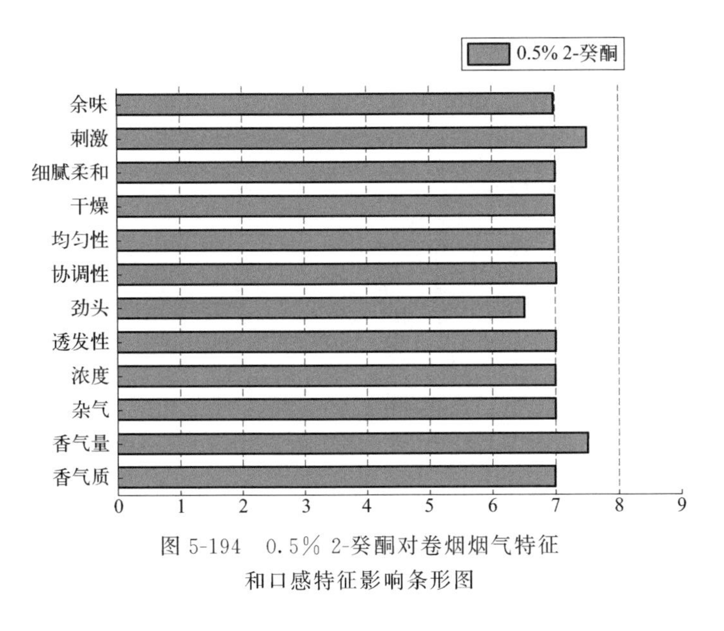

图 5-194　0.5% 2-癸酮对卷烟烟气特征和口感特征影响条形图

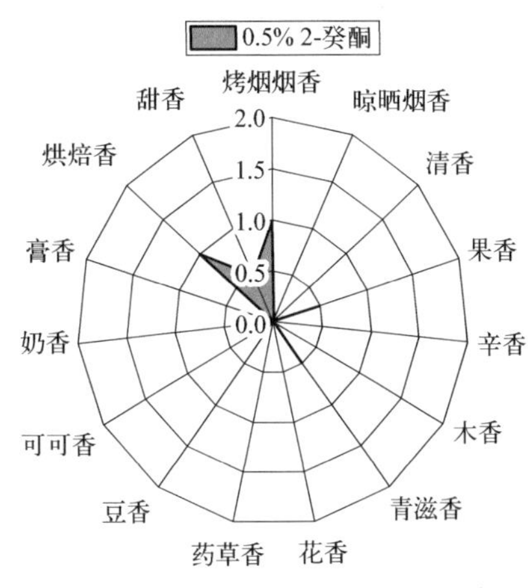

图 5-195　0.5% 2-癸酮对卷烟香气风格影响轮廓图

5.4.25　乙基麦芽酚的香韵组成和嗅香感官特征

采用香味轮廓分析法对乙基麦芽酚的香韵组成及强度进行评价，评价结果见表 5-133 及图 5-196。

由 1%乙基麦芽酚香味感官评价结果可知：1%乙基麦芽酚嗅香主体香韵为焦香（5.0）；辅助香韵为奶香、烘焙香、甜香（≥2.0）；修饰香韵为干草香、清香、青滋香（≥0.5）等香韵。

表 5-133　1%乙基麦芽酚香味轮廓评价表

序号	香韵名称	评分(0—9)	评判分值
1	树脂香	0	0:无 1～2:弱 3～4:稍弱 5:适中 6～7:较强 8～9:强
2	干草香	1.5	
3	清香	1.0	
4	果香	0	
5	辛香	0	
6	木香	0	
7	青滋香	1.0	
8	花香	0	
9	药草香	0	
10	豆香	0	
11	可可香	0	
12	奶香	2.0	
13	膏香	0	
14	烘焙香	3.0	
15	焦香	5.0	
16	酒香	0	
17	甜香	2.5	
18	酸香	0	

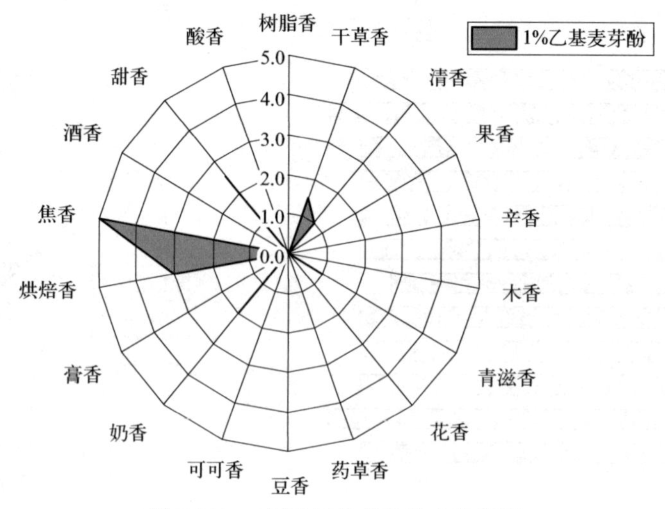

图 5-196　1%乙基麦芽酚香味轮廓图

5.4.26　乙基麦芽酚对加热卷烟风格、感官质量和香韵特征的影响

对 2.5%乙基麦芽酚的加香作用进行评价，结果见表 5-134 和图 5-197、图 5-198。从中可以看出，乙基麦芽酚在卷烟中的主要作用是提升香气质和香气量，稍降低杂气和刺激性，增加烟气浓度和协调性，烟气透发性、劲头和均匀性尚可，烟气细腻柔和感较好，余味干净，主要赋予卷烟烤烟烟香、烘焙香、豆香、奶香和甜香韵。

表 5-134　2.5%乙基麦芽酚作用评价汇总表

<table>
<tr><td rowspan="8">烟气特征</td><td colspan="2">香气质</td><td colspan="13">7.5</td></tr>
<tr><td colspan="2">香气量</td><td colspan="13">7.5</td></tr>
<tr><td colspan="2">杂气</td><td colspan="13">7.0</td></tr>
<tr><td colspan="2">浓度</td><td colspan="13">7.5</td></tr>
<tr><td colspan="2">透发性</td><td colspan="13">7.0</td></tr>
<tr><td colspan="2">劲头</td><td colspan="13">7.0</td></tr>
<tr><td colspan="2">协调性</td><td colspan="13">7.5</td></tr>
<tr><td colspan="2">均匀性</td><td colspan="13">7.0</td></tr>
<tr><td rowspan="4">口感特征</td><td colspan="2">干燥</td><td colspan="13">7.0</td></tr>
<tr><td colspan="2">细腻柔和</td><td colspan="13">7.0</td></tr>
<tr><td colspan="2">刺激</td><td colspan="13">7.0</td></tr>
<tr><td colspan="2">余味</td><td colspan="13">7.0</td></tr>
<tr><td rowspan="12">香气风格
(0—3 分)</td><td rowspan="4">烤烟烟香</td><td>0</td><td rowspan="4">1.5</td><td rowspan="4">晾晒烟香</td><td>0</td><td rowspan="4">0</td><td rowspan="4">清香</td><td>0</td><td rowspan="4">0</td><td rowspan="4">果香</td><td>0</td><td rowspan="4">0</td><td rowspan="4">辛香</td><td>0</td><td rowspan="4">0</td></tr>
<tr><td>1</td><td>1</td><td>1</td><td>1</td><td>1</td></tr>
<tr><td>2</td><td>2</td><td>2</td><td>2</td><td>2</td></tr>
<tr><td>3</td><td>3</td><td>3</td><td>3</td><td>3</td></tr>
<tr><td rowspan="4">木香</td><td>0</td><td rowspan="4">0</td><td rowspan="4">青滋香</td><td>0</td><td rowspan="4">0</td><td rowspan="4">花香</td><td>0</td><td rowspan="4">0</td><td rowspan="4">药草香</td><td>0</td><td rowspan="4">0</td><td rowspan="4">豆香</td><td>0</td><td rowspan="4">0.5</td></tr>
<tr><td>1</td><td>1</td><td>1</td><td>1</td><td>1</td></tr>
<tr><td>2</td><td>2</td><td>2</td><td>2</td><td>2</td></tr>
<tr><td>3</td><td>3</td><td>3</td><td>3</td><td>3</td></tr>
<tr><td rowspan="4">可可香</td><td>0</td><td rowspan="4">0</td><td rowspan="4">奶香</td><td>0</td><td rowspan="4">0.5</td><td rowspan="4">膏香</td><td>0</td><td rowspan="4">0</td><td rowspan="4">烘焙香</td><td>0</td><td rowspan="4">1.5</td><td rowspan="4">甜香</td><td>0</td><td rowspan="4">1.5</td></tr>
<tr><td>1</td><td>1</td><td>1</td><td>1</td><td>1</td></tr>
<tr><td>2</td><td>2</td><td>2</td><td>2</td><td>2</td></tr>
<tr><td>3</td><td>3</td><td>3</td><td>3</td><td>3</td></tr>
</table>

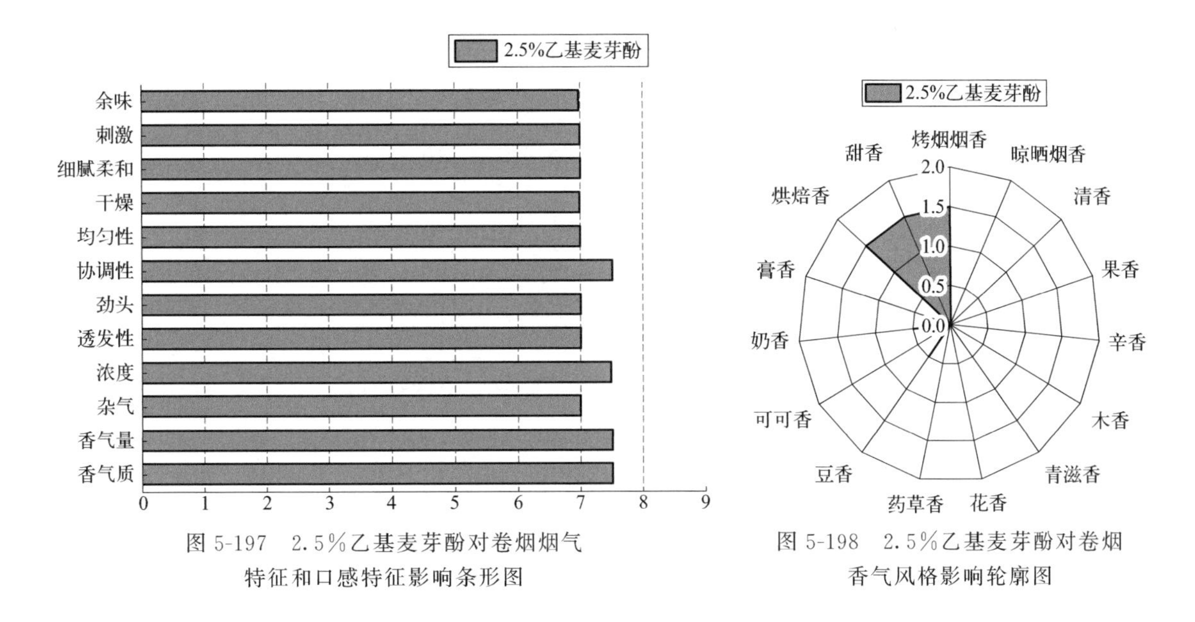

图 5-197　2.5%乙基麦芽酚对卷烟烟气特征和口感特征影响条形图

图 5-198　2.5%乙基麦芽酚对卷烟香气风格影响轮廓图

5.4.27　2-十一酮的香韵组成和嗅香感官特征

采用香味轮廓分析法对 2-十一酮的香韵组成及强度进行评价，评价结果见表 5-135 及图 5-199。

由 1% 2-十一酮香味感官评价结果可知：1% 2-十一酮嗅香辅助香韵为果香、甜香（≥2.0）；修饰香韵为清香、青滋香、奶香、酒香、酸香（≥0.5）等香韵。

表 5-135　1% 2-十一酮香味轮廓评价表

序号	香韵名称	评分(0—9)	评判分值
1	树脂香	0	0:无 1～2:弱 3～4:稍弱 5:适中 6～7:较强 8～9:强
2	干草香	0	
3	清香	0.5	
4	果香	3.5	
5	辛香	0	
6	木香	0	
7	青滋香	1.5	
8	花香	0	
9	药草香	0	
10	豆香	0	
11	可可香	0	
12	奶香	1.5	
13	膏香	0	
14	烘焙香	0	
15	焦香	0	
16	酒香	1.0	
17	甜香	2.5	
18	酸香	1.5	

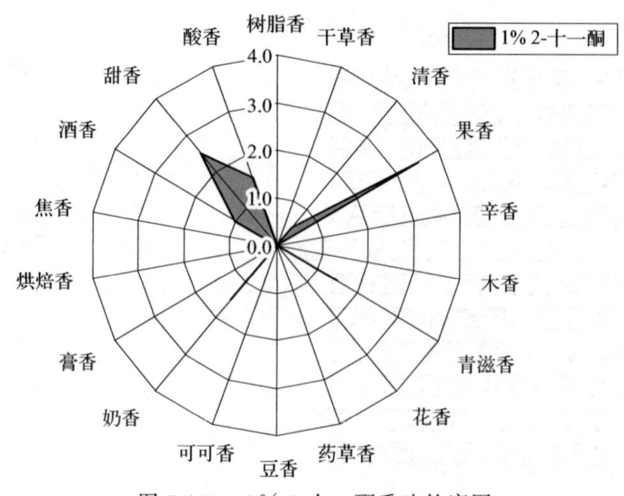

图 5-199　1% 2-十一酮香味轮廓图

5.4.28　2-十一酮对加热卷烟风格、感官质量和香韵特征的影响

对 0.5% 2-十一酮的加香作用进行评价，结果见表 5-136 和图 5-200、图 5-201。从中可以看出，2-十一酮在卷烟中的主要作用是降低刺激性，香气质、香气量、烟气浓度、协调性和均匀性尚可，主要赋予卷烟烤烟烟香、烘焙香、甜香、清香和果香韵。

表 5-136　0.5% 2-十一酮作用评价汇总表

烟气特征	香气质	7.0													
	香气量	7.0													
	杂气	6.5													
	浓度	7.0													
	透发性	6.5													
	劲头	6.5													
	协调性	7.0													
	均匀性	7.0													
口感特征	干燥	7.0													
	细腻柔和	6.5													
	刺激	7.0													
	余味	6.5													
香气风格（0—3分）	烤烟烟香	0 1 2 3	1.0	晾晒烟香	0 1 2 3	0	清香	0 1 2 3	0.5	果香	0 1 2 3	0.5	辛香	0 1 2 3	0
	木香	0 1 2 3	0	青滋香	0 1 2 3	0	花香	0 1 2 3	0	药草香	0 1 2 3	0	豆香	0 1 2 3	0
	可可香	0 1 2 3	0	奶香	0 1 2 3	0	膏香	0 1 2 3	0	烘焙香	0 1 2 3	1.0	甜香	0 1 2 3	1.0

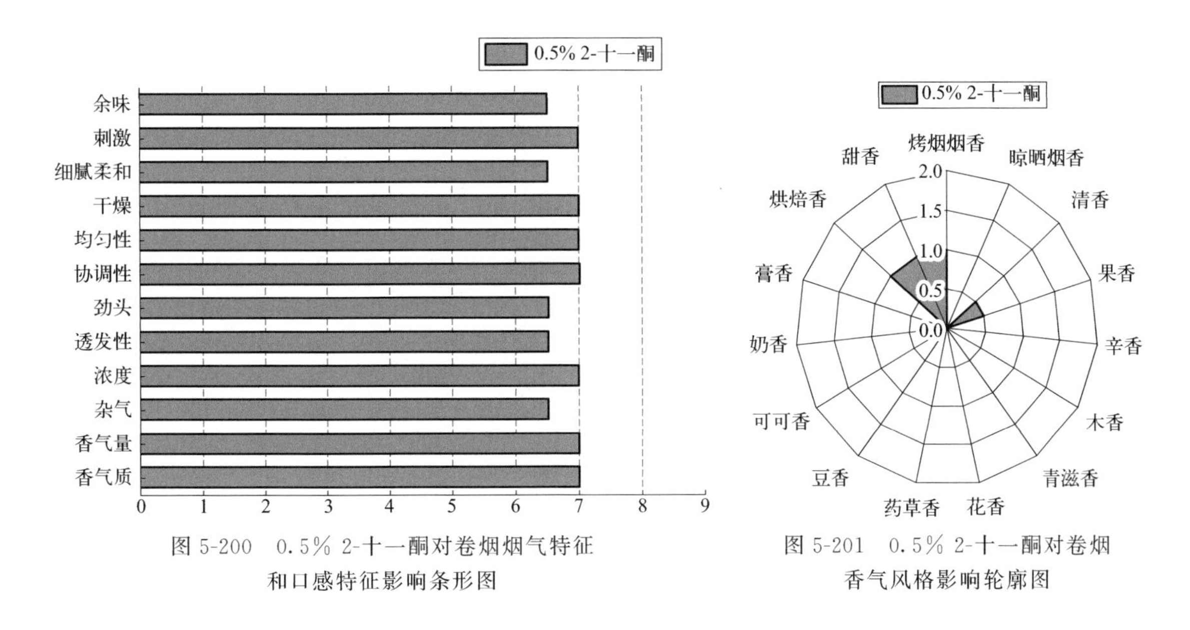

图5-200 0.5% 2-十一酮对卷烟烟气特征和口感特征影响条形图

图5-201 0.5% 2-十一酮对卷烟香气风格影响轮廓图

5.4.29 β-大马酮的香韵组成和嗅香感官特征

采用香味轮廓分析法对β-大马酮的香韵组成及强度进行评价，评价结果见表5-137及图5-202。

由1% β-大马酮香味感官评价结果可知：1% β-大马酮嗅香辅助香韵为清香、花香、甜香（≥2.0）；修饰香韵为果香、膏香（≥0.5）等香韵。

表5-137 1% β-大马酮香味轮廓评价表

序号	香韵名称	评分(0—9)	评判分值
1	树脂香	0	0:无 1～2:弱 3～4:稍弱 5:适中 6～7:较强 8～9:强
2	干草香	0	
3	清香	3.0	
4	果香	0.5	
5	辛香	0	
6	木香	0	
7	青滋香	0	
8	花香	3.5	
9	药草香	0	
10	豆香	0	
11	可可香	0	
12	奶香	0	
13	膏香	1.0	
14	烘焙香	0	
15	焦香	0	
16	酒香	0	
17	甜香	3.0	
18	酸香	0	

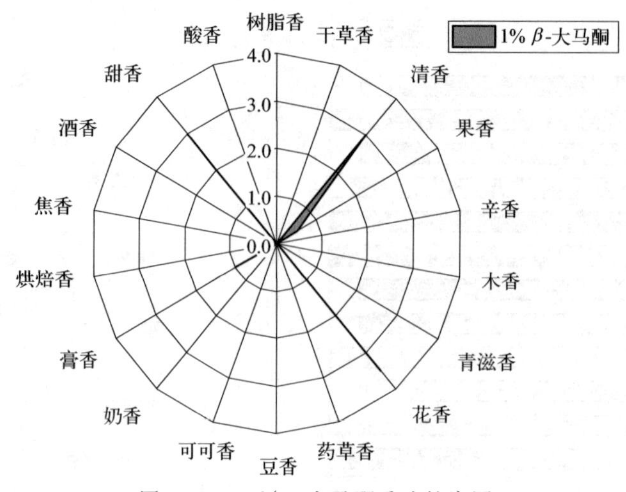

图 5-202　1% β-大马酮香味轮廓图

5.4.30　β-大马酮对加热卷烟风格、感官质量和香韵特征的影响

对 1% β-大马酮的加香作用进行评价，结果见表 5-138 和图 5-203、图 5-204。从中可以看出，β-大马酮在卷烟中的主要作用是提升香气质，降低杂气，增加烟气浓度、透发性、协调性和均匀性，烟气细腻柔和感好，香气量和烟气劲头尚可，稍降低刺激性，余味干净，主要赋予卷烟花香、烤烟烟香、膏香、甜香、烘焙香、清香和青滋香韵。

表 5-138　1% β-大马酮作用评价汇总表

<table>
<tr><td rowspan="8">烟气
特征</td><td colspan="3">香气质</td><td colspan="12">7.5</td></tr>
<tr><td colspan="3">香气量</td><td colspan="12">7.0</td></tr>
<tr><td colspan="3">杂气</td><td colspan="12">7.5</td></tr>
<tr><td colspan="3">浓度</td><td colspan="12">7.5</td></tr>
<tr><td colspan="3">透发性</td><td colspan="12">7.5</td></tr>
<tr><td colspan="3">劲头</td><td colspan="12">7.0</td></tr>
<tr><td colspan="3">协调性</td><td colspan="12">7.5</td></tr>
<tr><td colspan="3">均匀性</td><td colspan="12">7.5</td></tr>
<tr><td rowspan="4">口感
特征</td><td colspan="3">干燥</td><td colspan="12">7.0</td></tr>
<tr><td colspan="3">细腻柔和</td><td colspan="12">7.5</td></tr>
<tr><td colspan="3">刺激</td><td colspan="12">7.0</td></tr>
<tr><td colspan="3">余味</td><td colspan="12">7.0</td></tr>
<tr><td rowspan="12">香气
风格
（0—3 分）</td><td rowspan="4">烤烟
烟香</td><td>0</td><td rowspan="4">1.5</td><td rowspan="4">晾晒
烟香</td><td>0</td><td rowspan="4">0</td><td rowspan="4">清香</td><td>0</td><td rowspan="4">1.0</td><td rowspan="4">果香</td><td>0</td><td rowspan="4">0</td><td rowspan="4">辛香</td><td>0</td><td rowspan="4">0</td></tr>
<tr><td>1</td><td>1</td><td>1</td><td>1</td><td>1</td></tr>
<tr><td>2</td><td>2</td><td>2</td><td>2</td><td>2</td></tr>
<tr><td>3</td><td>3</td><td>3</td><td>3</td><td>3</td></tr>
<tr><td rowspan="4">木香</td><td>0</td><td rowspan="4">0</td><td rowspan="4">青滋香</td><td>0</td><td rowspan="4">1.0</td><td rowspan="4">花香</td><td>0</td><td rowspan="4">2.5</td><td rowspan="4">药草香</td><td>0</td><td rowspan="4">0</td><td rowspan="4">豆香</td><td>0</td><td rowspan="4">0</td></tr>
<tr><td>1</td><td>1</td><td>1</td><td>1</td><td>1</td></tr>
<tr><td>2</td><td>2</td><td>2</td><td>2</td><td>2</td></tr>
<tr><td>3</td><td>3</td><td>3</td><td>3</td><td>3</td></tr>
<tr><td rowspan="4">可可香</td><td>0</td><td rowspan="4">0</td><td rowspan="4">奶香</td><td>0</td><td rowspan="4">0</td><td rowspan="4">膏香</td><td>0</td><td rowspan="4">1.5</td><td rowspan="4">烘焙香</td><td>0</td><td rowspan="4">1.0</td><td rowspan="4">甜香</td><td>0</td><td rowspan="4">1.5</td></tr>
<tr><td>1</td><td>1</td><td>1</td><td>1</td><td>1</td></tr>
<tr><td>2</td><td>2</td><td>2</td><td>2</td><td>2</td></tr>
<tr><td>3</td><td>3</td><td>3</td><td>3</td><td>3</td></tr>
</table>

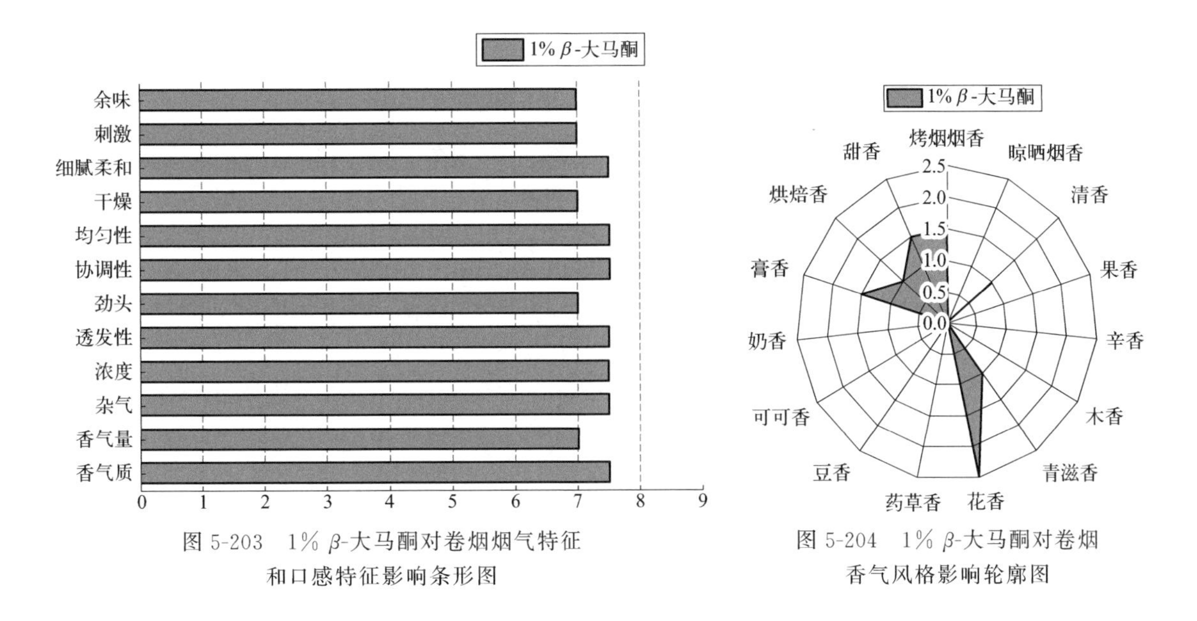

图 5-203　1% β-大马酮对卷烟烟气特征和口感特征影响条形图

图 5-204　1% β-大马酮对卷烟香气风格影响轮廓图

5.4.31　β-二氢大马酮的香韵组成和嗅香感官特征

采用香味轮廓分析法对 β-二氢大马酮的香韵组成及强度进行评价，评价结果见表 5-139 及图 5-205。

由 1% β-二氢大马酮香味感官评价结果可知：1% β-二氢大马酮嗅香辅助香韵为花香、干草香、清香、果香、甜香（≥2.0）；修饰香韵为膏香（≥0.5）等香韵。

表 5-139　1% β-二氢大马酮香味轮廓评价表

序号	香韵名称	评分(0—9)	评判分值
1	树脂香	0	0:无 1～2:弱 3～4:稍弱 5:适中 6～7:较强 8～9:强
2	干草香	2.5	
3	清香	2.5	
4	果香	2.5	
5	辛香	0	
6	木香	0	
7	青滋香	0	
8	花香	3.0	
9	药草香	0	
10	豆香	0	
11	可可香	0	
12	奶香	0	
13	膏香	1.5	
14	烘焙香	0	
15	焦香	0	
16	酒香	0	
17	甜香	2.5	
18	酸香	0	

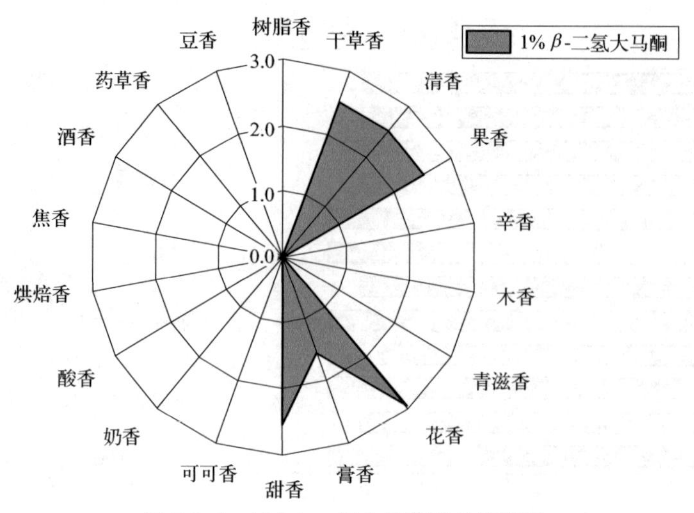

图 5-205　1% β-二氢大马酮香味轮廓图

5.4.32　β-二氢大马酮对加热卷烟风格、感官质量和香韵特征的影响

对 1% β-二氢大马酮的加香作用进行评价，结果见表 5-140 和图 5-206、图 5-207。从中可以看出，β-二氢大马酮在卷烟中的主要作用是提升香气质，降低杂气，增加烟气协调性，烟气细腻柔和感好，香气量、烟气浓度、透发性、劲头和均匀性尚可，稍降低刺激性，主要赋予卷烟花香、烤烟烟香、甜香、膏香、烘焙香、果香和青滋香韵等。

表 5-140　1% β-二氢大马酮作用评价汇总表

<table>
<tr><td rowspan="8">烟气特征</td><td colspan="2">香气质</td><td colspan="13">8.0</td></tr>
<tr><td colspan="2">香气量</td><td colspan="13">7.0</td></tr>
<tr><td colspan="2">杂气</td><td colspan="13">7.5</td></tr>
<tr><td colspan="2">浓度</td><td colspan="13">7.0</td></tr>
<tr><td colspan="2">透发性</td><td colspan="13">7.0</td></tr>
<tr><td colspan="2">劲头</td><td colspan="13">7.0</td></tr>
<tr><td colspan="2">协调性</td><td colspan="13">7.5</td></tr>
<tr><td colspan="2">均匀性</td><td colspan="13">7.0</td></tr>
<tr><td rowspan="4">口感特征</td><td colspan="2">干燥</td><td colspan="13">7.0</td></tr>
<tr><td colspan="2">细腻柔和</td><td colspan="13">7.5</td></tr>
<tr><td colspan="2">刺激</td><td colspan="13">7.0</td></tr>
<tr><td colspan="2">余味</td><td colspan="13">7.0</td></tr>
<tr><td rowspan="12">香气风格（0—3 分）</td><td rowspan="4">烤烟烟香</td><td>0</td><td rowspan="4">1.5</td><td rowspan="4">晾晒烟香</td><td>0</td><td rowspan="4">0</td><td rowspan="4">清香</td><td>0</td><td rowspan="4">0.5</td><td rowspan="4">果香</td><td>0</td><td rowspan="4">1.0</td><td rowspan="4">辛香</td><td>0</td><td rowspan="4">0</td></tr>
<tr><td>1</td><td>1</td><td>1</td><td>1</td><td>1</td></tr>
<tr><td>2</td><td>2</td><td>2</td><td>2</td><td>2</td></tr>
<tr><td>3</td><td>3</td><td>3</td><td>3</td><td>3</td></tr>
<tr><td rowspan="4">木香</td><td>0</td><td rowspan="4">0</td><td rowspan="4">青滋香</td><td>0</td><td rowspan="4">1.0</td><td rowspan="4">花香</td><td>0</td><td rowspan="4">2.0</td><td rowspan="4">药草香</td><td>0</td><td rowspan="4">0</td><td rowspan="4">豆香</td><td>0</td><td rowspan="4">0</td></tr>
<tr><td>1</td><td>1</td><td>1</td><td>1</td><td>1</td></tr>
<tr><td>2</td><td>2</td><td>2</td><td>2</td><td>2</td></tr>
<tr><td>3</td><td>3</td><td>3</td><td>3</td><td>3</td></tr>
<tr><td rowspan="4">可可香</td><td>0</td><td rowspan="4">0</td><td rowspan="4">奶香</td><td>0</td><td rowspan="4">0</td><td rowspan="4">膏香</td><td>0</td><td rowspan="4">1.0</td><td rowspan="4">烘焙香</td><td>0</td><td rowspan="4">1.0</td><td rowspan="4">甜香</td><td>0</td><td rowspan="4">1.5</td></tr>
<tr><td>1</td><td>1</td><td>1</td><td>1</td><td>1</td></tr>
<tr><td>2</td><td>2</td><td>2</td><td>2</td><td>2</td></tr>
<tr><td>3</td><td>3</td><td>3</td><td>3</td><td>3</td></tr>
</table>

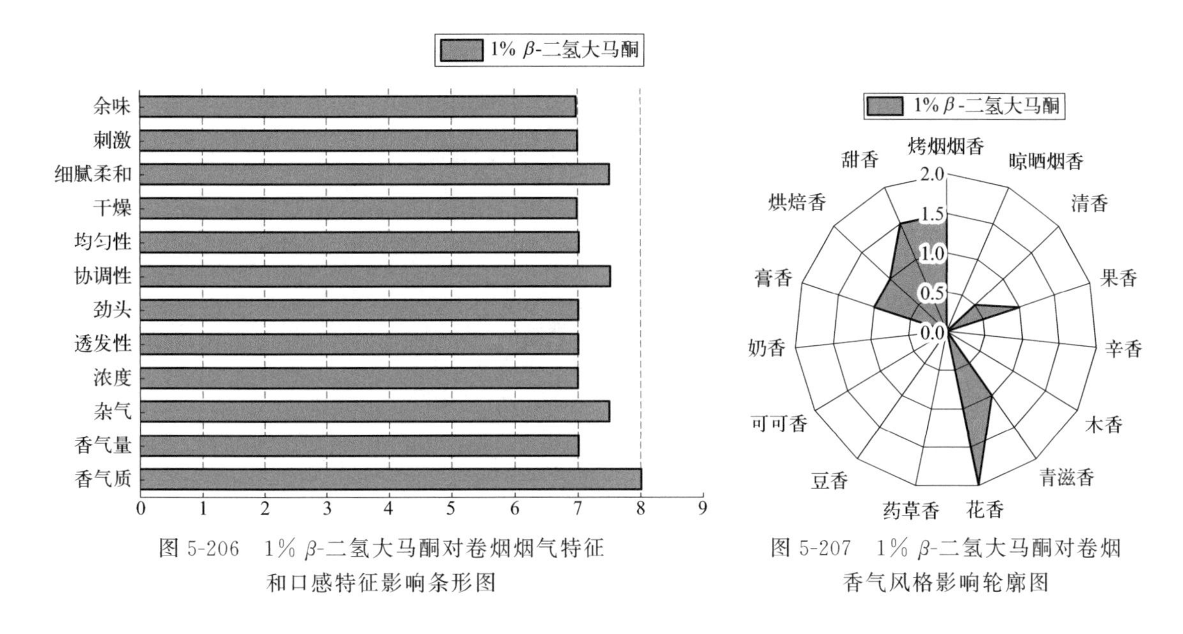

图 5-206　1% β-二氢大马酮对卷烟烟气特征和口感特征影响条形图

图 5-207　1% β-二氢大马酮对卷烟香气风格影响轮廓图

5.4.33　β-紫罗兰酮的香韵组成和嗅香感官特征

采用香味轮廓分析法对 β-紫罗兰酮的香韵组成及强度进行评价，评价结果见表 5-141 及图 5-208。

由 1% β-紫罗兰酮香味感官评价结果可知：1% β-紫罗兰酮嗅香主体香韵为花香（4.0）；辅助香韵为清香、膏香、甜香（≥2.0）；修饰香韵为木香、青滋香（≥0.5）等香韵。

表 5-141　1% β-紫罗兰酮香味轮廓评价表

序号	香韵名称	评分(0—9)	评判分值
1	树脂香	0	0:无 1～2:弱 3～4:稍弱 5:适中 6～7:较强 8～9:强
2	干草香	0	
3	清香	2.0	
4	果香	0	
5	辛香	0	
6	木香	1.0	
7	青滋香	0.5	
8	花香	4.0	
9	药草香	0	
10	豆香	0	
11	可可香	0	
12	奶香	0	
13	膏香	3.0	
14	烘焙香	0	
15	焦香	0	
16	酒香	0	
17	甜香	3.0	
18	酸香	0	

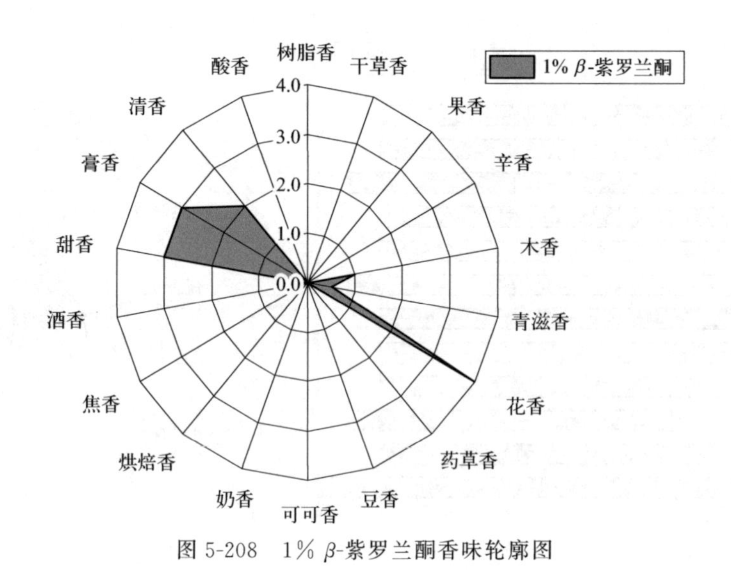

图 5-208 1% β-紫罗兰酮香味轮廓图

5.4.34 β-紫罗兰酮对加热卷烟风格、感官质量和香韵特征的影响

对 0.05% β-紫罗兰酮的加香作用进行评价，结果见表 5-142 和图 5-209、图 5-210。从中可以看出，β-紫罗兰酮在卷烟中的主要作用是增加烟气协调性，降低刺激性，香气质、香气量、烟气浓度、透发性、劲头和均匀性尚可，烟气细腻柔和感较好，余味干净，主要赋予卷烟花香、甜香、清香、膏香、烤烟烟香和烘焙香韵。

表 5-142 0.05% β-紫罗兰酮作用评价汇总表

<table>
<tr><td rowspan="8">烟气特征</td><td>香气质</td><td colspan="13">7.0</td></tr>
<tr><td>香气量</td><td colspan="13">7.0</td></tr>
<tr><td>杂气</td><td colspan="13">7.5</td></tr>
<tr><td>浓度</td><td colspan="13">7.0</td></tr>
<tr><td>透发性</td><td colspan="13">7.0</td></tr>
<tr><td>劲头</td><td colspan="13">7.0</td></tr>
<tr><td>协调性</td><td colspan="13">7.5</td></tr>
<tr><td>均匀性</td><td colspan="13">7.0</td></tr>
<tr><td rowspan="4">口感特征</td><td>干燥</td><td colspan="13">7.0</td></tr>
<tr><td>细腻柔和</td><td colspan="13">7.0</td></tr>
<tr><td>刺激</td><td colspan="13">7.5</td></tr>
<tr><td>余味</td><td colspan="13">7.0</td></tr>
<tr><td rowspan="3">香气风格（0—3分）</td><td>烤烟烟香</td><td>0
1
2
3</td><td>1.0</td><td>晾晒烟香</td><td>0
1
2
3</td><td>0</td><td>清香</td><td>0
1
2
3</td><td>2.0</td><td>果香</td><td>0
1
2
3</td><td>0</td><td>辛香</td><td>0
1
2
3</td><td>0</td></tr>
<tr><td>木香</td><td>0
1
2
3</td><td>0</td><td>青滋香</td><td>0
1
2
3</td><td>0</td><td>花香</td><td>0
1
2
3</td><td>1.5</td><td>药草香</td><td>0
1
2
3</td><td>0</td><td>豆香</td><td>0
1
2
3</td><td>0</td></tr>
<tr><td>可可香</td><td>0
1
2
3</td><td>0</td><td>奶香</td><td>0
1
2
3</td><td>0</td><td>膏香</td><td>0
1
2
3</td><td>1.5</td><td>烘焙香</td><td>0
1
2
3</td><td>0.5</td><td>甜香</td><td>0
1
2
3</td><td>1.5</td></tr>
</table>

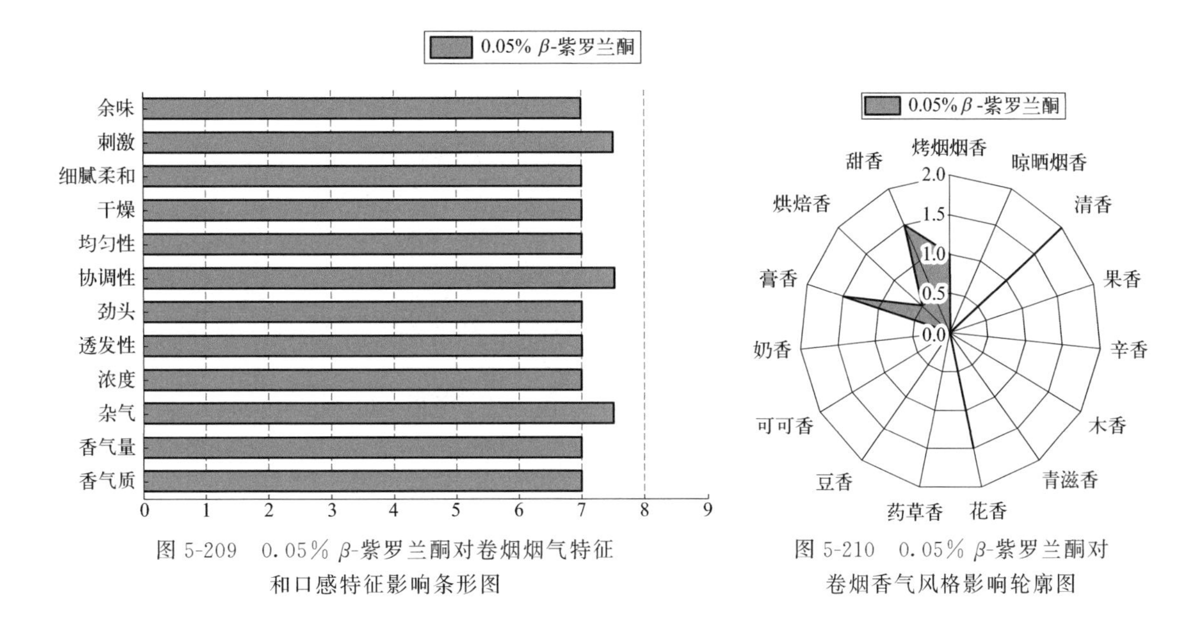

图 5-209　0.05% β-紫罗兰酮对卷烟烟气特征和口感特征影响条形图

图 5-210　0.05% β-紫罗兰酮对卷烟香气风格影响轮廓图

5.4.35　α-紫罗兰酮的香韵组成和嗅香感官特征

采用香味轮廓分析法对 α-紫罗兰酮的香韵组成及强度进行评价，评价结果见表 5-143 及图 5-211。

由 1% α-紫罗兰酮香味感官评价结果可知：1% α-紫罗兰酮嗅香主体香韵为花香（4.0）；辅助香韵为膏香、甜香（≥2.0）；修饰香韵为清香、木香、青滋香（≥0.5）等香韵。

表 5-143　1% α-紫罗兰酮香味轮廓评价表

序号	香韵名称	评分(0—9)	评判分值
1	树脂香	0	0:无 1～2:弱 3～4:稍弱 5:适中 6～7:较强 8～9:强
2	干草香	0	
3	清香	1.0	
4	果香	0	
5	辛香	0	
6	木香	1.0	
7	青滋香	1.0	
8	花香	4.0	
9	药草香	0	
10	豆香	0	
11	可可香	0	
12	奶香	0	
13	膏香	3.5	
14	烘焙香	0	
15	焦香	0	
16	酒香	0	
17	甜香	3.0	
18	酸香	0	

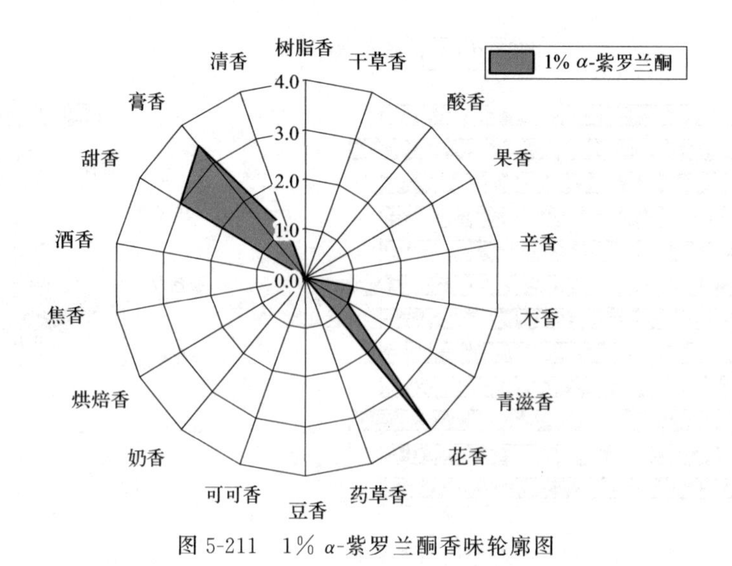

图 5-211　1% α-紫罗兰酮香味轮廓图

5.4.36　α-紫罗兰酮对加热卷烟风格、感官质量和香韵特征的影响

对 0.05% α-紫罗兰酮的加香作用进行评价，结果见表 5-144 和图 5-212、图 5-213。从中可以看出，α-紫罗兰酮在卷烟中的主要作用是稍降低刺激性和杂气，香气质、香气量、烟气透发性、协调性和均匀性尚可，烟气细腻柔和感好，主要赋予卷烟花香、甜香、清香、膏香、烘焙香和青滋香韵。

表 5-144　0.05% α-紫罗兰酮作用评价汇总表

烟气特征	香气质	7.0
	香气量	7.0
	杂气	7.0
	浓度	6.5
	透发性	7.0
	劲头	6.5
	协调性	7.0
	均匀性	7.0
口感特征	干燥	7.0
	细腻柔和	7.5
	刺激	7.0
	余味	6.5

香气风格（0—3分）	烤烟烟香	0	0.5	晾晒烟香	0	0	清香	0	1.0	果香	0	0	辛香	0	0
		1			1			1			1			1	
		2			2			2			2			2	
		3			3			3			3			3	
	木香	0	0	青滋香	0	0.5	花香	0	2.5	药草香	0	0	豆香	0	0
		1			1			1			1			1	
		2			2			2			2			2	
		3			3			3			3			3	
	可可香	0	0	奶香	0	0	膏香	0	1.0	烘焙香	0	0.5	甜香	0	1.5
		1			1			1			1			1	
		2			2			2			2			2	
		3			3			3			3			3	

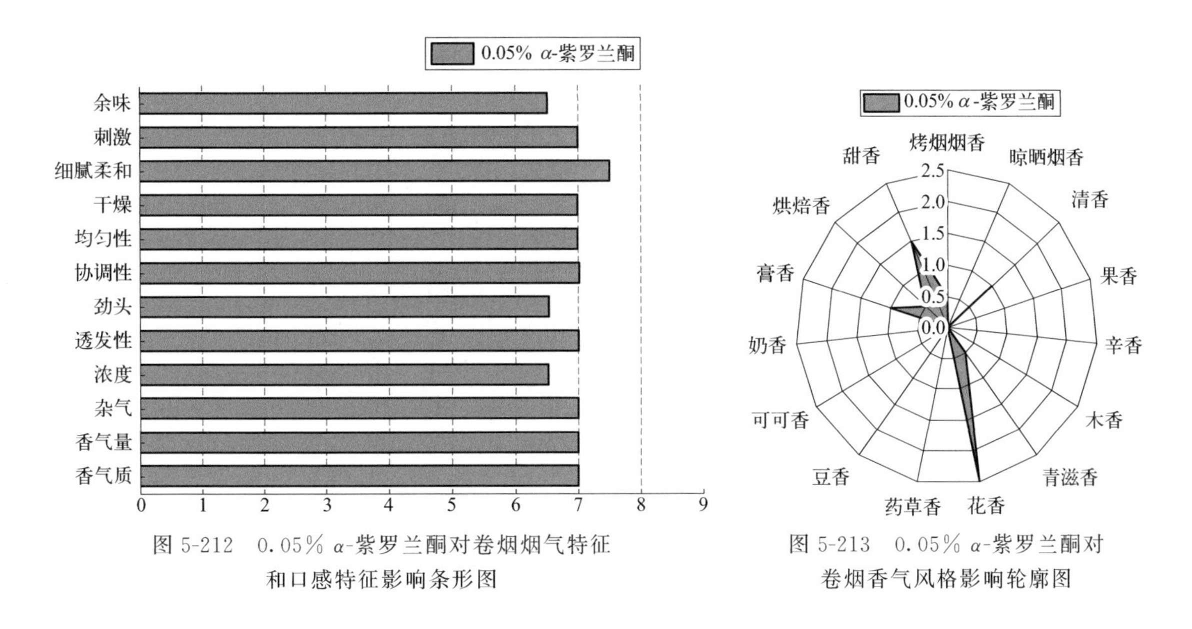

图 5-212　0.05% α-紫罗兰酮对卷烟烟气特征和口感特征影响条形图

图 5-213　0.05% α-紫罗兰酮对卷烟香气风格影响轮廓图

5.4.37　金合欢基丙酮的香韵组成和嗅香感官特征

采用香味轮廓分析法对金合欢基丙酮的香韵组成及强度进行评价，评价结果见表 5-145 及图 5-214。

由 1%金合欢基丙酮香味感官评价结果可知：1%金合欢基丙酮嗅香修饰香韵为木香、膏香、花香、青滋香、甜香（≥0.5）等香韵。

表 5-145　1%金合欢基丙酮香味轮廓评价表

序号	香韵名称	评分(0—9)	评判分值
1	树脂香	0	0:无 1～2:弱 3～4:稍弱 5:适中 6～7:较强 8～9:强
2	干草香	0	
3	清香	0	
4	果香	0	
5	辛香	0	
6	木香	0.5	
7	青滋香	1.5	
8	花香	1.5	
9	药草香	0	
10	豆香	0	
11	可可香	0	
12	奶香	0	
13	膏香	0.5	
14	烘焙香	0	
15	焦香	0	
16	酒香	0	
17	甜香	1.5	
18	酸香	0	

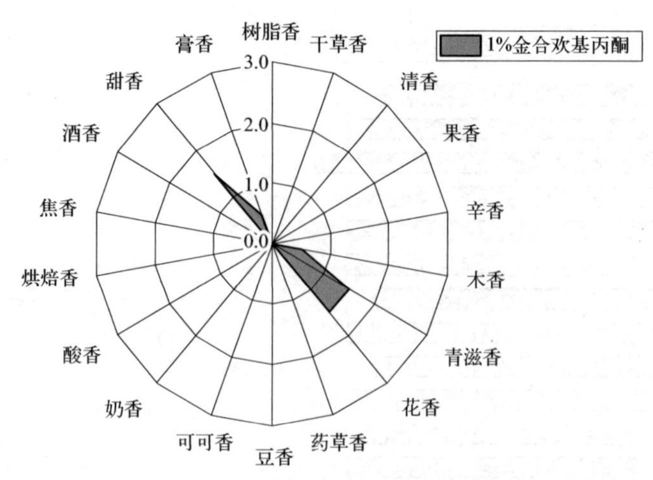

图 5-214 1%金合欢基丙酮香味轮廓图

5.4.38 金合欢基丙酮对加热卷烟风格、感官质量和香韵特征的影响

对 0.25%金合欢基丙酮的加香作用进行评价，结果见表 5-146 和图 5-215、图 5-216。从中可以看出，金合欢基丙酮在卷烟中的主要作用是稍降低刺激性和杂气，增加烟气透发性和均匀性，香气质、香气量、烟气劲头和协调性尚可，烟气细腻柔和感较好，余味干净，主要赋予卷烟膏香、烤烟烟香、青滋香、花香、甜香和木香韵。

表 5-146 0.25%金合欢基丙酮作用评价汇总表

<table>
<tr><td rowspan="8">烟气特征</td><td colspan="2">香气质</td><td colspan="13">7.0</td></tr>
<tr><td colspan="2">香气量</td><td colspan="13">7.0</td></tr>
<tr><td colspan="2">杂气</td><td colspan="13">7.0</td></tr>
<tr><td colspan="2">浓度</td><td colspan="13">7.5</td></tr>
<tr><td colspan="2">透发性</td><td colspan="13">7.5</td></tr>
<tr><td colspan="2">劲头</td><td colspan="13">7.0</td></tr>
<tr><td colspan="2">协调性</td><td colspan="13">7.0</td></tr>
<tr><td colspan="2">均匀性</td><td colspan="13">7.5</td></tr>
<tr><td rowspan="4">口感特征</td><td colspan="2">干燥</td><td colspan="13">7.0</td></tr>
<tr><td colspan="2">细腻柔和</td><td colspan="13">7.0</td></tr>
<tr><td colspan="2">刺激</td><td colspan="13">7.0</td></tr>
<tr><td colspan="2">余味</td><td colspan="13">7.0</td></tr>
<tr><td rowspan="12">香气风格（0—3 分）</td><td rowspan="4">烤烟烟香</td><td>0</td><td rowspan="4">1.5</td><td rowspan="4">晾晒烟香</td><td>0</td><td rowspan="4">0</td><td rowspan="4">清香</td><td>0</td><td rowspan="4">0</td><td rowspan="4">果香</td><td>0</td><td rowspan="4">0</td><td rowspan="4">辛香</td><td>0</td><td rowspan="4">0</td></tr>
<tr><td>1</td><td>1</td><td>1</td><td>1</td><td>1</td></tr>
<tr><td>2</td><td>2</td><td>2</td><td>2</td><td>2</td></tr>
<tr><td>3</td><td>3</td><td>3</td><td>3</td><td>3</td></tr>
<tr><td rowspan="4">木香</td><td>0</td><td rowspan="4">1.0</td><td rowspan="4">青滋香</td><td>0</td><td rowspan="4">1.5</td><td rowspan="4">花香</td><td>0</td><td rowspan="4">0.5</td><td rowspan="4">药草香</td><td>0</td><td rowspan="4">0</td><td rowspan="4">豆香</td><td>0</td><td rowspan="4">0</td></tr>
<tr><td>1</td><td>1</td><td>1</td><td>1</td><td>1</td></tr>
<tr><td>2</td><td>2</td><td>2</td><td>2</td><td>2</td></tr>
<tr><td>3</td><td>3</td><td>3</td><td>3</td><td>3</td></tr>
<tr><td rowspan="4">可可香</td><td>0</td><td rowspan="4">0</td><td rowspan="4">奶香</td><td>0</td><td rowspan="4">0</td><td rowspan="4">膏香</td><td>0</td><td rowspan="4">2.0</td><td rowspan="4">烘焙香</td><td>0</td><td rowspan="4">0</td><td rowspan="4">甜香</td><td>0</td><td rowspan="4">1.5</td></tr>
<tr><td>1</td><td>1</td><td>1</td><td>1</td><td>1</td></tr>
<tr><td>2</td><td>2</td><td>2</td><td>2</td><td>2</td></tr>
<tr><td>3</td><td>3</td><td>3</td><td>3</td><td>3</td></tr>
</table>

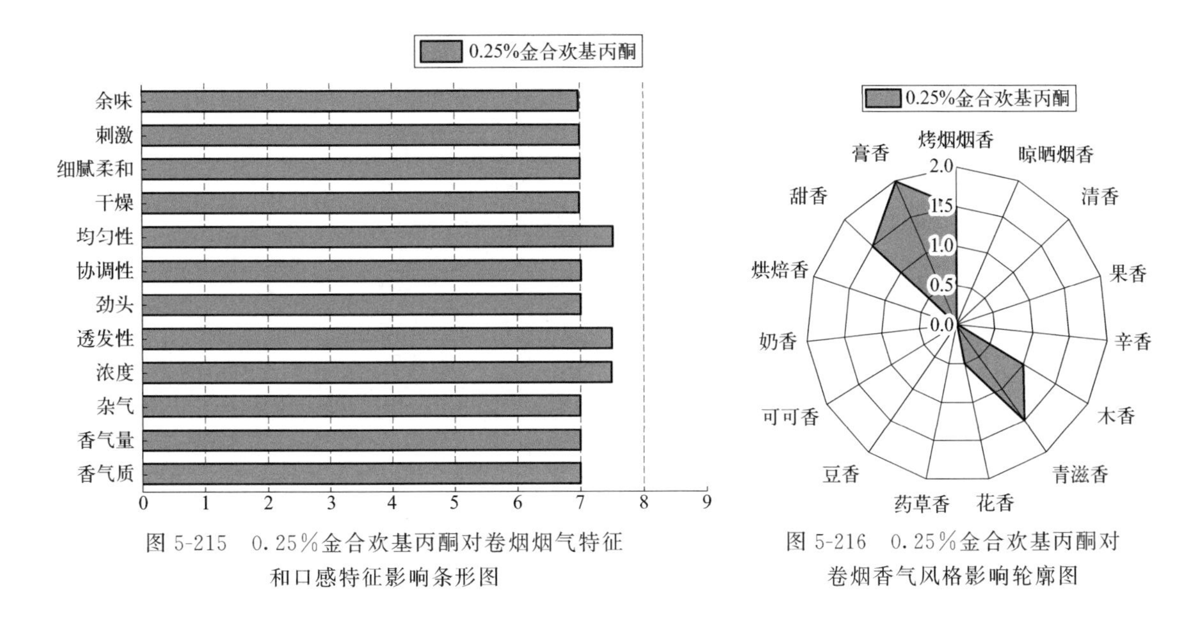

图5-215　0.25%金合欢基丙酮对卷烟烟气特征和口感特征影响条形图

图5-216　0.25%金合欢基丙酮对卷烟香气风格影响轮廓图

5.4.39　烟酮的香韵组成和嗅香感官特征

采用香味轮廓分析法对烟酮的香韵组成及强度进行评价，评价结果见表5-147及图5-217。

由1%烟酮香味感官评价结果可知：1%烟酮嗅香辅助香韵为膏香（≥2.0）；修饰香韵为树脂香、干草香、花香、青滋香、烘焙香、甜香（≥0.5）等香韵。

表5-147　1%烟酮香味轮廓评价表

序号	香韵名称	评分(0—9)	评判分值
1	树脂香	0.5	0:无 1～2:弱 3～4:稍弱 5:适中 6～7:较强 8～9:强
2	干草香	1.0	
3	清香	0	
4	果香	0	
5	辛香	0	
6	木香	0	
7	青滋香	1.0	
8	花香	1.0	
9	药草香	0	
10	豆香	0	
11	可可香	0	
12	奶香	0	
13	膏香	3.0	
14	烘焙香	1.5	
15	焦香	0	
16	酒香	0	
17	甜香	1.5	
18	酸香	0	

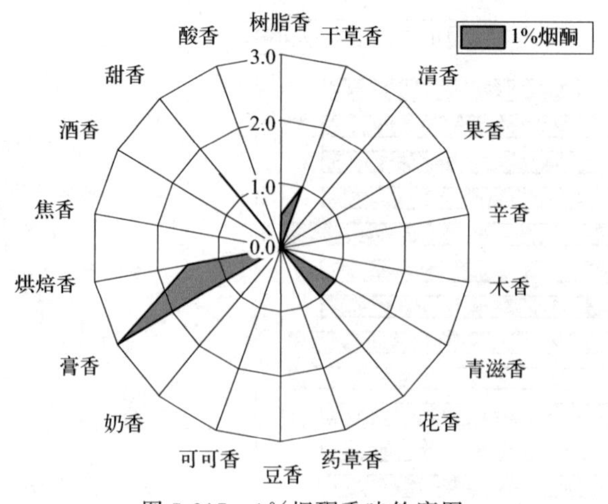

图 5-217 1%烟酮香味轮廓图

5.4.40 烟酮对加热卷烟风格、感官质量和香韵特征的影响

对 1%烟酮的加香作用进行评价，结果见表 5-148 和图 5-218、图 5-219。从中可以看出，烟酮在卷烟中的主要作用是提升香气质和香气量，降低杂气和刺激性，增加烟气浓度、透发性和协调性，烟气劲头和均匀性尚可，烟气细腻柔和感较好，余味干净，主要赋予卷烟烤烟烟香、烘焙香、甜香、果香、可可香、膏香和清香韵。

表 5-148 1%烟酮作用评价汇总表

<table>
<tr><td rowspan="8">烟气特征</td><td colspan="3">香气质</td><td colspan="12">8.0</td></tr>
<tr><td colspan="3">香气量</td><td colspan="12">7.5</td></tr>
<tr><td colspan="3">杂气</td><td colspan="12">7.5</td></tr>
<tr><td colspan="3">浓度</td><td colspan="12">7.5</td></tr>
<tr><td colspan="3">透发性</td><td colspan="12">7.5</td></tr>
<tr><td colspan="3">劲头</td><td colspan="12">7.0</td></tr>
<tr><td colspan="3">协调性</td><td colspan="12">7.5</td></tr>
<tr><td colspan="3">均匀性</td><td colspan="12">7.0</td></tr>
<tr><td rowspan="4">口感特征</td><td colspan="3">干燥</td><td colspan="12">7.5</td></tr>
<tr><td colspan="3">细腻柔和</td><td colspan="12">7.0</td></tr>
<tr><td colspan="3">刺激</td><td colspan="12">7.5</td></tr>
<tr><td colspan="3">余味</td><td colspan="12">7.5</td></tr>
<tr><td rowspan="12">香气风格（0—3 分）</td><td rowspan="4">烤烟烟香</td><td>0</td><td rowspan="4">1.5</td><td rowspan="4">晾晒烟香</td><td>0</td><td rowspan="4">0</td><td rowspan="4">清香</td><td>0</td><td rowspan="4">0.5</td><td rowspan="4">果香</td><td>0</td><td rowspan="4">1.0</td><td rowspan="4">辛香</td><td>0</td><td rowspan="4">0</td></tr>
<tr><td>1</td><td>1</td><td>1</td><td>1</td><td>1</td></tr>
<tr><td>2</td><td>2</td><td>2</td><td>2</td><td>2</td></tr>
<tr><td>3</td><td>3</td><td>3</td><td>3</td><td>3</td></tr>
<tr><td rowspan="4">木香</td><td>0</td><td rowspan="4">0</td><td rowspan="4">青滋香</td><td>0</td><td rowspan="4">0</td><td rowspan="4">花香</td><td>0</td><td rowspan="4">0</td><td rowspan="4">药草香</td><td>0</td><td rowspan="4">0</td><td rowspan="4">豆香</td><td>0</td><td rowspan="4">0</td></tr>
<tr><td>1</td><td>1</td><td>1</td><td>1</td><td>1</td></tr>
<tr><td>2</td><td>2</td><td>2</td><td>2</td><td>2</td></tr>
<tr><td>3</td><td>3</td><td>3</td><td>3</td><td>3</td></tr>
<tr><td rowspan="4">可可香</td><td>0</td><td rowspan="4">1.0</td><td rowspan="4">奶香</td><td>0</td><td rowspan="4">0</td><td rowspan="4">膏香</td><td>0</td><td rowspan="4">1.0</td><td rowspan="4">烘焙香</td><td>0</td><td rowspan="4">1.5</td><td rowspan="4">甜香</td><td>0</td><td rowspan="4">1.5</td></tr>
<tr><td>1</td><td>1</td><td>1</td><td>1</td><td>1</td></tr>
<tr><td>2</td><td>2</td><td>2</td><td>2</td><td>2</td></tr>
<tr><td>3</td><td>3</td><td>3</td><td>3</td><td>3</td></tr>
</table>

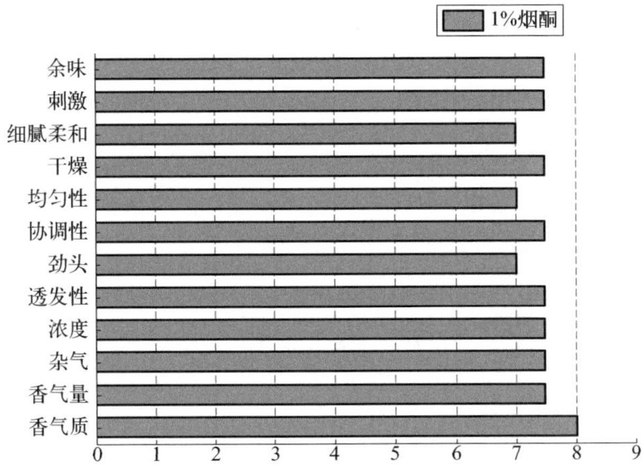

1%烟酮
余味
刺激
细腻柔和
干燥
均匀性
协调性
劲头
透发性
浓度
杂气
香气量
香气质
0 1 2 3 4 5 6 7 8 9

图 5-218　1%烟酮对卷烟烟气特征和口感特征影响条形图

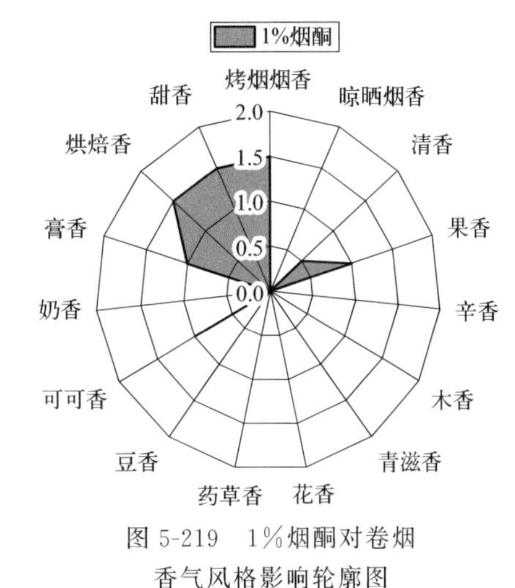

图 5-219　1%烟酮对卷烟香气风格影响轮廓图

5.5　醛类香原料对加热卷烟感官质量影响的研究

5.5.1　丁醛的香韵组成和嗅香感官特征

采用香味轮廓分析法对丁醛的香韵组成及强度进行评价，评价结果见表 5-149 及图 5-220。

由 1%丁醛香味感官评价结果可知：1%丁醛嗅香辅助香韵为果香、青滋香、甜香（≥2.0）；修饰香韵为树脂香、清香、辛香、木香、花香、烘焙香、酒香、酸香（≥0.5）等香韵。

表 5-149　1%丁醛香味轮廓评价表

序号	香韵名称	评分(0—9)	评判分值
1	树脂香	1.5	0:无 1～2:弱 3～4:稍弱 5:适中 6～7:较强 8～9:强
2	干草香	0	
3	清香	0.5	
4	果香	2.5	
5	辛香	1.0	
6	木香	0.5	
7	青滋香	2.0	
8	花香	1.5	
9	药草香	0	
10	豆香	0	
11	可可香	0	
12	奶香	0	
13	膏香	0	
14	烘焙香	1.0	
15	焦香	0	
16	酒香	1.0	
17	甜香	2.0	
18	酸香	0.5	

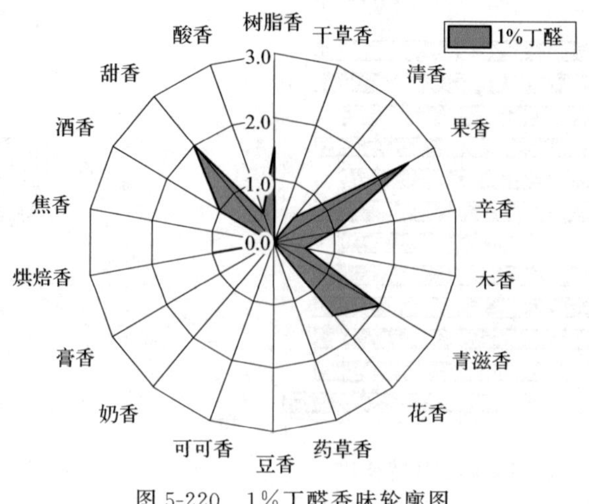

图 5-220　1%丁醛香味轮廓图

5.5.2　丁醛对加热卷烟风格、感官质量和香韵特征的影响

对1%丁醛的加香作用进行评价，结果见表5-150和图5-221、图5-222。从中可以看出，丁醛在卷烟中的主要作用是提升烟气透发性和均匀性，香气质、香气量、烟气浓度和协调性尚可，稍降低杂气，烟气细腻柔和感较好，主要赋予卷烟烤烟烟香、烘焙香、果香、青滋香、甜香、清香、辛香和木香韵。

表 5-150　1%丁醛作用评价汇总表

烟气特征	香气质	7.0
	香气量	7.0
	杂气	7.0
	浓度	7.0
	透发性	7.5
	劲头	6.5
	协调性	7.0
	均匀性	7.5
口感特征	干燥	7.0
	细腻柔和	7.0
	刺激	6.5
	余味	6.5

香气风格（0—3分）	烤烟烟香	0 1 2 3	1.5	晾晒烟香	0 1 2 3	0	清香	0 1 2 3	0.5	果香	0 1 2 3	1.0	辛香	0 1 2 3	0.5
	木香	0 1 2 3	0.5	青滋香	0 1 2 3	1.0	花香	0 1 2 3	0	药草香	0 1 2 3	0	豆香	0 1 2 3	0
	可可香	0 1 2 3	0	奶香	0 1 2 3	0	膏香	0 1 2 3	0	烘焙香	0 1 2 3	1.5	甜香	0 1 2 3	1.0

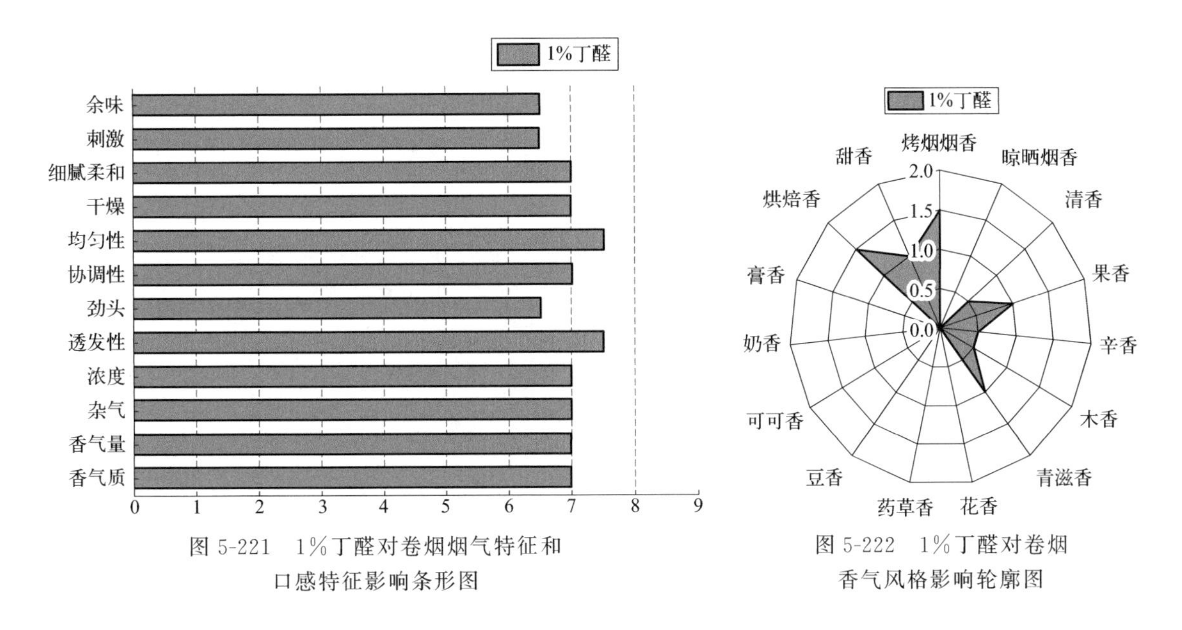

图5-221 1%丁醛对卷烟烟气特征和口感特征影响条形图

图5-222 1%丁醛对卷烟香气风格影响轮廓图

5.5.3 异戊醛的香韵组成和嗅香感官特征

采用香味轮廓分析法对异戊醛的香韵组成及强度进行评价，评价结果见表5-151及图5-223。

由1%异戊醛香味感官评价结果可知：1%异戊醛嗅香主体香韵为烘焙香（6.0）；辅助香韵为木香、豆香、可可香、焦香、甜香（≥2.0）；修饰香韵为树脂香、干草香、果香、辛香、青滋香（≥0.5）等香韵。

表5-151 1%异戊醛香味轮廓评价表

序号	香韵名称	评分(0—9)	评判分值
1	树脂香	1.5	0:无 1～2:弱 3～4:稍弱 5:适中 6～7:较强 8～9:强
2	干草香	1.5	
3	清香	0	
4	果香	1.0	
5	辛香	1.5	
6	木香	2.0	
7	青滋香	1.0	
8	花香	0	
9	药草香	0	
10	豆香	2.0	
11	可可香	3.0	
12	奶香	0	
13	膏香	0	
14	烘焙香	6.0	
15	焦香	3.0	
16	酒香	0	
17	甜香	2.0	
18	酸香	0	

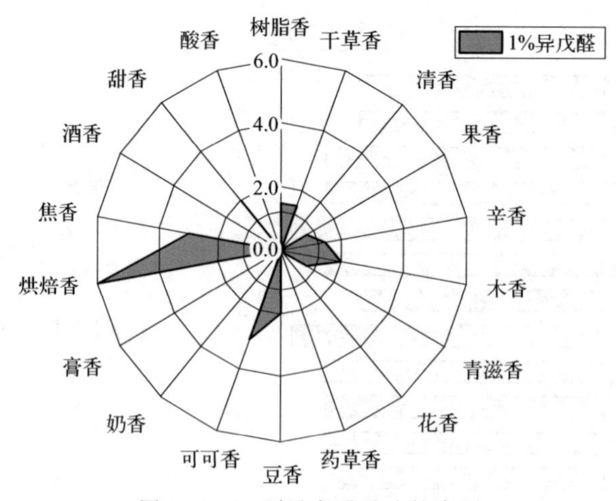

图 5-223　1%异戊醛香味轮廓图

5.5.4　异戊醛对加热卷烟风格、感官质量和香韵特征的影响

对1%异戊醛的加香作用进行评价，结果见表5-152和图5-224、图5-225。从中可以看出，异戊醛在卷烟中的主要作用是提升香气质和香气量，增加烟气浓度、透发性和均匀性，烟气劲头和协调性尚可，稍降低刺激性和杂气，烟气细腻柔和感较好，主要赋予卷烟烤烟烟香、烘焙香、豆香、可可香、甜香、果香、木香和青滋香韵。

表5-152　1%异戊醛作用评价汇总表

<table>
<tr><td rowspan="8">烟气特征</td><td colspan="3">香气质</td><td colspan="12">7.5</td></tr>
<tr><td colspan="3">香气量</td><td colspan="12">7.5</td></tr>
<tr><td colspan="3">杂气</td><td colspan="12">7.0</td></tr>
<tr><td colspan="3">浓度</td><td colspan="12">7.5</td></tr>
<tr><td colspan="3">透发性</td><td colspan="12">7.5</td></tr>
<tr><td colspan="3">劲头</td><td colspan="12">7.0</td></tr>
<tr><td colspan="3">协调性</td><td colspan="12">7.0</td></tr>
<tr><td colspan="3">均匀性</td><td colspan="12">7.5</td></tr>
<tr><td rowspan="4">口感特征</td><td colspan="3">干燥</td><td colspan="12">7.0</td></tr>
<tr><td colspan="3">细腻柔和</td><td colspan="12">7.0</td></tr>
<tr><td colspan="3">刺激</td><td colspan="12">7.0</td></tr>
<tr><td colspan="3">余味</td><td colspan="12">6.5</td></tr>
<tr><td rowspan="12">香气风格
（0—3分）</td><td rowspan="4">烤烟烟香</td><td>0</td><td rowspan="4">2.0</td><td rowspan="4">晾晒烟香</td><td>0</td><td rowspan="4">0</td><td rowspan="4">清香</td><td>0</td><td rowspan="4">0</td><td rowspan="4">果香</td><td>0</td><td rowspan="4">0.5</td><td rowspan="4">辛香</td><td>0</td><td rowspan="4">0</td></tr>
<tr><td>1</td><td>1</td><td>1</td><td>1</td><td>1</td></tr>
<tr><td>2</td><td>2</td><td>2</td><td>2</td><td>2</td></tr>
<tr><td>3</td><td>3</td><td>3</td><td>3</td><td>3</td></tr>
<tr><td rowspan="4">木香</td><td>0</td><td rowspan="4">0.5</td><td rowspan="4">青滋香</td><td>0</td><td rowspan="4">0.5</td><td rowspan="4">花香</td><td>0</td><td rowspan="4">0</td><td rowspan="4">药草香</td><td>0</td><td rowspan="4">0</td><td rowspan="4">豆香</td><td>0</td><td rowspan="4">1.5</td></tr>
<tr><td>1</td><td>1</td><td>1</td><td>1</td><td>1</td></tr>
<tr><td>2</td><td>2</td><td>2</td><td>2</td><td>2</td></tr>
<tr><td>3</td><td>3</td><td>3</td><td>3</td><td>3</td></tr>
<tr><td rowspan="4">可可香</td><td>0</td><td rowspan="4">1.0</td><td rowspan="4">奶香</td><td>0</td><td rowspan="4">0</td><td rowspan="4">膏香</td><td>0</td><td rowspan="4">0</td><td rowspan="4">烘焙香</td><td>0</td><td rowspan="4">2.0</td><td rowspan="4">甜香</td><td>0</td><td rowspan="4">1.0</td></tr>
<tr><td>1</td><td>1</td><td>1</td><td>1</td><td>1</td></tr>
<tr><td>2</td><td>2</td><td>2</td><td>2</td><td>2</td></tr>
<tr><td>3</td><td>3</td><td>3</td><td>3</td><td>3</td></tr>
</table>

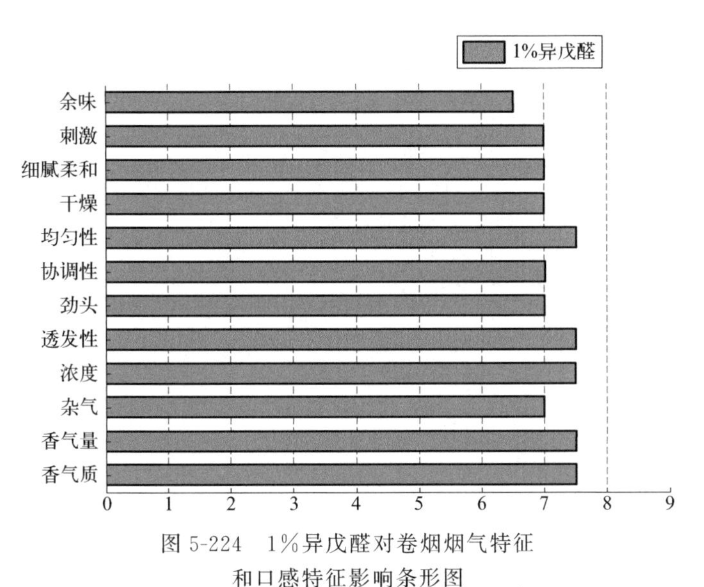

图 5-224　1%异戊醛对卷烟烟气特征和口感特征影响条形图

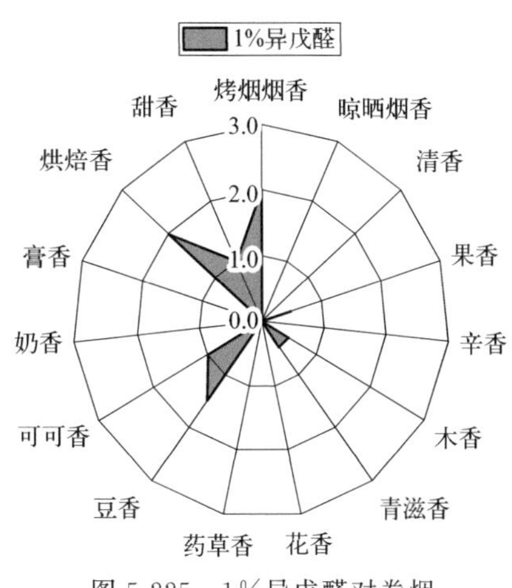

图 5-225　1%异戊醛对卷烟香气风格影响轮廓图

5.5.5　2-甲基丁醛的香韵组成和嗅香感官特征

采用香味轮廓分析法对 2-甲基丁醛的香韵组成及强度进行评价，评价结果见表 5-153 及图 5-226。

由 1% 2-甲基丁醛香味感官评价结果可知：1% 2-甲基丁醛嗅香主体香韵为烘焙香(4.5)；辅助香韵为果香、木香、青滋香、药草香、可可香、焦香（≥2.0)；修饰香韵为树脂香、清香、辛香、豆香、甜香（≥0.5）等香韵。

表 5-153　1% 2-甲基丁醛香味轮廓评价表

序号	香韵名称	评分(0—9)	评判分值
1	树脂香	1.5	0:无 1～2:弱 3～4:稍弱 5:适中 6～7:较强 8～9:强
2	干草香	0	
3	清香	0.5	
4	果香	2.0	
5	辛香	1.5	
6	木香	2.5	
7	青滋香	2.5	
8	花香	0	
9	药草香	3.0	
10	豆香	1.0	
11	可可香	2.0	
12	奶香	0	
13	膏香	0	
14	烘焙香	4.5	
15	焦香	2.0	
16	酒香	0	
17	甜香	1.5	
18	酸香	0	

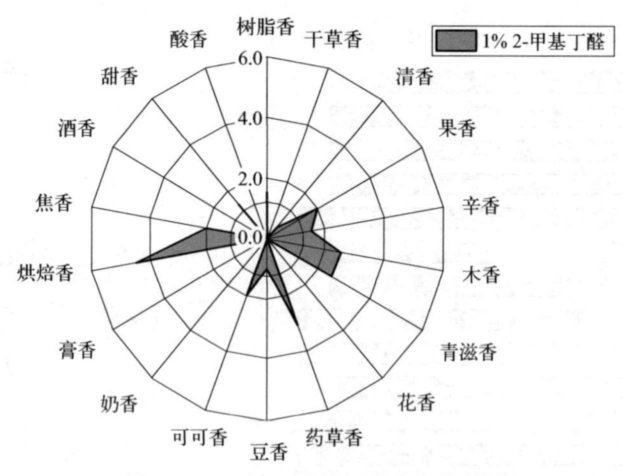

图 5-226　1% 2-甲基丁醛香味轮廓图

5.5.6　2-甲基丁醛对加热卷烟风格、感官质量和香韵特征的影响

对 1% 2-甲基丁醛的加香作用进行评价，结果见表 5-154 和图 5-227、图 5-228。从中可以看出，2-甲基丁醛在卷烟中的主要作用是提升香气质和香气量，增加烟气浓度、协调性和均匀性，烟气劲头和透发性尚可，稍降低杂气，烟气细腻柔和感好，余味干净，主要赋予卷烟烤烟烟香、烘焙香、青滋香、药草香、豆香、甜香、木香和可可香韵。

表 5-154　1% 2-甲基丁醛作用评价汇总表

<table>
<tr><td rowspan="8">烟气特征</td><td colspan="2">香气质</td><td colspan="13">7.5</td></tr>
<tr><td colspan="2">香气量</td><td colspan="13">8.0</td></tr>
<tr><td colspan="2">杂气</td><td colspan="13">7.0</td></tr>
<tr><td colspan="2">浓度</td><td colspan="13">8.0</td></tr>
<tr><td colspan="2">透发性</td><td colspan="13">7.0</td></tr>
<tr><td colspan="2">劲头</td><td colspan="13">7.0</td></tr>
<tr><td colspan="2">协调性</td><td colspan="13">7.5</td></tr>
<tr><td colspan="2">均匀性</td><td colspan="13">7.5</td></tr>
<tr><td rowspan="4">口感特征</td><td colspan="2">干燥</td><td colspan="13">7.0</td></tr>
<tr><td colspan="2">细腻柔和</td><td colspan="13">7.5</td></tr>
<tr><td colspan="2">刺激</td><td colspan="13">6.5</td></tr>
<tr><td colspan="2">余味</td><td colspan="13">7.0</td></tr>
<tr><td rowspan="12">香气风格（0—3分）</td><td rowspan="4">烤烟烟香</td><td>0</td><td rowspan="4">2.0</td><td rowspan="4">晾晒烟香</td><td>0</td><td rowspan="4">0</td><td rowspan="4">清香</td><td>0</td><td rowspan="4">0</td><td rowspan="4">果香</td><td>0</td><td rowspan="4">0</td><td rowspan="4">辛香</td><td>0</td><td rowspan="4">0</td></tr>
<tr><td>1</td><td>1</td><td>1</td><td>1</td><td>1</td></tr>
<tr><td>2</td><td>2</td><td>2</td><td>2</td><td>2</td></tr>
<tr><td>3</td><td>3</td><td>3</td><td>3</td><td>3</td></tr>
<tr><td rowspan="4">木香</td><td>0</td><td rowspan="4">0.5</td><td rowspan="4">青滋香</td><td>0</td><td rowspan="4">1.0</td><td rowspan="4">花香</td><td>0</td><td rowspan="4">0</td><td rowspan="4">药草香</td><td>0</td><td rowspan="4">1.0</td><td rowspan="4">豆香</td><td>0</td><td rowspan="4">1.0</td></tr>
<tr><td>1</td><td>1</td><td>1</td><td>1</td><td>1</td></tr>
<tr><td>2</td><td>2</td><td>2</td><td>2</td><td>2</td></tr>
<tr><td>3</td><td>3</td><td>3</td><td>3</td><td>3</td></tr>
<tr><td rowspan="4">可可香</td><td>0</td><td rowspan="4">0.5</td><td rowspan="4">奶香</td><td>0</td><td rowspan="4">0</td><td rowspan="4">膏香</td><td>0</td><td rowspan="4">0</td><td rowspan="4">烘焙香</td><td>0</td><td rowspan="4">2.0</td><td rowspan="4">甜香</td><td>0</td><td rowspan="4">1.0</td></tr>
<tr><td>1</td><td>1</td><td>1</td><td>1</td><td>1</td></tr>
<tr><td>2</td><td>2</td><td>2</td><td>2</td><td>2</td></tr>
<tr><td>3</td><td>3</td><td>3</td><td>3</td><td>3</td></tr>
</table>

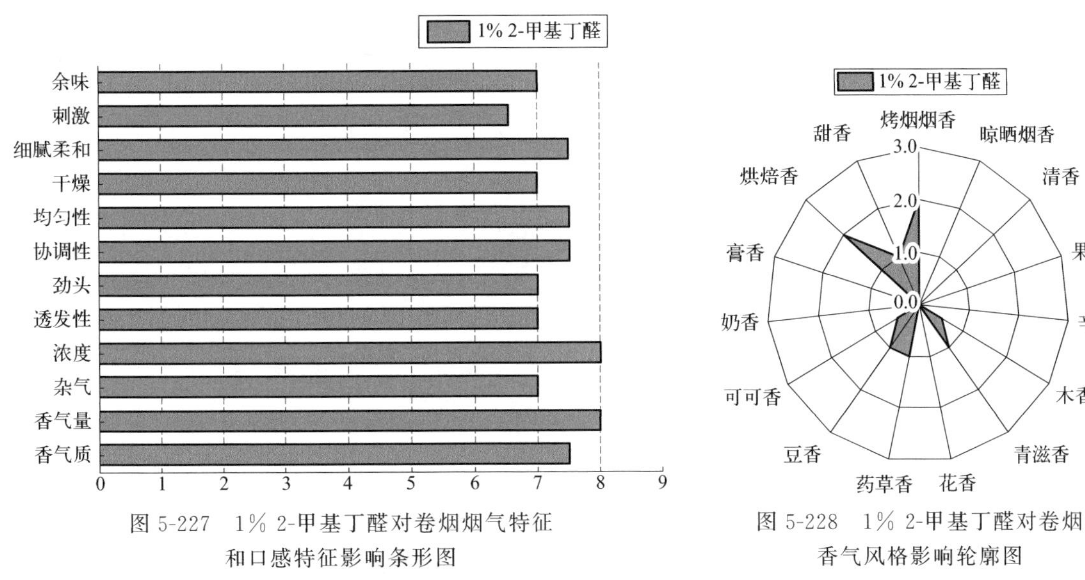

图 5-227　1% 2-甲基丁醛对卷烟烟气特征和口感特征影响条形图

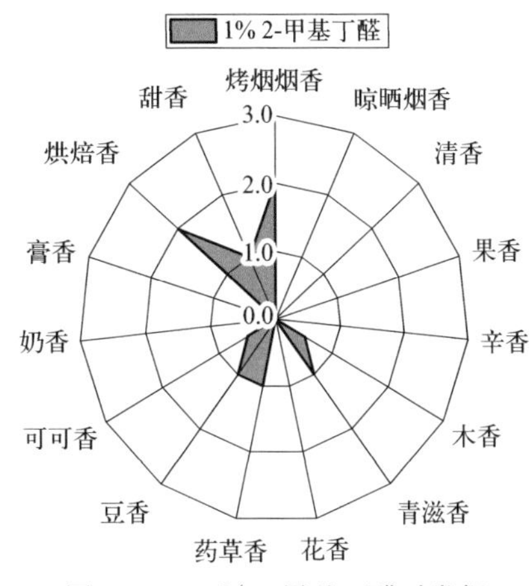

图 5-228　1% 2-甲基丁醛对卷烟香气风格影响轮廓图

5.5.7　戊醛的香韵组成和嗅香感官特征

采用香味轮廓分析法对戊醛的香韵组成及强度进行评价，评价结果见表 5-155 及图 5-229。

由 1%戊醛香味感官评价结果可知：1%戊醛嗅香辅助香韵为树脂香、干草香、木香、青滋香、烘焙香（≥2.0）；修饰香韵为清香、辛香、豆香、可可香、焦香、甜香（≥0.5）等香韵。

表 5-155　1%戊醛香味轮廓评价表

序号	香韵名称	评分(0—9)	评判分值
1	树脂香	2.0	0:无 1～2:弱 3～4:稍弱 5:适中 6～7:较强 8～9:强
2	干草香	2.0	
3	清香	0.5	
4	果香	0	
5	辛香	1.5	
6	木香	2.5	
7	青滋香	2.0	
8	花香	0	
9	药草香	0	
10	豆香	1.5	
11	可可香	1.0	
12	奶香	0	
13	膏香	0	
14	烘焙香	3.5	
15	焦香	0.5	
16	酒香	0	
17	甜香	1.5	
18	酸香	0	

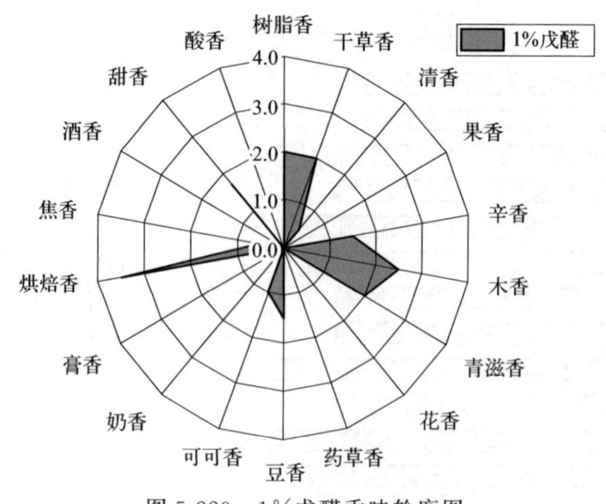

图 5-229　1%戊醛香味轮廓图

5.5.8　戊醛对加热卷烟风格、感官质量和香韵特征的影响

对 1%戊醛的加香作用进行评价，结果见表 5-156 和图 5-230、图 5-231。从中可以看出，戊醛在卷烟中的主要作用是提升香气质、增加烟气协调性，降低杂气和刺激性，香气量、烟气浓度、劲头、均匀性和透发性尚可，烟气细腻柔和感好，余味干净，主要赋予卷烟烤烟烟香、烘焙香、青滋香、豆香、甜香、木香和可可香韵。

表 5-156　1%戊醛作用评价汇总表

<table>
<tr><td rowspan="8">烟气特征</td><td>香气质</td><td colspan="13">8.0</td></tr>
<tr><td>香气量</td><td colspan="13">7.0</td></tr>
<tr><td>杂气</td><td colspan="13">7.5</td></tr>
<tr><td>浓度</td><td colspan="13">7.0</td></tr>
<tr><td>透发性</td><td colspan="13">7.0</td></tr>
<tr><td>劲头</td><td colspan="13">7.0</td></tr>
<tr><td>协调性</td><td colspan="13">7.5</td></tr>
<tr><td>均匀性</td><td colspan="13">7.0</td></tr>
<tr><td rowspan="4">口感特征</td><td>干燥</td><td colspan="13">7.5</td></tr>
<tr><td>细腻柔和</td><td colspan="13">7.5</td></tr>
<tr><td>刺激</td><td colspan="13">7.5</td></tr>
<tr><td>余味</td><td colspan="13">7.0</td></tr>
<tr><td rowspan="12">香气风格（0—3 分）</td><td rowspan="4">烤烟烟香</td><td>0</td><td rowspan="4">2.0</td><td rowspan="4">晾晒烟香</td><td>0</td><td rowspan="4">0</td><td rowspan="4">清香</td><td>0</td><td rowspan="4">0</td><td rowspan="4">果香</td><td>0</td><td rowspan="4">0</td><td rowspan="4">辛香</td><td>0</td><td rowspan="4">0</td></tr>
<tr><td>1</td><td>1</td><td>1</td><td>1</td><td>1</td></tr>
<tr><td>2</td><td>2</td><td>2</td><td>2</td><td>2</td></tr>
<tr><td>3</td><td>3</td><td>3</td><td>3</td><td>3</td></tr>
<tr><td rowspan="4">木香</td><td>0</td><td rowspan="4">0.5</td><td rowspan="4">青滋香</td><td>0</td><td rowspan="4">1.0</td><td rowspan="4">花香</td><td>0</td><td rowspan="4">0</td><td rowspan="4">药草香</td><td>0</td><td rowspan="4">0</td><td rowspan="4">豆香</td><td>0</td><td rowspan="4">1.0</td></tr>
<tr><td>1</td><td>1</td><td>1</td><td>1</td><td>1</td></tr>
<tr><td>2</td><td>2</td><td>2</td><td>2</td><td>2</td></tr>
<tr><td>3</td><td>3</td><td>3</td><td>3</td><td>3</td></tr>
<tr><td rowspan="4">可可香</td><td>0</td><td rowspan="4">0.5</td><td rowspan="4">奶香</td><td>0</td><td rowspan="4">0</td><td rowspan="4">膏香</td><td>0</td><td rowspan="4">0</td><td rowspan="4">烘焙香</td><td>0</td><td rowspan="4">2.0</td><td rowspan="4">甜香</td><td>0</td><td rowspan="4">0.5</td></tr>
<tr><td>1</td><td>1</td><td>1</td><td>1</td><td>1</td></tr>
<tr><td>2</td><td>2</td><td>2</td><td>2</td><td>2</td></tr>
<tr><td>3</td><td>3</td><td>3</td><td>3</td><td>3</td></tr>
</table>

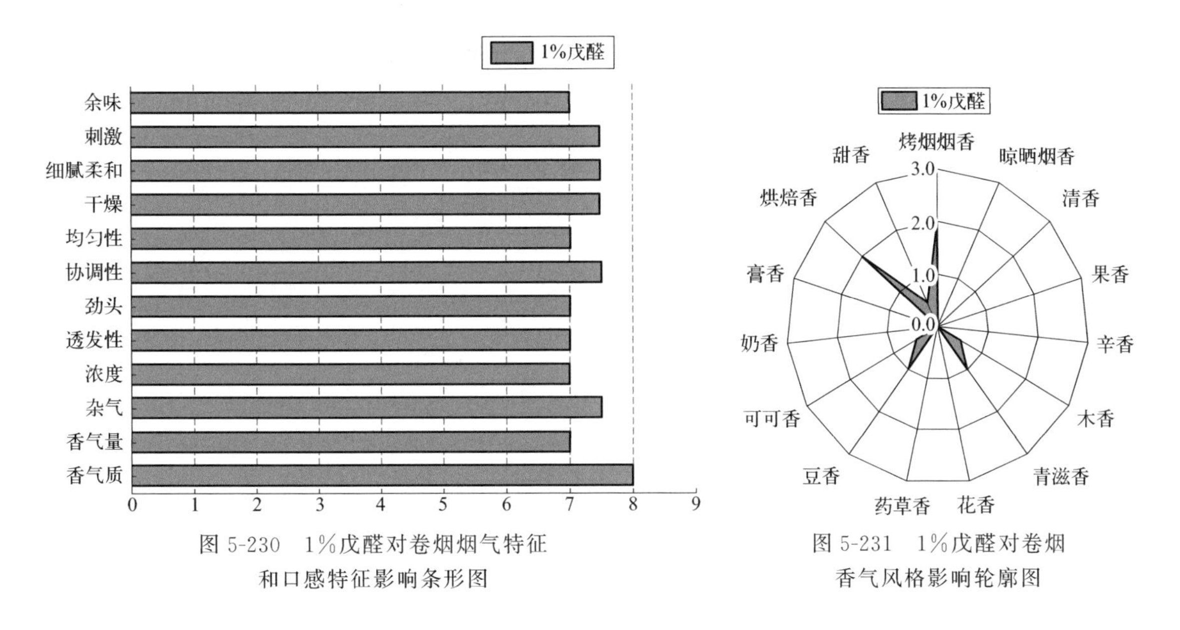

图 5-230　1%戊醛对卷烟烟气特征和口感特征影响条形图

图 5-231　1%戊醛对卷烟香气风格影响轮廓图

5.5.9　3-甲硫丙醛的香韵组成和嗅香感官特征

采用香味轮廓分析法对 3-甲硫丙醛的香韵组成及强度进行评价，评价结果见表 5-157 及图 5-232。

由 1% 3-甲硫丙醛香味感官评价结果可知：1% 3-甲硫丙醛嗅香主体香韵为烘焙香（4.0）；辅助香韵为焦香（≥2.0）；修饰香韵为清香、木香、青滋香、酒香、甜香、酸香（≥0.5）等香韵。

表 5-157　1% 3-甲硫丙醛香味轮廓评价表

序号	香韵名称	评分(0—9)	评判分值
1	树脂香	0	0:无 1～2:弱 3～4:稍弱 5:适中 6～7:较强 8～9:强
2	干草香	0	
3	清香	0.5	
4	果香	0	
5	辛香	0	
6	木香	0.5	
7	青滋香	1.0	
8	花香	0	
9	药草香	0	
10	豆香	0	
11	可可香	0	
12	奶香	0	
13	膏香	0	
14	烘焙香	4.0	
15	焦香	3.5	
16	酒香	1.5	
17	甜香	1.0	
18	酸香	1.5	

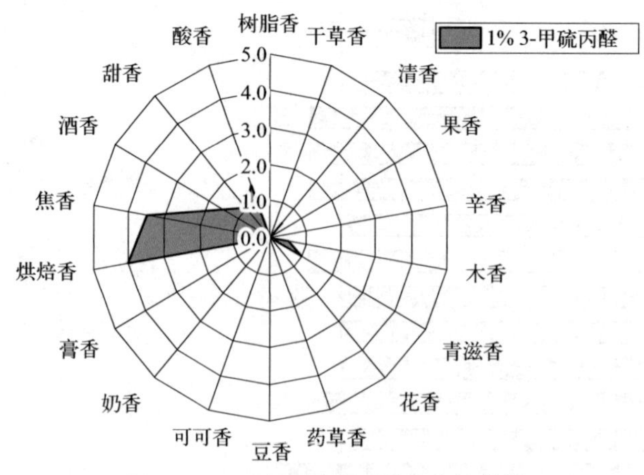

图 5-232　1% 3-甲硫丙醛香味轮廓图

5.5.10　3-甲硫丙醛对加热卷烟风格、感官质量和香韵特征的影响

对 1%3-甲硫丙醛的加香作用进行评价，结果见表 5-158 和图 5-233、图 5-234。从中可以看出，3-甲硫丙醛在卷烟中的主要作用是提升香气质，增加烟气浓度和劲头，烟气协调性、均匀性和透发性尚可，烟气细腻柔和感好，稍降低刺激性和杂气，主要赋予卷烟烘焙香、烤烟烟香、辛香、青滋香、清香、豆香和甜香韵。

表 5-158　1%3-甲硫丙醛作用评价汇总表

类别	指标	标度	评分
烟气特征	香气质		7.5
	香气量		6.5
	杂气		7.0
	浓度		7.5
	透发性		7.0
	劲头		7.5
	协调性		7.0
	均匀性		7.0
口感特征	干燥		6.5
	细腻柔和		7.5
	刺激		7.0
	余味		6.0
香气风格（0—3 分）	烤烟烟香	0 1 2 3	1.5
	晾晒烟香	0 1 2 3	0
	清香	0 1 2 3	0.5
	果香	0 1 2 3	0
	辛香	0 1 2 3	1.0
	木香	0 1 2 3	0
	青滋香	0 1 2 3	1.0
	花香	0 1 2 3	0
	药草香	0 1 2 3	0
	豆香	0 1 2 3	0.5
	可可香	0 1 2 3	0
	奶香	0 1 2 3	0
	膏香	0 1 2 3	0
	烘焙香	0 1 2 3	2.0
	甜香	0 1 2 3	0.5

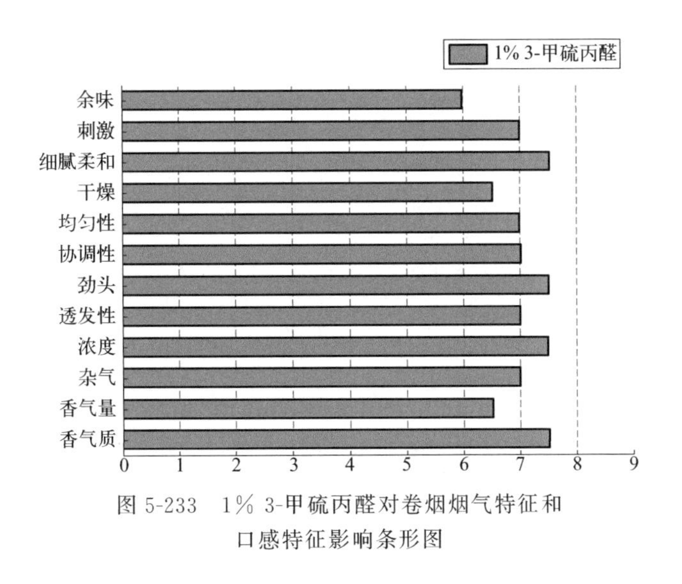

图 5-233 1% 3-甲硫丙醛对卷烟烟气特征和口感特征影响条形图

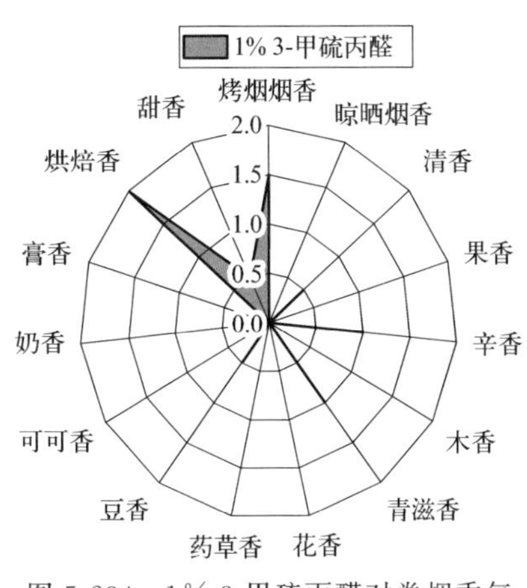

图 5-234 1% 3-甲硫丙醛对卷烟香气风格影响轮廓图

5.5.11 己醛的香韵组成和嗅香感官特征

采用香味轮廓分析法对己醛的香韵组成及强度进行评价，评价结果见表 5-159 及图 5-235。

表 5-159 1%己醛香味轮廓评价表

序号	香韵名称	评分(0—9)	评判分值
1	树脂香	0	0:无 1～2:弱 3～4:稍弱 5:适中 6～7:较强 8～9:强
2	干草香	3.0	
3	清香	1.0	
4	果香	2.0	
5	辛香	1.5	
6	木香	1.0	
7	青滋香	4.5	
8	花香	0	
9	药草香	0	
10	豆香	0	
11	可可香	0	
12	奶香	0	
13	膏香	0	
14	烘焙香	0	
15	焦香	0	
16	酒香	1.5	
17	甜香	1.0	
18	酸香	1.5	

由1%己醛香味感官评价结果可知：1%己醛嗅香主体香韵为青滋香（4.5）；辅助香韵为干草香、果香（≥2.0）；修饰香韵为清香、辛香、木香、酒香、甜香、酸香（≥0.5）等香韵。

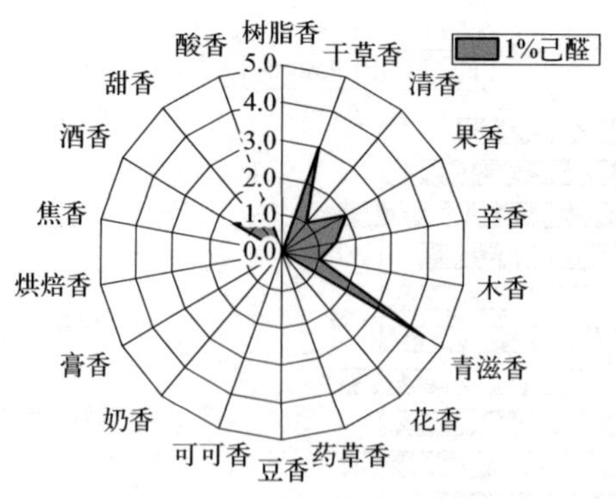

图 5-235　1%己醛香味轮廓图

5.5.12　己醛对加热卷烟风格、感官质量和香韵特征的影响

对 1%己醛的加香作用进行评价，结果见表 5-160 和图 5-236、图 5-237。从中可以看出，己醛在卷烟中的主要作用是增加烟气劲头和均匀性，香气质、香气量、烟气浓度尚可，烟气细腻柔和感好，主要赋予卷烟青滋香、烤烟烟香、辛香、木香、烘焙香、清香和甜香韵。

表 5-160　1%己醛作用评价汇总表

烟气特征	香气质	7.0
	香气量	7.0
	杂气	6.5
	浓度	7.0
	透发性	6.5
	劲头	7.5
	协调性	6.5
	均匀性	7.5
口感特征	干燥	6.5
	细腻柔和	7.5
	刺激	6.5
	余味	6.0

香气风格（0—3 分）	烤烟烟香	0	1.5	晾晒烟香	0	0	清香	0	0.5	果香	0	0	辛香	0	1.0
		1			1			1			1			1	
		2			2			2			2			2	
		3			3			3			3			3	
	木香	0	1.0	青滋香	0	2.0	花香	0	0	药草香	0	0	豆香	0	0
		1			1			1			1			1	
		2			2			2			2			2	
		3			3			3			3			3	
	可可香	0	0	奶香	0	0	膏香	0	0	烘焙香	0	1.0	甜香	0	0.5
		1			1			1			1			1	
		2			2			2			2			2	
		3			3			3			3			3	

5.5.13　糠醛的香韵组成和嗅香感官特征

采用香味轮廓分析法对糠醛的香韵组成及强度进行评价，评价结果见表 5-161 及图 5-238。

由 1%糠醛香味感官评价结果可知：1%糠醛嗅香辅助香韵为干草香、果香、烘焙香（≥2.0）；修饰香韵为清香、青滋香、焦香、甜香（≥0.5）等香韵。

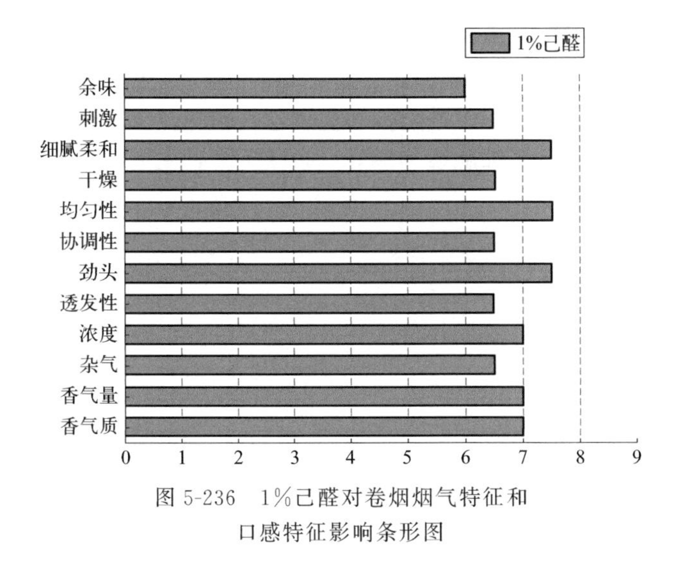

图5-236 1%己醛对卷烟烟气特征和口感特征影响条形图

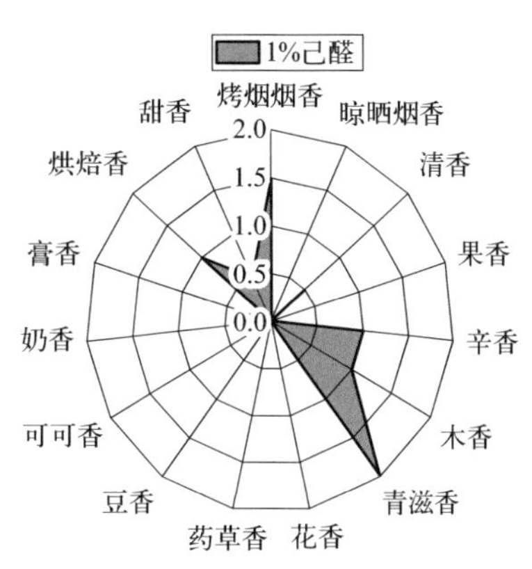

图5-237 1%己醛对卷烟香气风格影响轮廓图

表5-161 1%糠醛香味轮廓评价表

序号	香韵名称	评分(0—9)	评判分值
1	树脂香	0	0:无 1~2:弱 3~4:稍弱 5:适中 6~7:较强 8~9:强
2	干草香	2.0	
3	清香	0.5	
4	果香	2.0	
5	辛香	0	
6	木香	0	
7	青滋香	1.0	
8	花香	0	
9	药草香	0	
10	豆香	0	
11	可可香	0	
12	奶香	0	
13	膏香	0	
14	烘焙香	3.5	
15	焦香	1.5	
16	酒香	0	
17	甜香	1.5	
18	酸香	0	

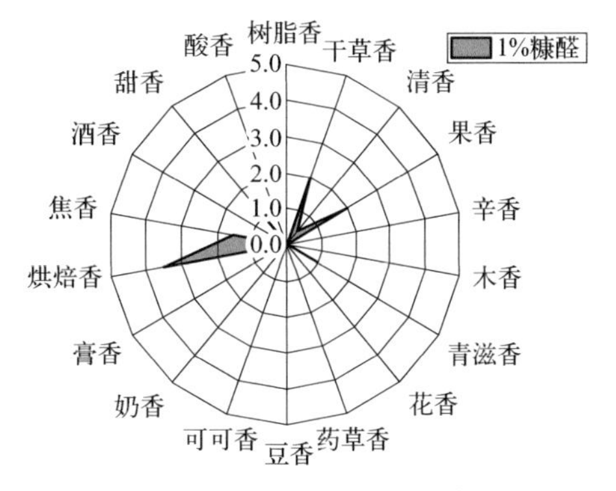

图5-238 1%糠醛香味轮廓图

5.5.14 糠醛对加热卷烟风格、感官质量和香韵特征的影响

对2%糠醛的加香作用进行评价，结果见表5-162和图5-239、图5-240。从中可以看出，糠醛在卷烟中的主要作用是提升香气质、增加烟气透发性和协调性，稍降低刺激性和杂气，香气量、烟气均匀性、劲头和浓度尚可，烟气细腻柔和感好，余味干净，主要赋予卷烟烤烟烟香、烘焙香、甜香、青滋香和清香韵。

表5-162 2%糠醛作用评价汇总表

<table>
<tr><td rowspan="8">烟气特征</td><td colspan="2">香气质</td><td colspan="13">7.5</td></tr>
<tr><td colspan="2">香气量</td><td colspan="13">7.0</td></tr>
<tr><td colspan="2">杂气</td><td colspan="13">7.0</td></tr>
<tr><td colspan="2">浓度</td><td colspan="13">7.0</td></tr>
<tr><td colspan="2">透发性</td><td colspan="13">7.5</td></tr>
<tr><td colspan="2">劲头</td><td colspan="13">7.0</td></tr>
<tr><td colspan="2">协调性</td><td colspan="13">7.5</td></tr>
<tr><td colspan="2">均匀性</td><td colspan="13">7.0</td></tr>
<tr><td rowspan="4">口感特征</td><td colspan="2">干燥</td><td colspan="13">7.0</td></tr>
<tr><td colspan="2">细腻柔和</td><td colspan="13">7.5</td></tr>
<tr><td colspan="2">刺激</td><td colspan="13">7.0</td></tr>
<tr><td colspan="2">余味</td><td colspan="13">7.0</td></tr>
<tr><td rowspan="12">香气风格（0—3分）</td><td rowspan="4">烤烟烟香</td><td>0</td><td rowspan="4">1.5</td><td rowspan="4">晾晒烟香</td><td>0</td><td rowspan="4">0</td><td rowspan="4">清香</td><td>0</td><td rowspan="4">0.5</td><td rowspan="4">果香</td><td>0</td><td rowspan="4">0</td><td rowspan="4">辛香</td><td>0</td><td rowspan="4">0</td></tr>
<tr><td>1</td><td>1</td><td>1</td><td>1</td><td>1</td></tr>
<tr><td>2</td><td>2</td><td>2</td><td>2</td><td>2</td></tr>
<tr><td>3</td><td>3</td><td>3</td><td>3</td><td>3</td></tr>
<tr><td rowspan="4">木香</td><td>0</td><td rowspan="4">0</td><td rowspan="4">青滋香</td><td>0</td><td rowspan="4">1.0</td><td rowspan="4">花香</td><td>0</td><td rowspan="4">0</td><td rowspan="4">药草香</td><td>0</td><td rowspan="4">0</td><td rowspan="4">豆香</td><td>0</td><td rowspan="4">0</td></tr>
<tr><td>1</td><td>1</td><td>1</td><td>1</td><td>1</td></tr>
<tr><td>2</td><td>2</td><td>2</td><td>2</td><td>2</td></tr>
<tr><td>3</td><td>3</td><td>3</td><td>3</td><td>3</td></tr>
<tr><td rowspan="4">可可香</td><td>0</td><td rowspan="4">0</td><td rowspan="4">奶香</td><td>0</td><td rowspan="4">0</td><td rowspan="4">膏香</td><td>0</td><td rowspan="4">0</td><td rowspan="4">烘焙香</td><td>0</td><td rowspan="4">1.5</td><td rowspan="4">甜香</td><td>0</td><td rowspan="4">1.5</td></tr>
<tr><td>1</td><td>1</td><td>1</td><td>1</td><td>1</td></tr>
<tr><td>2</td><td>2</td><td>2</td><td>2</td><td>2</td></tr>
<tr><td>3</td><td>3</td><td>3</td><td>3</td><td>3</td></tr>
</table>

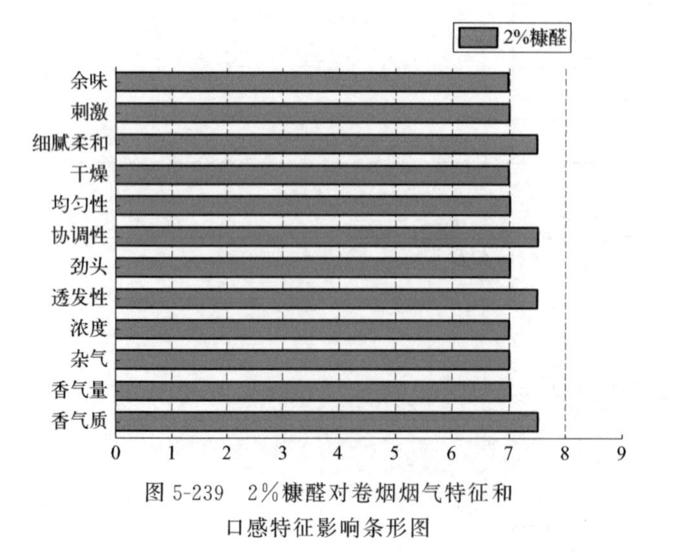

图5-239 2%糠醛对卷烟烟气特征和口感特征影响条形图

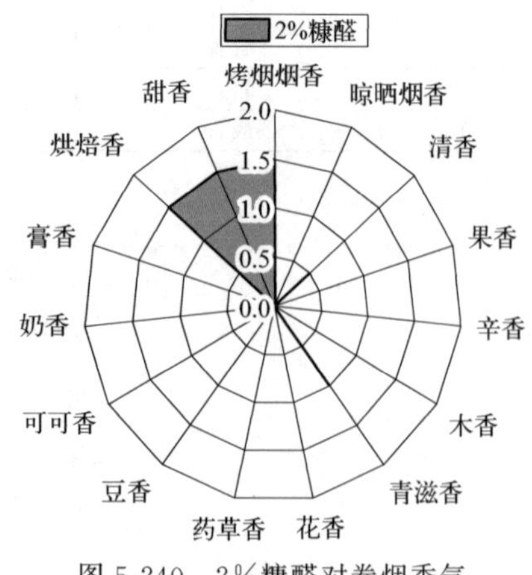

图5-240 2%糠醛对卷烟香气风格影响轮廓图

5.5.15 反式-2-己烯醛的香韵组成和嗅香感官特征

采用香味轮廓分析法对反式-2-己烯醛的香韵组成及强度进行评价，评价结果见表5-163及图5-241。

由1%反式-2-己烯醛香味感官评价结果可知：1%反式-2-己烯醛嗅香主体香韵为青滋香（4.0）；辅助香韵为干草香、果香、辛香（≥2.0）；修饰香韵为清香、木香、烘焙香、焦香、甜香（≥0.5）等香韵。

表5-163　1%反式-2-己烯醛香味轮廓评价表

序号	香韵名称	评分(0—9)	评判分值
1	树脂香	0	0:无 1～2:弱 3～4:稍弱 5:适中 6～7:较强 8～9:强
2	干草香	2.0	
3	清香	0.5	
4	果香	2.5	
5	辛香	2.5	
6	木香	1.5	
7	青滋香	4.0	
8	花香	0	
9	药草香	0	
10	豆香	0	
11	可可香	0	
12	奶香	0	
13	膏香	0	
14	烘焙香	1.0	
15	焦香	0.5	
16	酒香	0	
17	甜香	1.5	
18	酸香	0	

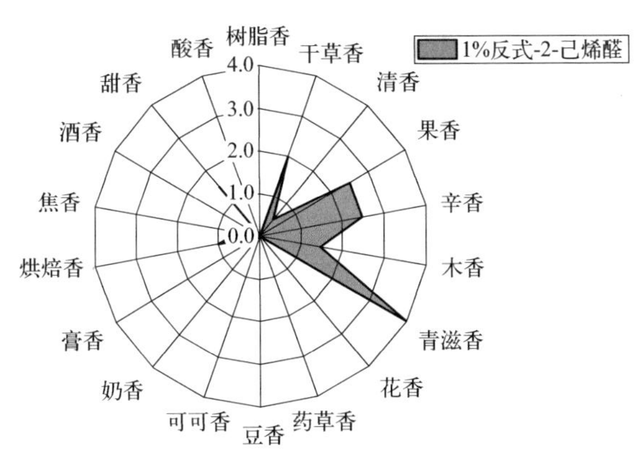

图5-241　1%反式-2-己烯醛香味轮廓图

5.5.16 反式-2-己烯醛对加热卷烟风格、感官质量和香韵特征的影响

对2%反式-2-己烯醛的加香作用进行评价，结果见表5-164和图5-242、图5-243。从中可以看出，反式-2-己烯醛在卷烟中的主要作用是提升香气质和香气量，增加烟气浓度、协调性和透发性，降低杂气，烟气均匀性和劲头尚可，烟气细腻柔和感好，余味干净，主要赋予卷烟青滋香、甜香、烘焙香、烤烟烟香、果香、木香和花香韵。

表 5-164　2%反式-2-己烯醛作用评价汇总表

<table>
<tr><td rowspan="8">烟气
特征</td><td colspan="2">香气质</td><td colspan="13">8.0</td></tr>
<tr><td colspan="2">香气量</td><td colspan="13">7.5</td></tr>
<tr><td colspan="2">杂气</td><td colspan="13">8.0</td></tr>
<tr><td colspan="2">浓度</td><td colspan="13">7.5</td></tr>
<tr><td colspan="2">透发性</td><td colspan="13">7.5</td></tr>
<tr><td colspan="2">劲头</td><td colspan="13">7.0</td></tr>
<tr><td colspan="2">协调性</td><td colspan="13">8.0</td></tr>
<tr><td colspan="2">均匀性</td><td colspan="13">7.0</td></tr>
<tr><td rowspan="4">口感
特征</td><td colspan="2">干燥</td><td colspan="13">7.5</td></tr>
<tr><td colspan="2">细腻柔和</td><td colspan="13">7.5</td></tr>
<tr><td colspan="2">刺激</td><td colspan="13">7.5</td></tr>
<tr><td colspan="2">余味</td><td colspan="13">7.0</td></tr>
<tr><td rowspan="12">香气
风格
（0—3 分）</td><td rowspan="4">烤烟
烟香</td><td>0</td><td rowspan="4">1.0</td><td rowspan="4">晾晒
烟香</td><td>0</td><td rowspan="4">0</td><td rowspan="4">清香</td><td>0</td><td rowspan="4">0</td><td rowspan="4">果香</td><td>0</td><td rowspan="4">0.5</td><td rowspan="4">辛香</td><td>0</td><td rowspan="4">0</td></tr>
<tr><td>1</td><td>1</td><td>1</td><td>1</td><td>1</td></tr>
<tr><td>2</td><td>2</td><td>2</td><td>2</td><td>2</td></tr>
<tr><td>3</td><td>3</td><td>3</td><td>3</td><td>3</td></tr>
<tr><td rowspan="4">木香</td><td>0</td><td rowspan="4">0.5</td><td rowspan="4">青滋香</td><td>0</td><td rowspan="4">1.5</td><td rowspan="4">花香</td><td>0</td><td rowspan="4">0.5</td><td rowspan="4">药草香</td><td>0</td><td rowspan="4">0</td><td rowspan="4">豆香</td><td>0</td><td rowspan="4">0</td></tr>
<tr><td>1</td><td>1</td><td>1</td><td>1</td><td>1</td></tr>
<tr><td>2</td><td>2</td><td>2</td><td>2</td><td>2</td></tr>
<tr><td>3</td><td>3</td><td>3</td><td>3</td><td>3</td></tr>
<tr><td rowspan="4">可可香</td><td>0</td><td rowspan="4">0</td><td rowspan="4">奶香</td><td>0</td><td rowspan="4">0</td><td rowspan="4">膏香</td><td>0</td><td rowspan="4">0</td><td rowspan="4">烘焙香</td><td>0</td><td rowspan="4">1.0</td><td rowspan="4">甜香</td><td>0</td><td rowspan="4">1.5</td></tr>
<tr><td>1</td><td>1</td><td>1</td><td>1</td><td>1</td></tr>
<tr><td>2</td><td>2</td><td>2</td><td>2</td><td>2</td></tr>
<tr><td>3</td><td>3</td><td>3</td><td>3</td><td>3</td></tr>
</table>

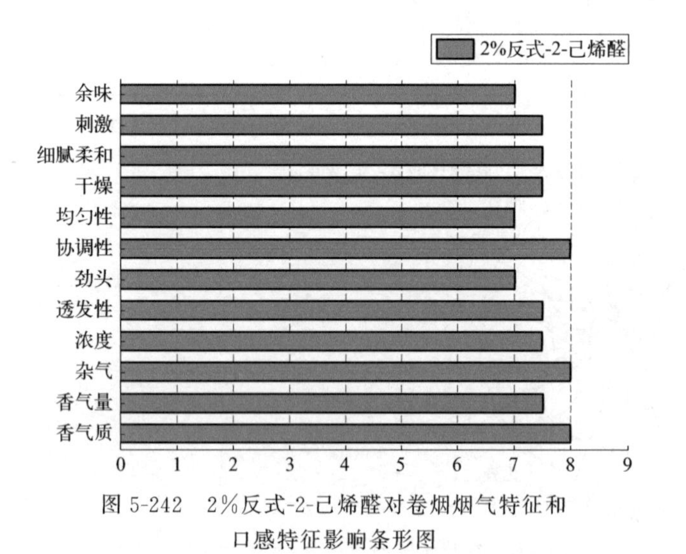

图 5-242　2%反式-2-己烯醛对卷烟烟气特征和口感特征影响条形图

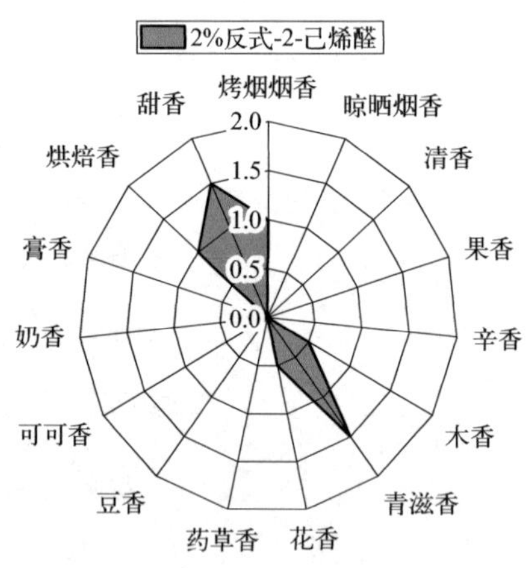

图 5-243　2%反式-2-己烯醛对卷烟香气风格影响轮廓图

5.5.17　苯甲醛的香韵组成和嗅香感官特征

采用香味轮廓分析法对苯甲醛的香韵组成及强度进行评价，评价结果见表 5-165 及图 5-244。

由 1%苯甲醛香味感官评价结果可知：1%苯甲醛嗅香辅助香韵为果香（≥2.0）；修饰香韵为树脂香、清香、青滋香、花香、豆香、烘焙香、甜香（≥0.5）等香韵。

表 5-165　1%苯甲醛香味轮廓评价表

序号	香韵名称	评分(0—9)	评判分值
1	树脂香	1.0	0:无 1～2:弱 3～4:稍弱 5:适中 6～7:较强 8～9:强
2	干草香	0	
3	清香	0.5	
4	果香	3.5	
5	辛香	0	
6	木香	0	
7	青滋香	1.5	
8	花香	0.5	
9	药草香	0	
10	豆香	1.5	
11	可可香	0	
12	奶香	0	
13	膏香	0	
14	烘焙香	1.5	
15	焦香	0	
16	酒香	0	
17	甜香	1.5	
18	酸香	0	

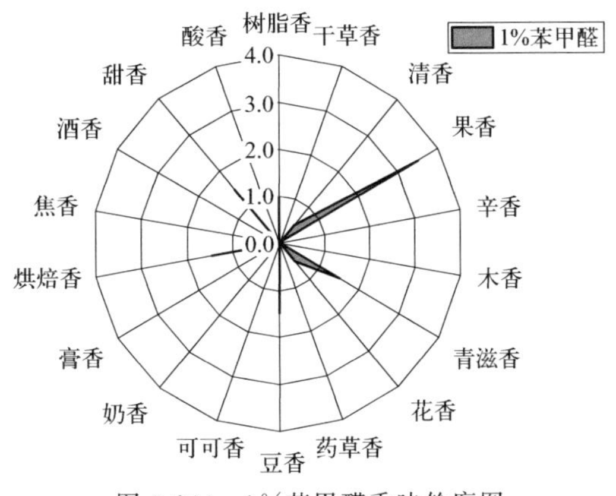

图 5-244　1%苯甲醛香味轮廓图

5.5.18　苯甲醛对加热卷烟风格、感官质量和香韵特征的影响

对2%苯甲醛的加香作用进行评价，结果见表5-166和图5-245、图5-246。从中可以看出，苯甲醛在卷烟中的主要作用是增加烟气透发性、烟气细腻柔和感好，香气质、香气量、烟气浓度、劲头、协调性和均匀性尚可，稍降低刺激性和杂气，主要赋予卷烟烘焙香、烤烟烟香、清香、果香、甜香、木香和青滋香韵。

表 5-166　2%苯甲醛作用评价汇总表

烟气特征	香气质	7.0
	香气量	7.0
	杂气	7.0
	浓度	7.0
	透发性	7.5
	劲头	7.0
	协调性	7.0
	均匀性	7.0

续表

口感特征	干燥	7.0													
	细腻柔和	7.5													
	刺激	7.0													
	余味	6.5													
香气风格（0—3分）	烤烟烟香	0	1.0	晾晒烟香	0	0	清香	0	1.0	果香	0	1.0	辛香	0	0
		1			1			1			1			1	
		2			2			2			2			2	
		3			3			3			3			3	
	木香	0	0.5	青滋香	0	0.5	花香	0	0	药草香	0	0	豆香	0	0
		1			1			1			1			1	
		2			2			2			2			2	
		3			3			3			3			3	
	可可香	0	0	奶香	0	0	膏香	0	0	烘焙香	0	1.5	甜香	0	1.0
		1			1			1			1			1	
		2			2			2			2			2	
		3			3			3			3			3	

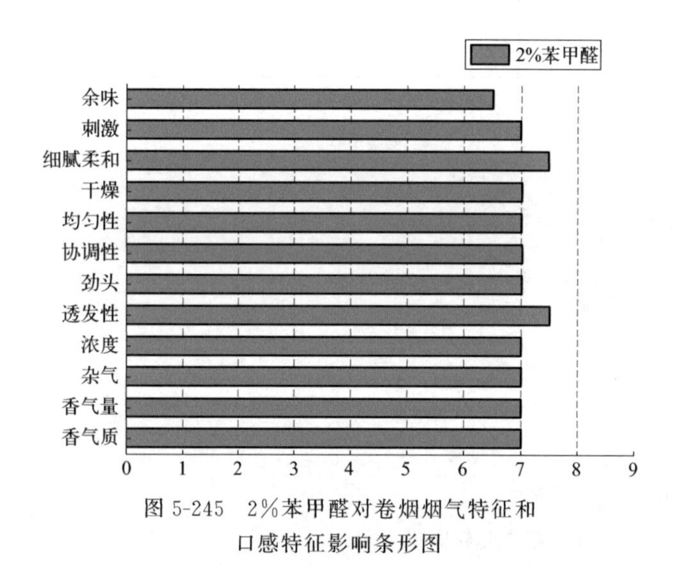

图 5-245 2%苯甲醛对卷烟烟气特征和口感特征影响条形图

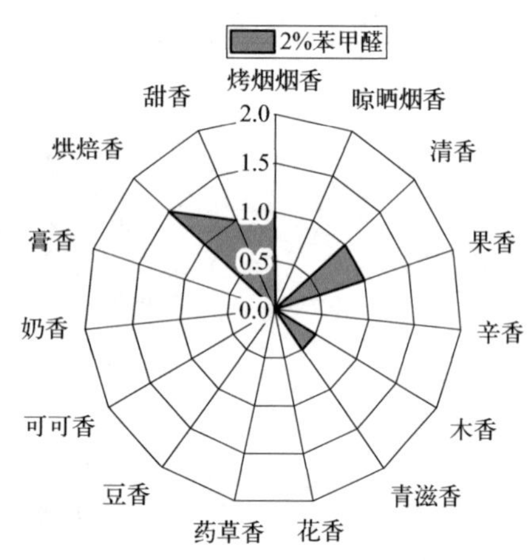

图 5-246 2%苯甲醛对卷烟香气风格影响轮廓图

5.5.19 苯乙醛的香韵组成和嗅香感官特征

采用香味轮廓分析法对苯乙醛的香韵组成及强度进行评价，评价结果见表 5-167 及图 5-247。

由 1%苯乙醛香味感官评价结果可知：1%苯乙醛嗅香主体香韵为花香（4.0）；辅助香韵为果香、甜香（≥2.0）；修饰香韵为清香、辛香、木香、青滋香、酒香（≥0.5）等香韵。

表 5-167 1%苯乙醛香味轮廓评价表

序号	香韵名称	评分(0—9)	评判分值
1	树脂香	0	0:无 1～2:弱 3～4:稍弱 5:适中 6～7:较强 8～9:强
2	干草香	0	
3	清香	1.5	
4	果香	2.0	
5	辛香	1.0	
6	木香	1.5	

续表

序号	香韵名称	评分(0—9)	评判分值
7	青滋香	1.0	0:无 1～2:弱 3～4:稍弱 5:适中 6～7:较强 8～9:强
8	花香	4.0	
9	药草香	0	
10	豆香	0	
11	可可香	0	
12	奶香	0	
13	膏香	0	
14	烘焙香	0	
15	焦香	0	
16	酒香	1.5	
17	甜香	2.0	
18	酸香	0	

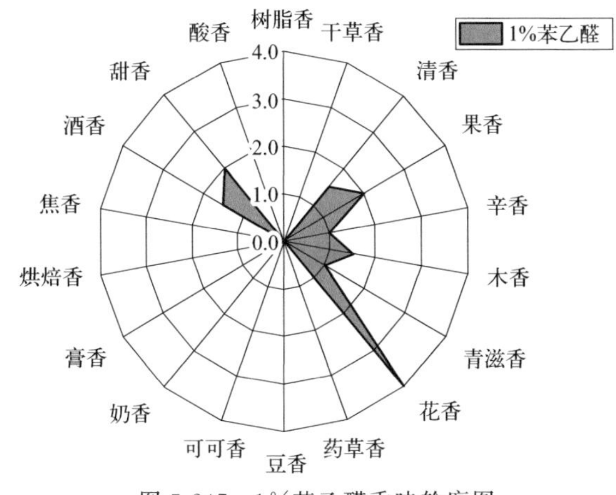

图 5-247 1%苯乙醛香味轮廓图

5.5.20 苯乙醛对加热卷烟风格、感官质量和香韵特征的影响

对2%苯乙醛的加香作用进行评价，结果见表5-168和图5-248、图5-249。从中可以看出，苯乙醛在卷烟中的主要作用是提升香气质和香气量，增加烟气浓度、透发性、协调性和均匀性，降低杂气和刺激性，烟气细腻柔和感好，烟气劲头尚可，余味干净，主要赋予卷烟花香、甜香、烤烟烟香、清香、烘焙香和果香韵。

表 5-168 2%苯乙醛作用评价汇总表

烟气特征	香气质	8.0
	香气量	7.5
	杂气	8.0
	浓度	7.5
	透发性	7.5
	劲头	7.0
	协调性	7.5
	均匀性	7.5
口感特征	干燥	7.5
	细腻柔和	8.0
	刺激	7.5
	余味	7.0

续表

香气风格（0—3分）	烤烟烟香	0	1.0	晾晒烟香	0	0	清香	0	1.0	果香	0	0.5	辛香	0	0
		1			1			1			1			1	
		2			2			2			2			2	
		3			3			3			3			3	
	木香	0	0	青滋香	0	0	花香	0	1.5	药草香	0	0	豆香	0	0
		1			1			1			1			1	
		2			2			2			2			2	
		3			3			3			3			3	
	可可香	0	0	奶香	0	0	膏香	0	0	烘焙香	0	1.0	甜香	0	1.5
		1			1			1			1			1	
		2			2			2			2			2	
		3			3			3			3			3	

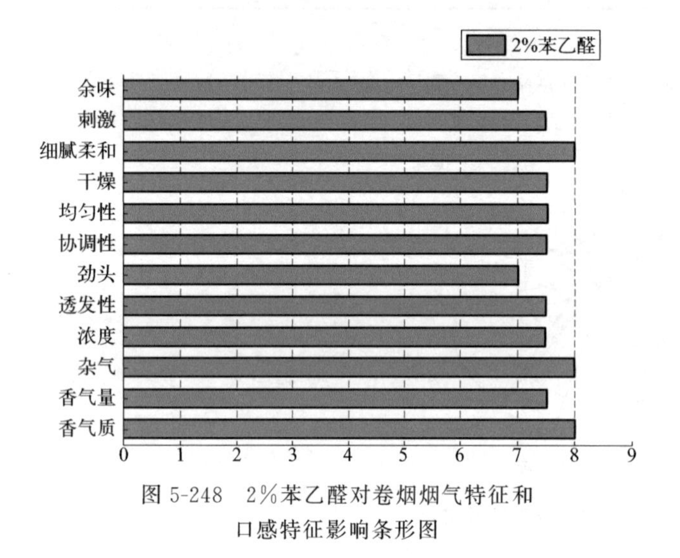

图 5-248　2%苯乙醛对卷烟烟气特征和口感特征影响条形图

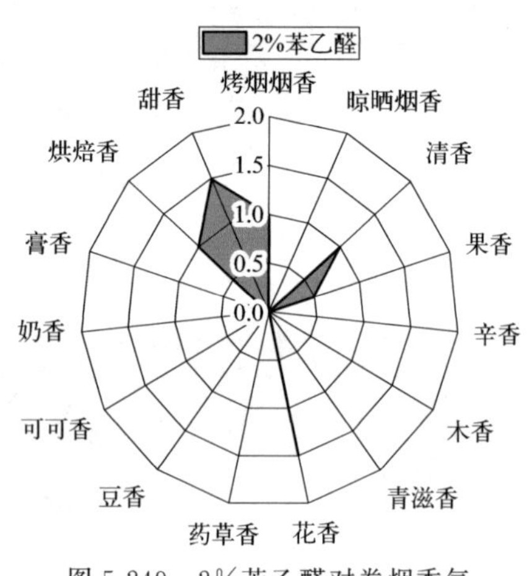

图 5-249　2%苯乙醛对卷烟香气风格影响轮廓图

5.5.21　邻甲基苯甲醛的香韵组成和嗅香感官特征

采用香味轮廓分析法对邻甲基苯甲醛的香韵组成及强度进行评价，评价结果见表 5-169 及图 5-250。

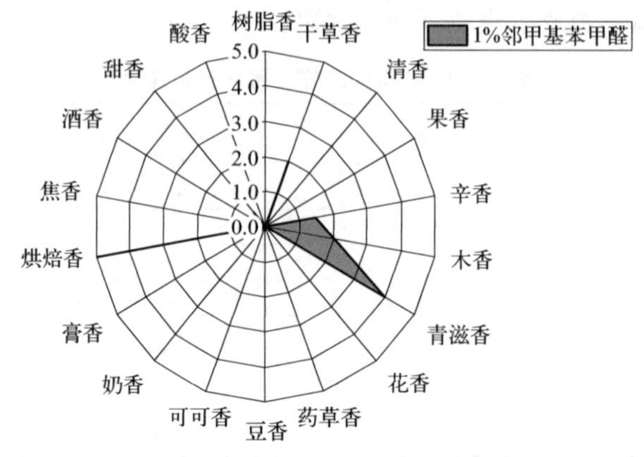

图 5-250　1%邻甲基苯甲醛香味轮廓图

由 1%邻甲基苯甲醛香味感官评价结果可知：1%邻甲基苯甲醛嗅香主体香韵为青滋香（4.0）、烘焙香（5.0）；辅助香韵为干草香、木香（≥2.0）；修饰香韵为辛香、甜香（≥0.5）等香韵。

表 5-169　1%邻甲基苯甲醛香味轮廓评价表

序号	香韵名称	评分(0—9)	评判分值
1	树脂香	0	0:无 1～2:弱 3～4:稍弱 5:适中 6～7:较强 8～9:强
2	干草香	2.0	
3	清香	0	
4	果香	0	
5	辛香	1.5	
6	木香	2.0	
7	青滋香	4.0	
8	花香	0	
9	药草香	0	
10	豆香	0	
11	可可香	0	
12	奶香	0	
13	膏香	0	
14	烘焙香	5.0	
15	焦香	0	
16	酒香	0	
17	甜香	0.5	
18	酸香	0	

5.5.22　邻甲基苯甲醛对加热卷烟风格、感官质量和香韵特征的影响

对 2%邻甲基苯甲醛的加香作用进行评价，结果见表 5-170 和图 5-251、图 5-252。从中可以看出，邻甲基苯甲醛在卷烟中的主要作用是降低刺激性，增加烟气均匀性，香气质、香气量、烟气浓度、劲头和协调性尚可，烟气细腻柔和感好，主要赋予卷烟青滋香、烘焙香、烤烟烟香、辛香和木香韵。

表 5-170　2%邻甲基苯甲醛作用评价汇总表

烟气特征	香气质	7.0
	香气量	7.0
	杂气	6.5
	浓度	7.0
	透发性	6.5
	劲头	7.0
	协调性	7.0
	均匀性	7.5
口感特征	干燥	6.5
	细腻柔和	7.5
	刺激	7.5
	余味	6.5

香气风格（0—3 分）	烤烟烟香	0 1 2 3	1.0	晾晒烟香	0 1 2 3	0	清香	0 1 2 3	0	果香	0 1 2 3	0	辛香	0 1 2 3	0.5

续表

香气风格（0—3分）	木香	0	0.5	青滋香	0	1.5	花香	0	0	药草香	0	0	豆香	0	0
		1			1			1			1			1	
		2			2			2			2			2	
		3			3			3			3			3	
	可可香	0	0	奶香	0	0	膏香	0	0	烘焙香	0	1.5	甜香	0	0
		1			1			1			1			1	
		2			2			2			2			2	
		3			3			3			3			3	

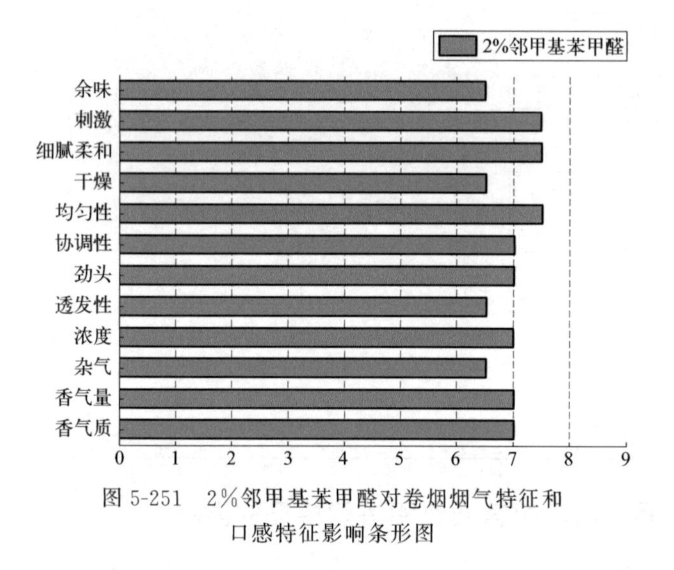

图 5-251 2%邻甲基苯甲醛对卷烟烟气特征和口感特征影响条形图

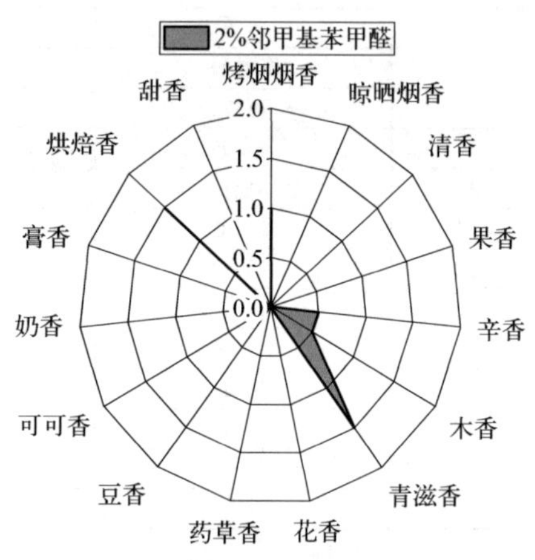

图 5-252 2%邻甲基苯甲醛对卷烟香气风格影响轮廓图

5.5.23 反式-2-壬烯醛的香韵组成和嗅香感官特征

采用香味轮廓分析法对反式-2-壬烯醛的香韵组成及强度进行评价，评价结果见表 5-171 及图 5-253。

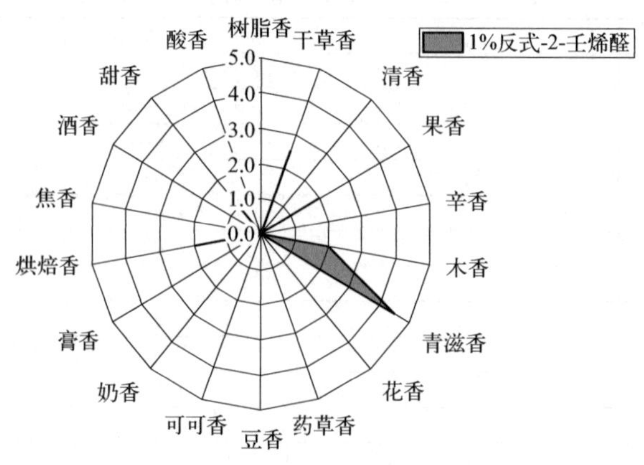

图 5-253 1%反式-2-壬烯醛香味轮廓图

由 1%反式-2-壬烯醛香味感官评价结果可知：1%反式-2-壬烯醛嗅香主体香韵为青滋香（4.5）；辅助香韵为干草香、果香、木香、烘焙香（≥2.0）；修饰香韵为甜香（≥0.5）等香韵。

表 5-171　1%反式-2-壬烯醛香味轮廓评价表

序号	香韵名称	评分(0—9)	评判分值
1	树脂香	0	0:无 1～2:弱 3～4:稍弱 5:适中 6～7:较强 8～9:强
2	干草香	2.5	
3	清香	0	
4	果香	2.0	
5	辛香	0	
6	木香	2.0	
7	青滋香	4.5	
8	花香	0	
9	药草香	0	
10	豆香	0	
11	可可香	0	
12	奶香	0	
13	膏香	0	
14	烘焙香	2.0	
15	焦香	0	
16	酒香	0	
17	甜香	1.5	
18	酸香	0	

5.5.24　反式-2-壬烯醛对加热卷烟风格、感官质量和香韵特征的影响

对 1%反式-2-壬烯醛的加香作用进行评价，结果见表 5-172 和图 5-254、图 5-255。从中可以看出，反式-2-壬烯醛在卷烟中的主要作用是增加香气量和烟气均匀性，稍降低刺激性，烟气浓度、劲头和透发性尚可，烟气细腻柔和感好，主要赋予卷烟青滋香、烤烟烟香、果香、烘焙香和甜香韵。

表 5-172　1%反式-2-壬烯醛作用评价汇总表

<table>
<tr><td rowspan="8">烟气特征</td><td colspan="2">香气质</td><td colspan="13">6.5</td></tr>
<tr><td colspan="2">香气量</td><td colspan="13">7.5</td></tr>
<tr><td colspan="2">杂气</td><td colspan="13">6.5</td></tr>
<tr><td colspan="2">浓度</td><td colspan="13">7.0</td></tr>
<tr><td colspan="2">透发性</td><td colspan="13">7.0</td></tr>
<tr><td colspan="2">劲头</td><td colspan="13">7.0</td></tr>
<tr><td colspan="2">协调性</td><td colspan="13">6.0</td></tr>
<tr><td colspan="2">均匀性</td><td colspan="13">7.5</td></tr>
<tr><td rowspan="4">口感特征</td><td colspan="2">干燥</td><td colspan="13">6.5</td></tr>
<tr><td colspan="2">细腻柔和</td><td colspan="13">7.5</td></tr>
<tr><td colspan="2">刺激</td><td colspan="13">7.0</td></tr>
<tr><td colspan="2">余味</td><td colspan="13">5.5</td></tr>
<tr><td rowspan="8">香气风格
(0—3 分)</td><td rowspan="4">烤烟烟香</td><td>0</td><td rowspan="4">1.0</td><td rowspan="4">晾晒烟香</td><td>0</td><td rowspan="4">0</td><td rowspan="4">清香</td><td>0</td><td rowspan="4">0</td><td rowspan="4">果香</td><td>0</td><td rowspan="4">1.0</td><td rowspan="4">辛香</td><td>0</td><td rowspan="4">0</td></tr>
<tr><td>1</td><td>1</td><td>1</td><td>1</td><td>1</td></tr>
<tr><td>2</td><td>2</td><td>2</td><td>2</td><td>2</td></tr>
<tr><td>3</td><td>3</td><td>3</td><td>3</td><td>3</td></tr>
<tr><td rowspan="4">木香</td><td>0</td><td rowspan="4">0</td><td rowspan="4">青滋香</td><td>0</td><td rowspan="4">1.5</td><td rowspan="4">花香</td><td>0</td><td rowspan="4">0</td><td rowspan="4">药草香</td><td>0</td><td rowspan="4">0</td><td rowspan="4">豆香</td><td>0</td><td rowspan="4">0</td></tr>
<tr><td>1</td><td>1</td><td>1</td><td>1</td><td>1</td></tr>
<tr><td>2</td><td>2</td><td>2</td><td>2</td><td>2</td></tr>
<tr><td>3</td><td>3</td><td>3</td><td>3</td><td>3</td></tr>
</table>

续表

香气风格（0—3分）	可可香	0 1 2 3	0	奶香	0 1 2 3	0	膏香	0 1 2 3	0	烘焙香	0 1 2 3	0.5	甜香	0 1 2 3	0.5

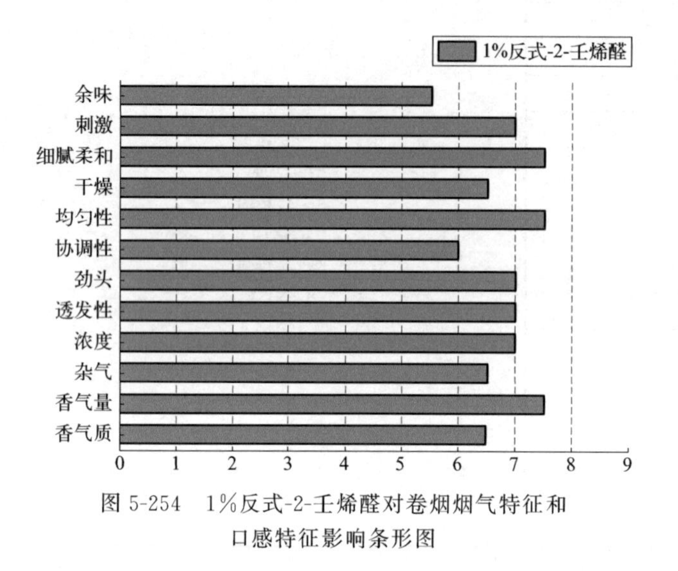

图 5-254　1%反式-2-壬烯醛对卷烟烟气特征和口感特征影响条形图

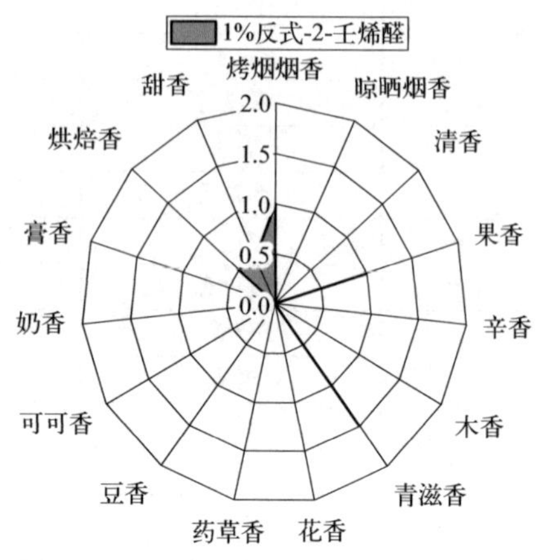

图 5-255　1%反式-2-壬烯醛对卷烟香气风格影响轮廓图

5.5.25　4-乙基苯甲醛的香韵组成和嗅香感官特征

采用香味轮廓分析法对4-乙基苯甲醛的香韵组成及强度进行评价，评价结果见表5-173及图5-256。

由1% 4-乙基苯甲醛香味感官评价结果可知：1% 4-乙基苯甲醛嗅香辅助香韵为干草香、果香、辛香、青滋香、甜香（≥2.0）；修饰香韵为木香、花香、烘焙香（≥0.5）等香韵。

表 5-173　1% 4-乙基苯甲醛香味轮廓评价表

序号	香韵名称	评分(0—9)	评判分值
1	树脂香	0	0:无 1～2:弱 3～4:稍弱 5:适中 6～7:较强 8～9:强
2	干草香	2.0	
3	清香	0	
4	果香	2.5	
5	辛香	2.0	
6	木香	1.5	
7	青滋香	2.0	
8	花香	1.0	
9	药草香	0	
10	豆香	0	
11	可可香	0	
12	奶香	0	
13	膏香	0	
14	烘焙香	1.5	
15	焦香	0	
16	酒香	0	
17	甜香	2.0	
18	酸香	0	

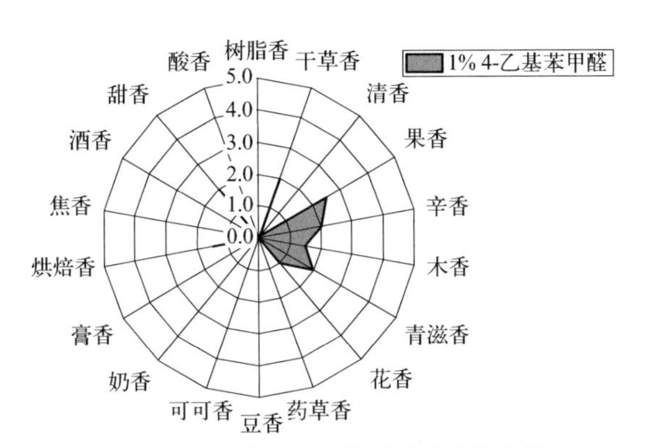

图 5-256　1% 4-乙基苯甲醛香味轮廓图

5.5.26　4-乙基苯甲醛对加热卷烟风格、感官质量和香韵特征的影响

对 1% 4-乙基苯甲醛的加香作用进行评价，结果见表 5-174 和图 5-257、图 5-258。从中可以看出，4-乙基苯甲醛在卷烟中的主要作用是降低刺激性，香气量、均匀性、烟气浓度和透发性尚可，烟气细腻柔和感较好，主要赋予卷烟烤烟烟香、青滋香、烘焙香、辛香、木香和甜香韵。

表 5-174　1% 4-乙基苯甲醛作用评价汇总表

<table>
<tr><td rowspan="8">烟气
特征</td><td colspan="2">香气质</td><td colspan="13">6.5</td></tr>
<tr><td colspan="2">香气量</td><td colspan="13">7.0</td></tr>
<tr><td colspan="2">杂气</td><td colspan="13">6.0</td></tr>
<tr><td colspan="2">浓度</td><td colspan="13">7.0</td></tr>
<tr><td colspan="2">透发性</td><td colspan="13">7.0</td></tr>
<tr><td colspan="2">劲头</td><td colspan="13">6.5</td></tr>
<tr><td colspan="2">协调性</td><td colspan="13">6.5</td></tr>
<tr><td colspan="2">均匀性</td><td colspan="13">7.0</td></tr>
<tr><td rowspan="4">口感
特征</td><td colspan="2">干燥</td><td colspan="13">7.0</td></tr>
<tr><td colspan="2">细腻柔和</td><td colspan="13">7.0</td></tr>
<tr><td colspan="2">刺激</td><td colspan="13">7.0</td></tr>
<tr><td colspan="2">余味</td><td colspan="13">6.0</td></tr>
<tr><td rowspan="12">香气
风格
（0—3 分）</td><td rowspan="4">烤烟
烟香</td><td>0</td><td rowspan="4">1.0</td><td rowspan="4">晾晒
烟香</td><td>0</td><td rowspan="4">0</td><td rowspan="4">清香</td><td>0</td><td rowspan="4">0</td><td rowspan="4">果香</td><td>0</td><td rowspan="4">0</td><td rowspan="4">辛香</td><td>0</td><td rowspan="4">0.5</td></tr>
<tr><td>1</td><td>1</td><td>1</td><td>1</td><td>1</td></tr>
<tr><td>2</td><td>2</td><td>2</td><td>2</td><td>2</td></tr>
<tr><td>3</td><td>3</td><td>3</td><td>3</td><td>3</td></tr>
<tr><td rowspan="4">木香</td><td>0</td><td rowspan="4">0.5</td><td rowspan="4">青滋香</td><td>0</td><td rowspan="4">1.0</td><td rowspan="4">花香</td><td>0</td><td rowspan="4">0</td><td rowspan="4">药草香</td><td>0</td><td rowspan="4">0</td><td rowspan="4">豆香</td><td>0</td><td rowspan="4">0</td></tr>
<tr><td>1</td><td>1</td><td>1</td><td>1</td><td>1</td></tr>
<tr><td>2</td><td>2</td><td>2</td><td>2</td><td>2</td></tr>
<tr><td>3</td><td>3</td><td>3</td><td>3</td><td>3</td></tr>
<tr><td rowspan="4">可可香</td><td>0</td><td rowspan="4">0</td><td rowspan="4">奶香</td><td>0</td><td rowspan="4">0</td><td rowspan="4">膏香</td><td>0</td><td rowspan="4">0</td><td rowspan="4">烘焙香</td><td>0</td><td rowspan="4">1.0</td><td rowspan="4">甜香</td><td>0</td><td rowspan="4">0.5</td></tr>
<tr><td>1</td><td>1</td><td>1</td><td>1</td><td>1</td></tr>
<tr><td>2</td><td>2</td><td>2</td><td>2</td><td>2</td></tr>
<tr><td>3</td><td>3</td><td>3</td><td>3</td><td>3</td></tr>
</table>

5.5.27　癸醛的香韵组成和嗅香感官特征

采用香味轮廓分析法对癸醛的香韵组成及强度进行评价，评价结果见表 5-175 及图 5-259。

由 1%癸醛香味感官评价结果可知：1%癸醛嗅香辅助香韵为清香、果香、花香、甜香（≥2.0）；修饰香韵为干草香、烘焙香、青滋香、酒香（≥0.5）等香韵。

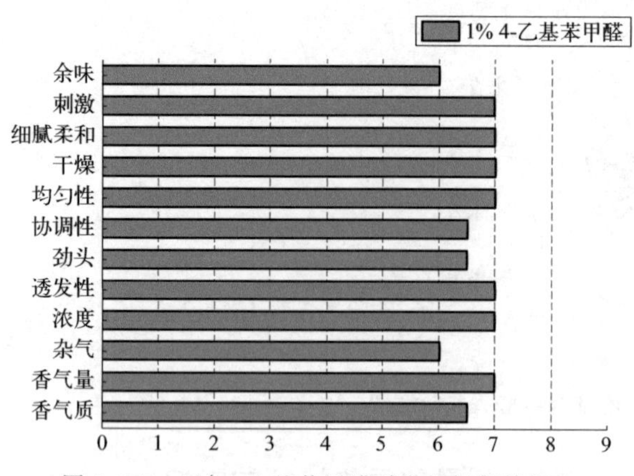

图 5-257　1% 4-乙基苯甲醛对卷烟烟气特征和口感特征影响条形图

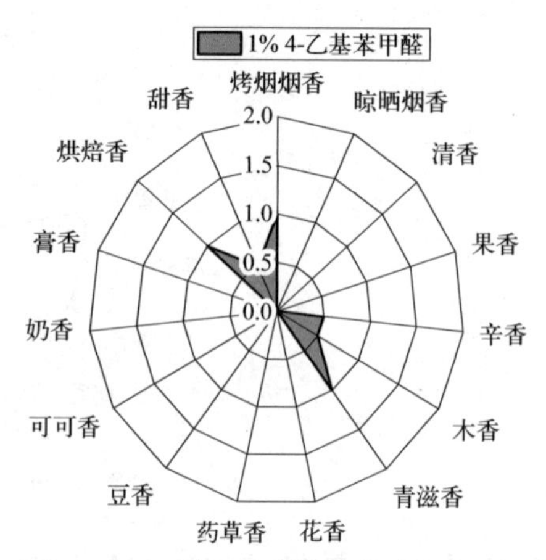

图 5-258　1% 4-乙基苯甲醛对卷烟香气风格影响轮廓图

表 5-175　1%癸醛香味轮廓评价表

序号	香韵名称	评分(0—9)	评判分值
1	树脂香	0	0:无 1~2:弱 3~4:稍弱 5:适中 6~7:较强 8~9:强
2	干草香	1.5	
3	清香	2.5	
4	果香	3.5	
5	辛香	0	
6	木香	0	
7	青滋香	0.5	
8	花香	2.0	
9	药草香	0	
10	豆香	0	
11	可可香	0	
12	奶香	0	
13	膏香	0	
14	烘焙香	1.0	
15	焦香	0	
16	酒香	1.5	
17	甜香	2.5	
18	酸香	0	

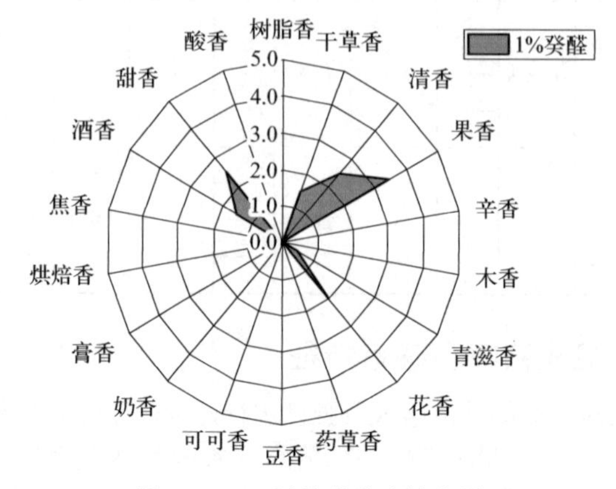

图 5-259　1%癸醛香味轮廓图

5.5.28　癸醛对加热卷烟风格、感官质量和香韵特征的影响

对 1%癸醛的加香作用进行评价，结果见表 5-176 和图 5-260、图 5-261。从中可以看出，癸醛在卷烟中的主要作用是提升香气量、增加烟气浓度，降低杂气和刺激性，香气质、均匀性和烟气劲头尚可，烟气细腻柔和感较好，主要赋予卷烟烤烟烟香、清香、果香、甜香、辛香、木香、花香和烘焙香韵。

表 5-176　1%癸醛作用评价汇总表

烟气特征	香气质	7.0
	香气量	7.5
	杂气	7.0
	浓度	7.5
	透发性	6.5
	劲头	7.0
	协调性	6.5
	均匀性	7.0
口感特征	干燥	7.0
	细腻柔和	7.0
	刺激	7.5
	余味	6.0

香气风格（0—3 分）	烤烟烟香	0 1 2 3	1.0	晾晒烟香	0 1 2 3	0	清香	0 1 2 3	1.0	果香	0 1 2 3	1.0	辛香	0 1 2 3	0.5
	木香	0 1 2 3	0.5	青滋香	0 1 2 3	0	花香	0 1 2 3	0.5	药草香	0 1 2 3	0	豆香	0 1 2 3	0
	可可香	0 1 2 3	0	奶香	0 1 2 3	0	膏香	0 1 2 3	0	烘焙香	0 1 2 3	0.5	甜香	0 1 2 3	1.0

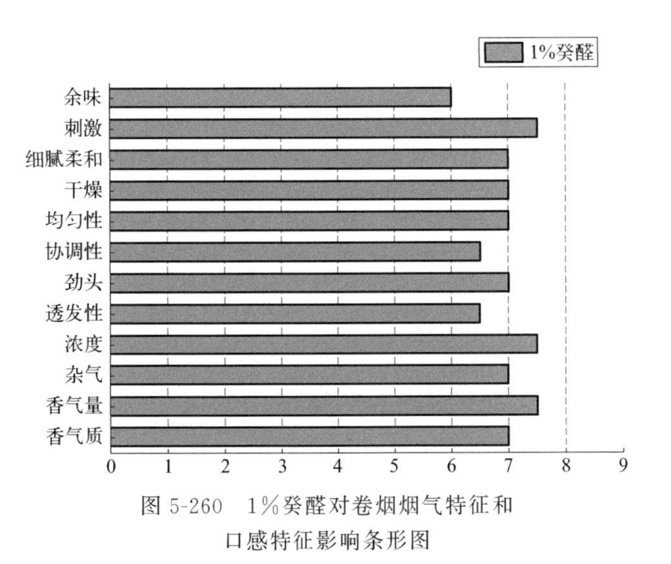

图 5-260　1%癸醛对卷烟烟气特征和口感特征影响条形图

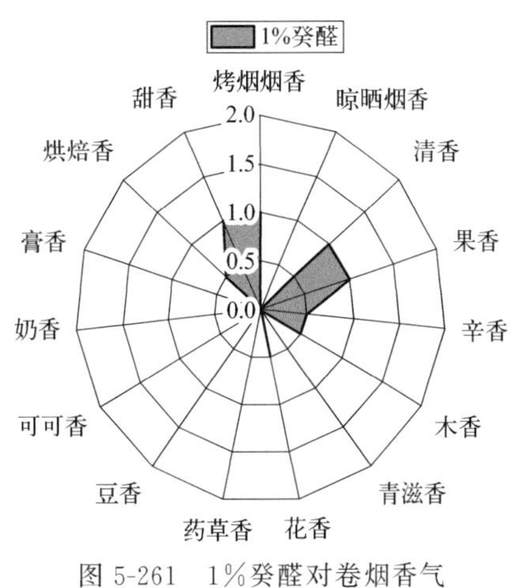

图 5-261　1%癸醛对卷烟香气风格影响轮廓图

5.5.29 5-羟甲基糠醛的香韵组成和嗅香感官特征

采用香味轮廓分析法对5-羟甲基糠醛的香韵组成及强度进行评价，评价结果见表5-177及图5-282。

由1% 5-羟甲基糠醛香味感官评价结果可知：1% 5-羟甲基糠醛嗅香修饰香韵为烘焙香、甜香、焦香（≥0.5）等香韵。

表 5-177 1% 5-羟甲基糠醛香味轮廓评价表

序号	香韵名称	评分(0—9)	评判分值
1	树脂香	0	0:无 1～2:弱 3～4:稍弱 5:适中 6～7:较强 8～9:强
2	干草香	0	
3	清香	0	
4	果香	0	
5	辛香	0	
6	木香	0	
7	青滋香	0	
8	花香	0	
9	药草香	0	
10	豆香	0	
11	可可香	0	
12	奶香	0	
13	膏香	0	
14	烘焙香	1.5	
15	焦香	0.5	
16	酒香	0	
17	甜香	1.0	
18	酸香	0	

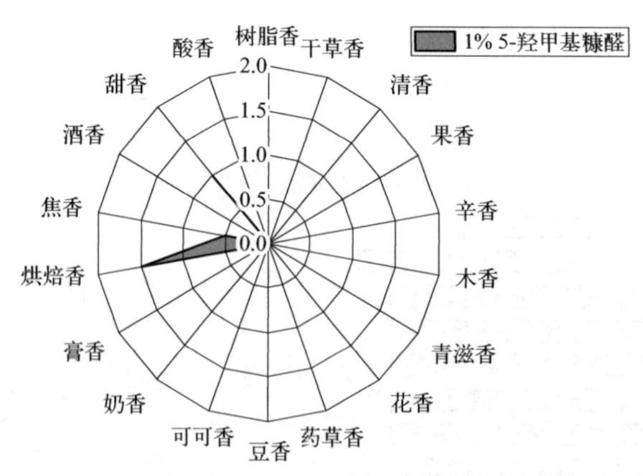

图 5-262 1% 5-羟甲基糠醛香味轮廓图

5.5.30 5-羟甲基糠醛对加热卷烟风格、感官质量和香韵特征的影响

对1% 5-羟甲基糠醛的加香作用进行评价，结果见表5-178和图5-263、图5-264。从中可以看出，5-羟甲基糠醛在卷烟中的主要作用是提升香气质、增加烟气劲头和协调性，降低杂气和刺激性，烟气透发性和均匀性尚可，烟气细腻柔和感较好，余味干净，主要赋予卷烟烤烟烟香、烘焙香和清香韵。

表 5-178　1% 5-羟甲基糠醛作用评价汇总表

<table>
<tr><td rowspan="8">烟气特征</td><td colspan="2">香气质</td><td colspan="12">7.5</td></tr>
<tr><td colspan="2">香气量</td><td colspan="12">6.5</td></tr>
<tr><td colspan="2">杂气</td><td colspan="12">7.5</td></tr>
<tr><td colspan="2">浓度</td><td colspan="12">6.5</td></tr>
<tr><td colspan="2">透发性</td><td colspan="12">7.0</td></tr>
<tr><td colspan="2">劲头</td><td colspan="12">7.5</td></tr>
<tr><td colspan="2">协调性</td><td colspan="12">7.5</td></tr>
<tr><td colspan="2">均匀性</td><td colspan="12">7.0</td></tr>
<tr><td rowspan="4">口感特征</td><td colspan="2">干燥</td><td colspan="12">7.5</td></tr>
<tr><td colspan="2">细腻柔和</td><td colspan="12">7.0</td></tr>
<tr><td colspan="2">刺激</td><td colspan="12">7.5</td></tr>
<tr><td colspan="2">余味</td><td colspan="12">7.0</td></tr>
<tr><td rowspan="12">香气风格（0—3 分）</td><td rowspan="4">烤烟烟香</td><td>0</td><td rowspan="4">1.5</td><td rowspan="4">晾晒烟香</td><td>0</td><td rowspan="4">0</td><td rowspan="4">清香</td><td>0</td><td rowspan="4">0.5</td><td rowspan="4">果香</td><td>0</td><td rowspan="4">0</td><td rowspan="4">辛香</td><td>0</td><td rowspan="4">0</td></tr>
<tr><td>1</td><td>1</td><td>1</td><td>1</td><td>1</td></tr>
<tr><td>2</td><td>2</td><td>2</td><td>2</td><td>2</td></tr>
<tr><td>3</td><td>3</td><td>3</td><td>3</td><td>3</td></tr>
<tr><td rowspan="4">木香</td><td>0</td><td rowspan="4">0</td><td rowspan="4">青滋香</td><td>0</td><td rowspan="4">0</td><td rowspan="4">花香</td><td>0</td><td rowspan="4">0</td><td rowspan="4">药草香</td><td>0</td><td rowspan="4">0</td><td rowspan="4">豆香</td><td>0</td><td rowspan="4">0</td></tr>
<tr><td>1</td><td>1</td><td>1</td><td>1</td><td>1</td></tr>
<tr><td>2</td><td>2</td><td>2</td><td>2</td><td>2</td></tr>
<tr><td>3</td><td>3</td><td>3</td><td>3</td><td>3</td></tr>
<tr><td rowspan="4">可可香</td><td>0</td><td rowspan="4">0</td><td rowspan="4">奶香</td><td>0</td><td rowspan="4">0</td><td rowspan="4">膏香</td><td>0</td><td rowspan="4">0</td><td rowspan="4">烘焙香</td><td>0</td><td rowspan="4">1.5</td><td rowspan="4">甜香</td><td>0</td><td rowspan="4">0</td></tr>
<tr><td>1</td><td>1</td><td>1</td><td>1</td><td>1</td></tr>
<tr><td>2</td><td>2</td><td>2</td><td>2</td><td>2</td></tr>
<tr><td>3</td><td>3</td><td>3</td><td>3</td><td>3</td></tr>
</table>

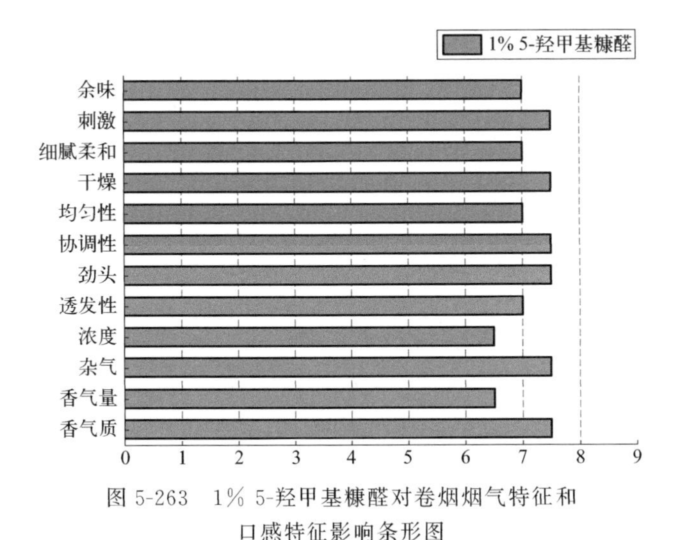

图 5-263　1% 5-羟甲基糠醛对卷烟烟气特征和口感特征影响条形图

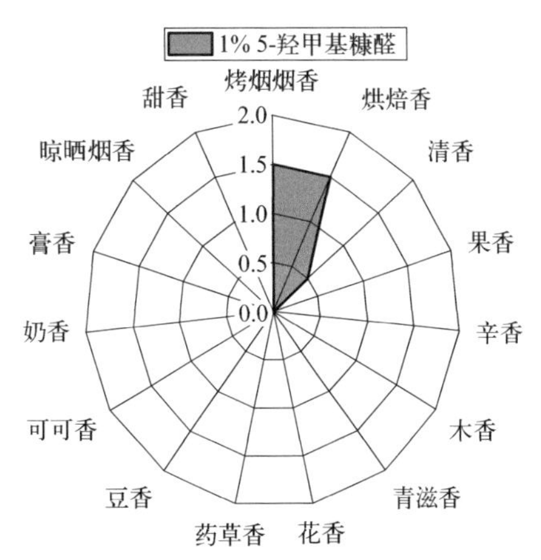

图 5-264　1% 5-羟甲基糠醛对卷烟香气风格影响轮廓图

5.5.31　枯茗醛的香韵组成和嗅香感官特征

采用香味轮廓分析法对枯茗醛的香韵组成及强度进行评价，评价结果见表 5-179 及图 5-265。

由 1%枯茗醛香味感官评价结果可知：1%枯茗醛嗅香主体香韵为辛香（5.0）；辅助香韵为烘焙香、焦香（≥2.0）；修饰香韵为木香、甜香（≥0.5）等香韵。

表 5-179 1%枯茗醛香味轮廓评价表

序号	香韵名称	评分(0—9)	评判分值
1	树脂香	0	0:无 1~2:弱 3~4:稍弱 5:适中 6~7:较强 8~9:强
2	干草香	0	
3	清香	0	
4	果香	0	
5	辛香	5.0	
6	木香	1.5	
7	青滋香	0	
8	花香	0	
9	药草香	0	
10	豆香	0	
11	可可香	0	
12	奶香	0	
13	膏香	0	
14	烘焙香	2.0	
15	焦香	2.0	
16	酒香	0	
17	甜香	1.0	
18	酸香	0	

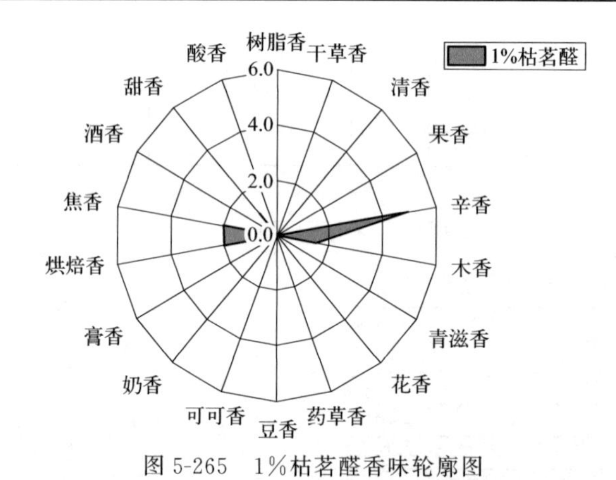

图 5-265 1%枯茗醛香味轮廓图

5.5.32 枯茗醛对加热卷烟风格、感官质量和香韵特征的影响

对 1%枯茗醛的加香作用进行评价，结果见表 5-180 和图 5-266、图 5-267。从中可以看出，枯茗醛在卷烟中的主要作用是增加烟气协调性，降低杂气和刺激性，香气质、烟气透发性和劲头以及均匀性尚可，烟气细腻柔和感较好，主要赋予卷烟烤烟烟香、辛香、烘焙香和青滋香韵。

表 5-180 1%枯茗醛作用评价汇总表

烟气特征	香气质	7.0
	香气量	6.5
	杂气	7.5
	浓度	6.5
	透发性	7.0
	劲头	7.0
	协调性	7.5
	均匀性	7.0

续表

<table>
<tr><td rowspan="4">口感特征</td><td colspan="2">干燥</td><td colspan="13">7.5</td></tr>
<tr><td colspan="2">细腻柔和</td><td colspan="13">7.0</td></tr>
<tr><td colspan="2">刺激</td><td colspan="13">7.5</td></tr>
<tr><td colspan="2">余味</td><td colspan="13">6.5</td></tr>
<tr><td rowspan="12">香气风格（0—3 分）</td><td rowspan="4">烤烟烟香</td><td>0</td><td rowspan="4">1.0</td><td rowspan="4">晾晒烟香</td><td>0</td><td rowspan="4">0</td><td rowspan="4">清香</td><td>0</td><td rowspan="4">0</td><td rowspan="4">果香</td><td>0</td><td rowspan="4">0</td><td rowspan="4">辛香</td><td>0</td><td rowspan="4">1.0</td></tr>
<tr><td>1</td><td>1</td><td>1</td><td>1</td><td>1</td></tr>
<tr><td>2</td><td>2</td><td>2</td><td>2</td><td>2</td></tr>
<tr><td>3</td><td>3</td><td>3</td><td>3</td><td>3</td></tr>
<tr><td rowspan="4">木香</td><td>0</td><td rowspan="4">0</td><td rowspan="4">青滋香</td><td>0</td><td rowspan="4">0.5</td><td rowspan="4">花香</td><td>0</td><td rowspan="4">0</td><td rowspan="4">药草香</td><td>0</td><td rowspan="4">0</td><td rowspan="4">豆香</td><td>0</td><td rowspan="4">0</td></tr>
<tr><td>1</td><td>1</td><td>1</td><td>1</td><td>1</td></tr>
<tr><td>2</td><td>2</td><td>2</td><td>2</td><td>2</td></tr>
<tr><td>3</td><td>3</td><td>3</td><td>3</td><td>3</td></tr>
<tr><td rowspan="4">可可香</td><td>0</td><td rowspan="4">0</td><td rowspan="4">奶香</td><td>0</td><td rowspan="4">0</td><td rowspan="4">膏香</td><td>0</td><td rowspan="4">0</td><td rowspan="4">烘焙香</td><td>0</td><td rowspan="4">1.0</td><td rowspan="4">甜香</td><td>0</td><td rowspan="4">0</td></tr>
<tr><td>1</td><td>1</td><td>1</td><td>1</td><td>1</td></tr>
<tr><td>2</td><td>2</td><td>2</td><td>2</td><td>2</td></tr>
<tr><td>3</td><td>3</td><td>3</td><td>3</td><td>3</td></tr>
</table>

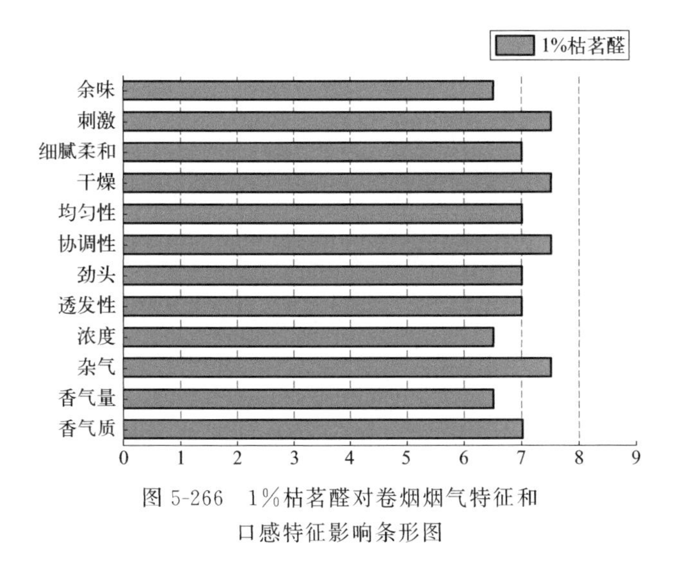

图 5-266　1%枯茗醛对卷烟烟气特征和口感特征影响条形图

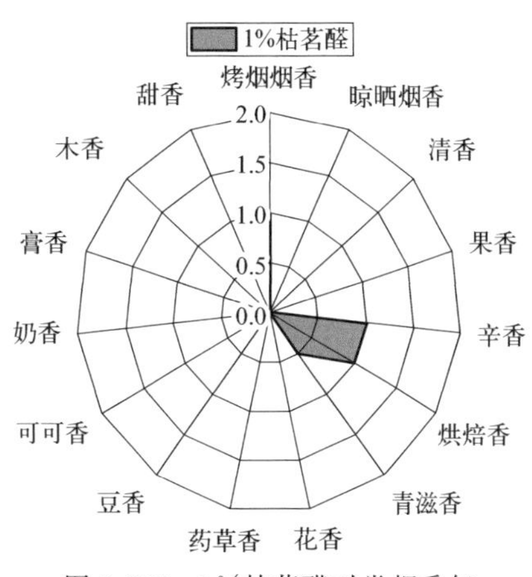

图 5-267　1%枯茗醛对卷烟香气风格影响轮廓图

5.5.33　大茴香醛的香韵组成和嗅香感官特征

采用香味轮廓分析法对大茴香醛的香韵组成及强度进行评价，评价结果见表 5-181 及图 5-268。

由 1%大茴香醛香味感官评价结果可知：1%大茴香醛嗅香主体香韵为辛香（4.0）；辅助香韵为清香、果香、烘焙香、甜香（≥2.0）。

表 5-181　1%大茴香醛香味轮廓评价表

序号	香韵名称	评分(0—9)	评判分值
1	树脂香	0	0:无 1～2:弱 3～4:稍弱 5:适中 6～7:较强 8～9:强
2	干草香	0	
3	清香	2.0	
4	果香	3.0	
5	辛香	4.0	
6	木香	0	

续表

序号	香韵名称	评分(0—9)	评判分值
7	青滋香	0	0:无 1～2:弱 3～4:稍弱 5:适中 6～7:较强 8～9:强
8	花香	0	
9	药草香	0	
10	豆香	0	
11	可可香	0	
12	奶香	0	
13	膏香	0	
14	烘焙香	2.0	
15	焦香	0	
16	酒香	0	
17	甜香	2.0	
18	酸香	0	

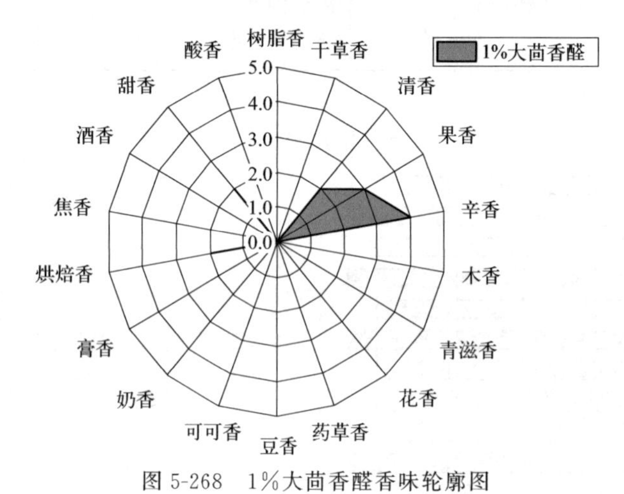

图 5-268 1%大茴香醛香味轮廓图

5.5.34 大茴香醛对加热卷烟风格、感官质量和香韵特征的影响

对2%大茴香醛的加香作用进行评价，结果见表5-182和图5-269、图5-270。从中可以看出，大茴香醛在卷烟中的主要作用是稍增加烟气细腻柔和感，香气质、香气量以及烟气浓度、透发性、劲头和协调性尚可，降低杂气和刺激性，主要赋予卷烟烤烟烟香、清香、烘焙香、果香、辛香和甜香韵。

表5-182 2%大茴香醛作用评价汇总表

烟气特征	香气质	7.0
	香气量	7.0
	杂气	7.0
	浓度	7.0
	透发性	7.0
	劲头	7.0
	协调性	7.0
	均匀性	6.5
口感特征	干燥	7.0
	细腻柔和	7.0
	刺激	7.5
	余味	6.5

续表

香气风格（0—3 分）	烤烟烟香	0	1.5	晾晒烟香	0	0	清香	0	1.0	果香	0	0.5	辛香	0	0.5
		1			1			1			1			1	
		2			2			2			2			2	
		3			3			3			3			3	
	木香	0	0	青滋香	0	0	花香	0	0	药草香	0	0	豆香	0	0
		1			1			1			1			1	
		2			2			2			2			2	
		3			3			3			3			3	
	可可香	0	0	奶香	0	0	膏香	0	0	烘焙香	0	1.0	甜香	0	0.5
		1			1			1			1			1	
		2			2			2			2			2	
		3			3			3			3			3	

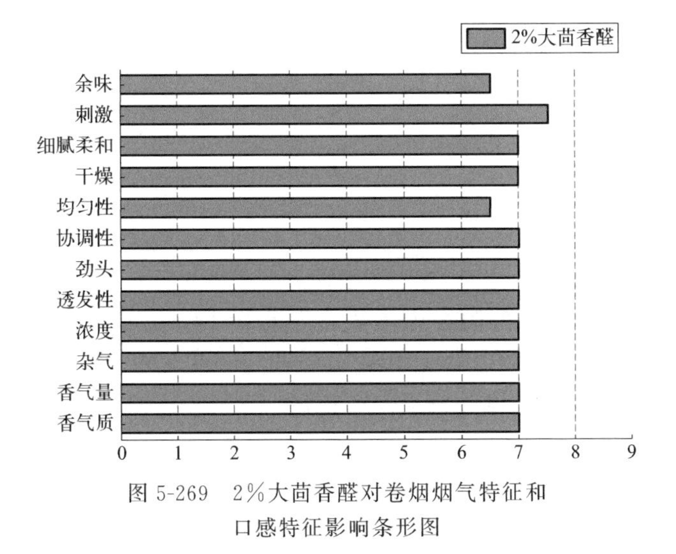

图 5-269　2%大茴香醛对卷烟烟气特征和口感特征影响条形图

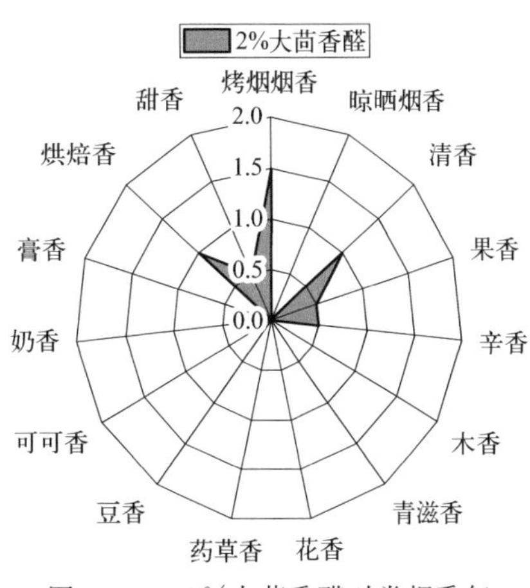

图 5-270　2%大茴香醛对卷烟香气风格影响轮廓图

5.5.35　柠檬醛的香韵组成和嗅香感官特征

采用香味轮廓分析法对柠檬醛的香韵组成及强度进行评价，评价结果见表 5-183 及图 5-271。

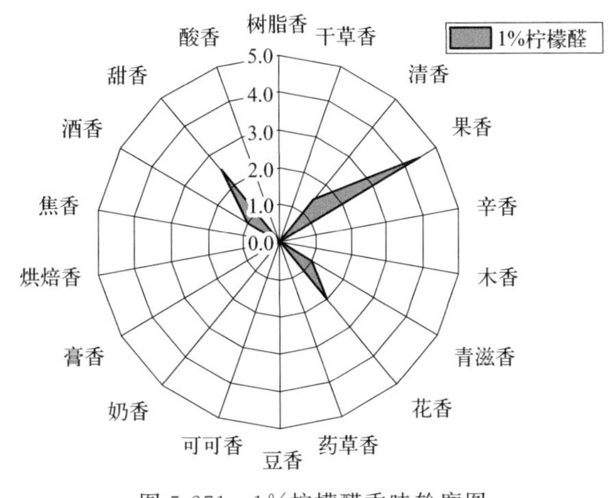

图 5-271　1%柠檬醛香味轮廓图

表 5-183　1%柠檬醛香味轮廓评价表

序号	香韵名称	评分(0—9)	评判分值
1	树脂香	0	0:无 1～2:弱 3～4:稍弱 5:适中 6～7:较强 8～9:强
2	干草香	0	
3	清香	1.5	
4	果香	4.5	
5	辛香	0	
6	木香	0	
7	青滋香	1.0	
8	花香	2.0	
9	药草香	0	
10	豆香	0	
11	可可香	0	
12	奶香	1.0	
13	膏香	0	
14	烘焙香	0	
15	焦香	0	
16	酒香	1.0	
17	甜香	2.5	
18	酸香	0	

由 1%柠檬醛香味感官评价结果可知：1%柠檬醛嗅香主体香韵为果香（4.5）；辅助香韵为花香、甜香（≥2.0）；修饰香韵为清香、青滋香、奶香、酒香（≥0.5）等香韵。

5.5.36　柠檬醛对加热卷烟风格、感官质量和香韵特征的影响

对 2%柠檬醛的加香作用进行评价，结果见表 5-184 和图 5-272、图 5-273。从中可以看出，柠檬醛在卷烟中的主要作用是稍增加烟气协调性，细腻柔和感较好，降低杂气和刺激性，香气质、烟气透发性、均匀性尚可，余味干净，主要赋予卷烟烤烟烟香、清香、果香、烘焙香、甜香和辛香韵。

表 5-184　2%柠檬醛作用评价汇总表

<table>
<tr><td rowspan="8">烟气特征</td><td colspan="2">香气质</td><td colspan="13">7.0</td></tr>
<tr><td colspan="2">香气量</td><td colspan="13">6.5</td></tr>
<tr><td colspan="2">杂气</td><td colspan="13">7.5</td></tr>
<tr><td colspan="2">浓度</td><td colspan="13">6.5</td></tr>
<tr><td colspan="2">透发性</td><td colspan="13">7.0</td></tr>
<tr><td colspan="2">劲头</td><td colspan="13">6.5</td></tr>
<tr><td colspan="2">协调性</td><td colspan="13">7.5</td></tr>
<tr><td colspan="2">均匀性</td><td colspan="13">7.0</td></tr>
<tr><td rowspan="4">口感特征</td><td colspan="2">干燥</td><td colspan="13">7.5</td></tr>
<tr><td colspan="2">细腻柔和</td><td colspan="13">7.0</td></tr>
<tr><td colspan="2">刺激</td><td colspan="13">7.0</td></tr>
<tr><td colspan="2">余味</td><td colspan="13">7.0</td></tr>
<tr><td rowspan="4">香气风格(0—3 分)</td><td rowspan="4">烤烟烟香</td><td>0</td><td rowspan="4">1.0</td><td rowspan="4">晾晒烟香</td><td>0</td><td rowspan="4">0</td><td rowspan="4">清香</td><td>0</td><td rowspan="4">1.0</td><td rowspan="4">果香</td><td>0</td><td rowspan="4">1.0</td><td rowspan="4">辛香</td><td>0</td><td rowspan="4">0.5</td></tr>
<tr><td>1</td><td>1</td><td>1</td><td>1</td><td>1</td></tr>
<tr><td>2</td><td>2</td><td>2</td><td>2</td><td>2</td></tr>
<tr><td>3</td><td>3</td><td>3</td><td>3</td><td>3</td></tr>
</table>

续表

<table>
<tr><td rowspan="8">香气
风格
（0—3 分）</td><td rowspan="4">木香</td><td>0</td><td rowspan="4">0</td><td rowspan="4">青滋香</td><td>0</td><td rowspan="4">0</td><td rowspan="4">花香</td><td>0</td><td rowspan="4">0</td><td rowspan="4">药草香</td><td>0</td><td rowspan="4">0</td><td rowspan="4">豆香</td><td>0</td><td rowspan="4">0</td></tr>
<tr><td>1</td><td>1</td><td>1</td><td>1</td><td>1</td></tr>
<tr><td>2</td><td>2</td><td>2</td><td>2</td><td>2</td></tr>
<tr><td>3</td><td>3</td><td>3</td><td>3</td><td>3</td></tr>
<tr><td rowspan="4">可可香</td><td>0</td><td rowspan="4">0</td><td rowspan="4">奶香</td><td>0</td><td rowspan="4">0</td><td rowspan="4">膏香</td><td>0</td><td rowspan="4">0</td><td rowspan="4">烘焙香</td><td>0</td><td rowspan="4">1.0</td><td rowspan="4">甜香</td><td>0</td><td rowspan="4">1.0</td></tr>
<tr><td>1</td><td>1</td><td>1</td><td>1</td><td>1</td></tr>
<tr><td>2</td><td>2</td><td>2</td><td>2</td><td>2</td></tr>
<tr><td>3</td><td>3</td><td>3</td><td>3</td><td>3</td></tr>
</table>

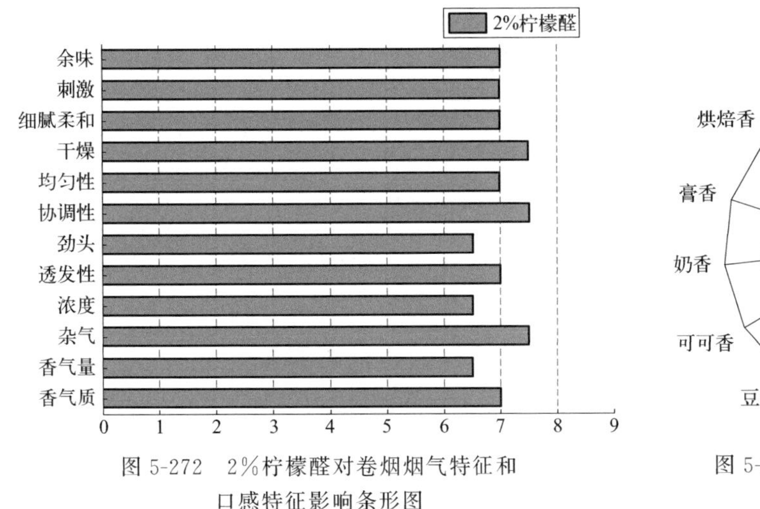

图 5-272　2%柠檬醛对卷烟烟气特征和口感特征影响条形图

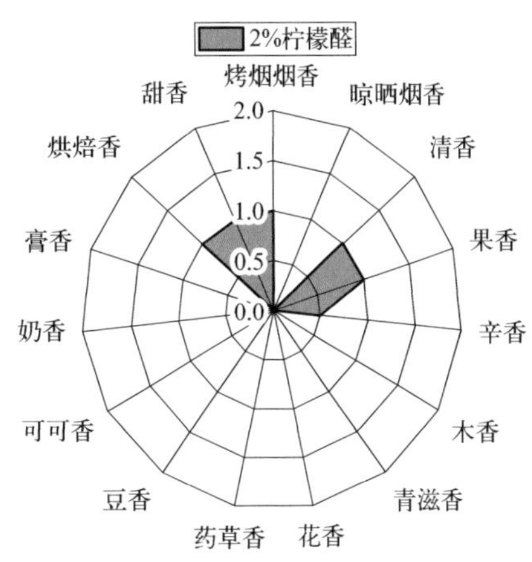

图 5-273　2%柠檬醛对卷烟香气风格影响轮廓图

5.5.37　十一醛的香韵组成和嗅香感官特征

采用香味轮廓分析法对十一醛的香韵组成及强度进行评价，评价结果见表 5-185 及图 5-274。

表 5-185　1%十一醛香味轮廓评价表

<table>
<tr><th>序号</th><th>香韵名称</th><th>评分(0—9)</th><th>评判分值</th></tr>
<tr><td>1</td><td>树脂香</td><td>0</td><td rowspan="18">0:无
1～2:弱
3～4:稍弱
5:适中
6～7:较强
8～9:强</td></tr>
<tr><td>2</td><td>干草香</td><td>0</td></tr>
<tr><td>3</td><td>清香</td><td>1.0</td></tr>
<tr><td>4</td><td>果香</td><td>2.5</td></tr>
<tr><td>5</td><td>辛香</td><td>2.0</td></tr>
<tr><td>6</td><td>木香</td><td>0</td></tr>
<tr><td>7</td><td>青滋香</td><td>1.0</td></tr>
<tr><td>8</td><td>花香</td><td>3.5</td></tr>
<tr><td>9</td><td>药草香</td><td>0</td></tr>
<tr><td>10</td><td>豆香</td><td>0</td></tr>
<tr><td>11</td><td>可可香</td><td>0</td></tr>
<tr><td>12</td><td>奶香</td><td>0</td></tr>
<tr><td>13</td><td>膏香</td><td>0</td></tr>
<tr><td>14</td><td>烘焙香</td><td>0</td></tr>
<tr><td>15</td><td>焦香</td><td>0</td></tr>
<tr><td>16</td><td>酒香</td><td>0</td></tr>
<tr><td>17</td><td>甜香</td><td>1.5</td></tr>
<tr><td>18</td><td>酸香</td><td>0</td></tr>
</table>

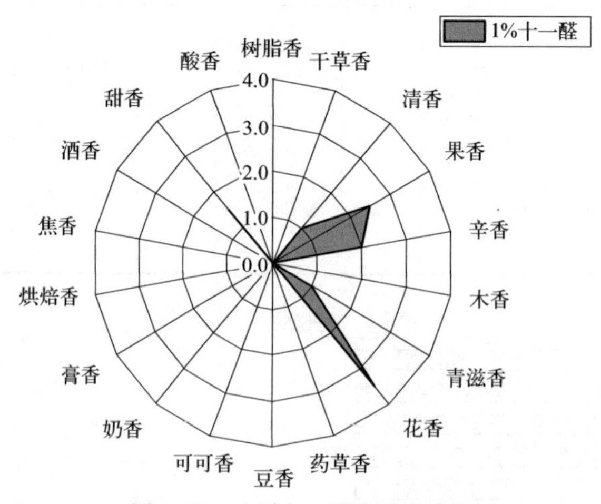

图 5-274　1%十一醛香味轮廓图

由 1%十一醛香味感官评价结果可知：1%十一醛嗅香辅助香韵为果香、辛香、花香（≥2.0）；修饰香韵为清香、青滋香、甜香（≥0.5）等香韵。

5.5.38　十一醛对加热卷烟风格、感官质量和香韵特征的影响

对 2%十一醛的加香作用进行评价，结果见表 5-186 和图 5-275、图 5-276。从中可以看出，十一醛在卷烟中的主要作用是增加烟气浓度、透发性和均匀性，香气质、香气量、烟气细腻柔和感较好，稍降低刺激性，主要赋予卷烟果香、烤烟烟香、晾晒烟香、清香、烘焙香、甜香、辛香和花香韵等。

表 5-186　2%十一醛作用评价汇总表

类别	项目	评分
烟气特征	香气质	7.0
	香气量	7.0
	杂气	6.5
	浓度	7.5
	透发性	7.5
	劲头	6.5
	协调性	6.0
	均匀性	7.5
口感特征	干燥	6.5
	细腻柔和	7.0
	刺激	7.0
	余味	5.5

香气风格（0—3分）	香韵	分档	评分	香韵	分档	评分	香韵	分档	评分	香韵	分档	评分	香韵	分档	评分
	烤烟烟香	0/1/2/3	1.0	晾晒烟香	0/1/2/3	0.5	清香	0/1/2/3	1.0	果香	0/1/2/3	1.5	辛香	0/1/2/3	0.5
	木香	0/1/2/3	0	青滋香	0/1/2/3	0	花香	0/1/2/3	0.5	药草香	0/1/2/3	0	豆香	0/1/2/3	0
	可可香	0/1/2/3	0	奶香	0/1/2/3	0	膏香	0/1/2/3	0	烘焙香	0/1/2/3	1.0	甜香	0/1/2/3	1.0

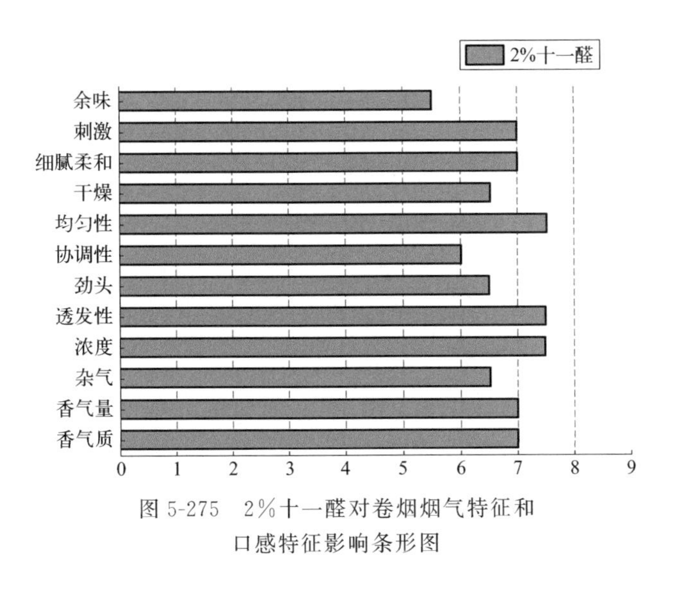

图 5-275　2%十一醛对卷烟烟气特征和口感特征影响条形图

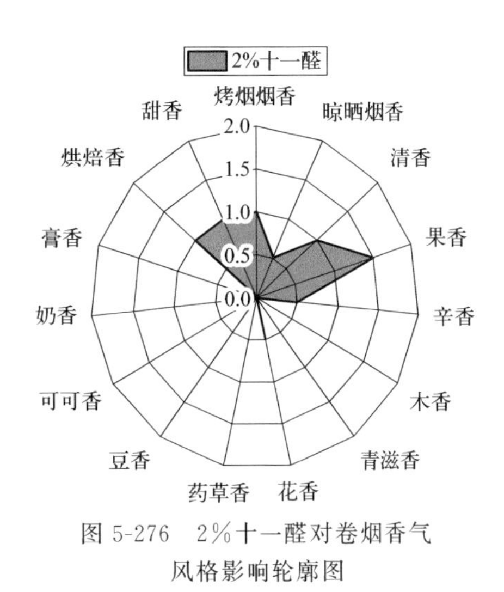

图 5-276　2%十一醛对卷烟香气风格影响轮廓图

5.5.39　2-羟基-4-甲氧基苯甲醛的香韵组成和嗅香感官特征

采用香味轮廓分析法对2-羟基-4-甲氧基苯甲醛的香韵组成及强度进行评价，评价结果见表5-187及图5-277。

由1% 2-羟基-4-甲氧基苯甲醛香味感官评价结果可知：1% 2-羟基-4-甲氧基苯甲醛嗅香主体香韵为烘焙香（4.0）、焦香（4.0）；辅助香韵为奶香、甜香（≥2.0）；修饰香韵为清香、青滋香、可可香（≥0.5）等香韵。

表 5-187　1% 2-羟基-4-甲氧基苯甲醛香味轮廓评价表

序号	香韵名称	评分(0—9)	评判分值
1	树脂香	0	0:无 1～2:弱 3～4:稍弱 5:适中 6～7:较强 8～9:强
2	干草香	0	
3	清香	1.0	
4	果香	0	
5	辛香	0	
6	木香	0	
7	青滋香	1.5	
8	花香	0	
9	药草香	0	
10	豆香	0	
11	可可香	1.0	
12	奶香	3.5	
13	膏香	0	
14	烘焙香	4.0	
15	焦香	4.0	
16	酒香	0	
17	甜香	2.5	
18	酸香	0	

5.5.40　2-羟基-4-甲氧基苯甲醛对加热卷烟风格、感官质量和香韵特征的影响

对2% 2-羟基-4-甲氧基苯甲醛的加香作用进行评价，结果见表5-188和图5-278、图5-279。从中可以看出，2-羟基-4-甲氧基苯甲醛在卷烟中的主要作用是提升香气质，增加

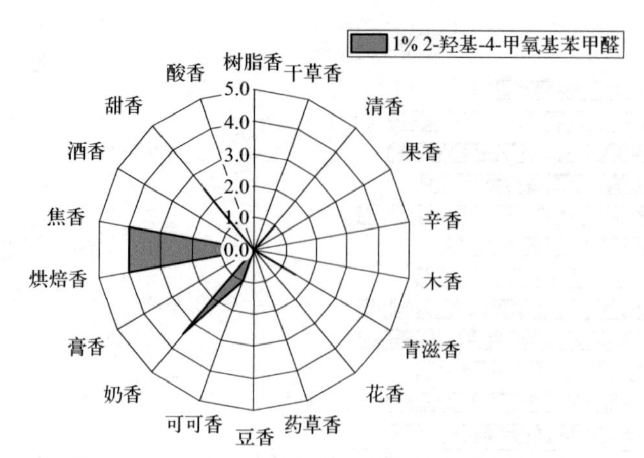

图 5-277　1% 2-羟基-4-甲氧基苯甲醛香味轮廓图

烟气协调性和细腻柔和感，降低杂气和刺激性，香气量、烟气浓度和劲头以及均匀性尚可，余味干净，主要赋予卷烟烤烟烟香、烘焙香、辛香、甜香和奶香韵。

表 5-188　2% 2-羟基-4-甲氧基苯甲醛作用评价汇总表

<table>
<tr><td rowspan="8">烟气特征</td><td colspan="3">香气质</td><td colspan="12">7.5</td></tr>
<tr><td colspan="3">香气量</td><td colspan="12">7.0</td></tr>
<tr><td colspan="3">杂气</td><td colspan="12">7.5</td></tr>
<tr><td colspan="3">浓度</td><td colspan="12">7.0</td></tr>
<tr><td colspan="3">透发性</td><td colspan="12">6.5</td></tr>
<tr><td colspan="3">劲头</td><td colspan="12">7.0</td></tr>
<tr><td colspan="3">协调性</td><td colspan="12">7.5</td></tr>
<tr><td colspan="3">均匀性</td><td colspan="12">7.0</td></tr>
<tr><td rowspan="4">口感特征</td><td colspan="3">干燥</td><td colspan="12">7.5</td></tr>
<tr><td colspan="3">细腻柔和</td><td colspan="12">7.5</td></tr>
<tr><td colspan="3">刺激</td><td colspan="12">7.5</td></tr>
<tr><td colspan="3">余味</td><td colspan="12">7.0</td></tr>
<tr><td rowspan="12">香气风格
（0—3 分）</td><td rowspan="4">烤烟烟香</td><td>0</td><td rowspan="4">1.5</td><td rowspan="4">晾晒烟香</td><td>0</td><td rowspan="4">0</td><td rowspan="4">清香</td><td>0</td><td rowspan="4">0</td><td rowspan="4">果香</td><td>0</td><td rowspan="4">0</td><td rowspan="4">辛香</td><td>0</td><td rowspan="4">1.0</td></tr>
<tr><td>1</td><td>1</td><td>1</td><td>1</td><td>1</td></tr>
<tr><td>2</td><td>2</td><td>2</td><td>2</td><td>2</td></tr>
<tr><td>3</td><td>3</td><td>3</td><td>3</td><td>3</td></tr>
<tr><td rowspan="4">木香</td><td>0</td><td rowspan="4">0</td><td rowspan="4">青滋香</td><td>0</td><td rowspan="4">0</td><td rowspan="4">花香</td><td>0</td><td rowspan="4">0</td><td rowspan="4">药草香</td><td>0</td><td rowspan="4">0</td><td rowspan="4">豆香</td><td>0</td><td rowspan="4">0</td></tr>
<tr><td>1</td><td>1</td><td>1</td><td>1</td><td>1</td></tr>
<tr><td>2</td><td>2</td><td>2</td><td>2</td><td>2</td></tr>
<tr><td>3</td><td>3</td><td>3</td><td>3</td><td>3</td></tr>
<tr><td rowspan="4">可可香</td><td>0</td><td rowspan="4">0</td><td rowspan="4">奶香</td><td>0</td><td rowspan="4">0.5</td><td rowspan="4">膏香</td><td>0</td><td rowspan="4">0</td><td rowspan="4">烘焙香</td><td>0</td><td rowspan="4">1.5</td><td rowspan="4">甜香</td><td>0</td><td rowspan="4">1.0</td></tr>
<tr><td>1</td><td>1</td><td>1</td><td>1</td><td>1</td></tr>
<tr><td>2</td><td>2</td><td>2</td><td>2</td><td>2</td></tr>
<tr><td>3</td><td>3</td><td>3</td><td>3</td><td>3</td></tr>
</table>

5.5.41　香兰素的香韵组成和嗅香感官特征

采用香味轮廓分析法对香兰素的香韵组成及强度进行评价，评价结果见表 5-189 及图 5-280。

由 1%香兰素香味感官评价结果可知：1%香兰素嗅香主体香韵为奶香（5.0）、烘焙香（4.0）；辅助香韵为豆香、焦香、甜香（≥2.0）；修饰香韵为干草香（≥0.5）等香韵。

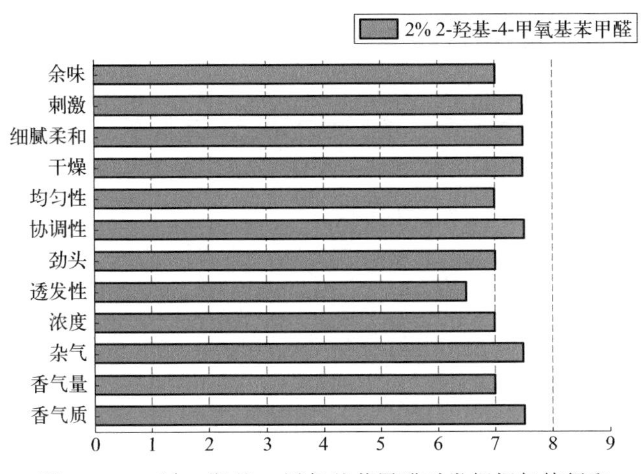

图5-278 2% 2-羟基-4-甲氧基苯甲醛对卷烟烟气特征和口感特征影响条形图

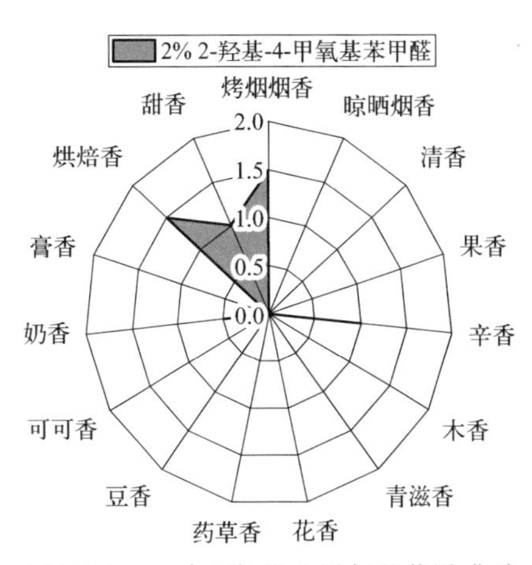

图5-279 2% 2-羟基-4-甲氧基苯甲醛对卷烟香气风格影响轮廓图

表5-189 1%香兰素香味轮廓评价表

序号	香韵名称	评分(0—9)	评判分值
1	树脂香	0	0:无 1～2:弱 3～4:稍弱 5:适中 6～7:较强 8～9:强
2	干草香	1.5	
3	清香	0	
4	果香	0	
5	辛香	0	
6	木香	0	
7	青滋香	0	
8	花香	0	
9	药草香	0	
10	豆香	2.5	
11	可可香	0	
12	奶香	5.0	
13	膏香	0	
14	烘焙香	4.0	
15	焦香	3.5	
16	酒香	0	
17	甜香	3.0	
18	酸香	0	

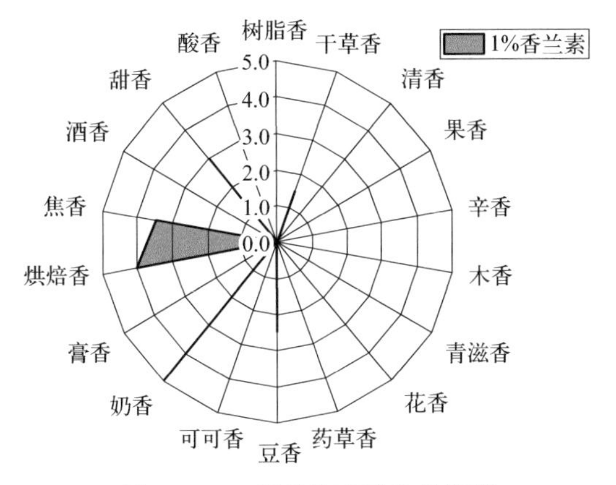

图5-280 1%香兰素香味轮廓图

5.5.42 香兰素对加热卷烟风格、感官质量和香韵特征的影响

对3%香兰素的加香作用进行评价，结果见表5-190和图5-281、图5-282。从中可以看出，香兰素在卷烟中的主要作用是提升香气质和香气量、增加烟气浓度，降低杂气和刺激性，烟气透发性、劲头、协调性和均匀性尚可，细腻柔和感好，余味干净，主要赋予卷烟烤烟烟香、奶香、烘焙香、豆香、甜香、清香、青滋香和可可香韵。

表5-190 3%香兰素作用评价汇总表

类别	指标	标度	分值
烟气特征	香气质		8.0
	香气量		7.5
	杂气		7.5
	浓度		7.5
	透发性		7.0
	劲头		7.0
	协调性		7.0
	均匀性		7.0
口感特征	干燥		7.0
	细腻柔和		7.5
	刺激		7.5
	余味		7.0
香气风格（0—3分）	烤烟烟香	0 1 2 3	1.5
	晾晒烟香	0 1 2 3	0
	清香	0 1 2 3	0.5
	果香	0 1 2 3	0
	辛香	0 1 2 3	0
	木香	0 1 2 3	0
	青滋香	0 1 2 3	0.5
	花香	0 1 2 3	0
	药草香	0 1 2 3	0
	豆香	0 1 2 3	1.0
	可可香	0 1 2 3	0.5
	奶香	0 1 2 3	1.5
	膏香	0 1 2 3	0
	烘焙香	0 1 2 3	1.5
	甜香	0 1 2 3	1.0

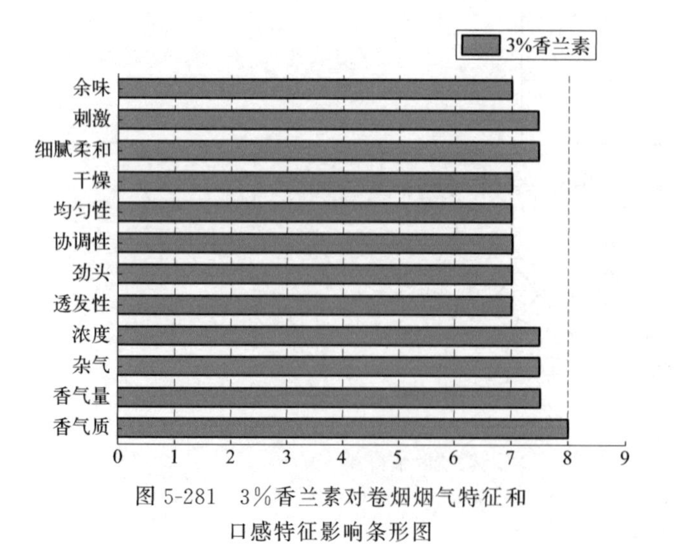

图5-281 3%香兰素对卷烟烟气特征和口感特征影响条形图

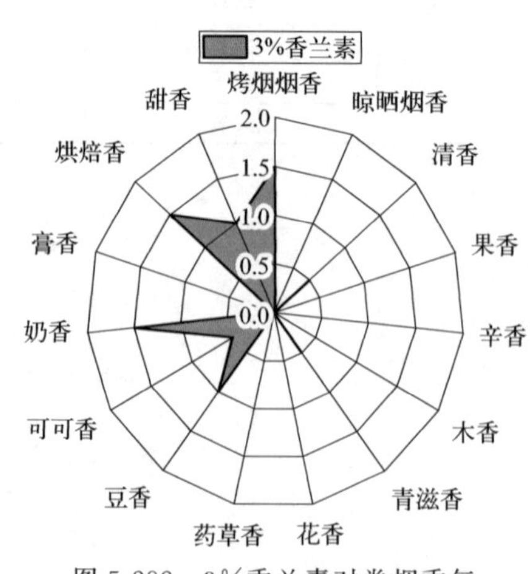

图5-282 3%香兰素对卷烟香气风格影响轮廓图

5.5.43 3-(4-异丙苯基)异丁醛的香韵组成和嗅香感官特征

采用香味轮廓分析法对 3-(4-异丙苯基) 异丁醛的香韵组成及强度进行评价，评价结果见表 5-191 及图 5-283。

由 1% 3-(4-异丙苯基) 异丁醛香味感官评价结果可知：1% 3-(4-异丙苯基) 异丁醛嗅香辅助香韵为果香、花香 (≥2.0)；修饰香韵为干草香、清香、青滋香、甜香、(≥0.5) 等香韵。

表 5-191　1% 3-(4-异丙苯基) 异丁醛香味轮廓评价表

序号	香韵名称	评分(0—9)	评判分值
1	树脂香	0	0:无 1～2:弱 3～4:稍弱 5:适中 6～7:较强 8～9:强
2	干草香	1.0	
3	清香	1.0	
4	果香	2.0	
5	辛香	0	
6	木香	0	
7	青滋香	1.5	
8	花香	2.5	
9	药草香	0	
10	豆香	0	
11	可可香	0	
12	奶香	0	
13	膏香	0	
14	烘焙香	0	
15	焦香	0	
16	酒香	0	
17	甜香	1.5	
18	酸香	0	

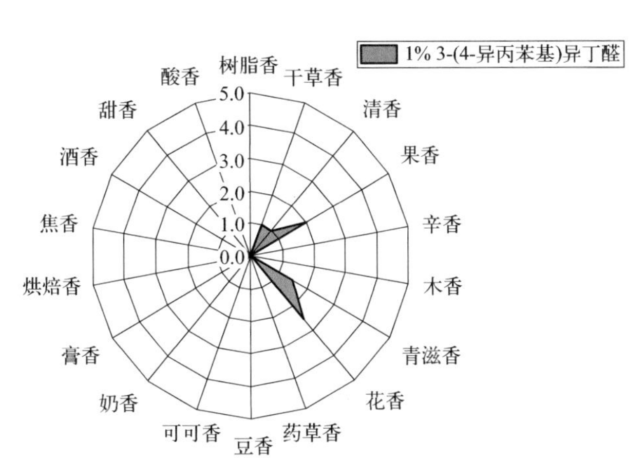

图 5-283　1% 3-(4-异丙苯基) 异丁醛香味轮廓图

5.5.44 3-(4-异丙苯基)异丁醛对加热卷烟风格、感官质量和香韵特征的影响

对 2% 3-(4-异丙苯基) 异丁醛的加香作用进行评价，结果见表 5-192 和图 5-284、图 5-285。从中可以看出，3-(4-异丙苯基) 异丁醛在卷烟中的主要作用是降低刺激性和杂气，烟气细腻柔和感好，香气质和烟气透发性尚可，主要赋予卷烟烤烟烟香、清香、花香、甜香和烘焙香韵。

表 5-192　2% 3-(4-异丙苯基) 异丁醛作用评价汇总表

类别	指标	评分													
烟气特征	香气质	7.0													
	香气量	6.5													
	杂气	7.0													
	浓度	6.5													
	透发性	7.0													
	劲头	6.5													
	协调性	6.5													
	均匀性	6.5													
口感特征	干燥	7.5													
	细腻柔和	7.5													
	刺激	7.0													
	余味	6.5													
香气风格（0—3 分）	烤烟烟香	0 1 2 3	1.0	晾晒烟香	0 1 2 3	0	清香	0 1 2 3	1.0	果香	0 1 2 3	0	辛香	0 1 2 3	0
	木香	0 1 2 3	0	青滋香	0 1 2 3	0	花香	0 1 2 3	1.0	药草香	0 1 2 3	0	豆香	0 1 2 3	0
	可可香	0 1 2 3	0	奶香	0 1 2 3	0	膏香	0 1 2 3	0	烘焙香	0 1 2 3	0.5	甜香	0 1 2 3	1.0

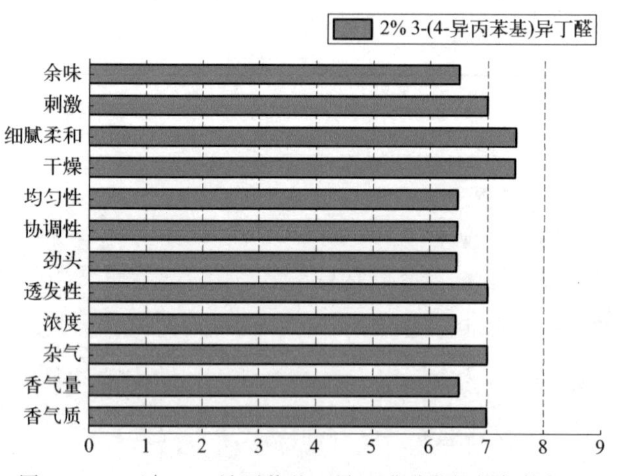

图 5-284　2% 3-(4-异丙苯基) 异丁醛对卷烟烟气特征和口感特征影响条形图

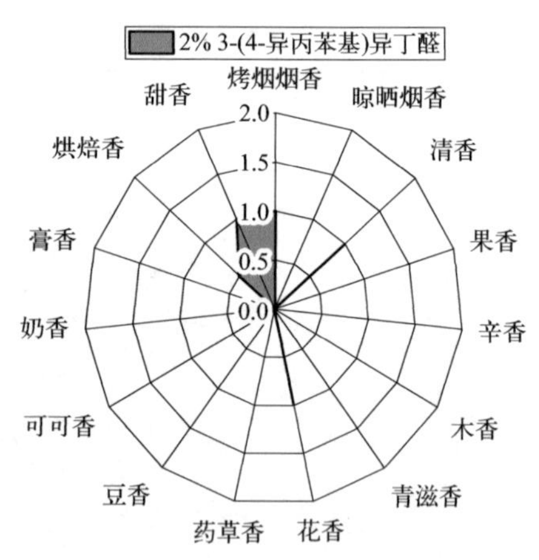

图 5-285　2% 3-(4-异丙苯基) 异丁醛对卷烟香气风格影响轮廓图

5.5.45　藜芦醛的香韵组成和嗅香感官特征

采用香味轮廓分析法对藜芦醛的香韵组成及强度进行评价，评价结果见表 5-193 及图 5-286。

由 1%藜芦醛香味感官评价结果可知：1%藜芦醛嗅香辅助香韵为果香（≥2.0）；修饰香韵为清香、豆香、奶香、酒香、甜香（≥0.5）等香韵。

表 5-193 1%藜芦醛香味轮廓评价表

序号	香韵名称	评分(0—9)	评判分值
1	树脂香	0	0:无 1～2:弱 3～4:稍弱 5:适中 6～7:较强 8～9:强
2	干草香	0	
3	清香	1.5	
4	果香	2.0	
5	辛香	0	
6	木香	0	
7	青滋香	0	
8	花香	0	
9	药草香	0	
10	豆香	0.5	
11	可可香	0	
12	奶香	1.0	
13	膏香	0	
14	烘焙香	0	
15	焦香	0	
16	酒香	1.5	
17	甜香	1.0	
18	酸香	0	

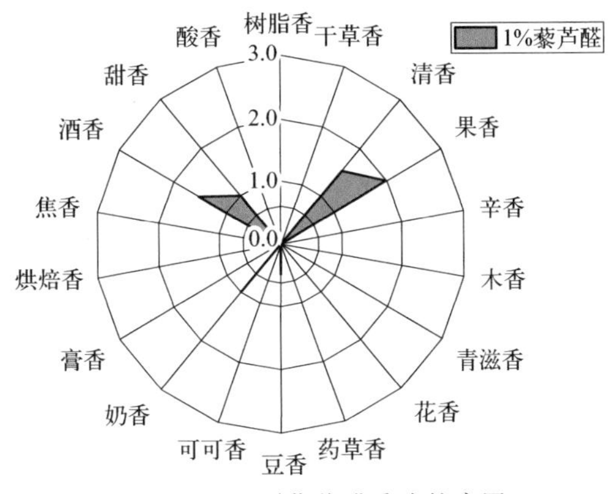

图 5-286 1%藜芦醛香味轮廓图

5.5.46 藜芦醛对加热卷烟风格、感官质量和香韵特征的影响

对 3%藜芦醛的加香作用进行评价，结果见表 5-194 和图 5-287、图 5-288。从中可以看出，藜芦醛在卷烟中的主要作用是提升香气质和香气量、增加烟气浓度和均匀性，降低杂气和刺激性，烟气透发性、劲头和协调性尚可，烟气细腻柔和感较好，余味干净，主要赋予卷烟烤烟烟香、烘焙香、清香、奶香、甜香和豆香韵。

表 5-194 3%藜芦醛作用评价汇总表

烟气特征	香气质	8.0
	香气量	7.5
	杂气	7.5
	浓度	7.5
	透发性	7.0
	劲头	7.0
	协调性	7.0
	均匀性	7.5

续表

口感特征	干燥	7.5													
	细腻柔和	7.0													
	刺激	7.5													
	余味	7.0													
香气风格（0—3分）	烤烟烟香	0	1.5	晾晒烟香	0	0	清香	0	1.0	果香	0	0	辛香	0	0
		1			1			1			1			1	
		2			2			2			2			2	
		3			3			3			3			3	
	木香	0	0	青滋香	0	0	花香	0	0	药草香	0	0	豆香	0	0.5
		1			1			1			1			1	
		2			2			2			2			2	
		3			3			3			3			3	
	可可香	0	0	奶香	0	1.0	膏香	0	0	烘焙香	0	1.5	甜香	0	1.0
		1			1			1			1			1	
		2			2			2			2			2	
		3			3			3			3			3	

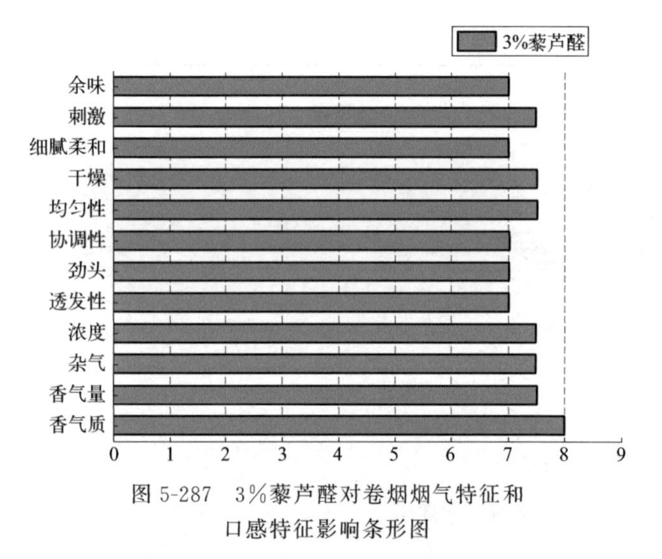

图 5-287　3%藜芦醛对卷烟烟气特征和口感特征影响条形图

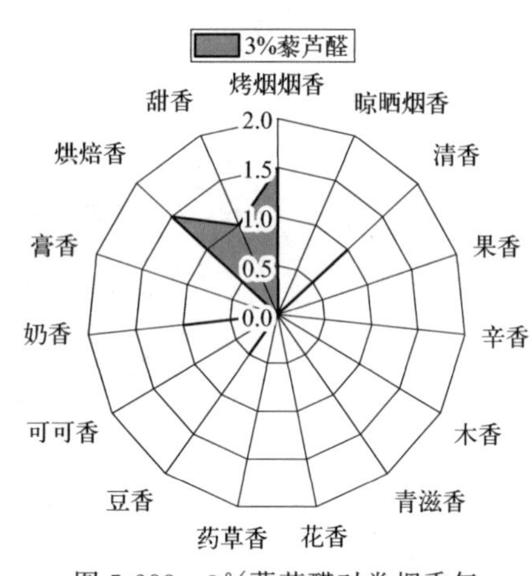

图 5-288　3%藜芦醛对卷烟香气风格影响轮廓图

5.6　杂环类香原料对加热卷烟感官质量影响的研究

5.6.1　2-甲基吡嗪的香韵组成和嗅香感官特征

采用香味轮廓分析法对 2-甲基吡嗪的香韵组成及强度进行评价，评价结果见表 5-195 及图 5-289。

由 1%2-甲基吡嗪香味感官评价结果可知：1%2-甲基吡嗪嗅香辅助香韵为可可香、烘焙香（≥2.0）；修饰香韵为干草香、豆香、花香、膏香、甜香（≥0.5）等香韵。

表 5-195　1% 2-甲基吡嗪香味轮廓评价表

序号	香韵名称	评分(0—9)	评判分值
1	树脂香	0	0:无 1～2:弱 3～4:稍弱
2	干草香	1.0	
3	清香	0	
4	果香	0	

续表

序号	香韵名称	评分(0—9)	评判分值
5	辛香	0	5:适中 6～7:较强 8～9:强
6	木香	0	
7	青滋香	0	
8	花香	0.5	
9	药草香	0	
10	豆香	1.5	
11	可可香	2.0	
12	奶香	0	
13	膏香	1.0	
14	烘焙香	2.5	
15	焦香	0	
16	酒香	0	
17	甜香	0.5	
18	酸香	0	

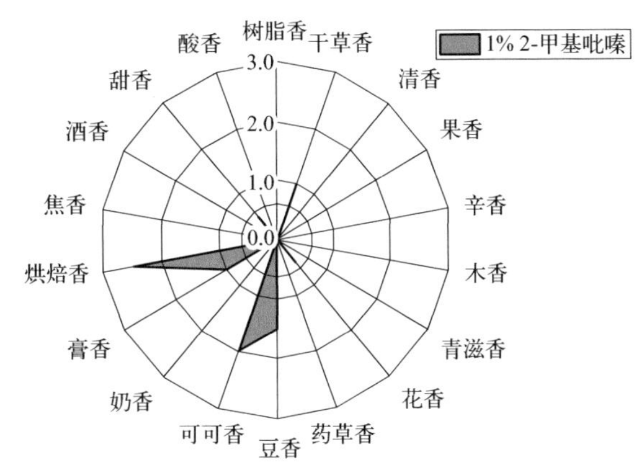

图 5-289　1%2-甲基吡嗪香味轮廓图

5.6.2　2-甲基吡嗪对加热卷烟风格、感官质量和香韵特征的影响

对 0.2% 2-甲基吡嗪的加香作用进行评价，结果见表 5-196 和图 5-290、图 5-291。从中可以看出，2-甲基吡嗪在卷烟中的主要作用是降低刺激性和杂气，香气量、烟气透发性、均匀性和协调性尚可，主要赋予卷烟豆香、可可香、烘焙香、烤烟烟香、膏香和木香韵。

表 5-196　0.2% 2-甲基吡嗪作用评价汇总表

烟气特征	香气质	6.5
	香气量	7.0
	杂气	7.0
	浓度	6.5
	透发性	7.0
	劲头	6.5
	协调性	7.0
	均匀性	7.0
口感特征	干燥	6.5
	细腻柔和	6.5
	刺激	7.0
	余味	6.5

续表

香气风格（0—3分）	烤烟烟香	0	1.0	晾晒烟香	0	0	清香	0	0	果香	0	0	辛香	0	0
		1			1			1			1			1	
		2			2			2			2			2	
		3			3			3			3			3	
	木香	0	0.5	青滋香	0	0	花香	0	0	药草香	0	0	豆香	0	1.5
		1			1			1			1			1	
		2			2			2			2			2	
		3			3			3			3			3	
	可可香	0	1.5	奶香	0	0	膏香	0	1.0	烘焙香	0	1.5	甜香	0	0
		1			1			1			1			1	
		2			2			2			2			2	
		3			3			3			3			3	

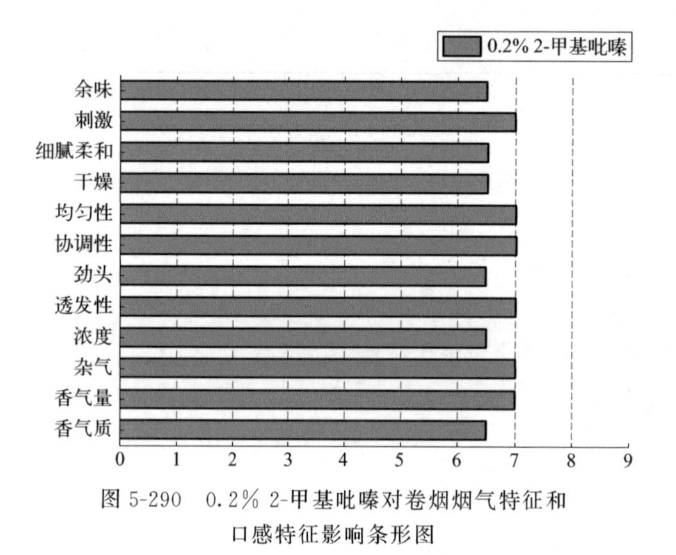

图 5-290　0.2% 2-甲基吡嗪对卷烟烟气特征和口感特征影响条形图

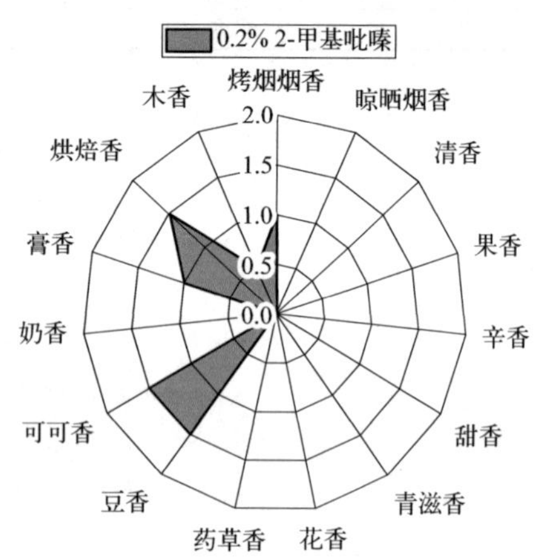

图 5-291　0.2% 2-甲基吡嗪对卷烟香气风格影响轮廓图

5.6.3　2-甲氧基吡嗪的香韵组成和嗅香感官特征

采用香味轮廓分析法对 2-甲氧基吡嗪的香韵组成及强度进行评价，评价结果见表 5-197 及图 5-292。

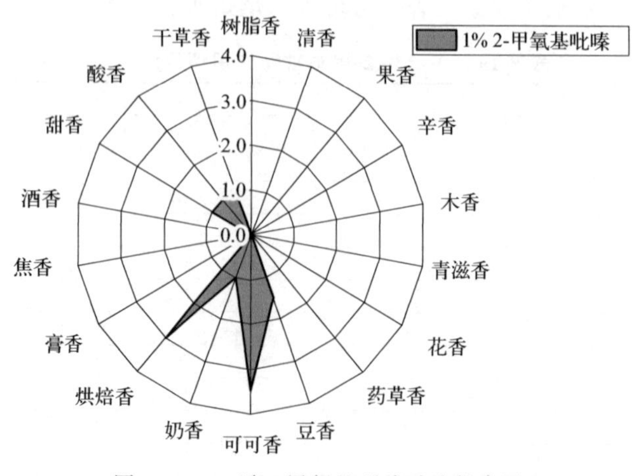

图 5-292　1% 2-甲氧基吡嗪香味轮廓图

表 5-197　1% 2-甲氧基吡嗪香味轮廓评价表

<table>
<tr><th>序号</th><th>香韵名称</th><th>评分(0—9)</th><th>评判分值</th></tr>
<tr><td>1</td><td>树脂香</td><td>0</td><td rowspan="18">0:无
1～2:弱
3～4:稍弱
5:适中
6～7:较强
8～9:强</td></tr>
<tr><td>2</td><td>干草香</td><td>1.0</td></tr>
<tr><td>3</td><td>清香</td><td>0</td></tr>
<tr><td>4</td><td>果香</td><td>0</td></tr>
<tr><td>5</td><td>辛香</td><td>0</td></tr>
<tr><td>6</td><td>木香</td><td>0</td></tr>
<tr><td>7</td><td>青滋香</td><td>0</td></tr>
<tr><td>8</td><td>花香</td><td>0</td></tr>
<tr><td>9</td><td>药草香</td><td>0</td></tr>
<tr><td>10</td><td>豆香</td><td>1.5</td></tr>
<tr><td>11</td><td>可可香</td><td>3.5</td></tr>
<tr><td>12</td><td>奶香</td><td>1.0</td></tr>
<tr><td>13</td><td>膏香</td><td>0</td></tr>
<tr><td>14</td><td>烘焙香</td><td>3.0</td></tr>
<tr><td>15</td><td>焦香</td><td>0</td></tr>
<tr><td>16</td><td>酒香</td><td>0</td></tr>
<tr><td>17</td><td>甜香</td><td>1.0</td></tr>
<tr><td>18</td><td>酸香</td><td>1.0</td></tr>
</table>

由 1% 2-甲氧基吡嗪香味感官评价结果可知：1% 2-甲氧基吡嗪嗅香辅助香韵为可可香、烘焙香（≥2.0）；修饰香韵为干草香、豆香、奶香、酸香、甜香（≥0.5）等香韵。

5.6.4　2-甲氧基吡嗪对加热卷烟风格、感官质量和香韵特征的影响

对 0.2% 2-甲氧基吡嗪的加香作用进行评价，结果见表 5-198 和图 5-293、图 5-294。从中可以看出，2-甲氧基吡嗪在卷烟中的主要作用是降低刺激性和杂气，香气质、香气量、烟气浓度、透发性、均匀性和协调性尚可，烟气细腻柔和感较好，余味干净，主要赋予卷烟豆香、可可香、烘焙香、烤烟烟香、膏香和木香韵。

表 5-198　0.2% 2-甲氧基吡嗪作用评价汇总表

<table>
<tr><td rowspan="8">烟气特征</td><td colspan="2">香气质</td><td colspan="13">7.0</td></tr>
<tr><td colspan="2">香气量</td><td colspan="13">7.0</td></tr>
<tr><td colspan="2">杂气</td><td colspan="13">7.0</td></tr>
<tr><td colspan="2">浓度</td><td colspan="13">7.0</td></tr>
<tr><td colspan="2">透发性</td><td colspan="13">7.0</td></tr>
<tr><td colspan="2">劲头</td><td colspan="13">6.5</td></tr>
<tr><td colspan="2">协调性</td><td colspan="13">7.0</td></tr>
<tr><td colspan="2">均匀性</td><td colspan="13">7.0</td></tr>
<tr><td rowspan="4">口感特征</td><td colspan="2">干燥</td><td colspan="13">7.5</td></tr>
<tr><td colspan="2">细腻柔和</td><td colspan="13">7.0</td></tr>
<tr><td colspan="2">刺激</td><td colspan="13">7.0</td></tr>
<tr><td colspan="2">余味</td><td colspan="13">7.0</td></tr>
<tr><td rowspan="4">香气风格（0—3 分）</td><td rowspan="4">烤烟烟香</td><td>0</td><td rowspan="4">1.0</td><td rowspan="4">晾晒烟香</td><td>0</td><td rowspan="4">0</td><td rowspan="4">清香</td><td>0</td><td rowspan="4">0</td><td rowspan="4">果香</td><td>0</td><td rowspan="4">0</td><td rowspan="4">辛香</td><td>0</td><td rowspan="4">0</td></tr>
<tr><td>1</td><td>1</td><td>1</td><td>1</td><td>1</td></tr>
<tr><td>2</td><td>2</td><td>2</td><td>2</td><td>2</td></tr>
<tr><td>3</td><td>3</td><td>3</td><td>3</td><td>3</td></tr>
</table>

续表

香气风格(0—3分)														
木香	0	0.5	青滋香	0	0	花香	0	0	药草香	0	0	豆香	0	1.5
	1			1			1			1			1	
	2			2			2			2			2	
	3			3			3			3			3	
可可香	0	1.5	奶香	0	0	膏香	0	1.0	烘焙香	0	1.5	甜香	0	0
	1			1			1			1			1	
	2			2			2			2			2	
	3			3			3			3			3	

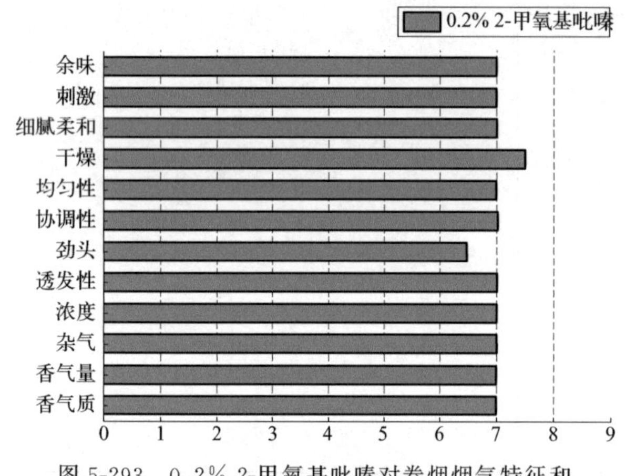

图 5-293　0.2% 2-甲氧基吡嗪对卷烟烟气特征和口感特征影响条形图

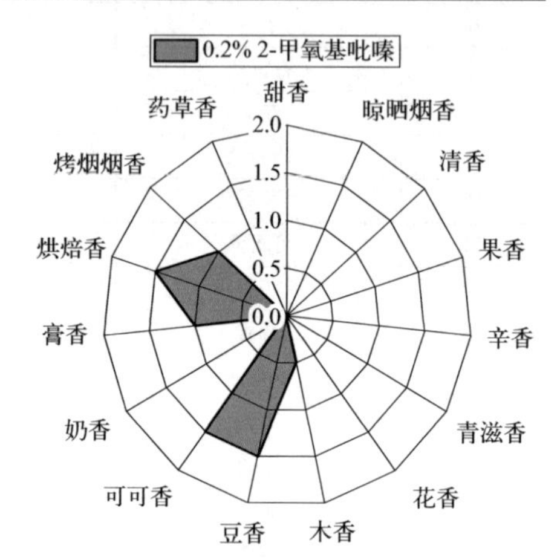

图 5-294　0.2% 2-甲氧基吡嗪对卷烟香气风格影响轮廓图

5.6.5　2-乙酰基呋喃的香韵组成和嗅香感官特征

采用香味轮廓分析法对 2-乙酰基呋喃的香韵组成及强度进行评价，评价结果见表 5-199 及图 5-295。

表 5-199　1% 2-乙酰基呋喃香味轮廓评价表

序号	香韵名称	评分(0—9)	评判分值
1	树脂香	0	0:无 1～2:弱 3～4:稍弱 5:适中 6～7:较强 8～9:强
2	干草香	0	
3	清香	0	
4	果香	0	
5	辛香	1.5	
6	木香	0	
7	青滋香	0	
8	花香	1.5	
9	药草香	0	
10	豆香	3.0	
11	可可香	0	
12	奶香	3.0	
13	膏香	0	
14	烘焙香	1.5	
15	焦香	1.5	
16	酒香	0	
17	甜香	2.5	
18	酸香	0	

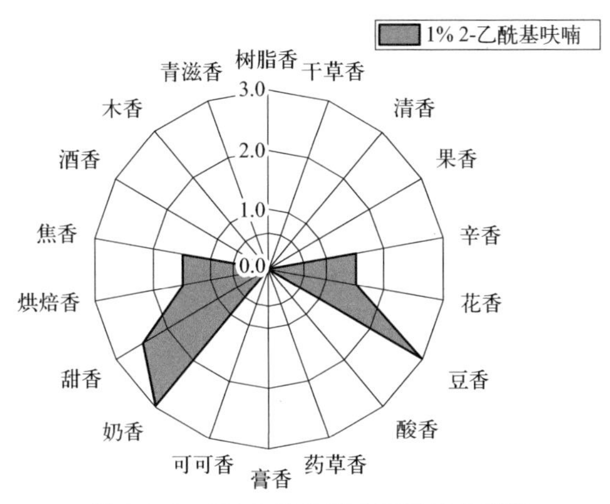

图 5-295　1% 2-乙酰基呋喃香味轮廓图

由 1% 2-乙酰基呋喃香味感官评价结果可知：1% 2-乙酰基呋喃嗅香辅助香韵为豆香、奶香、甜香（≥2.0）；修饰香韵为辛香、花香、烘焙香、焦香（≥0.5）等香韵。

5.6.6 2-乙酰基呋喃对加热卷烟风格、感官质量和香韵特征的影响

对 0.2% 2-乙酰基呋喃的加香作用进行评价，结果见表 5-200 和图 5-296、图 5-297。从中可以看出，2-乙酰基呋喃在卷烟中的主要作用是增加烟气浓度和透发性，稍降低刺激性，香气质、香气量、烟气劲头、均匀性和协调性尚可，烟气细腻柔和感较好，主要赋予卷烟青滋香、花香、烘焙香、辛香、木香、膏香、甜香、烤烟烟香和药草香韵。

表 5-200　0.2% 2-乙酰基呋喃作用评价汇总表

<table>
<tr><td rowspan="8">烟气特征</td><td colspan="2">香气质</td><td colspan="13">7.0</td></tr>
<tr><td colspan="2">香气量</td><td colspan="13">7.0</td></tr>
<tr><td colspan="2">杂气</td><td colspan="13">6.5</td></tr>
<tr><td colspan="2">浓度</td><td colspan="13">7.5</td></tr>
<tr><td colspan="2">透发性</td><td colspan="13">7.5</td></tr>
<tr><td colspan="2">劲头</td><td colspan="13">7.0</td></tr>
<tr><td colspan="2">协调性</td><td colspan="13">7.0</td></tr>
<tr><td colspan="2">均匀性</td><td colspan="13">7.0</td></tr>
<tr><td rowspan="4">口感特征</td><td colspan="2">干燥</td><td colspan="13">6.5</td></tr>
<tr><td colspan="2">细腻柔和</td><td colspan="13">7.0</td></tr>
<tr><td colspan="2">刺激</td><td colspan="13">7.0</td></tr>
<tr><td colspan="2">余味</td><td colspan="13">6.5</td></tr>
<tr><td rowspan="12">香气风格（0—3 分）</td><td rowspan="4">烤烟烟香</td><td>0</td><td rowspan="4">0.5</td><td rowspan="4">晾晒烟香</td><td>0</td><td rowspan="4">0</td><td rowspan="4">清香</td><td>0</td><td rowspan="4">0</td><td rowspan="4">果香</td><td>0</td><td rowspan="4">0</td><td rowspan="4">辛香</td><td>0</td><td rowspan="4">1.0</td></tr>
<tr><td>1</td><td>1</td><td>1</td><td>1</td><td>1</td></tr>
<tr><td>2</td><td>2</td><td>2</td><td>2</td><td>2</td></tr>
<tr><td>3</td><td>3</td><td>3</td><td>3</td><td>3</td></tr>
<tr><td rowspan="4">木香</td><td>0</td><td rowspan="4">1.0</td><td rowspan="4">青滋香</td><td>0</td><td rowspan="4">1.5</td><td rowspan="4">花香</td><td>0</td><td rowspan="4">1.5</td><td rowspan="4">药草香</td><td>0</td><td rowspan="4">0.5</td><td rowspan="4">豆香</td><td>0</td><td rowspan="4">0</td></tr>
<tr><td>1</td><td>1</td><td>1</td><td>1</td><td>1</td></tr>
<tr><td>2</td><td>2</td><td>2</td><td>2</td><td>2</td></tr>
<tr><td>3</td><td>3</td><td>3</td><td>3</td><td>3</td></tr>
<tr><td rowspan="4">可可香</td><td>0</td><td rowspan="4">0</td><td rowspan="4">奶香</td><td>0</td><td rowspan="4">0</td><td rowspan="4">膏香</td><td>0</td><td rowspan="4">1.0</td><td rowspan="4">烘焙香</td><td>0</td><td rowspan="4">1.5</td><td rowspan="4">甜香</td><td>0</td><td rowspan="4">1.0</td></tr>
<tr><td>1</td><td>1</td><td>1</td><td>1</td><td>1</td></tr>
<tr><td>2</td><td>2</td><td>2</td><td>2</td><td>2</td></tr>
<tr><td>3</td><td>3</td><td>3</td><td>3</td><td>3</td></tr>
</table>

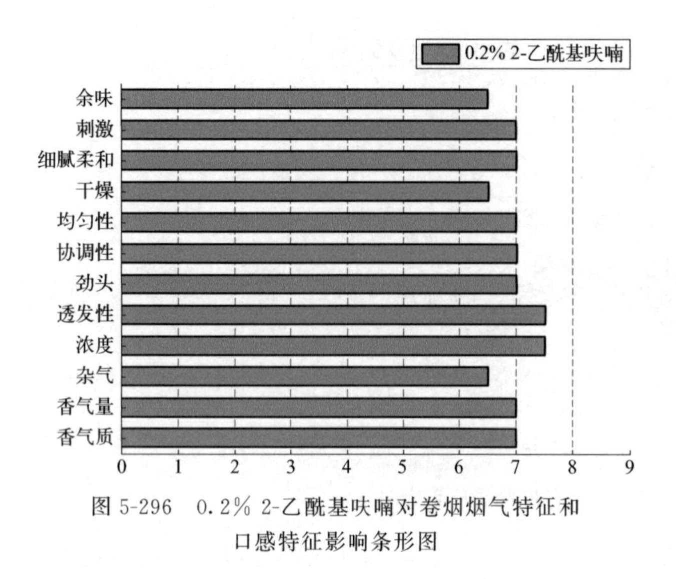

图 5-296 0.2% 2-乙酰基呋喃对卷烟烟气特征和口感特征影响条形图

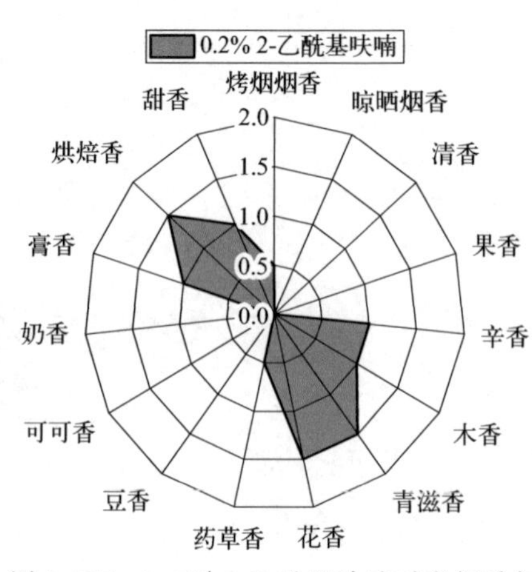

图 5-297 0.2% 2-乙酰基呋喃对卷烟香气风格影响轮廓图

5.6.7 2,3-二甲基吡嗪的香韵组成和嗅香感官特征

采用香味轮廓分析法对2,3-二甲基吡嗪的香韵组成及强度进行评价，评价结果见表5-201及图5-298。

由1% 2,3-二甲基吡嗪香味感官评价结果可知：1% 2,3-二甲基吡嗪嗅香辅助香韵为可可香、烘焙香（≥2.0）；修饰香韵为干草香、花香、药草香、豆香、甜香（≥0.5）等香韵。

表 5-201 1% 2,3-二甲基吡嗪香味轮廓评价表

序号	香韵名称	评分(0—9)	评判分值
1	树脂香	0	0:无 1～2:弱 3～4:稍弱 5:适中 6～7:较强 8～9:强
2	干草香	1.0	
3	清香	0	
4	果香	0	
5	辛香	0	
6	木香	0	
7	青滋香	0	
8	花香	0.5	
9	药草香	1.0	
10	豆香	1.5	
11	可可香	2.5	
12	奶香	0	
13	膏香	0	
14	烘焙香	2.0	
15	焦香	0	
16	酒香	0	
17	甜香	1.0	
18	酸香	0	

5.6.8 2,3-二甲基吡嗪对加热卷烟风格、感官质量和香韵特征的影响

对0.2% 2,3-二甲基吡嗪的加香作用进行评价，结果见表5-202和图5-299、图5-300。从中可以看出，2,3-二甲基吡嗪在卷烟中的主要作用是提升香气质和烟气协调性，降低杂气

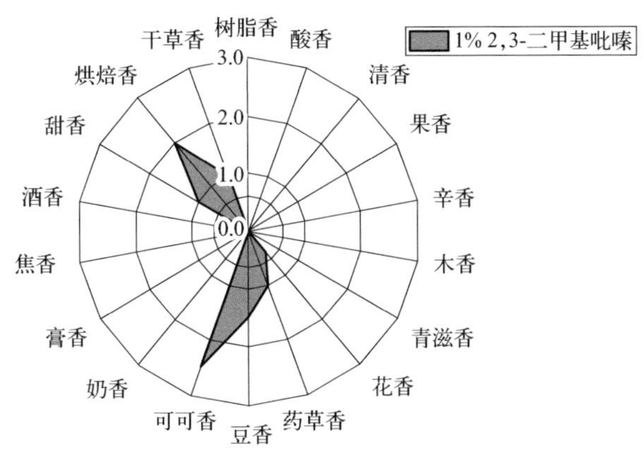

图 5-298　1% 2,3-二甲基吡嗪香味轮廓图

和刺激性，香气量、烟气劲头、透发性和均匀性尚可，烟气细腻柔和感较好，余味干净，主要赋予卷烟青滋香、甜香、烤烟烟香、花香、可可香、木香、膏香和烘焙香韵。

表 5-202　0.2% 2,3-二甲基吡嗪作用评价汇总表

类别	项目		分值											
烟气特征	香气质		7.5											
	香气量		7.0											
	杂气		7.0											
	浓度		6.5											
	透发性		7.0											
	劲头		7.0											
	协调性		7.5											
	均匀性		7.0											
口感特征	干燥		6.5											
	细腻柔和		7.0											
	刺激		7.5											
	余味		7.0											
香气风格（0—3分）	烤烟烟香	0 1 2 3	1.0	晾晒烟香	0 1 2 3	0	清香	0 1 2 3	0	果香	0 1 2 3	0	辛香	0 1 2 3	0
	木香	0 1 2 3	0.5	青滋香	0 1 2 3	1.5	花香	0 1 2 3	1.0	药草香	0 1 2 3	0	豆香	0 1 2 3	0
	可可香	0 1 2 3	1.0	奶香	0 1 2 3	0	膏香	0 1 2 3	0.5	烘焙香	0 1 2 3	0.5	甜香	0 1 2 3	1.5

5.6.9　2-乙酰基吡嗪的香韵组成和嗅香感官特征

采用香味轮廓分析法对 2-乙酰基吡嗪的香韵组成及强度进行评价，评价结果见表 5-203 及图 5-301。

由 1% 2-乙酰基吡嗪香味感官评价结果可知：1%2-乙酰基吡嗪嗅香主体香韵为豆香（4.0）；辅助香韵为奶香、烘焙香（≥2.0）；修饰香韵为干草香、果香、甜香（≥0.5）等香韵。

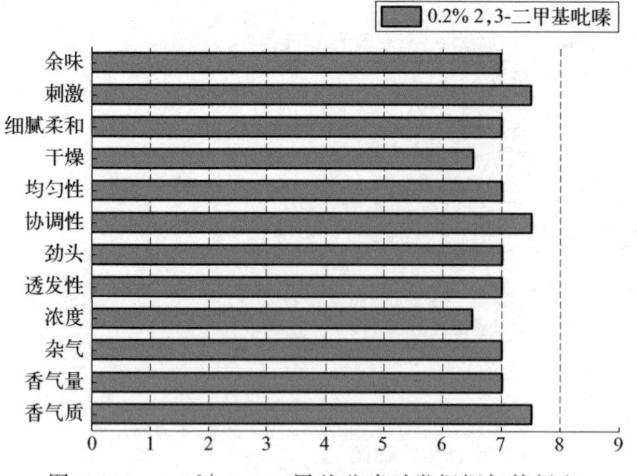

图 5-299　0.2% 2,3-二甲基吡嗪对卷烟烟气特征和口感特征影响条形图

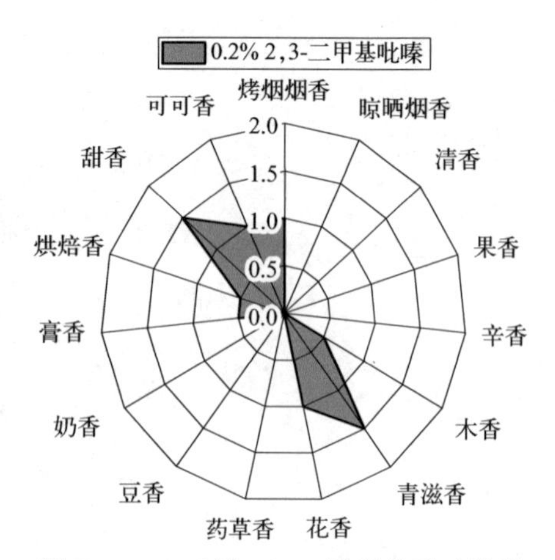

图 5-300　0.2% 2,3-二甲基吡嗪对卷烟香气风格影响轮廓图

表 5-203　1% 2-乙酰基吡嗪香味轮廓评价表

序号	香韵名称	评分(0—9)	评判分值
1	树脂香	0	0:无 1～2:弱 3～4:稍弱 5:适中 6～7:较强 8～9:强
2	干草香	1.5	
3	清香	0	
4	果香	1.5	
5	辛香	0	
6	木香	0	
7	青滋香	0	
8	花香	0	
9	药草香	0	
10	豆香	4.0	
11	可可香	0	
12	奶香	2.0	
13	膏香	0	
14	烘焙香	2.5	
15	焦香	0	
16	酒香	0	
17	甜香	1.5	
18	酸香	0	

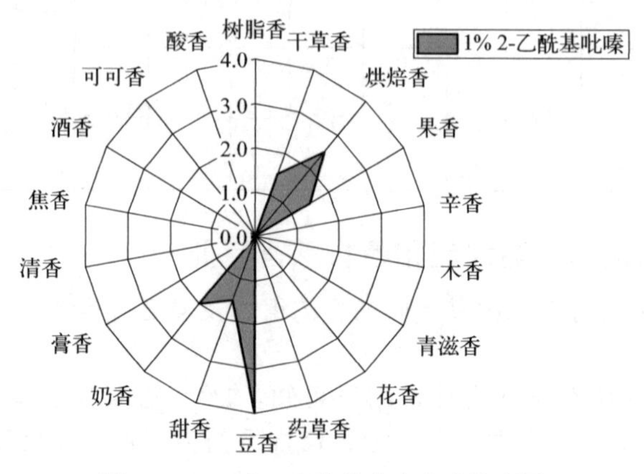

图 5-301　1% 2-乙酰基吡嗪香味轮廓图

5.6.10　2-乙酰基吡嗪对加热卷烟风格、感官质量和香韵特征的影响

对0.1% 2-乙酰基吡嗪的加香作用进行评价，结果见表5-204和图5-302、图5-303。从中可以看出，2-乙酰基吡嗪在卷烟中的主要作用是提升香气量，香气质和烟气透发性、协调性、劲头和均匀性尚可，主要赋予卷烟豆香、烤烟烟香、花香、甜香、果香、木香、膏香和烘焙香韵。

表5-204　0.1% 2-乙酰基吡嗪作用评价汇总表

类别	指标	评分
烟气特征	香气质	7.0
	香气量	7.5
	杂气	6.5
	浓度	6.5
	透发性	7.0
	劲头	7.0
	协调性	6.5
	均匀性	7.0
口感特征	干燥	7.0
	细腻柔和	6.5
	刺激	6.5
	余味	6.5

香气风格（0—3分）	香韵	分值	香韵	分值	香韵	分值	香韵	分值	香韵	分值
	烤烟烟香	1.0	晾晒烟香	0	清香	0	果香	0.5	辛香	0
	木香	0.5	青滋香	0	花香	1.0	药草香	0	豆香	1.5
	可可香	0	奶香	0	膏香	0.5	烘焙香	0.5	甜香	1.0

（注：每项香韵评分刻度为0、1、2、3）

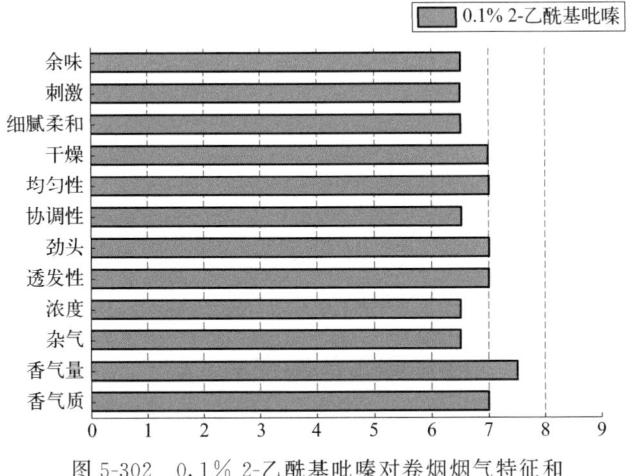

图5-302　0.1% 2-乙酰基吡嗪对卷烟烟气特征和口感特征影响条形图

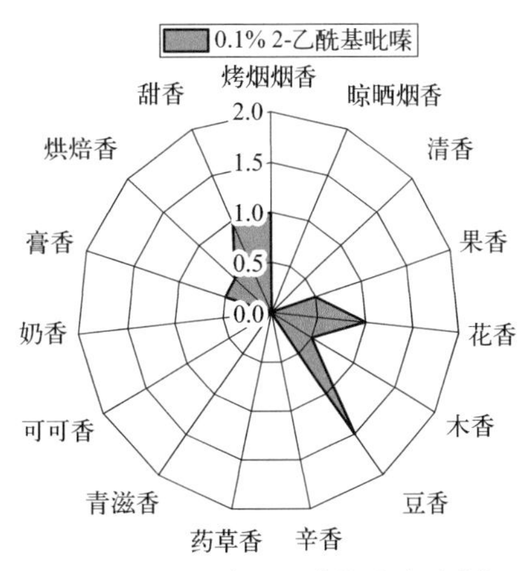

图5-303　0.1% 2-乙酰基吡嗪对卷烟香气风格影响轮廓图

5.6.11 2-乙酰基吡啶的香韵组成和嗅香感官特征

采用香味轮廓分析法对2-乙酰基吡啶的香韵组成及强度进行评价，评价结果见表5-205及图5-304。

由1% 2-乙酰基吡啶香味感官评价结果可知：1%2-乙酰基吡啶嗅香主体香韵为豆香(4.0)；辅助香韵为树脂香、干草香、青滋香、可可香、烘焙香（≥2.0)；修饰香韵为木香、药草香、奶香、甜香（≥0.5）等香韵。

表5-205 1% 2-乙酰基吡啶香味轮廓评价表

序号	香韵名称	评分(0—9)	评判分值
1	树脂香	2.5	0:无 1～2:弱 3～4:稍弱 5:适中 6～7:较强 8～9:强
2	干草香	3.0	
3	清香	0	
4	果香	0	
5	辛香	0	
6	木香	1.5	
7	青滋香	2.5	
8	花香	0	
9	药草香	1.5	
10	豆香	4.0	
11	可可香	3.0	
12	奶香	0.5	
13	膏香	0	
14	烘焙香	3.0	
15	焦香	0	
16	酒香	0	
17	甜香	0.5	
18	酸香	0	

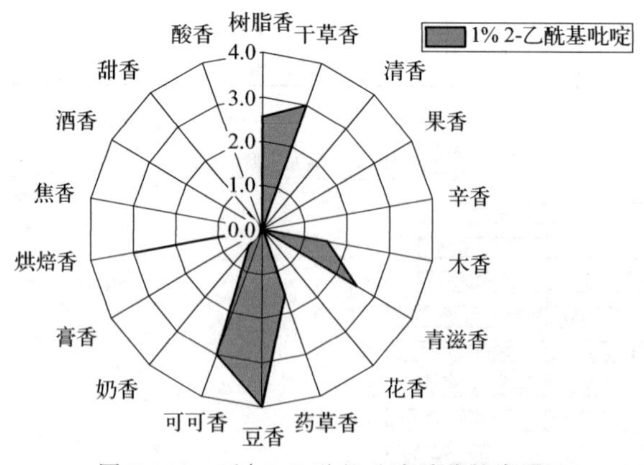

图5-304 1% 2-乙酰基吡啶香味轮廓图

5.6.12 2-乙酰基吡啶对加热卷烟风格、感官质量和香韵特征的影响

对0.4% 2-乙酰基吡啶的加香作用进行评价，结果见表5-206和图5-305、图5-306。从中可以看出，2-乙酰基吡啶在卷烟中的主要作用是提升香气质，稍降低杂气和刺激性，烟气协调性、劲头和均匀性尚可，余味干净，主要赋予卷烟烤烟烟香、豆香、烘焙香、青滋香和可可香韵。

表 5-206 0.4% 2-乙酰基吡啶作用评价汇总表

烟气特征	香气质	7.5
	香气量	6.5
	杂气	7.0
	浓度	6.5
	透发性	6.0
	劲头	7.0
	协调性	7.0
	均匀性	7.0
口感特征	干燥	6.5
	细腻柔和	6.5
	刺激	7.0
	余味	7.0

香气风格（0—3 分）	烤烟烟香	0 1 2 3	1.0	晾晒烟香	0 1 2 3	0	清香	0 1 2 3	0	果香	0 1 2 3	0	辛香	0 1 2 3	0
	木香	0 1 2 3	0	青滋香	0 1 2 3	0.5	花香	0 1 2 3	0	药草香	0 1 2 3	0	豆香	0 1 2 3	1.0
	可可香	0 1 2 3	0.5	奶香	0 1 2 3	0	膏香	0 1 2 3	0	烘焙香	0 1 2 3	1.0	甜香	0 1 2 3	0

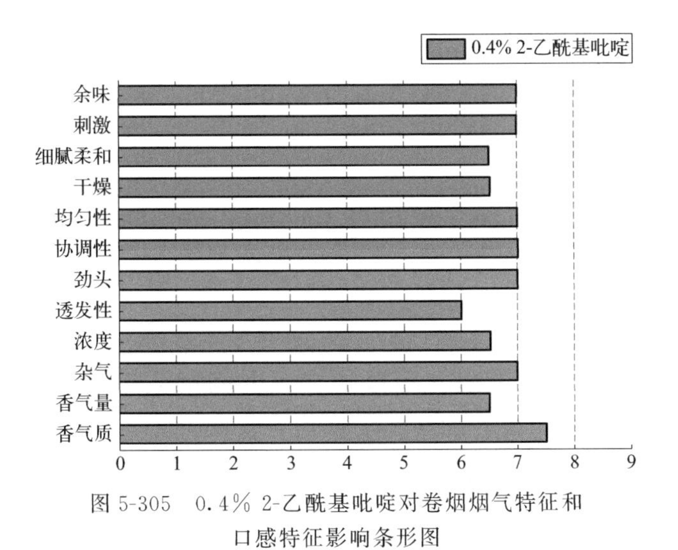

图 5-305 0.4% 2-乙酰基吡啶对卷烟烟气特征和口感特征影响条形图

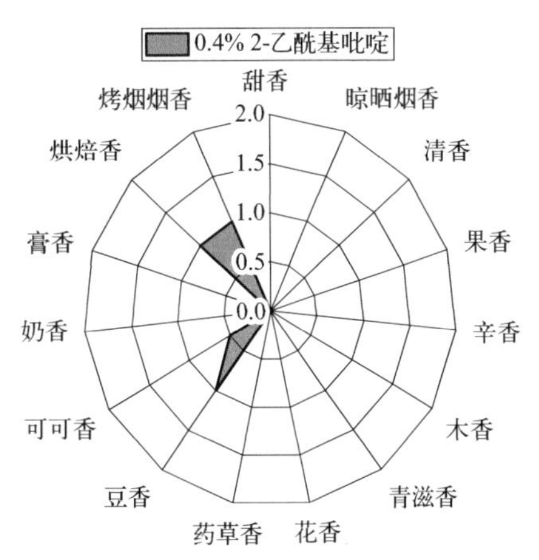

图 5-306 0.4% 2-乙酰基吡啶对卷烟香气风格影响轮廓图

5.6.13 2-乙基-3,5-二甲基吡嗪的香韵组成和嗅香感官特征

采用香味轮廓分析法对 2-乙基-3,5-二甲基吡嗪的香韵组成及强度进行评价，评价结果见表 5-207 及图 5-307。

由 1% 2-乙基-3,5-二甲基吡嗪香味感官评价结果可知：1% 2-乙基-3,5-二甲基吡嗪嗅香辅助香韵为豆香、可可香（≥2.0）；修饰香韵为干草香、清香、果香、花香、烘焙香、甜香（≥0.5）等香韵。

表 5-207　1% 2-乙基-3,5-二甲基吡嗪香味轮廓评价表

序号	香韵名称	评分(0—9)	评判分值
1	树脂香	0	0:无 1～2:弱 3～4:稍弱 5:适中 6～7:较强 8～9:强
2	干草香	1.5	
3	清香	1.0	
4	果香	1.5	
5	辛香	0	
6	木香	0	
7	青滋香	0	
8	花香	1.0	
9	药草香	0	
10	豆香	2.5	
11	可可香	2.0	
12	奶香	0	
13	膏香	0	
14	烘焙香	1.5	
15	焦香	0	
16	酒香	0	
17	甜香	1.5	
18	酸香	0	

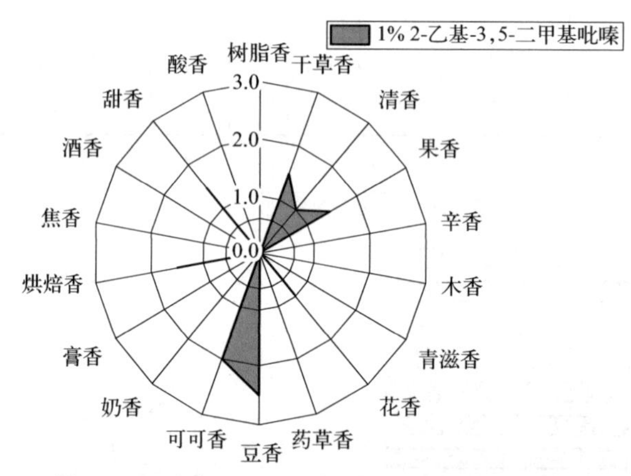

图 5-307　1% 2-乙基-3,5-二甲基吡嗪香味轮廓图

5.6.14　2-乙基-3,5-二甲基吡嗪对加热卷烟风格、感官质量和香韵特征的影响

对 0.2% 2-乙基-3,5-二甲基吡嗪的加香作用进行评价，结果见表 5-208 和图 5-308、图 5-309。从中可以看出，2-乙基-3,5-二甲基吡嗪在卷烟中的主要作用是提升香气量和烟气协调性，稍降低杂气和刺激性，香气质、烟气浓度、透发性、劲头和均匀性尚可，烟气细腻柔和感较好，余味干净，主要赋予卷烟药草香、膏香、青滋香、豆香、甜香、烤烟烟香、辛香和烘焙香韵。

表 5-208　0.2% 2-乙基-3,5-二甲基吡嗪作用评价汇总表

烟气特征	香气质	7.0
	香气量	7.5
	杂气	7.0
	浓度	7.0
	透发性	7.0

续表

烟气特征	劲头	7.0													
	协调性	7.5													
	均匀性	7.0													
口感特征	干燥	6.5													
	细腻柔和	7.0													
	刺激	7.0													
	余味	7.0													
香气风格（0—3 分）	烤烟烟香	0	0.5	晾晒烟香	0	0	清香	0	0	果香	0	0	辛香	0	0.5
		1			1			1			1			1	
		2			2			2			2			2	
		3			3			3			3			3	
	木香	0	0	青滋香	0	1.0	花香	0	0	药草香	0	2.5	豆香	0	1.0
		1			1			1			1			1	
		2			2			2			2			2	
		3			3			3			3			3	
	可可香	0	0	奶香	0	0	膏香	0	1.5	烘焙香	0	0.5	甜香	0	1.0
		1			1			1			1			1	
		2			2			2			2			2	
		3			3			3			3			3	

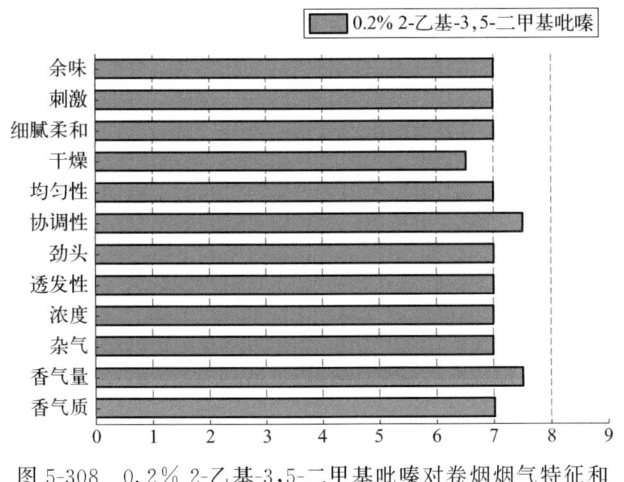

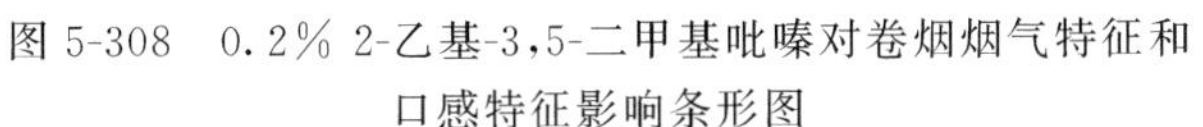
图 5-308　0.2% 2-乙基-3,5-二甲基吡嗪对卷烟烟气特征和口感特征影响条形图

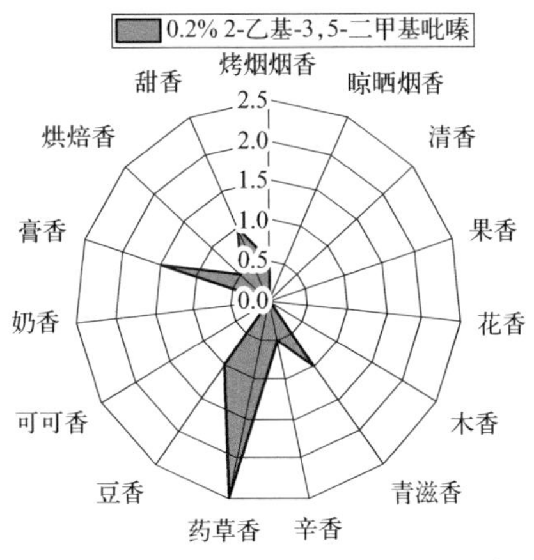

图 5-309　0.2% 2-乙基-3,5-二甲基吡嗪对卷烟香气风格影响轮廓图

5.6.15　2-乙基-3,6-二甲基吡嗪的香韵组成和嗅香感官特征

采用香味轮廓分析法对 2-乙基-3,6-二甲基吡嗪的香韵组成及强度进行评价，评价结果见表 5-209 及图 5-310。

由 1% 2-乙基-3,6-二甲基吡嗪香味感官评价结果可知：1% 2-乙基-3,6-二甲基吡嗪嗅香辅助香韵为豆香、可可香、烘焙香、甜香（≥2.0）；修饰香韵为干草香、花香、药草香（≥0.5）等香韵。

表 5-209　1% 2-乙基-3,6-二甲基吡嗪香味轮廓评价表

序号	香韵名称	评分(0—9)	评判分值
1	树脂香	0	0:无
2	干草香	1.0	1~2:弱

续表

序号	香韵名称	评分(0—9)	评判分值
3	清香	0	3～4:稍弱 5:适中 6～7:较强 8～9:强
4	果香	0	
5	辛香	0	
6	木香	0	
7	青滋香	0	
8	花香	0.5	
9	药草香	0.5	
10	豆香	2.0	
11	可可香	3.5	
12	奶香	0	
13	膏香	0	
14	烘焙香	2.5	
15	焦香	0	
16	酒香	0	
17	甜香	2.0	
18	酸香	0	

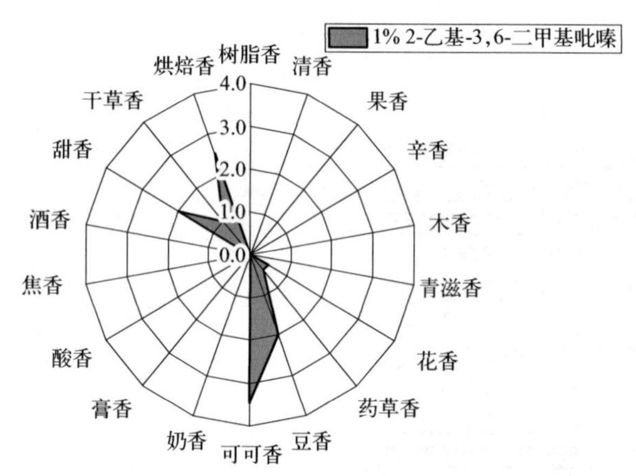

图 5-310　1% 2-乙基-3,6-二甲基吡嗪香味轮廓图

5.6.16　2-乙基-3,6-二甲基吡嗪对加热卷烟风格、感官质量和香韵特征的影响

对 0.2% 2-乙基-3,6-二甲基吡嗪的加香作用进行评价，结果见表 5-210 和图 5-311、图 5-312。从中可以看出，2-乙基-3,6-二甲基吡嗪在卷烟中的主要作用是降低刺激性，香气量、烟气透发性、劲头和均匀性尚可，主要赋予卷烟烘焙香、果香、可可香、甜香、烤烟烟香、青滋香和花香韵。

表 5-210　0.2% 2-乙基-3,6-二甲基吡嗪作用评价汇总表

烟气特征	香气质	6.5
	香气量	7.0
	杂气	6.5
	浓度	6.5
	透发性	7.0
	劲头	6.5
	协调性	6.5
	均匀性	7.0

续表

类别	名称	标度	分值	名称	标度	分值	名称	标度	分值	名称	标度	分值	名称	标度	分值
口感特征	干燥	7.0													
	细腻柔和	6.5													
	刺激	7.0													
	余味	6.5													
香气风格（0—3分）	烤烟烟香	0 1 2 3	0.5	晾晒烟香	0 1 2 3	0	清香	0 1 2 3	0	果香	0 1 2 3	1.0	辛香	0 1 2 3	0
	木香	0 1 2 3	0	青滋香	0 1 2 3	0.5	花香	0 1 2 3	0.5	药草香	0 1 2 3	0	豆香	0 1 2 3	0
	可可香	0 1 2 3	1.0	奶香	0 1 2 3	0	膏香	0 1 2 3	0	烘焙香	0 1 2 3	1.5	甜香	0 1 2 3	1.0

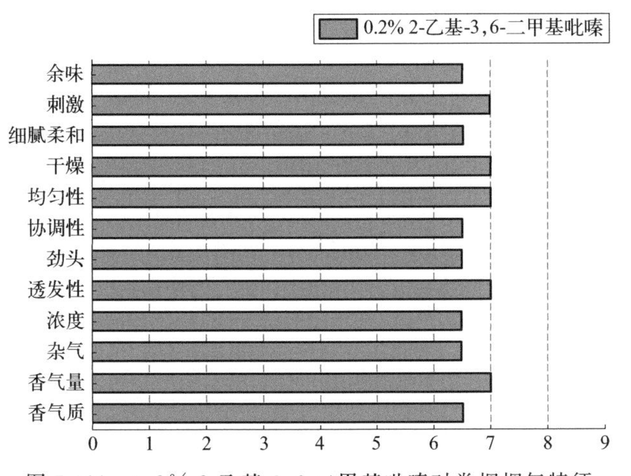

图 5-311 0.2% 2-乙基-3,6-二甲基吡嗪对卷烟烟气特征和口感特征影响条形图

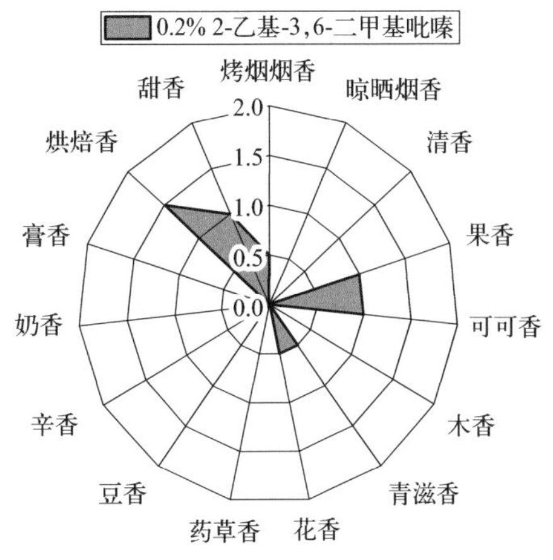

图 5-312 0.2% 2-乙基-3,6-二甲基吡嗪对卷烟香气风格影响轮廓图

5.6.17 2,3,5-三甲基吡嗪的香韵组成和嗅香感官特征

采用香味轮廓分析法对2,3,5-三甲基吡嗪的香韵组成及强度进行评价，评价结果见表5-211及图5-313。

由1% 2,3,5-三甲基吡嗪香味感官评价结果可知：1% 2,3,5-三甲基吡嗪嗅香辅助香韵为可可香、烘焙香、干草香、奶香（≥2.0）；修饰香韵为树脂香、豆香、甜香（≥0.5）等香韵。

表 5-211 1% 2,3,5-三甲基吡嗪香味轮廓评价表

序号	香韵名称	评分(0—9)	评判分值
1	树脂香	1.0	0:无 1~2:弱 3~4:稍弱
2	干草香	2.0	
3	清香	0	
4	果香	0	
5	辛香	0	

续表

序号	香韵名称	评分(0—9)	评判分值
6	木香	0	5:适中 6～7:较强 8～9:强
7	青滋香	0	
8	花香	0	
9	药草香	0	
10	豆香	1.5	
11	可可香	3.5	
12	奶香	2.0	
13	膏香	0	
14	烘焙香	2.5	
15	焦香	0	
16	酒香	0	
17	甜香	1.0	
18	酸香	0	

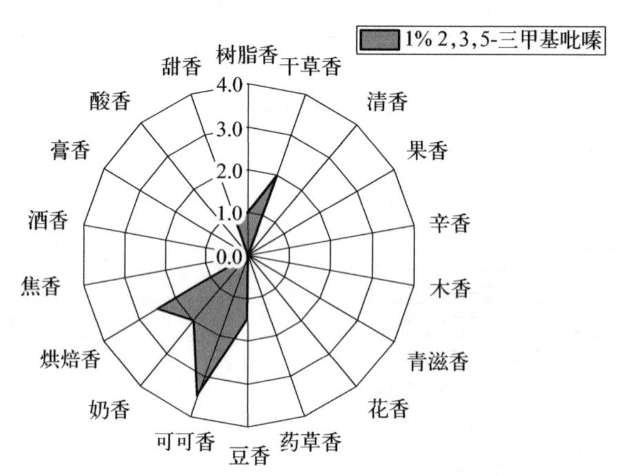

图 5-313　1% 2,3,5-三甲基吡嗪香味轮廓图

5.6.18　2,3,5-三甲基吡嗪对加热卷烟风格、感官质量和香韵特征的影响

对 0.2% 2,3,5-三甲基吡嗪的加香作用进行评价，结果见表 5-212 和图 5-314、图 5-315。从中可以看出，2,3,5-三甲基吡嗪在卷烟中的主要作用是提升香气质和香气量，增加烟气浓度、透发性、劲头、协调性和均匀性，烟气细腻柔和感较好，主要赋予卷烟豆香、辛香、青滋香、烤烟烟香、烘焙香和甜香韵。

表 5-212　0.2% 2,3,5-三甲基吡嗪作用评价汇总表

烟气特征	香气质	7.0
	香气量	7.0
	杂气	6.5
	浓度	7.0
	透发性	7.0
	劲头	7.0
	协调性	7.0
	均匀性	7.0
口感特征	干燥	7.0
	细腻柔和	7.0
	刺激	6.5
	余味	6.5

续表

香气风格（0—3 分）	烤烟烟香	0	1.0	晾晒烟香	0	0	清香	0	0	果香	0	0	辛香	0	1.5
		1			1			1			1			1	
		2			2			2			2			2	
		3			3			3			3			3	
	木香	0	0	青滋香	0	1.5	花香	0	0	药草香	0	0	豆香	0	2.0
		1			1			1			1			1	
		2			2			2			2			2	
		3			3			3			3			3	
	可可香	0	0	奶香	0	0	膏香	0	0	烘焙香	0	1.0	甜香	0	0.5
		1			1			1			1			1	
		2			2			2			2			2	
		3			3			3			3			3	

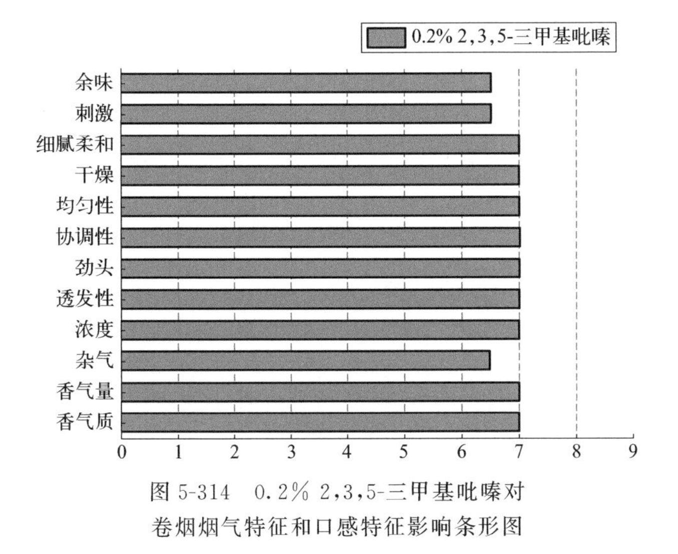

图 5-314 0.2% 2,3,5-三甲基吡嗪对卷烟烟气特征和口感特征影响条形图

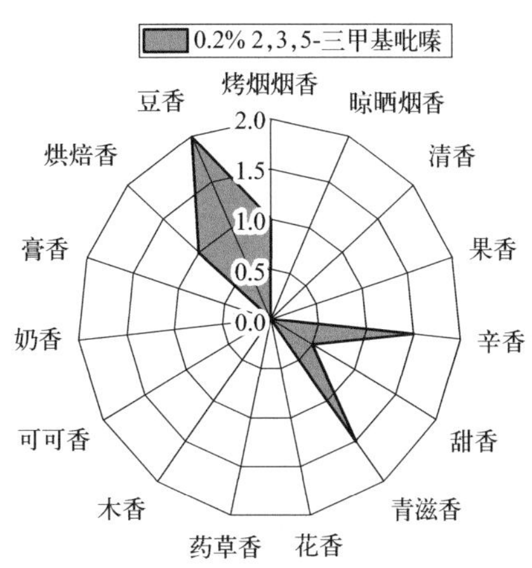

图 5-315 0.2% 2,3,5-三甲基吡嗪对卷烟香气风格影响轮廓图

5.7 酚类香原料对加热卷烟感官质量影响的研究

5.7.1 邻甲酚的香韵组成和嗅香感官特征

采用香味轮廓分析法对邻甲酚的香韵组成及强度进行评价，评价结果见表 5-213 及图 5-316。

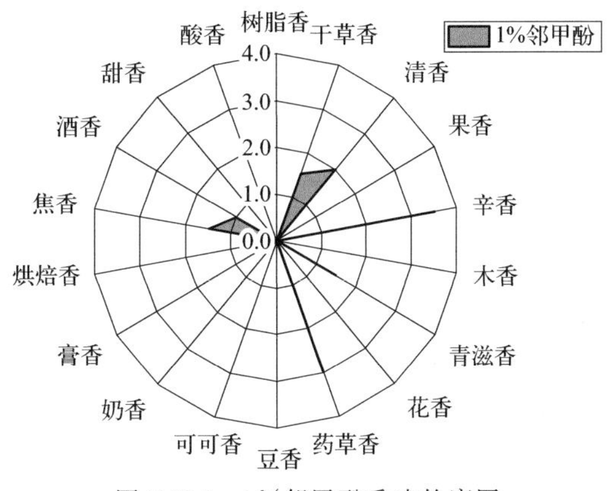

图 5-316 1%邻甲酚香味轮廓图

表 5-213　1%邻甲酚香味轮廓评价表

序号	香韵名称	评分(0—9)	评判分值
1	树脂香	0	0:无 1～2:弱 3～4:稍弱 5:适中 6～7:较强 8～9:强
2	干草香	1.5	
3	清香	2.0	
4	果香	0	
5	辛香	3.5	
6	木香	0	
7	青滋香	1.5	
8	花香	0	
9	药草香	3.0	
10	豆香	0	
11	可可香	0	
12	奶香	0	
13	膏香	0	
14	烘焙香	0	
15	焦香	1.5	
16	酒香	1.0	
17	甜香	0	
18	酸香	0	

由 1%邻甲酚香味感官评价结果可知：1%邻甲酚嗅香辅助香韵为清香、辛香、药草香（≥2.0）；修饰香韵为干草香、青滋香、焦香、酒香（≥0.5）等香韵。

5.7.2　邻甲酚对加热卷烟风格、感官质量和香韵特征的影响

对 1%邻甲酚的加香作用进行评价，结果见表 5-214 和图 5-317、图 5-318。从中可以看出，邻甲酚在卷烟中的主要作用是增加烟气浓度、劲头和均匀性，烟气细腻柔和感较好，主要赋予卷烟烘焙香、辛香、木香、青滋香、清香、药草香、烤烟烟香和甜香韵。

表 5-214　1%邻甲酚作用评价汇总表

<table>
<tr><td rowspan="8">烟气特征</td><td>香气质</td><td colspan="14">6.5</td></tr>
<tr><td>香气量</td><td colspan="14">6.5</td></tr>
<tr><td>杂气</td><td colspan="14">6.5</td></tr>
<tr><td>浓度</td><td colspan="14">7.0</td></tr>
<tr><td>透发性</td><td colspan="14">6.5</td></tr>
<tr><td>劲头</td><td colspan="14">7.0</td></tr>
<tr><td>协调性</td><td colspan="14">6.5</td></tr>
<tr><td>均匀性</td><td colspan="14">7.0</td></tr>
<tr><td rowspan="4">口感特征</td><td>干燥</td><td colspan="14">6.0</td></tr>
<tr><td>细腻柔和</td><td colspan="14">6.5</td></tr>
<tr><td>刺激</td><td colspan="14">6.0</td></tr>
<tr><td>余味</td><td colspan="14">6.0</td></tr>
<tr><td rowspan="4">香气风格（0—3 分）</td><td rowspan="4">烤烟烟香</td><td>0</td><td rowspan="4">0.5</td><td rowspan="4">晾晒烟香</td><td>0</td><td rowspan="4">0</td><td rowspan="4">清香</td><td>0</td><td rowspan="4">0.5</td><td rowspan="4">果香</td><td>0</td><td rowspan="4">0</td><td rowspan="4">辛香</td><td>0</td><td rowspan="4">1.0</td></tr>
<tr><td>1</td><td>1</td><td>1</td><td>1</td><td>1</td></tr>
<tr><td>2</td><td>2</td><td>2</td><td>2</td><td>2</td></tr>
<tr><td>3</td><td>3</td><td>3</td><td>3</td><td>3</td></tr>
</table>

续表

香气风格（0—3 分）	木香	0 1 2 3	1.0	青滋香	0 1 2 3	1.0	花香	0 1 2 3	0	药草香	0 1 2 3	0.5	豆香	0 1 2 3	0
	可可香	0 1 2 3	0	奶香	0 1 2 3	0	膏香	0 1 2 3	0	烘焙香	0 1 2 3	1.5	甜香	0 1 2 3	0.5

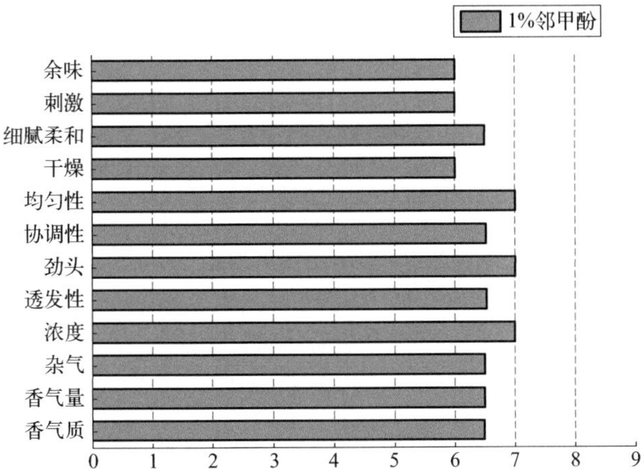

图 5-317　1%邻甲酚对卷烟烟气特征和口感特征影响条形图

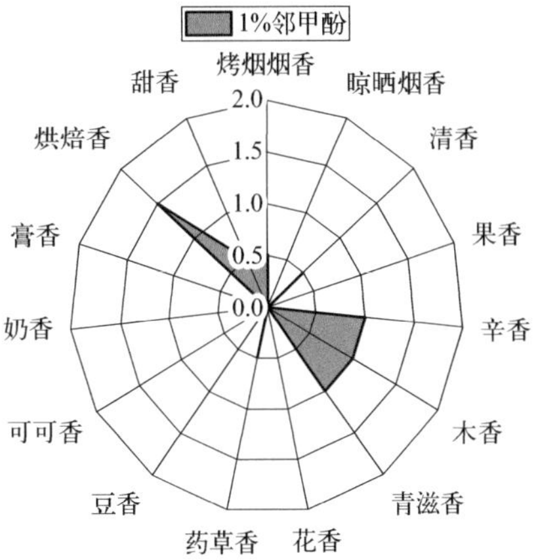

图 5-318　1%邻甲酚对卷烟香气风格影响轮廓图

5.7.3　愈创木酚的香韵组成和嗅香感官特征

采用香味轮廓分析法对愈创木酚的香韵组成及强度进行评价，评价结果见表 5-215 及图 5-319。

表 5-215　1%愈创木酚香味轮廓评价表

序号	香韵名称	评分(0—9)	评判分值
1	树脂香	0	0:无 1～2:弱 3～4:稍弱 5:适中 6～7:较强 8～9:强
2	干草香	0	
3	清香	1.5	
4	果香	0	
5	辛香	6.0	
6	木香	2.5	
7	青滋香	0	
8	花香	0	
9	药草香	1.0	
10	豆香	0	
11	可可香	0	
12	奶香	0	
13	膏香	0	
14	烘焙香	1.5	
15	焦香	4.0	
16	酒香	0	
17	甜香	1.0	
18	酸香	0	

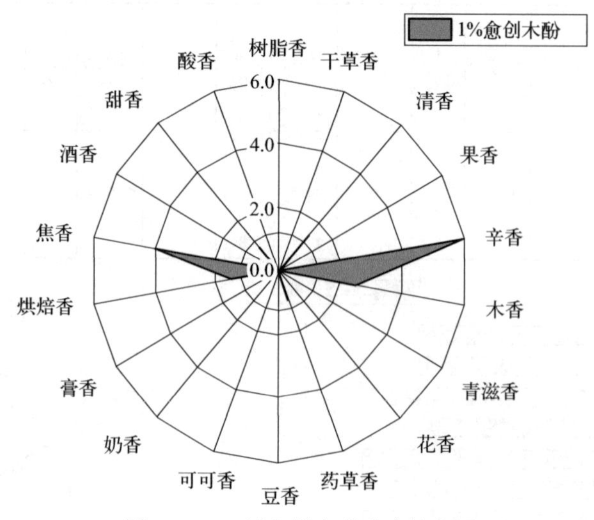

图 5-319　1%愈创木酚香味轮廓图

由1%愈创木酚香味感官评价结果可知：1%愈创木酚嗅香主体香韵为辛香（6.0）、焦香（4.0）；辅助香韵为木香（≥2.0）；修饰香韵为清香、药草香、烘焙香、甜香（≥0.5）等香韵。

5.7.4　愈创木酚对加热卷烟风格、感官质量和香韵特征的影响

对1%愈创木酚的加香作用进行评价，结果见表5-216和图5-320、图5-321。从中可以看出，愈创木酚在卷烟中的主要作用是提升香气量、增加烟气浓度和均匀性，稍降低刺激性和杂气，香气质、烟气劲头和协调性尚可，主要赋予卷烟烘焙香、烤烟烟香、辛香、木香、青滋香、药草香和甜香韵。

表 5-216　1%愈创木酚作用评价汇总表

烟气特征	香气质	7.0													
	香气量	7.5													
	杂气	7.0													
	浓度	7.5													
	透发性	6.5													
	劲头	7.0													
	协调性	7.0													
	均匀性	7.5													
口感特征	干燥	6.5													
	细腻柔和	6.5													
	刺激	7.0													
	余味	6.5													
香气风格（0—3分）	烤烟烟香	0	1.5	晾晒烟香	0	0	清香	0	0	果香	0	0	辛香	0	1.5
		1			1			1			1			1	
		2			2			2			2			2	
		3			3			3			3			3	
	木香	0	1.0	青滋香	0	0.5	花香	0	0	药草香	0	0.5	豆香	0	0
		1			1			1			1			1	
		2			2			2			2			2	
		3			3			3			3			3	

续表

香气风格（0—3分）	可可香	0 1 2 3	0	奶香	0 1 2 3	0	膏香	0 1 2 3	0	烘焙香	0 1 2 3	2.0	甜香	0 1 2 3	0.5

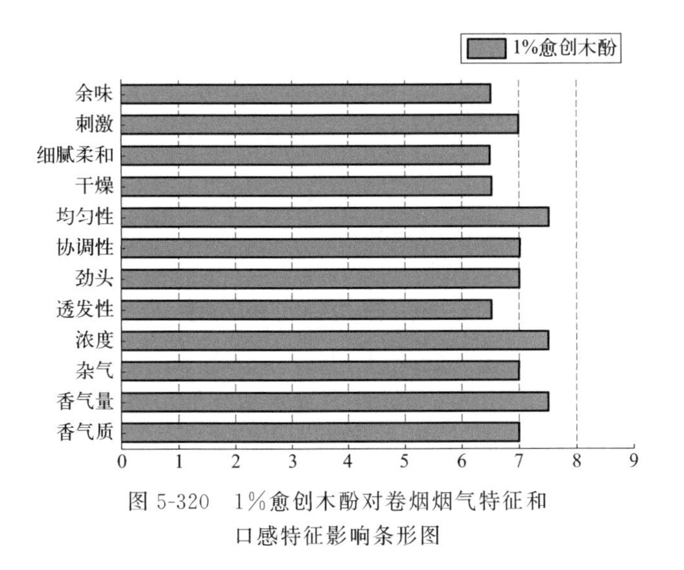

图 5-320 1%愈创木酚对卷烟烟气特征和口感特征影响条形图

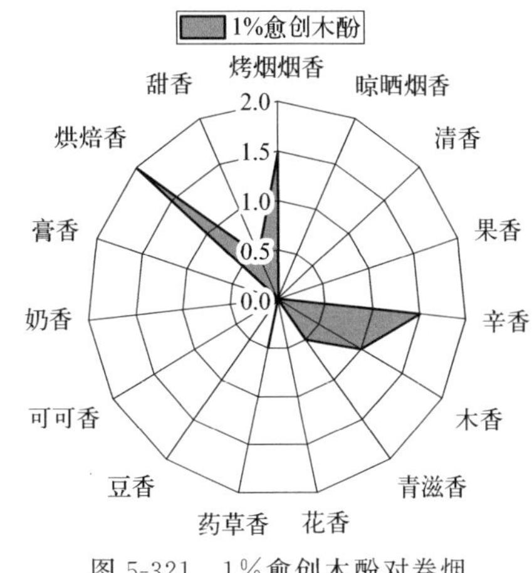

图 5-321 1%愈创木酚对卷烟香气风格影响轮廓图

5.7.5 2,6-二甲基苯酚的香韵组成和嗅香感官特征

采用香味轮廓分析法对 2,6-二甲基苯酚的香韵组成及强度进行评价，评价结果见表 5-217 及图 5-322。

由 1% 2,6-二甲基苯酚香味感官评价结果可知：1% 2,6-二甲基苯酚嗅香辅助香韵为木香（≥2.0）；修饰香韵为树脂香、干草香、药草香、烘焙香和焦香（≥0.5）等香韵。

表 5-217 1% 2,6-二甲基苯酚香味轮廓评价表

序号	香韵名称	评分(0—9)	评判分值
1	树脂香	1.0	0:无 1～2:弱 3～4:稍弱 5:适中 6～7:较强 8～9:强
2	干草香	1.5	
3	清香	0	
4	果香	0	
5	辛香	0	
6	木香	3.0	
7	青滋香	0	
8	花香	0	
9	药草香	0.5	
10	豆香	0	
11	可可香	0	
12	奶香	0	
13	膏香	0	
14	烘焙香	1.5	
15	焦香	0.5	
16	酒香	0	
17	甜香	0	
18	酸香	0	

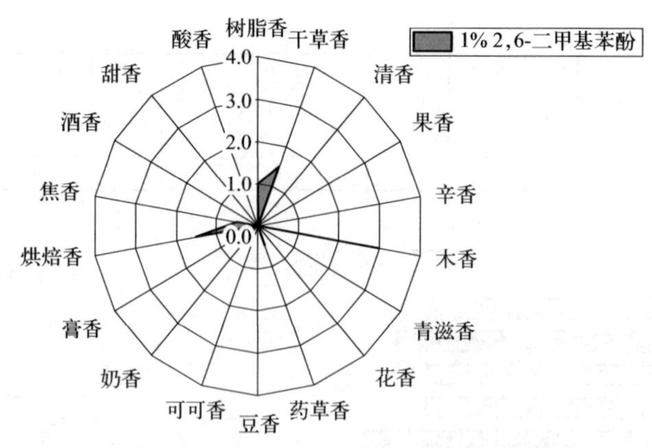

图 5-322　1% 2,6-二甲基苯酚香味轮廓图

5.7.6　2,6-二甲基苯酚对加热卷烟风格、感官质量和香韵特征的影响

对 1% 2,6-二甲基苯酚的加香作用进行评价，结果见表 5-218 和图 5-323、图 5-324。从中可以看出，2,6-二甲基苯酚在卷烟中的主要作用是降低刺激性，增加烟气均匀性，香气量、香气质、烟气浓度和协调性尚可，烟气细腻柔和感较好，主要赋予卷烟烘焙香、烤烟烟香、药草香、辛香、木香、豆香和甜香韵。

表 5-218　1% 2,6-二甲基苯酚作用评价汇总表

<table>
<tr><td rowspan="8">烟气特征</td><td colspan="2">香气质</td><td colspan="13">7.0</td></tr>
<tr><td colspan="2">香气量</td><td colspan="13">7.0</td></tr>
<tr><td colspan="2">杂气</td><td colspan="13">6.5</td></tr>
<tr><td colspan="2">浓度</td><td colspan="13">7.0</td></tr>
<tr><td colspan="2">透发性</td><td colspan="13">6.5</td></tr>
<tr><td colspan="2">劲头</td><td colspan="13">6.5</td></tr>
<tr><td colspan="2">协调性</td><td colspan="13">7.0</td></tr>
<tr><td colspan="2">均匀性</td><td colspan="13">7.5</td></tr>
<tr><td rowspan="4">口感特征</td><td colspan="2">干燥</td><td colspan="13">6.5</td></tr>
<tr><td colspan="2">细腻柔和</td><td colspan="13">7.0</td></tr>
<tr><td colspan="2">刺激</td><td colspan="13">7.5</td></tr>
<tr><td colspan="2">余味</td><td colspan="13">6.5</td></tr>
<tr><td rowspan="12">香气风格
(0—3 分)</td><td rowspan="4">烤烟烟香</td><td>0</td><td rowspan="4">1.0</td><td rowspan="4">晾晒烟香</td><td>0</td><td rowspan="4">0</td><td rowspan="4">清香</td><td>0</td><td rowspan="4">0</td><td rowspan="4">果香</td><td>0</td><td rowspan="4">0</td><td rowspan="4">辛香</td><td>0</td><td rowspan="4">0.5</td></tr>
<tr><td>1</td><td>1</td><td>1</td><td>1</td><td>1</td></tr>
<tr><td>2</td><td>2</td><td>2</td><td>2</td><td>2</td></tr>
<tr><td>3</td><td>3</td><td>3</td><td>3</td><td>3</td></tr>
<tr><td rowspan="4">木香</td><td>0</td><td rowspan="4">0.5</td><td rowspan="4">青滋香</td><td>0</td><td rowspan="4">0</td><td rowspan="4">花香</td><td>0</td><td rowspan="4">0</td><td rowspan="4">药草香</td><td>0</td><td rowspan="4">1.0</td><td rowspan="4">豆香</td><td>0</td><td rowspan="4">0.5</td></tr>
<tr><td>1</td><td>1</td><td>1</td><td>1</td><td>1</td></tr>
<tr><td>2</td><td>2</td><td>2</td><td>2</td><td>2</td></tr>
<tr><td>3</td><td>3</td><td>3</td><td>3</td><td>3</td></tr>
<tr><td rowspan="4">可可香</td><td>0</td><td rowspan="4">0</td><td rowspan="4">奶香</td><td>0</td><td rowspan="4">0</td><td rowspan="4">膏香</td><td>0</td><td rowspan="4">0</td><td rowspan="4">烘焙香</td><td>0</td><td rowspan="4">1.5</td><td rowspan="4">甜香</td><td>0</td><td rowspan="4">0.5</td></tr>
<tr><td>1</td><td>1</td><td>1</td><td>1</td><td>1</td></tr>
<tr><td>2</td><td>2</td><td>2</td><td>2</td><td>2</td></tr>
<tr><td>3</td><td>3</td><td>3</td><td>3</td><td>3</td></tr>
</table>

5.7.7　3,4-二甲基苯酚的香韵组成和嗅香感官特征

采用香味轮廓分析法对 3,4-二甲基苯酚的香韵组成及强度进行评价，评价结果见表 5-219 及图 5-325。

由 1%3,4-二甲基苯酚香味感官评价结果可知：1% 3,4-二甲基苯酚嗅香修饰香韵为清香、辛香、木香、甜香（≥0.5）等香韵。

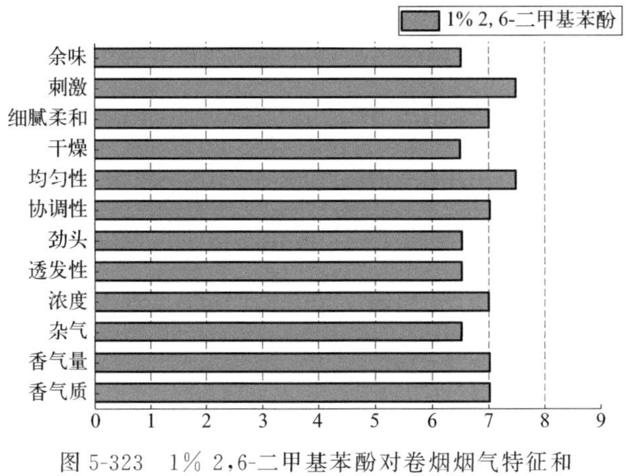

图 5-323 1% 2,6-二甲基苯酚对卷烟烟气特征和口感特征影响条形图

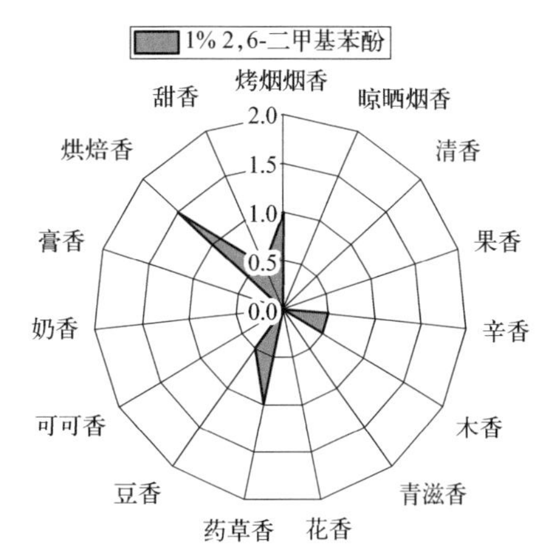

图 5-324 1% 2,6-二甲基苯酚对卷烟香气风格影响轮廓图

表 5-219 1% 3,4-二甲基苯酚香味轮廓评价表

序号	香韵名称	评分(0—9)	评判分值
1	树脂香	0	0:无 1～2:弱 3～4:稍弱 5:适中 6～7:较强 8～9:强
2	干草香	0	
3	清香	1.0	
4	果香	0	
5	辛香	0.5	
6	木香	0.5	
7	青滋香	0	
8	花香	0	
9	药草香	0	
10	豆香	0	
11	可可香	0	
12	奶香	0	
13	膏香	0	
14	烘焙香	0	
15	焦香	0	
16	酒香	0	
17	甜香	0.5	
18	酸香	0	

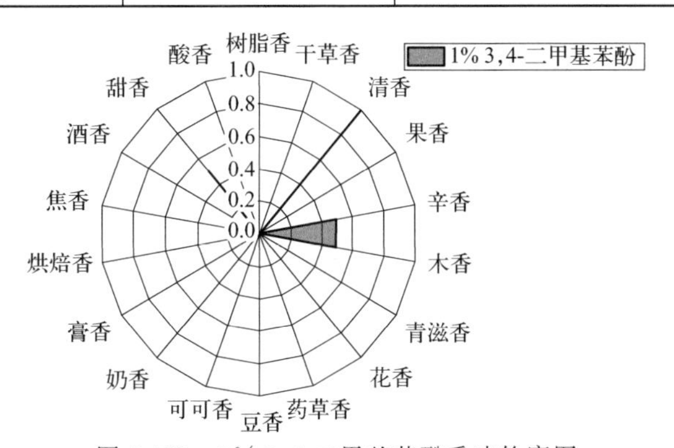

图 5-325 1% 3,4-二甲基苯酚香味轮廓图

5.7.8 3,4-二甲基苯酚对加热卷烟风格、感官质量和香韵特征的影响

对1% 3,4-二甲基苯酚的加香作用进行评价，结果见表5-220和图5-326、图5-327。从中可以看出，3,4-二甲基苯酚在卷烟中的主要作用是增加烟气浓度、透发性和均匀性，烟气细腻柔和感较好，主要赋予卷烟烘焙香、烤烟烟香、药草香、辛香、木香和甜香韵。

表5-220 1% 3,4-二甲基苯酚作用评价汇总表

类别	指标	标度	分值
烟气特征	香气质		6.5
	香气量		6.5
	杂气		6.0
	浓度		7.0
	透发性		7.0
	劲头		6.5
	协调性		6.5
	均匀性		7.0
口感特征	干燥		6.5
	细腻柔和		6.5
	刺激		6.5
	余味		6.5
香气风格（0—3分）	烤烟烟香	0 1 2 3	1.0
	晾晒烟香	0 1 2 3	0
	清香	0 1 2 3	0
	果香	0 1 2 3	0
	辛香	0 1 2 3	1.0
	木香	0 1 2 3	0.5
	青滋香	0 1 2 3	0
	花香	0 1 2 3	0
	药草香	0 1 2 3	0.5
	豆香	0 1 2 3	0
	可可香	0 1 2 3	0
	奶香	0 1 2 3	0
	膏香	0 1 2 3	0
	烘焙香	0 1 2 3	1.5
	甜香	0 1 2 3	0.5

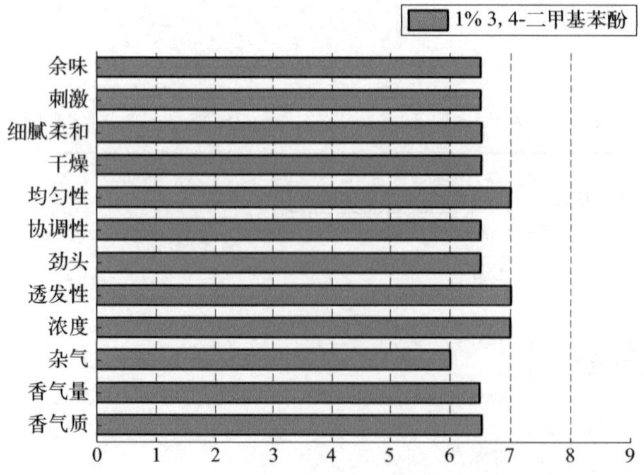

图5-326 1% 3,4-二甲基苯酚对卷烟烟气特征和口感特征影响条形图

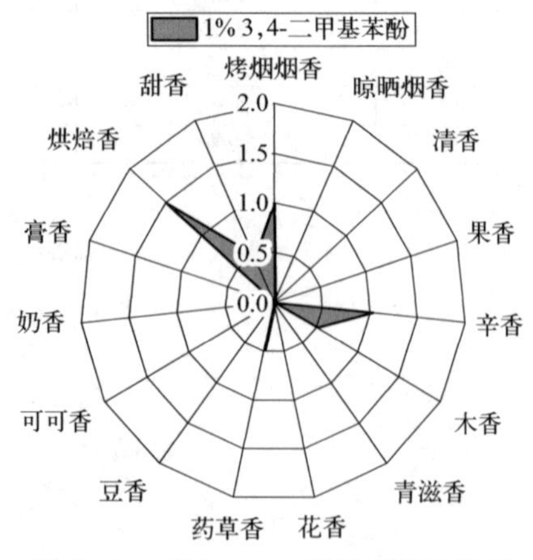

图5-327 1% 3,4-二甲基苯酚对卷烟香气风格影响轮廓图

5.7.9　2,4,6-三甲基苯酚的香韵组成和嗅香感官特征

采用香味轮廓分析法对 2,4,6-三甲基苯酚的香韵组成及强度进行评价，评价结果见表 5-221 及图 5-328。

由 1% 2,4,6-三甲基苯酚香味感官评价结果可知：1% 2,4,6-三甲基苯酚嗅香辅助香韵为药草香、木香（≥2.0）；修饰香韵为辛香、青滋香、酒香、焦香、甜香（≥0.5）等香韵。

表 5-221　1% 2,4,6-三甲基苯酚香味轮廓评价表

序号	香韵名称	评分(0—9)	评判分值
1	树脂香	0	0:无 1～2:弱 3～4:稍弱 5:适中 6～7:较强 8～9:强
2	干草香	0	
3	清香	0	
4	果香	0	
5	辛香	1.0	
6	木香	2.0	
7	青滋香	1.0	
8	花香	0	
9	药草香	3.0	
10	豆香	0	
11	可可香	0	
12	奶香	0	
13	膏香	0	
14	烘焙香	0	
15	焦香	0.5	
16	酒香	1.0	
17	甜香	0.5	
18	酸香	0	

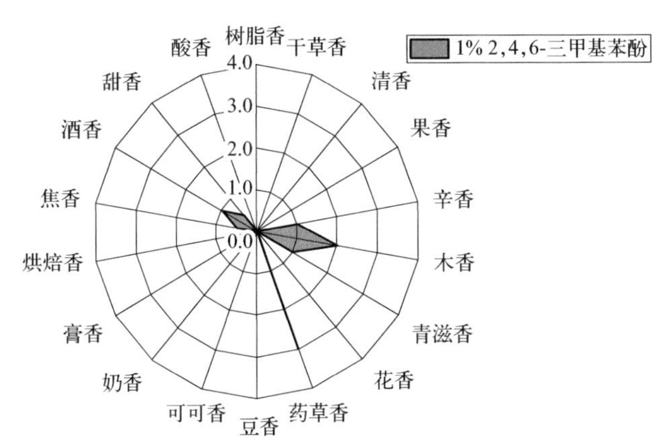

图 5-328　1% 2,4,6-三甲基苯酚香味轮廓图

5.7.10　2,4,6-三甲基苯酚对加热卷烟风格、感官质量和香韵特征的影响

对 1% 2,4,6-三甲基苯酚的加香作用进行评价，结果见表 5-222 和图 5-329、图 5-330。从中可以看出，2,4,6-三甲基苯酚在卷烟中的主要作用是提升香气质和香气量、增加烟气均匀性，稍降低杂气和刺激性，烟气浓度和协调性尚可，烟气细腻柔和感较好，余味干净，主要赋予卷烟烘焙香、烤烟烟香、青滋香、药草香、木香和甜香韵。

表 5-222　1% 2,4,6-三甲基苯酚作用评价汇总表

类别	指标	评分
烟气特征	香气质	7.0
	香气量	7.5
	杂气	7.0
	浓度	7.0
	透发性	6.5
	劲头	6.5
	协调性	7.0
	均匀性	7.5
口感特征	干燥	6.5
	细腻柔和	7.0
	刺激	7.0
	余味	7.0

香气风格（0—3 分）	香韵	刻度	评分	香韵	刻度	评分	香韵	刻度	评分	香韵	刻度	评分	香韵	刻度	评分
	烤烟烟香	0	1.0	晾晒烟香	0	0	清香	0	0	果香	0	0	辛香	0	0
		1			1			1			1			1	
		2			2			2			2			2	
		3			3			3			3			3	
	木香	0	1.0	青滋香	0	0.5	花香	0	0	药草香	0	0.5	豆香	0	0
		1			1			1			1			1	
		2			2			2			2			2	
		3			3			3			3			3	
	可可香	0	0	奶香	0	0	膏香	0	0	烘焙香	0	1.5	甜香	0	0.5
		1			1			1			1			1	
		2			2			2			2			2	
		3			3			3			3			3	

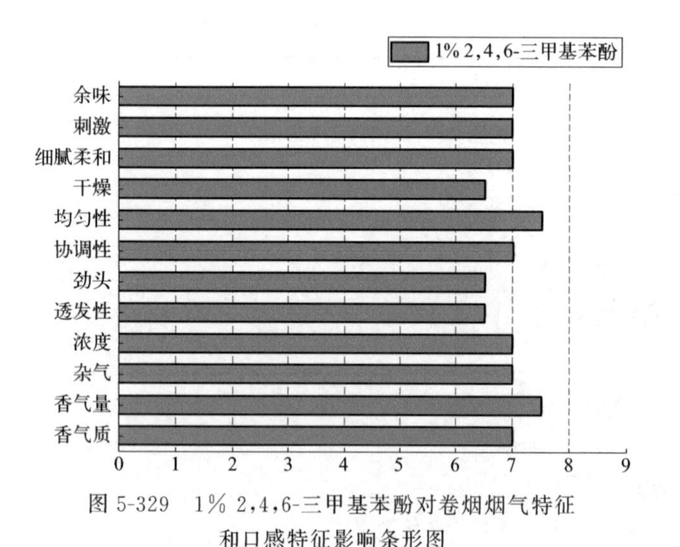

图 5-329　1% 2,4,6-三甲基苯酚对卷烟烟气特征和口感特征影响条形图

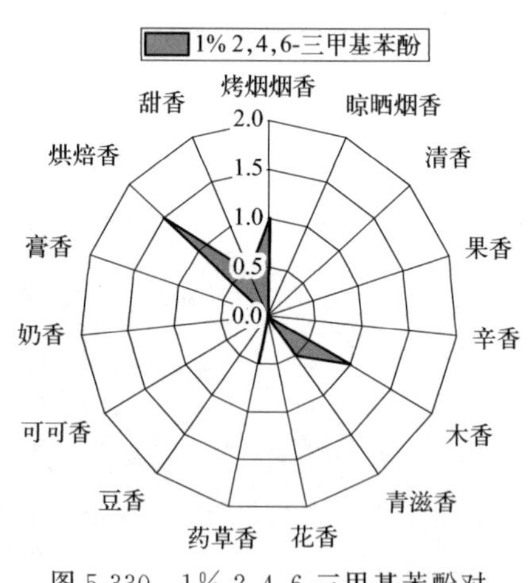

图 5-330　1% 2,4,6-三甲基苯酚对卷烟香气风格影响轮廓图

5.7.11　4-乙基愈创木酚的香韵组成和嗅香感官特征

采用香味轮廓分析法对 4-乙基愈创木酚的香韵组成及强度进行评价，评价结果见表 5-223 及图 5-331。

由 1% 4-乙基愈创木酚香味感官评价结果可知：1% 4-乙基愈创木酚嗅香主体香韵为焦香（4.5）；辅助香韵为辛香、药草香（≥2.0）；修饰香韵为树脂香、干草香、木香、膏香、烘焙香、甜香（≥0.5）等香韵。

表 5-223 1% 4-乙基愈创木酚香味轮廓评价表

序号	香韵名称	评分(0—9)	评判分值
1	树脂香	0.5	0:无 1～2:弱 3～4:稍弱 5:适中 6～7:较强 8～9:强
2	干草香	0.5	
3	清香	0	
4	果香	0	
5	辛香	2.5	
6	木香	1.0	
7	青滋香	0	
8	花香	0	
9	药草香	2.5	
10	豆香	0	
11	可可香	0	
12	奶香	0	
13	膏香	0.5	
14	烘焙香	1.5	
15	焦香	4.5	
16	酒香	0	
17	甜香	0.5	
18	酸香	0	

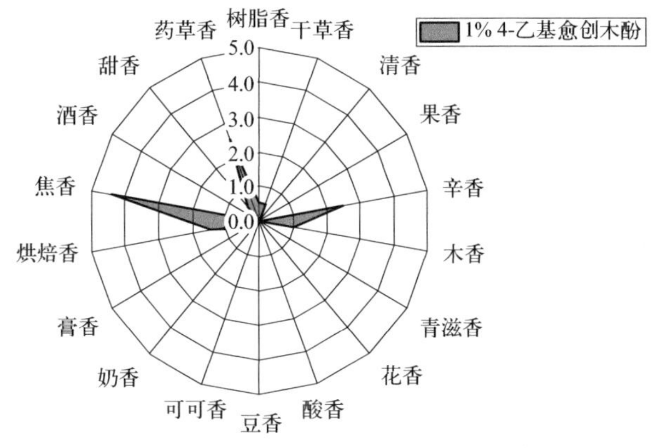

图 5-331 1% 4-乙基愈创木酚香味轮廓图

5.7.12 4-乙基愈创木酚对加热卷烟风格、感官质量和香韵特征的影响

对 1% 4-乙基愈创木酚的加香作用进行评价，结果见表 5-224 和图 5-332、图 5-333。从中可以看出，4-乙基愈创木酚在卷烟中的主要作用是提升香气质，增加烟气浓度、透发性、劲头和协调性，降低杂气和刺激性，香气量和烟气均匀性尚可，烟气细腻柔和感较好，余味干净，主要赋予卷烟烘焙香、烤烟烟香、辛香、药草香、木香、青滋香和甜香韵。

表 5-224 1% 4-乙基愈创木酚作用评价汇总表

烟气特征	香气质	7.5
	香气量	7.0
	杂气	7.5
	浓度	7.5
	透发性	7.5
	劲头	7.5
	协调性	7.5
	均匀性	7.0

续表

口感特征	干燥	7.0													
	细腻柔和	7.0													
	刺激	7.0													
	余味	7.0													
香气风格（0—3分）	烤烟烟香	0 1 2 3	1.5	晾晒烟香	0 1 2 3	0	清香	0 1 2 3	0	果香	0 1 2 3	0	辛香	0 1 2 3	1.5
	木香	0 1 2 3	0.5	青滋香	0 1 2 3	0.5	花香	0 1 2 3	0	药草香	0 1 2 3	1.0	豆香	0 1 2 3	0
	可可香	0 1 2 3	0	奶香	0 1 2 3	0	膏香	0 1 2 3	0	烘焙香	0 1 2 3	2.0	甜香	0 1 2 3	0.5

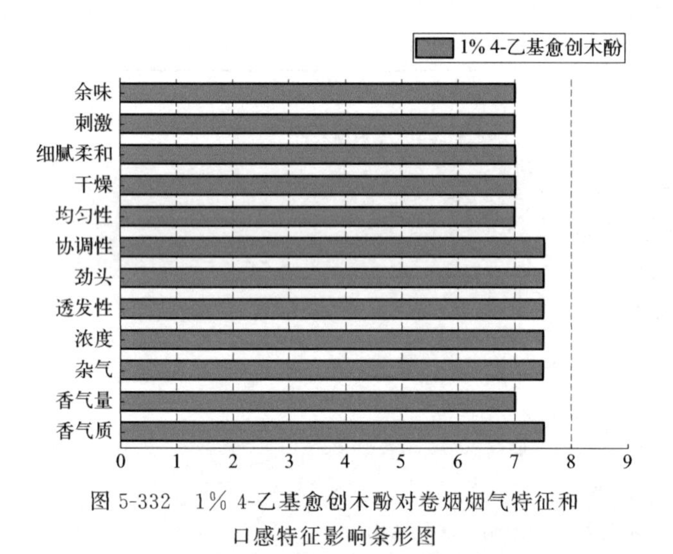

图 5-332 1% 4-乙基愈创木酚对卷烟烟气特征和口感特征影响条形图

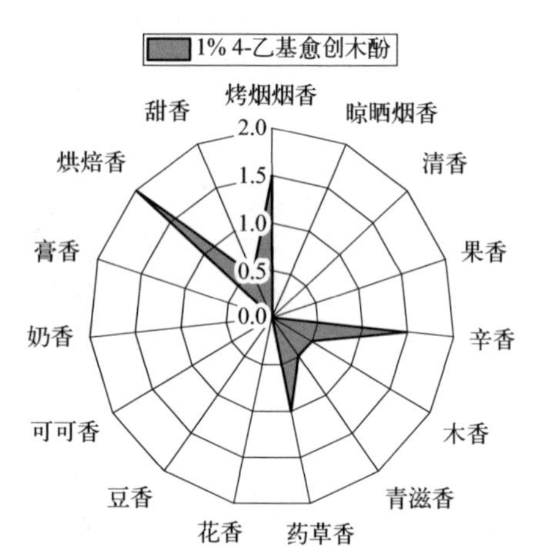

图 5-333 1% 4-乙基愈创木酚对卷烟香气风格影响轮廓图

5.7.13 2,6-二甲氧基苯酚的香韵组成和嗅香感官特征

采用香味轮廓分析法对 2,6-二甲氧基苯酚的香韵组成及强度进行评价，评价结果见表 5-225 及图 5-334。

由 1% 2,6-二甲氧基苯酚香味感官评价结果可知：1% 2,6-二甲氧基苯酚嗅香辅助香韵为木香（≥2.0）；修饰香韵为干草香、药草香、焦香、甜香、烘焙香（≥0.5）等香韵。

表 5-225 1% 2,6-二甲氧基苯酚香味轮廓评价表

序号	香韵名称	评分(0—9)	评判分值
1	树脂香	0	0:无 1～2:弱 3～4:稍弱 5:适中 6～7:较强 8～9:强
2	干草香	1.5	
3	清香	0	
4	果香	0	
5	辛香	0	
6	木香	2.0	

续表

序号	香韵名称	评分(0—9)	评判分值
7	青滋香	0	0:无 1～2:弱 3～4:稍弱 5:适中 6～7:较强 8～9:强
8	花香	0	
9	药草香	1.0	
10	豆香	0	
11	可可香	0	
12	奶香	0	
13	膏香	0	
14	烘焙香	0.5	
15	焦香	1.0	
16	酒香	0	
17	甜香	1.0	
18	酸香	0	

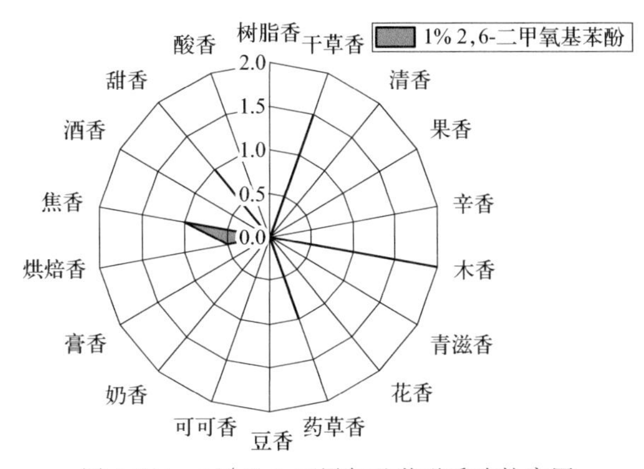

图5-334　1% 2,6-二甲氧基苯酚香味轮廓图

5.7.14　2,6-二甲氧基苯酚对加热卷烟风格、感官质量和香韵特征的影响

对1% 2,6-二甲氧基苯酚的加香作用进行评价，结果见表5-226和图5-335、图5-336。从中可以看出，2,6-二甲氧基苯酚在卷烟中的主要作用是增加烟气浓度和均匀性，稍降低刺激性，香气量、烟气协调性尚可，烟气细腻柔和感较好，余味干净，主要赋予卷烟药草香、青滋香、烘焙香、烤烟烟香、清香、木香和甜香韵。

表5-226　1% 2,6-二甲氧基苯酚作用评价汇总表

烟气特征	香气质	6.5
	香气量	7.0
	杂气	6.5
	浓度	7.5
	透发性	6.5
	劲头	6.5
	协调性	7.0
	均匀性	7.5
口感特征	干燥	7.0
	细腻柔和	7.0
	刺激	7.0
	余味	7.0

续表

香气风格（0—3分）	烤烟烟香	0	0.5	晾晒烟香	0	0	清香	0	0.5	果香	0	0	辛香	0	0
		1			1			1			1			1	
		2			2			2			2			2	
		3			3			3			3			3	
	木香	0	0.5	青滋香	0	1.0	花香	0	0	药草香	0	1.5	豆香	0	0
		1			1			1			1			1	
		2			2			2			2			2	
		3			3			3			3			3	
	可可香	0	0	奶香	0	0	膏香	0	0	烘焙香	0	1.0	甜香	0	0.5
		1			1			1			1			1	
		2			2			2			2			2	
		3			3			3			3			3	

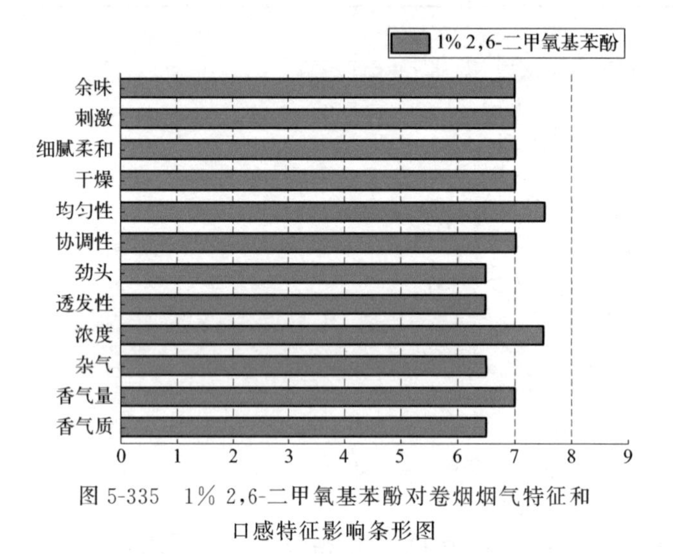

图 5-335 1% 2,6-二甲氧基苯酚对卷烟烟气特征和口感特征影响条形图

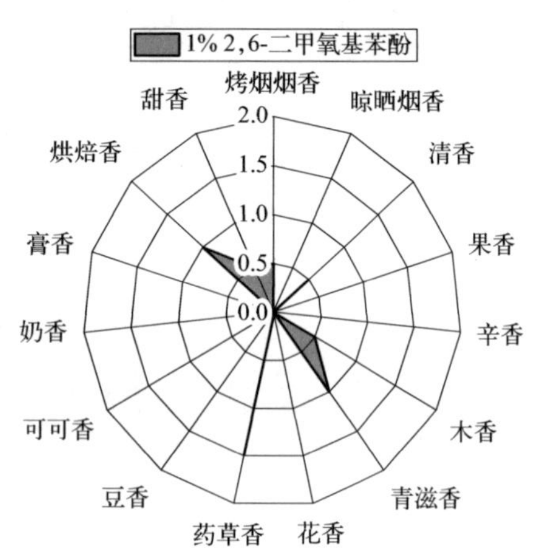

图 5-336 1% 2,6-二甲氧基苯酚对卷烟香气风格影响轮廓图

5.7.15 异丁香酚的香韵组成和嗅香感官特征

采用香味轮廓分析法对异丁香酚的香韵组成及强度进行评价，评价结果见表 5-227 及图 5-337。

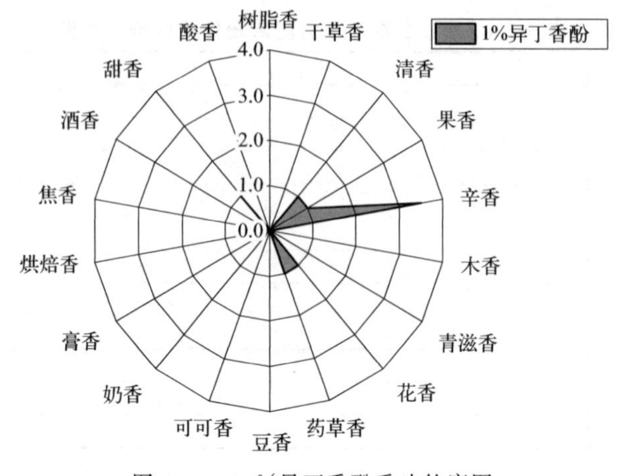

图 5-337 1%异丁香酚香味轮廓图

由1%异丁香酚香味感官评价结果可知：1%异丁香酚嗅香辅助香韵为辛香（≥2.0）；修饰香韵为清香、果香、花香、药草香、焦香、甜香（≥0.5）等香韵。

表 5-227　1%异丁香酚香味轮廓评价表

序号	香韵名称	评分(0—9)	评判分值
1	树脂香	0	0:无 1～2:弱 3～4:稍弱 5:适中 6～7:较强 8～9:强
2	干草香	0	
3	清香	1.0	
4	果香	1.0	
5	辛香	3.5	
6	木香	0	
7	青滋香	0	
8	花香	1.0	
9	药草香	1.0	
10	豆香	0	
11	可可香	0	
12	奶香	0	
13	膏香	0	
14	烘焙香	0	
15	焦香	0.5	
16	酒香	0	
17	甜香	1.0	
18	酸香	0	

5.7.16　异丁香酚对加热卷烟风格、感官质量和香韵特征的影响

对1%异丁香酚的加香作用进行评价，结果见表5-228和图5-338、图5-339。从中可以看出，异丁香酚在卷烟中的主要作用是提升香气质和香气量，增加烟气均匀性，稍降低刺激性和杂气，烟气浓度、劲头、透发性和协调性尚可，烟气细腻柔和感较好，主要赋予卷烟烘焙香、烤烟烟香、甜香、辛香、木香、药草香和青滋香韵。

表 5-228　1%异丁香酚作用评价汇总表

<table>
<tr><td rowspan="8">烟气特征</td><td colspan="3">香气质</td><td colspan="12">7.5</td></tr>
<tr><td colspan="3">香气量</td><td colspan="12">7.5</td></tr>
<tr><td colspan="3">杂气</td><td colspan="12">7.0</td></tr>
<tr><td colspan="3">浓度</td><td colspan="12">7.0</td></tr>
<tr><td colspan="3">透发性</td><td colspan="12">7.0</td></tr>
<tr><td colspan="3">劲头</td><td colspan="12">7.0</td></tr>
<tr><td colspan="3">协调性</td><td colspan="12">7.0</td></tr>
<tr><td colspan="3">均匀性</td><td colspan="12">7.5</td></tr>
<tr><td rowspan="4">口感特征</td><td colspan="3">干燥</td><td colspan="12">6.5</td></tr>
<tr><td colspan="3">细腻柔和</td><td colspan="12">7.0</td></tr>
<tr><td colspan="3">刺激</td><td colspan="12">7.0</td></tr>
<tr><td colspan="3">余味</td><td colspan="12">6.5</td></tr>
<tr><td rowspan="4">香气风格（0—3分）</td><td rowspan="4">烤烟烟香</td><td>0</td><td rowspan="4">1.5</td><td rowspan="4">晾晒烟香</td><td>0</td><td rowspan="4">0</td><td rowspan="4">清香</td><td>0</td><td rowspan="4">0</td><td rowspan="4">果香</td><td>0</td><td rowspan="4">0</td><td rowspan="4">辛香</td><td>0</td><td rowspan="4">1.0</td></tr>
<tr><td>1</td><td>1</td><td>1</td><td>1</td><td>1</td></tr>
<tr><td>2</td><td>2</td><td>2</td><td>2</td><td>2</td></tr>
<tr><td>3</td><td>3</td><td>3</td><td>3</td><td>3</td></tr>
</table>

续表

香气风格（0—3分）	木香	0	1.0	青滋香	0	1.0	花香	0	0	药草香	0	0.5	豆香	0	0
		1			1			1			1			1	
		2			2			2			2			2	
		3			3			3			3			3	
	可可香	0	0	奶香	0	0	膏香	0	0	烘焙香	0	2.0	甜香	0	1.5
		1			1			1			1			1	
		2			2			2			2			2	
		3			3			3			3			3	

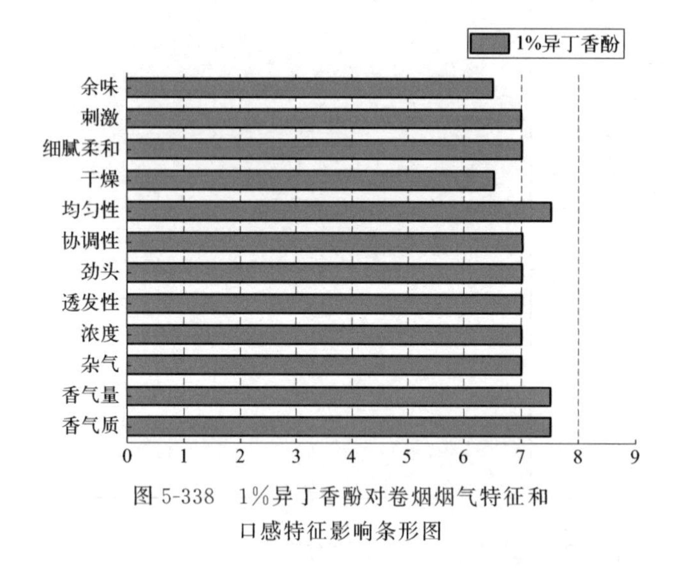

图 5-338　1%异丁香酚对卷烟烟气特征和口感特征影响条形图

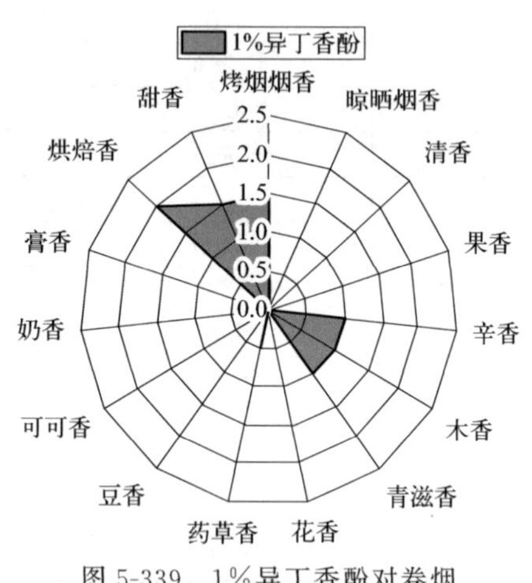

图 5-339　1%异丁香酚对卷烟香气风格影响轮廓图

本章小节

本实验根据香味轮廓分析法原理，对 28 种醇类、25 种酯类、20 种酮类、23 种醛类、8 种杂环类和 8 种酚类单体香原料的主体香韵、辅助香韵以及修饰香韵进行评价和描述，并借鉴行业相关评吸方法将感官特征评价指标分为烟气特征、口感特征和香气风格 3 个方面，香气风格评价以空白加热卷烟为基础进行打分，最终给出香原料作用的总体描述。结果表明：

（1）112 种单体香原料的主体香韵、辅助香韵以及修饰香韵涵盖了树脂香、干草香、清香、果香、辛香、木香、青滋香、花香、药草香、豆香、可可香、奶香、膏香、烘焙香、焦香、酒香、甜香和酸香韵 18 种香韵。以第 3 章优选的香料单体为例：①醇类香料单体中，香叶醇主体香韵为青滋香、花香，辅助香韵为果香，修饰香韵为清香、甜香等香韵；橙花醇主体香韵为花香、青滋香、果香，辅助香韵为干草香、清香、甜香，修饰香韵为木香、药草香等香韵。②酯类香料单体中，γ-十二内酯嗅香主体香韵为果香，辅助香韵为清香，修饰香韵为木香、青滋香、奶香、甜香等香韵；葫芦巴内酯嗅香主体香韵为甜香，辅助香韵为木香、药草香、焦香，修饰香韵为果香、辛香、豆香、膏香和烘焙香等香韵。③酮类香料单体中，乙基麦芽酚嗅香主体香韵为焦香，辅助香韵为奶香、烘焙香、甜香，修饰香韵为干草香、清香、青滋香等香韵；β-二氢大马酮嗅香辅助香韵为花香、干草香、清香、果香、甜香，修饰香韵为膏香等香韵。④醛类香料单体中，5-羟甲基糠醛嗅香修饰香韵为烘焙香、甜香、焦香等香韵：藜芦醛嗅香辅助香韵为果香，修饰香韵为清香、豆香、奶香、酒香、甜香等香韵。⑤杂环类香料单体中，2-乙酰基吡嗪嗅香主体香韵为豆香，辅助香韵为奶香、烘焙香，修饰香韵为干草香、果香、甜香等香韵。⑥酚类香料单体中，异丁香酚嗅香辅助香韵为辛香，修饰香韵为清香、果香、花香、药草香、焦香、甜香等香韵。

(2) 112 种单体香原料分别不同程度地提升了加热卷烟的香气质、香气量、均匀性，降低了杂气和刺激性，细腻柔和烟气，并且赋予加热卷烟不同的香韵，如烘焙香、烤烟烟香、花香、豆香、甜香、青滋香、奶香、药草香、果香等。以第 3 章优选的香料单体为例：①醇类香料单体中，香叶醇在加热卷烟中的主要作用是提升香气质、增加烟气协调性，主要赋予加热卷烟青滋香、花香、甜香、烤烟烟香、烘焙香、果香和木香韵；橙花醇在加热卷烟中的主要作用是提升香气质，增加烟气劲头、透发性和均匀性，主要赋予加热卷烟花香、烤烟烟香、果香、青滋香、甜香、清香、辛香和烘焙香韵。②酯类香料单体中，γ-十二内酯在加热卷烟中的主要作用是提升香气量、增加烟气均匀性，主要赋予加热卷烟烤烟烟香、果香、青滋香、奶香和甜香韵；葫芦巴内酯在加热卷烟中的主要作用是提升烟气透发性，主要赋予加热卷烟烤烟烟香、烘焙香、甜香、木香、青滋香、药草香和豆香韵。③酮类香料单体中，乙基麦芽酚在加热卷烟中的主要作用是提升香气质和香气量，增加烟气浓度和协调性，主要赋予加热卷烟烤烟烟香、烘焙香、豆香、奶香和甜香韵；β-二氢大马酮在加热卷烟中的主要作用是提升香气质，降低杂气，增加烟气协调性，烟气细腻柔和感好，主要赋予加热卷烟花香、烤烟烟香、甜香、膏香、烘焙香、果香和青滋香韵等。④醛类香料单体中，5-羟甲基糠醛在加热卷烟中的主要作用是提升香气质、增加烟气劲头和协调性，降低杂气和刺激性，主要赋子加热卷烟烤烟烟香、烘焙香和清香韵：藜芦醛在加热卷烟中的主要作用是提升香气质和香气量、增加烟气浓度和均匀性，降低杂气和刺激性，主要赋予加热卷烟烤烟烟香、烘焙香、清香、奶香、甜香和豆香韵。⑤杂环类香料单体中，2-乙酰基吡嗪在加热卷烟中的主要作用是提升香气量，主要赋予加热卷烟豆香、烤烟烟香、花香、甜香、果香、木香、膏香和烘焙香韵。⑥酚类香料单体中，异丁香酚在加热卷烟中的主要作用是提升香气质和香气量，增加烟气均匀性，主要赋予加热卷烟烘焙香、烤烟烟香、甜香、辛香、木香、药草香和青滋香韵。

参考文献

[1] Mottier N, Tharin M, Cluse C, et al. Validation of selected analytical methods using accuracy profiles to assess the impact of a tobacco heating system on indoor air quality [J]. Talanta, 2016, 158: 165-178.

[2] Horinouchi T, Miwa S. Comparison of cytotoxicity of cigarette smoke extract derived from heat-not-burn and combustion cigarettes in human vascular endothelial cells [J]. Journal of Pharmacological Sciences, 2021, 147 (3): 223-233.

[3] Ryu D H, Park S W, Hwang J H. Association between intention to quit cigarette smoking and use of heated tobacco products: application of smoking intensity perspective on heated tobacco product users [J]. International Journal of Environmental Research and Public Health, 2020, 17 (22): 8471-8481.

[4] Haziza C, De La B G, Skiada D, et al. Evaluation of the tobacco heating system 2.2. part 8: 5-day randomized reduced exposure clinical study in Poland [J]. Regul Toxicol Pharm, 2016, 81: 139-150.

[5] 霍现宽，刘珊，崔凯，等．加热状态下烟草烟气香味成分释放特征 [J]. 烟草科技，2017，50 (08)：37-45.

[6] 李磊，周宁波，屈湘辉．新型烟草制品市场发展及法律监管 [J]. 中国烟草学报，2018，24 (02)：100-110.

[7] 缪恩铭，耿永勤，杨叶昆，等．几种烟用香精香料热裂解产物、挥发性成分的分析比较 [J]. 安徽农业科学，2012，40 (14)：8205-8209.

[8] 黄燕南，汤建国，毛智慧，等．裂解气相色谱质谱技术在烟草化学中的应用 [J]. 化学分析计量，2012，21 (6)：100-102.

[9] 宋凌勇，普元柱，包秀萍，等．蓝莓提取物热裂解产物分析及其在卷烟中的应用研究 [J]. 湖北农业科学，2013，52 (14)：3333-3337.

[10] 来苗，赵博亚，姬小明，等．新型潜香化合物 2,3-吡嗪二羧酸薄荷醇酯的热裂解分析 [J]. 质谱学报，2015，36 (6)：543-550.

[11] 姬小明，于建军，刘国顺，等．金莲花浸膏的热裂解行为及单料烟加香应用研究 [J]. 中国烟草科学，2011，32 (6)：72-76.

[12] 付培培，包晓容，赵铭钦，等．2,3-吡嗪二甲酸二顺-6-壬烯酯的合成、热裂解分析及其卷烟加香应用 [J]. 精细化工，2014，31 (12)：1490-1494.

[13] 谢剑平，徐启新，孙瑞申．一种新混合型卷烟烟气中双环烯烃（BCA）转移率的测定 [J]. 烟草科技，1989 (4)：16-19.

[14] 景延秋，冼可法．不同滤嘴稀释度对卷烟主流烟气中重要香味成分输送量的影响 [J]. 中国烟草学报，1999，5 (2)：7-13.

[15] 宋瑜冰，宗永立，谢剑平，等．一些酯类香料在卷烟中的转移研究 [J]. 烟草科技，2005 (6)：22-25.

[16] 宋瑜冰，宗永立，谢剑平，等．一些酯类香料单体在卷烟中转移率的测定 [J]. 中国烟草学报，2005，11 (3)：17-21.

[17] 刘泽春，谢卫，刘加增，等．卷烟烟碱向主侧流烟气中的转移率 [J]. 烟草科技，2006 (11)：35-36.

[18] 张杰，宗永立，周会舜，等．一些醛酮类香料在卷烟烟丝和滤嘴中的转移行为 [J]. 烟草科技，2011 (7)：60-63.

[19] 张艇，宗永立，贾玉国，等．卷烟评吸过程中醛酮类外加香料逐口转移率的研究 [J]. 安徽农业科学，2012，40 (9)：5329-5331，5354.

[20] 蔡君兰，张晓兵，赵晓东，等．一些醇类香料单体在卷烟中的转移研究 [J]. 中国烟草学报，2009，15 (1)：6-11.

[21] 蔡君兰，张晓兵，赵晓东，等．一些脂肪酸类香料单体在卷烟中的转移 [J]. 烟草科技，2008 (10)：30-33.

[22] 黄勇兵．代表性香料单体在中、低焦油卷烟中的转移行为研究 [D]. 长沙：湖南农业大学，2014.

[23] 刘强，候春，李海涛，等．低焦油卷烟加香后一些醛酮类香料转移行为 [J]. 中国烟草学报，2008，14 (3)：1-7.

[24] 沈宏林．十六种烟用香料卷烟迁移行为研究 [D]. 昆明：昆明理工大学，2009.

[25] 白新亮，胡军，王俊，等．环境温湿度对烟用香料在卷烟中转移行为的影响 [J]. 烟草科技，2012 (3)：38-47.

[26] 周会舜，宗永立，张杰，等．滤嘴长度和通风度对一些酯类香料在卷烟中转移率的影响 [J]. 烟草科技，2010 (8)：41-45，60.

[27] 杨君，储国海，胡安福，等．卷烟纸透气度与克重对烟用香料在主流烟气中转移行为的影响 [J]. 云南农业大学学报，2013，28 (2)：230-235.

[28] 郑绪东，李志强，王程娅，等．不同加热温度下电加热不燃烧卷烟烟气释放特性研究 [J]. 安徽农业科学，2018，46 (36)：168-171.

[29] 王颖，杨文彬，王冲，等．加热不燃烧卷烟产品主流烟气中香味成分的比较 [J]. 食品与机械，2019，35 (6)：64-68.

[30] 艾明欢，杨菁，沈铁，等．TG-FTIR 联用研究 HNB 烟草基质在 400℃以下的热解特性和气相产物 [J]. 中国烟草学报，2020，26 (01)：8-14.

[31] 周昆，杨继，杨柳，等．加热不燃烧卷烟气溶胶研究进展 [J]. 中国烟草学报，2017，23 (5)：121-129.

[32] Van Der T M，Frentzel S，De Leon H，et al. Aerosol from a candidate modified risk tobacco product has reduced effects on chemotaxis and transendothelial migration compared to combustion of conventional cigarettes [J]. Food and Chemical Toxicology，2015，86：81-87.

[33] Phillips B，Veljkovic E，Boué S，et al. An 8-month systems toxicology inhalation/cessation study in apoe-/- mice to investigate cardiovascular and respiratory exposure effects of a candidate modified risk tobacco product，THS 2.2，compared with conventional cigarettes [J]. Toxicol Sci，2016，149 (2)：411-432.

[34] 彭晓萌，王健，田振峰，等．利用热重分析法测定卷烟纸中碳酸钙的含量 [J]. 造纸科学与技术，2019，38 (05)：31-35.

[35] 李巧灵，陈昆焱，邓小华，等．基于烟草热解差异度分析的烟叶替代方法 [J]. 烟草科技，2018，51 (08)：77-84.

[36] 韩咚林，邵宁，李东亮，等．壳聚糖-聚磷酸铵阻燃改性薄片的制备及燃烧热解特性研究 [J]. 中国烟草学报，2018，24 (06)：26-33.

[37] 廖津津，李巧灵，陈国钦，等．升温速率对卷烟烟丝快速热解的影响 [J]. 烟草科技，2016，49 (10)：44-50.

[38] 陈国钦，李巧灵，陈河祥，等．基于片烟干燥动力学的 REA 模型与薄层干燥模型的对比 [J]. 烟草科技，2017，50 (06)：61-67.

[39] 陈翠玲，周海云，孔浩辉，等．TGA 和 Py-GC/MS 研究不同氛围下烟草的热失重和热裂解行为 [J]. 化学研究与应用，2011，23 (02)：152-158.

[40] 杨继，赵伟，杨柳，等．“Eclipse” 卷烟的热重/差热分析 [J]. 化学研究与应用，2015，27 (05)：560-565.

[41] Sergey V，Alan K B，José M C，et al. ICTAC Kinetics Committee recommendations for performing kinetic computations on thermal analysis data [J]. Thermochimica Acta，2011，520 (1)：1-19.

[42] 田秀娟，尹青青，王忠卫，等．非等温法研究 EOCN/DDS 体系的固化反应动力学 [J]. 山东科技大学学报（自然科学版），2014，33 (05)：37-41.

[43] 李若晗，姬爱民，杜铎．基于三种算法的瓜子壳热解动力学分析 [J]. 生物质化学工程，2021，55 (05)：30-34.

[44] 申甲，龚德鸿，吴冬梅，等．煤泥燃烧动力学特性的非等温热重分析 [J]. 热能动力工程，2018，33 (07)：100-105.

[45] 尹凤福，庄虔晓，常天浩，等．外卖塑料包装热解动力学研究——基于无模型和模型拟合法 [J]. 中国环境科学，2021，41 (04)：1756-1764.

[46] 朱亚峰，胡军，唐荣成，等．卷烟滤嘴加香研究进展 [J]. 中国烟草学报，2011，17 (06)：104-109.

[47] 杨光远，王闻，彭三文，等．爆珠滤棒在线视觉检测系统的研究与开发 [J]. 轻工科技，2019，35 (04)：90-93.

[48] 余振华，詹建波，王浩，等．卷烟爆珠常用壁材原料与性能概述 [J]. 新型工业化，2019，9 (07)：100-106.

[49] Thrasher J F，Abad-Vivero E N，Moodie C，et al. Cigarette brands with flavour capsules in the filter：trends in use and brand perceptions among smokers in the USA，Mexico and Australia，2012-2014 [J]. Tobacco control，2016，25 (3)：275-283.

[50] 张志刚，贺健，顾秋林，等．爆珠对滤棒、卷烟物理性能及卷烟主流烟气的影响 [J]. 烟草科技，2019，52 (10)：75-78.

[51] 崔春，孟祥士，纪朋，等．陈皮爆珠对卷烟常规理化指标和感官品质的影响 [J]. 轻工学报，2019，34 (05)：40-46.

[52] 吴启贤，伍锦鸣，冯云子，等．不同罗汉果提取物挥发性成分对比分析及其在卷烟中的应用研究 [J]. 湖北农业科学，2021，60 (16)：132-136.

[53] 韩宇，杨舟，邹西梅，等．八仙果浸膏挥发成分与热裂解产物分析及其在卷烟中的应用 [J]. 轻工科技，2021，37 (08)：4-7.

[54] 刘金霞，黄飞，朴永革，等．八角提取物挥发性成分分析及其在卷烟加香中的应用 [J]. 延边大学农学学报，2021，43 (01)：68-72+92.

[55] 马宇平．茶叶香味成分、茶多酚提取及在新型卷烟滤棒中的应用研究 [D]. 杨凌：西北农林科技大学，2006.

[56] 高伟，严静．梦都（薄荷型）细支烟进入中试阶段 [J]. 江苏中烟报，2007-2-23 (3).

[57] Curran J G. Effect of certain liquid filter additives on menthol delivery [J]. Tob Int，1975，177 (14)：28-29.

[58] Yamaji G，Yokohama S，Toshiki O. Flavored tobacco smoke filter containing higher fatty acid ester of sucrose [P]. US Patent：3344796，1967-10-03.

[59] 朱亚峰，胡军，唐荣成，等．卷烟滤嘴加香研究进展 [J]. 中国烟草学报，2011，17 (06)：104-109.

［60］ 沈靖轩，肖维毅，何雪峰，等．卷烟抽吸过程中香线滤棒内含致香成分逐口转移的研究［J］. 湖北农业科学，2017，56（15）：2931-2934.
［61］ 郭华诚，朱远洋，赵琪，等．薄荷型香线滤棒特征成分及其在卷烟中的转移行为［J］. 烟草科技，2019，52（10）：62-67.
［62］ Bynre S W，Tompkins B J，Hayes E B. Production of to-bacco smoke filters［P］. US Patent：4281671，1981-08-04.
［63］ Besso C，Kuersteiner C，Wyss-Peters A，et al. Multi-com-ponent filter providing improved flavor enhancement［P］. US Patent：20080230079，2008-09-25.
［64］ 李萌姗．烟草花蕾精油的提取、生物活性及其应用研究［D］. 郑州：郑州轻工业学院，2016.
［65］ 朱晓兰，黄兰，李盼盼，等．加速溶剂萃取法在烟草香气分析中的应用［J］. 分析仪器，2011（05）：13-17.
［66］ 许春平，肖源，孙斯文，等．白肋烟花蕾制备烟用香料［J］. 烟草科技，2014（11）：57-61.
［67］ 丁超，张洪召，严静，等．响应面法优化烟丝中挥发性香味成分的同时蒸馏萃取条件［J］. 分析仪器，2014（01）：93-100.
［68］ 赵嘉幸，陈黎，任宗灿，等．GC-MS/MS 法测定烟草中的 57 种酯类香味成分［J］. 烟草科技，2019，52（12）：39-49.
［69］ 李桂花．同时蒸馏萃取法及其在烟草分析中的应用研究［D］. 杭州：浙江大学，2007.
［70］ 刘春波，陆舍铭，刘正聪，等．采用 P&T-GC 和 HS-GC 检测卷烟包装材料中的挥发性有机物［J］. 卷烟包装材料，2009，28（08）：16-20.
［71］ 张丽，刘绍锋，王晓瑜，等．吹扫捕集-气相色谱/质谱法分析卷烟烟丝的嗅香成分［J］. 烟草科技，2013（04）：63-70.
［72］ 阎瑾，鲍峰伟，牛丽娜，等．吹扫捕集-气相色谱/质谱测定烟支挥发性成分［J］. 烟草科技，2020，53（04）：50-58.
［73］ 赖燕华，肖明礼，卢嘉健，等．基于烟丝动态顶空香气成分的卷烟品牌分析［J］. 中国烟草科学，2017，38（06）：48-54.
［74］ 向章敏，蔡凯，张婕，等．基于顶空固相微萃取-全二维气相飞行时间质谱快速检测烟草挥发性及半挥发性生物碱［J］. 分析试验室，2014，33（11）：1249-1254.
［75］ 杨艳芹，袁凯龙，储国海，等．微波辅助-顶空固相微萃取-气相色谱-质谱法测定不同产地烟草中挥发性成分［J］. 理化检验（化学分册），2016，52（08）：894-900.
［76］ 刘嘉莉．卷烟主流烟气中重要有害成分及香味成分的逐口释放规律研究［D］. 长沙：湖南师范大学，2015.
［77］ 欧阳璐斯．浅谈烟用香精香料［J］. 科技信息，2013（25）：483＋495.
［78］ 艾亦旻．烟用材料加香方法研究进展［J］. 科技视界，2021（17）：141-142.
［79］ 郭林青，梁坤，黄玉川，等．薄荷型微胶囊在加热卷烟中的应用研究［J］. 轻工科技，2021，37（11）：17-19.
［80］ 刘锴，包毅，史霖，等．一种用于加热不燃烧卷烟的增香补香空管材料及其制备方法［P］. 中国：CN107981413A.
［81］ 叶荣飞，陈志鸿，黎玉茗，等．茉莉净油分子蒸馏馏分的分析及其在加热卷烟中的应用［J］. 香料香精化妆品，2021（05）：1-6.
［82］ 陈芝飞，蔡莉莉，郑峰洋，等．加热卷烟中 6 种酮类单体香料的转移行为［J/OL］. 中国烟草学报：1-8［2022-05-26］.
［83］ 郑峰洋，尹献忠，李耀光，等．加热卷烟中 6 种烤甜香单体香料的逐口转移行为［J］. 烟草科技，2021，54（12）：46-52.
［84］ 徐兰兰，刘哲，袁林翠，等．微胶囊化薄荷香精在烟丝上的含量测定及控制释放研究［J］. 香料香精化妆品，2017（06）：8-12.
［85］ 夏启东，何邦华，侯英，等．气相色谱质谱法测定 6 种加香目标物质的含量及对烟丝加香均匀性的评价［J］. 分析测试学报，2012，31（07）：816-822.
［86］ 罗浪锋．烯醛乙二醇缩醛的合成及其在卷烟中的应用［D］. 无锡：江南大学，2008.